中国石油化工股份有限公司天然气分公司系列培训教材

天然气管道输送技术

中国石油化工股份有限公司天然气分公司

中国石化出版社

·北京·

内 容 提 要

本书是基于天然气长输管道向高压、大口径、智能化大发展的时代需求而编写的，主要内容包括：天然气概述、管道输送工艺及设备，以及常见的增压、调压、计量、自控、通信、辅助等系统，还包括管道线路的巡护、腐蚀控制、管道内外检测、管道安全等内容。重点在于传统输气理论与新技术的有机融合，包括远程控制、智能巡检、无人值守、完整性管理等方面。书中配有一定数量的计算例题和现场实例，主要用于输气岗位员工培训，也可用于管道技术人员参考。

图书在版编目(CIP)数据

天然气管道输送技术／中国石油化工股份有限公司天然气分公司编. —北京：中国石化出版社，2023.10(2024.3 重印)
中国石油化工股份有限公司天然气分公司系列培训教材
ISBN 978-7-5114-7303-5

Ⅰ.①天… Ⅱ.①中… Ⅲ.①天然气输送-管道运输-技术培训-教材 Ⅳ.①TE832

中国国家版本馆 CIP 数据核字(2023)第 192272 号

中国石化出版社出版发行

地址：北京市东城区安定门外大街 58 号
邮编：100011 电话：(010)57512500
发行部电话：(010)57512575
http://www.sinopec-press.com
E-mail:press@sinopec.com
北京鑫益晖印刷有限公司印刷
全国各地新华书店经销

*

787 毫米×1092 毫米 16 开本 32.5 印张 795 千字
2023 年 11 月第 1 版 2024 年 3 月第 2 次印刷
定价：198.00 元

中国石油化工股份有限公司天然气分公司
系列培训教材

编委会

《天然气管道输送技术》
编委会

主　　编　牛化昶

副 主 编　张书丽　蒋大旭

参编人员　陈胜男　庞小坤　张建明　秦臻炜　赵海宁　王成香　李春奇　沙宗奇　周海亮　高新杰　刘　晓

参审人员　朱　勇　王力勇　李树伟　仇　攀　孟祥华　周方舟　王雁冰　孙　博　马晓强　赵文亮　秦世进　胡小飞　邹　江　李强林　于　洋　李宜震　贾明贵　邵忠华　李海燕

前　言

天然气分公司是中国石化下属的负责天然气工程建设、营运、天然气销售的专业化公司。自从成立以来，陆续建设运行了川气东送、榆济管道、山东管网、山东 LNG、天津 LNG、广西 LNG、中原储气库群等国家骨干天然气管网和 LNG 接收站，对天然气从 LNG 采购、管道输送到天然气市场营运与天然气调峰等全过程技术与管理都有丰富的实践经验和丰硕的新技术应用成果。

国内天然气输送从 1958 年四川第一条输气管道建设到如今已有 65 年的历史。经过无数石油工程技术人员的艰苦努力和奋力拼搏，天然气已从天然气资源勘探、开采到天然气管道运输、调峰，再到天然气化工、城市燃气等形成充满勃勃生机的天然气工业全产业链。天然气输气技术从过去低压小流量油气水混输、极简分离、无电计量、手动开关阀门配送到目前高压大口径干气输送、精细过滤、自动计量、无人值守全自动化操作，已发生翻天覆地的变化。天然气管道从业人员需要更多更深入地了解天然气各系统的工作原理、结构组成、操作方法以及故障诊断等方面的知识，方能从容地在管道保护、设备操作、安全巡检中发挥自己的聪明才智，安全地完成责任范围的各项任务。

《天然气管道输送技术》是在天然气分公司所属各单位历年内部职工培训教材、标准化岗位练兵手册、岗能匹配、技能鉴定题库等资料的基础上集体编纂而成。为编纂好这本书，天然气分公司组织基层技术骨干和专家审核团队，从定位基础、面向基层、重点落在基本功这三点出发，多次组织专家审核会，对大纲审定、细节修订、原理推敲、操作推演以及故障查验甚至标点符号的应用等都是通过反复比较、再三斟酌才定稿的。书中配置了丰富的插图、简明的计算例题、别开生面的实例以增加读者的阅读体验。

全书共 16 章：第 1 章天然气基础知识；第 2 章天然气输送系统；第 3 章输气工艺与设备；第 4 章天然气调压与控制；第 5 章天然气计量；第 6 章压缩机与压气站；第 7 章管道保护；第 8 章管道腐蚀与控制；第 9 章管道检验；第 10 章管道系统完整性；第 11 章自控系统；第 12 章通信系统；第 13 章输气辅助系统；第 14 章输气工艺操作；第 15 章输气安全；第 16 章输气新技术应用。

本书在编写过程中，得到有关领导、专家、设备厂家的指导、支持和帮助。在此，谨向所有提供帮助和支持的领导、同事、朋友们表示诚挚的谢意！

由于编写人员的知识和能力有限，书中难免存在疏漏和不足，敬请读者提出宝贵意见，便于今后不断完善。

目　录

第 1 章　天然气基础知识 ……（1）

1.1　天然气概述 ……（1）

1.2　天然气性质 ……（4）

1.3　天然气气质与应用 ……（8）

第 2 章　天然气输送系统 ……（11）

2.1　天然气输送 ……（11）

2.2　天然气输送系统 ……（11）

2.3　LNG 接收站 ……（14）

2.4　储气库 ……（19）

2.5　长输管道建设 ……（22）

第 3 章　输气工艺与设备 ……（29）

3.1　输气工程综述 ……（29）

3.2　输气站工艺 ……（31）

3.3　分离过滤设备 ……（34）

3.4　阀门 ……（38）

3.5　执行机构 ……（59）

3.6　快开盲板 ……（83）

3.7　其他设备 ……（89）

3.8　阀室工艺及设备 ……（101）

第 4 章　天然气调压与控制 ……（103）

4.1　天然气调压基础 ……（103）

4.2　吴忠仪表调压撬 ……（112）

4.3　FISHER 调压撬 ……（118）

4.4　特瑞斯调压撬 ……（124）

4.5　调压设备维修实例 ……（130）

4.6　自用气撬 ……（134）

第 5 章　天然气计量 ……（140）

5.1　计量基础知识 ……（140）

5.2 压力测量 …………………………………………………………………… (147)
5.3 温度测量 …………………………………………………………………… (153)
5.4 流量测量 …………………………………………………………………… (158)
5.5 在线分析仪 ………………………………………………………………… (174)
5.6 仪表选型 …………………………………………………………………… (183)
5.7 仪表电气安保措施 ………………………………………………………… (186)
5.8 能量计量 …………………………………………………………………… (188)
5.9 流量计实流检定 …………………………………………………………… (189)
第6章 压缩机与压气站 …………………………………………………… (191)
6.1 压缩机概述 ………………………………………………………………… (191)
6.2 离心式压缩机 ……………………………………………………………… (193)
6.3 离心式压缩机喘振与控制 ………………………………………………… (199)
6.4 压气站 ……………………………………………………………………… (204)
6.5 离心式压缩机操作与维护 ………………………………………………… (213)
6.6 其他压缩机简介 …………………………………………………………… (220)
第7章 管道保护 …………………………………………………………… (228)
7.1 管道保护相关法规 ………………………………………………………… (228)
7.2 管道巡护 …………………………………………………………………… (229)
7.3 第三方施工管理 …………………………………………………………… (235)
7.4 地质灾害防护与水工保护 ………………………………………………… (239)
7.5 重车碾压防控 ……………………………………………………………… (244)
第8章 管道腐蚀与控制 …………………………………………………… (248)
8.1 腐蚀现象 …………………………………………………………………… (248)
8.2 管道防腐层 ………………………………………………………………… (249)
8.3 阴极保护原理 ……………………………………………………………… (252)
8.4 阴极保护方式 ……………………………………………………………… (255)
8.5 恒电位仪 …………………………………………………………………… (261)
8.6 运行维护 …………………………………………………………………… (265)
8.7 杂散电流干扰及其防护 …………………………………………………… (270)
8.8 管道内腐蚀防护 …………………………………………………………… (277)
第9章 管道检验 …………………………………………………………… (278)
9.1 压力管道定期检验规则 …………………………………………………… (278)
9.2 管道外检测 ………………………………………………………………… (280)

9.3 清管工艺及设备 …… (287)
9.4 管道内检测 …… (293)
9.5 清管内检测操作 …… (297)
第10章 管道系统完整性 …… (304)
10.1 完整性管理概述 …… (304)
10.2 管道完整性管理 …… (308)
10.3 站场完整性管理 …… (328)
10.4 管体缺陷修复 …… (342)
第11章 自控系统 …… (350)
11.1 SCADA 系统概述 …… (350)
11.2 站场控制系统 …… (352)
11.3 阀室 RTU 系统 …… (361)
11.4 调控中心 …… (362)
第12章 通信系统 …… (366)
12.1 通信系统概述 …… (366)
12.2 光传输系统 …… (368)
12.3 工业电视监控系统 …… (372)
12.4 周界安防系统 …… (374)
12.5 视频会议系统 …… (376)
12.6 语音软交换系统 …… (378)
12.7 广播报警系统 …… (380)
第13章 输气辅助系统 …… (382)
13.1 输气站配电系统 …… (382)
13.2 压气站变电所简介 …… (390)
13.3 备用电源 …… (392)
13.4 污水处理系统 …… (403)
13.5 其他辅助设备简介 …… (406)
第14章 输气工艺操作 …… (413)
14.1 输气工艺计算 …… (413)
14.2 管道投产运行 …… (419)
14.3 输气站操作 …… (426)
14.4 输气站巡检 …… (432)
14.5 输气站应急处置 …… (434)

第 15 章　输气安全 ……………………………………………………………… (437)
15.1　安全生产管理 ……………………………………………………… (437)
15.2　安全技术措施 ……………………………………………………… (450)
15.3　HSE 管理体系与职业健康 ………………………………………… (466)
15.4　应急管理及实例 …………………………………………………… (475)
第 16 章　输气新技术应用 ………………………………………………………… (485)
16.1　智能化管道 ………………………………………………………… (485)
16.2　智能化站场 ………………………………………………………… (487)
16.3　光纤传感技术 ……………………………………………………… (495)
16.4　应力应变在线监测系统 …………………………………………… (499)
16.5　其他新技术应用 …………………………………………………… (501)
附录 1　天然气中主要组分的物理化学性质 ……………………………………… (506)
附录 2　螺旋焊缝管加工流程示意图 ……………………………………………… (507)
附录 3　管道线路设计示意图 ……………………………………………………… (508)
参考文献 …………………………………………………………………………… (509)

第 1 章　天然气基础知识

能源是人类生存和社会发展的基本条件之一，天然气属于清洁优质的化石能源，对国民经济高质量发展和城乡居民幸福生活起着十分重要的作用。本章简要介绍天然气的来源、组成、性质以及用途等方面的知识，重点介绍天然气及天然气管道输送的质量标准。

1.1　天然气概述

1.1.1　定义

天然气是指自然生成，在一定压力下蕴藏于地下岩层孔隙或裂缝中的以烷烃（C_nH_{2n+2}）为主的各种烃类和少量非烃类气体所组成的气体混合物。

天然气从广义角度上泛指大自然中天然存在的一切气体，包含自然界长期以来演变过程中形成的气体，有油田气、气田气、泥火山气、煤层气和生物生成气等。目前通用的“天然气”的定义，是狭义概念下的天然气，它基于自然物质能量的理论提出，特指天然蕴藏于地层中的烃类和非烃类气体的混合物。

目前世界上已发现的石油、天然气大都来源于地下储集在沉积岩中。《易经》中“泽中有火”“上火下泽”记载表明我国早在公元前 11 世纪，就已经发现石油、天然气燃烧现象。“临邛火井一所，纵广五尺，深二三丈”“先以家火投之”，再“取井火还煮井水”。真实地记载了我国西南地区使用火井煮盐的技术。

现代石油天然气工业形成天然气勘探、钻井、开采、集输、液化、管道外输、天然气应用等产业链，管道输送在天然气产业链承前启后、集散分流过程中起着十分重要的作用。

1.1.2　分类

天然气分类方法有很多，如图 1.1 所示。

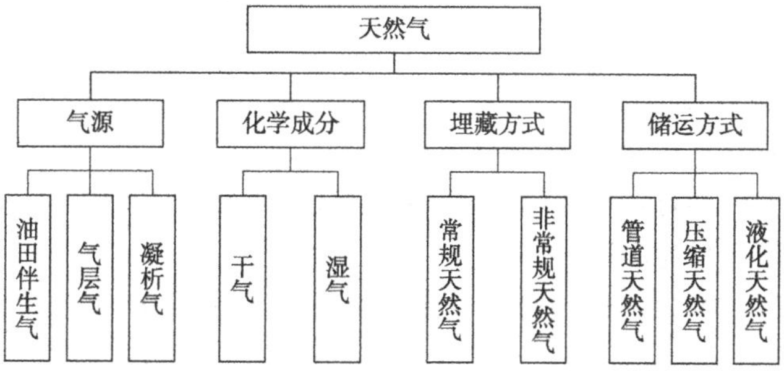

图 1.1　天然气分类

1.1.2.1 按埋藏方式分类

常规天然气：即勘探实践发现的能够用传统的油气生成理论解释的天然气，称为常规天然气，通常包含伴生气和非伴生气。

(1) 伴生气：与天然气类似，地下埋藏着丰富的石油，石油是指具有天然产状的以碳氢化合物为主混合的一种黏稠的深褐色的液体。习惯上把未经加工处理的石油称为原油。伴生气是指与原油共生、乙烷和乙烷以上的烃类含量较高、开采原油时与原油同时被采出的天然气。

(2) 非伴生气：包括气井气和凝析气两种，在地层中都以气态存在。气井气是指开采过程中没有或只有少量天然气凝析油出现的天然气，其中主要成分是甲烷(80%~98%)，还有少量的乙烷、丙烷、丁烷及非烃气体。凝析气是在凝析气田开采过程中，含有较多部分溶解在气体中的重烃(戊烷以上)，气液两相共存，但在开采过程中没有较重组分的原油同时采出。

非常规天然气：是指那些难以用传统石油地质理论解释，在地下的存在状态和聚集方式与常规天然气藏具有明显差异的天然气。

(1) 页岩气：页岩是指具有薄片状层理能剥开的以黏土类矿物为主的岩石，页岩气是以吸附或游离状态存在于暗色泥页岩或高碳泥页岩中的天然气。

(2) 煤层气：是指储存在煤层中的烃类气体，以甲烷为主要成分，是与煤伴生、共生的气体，俗称瓦斯。

(3) 天然气水合物：是指天然气与水在高压低温条件下形成的类冰状结晶物质，其主要成分为甲烷，遇火即燃，俗称可燃冰。

1.1.2.2 按烃类含量分类

天然气根据其甲烷含量多少可分为干气、湿气。

(1) 干气：是指甲烷含量在90%以上的天然气。大部分气田气都属于干气。

(2) 湿气：是指甲烷含量在90%以下的天然气。湿气并非传统理解的含水天然气，而是指重烃(C_{5+})含量高的容易出现液相凝析的天然气。

天然气根据其丙烷含量多少可分为贫气、富气。

(1) 贫气：每一标准立方米的天然气中，C_3(丙烷)以上烃类液体的含量不超过94cm^3的天然气称为贫气。

(2) 富气：每一标准立方米的天然气中，C_3(丙烷)以上烃类液体的含量超过94cm^3的天然气称为富气。

1.1.2.3 按运输方式分类

根据天然气的运输方式分为：

(1) 液化天然气(LNG)：指冷却至约-162℃后变成液态的天然气，体积缩小约600倍。可以通过大型低温船进行远洋运输。

(2) 管输天然气(PNG)：使用管道长距离高压大流量输送的天然气。这是最常见的运输方式。

(3) 压缩天然气(CNG)：指将天然气通过压缩机增压至20MPa以上，储藏在一定容积的高压气瓶中，通过公路运输的方式提供给终端用户使用的天然气。

1.1.2.4 根据含硫量分类

根据天然气中含硫量的多少，可将天然气分为洁气和酸性气体。

(1) 洁气：通常是指不含硫或含硫量低于$20mg/m^3$的天然气，可直接进行管输和供用户使用。

(2) 酸性天然气：是指含硫量大于$20mg/m^3$的天然气。此天然气具有腐蚀性和毒性，影响用户使用，需要经过脱硫净化处理后，才能进入输气管道。

1.1.3 天然气组成

通常所说天然气组分，是指天然气混合物中的各个成分。天然气组分绝大部分是甲烷(CH_4)等烃类气体，也含有一些其他气体，如硫化氢(H_2S)、二氧化碳(CO_2)、氮(N_2)及水汽(H_2O)；有时还含有微量的稀有气体，如氦(He)和氩(Ar)等。

1.1.3.1 烃类气体

由碳和氢两种元素组成的有机化合物统称为烃，天然气中含量最多的组分为甲烷，它是已知的自然界中存在的最简单的有机物，分子式用CH_4表示，分子结构如图1.2所示。相对分子质量为16.043。甲烷是无色无臭比空气轻的可燃气体，是优良的气体燃料。甲烷的化学性质相当稳定，也是一种用途广泛的化工原料。

天然气中还含有乙烷(C_2H_6)、丙烷(C_3H_8)、丁烷(C_4H_{10})和戊烷(C_5H_{12})等烃类气体，但含量不多。

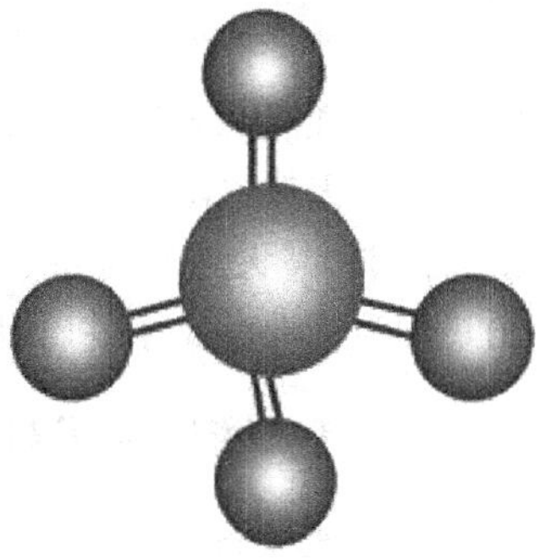

图1.2 甲烷分子模型

1.1.3.2 含硫组分

天然气中还含有硫化氢(H_2S)，它是一种无色且易燃的酸性腐蚀性气体。低浓度的硫化氢有臭鸡蛋气味，高浓度的硫化氢反而没有气味，从医学的角度认为高浓度的硫化氢没有气味是人类嗅觉神经被麻痹所致。硫化氢溶于水后生成氢硫酸，呈现弱酸性。硫化氢本身具有较强毒性，人体吸入高浓度硫化氢气体会在很短时间内造成死亡。即便是低浓度的硫化氢气体，人体吸入后也会对眼睛、呼吸系统以及中枢神经造成伤害。

天然气中有时含有少量的有机硫化物组分，例如硫醇、硫醚、二硫化碳、二硫醚、羰基硫、噻吩、硫酚等。有机硫化物对金属的腐蚀不及硫化氢严重，但对化工生产中的催化剂的毒害作用与硫化氢一样，将使催化剂失去活性。

1.1.3.3 其他组分

天然气中除烃类和含硫组分外，有的天然气还含有少量的二氧化碳、一氧化碳、氧以及水汽。二氧化碳是无色无异味比空气重的气体，溶于水后生成碳酸，当有水存在时，二氧化碳对金属设备有严重的腐蚀作用。

【例题1-1】已知天然气组分：甲烷93.3%，乙烷2.6%，丙烷1.6%，氮气1%，二氧化碳1.5%，求天然气相对分子质量(摩尔质量)。

已知：C_1：93.3%，C_2：2.6%，C_3：1.6%，N_2：1%，CO_2：1.5%。

求：相对分子质量。

解：根据《天然气发热量、密度、相对密度和沃泊指数的计算方法》(GB/T 11062—2020)提供的基础数据，计算如表例1-1。

表例 1-1　计算列表

组分	含量x_i	各组分相对分子质量 M_i	$x_i \cdot M_i$
C_1	0.933	16.04246	14.9676
C_2	0.026	30.06904	0.7818
C_3	0.016	44.09562	0.7055
N_2	0.01	28.01340	0.2801
CO_2	0.015	44.00950	0.6601
合计	1.000		17.3952

答：天然气相对分子质量为 17.3952。

1.2　天然气性质

众所周知，物质是由许多非常细小的分子所组成的，分子是独立存在而保持物质化学性质的最小粒子。物质的性质分为物理性质和化学性质，物理性质是指物质不需要发生化学变化就表现出来的性质，例如气味、颜色、状态、密度、熔点、沸点、硬度、导电性、导热性、溶解性、挥发性等。化学性质是指物质在化学变化中表现出来的性质，如可燃性、还原性、酸碱性等。天然气中主要组分的物理化学性质见附录 1。

由于天然气随着压力、温度的变化而改变体积，为了便于比较，必须指定一种压力和温度为标准，《天然气标准参比条件》(GB/T 19205—2008)规定压力为 101.325kPa、温度为 20℃作为标准参比条件(国际标准参比条件为 101.325kPa、15℃)。

1.2.1　密度及相对密度

对天然气而言，单位体积天然气的质量称为天然气的密度。常用 kg/m^3 表示。由此可得天然气密度的计算公式：

$$\rho = m/V \tag{1-1}$$

式中，ρ 为天然气的密度，kg/m^3；m 为天然气的质量，kg；V 为天然气的体积，m^3。

在实际工作中，经常使用相对密度这一概念。天然气的相对密度，是指在同温同压条件下，天然气的密度与空气的密度之比。即：

$$G = \rho/\rho_a \tag{1-2}$$

式中，G 为天然气的相对密度；ρ 为天然气的密度，kg/m^3；ρ_a 为同温同压下空气的密度，kg/m^3。

通常说的天然气相对密度是指在压力为 101.325kPa、温度为 20℃条件下的相对密度，天然气的密度比空气的轻，一般气井气相对密度为 0.58~0.62；伴生气相对密度为 0.7~0.85。

1.2.2　压缩因子

气体的可压缩性是指气体的体积可以根据外力来改变的特性。在其他条件不变的情况下，加压气体体积变小，减压气体体积变大。这是由于气体各分子之间的间距比液体和固体的大所造成的。为研究方便，引入理想气体这一概念，它是指忽略气体分子本身的体积和分子间相互作用力的气体。进而推导出理想气体体积与压力成正比，与温度成反比的理想气体状态方程。

$$pV=nRT \tag{1-3}$$

式中，p 为气体压力，Pa；V 为气体体积，m^3；n 为物质的量，mol；R 为气体常数(约为 8.314)，$Pa\cdot m^3/(mol\cdot K)$；T 为气体绝对温度，K。

压缩因子是指在规定压力和温度条件下，任意质量气体的体积与该气体在相同条件下按理想气体方程计算的气体体积的比值，用符号 Z 表示。

压缩因子是用于修正理想气体状态方程的一个校正因子，用以表示实际气体受到压缩后与理想气体受到同样的压力压缩后在体积上的偏差。其真实气体状态方程式为：

$$pV=ZnRT \tag{1-4}$$

$$n=m/M \tag{1-5}$$

式中，Z 为真实气体压缩因子；M 为气体的摩尔质量，kg/mol；m 为气体的质量，kg。

天然气压缩因子计算十分复杂，可根据《天然气压缩因子的计算》(GB/T 17747—2011)进行计算；对于标准条件下的压缩因子可参考《天然气发热量、密度、相对密度和沃泊指数的计算方法》(GB/T 11062—2020)。

【例题1-2】已知组分如例题1-1，求天然气在101.325kPa、20℃条件下的压缩因子和相对密度。

已知：C_1：93.3%，C_2：2.6%，C_3：1.6%，N_2：1%，CO_2：1.5%。

求：Z，G。

解：(1)压缩因子计算。

根据GB/T 11062—2020提供的求和因子基础数据，计算如表例1-2。

表例1-2 计算表格

组分	含量 x_i	各组分求和因子 s_i	$x_i\cdot s_i$
C_1	0.933	0.04317	0.04027
C_2	0.026	0.0895	0.00233
C_3	0.016	0.1308	0.00209
N_2	0.01	0.0156	0.00015
CO_2	0.015	0.0730	0.00110
合计	1.000		0.04594

根据标准参比条件101.325kPa，20℃压缩因子公式：

$$Z_0=1-\left[\sum_{i=1}^{N} x_i\cdot s_i\right]^2=1-0.04594^2=0.9978$$

(2)相对密度计算。

根据GB/T 11062—2020，干空气在101.325kPa、20℃条件下的摩尔质量为28.9654kg·$kmol^{-1}$，压缩因子为0.999645。

则：$G=\dfrac{M}{M_{air}}\cdot\dfrac{Z_{air}}{Z_0}=\dfrac{17.3952}{28.9654}\cdot\dfrac{0.999645}{0.9978}=0.6017$

答：天然气在101.325kPa、20℃条件下的压缩因子为0.9978，相对密度为0.6017。

1.2.3 黏度

黏度表示流体(含气体和液体)流动的难易程度。黏度小的流体易于流动。黏度大的流体流动困难；黏度表征流体内部有相对运动时，相互间的内摩擦力，与流体内部的相对运动速度、接触面积及相对距离有关。

天然气的黏度与其组分的相对分子质量、组成、温度及压力有关。在低压条件下，压力变化对气体黏度影响不明显；气体黏度随温度的升高而增大，随相对分子质量的增大而减小；非烃类气体的黏度比烃类气体的黏度高。在高压条件下，气体黏度随压力的增大而增大，随温度的增高而降低，随相对分子质量的增大而降低。

1.2.4 发热量

天然气的发热量是指单位数量的天然气完全燃烧所放出的热量，也称热值。

天然气的主要组分烃类是由碳和氢构成的，氢在燃烧时生成水并被汽化，由液态变为气态，这样，一部分燃烧热能就消耗于水的汽化。消耗于水的汽化的热叫汽化热。将汽化热计算在内的发热量称为高位发热量(高热值)，不计算汽化热的发热量称为低位发热量(低热值)。

天然气是一种多组分混合气体，由于产地来源不同，各组分及含量也存在差异，这使得不同来源的同样体积和质量的天然气，其燃烧产生的热能也不同。发热量测量是天然气实现能量计量的基础条件。

1.2.5 比热容与节流效应

比热容简称比热，是表示物体吸热或散热的能力。比热容是指在不发生化学反应和相态变化的条件下，使单位数量的物质温度升高1℃时所需要的热量。分为两种情况：

(1) 定压比热容。指在压力不变的情况下，单位质量的物质温度升高1℃时所需吸收的热量。用符号 C_p表示，单位为：J/(kg·℃)。

(2) 定容比热容。指在体积不变的情况下，单位质量的物质温度升高1℃时所需吸收的热量。用符号 C_v表示，单位为：J/(kg·℃)。

气体在压力、温度、体积状态变化过程中不与外界发生热交换的过程称为绝热过程。理想气体的比热容比称为绝热指数：

$$\kappa = C_p / C_v \tag{1-6}$$

实际气体的绝热指数与温度、压力有关，它是天然气计量中的一个重要参数。

当气体遇到压力突变降低时引起温度急剧下降，甚至产生冰冻的现象称为节流效应，也称焦耳-汤姆逊效应。这是由于当气体遭遇节流件(阀口、孔板、喷嘴等截面积突然缩小处)时，产生压降，气体很快膨胀，而气体在极短时间内来不及对外发生热交换，近似可以看成绝热过程，从而气体消耗自身内能对外做功。而内能与气体的温度成正比，因此气体的温度也急剧降低，从而产生节流效应。

1.2.6 含水量

天然气在地层中长期与水接触，一部分天然气溶解于水中，因此从地下开采出的天然气总是含有水的成分。天然气含水量是指单位体积天然气中所含有水蒸气量的多少，其表示方法有绝对湿度、相对湿度和露点。

天然气的绝对湿度，是指单位数量天然气中所含水蒸气的质量，单位为 g/m^3。在一定的压力和温度条件下，天然气的含水量达到某一最大值时的湿度称为饱和湿度。

水露点是指在一定压力条件下，天然气开始出现第一滴水珠时的温度(也即是天然气含水量刚好达到饱和湿度时的温度)。当天然气的温度低于露点温度时天然气中的水蒸气就会凝结成液态水，以达到新的气液相平衡。一般要求天然气水露点应比输送条件下最低环境温度低5℃。

天然气管道在含有游离水并满足一定温度压力条件下，易形成天然气水合物。天然气管道输送过程中，一旦形成水合物，就会在管道内部造成堆积，减少管道横截面的通过空间，随即天然气产生节流效应，继而又加速管道内水合物的持续形成，这样的条件下会影响管道的安全运行。因此，要严格控制天然气中的水蒸气含量，避免形成水合物。

1.2.7 易燃易爆性

爆炸是物质体积急剧膨胀，周围气压发生剧烈变化并产生巨大声响的现象。天然气是易燃易爆气体。在常压常温下，天然气在空气中含量达到一定浓度时，与空气形成爆炸性的混合气体，遇到火源就会发生燃烧和爆炸，且具有很大的破坏力。

天然气与空气混合达到的这一浓度范围称为爆炸极限，在常温常压下，天然气的爆炸极限为5%~15%。随着压力的升高，爆炸极限急剧升高。爆炸极限可分为：

爆炸下限：天然气与空气在形成爆炸的混合气体中天然气的最低含量，低于该下限因可燃物浓度不足，就不会爆炸。

爆炸上限：天然气与空气在形成爆炸的混合气体中天然气的最高含量，高于该上限因空气不足也不会爆炸。

天然气的爆炸极限计算：在常温常压下，甲烷的爆炸极限为5%~15%。天然气混合物的爆炸极限由式(1-7)计算。

$$L = \frac{1}{\sum_{i=1}^{n} \frac{\varphi_i}{L_i}} \tag{1-7}$$

式中，L 为爆炸的上限或下限；L_i 为组分 i 的爆炸上限或下限，用体积分数表示；φ_i 为组分 i 的体积分数。

当天然气中含有不可燃组分时应当对爆炸极限进行校正：

$$L' = L\frac{1+\frac{\varphi_0}{1-\varphi_0}}{1+L\frac{\varphi_0}{1-\varphi_0}} \times 100\% \tag{1-8}$$

式中，L 为由式(1-7)计算的爆炸极限；φ_0 为不可燃组分的体积组成。

1.2.8 有毒性

洁净天然气属于无毒物质，主要成分为甲烷。甲烷本身无毒，为单纯窒息性气体，空气中甲烷浓度达到10%时，氧气的浓度相对会降低，将引起头晕、头痛、乏力、注意力不集中、呼吸和心跳加速、精神运动障碍等，甚至产生窒息、死亡。

当天然气燃烧不充分时，将产生一氧化碳，在通风不畅的情况下会造成一氧化碳中毒现象。

当天然气含有硫化氢时具有毒性。硫化氢是强烈的神经毒物，低浓度时，对呼吸道及眼的局部刺激作用明显，浓度越高，全身性作用越明显，表现为中枢神经系统症状和窒息症状。高浓度时可直接抑制呼吸中枢，引起迅速窒息而死亡。

1.3 天然气气质与应用

1.3.1 天然气质量标准

根据《天然气》(GB 17820—2018)标准，天然气按照高位发热量、总硫、硫化氢和二氧化碳含量分为一类和二类。天然气的质量要求应符合表1.1的规定。进入长输管道的天然气应符合一类气的质量要求。在天然气交接点的压力和温度条件下，天然气中应不存在液态水和液态烃。作为民用燃气的天然气，应具有可以察觉的臭味，民用燃气加臭应符合《燃气工程项目规范》(GB 55009—2021)的规定。

表1.1 天然气质量要求

项 目		一 类	二 类
高位发热量[a,b]/(MJ/m³)	≥	34.0	31.4
总硫(以硫计)[a]/(mg/m³)	≤	20	100
硫化氢[a]/(mg/m³)	≤	6	20
二氧化碳摩尔分数/%	≤	3.0	4.0

注：[a]标准参比条件是101.325kPa，20℃。

[b]高位发热量以干基计(干基是指以单位质量的干空气或干气体为基准)。

欧美部分国家和地区对天然气中硫含量的质量要求也不尽相同。欧洲标准《燃气基础设施气体质量H组》(EN 16726—2016)、德国燃气和水工业协会标准《气体质量》(DVGW G260—2013)、美国燃气协会标准《天然气合同计量和质量条款》(AGA 4A—2009)和俄罗斯国家标准《工业和公共生活用可燃天然气》(GOST 5524—2014)给出了天然气中硫含量的质量要求，具体见表1.2。

表1.2 欧美部分国家燃气相关标准对硫含量的质量要求

标准	总硫(以硫计)	硫醇(以硫计)	硫化氢
EN 16726—2016	20mg/m³(不包括加臭剂) 30mg/m³(包括加臭剂)	6mg/m³	硫化氢+羟基硫(以硫计) 5mg/m³
DVGW G260—2013	6mg/m³(不包括加臭剂) 8mg/m³(包括加臭剂)	6mg/m³	硫化氢+羟基硫(以硫计) 5mg/m³

续表

标准	总硫(以硫计)	硫醇(以硫计)	硫化氢
AGA 4A—2009[a]	11.5~460mg/m³ 0.5grains/100scf 20grains/100scf	4.6~46mg/m³ 0.20grains/100scf 2.0grains/100scf	硫化氢 5.7~23mg/m³ 0.25grains/100scf 1.0grains/100scf
GOST 5524—2014	未规定	0.036g/m³	硫化氢 0.020g/m³

注：[a]标准规定的单位是英制，SI 制是换算值。

grains/scf 单位为英厘/标准立方英尺，1grains/scf = 2289.71mg/m³。

随着时代的发展，各种非常规天然气进入开发快车道，进入长输管道的天然气急需一个统一的国家标准，《进入天然气长输管道的气体质量要求》(GB/T 37124—2018)就是结合非常规天然气和天然气替代品的气质特点，并参考国内外气质要求规范，确定进入长输管道的各项气质指标(表 1.3)。《天然气互换性一般要求》(GB/T 33440—2021)中的互换性是指在不影响燃烧性能的情况下，一种气体代替另一种气体的能力。

特别需要指出，绿氢是一种清洁高效可再生的能源。天然气掺氢技术即将氢气与天然气掺混，利用在役天然气管道及其输配管网进行输送的方式正在研究之中，但天然气中氢气含量应满足表 1.3 的要求，这是因为氢气进入长输管道将对钢材形成氢脆和氢鼓包，对钢材造成氢气腐蚀；对于部分使用特殊钢材修建的管道，应根据该类钢材对氢气的耐受程度确定氢气的质量要求。

表 1.3 进入天然气长输管道气体的质量要求

项 目		指 标
高位发热量[a,b]/(MJ/m³)	≥	34.0
总硫(以硫计)[a]/(mg/m³)	≤	20
硫化氢[a]/(mg/m³)	≤	6
二氧化碳摩尔分数/%	≤	3.0
一氧化碳摩尔分数/%	≤	0.1
氢气摩尔分数/%	≤	3.0
氧气摩尔分数/%	≤	0.1
水露点[c,d]	≤	水露点应比输送条件下最低环境温度低 5℃

注：[a]本标准中气体体积的标准参比条件是 101.325kPa，20℃。

[b]高位发热值量以干基计。

[c]在输送条件，当管道管顶埋地温度为 0℃时，水露点应不高于-5℃。

[d]进入天然气长输管道的气体，水露点的压力应是进气处的管道设计最高输送压力。

1.3.2 天然气应用

随着人类社会的进步和发展，天然气被公认为清洁化石能源，主要应用于以下几个方面：

(1) 天然气的主要用途是作为燃料。天然气具有热值高、运输和使用方便、燃烧完全、无烟无渣、价格较为便宜等优点。因此天然气广泛用于炼钢、热处理、工业锅炉、加热炉等诸多方面；也应用于包括造纸、陶瓷、玻璃等对燃料清洁度要求较高的行业；同时大量供给居民作为生活燃料包括家用燃气、壁挂炉取暖、燃气热水器等。

（2）天然气发电。因为天然气燃烧后洁净，发电效率高，建设成本低，建设速度快，以天然气为燃料的燃气轮机电厂的废物排放量大大低于燃煤与燃油电厂，特别是在沿海城市，天然气发电可成为夏季天然气调峰设施。

（3）分布式能源。是指分散在用户侧的发电系统，以天然气为燃料进行发电，同时将发电后的余热用来供蒸汽、采暖或制冷；通过对能源有效的梯级利用，使能源效率从常规发电系统的40%左右提高到80%左右，大量节省一次能源。

（4）天然气化工。天然气是宝贵的化工原料，用天然气作为化工原料，可以生产近千种化工产品，主要有甲醇、合成氨、乙炔、甲烷氯化物、硝基甲烷、甲醛、氢氰酸、芳烃、烯烃、二硫化碳和炭黑等。利用上述产品，可进一步加工制造氮肥、有机玻璃、合成纤维、合成橡胶、塑料、医药、溶剂、冷冻剂、灭火剂、电影胶片、炸药、高能燃料等。

（5）天然气也可作为汽车燃料，在用的有 CNG 公交车、LNG 公交车等，天然气燃烧后产生的 CO 和氮氧化物以及硫化物排放相较于汽油、柴油等有大幅度降低。天然气制氢技术也已得到很好的应用，为市场提供优质清洁能源——氢能。

（6）可以从特殊组分的天然气中提取宝贵的氦气和氩气，用于航天和电气工程；脱硫厂回收单质硫用于制造硫酸及其硫化物产品等。

第 2 章　天然气输送系统

天然气是易燃易爆气体，天然气输送系统是一个天然气从地下开采直到最终用户目的地的密闭运输的全过程。本章简要介绍天然气输送系统的组成、LNG 接收站、储气库以及长输管道建设等方面知识。

2.1　天然气输送

天然气输送是一个系统工程，指从油田井口到终端用户的全过程，由多个子系统组成。一个完整的天然气输送系统主要包括油气田集输管网、长输管道(管网)、城镇燃气管网、LNG 接收站、储气库等，这些系统组合在一起，实现按质、按量、按时向最终用户供气的目的，同时做到安全、可靠、高效、经济运行，以获得最佳经济与社会效益。天然气输送主要形式是管道运输，进口天然气通过专用的液化天然气输送船运至国内 LNG 接收站进行气化，再通过长输管道进行外输，如图 2.1 所示。

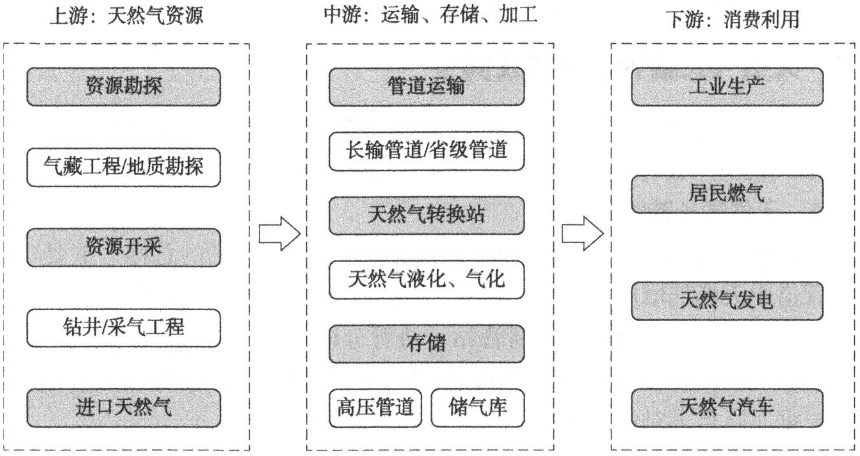

图 2.1　天然气输送示意图

2.2　天然气输送系统

2.2.1　天然气集输管网

天然气集输管网是对气田或一定产气区域内，由气井到集气站的采气管道及由集气站、单井站到天然气处理厂之间的原料天然气输送管道所构成的网状管路系统的统称，是天然气从地下采集以后生产过程的重要设施。其结构形式与气井的分布状况、采用的集输工艺技术、气田所在地的地形地貌和交通条件、产气区与处理厂之间的相对位置关系等因素有关，但所有的集输管网都是密闭而统一的连续流动管路系统，其最终的功能就是将天然气汇集输送。

2.2.2 天然气集输站场

集输站场是为了满足天然气集输而定点设置的专用生产场所。按使用功能的不同，可分为井场、集气站(含单井站)、增压站、阀室、清管站和集输气总站等。站场的种类、数量、布置以及站内的生产工艺流程和设备配置等，与天然气的气质条件、气井的分布状况和采用的集输工艺有关。

天然气气源产地零散井(单井)采用CNG上载工艺，将零散井(单井)所产天然气接入输气首站。在首站设置CNG装卸区，通过卸气撬接入压缩的天然气，再对天然气进行加热调压计量后进入输气首站工艺流程后外输。

2.2.3 天然气长输管道

根据《油气长输管道工程施工及验收规范》(GB 50369—2014)的定义，“长输管道是指产地、储气库、用户间的用于输送油、气介质的管道。”天然气长输管道是连接天然气产地与消费地的运输通道，所输送的介质是经过净化处理的符合管输气质要求的商品天然气。天然气长输管道包含输气干线和输气支线，输气干线是指由输气首站到输气末站间的主运行管线；输气支线是指向输气干线输入或由输气干线输出管输气体的管线。

2.2.4 天然气长输管道站场及阀室

天然气的输送除长输管道外，还包含各类功能的输气站场和截断阀室。《输气管道工程设计规范》(GB 50251—2015)对各类功能的站场和截断阀室等设计进行了严格规定。

2.2.4.1 天然气长输管道站场

天然气长输管道输气站场是天然气输送系统中各类工艺站场的总称。主要功能包括接收天然气、给管道中天然气增压、分输天然气、配送天然气、发送和接收清管器等。按照站场功能分为接收站、压气站、分输站、清管站、清管分输站、配气站等；按照在长输管道中所处的位置分为输气首站、输气末站和中间站(中间站分为压气站、分输站、清管站)。在管道建设中会根据实际需求对站场的功能性进行合并建设。

输气首站：输气管道的起点站。接收来自净化厂或者其他气源的净化天然气，一般具有分离(过滤)、计量、调压、清管等功能。当天然气进站压力不能满足输送要求时，输气首站会同步建设增压设施。

输气末站：输气管道的终点站。接收来自上游管道的天然气，输送给终端用户。一般具有分离(过滤)、计量、调压、清管、配气等功能。

气体接收站：在输气管道沿线，为接收输气支线来气而设置的站，一般具有分离(过滤)、计量、调压、清管等功能。

气体分输站：在输气管道沿线，为分输气体至用户而设置的站，一般具有分离(过滤)、计量、调压、清管等功能。最重要的功能就是将天然气经过计量、调压后分输至用户。当与清管站合建时，便是清管分输站。

压气站：在输气管道沿线，用压缩机对管道气体增压而设置的场站。压气站是输气管道的接力站，主要功能是给管道内的天然气增压，提高管道的输送能力，其主要工艺流程为天然气经过分离、增压后输往下游站场。

清管站：在输气管道投产时需要通过清管器清除管道内的杂物，通常有试压残留水、施工残留粉尘和异物等。清管站还为管道内检测收、发检测器提供设施和场地。清管站的主要工艺流程为：清管器接收、天然气除尘分离、清管器发送、输往下游站场的计量装置等。

阴极保护站：埋地管道因受土壤影响会产生电化学腐蚀，除了对管道采用增加绝缘防腐层以外，通常会采取外加电流阴极保护。外加电流这种保护方式，因电流的流失等原因，保护距离有限，需每隔一定的距离设置一座阴极保护站。

2.2.4.2 天然气长输管道阀室

截断阀室的用途是管道检修或出事故时截断气流。当输气管道发生事故时，能迅速实现事故点两端有限范围内的紧急截断，将事故限制在一段有限的区间内，缩短放空时间，减少放空损失，降低管道事故危害的后果。输气管道上每隔一定的距离需设置干线截断阀室。阀室的功能除了干线截断、两侧放空外，还可为干线分输做预留，这种预留天然气外输口的阀室称为分输阀室。

2.2.5 天然气长输管道运行控制

2.2.5.1 调度控制中心

调度控制中心是指对多种资源进行综合调度的中心，简称调控中心。天然气长输管道调度控制中心可以实现生产指挥、调度、控制、预测需求和输送计划、贸易结算、设备管理、地理信息、技术培训、新技术开发和维抢修指挥等功能。一般设置在调度管理、通信联络、系统维修、交通方便的地方。

调度控制中心使用的计算机系统会配备操作系统软件、监控与数据采集(SCADA)系统软件。调度控制中心的计算机系统应配置服务器、操作员工作站、工程师工作站、外部存取设备、网络设备和打印机。服务器、网络设备等宜采用冗余配置。调度控制中心的计算机系统应采取相应的措施确保数据安全。

长输管道调度控制中心主要功能：

(1) 采集和监控输气管道各站场的主要工艺参数和设备运行状况。

(2) 工艺流程的动态显示、工艺参数和设备运行状态报警显示、管理及事件的查询。

(3) 数据的采集、归档、管理以及趋势图显示，生产统计报表的生成和打印。

(4) 数据通信信道监视及管理、主备信道的自动切换等。

2.2.5.2 长输管道运行

根据《油气管道运行规范》(GB/T 35068—2018)要求，管道企业应对管道投产、运行、维护、修理、封存和处置等各环节进行管理。应建立健全管道运营组织机构，制定运行管理制度，配备相应能力的操作、技术、安全监督和管理等人员并明确职责。

长输管道的运行是一个复杂的系统工程，应对输送介质(天然气)物性进行定期检测，确定管道运行压力、运行温度、介质(天然气)流速、液位等参数要求。

(1) 长输管道运行一般要求管道的运行压力、静压力不应超过最大允许运行压力，输气管道的最大允许运行压力应取下列二者的小值：

① 设计压力；

② 一、二级地区强度试压压力除以1.25；三、四级地区强度试压压力除以1.5。

(2) 长输管道运行温度应根据输送介质(天然气)物性，以及管道防腐层、管材、管件、设备和密封材料等的允许使用温度确定最高允许运行温度和最低允许运行温度。管道出站温度不应超过设计温度，不宜超过60℃、不应超过75℃。

(3) 长输管道运行应根据设备(如分离器、过滤器、调压阀、流量计等)技术要求、站场工艺管线控制、运行压力和温度、考虑到噪声、振动、管线内壁腐蚀与内部积液等因素，确定输气管道站场内的气体流速允许范围。

(4) 天然气长输管道应该根据设计及竣工文件确定排污罐等的最高允许液位、最低允许液位、高液位报警值和低液位报警值。

(5) 长输管道要求运行参数控制在允许范围内，并对管道的运行情况进行实时监控和分析。

2.2.6 终端城镇燃气管网

城镇燃气按来源分为人工煤气、液化石油气、沼气和天然气。城镇燃气管网是天然气进入使用环节前最后的输配系统，一般由门站、高中低压管网系统、储配站、调压站、监控系统和调度中心等组成。城镇燃气输配系统设计，应符合城镇燃气总体规划，在可行性研究的基础上，做到近、远期结合，以近期为主，经技术经济比较后确定合理的方案。

城镇燃气门站、储配站和调压站是城镇燃气输配系统中的重要组成部分。城镇燃气门站一般具有接收气源来气并进行净化、加臭、储存、控制供气压力、气量分配、计量和气质检测等功能。当接收长输管道来气并控制供气压力、计量，向城镇、居民点和工业区供应燃气时，称之为门站。当具有储存燃气功能并控制供气压力时，称之为储配站。两者在设计上有许多相似之处。调压站则具有控制燃气压力的功能，一般城镇燃气输配系统中不同压力等级的管网需要通过调压站来连接。

2.3 LNG接收站

2.3.1 LNG特性

液化天然气(简称LNG)的主要成分是甲烷，还含有少量的乙烷和丙烷。LNG是把天然气在常压状态下降温到-162℃左右使其液化所得。LNG在常压状态下，密度为430~470kg/m^3，密度存在的差异主要取决于LNG组分。LNG无色、无味、无毒、无腐蚀性，液化后体积变化较大，天然气液态和气态的体积比约为1/625。LNG燃点约为650℃，热值约为52MMBtu(1MMBtu=2.52×10^{8}cal)。LNG燃烧的污染物少，燃烧放出的热量大，因此LNG是一种优质的清洁能源。

【例题2-1】已知LNG船充装LNG液体体积17×10^{4}m^3，测量LNG密度为421kg/m^3，求LNG质量。

解：$m=V\cdot\rho=170000\times421=7.157\times10^7$kg

答：LNG船充装LNG质量为7.157×10^{7}kg。

【例题 2-2】已知 LNG 气体组分为甲烷 99.8%，乙烷 0.1%，氮气 0.1%，求例题 2-1 中 LNG 完全气化后能外输多少立方米天然气，气液比是多少？

解：根据《天然气发热量、密度、相对密度和沃泊指数的计算方法》(GB/T 11062—2020)提供的基础数据，计算结果如表例 2-2。

表例 2-2 计算结果

组分	x_i	摩尔质量 M_i	$x_i \cdot M_i$	求和因子 s_i	$x_i \cdot s_i$
C_1	0.998	16.04246	16.0104	0.04317	0.04308
C_2	0.001	30.06904	0.0300	0.0895	0.00009
N_2	0.001	28.01340	0.0280	0.0156	0.00002
合计	1.000		16.0684		0.04319

(1) 求摩尔质量：$M=16.0684\text{kg}\cdot\text{kmol}^{-1}$

(2) 求压缩因子：根据标准参比条件 101.325kPa，20℃压缩因子公式：

$$Z_0=1-\left[\sum_{i=1}^{N} x_i \cdot s_i\right]^2=1-0.04319^2=0.9981$$

(3) 求摩尔体积：天然气温度 $T=273.15+20=293.15\text{K}$

气体常数：$R=8.3144621\text{J}\cdot\text{mol}^{-1}\text{K}^{-1}$

$V=Z_0RT/p=0.9981\times8.3144621\times293.15/101325=0.024009\text{m}^3\cdot\text{mol}^{-1}$

(4) 气体密度为：$\rho=M/V=16.0684/(1000\times0.024009)=0.66926\text{kg/m}^3$

(5) 液体气化量：$Q_n=m/\rho=7.157\times10^7/0.66926=1.0693\times10^8\text{m}^3$

(6) 气液比：$\delta=Q_n/V=1.0693\times10^8/17\times10^4=629$

答：该船 LNG 可以气化 1.0693 亿立方米天然气，气液比为 629。

2.3.2 LNG 工厂

液化天然气工厂是将气态天然气经过压缩、净化处理、低温液化等工艺过程加工成液态天然气的加工工厂。生产原料为气态天然气，由天然气管道引入，成品为液化天然气(LNG)。液化天然气工厂主要分为基本负荷型、调峰型两大类。基本负荷型液化天然气工厂是指生产供当地使用或外运的液化天然气的加工工厂；调峰型液化天然气工厂是指为调峰负荷将低峰负荷时过剩的天然气液化储存，在高峰时或紧急情况下再气化使用的加工工厂。

2.3.3 LNG 船

2.3.3.1 LNG 船的发展

液化天然气船简称“LNG 船”，是指专门运输液化天然气的船舶。世界上最早的 LNG 船是 1958 年美国用普通旧油船改建成的 5100 立方米的“甲烷光铎”号。我国制造的第一艘液化天然气(LNG)船“大鹏昊”号，是当时世界上最大的薄膜型 LNG 船，船长 292m、宽 43.35m、型深 26.25m，装载量为 14.7 万立方米，时速 19.5 海里，于 2008 年 4 月顺利交船，成为广东深圳大鹏湾秤头角的国内第一个进口 LNG 大型基地配套项目。“大鹏昊”号的成功交付，填补了我国 LNG 船设计、建造的空白。目前全球在运行 LNG 船舶约 540 条。

2.3.3.2 LNG 船结构

LNG 船是在约零下 162℃低温下运输液化气的专用船舶，是高技术、高难度、高附加值的“三高”产品，是一种“海上超级冷冻车”。LNG 船主要由船舶动力推进系统、LNG 货物围护系统、辅助设备系统和特殊的管路系统组成。

LNG 船的关键技术在于船上的液货舱，独立于船体的特殊结构，是专门设计用来装载液体货物的主要容器。LNG 船按液货舱的结构形式可分为：

(1) 独立液舱，将柱形、罐形、球形等形状的储罐置于船内，如图 2.2 所示。

(2) 膜式液舱，采用双壳结构，体内壳就是液货舱。与独立液舱相比，具有容积利用率高，结构质量轻等特点，新建 LNG 船大多采用膜式结构，如图 2.3 所示。

图 2.2 独立液舱

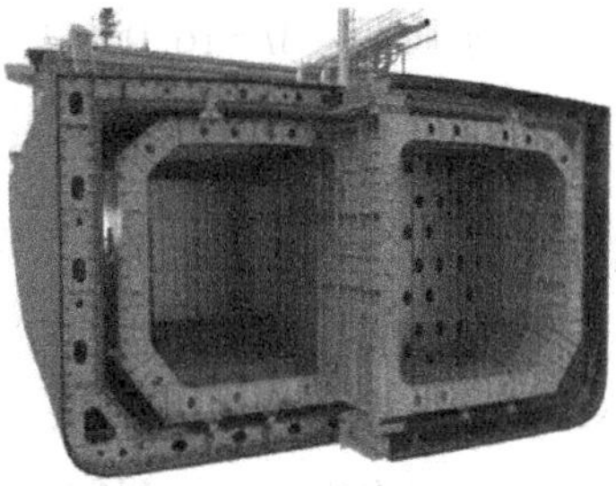

图 2.3 膜式液舱双壳结构

液货舱由主、次两层绝热绝缘层和相应的保护薄膜组成。绝缘层由许多绝缘箱体构成，箱体内充装 LNG。保护薄膜为厚度仅 0.7mm 的殷瓦钢材料，主要用于防止船体结构在超低温环境下出现冷裂，船顶有一个液体穹顶和一个气体穹顶，分别用于 LNG 货物的装卸和挥发气体的回收利用。

2.3.4 LNG 接收站主要工艺

LNG 接收站是指接收 LNG 船运来的液化天然气，将其储存并再气化后输往用户的中转枢纽，一般都建在港口，包括 LNG 接卸装置、多个 LNG 常压低温储罐、低温高压泵、LNG 加热再气化装置等。LNG 接收站鸟瞰图如图 2.4 所示，接收工艺流程图如图 2.6 所示。

2.3.4.1 LNG 码头卸料工艺

LNG 运输船靠泊后，利用 LNG 船自带的卸料泵，将 LNG 经过卸料臂输送到卸料总管，经卸料总管输送到 LNG 储罐中。LNG 储罐的蒸发气，通过气相返回管道、气相返回臂，返回到运输船的 LNG 储舱中，以保持 LNG 船舱的压力平衡，如图 2.5 所示。

卸船时 LNG 可以从 LNG 储罐的上进口进入储罐，也可通过下进口进入 LNG 储罐。不同密度的 LNG 以不同方式进入储罐，比罐内 LNG 重的 LNG 从上部进入，比罐内 LNG 轻的 LNG 从下部进入，利于罐内 LNG 充分混合；同时，可通过罐内泵将储罐内的 LNG 进行强制循环或倒罐，防止分层严重，避免翻滚现象发生。

图 2.4　LNG 接收站鸟瞰图

图 2.5　LNG 卸料示意图

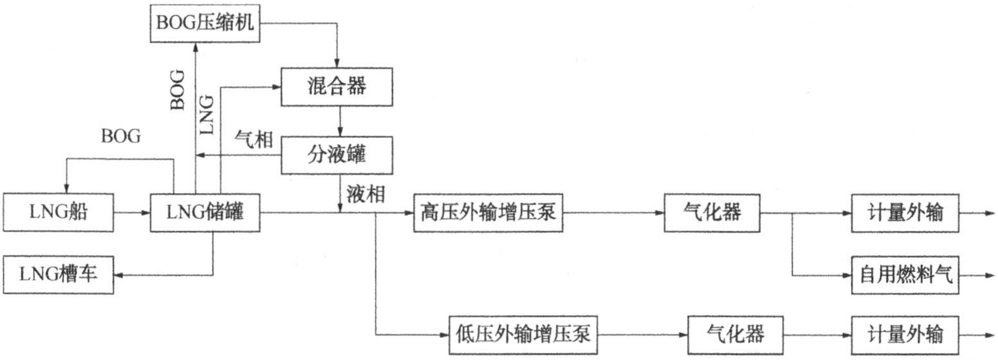

图 2.6　LNG 接收工艺流程图

2.3.4.2　LNG 气化外输工艺

储罐内的 LNG 经罐内泵汇集到低压总管，再经外输增压泵升压后到气化器，气化后的 LNG 经计量外输单元进入下游管道。

2.3.4.3　BOG 回收处理工艺

接收站 LNG 储罐及系统由于 LNG 气化而产生蒸发气(BOG)，造成 LNG 储罐及系统压力升高。为维持 LNG 储罐及系统压力平衡，需对 BOG 进行处理。利用 BOG 压缩机将 BOG 压缩升压到 0.82MPa 左右，与低压总管来的 LNG 充分混合液化，使蒸发气再冷凝，再冷凝后的 LNG 与低压总管的 LNG 混合后进入外输增压泵(图 2.7)。

BOG 压缩系统由 BOG 减温分液预处理工艺、BOG 压缩升压工艺两部分组成。

1) BOG 减温分液预处理工艺

LNG 储罐所产生的 BOG，经 BOG 总管进入减温器，通过喷入低温 LNG(-150℃)，将来料 BOG 温度控制在-110℃以下，进入 BOG 压缩机入口缓冲罐进行分液处理，气体由顶部进入 BOG 压缩机，液体由底部进入凝液罐。

2) BOG 压缩升压工艺

自缓冲罐来的低温 BOG(<-110℃)进入 BOG 压缩机一级入口缓冲罐，经压缩机一级气缸压缩，压力升至 0.27MPa，温度-80~5℃，进入一级出口缓冲罐；一级出口压缩气进入二级入口缓冲罐，经压缩机二级气缸压缩，压力升至 0.82MPa，温度-20~30℃，进入二级出口缓冲罐。

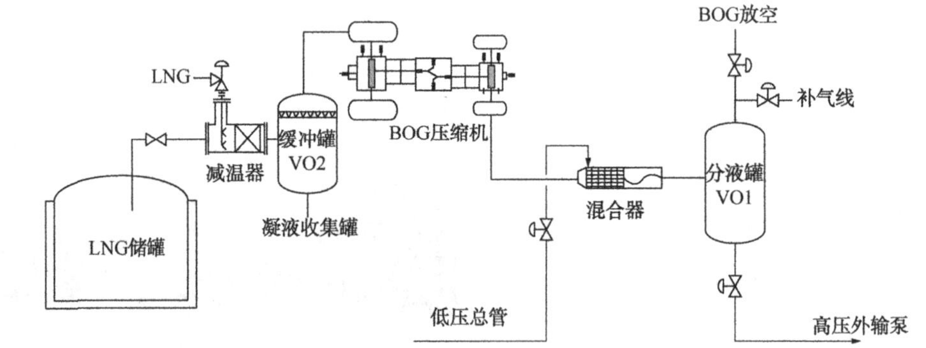

图 2.7　LNG 接收 BOG 工艺流程图

2.3.4.4　槽车充装工艺

槽车充装单元的 LNG 来自站内 LNG 低压总管，槽车经过计量撬进行充装，充装后进行计量。计量撬设有控制部分、计量部分、液相、气相、排凝、放空部分和安全切断部分。

2.3.4.5　火炬系统工艺

为保证 LNG 接收站安全生产运营，设置地面火炬(或放空火炬)。

2.3.4.6　零输出工艺

当 LNG 接收站处于“零输出”状态时，原则上由 1 台罐内泵运行，满足站内保冷循环系统运转。

2.3.5　LNG 接收站主要设施

2.3.5.1　LNG 码头

液化天然气码头指从 LNG 运输船泵给陆地储罐的专用工作场所。LNG 码头是 LNG 接收和转运的重要组成部分。LNG 运输船靠码头后，经码头上的卸料臂将船上的 LNG 输出管线与岸上卸船管线连接起来。LNG 码头的选址应与当地的城市规划和港口规划相衔接，同时满足 LNG 接收站的统筹布置。在 LNG 码头区域可以实现 LNG 的接卸，利用气相平衡使 LNG 接卸过程动态平衡。LNG 码头的保冷循环系统，在非卸船期间，从低压总管来的 LNG 经码头保冷循环管线流经卸料总管循环回到 LNG 储罐，使 LNG 卸料总管处于冷备用状态。LNG 码头建有装船系统，可以使 LNG 从低压总管经跨线进入卸料总管，后反向输送至码头，再经卸料臂输送至待装 LNG 船。

2.3.5.2　LNG 储罐

LNG 到接收站储存于专用 LNG 储罐，LNG 储罐通常为双层金属罐，内罐材料为 9%Ni 钢，外罐为混凝土浇筑，外罐内壁为低温碳钢，中间绝热材料为膨胀珍珠岩，底部为弹性玻璃纤维。储罐所有的连接管均设计在罐的顶部，在罐的底部设有架空式承台，防止基础出现冻结现象。如图 2.8 所示。罐的设计温度为 $-165 \sim +65$℃，日挥发率控制在 0.05%。LNG 储罐可以实现 LNG 的外输，利用保冷循环确保 LNG 持续保持在液化状态。

图 2.8　建设中的 LNG 储罐

2.3.5.3 LNG 气化器

LNG 气化器的主要功能是将 LNG 增压、气化、计量后外输至下游管道。LNG 接收站气化器一般采用开架式海水气化器，这种气化器性能安全可靠，运行成本低廉，但由于提供热源的海水进出口温差较小，以致开架式气化器设备比较大，投资较高。气化器用海水作为加热介质，海水流量通过海水管线上的流量调节阀来控制。在气化器中，LNG 从下部总管进入，然后沿着呈幕状结构的 LNG 换热管上升，与海水换热气化后成常温气体送出，海水从上部进入，经分布器分配后呈薄膜状均匀沿幕状 LNG 管下降，使管内 LNG 受热气化，如图 2.9 所示。

图 2.9 海水气化器

2.3.5.4 LNG 再冷凝器

LNG 再冷凝器主要功能是经 BOG 压缩机两级压缩后的 BOG，与低压总管来的过冷 LNG (-150℃)在混合器内按质量比为 1∶7(BOG 质量∶LNG 质量)的比例充分混合，将 BOG 降温至-120℃以下(工艺控制温度为-130℃)，使 BOG 再冷凝成 LNG，进入分液罐，从而实现 BOG 的再冷凝回收。

再冷凝器的内筒为不锈钢鲍尔环填充床，BOG 和 LNG 都从再冷凝器的顶部进入，并在填充床中混合。再冷凝器的压力和液位控制保持稳定，确保 LNG 高压输送泵的入口压力稳定。如果再冷凝器气体入口压力在高值范围不规则波动，再冷凝器的操作压力将通过释放部分气体到蒸发气总管来维持。在外输天然气量较低时，再冷凝器可能不能将压缩后的 BOG 完全冷凝下来，再冷凝器可通过对液体出口温度的检测，将该温度信号送往压缩机以调节控制 BOG 压缩机的能力。

2.4 储气库

储气库是储存处理过的天然气的“容器”。人们通常所说的“储气库”，一般是指地下储气库。地下储气库是将从天然气田采出的天然气重新注入地下可以保存气体的空间而形成的。它是利用具有密闭盖层的地下盐丘或枯竭油气藏构造进行配套建设形成的一种人工气田或气藏，可以进行天然气周期性注入和采出，实现天然气地下储存、稳定供应及应急调峰等功能。对于整个天然气行业来说，储气库更是国家能源安全的一种战略储备。

地下储气库要求注入的天然气封得住、采得出，构造结实、埋藏深度适中、储层物性好、密封性强，并具有一定储气规模等，所以地下储气库对建库地质条件要求高，同时受市场、资源、管网等因素制约。与其他调峰方式相比，地下储气库具有容量大、受气候影响小、安全可靠性高、削峰填谷作用明显、保障气田均衡生产、有效提高管网运行效率等优势。国外建库经验表明，资源分布、管网建设程度、地理位置、人口稠密程度和经济发展程度决定地下储气库布局。同时也要考虑其他调峰手段如 LNG 接收站、长输管道等，合理的地下储气库布局有利于实现调峰保供效益最大化。

2.4.1 储气库分类

地下储气库主要有枯竭油气藏型、盐穴型、含水层型和废弃矿坑型四种类型。从已建成地下储气库类型来看，以枯竭油气藏型、盐穴型和含水层型储气库为主。

2.4.1.1 枯竭油气藏型储气库

枯竭油气藏型储气库是利用已经开采枯竭废弃的气藏或开采到一定程度的退役油气藏来存储天然气。枯竭油气藏型储气库具有以下特点：

(1) 该类油气藏有盖层、底层，无水区或弱水区，具备良好的封闭条件，储气不易散溢漏失，同时有很大的天然气储气容积空间，有效库容可大于调峰气量的1~2倍，且不需或仅需少量的垫底气，注入气利用率高。

(2) 建库后无须布置大量监测井，现有气井和地面设施可部分改造利用，建设时人们对其地质情况，如油(气)藏面积、储层厚度、盖层气密封、原始地层压力和温度、储气层孔隙度、渗透率、均质性以及气井运行制度等已准确掌握，不用进行地质勘探，因而可节省投资。

(3) 建库周期相对较短，建库投资低。若气藏采出程度低，可以减少大量的垫气，则对建库更为有利。

2.4.1.2 盐穴型储气库

盐穴型储气库是指在地下盐层与盐丘中，利用水溶解盐的开采方式形成地下空穴用来储存天然气的地下设施。盐穴型储气库包含盐丘型与层状盐岩型储气库，国外盐穴型储气库目的层一般为盐丘，盐丘厚度达500~1000m，埋深一般不超过1500m，岩盐品位好，不溶物含量低、夹层少，成腔率高(90%)，单井吞吐能力强，建库时间一般为2~3年，腔体体积大，可应用双井盐穴建库技术，以及定向井和丛式井盐穴建库。国内全部为层状盐岩型储气库，夹层多、品位低，腔底不溶物残留多，成腔率低(70%~80%)，建库周期3~5年，以直井、单井单腔为主。盐穴型储气库具有以下特点：

(1) 吞吐量大、速度快。

(2) 注采气灵活，一年可实现多周期注采。

(3) 注采气工艺简单，操作成本相对较低。

(4) 达容速度快，储气损耗少。

2.4.1.3 含水层型储气库

该类型储气库一般建在背斜构造的含水砂岩储层中，利用地下水层改建而成。储气原理与气藏型基本相同，区别是含水层建库前孔隙中充填的全部是水，而气藏型储气库的储层建库前存储过天然气。含水层型储气库具有以下特点：

(1) 原始储层完全被水体所充满，初建含水层储气库时，储存的气体一般在构造的高点或高点附近注入。

(2) 随着气体的注入渗透性大的岩层中的水被驱替出去。

(3) 气体注入结束时，构造上部的水被驱替到极限，形成一个与上部盖层形状基本相同的人工气藏。

(4) 储气库需一定的垫气层，一般为气库储气量的30%~70%，储气量、调峰能力较枯竭油气藏小。

2.4.1.4 废弃矿坑型储气库

废弃矿坑型储气库是利用废弃或新建岩洞、地下坑道，经密封处理后储存天然气。

不同类型储气库对比见表2.1。

表2.1 不同类型储气库对比

类型	储存介质	优点	缺点	比例	用途
枯竭油气藏型储气库	原始饱和油气水的孔隙性渗透地层	储气量大，可以利用油气田原有设施	地面工艺要求高，垫气量大，部分垫底气无法回收	76%	季节调峰与战略储备
含水层型储气库	原始饱和水的孔隙性渗透地层	储气量大	勘探风险大，部分垫底气无法回收	15%	季节调峰与战略储备
盐穴型储气库	利用水溶形成的洞穴	工作气量比例高，可完全回收垫底气	卤水排放处理困难，有漏气的风险	8%	日、周、季节调峰
废弃矿坑型储气库	采矿后形成的洞穴	工作气量比例高，可完全回收垫底气	容量小，易发生漏气	<1%	日、周、季节调峰

2.4.2 储气库地面工艺

储气库的作用主要是进行天然气调峰使用，我国目前已经投用的储气库，多数采用“冬春采气，夏秋注气”流程，以弥补进入冬季采暖季时管道输送天然气存在的计划缺量，从而更好地保障民用和工业用户的稳定用气。

储气库地面工艺包括井口工艺、注气工艺、采气工艺以及输气干线工艺。井口工艺是从井口装置到净化工艺入口以及从压缩机出口汇管到注气井井口装置；注气工艺一般有两种形式，靠注气压缩机增压注气和靠输气干线的管压注气，两种工艺最大的区别就是是否需要建设注气压缩机；采气工艺是将从储气库采出的天然气经过脱水净化达到外输露点要求的工艺装置和设备。

2.4.3 储气库注气和采气

与气田建设相比，储气库具有“注采循环、大进大出”、压力较高、使用寿命长的特点，因此，储气库对注、采气系统的安全可靠性和操作灵活性要求较高。储气库注采气工艺主要包括注采井和地面工艺两个部分，地面工艺主要包括集输管网、计量系统、压缩机增压(注气)、过滤分离、脱水脱烃(采气)等生产单元。枯竭油气藏型储气库与盐穴型储气库在注采气主要工艺上差别不大。

注采井同时具有注气和采气功能，即“注采合一”，建设完成的注采井主要目的是在天然气使用低谷期向地层大排量高强度注气，在天然气使用高峰期从地层大排量高强度采气。

2.4.3.1 注气工艺流程

在注气阶段，自分输站来的天然气首先经过贸易交接计量仪表，进入旋流分离装置除去尘粒等机械杂质，再经过过滤分离器滤掉细小颗粒杂质后进入注气压缩机进行增压，增压后的天然气通过集输管网单井管线计量后，输送至各井场注入地下储气库，如图2.10所示。

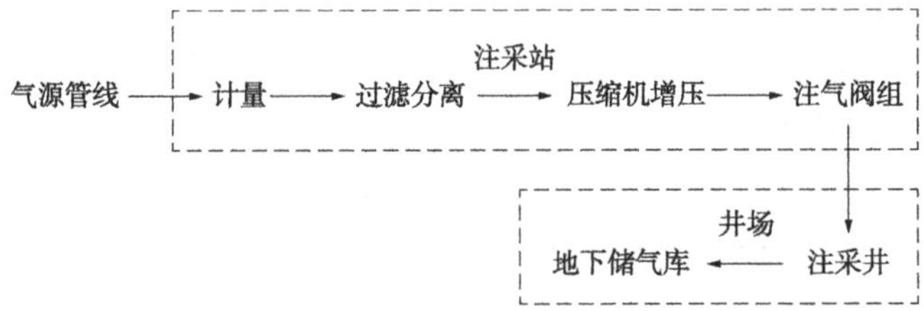

图 2.10 储气库注气工艺流程

2.4.3.2 采气工艺流程

在采气阶段，气井的来气需首先经过单井管线、注采阀组和生产分离器，然后进行三甘醇脱水，再通过丙烷脱烃，进而通过在线色谱分析和超声波计量之后，才能进入输气管道外输，如图 2.11 所示。

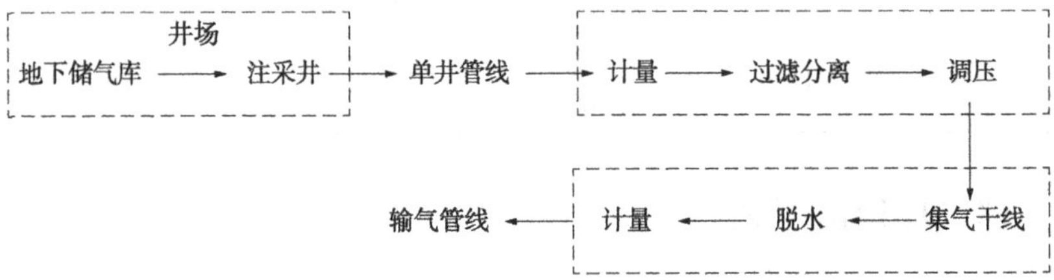

图 2.11 储气库采气工艺流程

2.4.4 储气库的调峰

天然气作为一种清洁能源，占能源消费的比例越来越高，需求越来越大。天然气消费和需求具有明显的季节性特点，冬季天气冷需求量大、夏季气温较高需求量较小，呈现明显的周期性波动，据统计冬季用气高峰可达夏季用气低谷的 4~10 倍。由于天然气易燃易爆特点决定天然气不易储存，长输管道管容及 LNG 接收站储罐调节能力有限，地下储气库成为天然气储存的最安全、有效、经济的设施。因此，加强储气能力建设、提升天然气调峰及应急保供能力，是国家天然气“产、供、储、销”建设的重要一环，对保障天然气安全平稳供给尤其是保障民生具有重要意义。

地下储气库的调峰能力包含两个方面，一是储气库在设计的运行压力区间能够采出的最大气量，主要取决于储气库库容、工作气量等库容参数，库容越大、工作气量越大，调峰能力越大，反之亦然；二是在单位时间内储气库采气能力，主要受限于地下储层物性参数、生产压差、注采井数及生产管柱设计等，地下储层物性越好、生产管柱越大，注采井单井设计采气能力越大，调峰能力也就越强。

2.5 长输管道建设

天然气管道连接着 LNG 接收站、天然气净化厂、储气库以及大型用户，并通过互联互通形成供气管网系统，它是天然气储运工程的重要组成部分。天然气长输管道建设按照时间顺序分为管道设计、管道建设前期工作、管道施工、投产试运以及竣工验收。

2.5.1 管道设计

管道设计由具有相应资质的油气储运专业设计院完成。按阶段可分为可行性研究阶段、基础设计阶段、详细设计阶段。

(1) 可行性研究阶段。主要从技术可行和经济可行两方面进行论证。

(2) 基础设计阶段。在工程项目确定以后，根据设计任务书的要求，结合实际条件所做的工程具体实施方案。

(3) 详细设计阶段。根据设计合同(或设计委托)、核准的基础设计和各专项评价报告、地方政府主管部门的各项批复意见及设计基础资料进行编制，满足施工要求。

2.5.2 管道建设前期工作

项目前期工作是项目建设立项、依法合规手续办理的重要环节，其主要内容有：

(1) 项目策划。从项目建设投资的想法开始，编制企业中长期发展规划，深入进行市场调研，厘清天然气销售渠道，落实天然气资源，从而形成管道建设意向。

(2) 编制项目建议书。项目建议书又称立项申请报告，就具体拟定项目提出建设目标和效益的建议文件，编制项目建设规模、管道长度、路由及用户分布等，并上报项目前期工作方案。

(3) 编制项目可行性研究报告。委托专业机构编制项目可行性研究报告，分预可研和可研两个阶段，预可研为项目能否立项提供决策咨询，可行性研究报告为建设项目投资决策提供咨询服务。可研阶段同时开展安全预评价、环境预评价、职业卫生、社会稳定性、节能评估、压覆矿资源评估、地震地灾等各项评价工作，上报并取得相应地方政府主管部门批复意见。

(4) 项目核准。核准是指政府审核和批准的意思。首先需要取得管道沿线所经乡镇、县区、地市的支持性意见，办理规划选址意见等。设计单位编制项目申请报告，将核准材料上报相应发改委等待项目核准。不跨市项目市内核准，不跨省项目省内核准。取得核准意见后，项目前期工作基本完成。

2.5.3 管材制作

天然气长输管道按照生产方法可以分为无缝钢管和焊接钢管，其中焊接钢管又分为直焊缝钢管和螺旋焊缝钢管。螺旋焊缝钢管是使用一定宽度的钢带按特定的螺旋线角度(成型角)卷制，然后将管缝焊接制成，这样可以用同样宽度的钢板生产管径不同的焊管，但与直缝管相比，焊缝长度增加了30%~100%。螺旋焊缝钢管是应用于天然气长输管道最常见的钢管，由专业的钢管厂制作，并在管道外增加防腐层后出厂。

2.5.4 管道施工

1) 施工准备

施工准备包括人力资源准备、技术准备、物资准备、施工机具设备准备、施工现场准备。开工前，应进行图纸会审、设计交底和技术交底工作，编制施工组织设计、施工方案及质量、安全、健康环境保护措施的编审工作；施工单位成立项目组织机构，培训人员、考试取证；完成施工机具设备配置和维护保养工作；做好物资采购、运输、保管工作；办理相关施工手续；做好施工场地、生活后勤保障准备工作。

2）交接桩、测量放线

施工单位技术人员熟悉图纸资料，设计代表向施工单位交接设计控制(转角)桩，核对桩号、里程、高程、转角角度。测量人员依据线路平面图、纵断面图、线路控制桩等设计资料进行复核，采用专用仪器确定沿线管道安装的中心线位置并画出施工作业带的界线。

3）施工作业带清理

首先做好土地临时征用和青苗赔偿等工作，去除作业带内的障碍物，修筑施工便道。管道施工作业带宽度要符合设计要求，对于山区非机械化施工地段，可根据地形条件适当减小作业带宽度。

4）防腐管运输

防腐管运输是将钢管从管厂或者中转站通过公路运至施工现场，其中钢管运输需采用专用运输车辆，钢管的装卸也需采用专用的吊管带，钢管和车架之间以及两个钢管之间必须用橡皮板等软质材料相隔。热煨弯管、冷弯管采用平板拖车等专用交通工具。

【例题 2-3】已知螺旋焊缝管外径为 1219mm，壁厚为 20mm，单根长度为 12m，计算裸管的质量。

已知：$D=1219\text{mm}$，$\delta=20\text{mm}$，$L=12\text{m}$。

求：W。

解：根据《石油天然气工业管线输送系统用钢管》(GB/T 9711—2017)钢管质量计算规定，取系数 C 为 0.02466。

$$W=(D-\delta)\cdot\delta\cdot C\cdot L=(1219-20)\times20\times0.02466\times12=7096(\text{kg})$$

答：单根钢管质量为 7096kg。

5）布管

布管是指将作业带内的钢管摆放到施工位置，一般要求沿作业带一侧布管，钢管首尾相接、呈锯齿状分布，钢管还需要放置在柔性土层上，不得接触石块等坚硬物体，以免损坏管道。

6）钢管的组对、焊接与焊缝检测

管道组对前需用通管器通管和清理管道，保证管道内无杂物，将两根管道的管口对齐，然后用对口器将两根管道夹在一起。组对工序完成后，就可以进行焊接工序，焊接结束后，需要对焊缝进行检测，确保焊接质量。

焊接工艺主要有手工半自动焊接和全自动焊接，全自动焊接具有焊缝成型美观、无损检测合格率高、力学性能好、焊接效率高和焊接劳动强度低、可实现自动化操作等优点。全自动焊需要专用防风棚，控制环境风速不大于 2m/s；管道预热可采用中频加热器；全自动焊包括根焊、热焊、填充焊、盖帽焊、表面清理等工序。由专门的全自动焊机在焊机轨道上依次周向完成焊接。

7）管道补口补伤

补口补伤是针对防腐层而言，在管道焊接完成后，需对管道接口焊缝处无防腐层位置进行补口，使用电火花检测并对发现的管道防腐层破损处进行补伤，补口质量好坏直接影响管道建设质量，是管道施工质量控制的重要环节。

8）管沟开挖

开挖管沟前需对地下管道、光缆、电缆或其他隐蔽建构筑物进行详细探查，管沟的开挖深度应符合设计要求。管沟开挖采取履带挖掘机侧面机械开挖、人工配合的施工方法。对石方段、水网密集区的管沟开挖需有专门的施工方案。

9）管道下沟

管道下沟前应复查管沟深度，确保符合规范，清除管沟内有损防腐层的异物，下沟前应根据防腐层等级，采用电火花检漏仪对管道进行质量检测，对发现的损伤必须修补合格，然后用专门的吊管设备将完成焊接的管道下放到管沟底部，禁止吊管机单机作业，以免发生滚沟事故，管道下沟后要确保管道与沟底贴实紧密，不得有悬空段。

10）管沟回填

一般在管道下沟后的10日内完成管沟回填工作。应先回填一定厚度细土，再回填其他表土，先填生土、再填熟土，以保证农作物耕种。回填过程中同沟敷设通信光缆，回填后要压实，不得出现浅埋管道。回填后应全线进行外防腐层PCM地面检漏，发现外防腐层漏点应进行开挖修补。

11）非开挖施工

管道穿越公路、铁路、河流常使用非开挖施工技术，即不开挖地面、不阻碍交通、不破坏绿地的安全有效施工技术，主要方式有：

（1）定向钻施工：使用大型定向钻机从一侧向另一侧进行定位钻孔、扩孔，然后用钻杆伸向另一侧将已焊接防腐完成的管道回拖至钻机一侧，从而完成管道敷设的方式。特别适用于大型河流的穿越施工。管道伴行光缆硅芯管需另行钻孔回拖，如图2.12所示。

（2）顶管施工：在工作坑内借助顶进设备产生的顶力，预先将混凝土套管顶入土层，然后将套管中的土方运走，一段一段地顶进，形成一个管道通道后，将完成焊接防腐后的管道送入套管中，从而完成管道的敷设。特别适用于公路、铁路穿越施工，如图2.13所示。

图2.12 定向钻施工

图2.13 顶管施工

12）管道清管、测径、试压

清管采用压缩空气作为介质推动清管器进行清管，清除管道内杂物；根据设计规定进行强度试压和严密性试压，必须采用清洁水并化验合格后灌入管道。采用测径板进行测径，测径板通过管段后，无变形、褶皱即为合格。管道分段试压完成后，应将管道内积水排除，并对管道再次进行通球吹扫干燥至符合规范要求。

13）管道连头

管道连头分热煨弯管与直管段连头，穿越管道与一般地段管段连头，阀室、站场与站外管段连头等几种情况。连头一般为手工下向焊进行连头死口的焊接，连头时不得强力组焊。

连头完成后需单独对连头点管道进行防腐和管沟回填等工作。

14）地貌恢复与水土保护

根据水土保持相关要求，在管沟回填工序完成之后，对作业带内施工材料和杂物进行清理，并按照施工前的地貌进行恢复。为防止水土流失、山体滑坡等自然灾害，需采取挡土墙或坡式护岸等水工保护措施，确保管道安全运行。

15）管道桩埋设

为方便管道巡护管理、阴极保护电位测试和管道标识，管道敷设完成后需在管道上方埋设里程桩、标志桩、转角桩。在人行要道埋设警示牌(桩)。

2.5.5 管道投产试运

管道投产是将管道施工期间内的空气置换为天然气并提升管道天然气压力的过程。生产准备工作在管道建设期间同步开展，主要包括技术准备、组织准备、人员准备、物资准备、资金准备、气源条件准备、营销准备等。制定投产方案，然后确认工程建设质量符合投产要求，管道施工完成后，需进行管道中交及设备单体调试和系统联调，对工程建设存在的遗留问题整改完毕并通过验收，相关安全手续办理完成，工程质量初评合格，最后进行投产前条件检查，不参与投产的工艺管道和设备等进行有效隔离。

天然气管道一般采用“气推气”的投产方式，即利用天然气推送氮气段、氮气段推送空气的方式将管道中的空气全部置换成天然气，随后实施天然气升压作业，达到目标压力后完成管道投产。

2.5.6 竣工验收

竣工验收是对管道建设期间工程设计、施工、设备安装质量和各管理环节等方面做出的全面评价。管道顺利完成试运投产、交工验收、专项验收等过程，就可以按照相关规范进行项目竣工验收。

2.5.7 数字化管道

2.5.7.1 数字化管道概述

数字化就是将信息转换为数据格式的过程。数字化管道是应用遥感技术、全球定位系统、地理信息系统、数据采集系统、计算机网络和多媒体技术等手段，实现对管道规划、勘察设计、施工建设和运行管理过程中相关信息获取，并结合管道专业应用软件，构建一个系统的、完整的虚拟管道信息系统。数字化管道就是管道的信息化，它包括实现全部管道及周边地区资料的数字化、网络化、智能化和可视化的过程。数字化管道分建设期和运行期两个阶段。数字化管道系统总体架构如图 2. 14 所示。

2.5.7.2 建设期数字化系统

1）设计数字化交付

数字化交付区别于传统以纸介质为主体的交付方式，是通过数字化集成平台，将设计产生的数据、文档、模型以标准数据格式提交给业主的交付方式。设计数字化交付包含线路工程和站场工程交付子系统，集成了可研、总体、初设、详设、专项评价等各阶段的设计成果数据，能够对各阶段数据进行追溯，为管道建设、运行提供基础数据，满足天然气管道运行期数字化运行、完整性管理的数据需要。

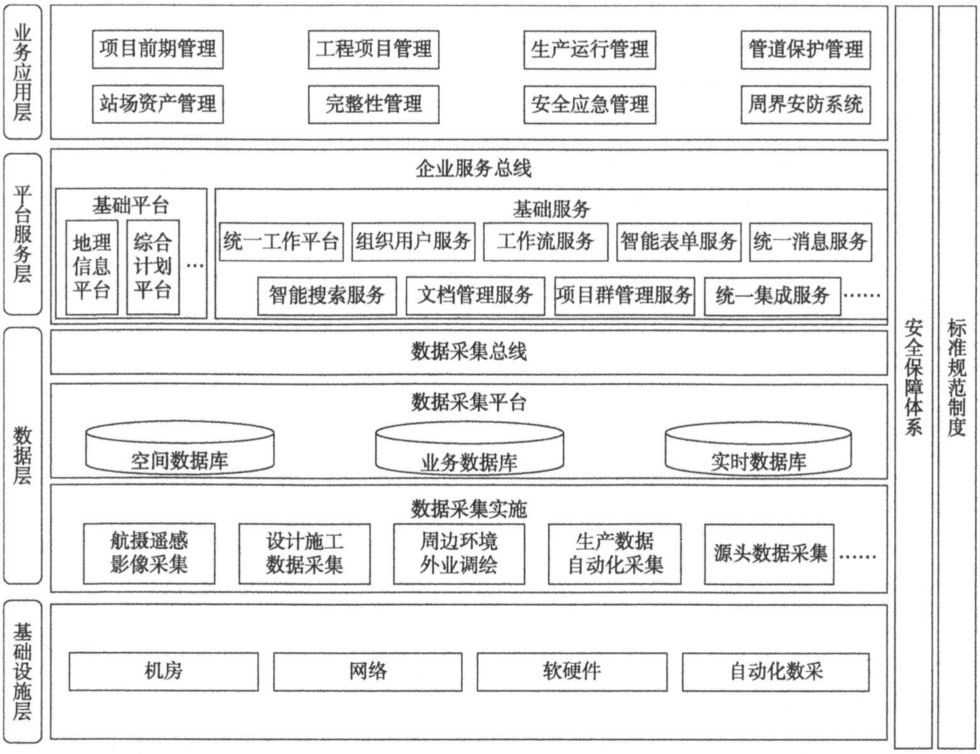

图 2.14　数字化管道系统总体架构图

2）工程项目管理系统

工程项目管理系统包括项目管理、施工管理、物资管理、资源管理、监理管理、质量管理、HSE 管理、进度计划管理、工程量清单管理，施工过程中融合设计、采办、施工等数据，进行可视化管控。

3）施工数据采集

数据采集贯穿于数字管道整个生命周期，需对焊接、检测、敷设、附属物、穿跨越、阴保等线路数据及工艺、仪表、通信、供配电等站场设备设施数据进行采集，管道施工数据采集涉及工程监理、物资采购、施工、检测等单位，为管道运营管理提供翔实可靠的基础数据。

4）智慧工地

智慧工地是指结合新一代信息技术的全新施工现场管理技术。智慧工地建设通过搭建施工现场无线局域网络、关键施工作业视频监控、自动采集工况参数、施工助手智能移动终端应用等信息化技术及工业化技术融合实现智慧工地建设互联网+项目管理，可以满足管道建设“全数字化移交”要求，真实准确地反映现场施工过程，通过信息化手段大幅提升施工进度、质量及安全管控能力。

2.5.7.3　运行期数字化系统

1）管道完整性管理系统

完整性是指管道处于安全可靠的服役状态，即结构和功能是完整的，风险是可控的，可满足当前运行要求的状态。管道完整性管理系统是实现完整性管理风险评价、完整性评价、完整性决策的信息技术平台，包括高后果区管理、风险管理、完整性评估、维修与维护和效能评估等。

2）生产运行系统

生产运行系统和SCADA系统集成，负责日常管道工艺操作、值班、生产计划、运行、调度、计量、能耗等业务管理。通过管网地图展示的方式可视化显示管线走向，展示所有管段各个时刻的压力、温度、流量及管存变化，便于更精准掌握管网运行数据情况，对异常和重点监测的管段进行预警和提醒。可形成生产运行报表，从而让管理层动态了解管网运行状态，为管道运行管理、安全保障提供技术支持，输气站三维扫描如图2.15所示。

图2.15　输气站三维扫描示意图

3）设备管理系统

设备管理系统以设备全生命周期管理为理念，以提高设备可靠性为目标，以设备台账管理为基础，以设备定期工作管理、点检管理、技术监督等预防性、预警性管理为核心，建立一个系统化、立体化、动态化的管理体系。并与预算管理、物资管理实现互联，将设备管理统一纳入企业价值链管理之中，实现设备全生命周期管理。

4）管道巡线系统

管道巡线系统是在管道地理信息基础上为了科学巡线管理而建立的信息系统。它包含管道巡线计划、巡线任务、实时监控、巡检事件、巡检人员管理等功能，依托手持巡线终端，实现巡线人员打卡，到点位后刷脸、定位位置信息，实现巡线员轨迹分析、巡线车辆轨迹分析等功能，从而实现对管道巡线的智能化管理。

5）阴极保护远程管理系统

以管道完整性数据为基础，充分利用物联网、云计算和微服务等新兴技术，创造性地构建管道防腐监控系统，实现管道阴极保护实时监测、智能分析、任务下达、报表输出等功能。

6）应急指挥系统

天然气管道作为能源"生命线"，安全预警和突发事件应急处置尤为重要。应急指挥系统基于管道数据中心与移动可视终端，在管道企业应急指挥中心综合显示、推送应急响应信息，包括应急资源、应急预案、管道基本数据、SCADA报警信息、运行参数、周边环境信息、交通信息、现场可视化图像、影响范围预测、应急实施进展等，全方位支持应急决策，实现便捷指挥、直观操作、多媒体综合调度等目的。

总而言之，在我国深化数字化转型、引领高质量发展的时代背景下，数字化管道建设任重而道远。作为国家能源安全重要的一环，智慧化管网、数字化管道的建设彻底改变了传统的工作模式，实现管道的数字化、智能化，不仅实现了管道安全、高效，还确保了管道运行维护的科学性和规范性，这对于我国天然气管道高质量发展具有十分重要的社会和现实意义。

第3章　输气工艺与设备

输气站是输气管道工程中各类工艺场站的统称，用于接收天然气、增压、分输、配送天然气、储气调峰、发送和接收清管器等。本章主要介绍输气站功能、输气站工艺流程，重点介绍输气站常用阀门、分离器、放空火炬等工艺设备的结构、原理、操作和故障排除方法。

3.1　输气工程综述

我国发现天然气较早，是最早用竹管输送天然气的国家，但现代天然气工业起步相对较晚。1949年，随着我国石油工业快速发展，天然气工业也开启了发展的步伐，在四川进行了大规模天然气勘探活动。1958年在四川盆地铺设了从永川黄瓜山气田到永川化工厂第一条输气管道，长20km，管径159mm。1958年宝鸡石油钢管厂开始建设我国第一条焊管生产线，1959年生产出第一根ϕ426mm大口径单面螺旋埋弧焊钢管。

20世纪60年代初，为解决国家西南地区重工业的能源保障问题，国家决定修建我国第一条天然气长输管道——巴渝(巴县石油沟气田至重庆)管线，将巴县石油沟的天然气输送到工业重镇重庆。设计管径426mm，全长54.7km，1961年开工建设。此管道是国内管道穿越长江开创性工程，第一次穿越长江时因水流冲击管道断裂失败，随后采用石笼稳管法(在管道两侧投放石笼，形成人工管沟来稳定水底管道)获得成功，1963年建成投产。我国第一座配气站为重庆孙家湾配气站。这一时期输气工艺较为简单，大部分输送的是含硫天然气，线路上安装有分水器，无清管设施，输气站设备仪表也较为简单，仅有就地仪表，阀门采用老式截止阀、闸板阀，开关全为手工操作，纸上记录生产数据。依靠手摇电话进行生产调度。

60年代中期到1979年，在四川省境内形成了从川东、川南到川西的南半环形天然气管网。1963年开始建设威成线(威远至成都)，该线第一次采用清管技术获得成功。1965年10月，我国长江第一条天然气管线跨江工程在重庆茄子溪竣工，管径ϕ219mm×8mm无缝钢管，采用三跨悬缆式管桥形式，两岸铁塔高达74m，跨江管道长度约1000m(该跨越管道2004年被巴渝复线长江穿越隧道穿越替代后拆除)。1987年，四川建成北半环天然气管网，与之前的南半环天然气管网共同形成中国第一个区域性天然气管网。这一时期面临的问题是螺旋焊缝制管质量存在瑕疵，不时造成天然气泄漏，最严重的天然气管线泄漏为纳大线，在总长27.6km的输气管道上，投产后半年时间内就发生11次爆管，2次严重渗漏。由于当时输送含硫天然气，管道内腐蚀严重，1971年威成线越溪段发生爆管，换管后7个月同一位置第二次爆管，腐蚀速率达2.6~10.4mm/a。这些给输气管道安全运行造成严重影响。

我国第一条省际长输天然气管道中沧线1984年建设，1986年投产，起点河南濮阳中原油田，终点河北沧州大化，全长366.5km，14座阀室。中沧线输气干线采用ϕ426mm变径管，其中河南濮阳至山东高唐采用壁厚8mm设计，高唐至沧州壁厚7mm设计，管道设计年输气能力为6亿立方米。起点濮阳首站最高工作压力3.43MPa，壁厚8mm管道材质为T/S-52K(相当于16Mn)，壁厚7mm管道材质为SM41B(相当于A3钢)。该条管道2016年运行30年后宣布停运。

特别值得一提的是中开(中原油田—开封)输气管道黄河穿越施工。1982年采用爆破成沟穿越方式，在940m长的主河道上打爆破桩191根，共用炸药61.43t。随着一声巨响，一条上口宽20m，深2m多的千米大沟形成。输气管道顺利穿越黄河。运行后定期对黄河穿越管道进行检测发现埋深不足，1987年国内首次引用国外定向钻技术对中开线进行定向穿越施工改造成功。

这一时期各输气管道工程已形成从气田集输、脱硫、输气干线、支线到用户的完整天然气供气网络，输气干线从*DN*426mm扩大到*DN*700mm的大口径，干线阀室的阀门采用地上敷设。输气站不仅具备接收天然气、给用户分输、配气功能，还具备清管功能，输气规模进一步扩大，但阀门开关仍靠手动操作，站场值班人员多，劳动强度大。

站场分离设备早期选用马鬃过滤器，效果差且拆卸清洗困难。后使用重力式分离器，但对天然气中的粉尘分离效果差，加之庞大笨重，相比较而言，旋风分离器由于体积小，结构简单，除尘效率高，得到了广泛使用。

天然气计量标准为《天然气流量的标准孔板计量方法》(SY/L 04—1983)，输气站大多沿用1级精度CWD-430双波纹管差压计测量孔板前静压、孔板前后差压和水银玻璃棒温度计，通过流量计算公式人工计算天然气流量。现场大多安装两片法兰夹持1块中间开孔的孔板的节流装置，为便于孔板清洗和更换，随后出现孔板阀、高级孔板阀，虽然孔板计量能适用复杂气质条件，便于维护保养，现场不需要电能就能进行贸易计量交接，但计量误差大，校验U形水银管差压计对计量人员健康威胁大，需要专人对计量开方卡片进行求积，因费时费力、计算精度不够而逐步被电动单元组合仪表取代。

中沧线首站从Solar公司引进两台半人马座T4500型燃气轮机及C3064离心式压缩机和配套的附属设备，是国内输气管道第一次采用增压设备。压缩机分两段，中间设冷却器，低压级入口压力980kPa(a)，排气量50000Nm^3/h，排气压力3322kPa(a)，转速15500r/min。燃气轮机输出功率3052.22kW。

输气站场阀门大多沿用化工行业中使用的阀门，大量使用闸板阀，阀门密封不严、开关不灵是主要问题。调压设备大多使用节流截止阀进行人为手动操作，有时需要用加力杠多人才能进行开关阀门操作。对调压精度要求高的场合，使用国产自力式气动薄膜调节阀。

管道防腐层早期使用沥青马蒂脂，后大量使用沥青玻璃丝布防腐。我国20世纪70年代初开始研制恒电位仪，KKG-3型可控硅恒电位仪是用于管道阴极保护常见的一种设备。

清管球是最早使用的清管器具，主要用于清除管道内的积水，降低对管道内壁的腐蚀，提高输送效率，后逐步采用皮碗带跟踪的清管器。但天然气中含有重烃成分风险较大，1986年12月中沧线德州站清管作业时排出大量凝析油，造成排污池灌满外溢，大量油气弥漫，被95m外小茶炉明火点燃，造成严重事故。

经过半个多世纪的发展，目前输气管道工程不但设计压力高，而且口径大，管道敷设全自动化焊接，机械化敷设；管道防腐采用3PE防腐层+外加电流阴极保护；干线阀门采用全焊接气液联动阀门，可以远程进行应急关断；输气站工艺流程更加复杂、完善，分离设备选用高效过滤分离器、计量采用远程诊断型超声波流量计、调压采用工作+监控+切断三组合的调压撬，可靠性得到了大幅度提升；全线配备 SCADA 系统和通信系统，站场配备站控系统和安全仪表系统，既能正常远程控制，又能有独立的 ESD 感知和切断功能；配套各种温度、火焰、可燃气体等传感器和机器人智能巡检，输气站大多实现了无人值守、定期巡检的智慧输气站。

3.2 输气站工艺

天然气传统输送方式为管道输送，管道输送方式与其他方式相比具有连续运输、占地面积小、能源消耗低、安全性高、运输价格相对便宜等优点。

所谓工艺流程，是为达到某种生产目的，将各种设备、仪器以及相应管线等按不同方案进行布置，这种布置方案就是工艺流程。输气站的工艺流程，就是输气站的设备、管线、阀门、仪表等的布置方案，表示输气站工艺流程的平面图形，称为工艺流程图。对于一条输气干线，一般有首站、阀室、增压站、分输站、清管站、末站等不同类型的工艺站场。干线与干线之间的连接站有时也称联络站，下面分别介绍各种站场的工艺流程。

3.2.1 首站工艺流程

首站的主要任务是接收上游天然气处理厂或 LNG 接收站来气，对天然气中所含的杂质和水进行分离过滤，实现天然气计量，调压、清管、放空等功能。另外，如需要增压，首站还需要增加压缩机等增压设备。

首站的工艺流程如图 3.1 所示，主要包括：

(1) 正常流程：天然气进气→分离过滤→计量→(增压)→发球→出站。

(2) 越站流程：天然气来气直接经越站后出站，此流程一般是在故障或检修状态下进行。

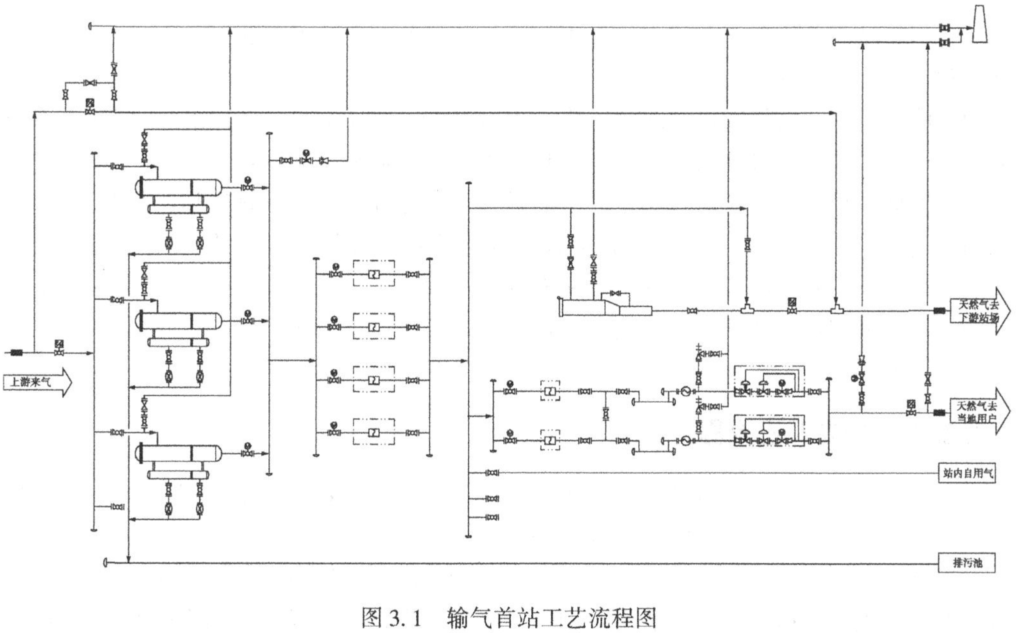

图 3.1 输气首站工艺流程图

3.2.2 分输站工艺流程

分输站的任务是进行天然气的分离、计量、调压及外输，分输流程一般都有用户的预留接口，以便输气站的输量增加，其流程主要有：

(1) 正常流程：天然气从干线取气进站→分离→过滤→计量→调压及向下游供气。

(2) 越站流程：天然气在进站之前，通过越站直接向下游供气。

图 3.2 为分输站工艺流程图。

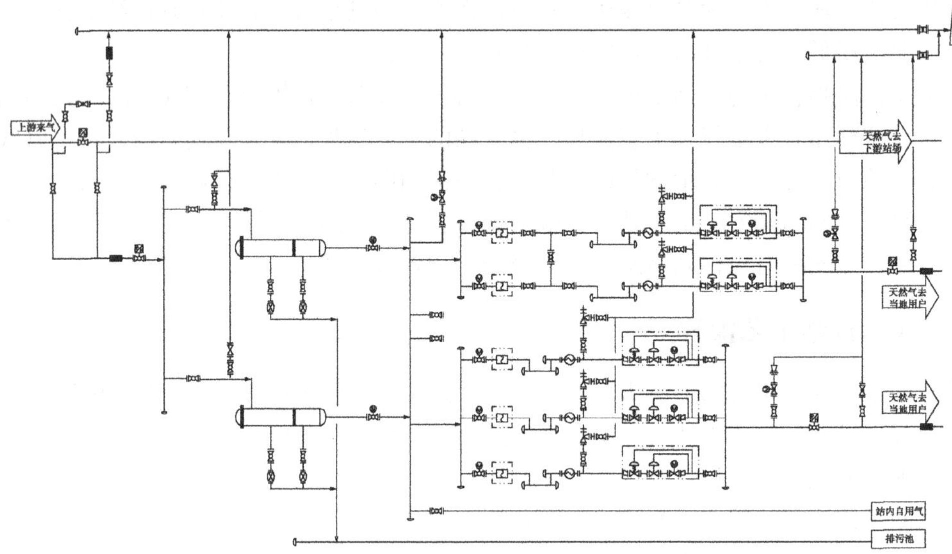

图 3.2 分输站工艺流程图

3.2.3 清管站工艺流程

一般清管站与输气站合并建设，但因清管器或检测器皮碗磨损距离受限的原因，部分清管站单独设置。其流程主要有：

(1) 收球流程：天然气进站之后，先经由收球筒，然后进入分离器分离后向下游供气；待清管器进入球筒后，打开收球筒旁通流程，关闭收球筒放空后取出清管器。

(2) 发球流程：预先将清管器按规范要求装入发球筒，平衡发球筒压力后打开发球筒出口阀门和进口阀门(控制流速)，关闭发球筒旁通流程，天然气经由发球筒将清管器发出，确认发出后，开启发球筒旁通流程，关闭发球筒进出阀门，对发球筒放空、置换待用。

(3) 越站流程：天然气在进站之前，通过越站直接向下游供气。

图 3.3 为清管站工艺流程图。

3.2.4 末站工艺流程

末站是天然气管道的终点站，下游用户一般为城市燃气管道或工厂用户。通常末站具有分离、计量、调压、清管器接收、配气等功能。

上游站场来气→集气汇管→分离设施分离→配送汇管，然后根据下游用户情况分别进行计量→调压→供往城市门站或工业用户用气。当需要进行清管或内检测作业时，导通收球筒流程，让清管器进入收球筒后，再恢复正常输气流程。图 3.4 为输气末站工艺流程图。

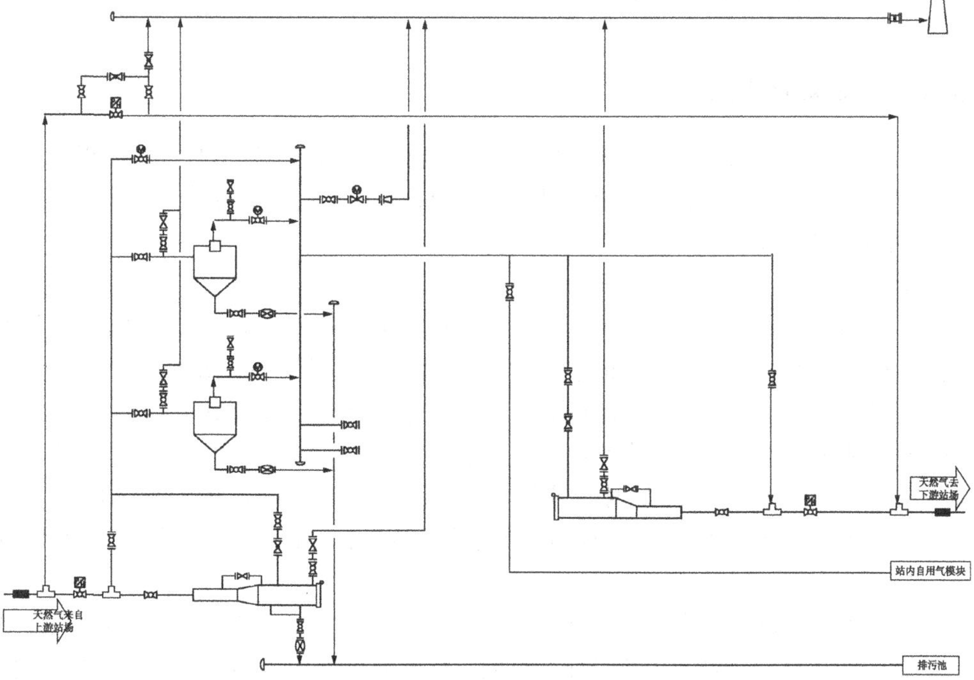

图 3.3 清管站工艺流程图

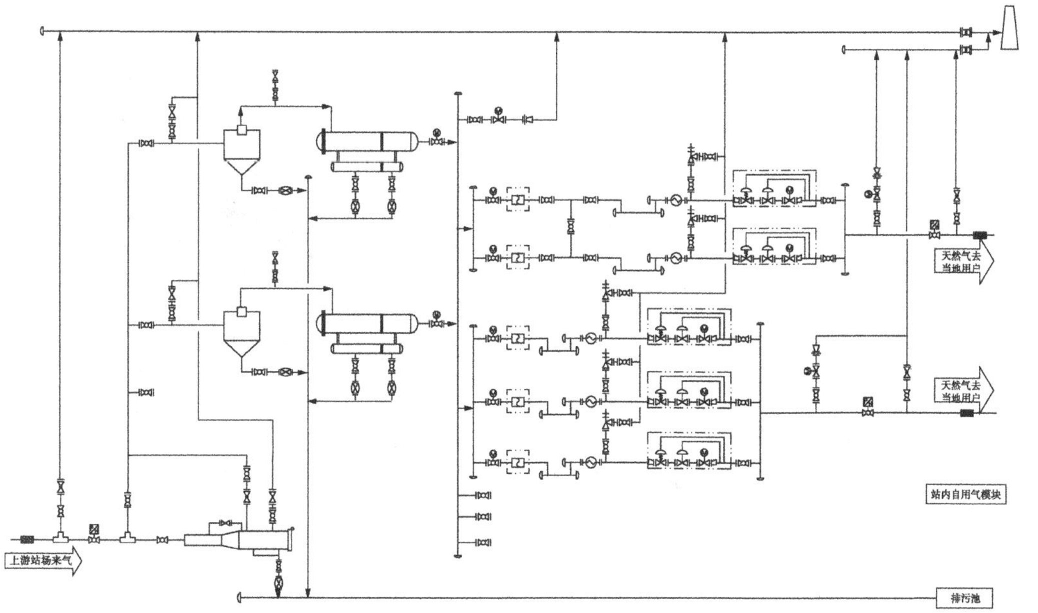

图 3.4 输气末站工艺流程图

3.3 分离过滤设备

3.3.1 旋风分离器

旋风分离器是利用离心力将天然气中的液滴或粉尘分离去除的一种设备，也称离心式分离器(图3.5)。旋风分离器靠气流切向引入造成的旋转运动，使具有较大惯性离心力的固体颗粒或液滴甩向外壁面分开。

1) 工作原理

由于气体与尘粒的质量不同，所产生的离心力也不同，结果是质量较大的尘粒会被抛到外圈。气体从进料口进入分离器进料布气室，经过旋风子支管的碰撞、折流，使气流均匀分布，流向旋风子进气口。均布后的气流由切向进入旋风子，气体在旋风管中形成旋风气流，强大的离心力使得气体中固体颗粒和液体颗粒甩脱出来，并聚集到旋风管内壁上，最终落入集污室中。而旋转下降的气流在进入锥体时，因锥体的收缩而向旋风子中心靠拢，其切向速度不断提高，当达到锥体某一位置时，即以同样的旋转方式反转而上，形成内旋气流，经出口管流出。

2) 结构特点

如图3.6所示，旋风分离器采用立式圆筒结构，主要由进料布气室、旋风分离组件、排气室、集污室和进出口接管及人孔等部分组成。旋风分离器的核心部件是旋风分离组件(旋风子)，多根旋风子按圆周方向均匀排布并通过上下管板固定。设备采用裙座支撑，封头采用耐高压椭圆形封头。为便于分离器内部检查，设有1个人孔或手孔。

图3.5 旋风分离器

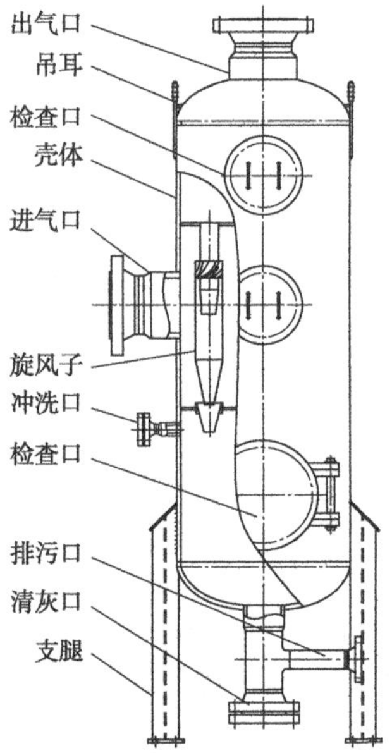

图3.6 旋风式分离器结构图

旋风分离器具有结构简单、分离效率高、体积小、质量轻等特点。但因离心力与气流速度相关，气流速度过小时，分离效率显著下降。而气流速度过高，将产生涡流和异响，同样降低分离效率。

旋风分离器在设计时有上部进气、中部进气和下部进气。上部进气配气均匀，但设备直径和设备高度都将增大，投资较高。而中部进气可以降低设备高度和造价，下部进气适用于湿气，对于干气常采用中部进气或上部进气。设备中安装有捕雾器是为了进一步捕捉雾状液滴。

3）分离器排污操作

（1）当分离器运行压力较低时，可采用在线排污的方式，即分离器进出口阀门保持开启状态，缓慢开启分离器的排污球阀，然后缓慢开启阀套式排污阀。

（2）操作阀套式排污阀带压排污时，仔细听阀内流体声音，判明排放的是液体还是气体，一旦听到气流声，立即关闭排污阀。

（3）待排污罐液面稳定后，记录排污罐液面高度。

（4）当分离器排放大量粉尘时，应注意控制排放速度，取少量粉尘样，留作分析，按规定做好记录。

（5）排污完成后再次检查各阀门状态是否正确。

（6）当分离器运行压力较高时，需采用离线排污的方式排污，即投用备用分离器，关闭分离器进出口阀门，通过放空流程降低分离器压力，然后按步骤进行排污操作。

4）注意事项

（1）分离器属于压力容器，需定期进行检验，严禁过期不检验或超压使用。

（2）分离器的排污阀出口压力是两个不同压力等级，排污管线一般设计压力较低，操作不当可能造成排污管线刺漏，操作时需注意气流畅通无阻。

（3）管道投产初期、管道内检测或应急维修改线等，靠近管道进气端的旋风分离器应加密排污周期。冬季应定期检查排污阀上的伴热带是否运行正常。

（4）排污时排出的气体遇明火易发生火灾，应保证放散管周围无火源。

（5）对于含有硫化氢的天然气，因硫化亚铁遇空气会自燃，分离器就地排除粉尘时采用湿式作业，打开人孔进行泥沙和 FeS 粉清理时，向容器内注入洁净水，水量约为容器容积的10%。检修完成后应对分离器内部进行充分干燥，才能恢复使用。

（6）在排污过程中出现渗漏、堵塞等异常情况要及时停止排污并做相应处理。

（7）粉尘排污将冲刷排污阀的阀芯，造成排污阀关闭不严，需备用一台同规格的应急排污阀。

5）常见故障处理

旋风分离器常见故障处理见表 3.1。

表 3.1　旋风分离器常见故障处理

故障现象	产生原因	常见处理方法
分离效率下降	(1)积尘腔积尘太多； (2)气体流量降低	(1)排尘、冲洗； (2)适当调整进口流量
分离器差压增大	(1)气体流量变大； (2)旋风分离腔堵塞	(1)适当调整进口流量； (2)清理分离腔
排污不畅	(1)冰堵； (2)积尘出现硬块	(1)提高介质温度或设备增加电伴热； (2)冲洗或停运后从底部盲板排放

图 3.7　过滤分离器

3.3.2　过滤分离器

天然气过滤分离器是利用滤芯分离、丝网捕沫和凝聚拦截的机理，对天然气进行精滤的过滤设备，是去除气体中的固体杂质和液态杂质的高效净化装置(图 3.7)。

1) 工作原理

当含尘天然气进入过滤器后先在初分室除去固体粗颗粒和游离水，之后细小的尘雾随天然气进入过滤元件，固体尘粒被过滤元件截流，雾状液滴会凝结成较大的液滴进入除雾段，在天然气流经雾沫捕集器时液滴被分离，液体向下汇合流入集液包。分离后的天然气经排气管进入下游管道，尘雾则进入排污系统。过滤分离器主要用于除去气体在输送过程中携带的固体颗粒、液滴等，以保证管道系统及设备的正常运行，输气站场大多采用卧式过滤分离器。

2) 结构特点

过滤分离器主要由滤芯、壳体、积液筒、快开盲板以及内外部组件组成(图 3.8)。过滤器采用卧式双筒结构，由过滤元件将设备分为左右两个腔室。介质通过进气口进入设备内部的左腔室，由于在入口处过滤支撑管的作用和设备空间的变化，使得介质的流动状态得以改变，会有部分游离状态或者较大颗粒的液滴得到分离，被分离出来的液体会通过积液管进入第一积液腔。携带有粉尘和雾液的介质通过滤芯的外表面流向内表面进行过滤和聚结，经过滤芯处理的洁净的介质进入设备的右腔室，被聚结出来的液体通过重力的作用汇集在设备底部，通过积液管也进入第一个积液腔。过滤后的洁净介质进入第二腔室，再经捕集液滴的最终除雾器，它能有效地防止出口液滴的被夹带，进一步提高分离效果。最后洁净的气体流出过滤分离器。介质无论在设备左侧的进气腔室还是设备右侧的出气腔室，都具有较大的处理空间，使介质在设备内部充分停留，得到最佳的分离效果。过滤分离器在两个腔室之外设有差压变送器。

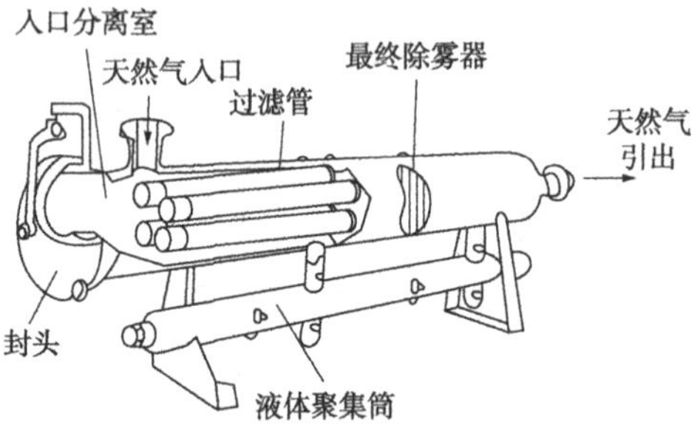

图 3.8　过滤分离器结构图

3) 操作维护

(1) 当差压在 80kPa 以上时切换操作，停运清洗，切换过滤分离器流程，保证下游用气正常。

(2) 关闭过滤分离器上、下游球阀，打开放空阀泄压，直至压力为零，保持放空阀常开。

(3) 卸下自锁装置上的安全销。

(4) 开启快开盲板前拆除 O 形压环的锁定螺栓，上下同步转动操作螺杆至使 O 形压环完全打开为止，握住盲板盖提手，打开盲板。

(5) 清除腔室污物，用防爆扳手拆卸滤芯支架固定螺栓，拉出滤芯。

(6) 检查清洗滤芯，更换损坏的滤芯。

（7）彻底清洗过滤腔室污物，将支架及已清洗的滤芯重新安装固定，保证过滤器滤芯界面处密封良好。

（8）清除盲板及压圈接触面的污、锈，涂润滑油，检查分离器密封圈是否完好，如发现O形橡胶密封圈损坏则更换。

（9）关闭过滤分离器快开盲板。

（10）按过滤分离器投运步骤重新启运。

4）注意事项

（1）分离器排污分在线排污和离线排污两种方式，对于运行压力较高的压力容器，需要在排污操作前先关闭容器进、出口阀门，通过放空流程降压到一定压力后再实施排污操作。

（2）过滤分离效果变差，将影响下游设备的运行，使调压、计量等设备故障率增加。

（3）过滤分离器滤芯支架歪斜，将造成滤芯安装不严密，使粉尘形成短路直接流向下游。

（4）快开盲板带压操作可能喷出伤人，需将天然气放空并确认压力为零后方可打开盲板，对于容积偏大，放置长久的过滤分离器，需做好氮气置换和可燃气体检测等安全防护工作。

（5）过滤分离器具有方向性，反向气流将破坏过滤器内部结构，工艺流程操作时需注意阀门开关顺序，使天然气正向流动。

（6）部分滤芯经水浸泡后可能失去过滤性能，用水试压时需提前抽出滤芯，试压完成后恢复。大口径快开盲板由于自重原因，有下坠牵拉转轴和开关困难风险。

（7）如果粉尘中存在硫化亚铁，将产生自燃，需预先准备好消防水带，方可打开盲板。

5）常见故障处理

过滤分离器常见故障处理见表3.2。

表3.2 过滤分离器常见故障处理

故障现象	产生原因	常见处理方法
液位计显示失真	(1)磁翻板受其他带磁物体干扰； (2)液位计上、下阀门堵塞	(1)利用磁铁进行恢复； (2)拆开液位柱排污丝堵进行排污、吹扫
无法排污	(1)排污系统堵塞； (2)排污阀门失灵； (3)积液包堵死	(1)疏通排污系统； (2)维修阀门或更换； (3)拆卸排污阀门进行疏通
处理质量降低	(1)滤芯受损破裂； (2)滤芯密封垫圈损坏或安装不牢靠	(1)更换滤芯； (2)更换垫圈或紧固
处理能力降低	内部腔室堵塞	清洗滤芯
自锁装置失灵	(1)自锁装置管路堵塞； (2)自锁浮动堵头动作不灵活； (3)自锁装置外漏气	(1)疏通管路； (2)清洗、除锈、润滑； (3)清洗、打磨自锁装置或更换
无法完全放空	上游或下游控制球阀内漏	调整球阀开关限位或注脂密封
盲板与筒体密封面受损伤	密封胶垫损坏，气体刺漏	返厂补焊修复
滤芯支架脱焊	支架未焊接牢固，下坠脱落	采取安全措施后补焊固定

3.4 阀门

3.4.1 阀门分类与体系

阀门是在流体系统中，用于控制流体的方向、压力和流量的装置。在天然气输气工艺中，阀门的基本功能是接通或切断管路介质的流通、改变介质流向、调节介质的压力和流量、保护管路和设备的正常运行。输气站常见的阀门有球阀、旋塞阀、节流阀、节流截止放空阀、闸阀、蝶阀、止回阀、安全阀、阀套式排污阀等。

3.4.1.1 阀门的分类

(1) 根据公称压力高低，阀门分为真空阀、低压阀、中压阀、高压阀、超高压阀。公称压力是指一定温度下应用时所允许的最大工作压力，用 *PN* 标注。

① 真空阀：工作压力低于标准大气压力。

② 低压阀：公称压力 *PN*≤1.6MPa 的阀门。

③ 中压阀：公称压力为 2.5MPa、4.0MPa、6.4MPa 的阀门。

④ 高压阀：公称压力为 10~80MPa 的阀门。

⑤ 超高压阀：公称压力 *PN*≥100MPa 的阀门。

(2) 根据与管道连接方式不同，阀门可分为：

① 法兰连接阀门：阀体带有法兰，与管道采用法兰连接的阀门。

② 螺纹连接阀门：阀体带有内螺纹或外螺纹，与管道采用螺纹连接的阀门。

③ 焊接连接阀门：阀体带有焊口，与管道采用焊接连接的阀门。

④ 夹箍连接阀门：阀体上带有夹口，与管道采用夹箍连接的阀门。

⑤ 卡套连接阀门：采用卡套与管道连接的阀门。

(3) 根据用途不同，阀门可分为：

① 截断阀：用来接通或切断管路介质，如球阀、截止阀、闸阀、蝶阀等。

② 止回阀：用来防止介质倒流，又称单向阀。

③ 调节阀：用来调节介质的压力和流量，如调压阀、减压阀。

④ 分配阀：用来改变介质流向、分配介质，如三通旋塞、分配阀、滑阀等。

⑤ 安全阀：在介质压力超过规定值时，用来排放多余的介质，保证管路系统及设备安全，如安全阀、事故阀等。

(4) 按驱动方式不同，可分为手动阀、电动阀、气动阀、气液联动阀等。

3.4.1.2 阀门的压力等级体系

公称压力体系是用于管道元件的压力等级标识，例如 *PN*16 的法兰与 CLASS 150 的阀门因尺寸等原因无法通过螺栓连接。阀门的标准体系有 2 种：一种是我国(包括德国)为代表的以常温下(我国是 100℃、德国是 120℃)的许用工作压力为基准的“公称压力”体系；另一种是美国为代表的以某个温度下的许用工作压力为代表的“美标 CLASS 体系”。

公称压力采用 *PN* 表示法，*PN* 是一个用数字表示的与压力有关的代号，是提供参考用的一个方便的圆整数，*PN* 是表征阀门耐压能力的参考数值。对碳钢阀体的控制阀，指在 200℃以下应用时允许的最大工作压力；对铸铁阀体，指在 120℃以下应用时允许的最大工作压力；对不锈钢阀体的控制阀，指在250℃以下应用时允许的最大工作压力。当工作温度升高时，阀体的耐压会降低。

美国的温度压力体系中，用LB磅级(磅/平方英寸)表示，除150LB以260℃为基准外，其他各级均以425.5℃为基准。150磅级的25号碳钢阀门在260℃时，许用应力为1MPa，而在常温下的许用应力要比1MPa大得多，大约为2.0MPa。一般美标150LB对应的公称压力等级为2.0MPa，300LB对应的公称压力等级为5.0MPa等。因此，不能随便按照压力变换公式来变换公称压力和温压等级表中的LB。

阀门压力体系对照表见表3.3。

表3.3 阀门压力体系对照表

ASME磅级(Class)	150	300	400	600	800	900	1500	2500
公称压力	0.6MPa，1.0MPa，1.6MPa，2.0MPa	2.5MPa，4.0MPa，5.0MPa	6.4MPa (6.3MPa)	10MPa	(13MPa)	15MPa	25MPa	42MPa
公称压力	*PN*6，*PN*10，*PN*16，*PN*20	*PN*25，*PN*40，*PN*50	*PN*64	*PN*100		*PN*150	*PN*250	*PN*420

3.4.1.3 输气用阀门总体要求

天然气长输管线有其自身的特点，管道高压大口径，长期埋于地下；地理位置、气候复杂多变，管线穿越土层、石方，甚至河流、山地、沼泽等，往往地处偏僻；一旦出现泄漏，维修十分困难。因此，对管道线路和输气站用阀门提出了严格的技术要求。

1）强度和韧性

管道线路阀门由于口径大，质量多达数吨，除了承受内部天然气压力之外，还需承受地基承载由于环境温度变化而引起的轴向拉力和压力，考虑滑坡、地面沉降等引起的外部载荷；焊缝及热影响区考虑其断裂韧性，在寒带及冰冻地区需考虑材料低温冲击韧性，防止低温脆性断裂。

2）零泄漏

阀门关断后，一旦阀门的下游需要放空降压或动火作业，就要求其密封可靠，以确保对下游端管线的有效截断；加之输气场站计量环节，也需要备用支路的切断阀门关闭严密以防未计量的天然气外输；特别是天然气放空用阀门、排污用阀门频繁操作，更需有耐久的密封性能。

3）具备失火安全和防静电功能

管线球阀设计需考虑耐火安全，一旦失火，高分子密封材料就会软化甚至烧毁，使球阀失去密封能力，不能有效切断气源，造成严重的后果。阀门的外漏和内漏不能超过API6FA/API607规定的泄漏标准，需要设计耐火密封结构以及阀杆防冲出结构。

球体被非金属材料夹持，在启闭过程中，球体与阀座由于有相对运动，会因摩擦而产生静电，而橡胶、氟塑料等非金属材料是优良的电绝缘体，当静电积累到一定程度，容易产生火花，若处于易燃易爆混合气体环境，就可能导致燃烧或爆炸。因此，必须与阀体进行导通，在24VDC下，电阻值<10Ω。

4）防止阀腔压力的夹持

对于液体介质或气液混合介质的场合，由于球阀有一定容积的中腔，当处于关闭状态时，积存在阀体内部的介质因吸收热量而大量气化，造成体腔内压力异常升高。因此无论阀门处于开启还是关闭位置，均应防止介质在阀腔中被夹持，并要确保自动泄放阀腔内的压力，阀腔压力泄放的最大值不超过阀压力额定值的1.33倍，外部压力泄放阀的口径为*DN*15或更大。

5）设置阀腔排泄口

阀门在使用过程中，底部可能沉积粉尘或积液，因此应设计阀腔污物的排泄口；并通过此排泄口对阀门进行在线密封检测。

6）位置指示和流向指示

阀门一旦安装，阀内的启闭件无法观察，因此无论手动还是动力驱动的阀门，均要求有明显的阀位指示，表明阀门处于开启位置或关闭位置。由于密封结构设计的不同，球阀也具有方向性。

7）紧急切断功能

对于管线线路用阀门，当管线压降速率达到某一设定值，阀门应紧急切断。

8）防腐

对于干线阀门，一般埋于地下，因此对阀体结构外表面应做好防腐层，并做好管道阴极保护。

3.4.2 球阀

球阀是输气场站应用最多的阀门。球阀与管路组合形成输气工艺流程的主体，在管路中主要起切断、分配和改变介质流动方向的作用。

3.4.2.1 工作原理

球阀是指球体启闭件由阀杆带动，并绕轴线做旋转运动的阀门。它依靠密封球体绕阀体中心线作90°旋转来达到开启、关闭的目的，通过阀杆顺时针带动球体旋转，当球体孔与管道平行时，阀门全开，反之垂直则完全关闭。由于在截流时容易对球体的边缘产生冲蚀和破坏，因此球阀只能全开全关使用。

3.4.2.2 结构特点

球阀结构主要由阀体、球体、阀座、阀杆及传动装置等组成。球体是球阀的启闭件，其表面粗糙度要求较高，球中心有孔，用于流体的通断。特别注意输气干线用阀门需订购与管道内径同规格的全通径阀门，全径圆通道以满足管道清管扫线要求。输气场站用阀门不特别指明，一般为缩口径阀门，即阀体的内径比公称尺寸缩小一部分。球阀分类方法有多种，如图3.9所示。

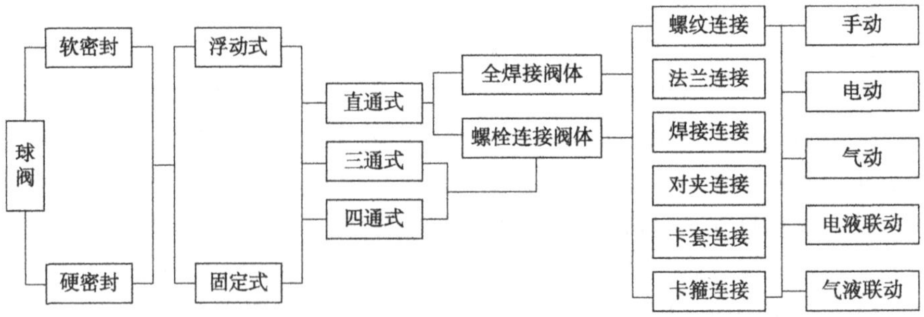

图3.9 球阀分类

1）按阀芯形式分

球阀按照阀门的阀芯形式分为浮动式球阀和固定式球阀。

(1) 浮动式球阀。

球体不带固定轴的球阀，称为浮动球阀。其主要特点是球体无支撑轴，球体在阀门进、出口两端的阀座予以支撑，球体上有流道孔，阀杆与球体为活动连接。这种球阀的球体被两阀座夹持其中而呈“浮动状态”。球体通过阀杆借助于手柄或其他驱动装置可以自由地在两阀座之间旋转。当球体的流道孔与阀门通道孔对准时，球阀呈开启状态，流动畅通，阀门的流体阻力最小。当将球体转动90°时，球体的流道孔与阀门通道孔相垂直，球阀处于关闭状态，球体在流体压力的作用下，被推向阀门出口端(阀后)阀座，使之压紧并保证密封(属单面强制密封)，如图3.10所示。

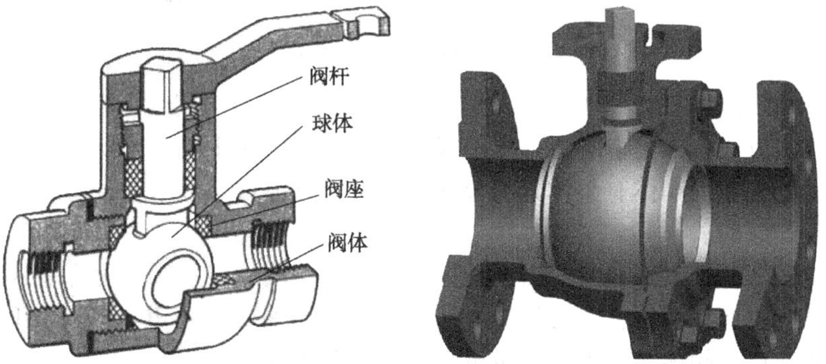

图3.10 浮动球阀

浮动球阀具有结构简单、制造方便、成本低廉、工作可靠等优点。浮动球阀一般适用于Class150、*DN*50以下的阀门。浮动球阀的密封性能与流体压力有关。在其他条件相同的情况下，一般来说压力越高越容易密封。但是应考虑到阀座材料能否经受得住球体传递给它的载荷，因为流体压力在球体上所产生的作用力将全部传递给阀后阀座。此外，对于较大尺寸的浮动球阀，当压力较高时，操作转矩增大，而且球体自重也较大，自重在阀座密封面上所产生的压力分布是不均匀的，一般来说沿通道直径水平面上半圈压力较小，下半圈压力较大，导致阀座磨损不均匀而发生渗漏。

对于低压球阀，可通过调整中法兰之间的密封垫片的厚度来限制其预紧力。为了使浮动球阀在较低的工作压力下具有良好的密封性能，球体与阀座之间必须施加一定的预紧力。预紧力不足，不能保证密封，而过大的预紧力又会使摩擦转矩增加，还可导致阀座材料产生塑性变形而破坏密封性能。施加预紧力的方法可采用弹性阀座的球阀，弹性阀座能大大增加阀座本身的弹性变形范围，只要在弹性阀座弹性变形范围之内工作，就能基本保持其密封比压恒定，使阀座不致因过载而损坏。

(2) 固定式球阀。

与浮动球阀相比，固定式球阀球体不能向阀座方向移动。球体与上、下阀杆连成一体，或制成整体连轴式球，即球体与上、下阀杆锻(焊)成一体装在轴承上(图3.11)，球体可沿与阀门通道相垂直的轴线自由转动，但不能沿通道轴线移动。因此，固定球阀工作时，阀前流体压力在球体上所产生的作用力全部传递给轴承，不会使球体向阀后阀座移动，因而阀座不会承受过大的压力，固定球阀具有转矩小、阀座变形小，密封性能稳定，使用寿命长等优点。适用于高压、大口径场合，阀座安装有弹簧预阀座组件，具有自紧特性，因而球阀安装没有流向限制，一般水平安装。

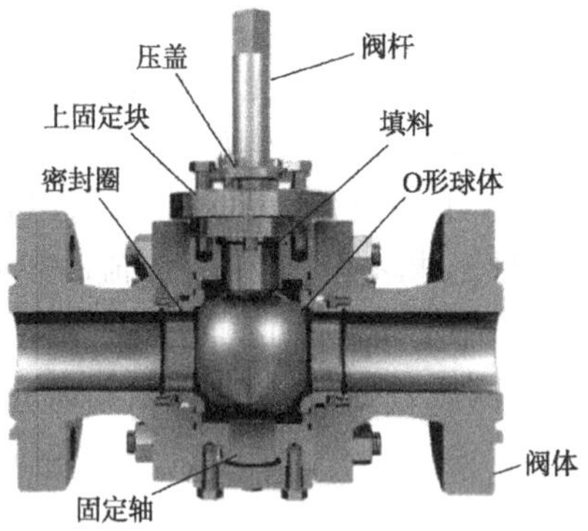

图 3.11　固定式球阀

2）按球体安装方式分

按球体安装方式可分为上装式、侧装式、斜装式等。对于侧装式球阀，根据使用场合的不同以及通径的大小，阀体有整体式与分体式两种，分体式又分为二分体与三分体。

（1）上装式球阀。

阀体做成整体，其上部设有阀盖，球体、密封圈、阀座均从阀体上部装入。上装式球阀的优点是检修或更换阀座时，不必将球阀从管线上拆下来，仅打开阀盖，将球体吊出即可。上装式球阀的缺点是阀体体积大、质量重，因此一般不用于高压场合。

（2）侧装式球阀。

① 侧装整体式球阀。球体从阀体一端装入，用螺套将阀座与球体固定并压紧。此球阀结构简单，零件数量少，制造及安装方便，适用于较小通径的场合。

② 侧装二分体式球阀。将阀体沿与通道轴线相垂直的截面分为不对称的左右两半，球体从截分面孔装入，左右两半阀体用法兰或螺纹连接。由于阀体分为两半，与整体式相比，半个阀体单件质量较轻，铸造或锻造及机械加工方便，这种球阀适于推广。

③ 侧装三分体式球阀。对于公称尺寸较大的球阀，为方便加工制造及装配，常采用侧装三分体式结构，即将阀体在两阀座部位沿与通道轴线相垂直的截面分为三部分，整台阀门沿阀杆中心轴线左右对称，线条流畅，制造方便，外形美观，缺点是增加了一对大法兰，阀体总质量有所增加，适用于大通径球阀。

（3）全焊接球阀。

全焊接球阀的阀体是由锻钢焊接而成，不会有外部泄漏等现象。阀体以锻造成形方法获得，机械性能优于铸造获得，可靠性高，不易存在内部缺陷。全焊接阀门采用三段式筒形结构阀体设计，阀体与左阀体间为两道平行的环形焊缝焊接而成，整个阀门上部不存在任何交叉焊缝。全焊接球阀特别适用于高压大口径埋地干线阀门，其外形如图 3.12 所示。

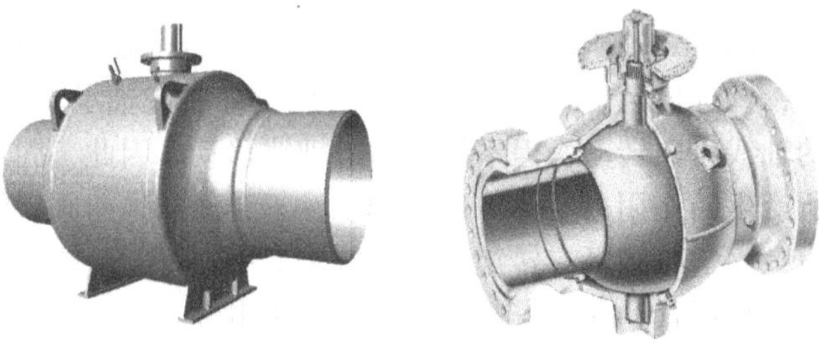

图 3.12　全焊接球阀

全焊接球阀按阀体结构分为筒形和球形两大类，厚度较大的圆筒形阀体本身质量较重，更能可靠承受来自管线的应力，不易产生变形而发生泄漏，筒体上没有交叉焊缝，可避免出现球形阀体交叉焊缝导致局部焊接应力集中的情况；球形阀体能更好地承受内压，质量更轻，对管道的附加载荷更小。

3）按密封形式分

球阀的密封有阀杆密封和阀座密封，阀杆密封具有防火、防静电、防阀杆喷出的结构设计，一般为O形组合密封加自密封式楔形密封；阀座密封采用多重密封阀座结构设计，主要分为以下两类：

（1）单活塞效应的阀座。标准设计的固定球球阀中，每一个阀座环都起着“单活塞效应”的作用。在这种情况下，作用在阀座环外侧端面上的管线压力，产生一个把它推向球体的力，而作用在阀座环内侧端面上的阀腔内的压力，产生一个把它推离球体的力。因此，尽管施加在它们外侧端面上的管线压力，使得两个阀座环都获得了所需要的密封性能，但是，它们是“自释放”的。这是因为，当阀腔内异常升高压力产生的把阀座推离球体的力，大于弹簧把阀座推向球体的作用力时，这一效应允许阀腔内的压力向与阀门连接的管线排放，如图3.13所示。

（2）双活塞效应的阀座。有需要时，阀座环的设计可以被修改成起“双活塞效应”作用的阀座环。这种情况下，作用在两个阀座环内外侧端面上的阀腔内压力和管线压力，都会产生一个把它推向球体的力。因此，即使阀体的阀腔内存在有一个压力，每一个阀座环仍然都能获得所需要的密封性能。这一效应为阀门增加了一个额外的密封要素，但是，若要释放阀体阀腔内异常升高的压力，这就可能需要使用一个与阀门外部相连的安全卸压阀，如图3.14所示。

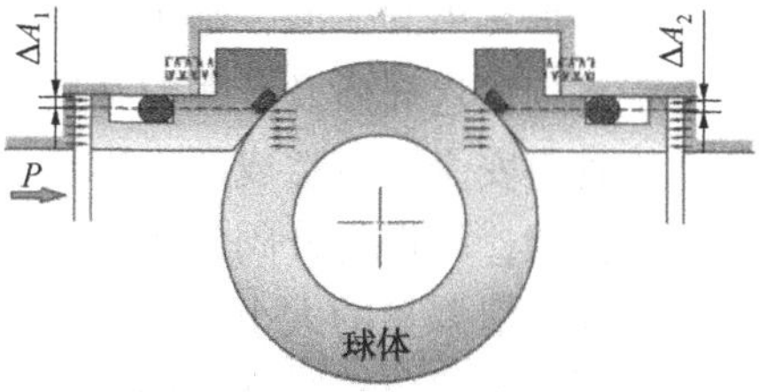

图3.13 单活塞效应

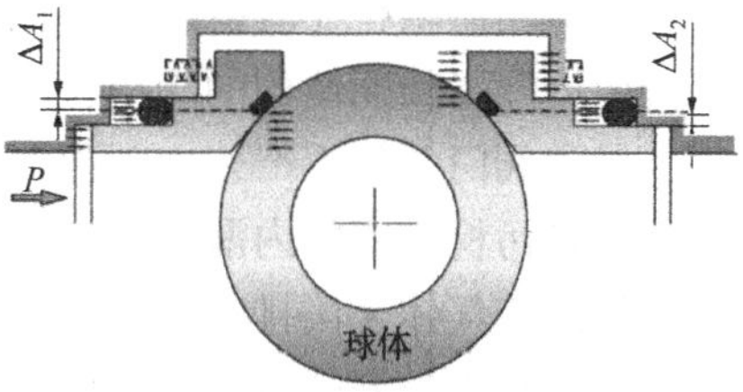

图3.14 双活塞效应(DIB-1)

固定式球阀按密封形式又可分为DBB球阀、DIB球阀两种：

DBB是双阻塞与泄放阀，两端都是单向密封结构，每个阀座都能抵抗一个方向上的力，两端都自带内部自动泄放功能。

DIB是双隔离与泄放阀，又分DIB-1和DIB-2两种。其中DIB-1球阀两端阀座都为双活塞效应密封，每个阀座都能抵抗两个方向上的力，即使上游端阀座完全损伤，下游端阀座也能保证密封。输气工程所用阀门大多是DIB-1密封，此类球阀阀体中间有一个安全泄放口，用于保证阀体的安全。DIB-2球阀上游端采用单活塞效应阀座密封，下游端采用双活塞效应阀座密封，可自泄压泄往上游端。安装需严格按球阀提示的方向安装，此类阀门用于介质为液态或者气液混合物，究其原因是输送液态介质如果采用DIB-1结构，阀门关闭时，阀体温度升高造成压力上升，安全泄放到大气将污染环境。

3.4.2.3 注意事项

（1）球阀作为管线截断阀，只允许在全开或全关状态下运行，禁止用于节流或在非全开关位运行，以免损伤阀座密封性能。

(2) 每年由调控中心遥控或人工就地对线路截断阀开关一次，以检查球阀操作的灵活性。操作时气动关/开阀门1~2次，如RTU阀室带远传装置，则同调控中心联系确认远传是否准确，最后将阀门置于全开位置。

(3) 当阀门用于危险工况时，建议采用上锁状态，避免造成误操作。

(4) 应避免硬物(如：焊渣、铁屑、石块等)进入阀体内腔，以避免划伤球体及阀座表面，影响阀门的密封性能。

(5) 维修过程中注意不要将阀座密封面、球体密封面、阀杆密封面划伤。

(6) 在寒冷季节来临前，球阀阀体内排污时阀门必须处于全关或全开位置，缓慢拧松排污阀阀芯直到阀腔压力全部泄放完并排污，排完后须拧紧阀芯。

(7) 线路截断阀应每隔半年维护、保养一次。也可以根据管道介质实际情况确定维护保养的周期和频率，但指导原则是一年至少一次。

(8) 阀门动作困难或无法动作时，首先检查气液联动执行机构状态是否正常，排除了执行器可能存在问题，可以在球阀阀座的上下游端注脂口各注入清洗液(图3.15)，等待1~2天后，注入规定数量的阀门润滑脂，然后尝试用气液联动执行机构上的手动泵活动阀门；如球阀仍无法活动，则检查阀门内部是否卡死。

3.4.2.4 常见故障处理

(1) 连接法兰处存在外漏时(全焊接球阀除外)，放空阀门前后管线的气体，将阀门从管线上拆下，拆开中法兰，检查密封件是否损坏，必要时更换密封件，重新安装阀门。

(2) 阀杆填料处存在外漏时，观察阀门是否有阀杆注脂结构(图3.16)，如有则缓慢注入阀门密封脂，当泄漏止住时就应停止加注。如阀门填料损坏引起泄漏，则更换阀杆填料。

(3) 阀门内漏。长期使用的阀门，其密封部位由于受到输送介质及其颗粒杂质的高速冲击而受损，导致阀门关闭不严，出现内漏现象，这将给管道安全运行造成严重影响。球阀可通过阀体中腔排污检查阀门内漏，将被测阀门置于全关位置，缓慢打开阀门排污阀将阀腔内气体放空，如阀腔气体无法排空，即认为该阀门存在内漏，泄漏量的大小可根据气体排放量的大小来判断。对于内漏的球阀，一般先将球阀置于全开或全关位置，确定阀座密封脂注嘴的数量，可先对球阀进行清洗、润滑，然后将球阀置于全关直接注入阀门密封脂。

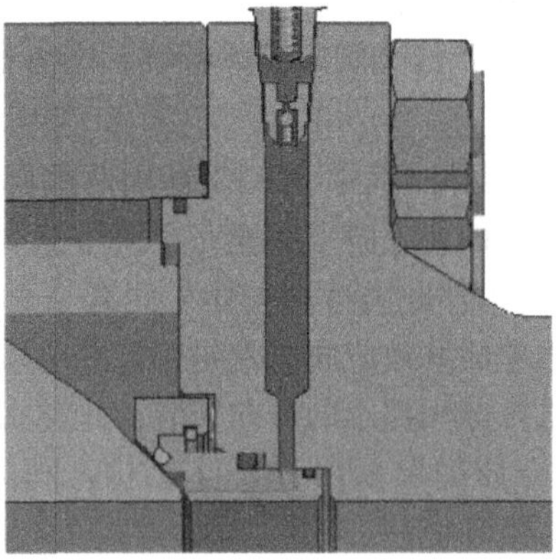

图3.15 阀座注脂示意图

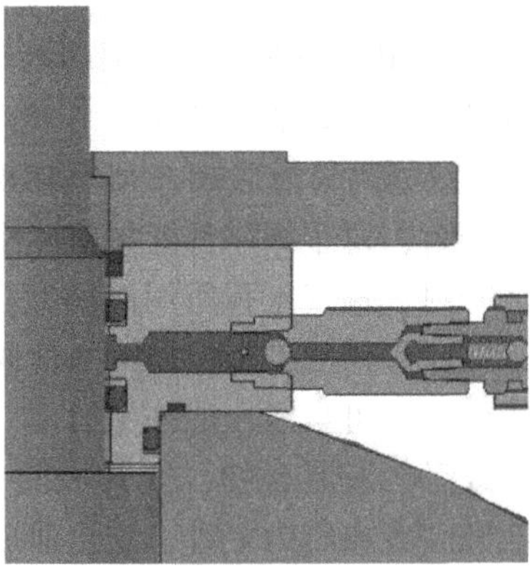

图3.16 阀杆注脂示意图

球阀常见故障分析及处理见表 3.4。

表 3.4 球阀常见故障分析及处理

序号	故障	原因	解决方法
1	球阀内漏	早期注入的密封脂变硬	清洗密封面和阀座后缓慢注入密封脂
		阀座与球体间有杂物	清洗阀门内腔座
		球阀密封面划伤	更换球阀
		阀门关不到位	调整阀门限位
2	阀杆外漏	长时间磨损老化	缓慢注入密封脂
3	注脂嘴泄漏	注脂嘴内部单向阀破损	更换注脂嘴
4	两端法兰泄漏	管法兰压紧力不足	拧紧法兰螺栓
		法兰垫片失效	更换垫片

常用注脂设备为注脂枪(图 3.17)(大型阀门可以使用注脂泵),注脂枪主要由注脂筒、操作手柄、注脂软管和接头、压力表等组成,密封脂和清洗液必须符合质量要求,操作压力与注脂量需严格按阀门厂家要求实施,注脂位置(举例)如图 3.18 所示。

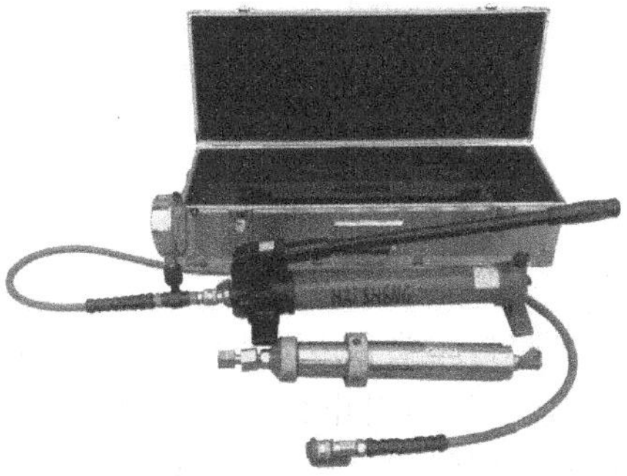

图 3.17 注脂枪

图 3.18 阀门注脂口

3.4.3 截止阀

3.4.3.1 工作原理

截止阀是利用沿阀座中心线上下移动的阀瓣来实现通道启闭的一种阀门。其作用是截断或导通天然气流。阀座通口的变化与阀瓣行程成正比例关系。由于该类阀门的阀杆开启或关闭行程相对较短,而且具有非常可靠的切断功能,又由于阀座通口的变化与阀瓣的行程成正比例关系,早期常用于对天然气流量的调节。

截止阀的密封是通过对阀杆施加扭矩,阀杆在轴向方向上向阀瓣施加压力,使阀瓣密封面与阀座密封面紧密贴合,阻止介质沿密封面之间的缝隙泄漏。

3.4.3.2 结构特点

截止阀的种类按阀杆螺纹的位置分,有外螺纹式、内螺纹式;按密封形式分,有填料密封截止阀和波纹管密封截止阀;按介质的流向分,有直通式、直流式和角式。其外形如图 3.19 所示,工作原理如图 3.20 所示。

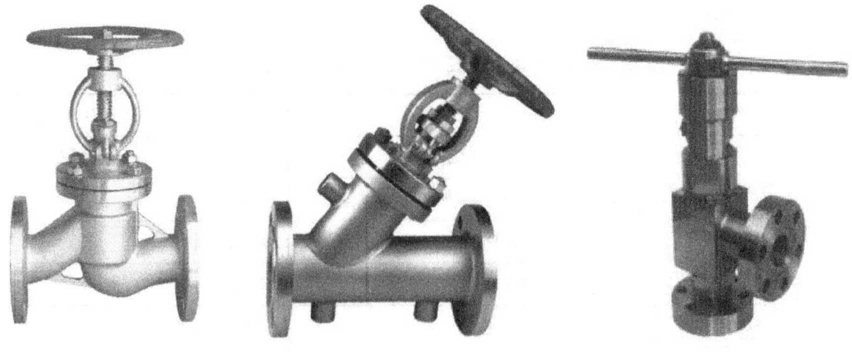

图 3.19　截止阀分类

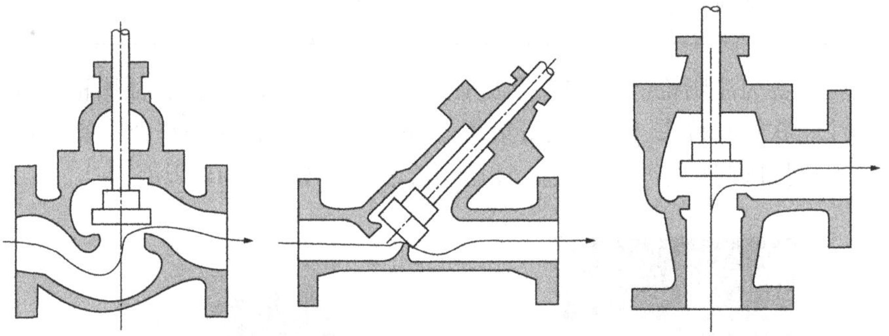

图 3.20　截止阀工作原理示意图

(1) 直通式截止阀：由阀体、阀盖、阀瓣、阀杆、密封座垫和传动机构等部件组成。它是依靠阀杆压力，使阀瓣密封面与阀座密封面紧密结合，从而阻止介质的流通。当转动手轮，阀杆和与阀杆相连的阀瓣做上下运动，使阀瓣离开或压紧密封圆座，这样就实现了阀门的开启或关闭。

(2) 直流式截止阀：其阀杆与阀体通道成小于 50°的锐角。介质几乎成直线流过截止阀，这种截止阀的特点是流动阻力小，在各类型截止阀中，直流式截止阀的流动阻力最小，但是它的阀瓣启闭行程大，而且制造、安装、操作和维修均复杂，所以仅用于对流体阻力有严格限制的场合。

(3) 角式截止阀：由阀体、填料、手轮、压盖、阀盘、阀杆密封圈和传动装置等部件组成。角式阀体多采用锻造，其进出口通道的中心线成直角，介质流过时流动方向也将变化 90°。角式截止阀安装在垂直相交的管路上，适用于较小通径和较高压力的场合。

3.4.3.3　典型应用类型

截止阀除用于流量调节和关断外，在输气场站还有节流截止放空阀和阀套式排污阀两种应用普遍的阀门。

(1) 节流截止放空阀。

天然气放空是从干线高压力状态下将天然气放散到大气压状态下的一种操作形式，截止阀面临十分恶劣的工作环境，必须确保阀门耐冲刷、耐磨损、密封可靠。其结构形式如图 3.21 所示。

图 3.21 节流截止放空阀

节流截止放空阀由阀体、阀座、阀芯、阀芯套筒、密封圈、阀盖、阀杆、阀杆填料、手轮等组成。节流截止放空阀可实现节流调节、截止密封、放空三大功能。与普通截止阀最大的区别是增设了一个阀芯阀套，阀套上设计了对称节流小孔，节流孔采用了分层排列结构。天然气进入阀门后，阀芯底部的节流柱与阀座形成一级节流，其后从节流柱流向阀芯套筒，形成阀芯节流面与阀芯套筒二级节流，阀杆上升高度越大，阀芯开度越大，阀芯套筒上通过的节流孔面积越大，放空量越大，从而起到节流降压放空的作用。

节流截止放空阀其节流部件采用对称式节流结构，可充分降低放空时气流噪声；阀芯采用平衡式结构使阀门开启力矩极小，耐冲刷，有效地增加了密封的可靠性和使用寿命；阀芯底部增设一个凸台缓冲轴，减缓气流冲刷作用并降低阀芯与阀芯套筒之间的压差，改善阀芯受到的不平衡力；密封采用软、硬双重密封副结构，软密封采用聚四氟乙烯新型材料，硬密封采用堆焊硬质合金；从而确保阀门耐冲刷，密封更可靠，寿命更长。

(2) 阀套式排污阀。

阀套式排污阀与节流截止放空阀结构原理类似，仍是由阀体、阀座、阀芯、阀芯套筒、密封圈、阀盖、阀杆、阀杆填料、手轮等组成。阀座采用可更换式浮动结构，增加导流座，使介质从导流孔流出，避免了介质对密封面的直接冲刷，如图 3.22 所示。

图 3.22 阀套式排污阀及阀芯、导流座、阀座拆卸图

阀套式排污阀主要通过阀芯的上下运行改变阀门开度。开阀时，阀芯缓慢开启，阀芯密封面与阀座密封面有一定空间距离时，气体和杂质一同经过节流轴、阀套孔口，阀套孔口节流后，由阀套排污阀出口排出。嵌在阀芯内腔的软密封面利用进口介质流道方向与介质流道出口方向改变产生的涡流，实现自清扫，使软密封面不黏附杂质，实现排污面与密封面分开，排污性能好。

关闭时嵌在阀芯内腔的聚四氟乙烯端面紧压在阀座端面形成一道软密封；阀芯硬密封副内腔锥面压在阀座凸台锥面上形成第二道硬质密封。硬软双质密封保证气体介质零泄漏。

3.4.3.4 注意事项

(1) 定期检查阀门关闭的严密性，保证各连接点密封良好，无泄漏现象。对关闭不严的阀门应对其阀芯、阀座等处密封面进行清洗除垢。对磨损严重的阀芯或阀座应进行修理或更换，必要时应进行研磨，以恢复其严密性。

(2) 检查各部件连接螺栓是否紧固，必要时紧固连接螺栓。

(3) 定期检查密封填料是否渗漏，若渗漏应及时添加、调整或更换阀杆密封填料。

(4) 检查阀门与管道连接处有无泄漏。对泄漏的应进行加装或更换法兰垫片。

(5) 检查阀杆传动是否灵活，及时给传动机构的转动部位和轴承、阀杆进行清洁和加润滑油脂。

(6) 对于长时间不操作的阀门应定期进行活动，保持灵活，以免紧急情况下不能操作。

(7) 截止阀在拆卸时，应注意不要损伤各连接密封面，确保连接密封可靠。阀套式排污阀在拆卸时，应注意阀芯上的O形圈、阀芯底端内腔的四氟乙烯垫是否损坏，若有损坏则更换。

3.4.3.5 常见故障处理

截止阀常见故障处理方法见表3.5。

表3.5 截止阀常见故障处理方法

故障现象	产生的原因	处理方法
密封面间渗漏	(1)密封面有污染物附着； (2)高速介质使密封面损坏； (3)密封面正常磨损； (4)密封面由于介质中硬质固体颗粒损坏	(1)将污染物清除干净； (2)加工整修密封面； (3)加工整修密封面，或更换阀座和阀瓣； (4)加装过滤设备，清除介质中硬质固体颗粒
中法兰处渗漏	(1)中法兰垫片失效； (2)中法兰垫片处阀体阀盖密封面损坏； (3)阀体阀盖未压紧； (4)中法兰螺栓受力不均匀，产生疲劳破坏	(1)更换中法兰垫片； (2)重新修整垫片处阀体阀盖的密封面； (3)拧紧中法兰螺栓； (4)拧紧中法兰螺栓时，各个螺栓受力要均匀，最好用扭矩扳手来拧紧螺栓
填料渗漏	(1)填料压套未压紧； (2)填料圈数不足； (3)填料失效； (4)填料螺栓受力不均匀	(1)拧紧填料螺栓螺母； (2)增加填料圈数； (3)更换填料； (4)填料螺栓拧紧时，应受力均匀

续表

故障现象	产生的原因	处理方法
手轮转动不灵活；或不能开启和关闭阀门	(1)填料压得过紧； (2)填料压板、压套装置歪斜； (3)阀杆螺母有损坏； (4)阀杆螺母的螺纹严重磨损或断裂； (5)阀杆弯曲； (6)压套、密封座导向面间有污垢	(1)适当旋松活接螺栓螺母； (2)校正填料压板、压套装置； (3)拆开修整螺纹和清除污染物或更换阀杆螺母； (4)更换阀杆螺母； (5)更换阀杆； (6)清除污垢

3.4.4 旋塞阀

3.4.4.1 工作原理

旋塞阀是启闭件为柱塞形，旋塞绕垂直于通道的轴线旋转，从而使启闭件上的通道口与阀体上的通道口相同或分开，以实现开启或关闭的一种阀门。旋塞阀的阀塞形状可呈圆柱形或圆锥形。这些形状使旋塞阀的结构变得轻巧，但同时也产生了一定的压力损失。旋塞阀在管路中主要用作切断、分配和改变介质流动方向。旋塞阀是最早被人们采用的阀件。由于结构简单，开闭迅速，操作方便，流体阻力小，至今仍被广泛使用。

3.4.4.2 结构特点

旋塞阀主要由阀体、旋塞、阀盖、阀杆、执行机构等组成，如图 3.23 所示。与其他阀门相比，主要有以下特点：天然的硬密封结构；无类似球阀的中腔，气体杂质不会沉积；结构简单，密封可靠。旋塞上的开口设计允许在最大的流通面积时产生很小的压力降，阀芯可设计成具有各种各样的流通面积、形状和功能的流通口，旋塞锥体的上部有一止回阀，可补偿阀腔上部的注油压力。旋塞的下部开有平衡孔，可将介质压力引入旋塞底部，使旋塞压紧阀体，起到密封作用。阀体流体通道一般分为规则型和文丘里型，文丘里型最小通径截面积不小于相应直径接管的横截面积的 50%；规则型最小通径截面积不小于相应直径接管的横截面积的 60%. 阀体材料根据使用场合可采用碳钢、低温钢及合金钢等。

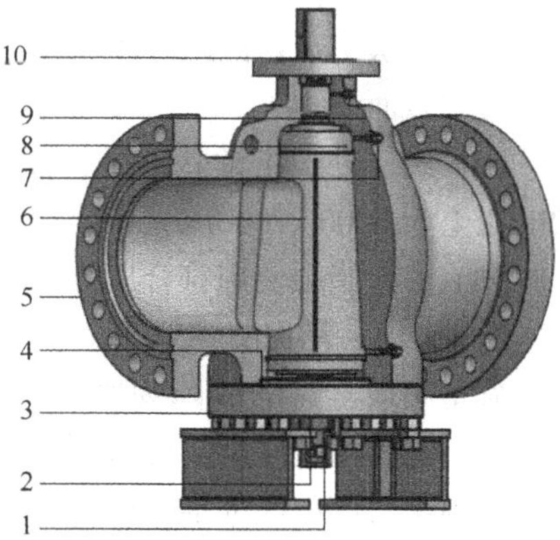

图 3.23 旋塞阀外观图

1—调整螺钉；2—锁紧螺母；3—阀盖；4—膜片；5—阀体；6—旋塞；7—注脂阀；8—联结块；9—止回阀；10—阀杆

当阀门关闭时，介质作用于旋塞体，可以通过大小端面的面积差，把旋塞压向密封面，保证密封。在开启的瞬间，大端和通道相通，大端介质排出，压力下降；小端的介质因有止回阀不能排出，此时把旋塞微微压向大端，使开启时力矩减小，实现轻松开启。压力平衡油密封旋塞阀特殊的结构设计，使旋塞所受介质力、油脂压力、弹簧力及自身的重力相对平衡，工作时，旋塞悬浮在腔体内，使阀门既密封可靠，又具有较小的操作压力。旋塞阀开关状态如图 3.24 所示。

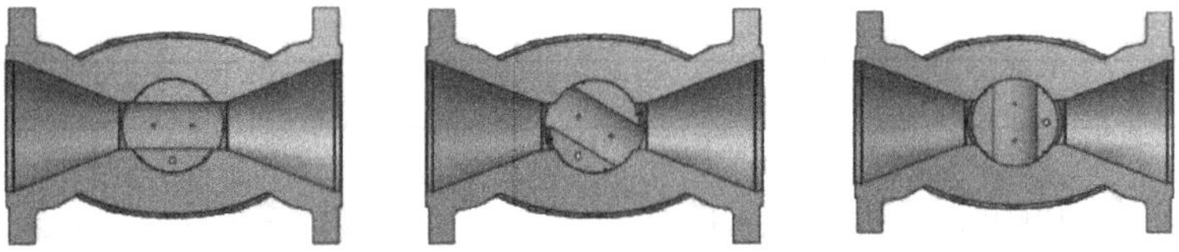

图 3.24　旋塞阀开关状态示意图

旋塞阀有多种形式，按旋塞结构可分为圆柱形旋塞和圆锥形旋塞两种。其中圆锥形旋塞阀还可分为多通道式旋塞阀、油封式旋塞阀等。

(1) 紧定式旋塞阀。紧定式旋塞阀通常用于低压直通管道，密封性能完全取决于塞子和塞体之间的吻合度好坏，其密封面的压紧是依靠拧紧下部的螺母来实现的。一般用于 $PN \leq 0.6$MPa。

(2) 填料式旋塞阀。填料式旋塞阀是通过压紧填料来实现塞子和塞体密封的。由于有填料，因此密封性能较好。通常这种旋塞阀有填料压盖，塞子不用伸出阀体，因而减少了一个工作介质的泄漏途径。这种旋塞阀大量用于 $PN \leq 1$MPa 的工况。

(3) 自封式旋塞阀。自封式旋塞阀是通过介质本身的压力来实现塞子和塞体之间的压紧密封的。塞子的小头向上伸出体外，介质通过进口处的小孔进入塞子大头，将塞子向上压紧，此种结构一般用于空气介质。

(4) 油封式旋塞阀。近年来旋塞阀的应用范围不断扩大，出现了带有强制润滑的油封式压力平衡式旋塞阀。由于强制润滑使塞子和塞体的密封面间形成一层油膜，这样密封性能更好，开闭省力，防止密封面受到损伤，最高工作压力可达 64MPa。

3.4.4.3　注意事项

(1) 旋塞阀长期存放时需要处于全开位置，两端口加入封盖。

(2) 阀门用水试压后，需重新注入密封脂。

(3) 密封脂注射。连续带压操作 3~5 次需补充一次，阀门带压间隔 3~6 个月，开关一次需补充一次，可在阀门带压状态下进行。注脂时应开关阀门 1~3 次，保证密封脂均匀分布于旋塞表面。

(4) 阀门处于正常状态下，注脂时压力应遵循以下原则：12in 以下为 4000~5000psi，12in 以上为 6000~7000psi。

(5) 密封脂须使用符合厂方规定的型号，例如：沃太斯 80-HM-J 或 733 型。

3.4.4.4　常见故障处理

旋塞阀最常见的故障为阀门内漏，可先检查阀门是否处于全关状态，执行杆是否成 90°；注入密封脂进行密封，观察状况；如果阀门注入足量的密封脂后，阀门出现开关困难现象，则需对阀门底部推杆进行回调。旋塞阀故障分析及处理方法见表 3.6。

表 3.6　旋塞阀故障分析及处理

序号	故障现象	产生原因	处理方法
1	阀门无法动作	(1)阀门旋塞和阀体之间抱死； (2)阀门底部调节螺钉过紧； (3)阀腔内部存在异物将阀门卡死； (4)齿轮传动箱无法动作	(1)注入润滑脂润滑阀门，并充分旋转； (2)适量松动调节螺钉； (3)清除异物； (4)打开齿轮箱，进行润滑和修复

续表

序号	故障现象	产生原因	处理方法
2	阀门动作困难	(1)阀门旋塞和阀体之间摩擦大； (2)阀门底部调节螺钉过紧； (3)旧的密封脂老化或堆积过多； (4)齿轮箱传动问题	(1)注入润滑脂润滑阀门，并充分旋转； (2)适量松动调节螺钉； (3)洗液清除旧的密封脂； (4)打开齿轮箱，进行润滑和修复
3	阀门内漏	(1)阀门旋塞和阀体存在划痕； (2)阀门底部调节螺钉过松； (3)阀门没有完全关闭	(1)注入密封脂进行密封，或将旋塞翻转180°； (2)适量拧紧调节螺钉； (3)将阀门完全关闭
4	阀杆填料处渗漏	(1)填料压紧力不够； (2)填料使用过久失效	(1)更换调整螺母、螺栓； (2)更换填料
5	中法兰(阀体与阀盖连接部)处渗漏	中法兰螺栓松动	重新均匀拧紧螺栓

3.4.5 安全阀

安全阀是在启闭件受载荷作用下处于常闭状态，当设备或管道内的介质压力升高超过规定值时，通过向系统外排放介质来防止管道或设备内介质压力超过规定数值的特殊阀门。

3.4.5.1 安全阀基础知识

安全阀是输气设备安全保护装置，其主要性能参数有：

(1) 整定压力(开启压力)P_s：安全阀阀瓣在运行条件下开始升起时的进口压力。在该压力下开始有可测量的开启高度，介质呈可由视觉或听觉感知的连续排出状态。

(2) 排放压力 P_d：阀瓣达到规定开启高度时的进口压力。

(3) 回坐压力 P_r：排放后阀瓣重新与阀座接触，即开启高度为零时的进口压力。

(4) 超过压力 ΔP_0：排放压力 P_d 与整定压力(或开启压力)P_s之差。

(5) 启闭压差 P_{b_1}：整定压力(或开启压力)P_s与回坐压力 P_r之差。

(6) 频跳：安全阀阀瓣迅速异常地来回运动，在运动中阀瓣接触阀座。

(7) 颤振：安全阀阀瓣迅速异常地来回运动，在运动中阀瓣不接触阀座。

安全阀分为直接作用式安全阀和非直接作用式安全阀。弹簧式安全阀为直接作用式，先导式安全阀为非直接作用式。安全阀阀组是为了满足安全阀正常工作和送检要求，输气站在安全使用场合设计的一种阀组结构，包括安全阀的前后球阀和与安全阀串联的节流截止放空阀及配套球阀。

3.4.5.2 弹簧式安全阀

1) 工作原理

利用弹簧的作用力将阀芯压紧在阀座上，气压低于规定值时，气体的作用力低于弹簧的作用力，使阀门处于关闭状态。当气压升到超过规定值时，阀芯下面受到气体作用力超过阀芯上面所受到的弹簧作用力时，阀芯被顶开，排出气体，使气压下降。利用调整螺丝改变弹簧对阀芯的作用力，即可调整开启压力值的大小。

2) 结构特点

弹簧式安全阀由阀体、阀座、阀瓣、弹簧、弹簧调节装置、阀帽等组成，如图3.25所示。

图 3.25　弹簧式安全阀

弹簧式安全阀的优点是结构轻便紧凑，灵敏度较高，安装位置不受限制，而且因为对振动的敏感性小，所以可用于移动式的压力容器上。

弹簧式安全阀的缺点是所加的载荷会随着阀的开启而发生变化，即随着阀瓣的升高，弹簧的压缩量增大，作用在阀瓣上的力也跟着增加。这对安全阀的迅速开启是不利的。另外，阀上的弹簧会由于长期受高温的影响而使弹力减小。用于温度较高的容器上时，需要考虑弹簧的隔热或散热问题。

3）常见故障处理

阀座泄漏是指在设备正常工作压力下，阀瓣与阀座密封面处发生超过允许程度的渗漏。阀座一旦泄漏，介质就会进入安全阀的阀体内，会腐蚀导向套和弹簧。如果不及时维修，泄漏将通过腐蚀扩展造成密封面损坏。其原因及处理方法如下：

（1）脏物落到密封面上，可通过提升扳手或利用校验台对安全阀加压使安全阀开启几次，把脏物吹走。

（2）密封面机械损伤，出现裂纹泄漏。根据缺陷大小，可通过堆焊、车削、研磨和更换零部件方式解决。

安全阀需按照国家相应法规进行定期检验，其压力调整基本方法为：打开上铅封，拆去提升架，卸下阀帽，松开锁紧螺母，在弹簧规定的工作压力范围内，旋转调节螺套改变弹簧的预警压缩量，对开启压力进行调整。调整时先缓慢升高阀进口压力，使阀门起跳一次，若开启压力偏低，卸去阀门进口压力，按顺时针方向旋紧调节螺套；若开启压力偏高，则按逆时针方向旋松之；当调整到所需的开启压力之后，将锁紧螺母并紧，装好阀帽。若所要求的开启压力超出弹簧所规定的工作压力范围，则需要更换另一根不同工作压力级的弹簧，然后重新进行调整。

3.4.5.3　先导式安全阀

1）工作原理

先导式安全阀是在普通弹簧式安全阀的基础上，增设了先导机构，其结构如图 3.26 所示。主要由阀体、阀座、阀瓣、盖板、导阀、引压管等组成。当系统正常工作时，先导阀处于关闭状态时，系统压力通过进口压力管、导阀和气室压力管传到主阀阀瓣顶部的圆顶气室，从而在主阀瓣上产生了一个向下的净作用力，使主阀处于关闭状态。如图 3. 27 所示。

当系统压力达到整定压力时，克服了导阀的弹簧力，导阀开启同时滑阀封闭导阀进气通道，主阀气室的压力通过导阀泄压，由于系统压力高于回坐压力，滑阀封闭进气通道从而阻断流体在导阀中的流动，这时主阀气室的压力急剧下降，主阀阀瓣完全打开，流体通过主阀泄放降压(图 3. 28)。导阀开启泄压前后对比图如图 3. 29 所示，主阀开启泄压前后对比图如图 3. 30 所示。

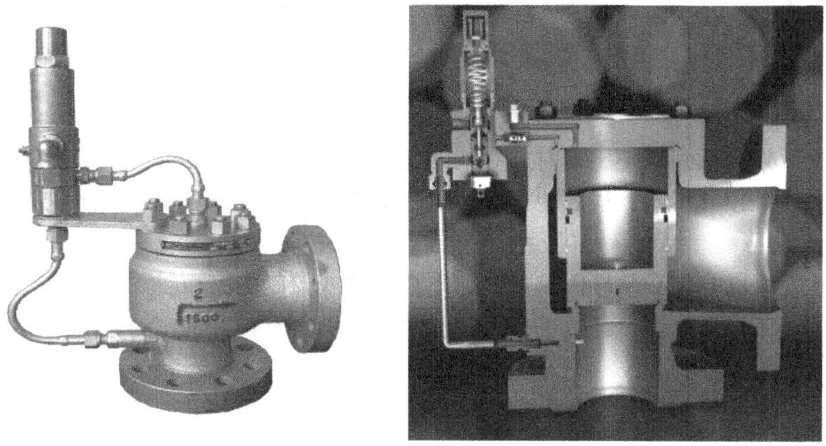

图 3. 26　先导式安全阀外形及剖面图

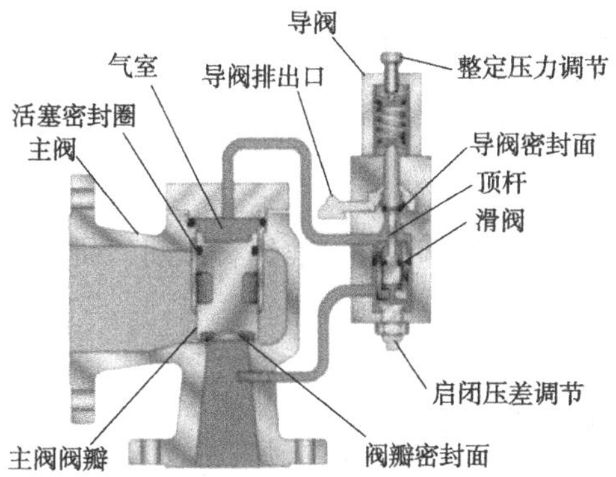

图 3. 27　先导式安全阀关闭状态图

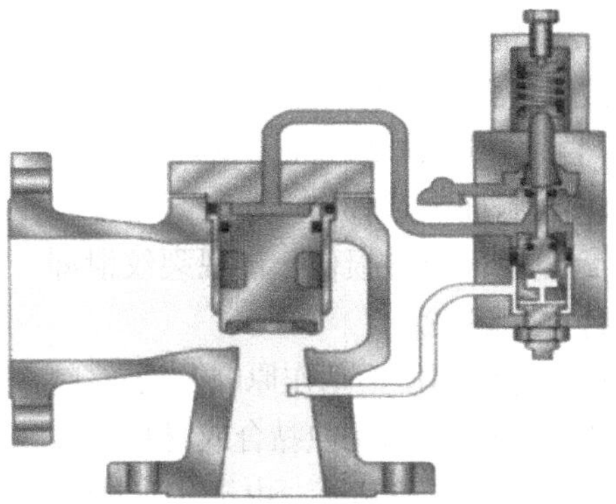

图 3. 28　先导式安全阀泄放状态

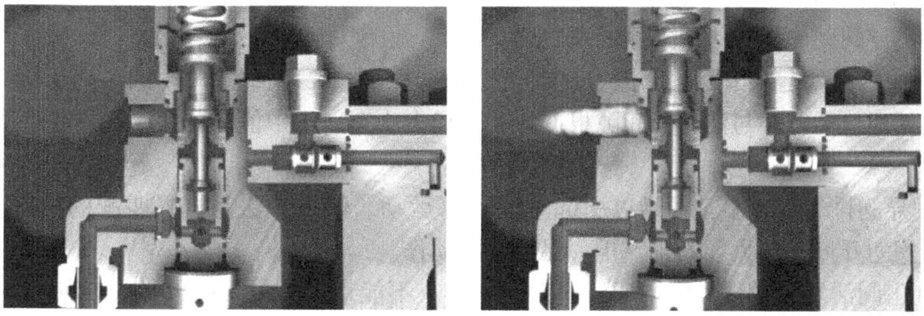

图 3. 29　导阀开启泄压前后示意图

图 3.30　主阀开启泄压前后示意图

当系统压力降低到回坐压力时，导阀的弹簧力克服了导阀进口压力作用在滑阀上的力，导阀回坐，顶杆顶开滑阀，最后使得流体重新进入主阀的圆顶气室，关闭主阀。

2）结构特点

先导式安全阀是依靠从导阀排出的介质来驱动或控制的，而导阀本身是一个直接作用式安全阀。适用于高压、大口径的场合。先导式安全阀具有良好的密封性能，同时，它的动作很少受背压的影响。

先导式安全阀的缺点是不适合脏污介质，其可靠性同主阀和导阀有关，动作不如直接作用式安全阀那样迅速、可靠，而且结构较复杂。

3）常见故障处理

先导式安全阀使用过程中，常出现主阀导阀泄漏、导阀超压不动作和导阀动作主阀不动作等故障。需要及时处理。

（1）主阀导阀泄漏原因及处置。

① 密封面夹杂脏物。通过开启排放冲跑杂物。

② 密封面机械损伤，出现裂纹泄漏。根据缺陷大小，可通过堆焊、车削、研磨和更换零部件方式解决。

（2）导阀超压不动作原因及处置。

① 导阀密封面锈蚀黏合或材料变形。需要通过修理更换解决。

② 导阀下导管堵塞。由于介质物性、管路夹杂焊渣杂质等原因，容易堵塞较细的导管，造成压力输送不畅，导阀进口压力远低于主阀进口压力，使用中应做好过滤和定期吹扫工作。

③ 导阀弹簧过紧，超过要求的预紧力，应重新检测校验安全阀。

（3）导阀动作而主阀拒动原因及处置。

① 主阀活塞运动卡阻，摩擦力过大。检修过程中，要对活塞室内表面、活塞环进行清洁润滑处理，活塞环与活塞套间隙根据力和通径大小有一适中值，过大或过小都将影响动作性能。

② 导阀排气量过小，不足以引起主阀活塞运动。解决方法是选择匹配的主阀和导阀，增大导阀的开度，加大导阀排气量，促使主阀动作。

③ 主阀活塞腔漏气，作用于活塞上的力小，不能运动。主要原因是长期使用后，活塞磨损严重，达不到气密性要求，需更换匹配的活塞及活塞环。

（4）阀门频跳原因及处置。

频跳是指安全阀快速异常地来回运动，它与颤振的区别在于运动中阀瓣接触阀座。造成阀门频跳的原因有以下几方面：

① 安全阀排量过大，应根据设备所需的排量，重新计算并选用排量合适的安全阀。

② 安全阀进口处阻力过大，应增大进口管内径，使之大于阀门进口通径，或缩短进口管的长度。

③ 排放管阻力过大，应增大排放管内径或缩短排放管长度。

④ 弹簧刚度过大，检查导阀弹簧压力级别是否与阀门的开启压力相符合。

3.4.5.4 注意事项

（1）安全阀校验不及时，可能致使安全阀无法正常工作。安全阀应定期按时进行校验。

（2）拆卸时如发现根部阀关闭不严时，应切断安全阀安装设备的上下游并对该段实施放空，待压力泄放完毕后方可进行拆卸。

（3）拆装中螺栓、螺帽或工具容易掉下砸伤人员或设备，所以拆装中要小心谨慎，拿稳工用具及螺栓、螺帽。

（4）拆装较高部位的安全阀时，人员站立不稳或在拆装过程中用力过猛，易造成人员摔伤。应严格遵守高处作业安全管理规定，系好安全带，脚下站稳，拆装时用力均匀。

（5）安全阀卸下或安装时捆绑不牢靠或人员用力不均匀，使安全阀掉下造成人员伤害和设备损伤。一定要捆绑牢固，几人合力搬动时要用力均匀、一起用力。

3.4.6 其他类型阀门

3.4.6.1 止回阀

止回阀是指依靠介质本身流动而自动开、闭阀瓣，用来防止介质倒流的阀门。止回阀又称单流阀、单向阀，属逆止类阀件，它主要用于限制气流单方向流动，防止倒流。止回阀有升降式和旋启式两种类型。

升降式止回阀主要由阀体、阀盖、阀瓣、密封圈等组成，如图3.31所示。流体由低端引入阀内，由于阀前后流体的压差所产生的推力大于阀瓣重力而将阀瓣顶升，流体由阀瓣与密封圈环缝通过高端流出阀体。当流体发生倒流时，出口端压力大于进口端压力，阀瓣在重力和压差作用下下降严密坐于密封圈，防止流体反向流动。

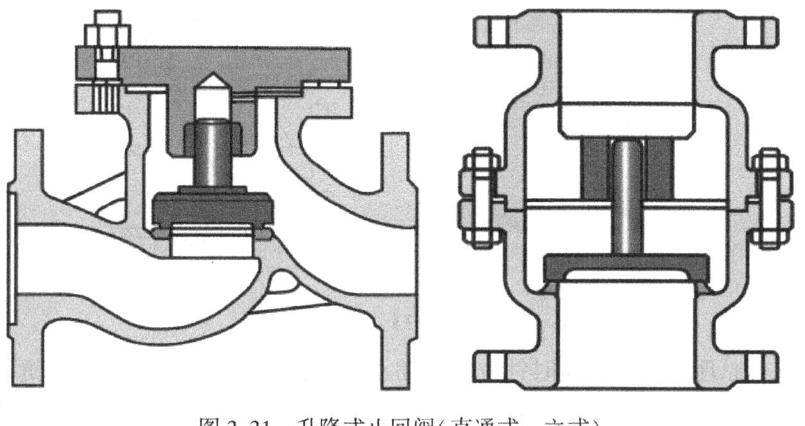

图3.31 升降式止回阀（直通式、立式）

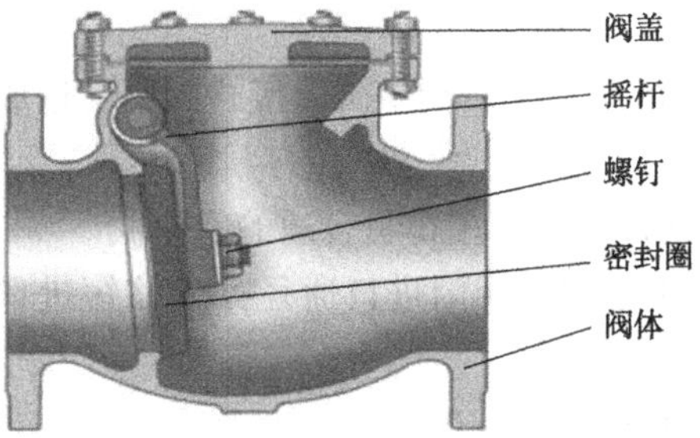

图 3.32　H44H 旋启式止回阀

旋启式止回阀主要由阀体、阀盖、密封圈及阀瓣、摇杆等组成，如图 3.32 所示。旋启式止回阀的工作原理与升降式止回阀相同，只是摇杆和与之相连接的阀瓣不做上下运动，而是沿摇杆轴做旋转运动，让流体通过或限止流体的倒流。

止回阀用于增压站输出管线和长距离用户管线上，以防止气体倒流。安装中，必须注意阀的进出口方向，使阀的流动方向与流体的流动方向一致。常见故障及处理方法见表 3.7。

表 3.7　常见故障及处理方法

故　障	故障原因	排除方法
阀瓣转动不灵活	(1)销轴磨损严重； (2)阀门被杂物堵塞； (3)阀瓣与摇臂变形	(1)更换销轴； (2)开关冲洗阀门，除杂物； (3)更换阀瓣和摇臂
阀座密封泄漏	(1)阀门未关到位； (2)阀门内有杂物； (3)阀瓣与阀座密封面损坏	(1)调整阀瓣的密封位置； (2)开启并冲洗阀门处杂物； (3)拆卸检查修复阀瓣或阀座密封面
阀体与阀盖密封泄漏	(1)阀盖连接螺钉松动； (2)缠绕垫片损坏	(1)拧紧螺钉； (2)更换缠绕垫片

3.4.6.2　闸阀

闸板阀简称闸阀，属启闭式阀件，早期输气站用闸阀截断和接通输气管道内的天然气流。闸阀的结构如图 3.33 所示，由阀体、阀盖、阀杆、闸板、密封圈和传动装置等部件组成。阀体两端用法兰或丝扣与管子连接形成气体的通道。传动装置有手轮式、正齿轮式、伞齿轮式和电动式等。闸板有单闸板与双闸板两种类型。

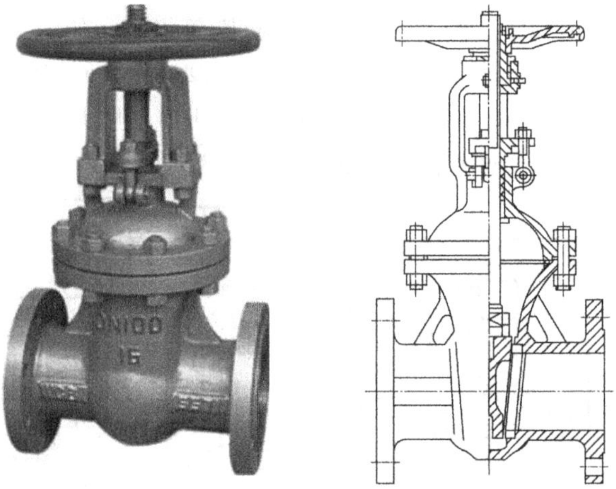

图 3.33　闸阀

闸阀的工作原理如下：当反时针方向转动手轮时，用键与手轮固定在一起的阀杆螺母随之转动，从而带动阀杆和与阀杆连在一起的闸板上升，阀体通道被打开，气体由阀体的一端流向另一端。相反，顺时针方向转动手轮时，阀杆和闸板下降，阀关闭。

闸阀不能用作节流，所以必须全开或全关。闸阀使用时，其公称直径与管道公称直径相同，公称压力应大于被输送流体的压力。操作闸阀时，用力要稳定、均匀，不能用冲击力。当闸阀开完后，应将手轮反方向回转1~2圈。开关闸阀时，人体不能正对阀杆顶部，以防阀杆打出伤人。闸阀常见故障处理见表3.8。

表3.8 闸阀常见故障处理表

序号	故障现象	产生原因	排除方法
1	闸阀填料处渗漏	(1)填料压盖太松； (2)填料圈数不够； (3)填料由于使用过久失效； (4)阀门丝杠磨损或腐蚀	(1)可均匀拧紧压盖螺栓； (2)增加密封填料； (3)更换密封填料； (4)修理或更换丝杠
2	闸阀关不严，阀瓣和阀座密封面间渗漏	(1)密封面有污物； (2)阀瓣或密封面磨损刺坏	(1)卸开清洗或用气流冲净杂物； (2)重新研磨，必要时可焊接加工，研磨后必须平整
3	闸阀阀体和阀盖间法兰渗漏	(1)法兰螺栓松或松紧不一； (2)法兰密封垫子损坏； (3)法兰间有污物	(1)上紧或调整螺栓松紧； (2)换垫子； (3)清除污物
4	阀杆传动不灵活	(1)填料压得过紧； (2)阀杆螺纹与螺母无润滑，黄油干枯变质，有锈蚀； (3)阀杆与阀杆螺母间有杂物； (4)阀杆弯曲或阀杆、螺母螺纹有损伤； (5)填料密封压盖位置不正卡阀杆	(1)将密封填料压紧程度进行调整； (2)涂加润滑油； (3)拆开清洗； (4)校直、清洗或更换阀杆； (5)调整密封填料压盖

3.4.6.3 轨道式球阀

轨道式球阀，又称强制密封阀，主要应用于计量系统、计量标定系统。与常规球阀相比，具有开启无摩擦，开启扭矩轻，密封性能好的优点。开启阀门时，阀杆首先提升使阀球与阀座脱离，然后阀杆驱动阀球转动到开启位置；关闭阀门时，阀杆带动阀球在不接触阀座的情况下转动，然后阀杆下降压迫阀球紧压在阀座上。因而阀门具有长期的、持续的、紧密密封性特性。其原理如图3.34所示，球阀结构如图3.35所示。

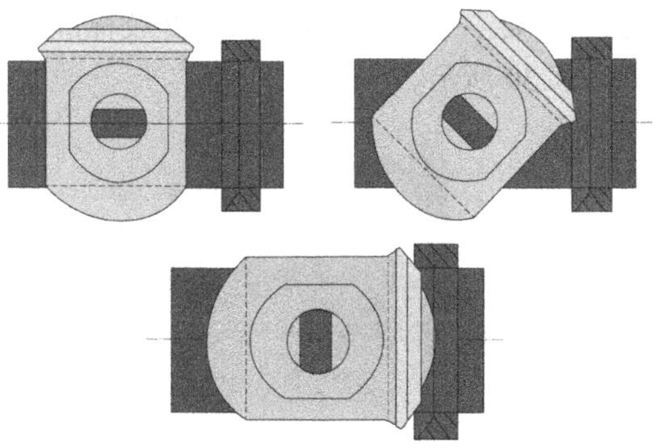

图3.34 轨道式球阀球体与阀座关系(全开、旋转、关闭)

图3.35 轨道式球阀结构图

3.4.6.4 焊接式根部阀

天然气高压管道输送需要检测管内压力参数，对于低压管道一般在管道上焊一个短接，上接一个带丝扣的仪表阀，就可以安装压力表和压力变送器。对于高压天然气管道，为了解决丝扣螺纹容易出现泄漏的问题，必须采用全焊接的方式进行取压，并采用双阀结构。图3.36为焊接式根部阀，选用一体式焊接截止阀结构。材料选用低温碳钢A350LF2，压力等级可达CL2500，阀杆填料为石墨，焊接口3/4in。

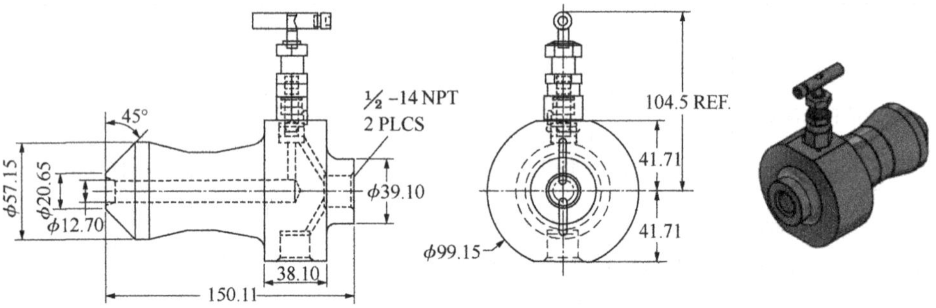

图3.36　焊接式根部阀

焊接根部阀之后还需安装一个双阀组阀门，以实现双阀关断，其工作原理仍为截止阀，并设有放空口，以便于压力表、变送器的泄压拆卸，其结构如图3.37所示。

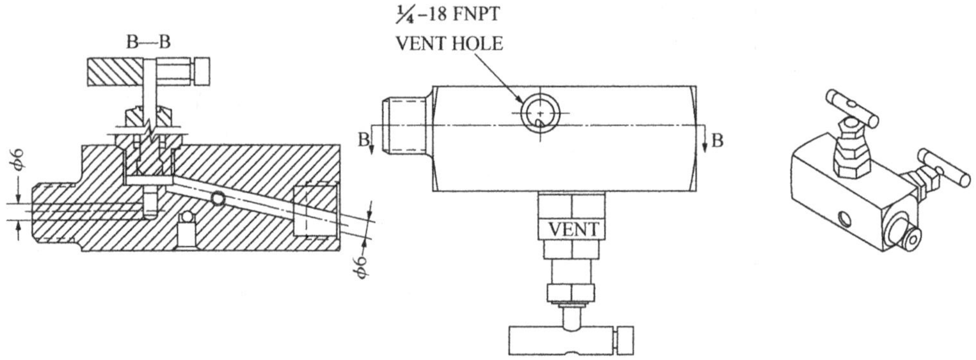

图3.37　双阀组阀门

由于压力表的接头部分一般选用公制螺纹M20×1.5而阀门选用美制螺纹1/2in NTP（NTP代表牙尖角为60°的自密封锥管螺纹），需要一个压力表接头进行螺纹标准的转接，如图3.38所示，压力表根部阀的现场应用如图3.39所示。

图3.38　压力表接头

图3.39　根部阀现场应用

3.5 执行机构

执行机构在现代生产过程自动化中起着十分重要的作用。人们常把它称为实现生产过程控制的手足，因为它在自动化控制系统中接收站控系统的控制信号，自动地改变调节变量，实现对被调参数(如温度、压力、流量、液位等)进行调节的目的，使生产过程按预定要求正常进行。

执行机构是一种能提供直线或旋转运动的驱动装置，它利用某种驱动能源并在某种控制信号作用下工作。执行机构使用液体、气体、电力或其他能源并通过电机、气缸或其他装置将其转化成驱动作用，用于把阀门驱动至全开或全关的位置，能够精确地将阀门开关到任何位置。

执行机构按照动力源的不同可分为手动执行机构、电动执行机构、气动执行机构、气液联动执行机构、电液联动执行机构五种。下面我们分别介绍各种执行机构。

3.5.1 手动执行机构

阀门的手动装置包括手柄、手轮和机械传动装置等。最简单的手动执行机构就是一根手柄或操作杆，通过搬动手柄或转动操作杆的方位即可开关阀门。如图3.40所示。但这仅仅适用于扭矩较小的手动阀门。

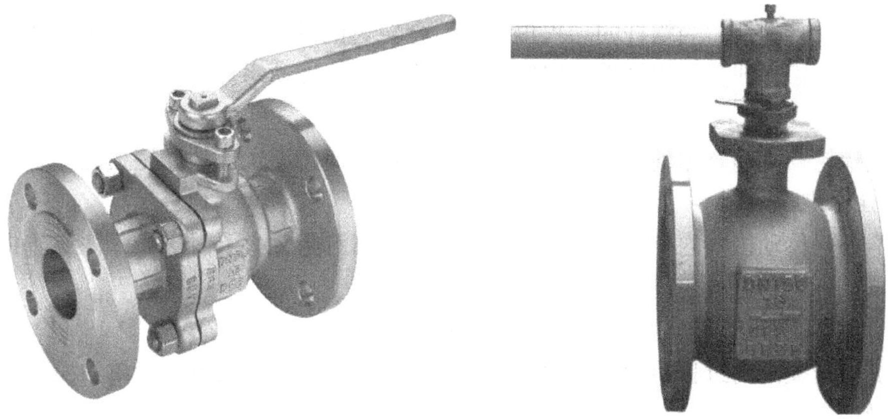

图3.40 简单的手柄或操作杆

手动执行机构主要是通过螺杆传动装置开关阀门，比起直接转动阀杆开关阀门，蜗轮蜗杆机构常用于回转阀门的驱动装置上，主要适用于蝶阀、球阀和旋塞阀以及风门或挡板。这类阀门需要以要求的力矩进行90°旋转操作的执行机构。

1) 工作原理

蜗轮蜗杆传动的两轴相互交叉垂直。蜗杆可以看成在圆柱体上沿着螺旋线绕有一个齿或几个齿的螺旋，蜗轮就像个斜齿轮，这样的结构是齿轮的齿包着蜗杆(图3.41)。蜗轮蜗杆在啮合的时候，蜗杆转一圈，带动蜗轮转过一个齿或几个齿，这样的设计比较省力，操作人员转动手轮时，会带动蜗杆旋转，蜗杆将水平的动力传给蜗轮(扇形齿轮)，扇形齿轮带动同轴的阀杆转动，最终实现阀门的开关。

手动执行机构由手轮、传动装置(蜗轮蜗杆)和连接装置等组成。按安装位置可分为顶装式和侧装式两类。

图 3.41　蜗轮蜗杆执行机构结构图

2）结构特点

蜗轮蜗杆机构的特点：

(1) 蜗杆传动相当于螺旋传动，为多齿啮合传动，故传动平稳、噪声很小。

(2) 两轮啮合齿面间为线接触，其承载能力大大高于交错轴斜齿轮机构。

(3) 可以得到很大的传动比，结构紧凑。

(4) 具有自锁性。当蜗杆的导程角小于啮合轮齿间的当量摩擦角时，机构具有自锁性，可实现反向自锁，即只能蜗杆带动蜗轮，而不能由蜗轮带动蜗杆。其反向自锁性可起安全保护作用。

(5) 蜗轮蜗杆啮合传动时，啮合轮齿间的相对滑动速度大，故摩擦损耗大、效率低。

3）注意事项

(1) 阀门传动机构内外的转动部件要定期检查润滑脂，必要时更换，注意防止雨水进入箱体。

(2) 保持阀位指示器的完整和完好，且指示正确。

(3) 在开关阀门过程中蜗杆外的手轮不可添加任何加力工具且尽量单人操作，不可盲目和野蛮操作。

4）限位调整

箱体内的限位螺栓是调整并限制蜗轮转角，以满足阀门启闭位置正确。如图 3.42 所示。一般情况阀门出厂时已经调整好限位，但阀门维修或运输过程可能存在震动，造成限位螺钉松动。当阀门出现内漏时，限位变化可能是其中一个重要原因，可根据球阀底部中腔排污阀放气情况，调整左右限位螺钉与蜗轮端面的距离，从而偏移蜗轮的转动角度，就可以解决因球阀在阀体内位置不正确的内漏问题。

现场如果出现当蜗轮限位面抵住螺栓就应停止加力，若继续加力旋转时，蜗杆无法承受大的扭力会造成蜗杆扭曲、折断。因此当阀门启闭时，注意观察传动箱顶部的阀位指示器是否与开关位置相符，开闭遇阻时可反方向旋转并观察阀杆的旋转角度是否为 1/4 圈或 90°角，如果正确即为开闭位置已到，不可再加力旋转。

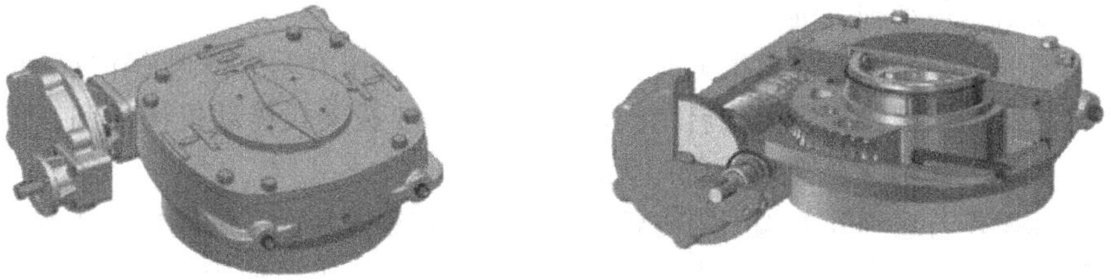

图 3.42 限位调整示意图

5）常见故障处理

（1）蜗轮磨损。

对于日常开关频繁的阀门，蜗轮容易出现磨损，究其原因是蜗轮蜗杆啮合传动时，啮合轮齿间的相对滑动速度大，故摩擦力大，所以齿面发热量大、传动副磨损严重。

为减少啮合面的摩擦力，应在传动箱内添加足够的润滑脂，提高润滑性能，同时润滑脂也扩散齿面的热量，延长蜗轮蜗杆的使用周期，如图 3.43 所示。

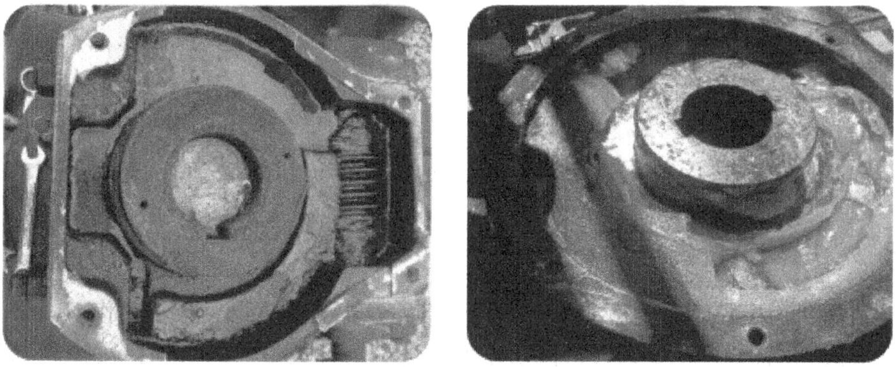

图 3.43 传动箱进水，其后清理添加润滑脂

（2）箱体破裂。

因蜗轮蜗杆机构为省力机构，当从动件（蜗轮）受阻时，其主动件（蜗杆）的反向轴向力很大，作为支撑件的蜗轮箱体无法承受轴向推力时壳体就会破裂。如图 3.44 所示。

当旋转蜗杆手轮启闭阀门遇阻时，应反方向旋转手轮，并判断阻力产生的原因，不可盲目加力，解决阻力产生的问题后方可使用。

图 3.44 传动箱破裂

(3) 传动机构传动轴、键、槽等破裂。

球阀和蝶阀的阀芯因故阻力很大时，蜗轮传递的较大扭力无法将阀芯扭转，造成连接阀芯上的阀杆之键槽或键破损，无法启闭阀门。以图 3.45 拨叉式传动机构为例，传动轴上的轴销(铜棒)断裂，造成无法驱动，阀门无法启闭操作。

现场实际操作若遇到开关阀门阻力较大时，可先观察连接阀芯的阀杆是否与蜗轮输出轴套同步旋转，如空隙较大且力量很大时应检查并解决问题后方可使用。

图 3.45　轴销断裂

3.5.2　电动执行机构

电动执行机构主要应用于输油输气站场、阀室、电力等方面；根据动作状态分类为角行程(90°开关阀)、直行程、多转式；按动作方式可分为开关型、调节型；按控制源分类：硬接线、总线型的几种类型。

目前站场电动执行机构品牌众多，主要有：罗托克(ROTORK)、ABB、四川长仪、利米托克(LIMITORQUE)、特福隆、扬州恒春等。其内部结构和工作原理一样，下面我们就以罗托克(ROTORK)CKD 两种电动执行机构进行介绍。

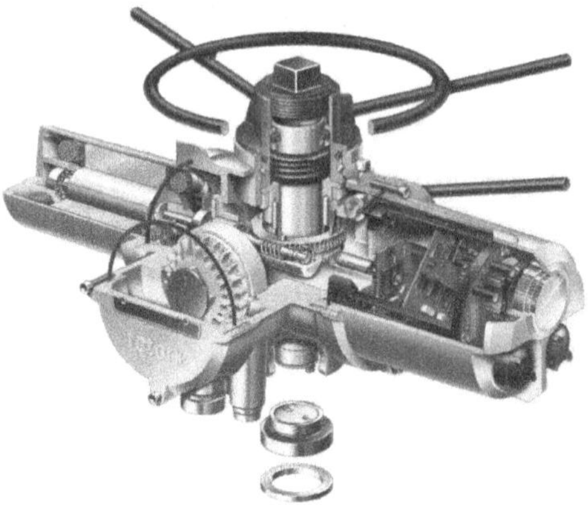

图 3.46　ROTORK 电动执行机构图

3.5.2.1　ROTORK 电动执行机构

罗托克(ROTORK)电动执行机构(图 3.46)主要用来控制阀门，组成电动阀门。它可以安装球阀、蝶阀、闸阀等，用电力代替传统的人力控制阀门转动，以控制空气、水、蒸汽、各种腐蚀性介质等各种流体介质的流动及流向、流量。

1) 工作原理

电动执行机构一般由供电部分、控制部分、控制切换部分、监视部分、驱动部分、传动部分组成。

其中供电部分包括接线盘、电源模块、交流接触器；控制部分包括主板、总线板、调节板；

控制切换部分包括就地/远程旋钮、切换手柄；监视部分包括绝对编码器、温度传感器、力矩传感器；驱动部分包括电机；传动部分包括主轴蜗轮蜗杆。

通过380V或220V三相电源驱动电动机，经减速装置减速后，带动阀门阀杆(或球阀主轴)转动而实现阀门的开或关。驱动球阀时，驱动头直接接在球阀主轴顶部，通过联轴器与球阀主轴配合。与其他阀门驱动装置相比，电动驱动装置具有动力源广泛，操作迅速、方便等特点，并且容易满足各种控制要求。所以，在阀门驱动装置中，电动装置占主导地位。

电动操作时电机的旋转通过联轴机构直接带动蜗杆转动，蜗杆带动蜗轮转动，再通过离合器带动输出轴转动。

手动操作时切换手柄拨在手动位置，离合器上移，脱开蜗轮与手轮连接，转动手轮驱动输出轴转动。电动操作总是优先，除非操作手柄被锁定在手动挡。

阀位检测主要是在输出轴转动的同时带动一对锥齿轮转动，并通过霍尔元件感应传感轴上磁环上磁场的交替变化完成执行机构运动方向及位置变化的检测。

2）结构特点

执行机构最基本的功能就是既能够按顺时针方向关闭阀门，也能够按逆时针方向打开阀门，通过改变执行器交流电动机的转动方向来实现。执行机构交流电动机的电源由三相配电开关提供，这种电源为三相380V或220V交流电，执行机构内部的相序具有自动调相功能，三相电进入执行器内部后，执行器内部的控制电路将根据指令调整电动机给电相序，从而实现可控的正转和反转，可完成对阀门的开、关操作和阀门开度调节操作。执行器操作有手动和自动(电动)两种方式，其中自动方式分就地控制和远程控制。根据现场管理和安全的需要，可以用挂锁锁定在就地/停止/远程的其中一个位置。

3）注意事项

(1) 电动执行机构应制定定期维护计划，一般每半年维护检查一次。以各种操作方式(就地开关、手轮开关、远程开关)开关阀门，验证其动作及阀位指示是否正常。

(2) 检查执行机构各部紧固螺栓是否松动。

(3) 检查执行机构电气连接各部有无松动和脱落现象。

(4) 检查执行机构密封是否完好，有无进水或表壳存储器存在雾气的现象。

(5) 定期巡检主要检查电动执行机构液晶显示表头，显示电池电量不足，需要及时更换电池。

(6) 检查是否有润滑油泄漏。

(7) 确保执行机构(有的简称执行器、电动头等)上无灰尘或污物。

4）常见故障处理

电动执行机构常见故障及处理方法见表3.9。

表3.9 常见故障及处理方法

现象	原因	常见处理方法
电动操作时执行机构不动作	(1)动力电源未接通； (2)动力电源缺相； (3)执行器操作方向不正确； (4)阀门有卡死现象	(1)重新投上电源开关； (2)检查有无断路现象； (3)确认操作方向重新操作； (4)现场手动开关阀门，确认阀门有无卡死现象

续表

现　象	原　因	常见处理方法
执行机构通电后远程控制无效	(1)就地/远控切换开关未打到正确位置； (2)控制信号线有虚接或断路现象； (3)站控系统未输出远程控制信号	(1)切换开关打到远控位置； (2)按图纸检查接线情况，必要时校线； (3)更换通道或更换卡件
执行机构只能开阀或者关阀	(1)执行器方向设置不正确； (2)主控板逻辑错误	(1)重新设置参数； (2)更换主板或更换电源板组件
执行机构通电后没有显示或显示不正常	(1)主控制板电源线连接异常； (2)显示部分数据线连接异常； (3)主控制板故障	(1)正确接控制板电源线； (2)正确接显示数据线； (3)检查更换主板
执行机构通电后在没有指令的情况下就动作	(1)主板故障； (2)执行机构内控制线路有短接	(1)检查更换主板； (2)检查控制线路

3.5.2.2　CKD 系列电动执行机构

1）工作原理

CKD 系列电动执行机构是杨州恒春生产的一种智能化产品，其采用了先进的 SOC 技术、大屏幕 LCD 液晶显示技术、数字传感技术、自动跟随控制技术和现场总线技术等，这些装置均密封在防护等级最高为 IP68 的双密封防水外壳内。电子限位、电子限力矩等技术确保阀门运行的精确度；应用磁控开关、红外/蓝牙遥控技术使其无须打开电控箱即可进行操作，确保高危场合调控时能安全使用；相同步技术使执行机构在安装接线时不用考虑相序，安全方便；具有总线控制、模拟量连续调节控制、开关(脉冲)量控制等控制方式，同时适用于简单的位式控制场合，防爆等级最高为 Exd II CT4。

2）结构特点

电动执行机构主要由阀体、电动机、传动链、力矩测量、控制单元、手轮、手柄等组成，如图 3.47 所示。

(1) 阀体。

选用优质铝合金材料，采用先进的压铸技术铸造成型，再经过精密设备的加工。为适应极端恶劣的环境而涂上一层保护材料，并可根据需要提供其他类型的防腐涂层，具有防水、防尘、防爆等功能。

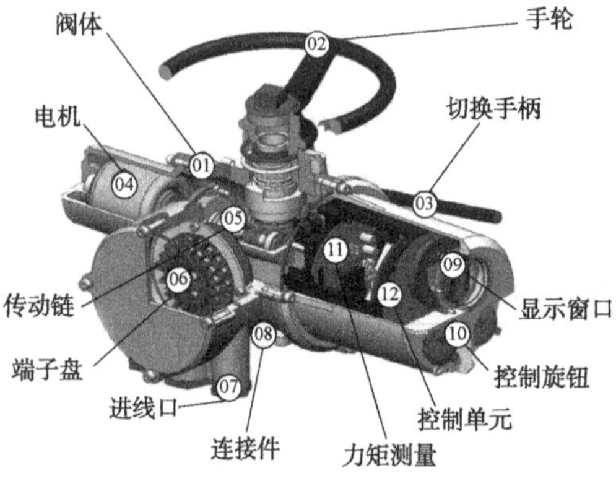

图 3.47　电动执行机构组成

(2) 电机。

电机接收控制单元的信号，将电能转化为机械能，从而驱动执行机构动作。采用低惯量、高转矩电机，使得电机启动后可迅速达到峰值力矩，非励磁时几乎没有超限运动。电机线圈内埋有精确的温度开关，不受环境温度的影响，使电机处于最佳热容量中。同时电机轴与蜗杆是相互独立的，以便于快速更换。

(3) 传动链。

传动链采用蜗轮蜗杆结构，将电机的高转速、小转矩转换为低转速、大转矩转动，以带动阀门机构动作。蜗轮蜗杆结构简单，结构精巧，传动效率恒定，带机械自锁功能，无须制动器；传动部分注有长效润滑油，可长期运行，无须维护。

（4）力矩测量单元。

力矩测量系统是采用专业设计的有用功测量系统，可获得准确、可重复的力矩测量值，且独立于频率、电压和温度的变化，以确保设备的过载保护，并体现阀门在开关过程中的力矩变化。输出力矩增量为1%，可在额定力矩40%~100%内设定为“加强”，可使输出力矩超过额定力矩，最大可达额定力矩120%。同时辅以检测电机速度、温度和电流来获得转矩，进而对设备进行双重过载保护。

（5）控制单元。

控制单元由控制、监视和保护模块组成，采用卡扣笼式安装结构，具有减震缓冲作用，插接式连接，保证快速、无误地拆卸和更换模块。

（6）控制旋钮。

采用隔离的磁传递霍尔效应装置，现场控制“打开”/“关闭”控制旋钮以及带有挂锁的“就地”/“停止”/“远程”方式控制旋钮，无贯通轴，密封性能好，同时排除容易产生故障的、易碎的舌簧开关可能带来的麻烦。如图3.48所示。

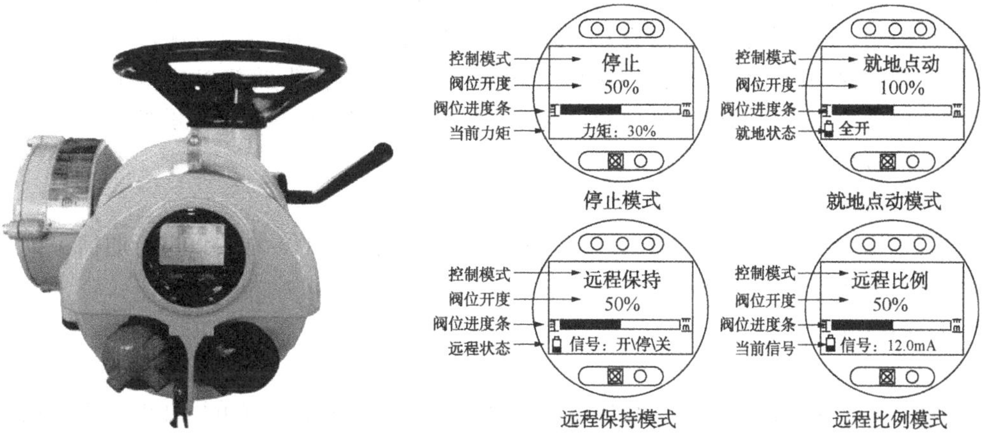

图3.48 控制与显示示例

（7）液晶窗口。

控制面板的就地液晶显示窗口提供瞬时的、最新的状态和阀门位置等信息，具有中英文语言切换、直观的菜单结构，可校准和诊断信息，包括力矩曲线、操作和故障记录、电机状态、本机信息和硬件数据等。

（8）手轮。

手轮可以在电源故障时提供可靠的紧急手动操作。

（9）切换手柄。

手动/电动切换手柄可随时安全操作，以适当的力压下手柄的同时，慢慢转动手轮以便内部的离合器挂上挡。当给电机通电和在电动锁定状态下离合器将自动分离。内置离合器使得执行机构无论是在手动还是在电动状态下均具有空程锤击的效果，这样可以有助于打开关闭过紧的阀门。

（10）后备电池。

当发生断电时，后备电池将给相关电路供电，执行机构仍然可以向远程提供阀位的各种信息，同时一切有关执行机构的机械操作均会记录在内置的数据记录器内；液晶继续显示工作状态，但不提供 LCD 背光和阀位指示灯。电池为 9V 锂电池，使用寿命可长达 5 年。

3）控制方式

（1）现场控制。

执行机构提供了操作手轮和电动/手动切换手柄，使得在主电源掉电或控制电路失灵等特殊情况下可以进行手动操作。进行手轮操作前，先将选择旋钮放在“停止”或“就地”位置，压下电动/手动切换手柄至手动位置，压手柄的同时慢慢转动手轮，以便使离合器挂上挡。挂上手动挡后，可以放开手柄，它会靠弹簧的作用回到自由位置，但内部的离合器已经锁定在了手动位置，这时转动手轮就会带动输出轴转动，这样便实现了手动操作。离合器被巧妙地设计成了电动优先机构，当电机转动时，离合器会自动切换到电动操作位置。

远控方式下禁止手动操作。配用红外设定器对就地控制进行选择，设定器包括专用的开阀、停止和关阀按键，在距执行机构 1m 距离内进行操作。

（2）远程控制。

通过外部连线与现场执行机构连接以后，可采用开关量（手动）、模拟量（自动）对执行机构进行控制。开关量控制：具有 6 个输入端，即开阀、关阀、停止/保持、开阀联锁、关阀联锁和紧急保护（ESD），远程控制输入均采用光电隔离，能抵御 2kV 高压。开关量控制可设定为保持阀门定位。模拟量控制：模拟量比例控制器使执行机构能够按照模拟电流、电压或电位信号自动将阀门定位。

（3）总线控制。

执行机构内部的总线通信板与远程控制室按照现场总线的标准协议进行通信，按照远方控制室下发的指令进行实时动作。

（4）状态输出。

CKD 电动执行机构配有 4 个可锁定的无源触点和监视触点，其中的监视继电器可用作电源监视，来指示电源单相或多相掉电，其余 4 个状态指示继电器可用红外设定器独立组态为以下信号之一，每个触点均可组态为“常开”“常闭”，额定值为 5A、50V AC 或 30V DC。

阀门位置：全开、全关或中间位置（1%~99%开度）。

状态：阀门正在打开、正在关闭、正在运行、选择就地停止、选择就地、选择远程、启用开阀或关阀联锁、启用紧急保护（ESD）、电池电量不足。

阀门报警：电机在开关阀过程中力矩跳断、阀门卡住、执行机构被手轮操作。

综合报警：电源单相或多相掉电、电池电量不足、温度保护器跳断、电机过流、力矩跳断、操作模式旋钮未处于远程位置、执行机构内部故障。报警信息含义如下：

① 参数出错：执行器内部参数出错。需要调默认恢复。

② 电机过热：电机温度超过 130℃。待电机温度冷却会自恢复。

③ 关阀过矩：在关阀过程中，阀门承受的转矩值超过设定值。

④ 开阀过矩：在开阀过程中，阀门承受的转矩值超过设定值。

⑤ 模拟量丢失：远程比例控制时，输入的模拟量信号小于 2.3mA 或者输入信号校准错误。此时可以检测 DCS 输出的模拟量信号是否小于 2.3mA。否则重新校准控制信号。

⑥ 电机失速：执行机构启动或者转动过程中，若7s时间内检测不到阀位变化，则停止电机动作，并显示启动超时。

⑦ 电源丢失：供电电源丢失。

⑧ 电源缺相：三相电源缺相。需要检测供电电源是否缺相。

⑨ ESD保护：由DCS送出的紧急保护信号。

⑩ 阀位过限：执行器阀位超出全开或者全关限位的允许范围。

⑪ 编码器断线：编码器信号线脱开或接触不良。

4）常见故障处理

（1）检查执行器的外壳是否有损坏，紧固件是否有松动和丢失。表面无过多的灰尘或污物。

（2）确保手轮中心的密封塞(或长形管帽)用聚四氟乙烯带密封并旋紧，以确保水气不能侵入执行器的中心轴。

（3）执行器侧面铸有一个6mm孔径的接地点，务必确保接地螺钉紧固，接地可靠。

（4）检查电缆接线口确保带有螺纹的适配器和电缆密封圈已上紧并完全防水。

（5）显示界面出现电池欠压报警时需更换电池，执行器的电池一般五年应更换。

（6）检查执行器运行是否平稳，有无异响、异常抖动、堵转等情况。

（7）运行过程中显示屏无故障报警。

（8）检查执行器全开和全关位置是否和阀门一致。

执行器常见故障及处理方法见表3.10。

表3.10 常见故障及处理方法

现象	原因	常见处理方法
启动超时及电机失速	(1)手动/电动切换装置锁死，电机空转； (2)外部有阻碍(如阀门被卡住)； (3)电机控制单元接触不良或损坏； (4)位置检测单元与信号反馈轴脱开	(1)控制执行器反转，若能运行则故障解除，不能则联系厂家； (2)排除影响执行机构正常运行的因素； (3)检查电机控制单元的电缆连接，检查电机控制单元是否损坏； (4)检查编码器是否与信号反馈轴脱开或接触不可靠
上电不显示	(1)三相电源失电； (2)电源板上变压器源边侧保险丝熔断； (3)电源板输出电压异常； (4)显示板故障	(1)检查外部电源是否正常，排除配电系统和线路故障； (2)更换同型号的保险丝； (3)更换电源板； (4)更换显示板
电机过热故障	(1)电机长时间连续运行，温度超过130℃，温度开关自动断开； (2)电机内部的温度开关损坏； (3)主控板相关的电路元件损坏	(1)执行机构暂停工作，待电机温度下降后方可恢复工作； (2)临时将温度检测接插件短接，短时工作。待机维修； (3)更换同型号的主控板
过力矩故障	(1)力矩保护设定值偏小； (2)外部有阻碍(如阀门被卡住)； (3)执行机构选型与现场的运行条件不匹配； (4)主控板相关元器件损坏	(1)增加力矩保护设定值； (2)排除影响执行机构正常运行的因素； (3)选择匹配的型号更换； (4)更换主控板

续表

现象	原因	常见处理方法
上电跳闸	(1)端子盘电源输入接线出错; (2)电机绕组故障; (3)电源板上变压器故障; (4)电机正反转控制模块损坏	(1)检查电源接线,确保正确; (2)万用表测量三相交流电机任意两根线的电阻是否基本相等。如相等,检测电机绝缘电阻是否偏小(小于3MΩ); (3)检测变压器线圈电阻,如有故障更换电源板; (4)更换同型号的电机控制模块
执行机构转动,阀门不转动	(1)外部减速机构锈蚀或者丝杆变形导致阻力加大; (2)外部阀门卡涩	(1)查看外部减速机构有无锈蚀或者丝杆有无变形; (2)检查外部阀门或者阀门的卡涩状况,排除故障

3.5.3 气动执行机构

气动执行机构(有的简称气动执行器)有薄膜式、活塞式、拨叉式和齿轮齿条式,是一种用仪表风(压缩空气)、氮气或天然气等作为动力源,控制阀门开关的自动驱动装置,广泛应用于石油天然气、化工、冶金、食品等及其他对阀门控制驱动可靠性要求高的工业领域,可驱动包括球阀、蝶阀和旋塞阀等90°回转类阀门。

气动执行机构按工作方式分直行程和角行程两种类型:直行程用于驱动在直线上往复运动的阀门,如化工厂常用的气动薄膜直行机构;角行程用于驱动在90°范围内往复旋转运动的阀门。以下简要介绍齿条式和拨叉式两种角行程气动执行机构。

3.5.3.1 齿条式气动执行机构

1)工作原理

当压缩空气从A管嘴进入气动执行器时,气体推动双活塞向两端(缸盖端)直线运动,活塞上的齿条带动旋转轴上的齿轮逆时针方向转动90°,阀门即被打开。此时气动执行阀两端的气体从B管嘴排出。反之,当压缩空气从B管嘴进入气动执行器的两端时,气体推动双塞向中间直线运动,活塞上的齿条带动旋转轴上的齿轮顺时针方向转动90°,阀门即被关闭。此时气动执行器中间的气体从A管嘴排出,如图3.49所示。

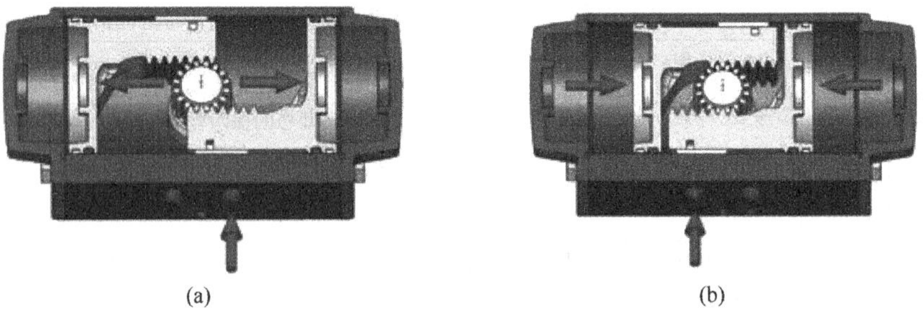

(a) (b)

图3.49 工作原理(关闭位置、开启位置)

2)结构特点

根据用户需求,气动执行器可装置成与标准型相反的传动结构,即旋转轴顺时针方向转动为开启阀门,逆时针方向转动为关闭阀门。单作用(弹簧复位型)气动执行器A管嘴为进气口,B管嘴为排气口(B管嘴应安装消声器)。A管嘴进气为开启阀门,断气时靠弹簧力关闭阀门。

齿条式气动执行器具有结构简单、动作流畅、安全防爆等优点。但其扭矩较小，齿条容易磨损，故障率较高。

3.5.3.2 拨叉式气动执行机构

1) 工作原理

以气体为动力源，推动活塞带动拨叉装置实现阀门的开关操作。动力气进入气缸，推动活塞做直线运动，利用活塞杆销与拨叉U型槽设计将活塞的直线运动转为拨叉的旋转运动，拨叉旋转带动输出轴转动，从而实现对阀门的控制。如图3.50所示。

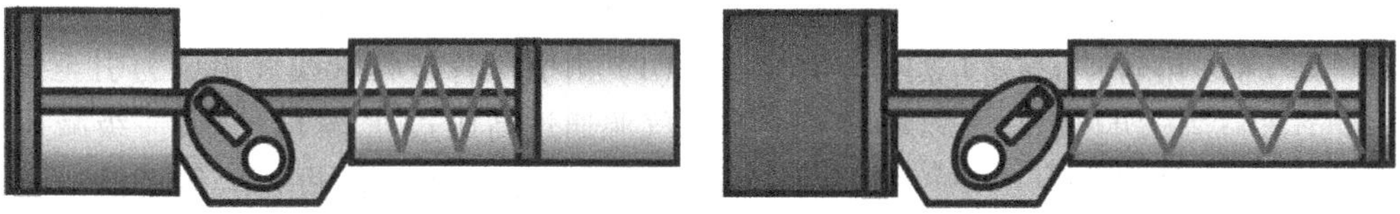

(a) (b)

图3.50 BETTIS G系列工作原理(动力行程、弹簧行程)

2) 结构特点

气动执行器主要由箱体、气缸、弹簧缸、液压缸、弹簧、活塞、拨叉、手轮等组成。按照作用类型的不同，可分为单作用拨叉式气动执行器和双作用拨叉式气动执行器。执行器的开关动作都是通过气源驱动完成的，就是双作用拨叉式气动执行器；而只有开动作是由气源驱动完成，关动作为弹簧复位的就是单作用拨叉式气动执行器，当动力源大于弹簧力的时候，会挤压或拉伸弹簧到一定位置，当动力源不足以克服弹簧力的时候，弹簧会回缩或伸展，使执行机构复位或运行到一定位置(图3.51)。

按照结构的不同，可分为单气缸活塞式和双气缸活塞式。

按主要材质的不同，可分为铝合金型、不锈钢型、碳钢型等。

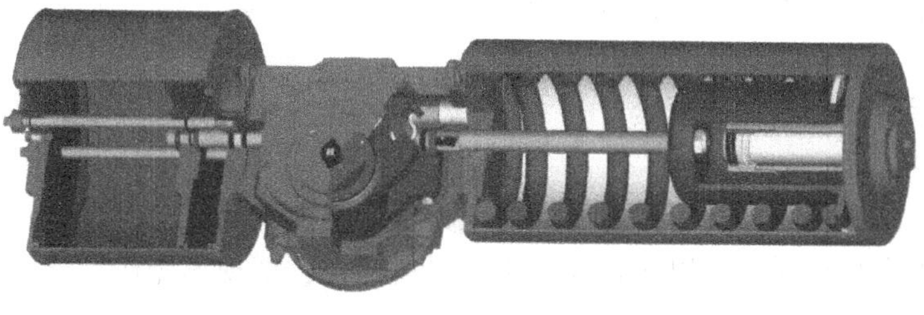

图3.51 BETTIS拨叉式气动执行机构结构图

拨叉式气动执行机构的控制系统是由控制面板及一些控制附件如过滤器、减压阀、安全阀、电磁阀、先导阀等组成能够使被控制对象如执行器实现预定的动作。控制系统使被控制对象趋于某种需要的稳定状态。

拨叉式气动执行器具有以下特点，开启关闭扭矩大、质量轻、体积小、运动平稳、密封性能好，故障率低(图3.52)。

图3.52 BETTIS现场应用

图 3.53 BETTIS 气源动力系统

1—高压过滤器；2—高压调节器；3—过滤调节器；4—安全阀；5—电磁阀；6—先导阀；7—引压管；8—放空管路

3）自动操作

BETTIS 气动执行机构的驱动气源可以直接利用站场天然气，其气源降压、稳压气路系统如图 3.53 所示，作为输气站 ESD 系统重要的环节，其功能是将 ESD 触发全站关闭后，气动执行机构接到指令，将驱动旋塞阀开启，对输气站天然气放空，以确保整个场站安全。

其自动动作步骤如下：

（1）由引压管 7 将管线气源压力引至气源接口，气源通过高压过滤器 1，进入一级减压装置高压调节器 2，经安全阀进行二级过滤减压调节器 3，输出额定工作压力。如果减压输出压力高于安全阀设定值，安全阀起跳，排放介质，以保护二级过滤减压调节器不受过高压力冲击。经安全阀输出压力通到电磁阀 5，如果二级减压调节器输出压力高于安全阀设定值，安全阀起跳，排放介质，以保护先导阀和电磁阀。

（2）电磁阀收到电信号后，电磁阀芯运动，电磁阀的进气口和出气口导通，动力介质输出到先导阀 6 控制口，推动先导阀阀芯，压缩导阀弹簧，使导阀进气口和出气口导通，动力介质进入动力模块推动活塞，拉动拨叉，压缩弹簧，阀门开启，天然气放空。

（3）当电磁阀断电后，先导阀阀芯复位，动力介质排出，弹簧模块弹簧复位，拉动拨叉，阀门关闭。

4）手动操作

手轮操作是在无动力源驱动的情况下，采用手动开阀门的一种方式。

（1）完全旋出锁紧螺母，并松到全行程方可。

（2）旋转手轮，使推杆压缩弹簧，开关阀门（手轮为左旋结构，顺时针旋出，逆时针旋进）。

（3）开关后，将锁紧螺母锁紧。

5）注意事项

高低压过滤减压调节器及压力泄放阀的压力设定点在出厂前已经设定好，当压力超过设定范围时，压力会自动泄放，以防止执行机构过压操作，请现场操作人员切勿自行调整压力设定。

6）常见故障处理

气动执行机构常见故障处理方法见表 3.11。

表 3.11 常见故障处理方法

故障特征	可能原因	常见处理方法
驱动器不能驱动阀门	(1)气源压力不足； (2)管路及连头漏气、堵塞	(1)现场手动开关； (2)充分清洗阀门或执行器
气动操作缓慢迟滞	(1)过滤器堵塞； (2)开关控制阀(先导阀)泄漏	(1)解堵，重新开关阀； (2)更换开关控制阀

3.5.4 气液联动执行机构

输气站场常见的气液联动执行机构按其结构原理不同可分为旋转叶片式气液联动执行机构和拨叉式气液联动执行机构两种。旋转叶片式气液执行机构在站场应用主要有 Shafer 气液联动执行机构、江苏易恒气液联动执行机构，拨叉式气液联动执行机构主要有 Biffi 气液联动执行机构和成都中寰气液联动执行机构。

3.5.4.1 Shafer 气液联动执行机构

1）工作原理

气液联动执行机构是一种用天然气或者氮气作为动力，液压油作为传动介质驱动管线阀门开启和关闭的装置。气源管直接从干线上引压，检测管将干线压力值与压力变化参数传递至控制箱内的压力传感器，作为自控的依据；气液罐盛有半罐液压油，其余部分充满天然气，当阀门动作时，以气推油，以油推动转动机构（旋翼），实现阀门的开关；执行器设有旋翼，浸入液压油中，气液罐来油推动旋翼旋转，旋翼带动与其相连的球阀转动，实现球阀的开关操作；操作箱设有手动操作所需的手泵和气动操作所需的开、关手柄。控制箱的中央处理器根据设定值与检测管采集到的压力值比较结果，来确定阀门的开关，实现自动控制；内含的存储单元可记录 900 个事件，管道异常压力则以曲线图的形式记录下来；当干线压力大于罐内气体压力时，干线气体通过罐上单向阀向罐内注气，当罐内气压大于出厂时的设定值时，可通过罐顶的安全阀泄压；远传遥控装置可实现中央控制室对该阀门的状态监测与遥控关闭操作。

2）结构特点

Shafer 气液联动阀主要由气源管、检测管、气液罐、执行器、操作箱、Lineguard 控制箱、储气罐、RTU 等组成。基本控制功能包括：就地气动操作、手动液压泵操作、爆管自动保护、远程电控开/关、ESD 紧急关断等控制功能。在天然气管道输送中的典型应用有：海底管道、河道穿越、站场旁通、站场进出口保护、长输管道线路、压缩机加载/卸载保护、站场放空、紧急关断、破管保护、远程控制等。图 3.54 为气液联动球阀结构图。

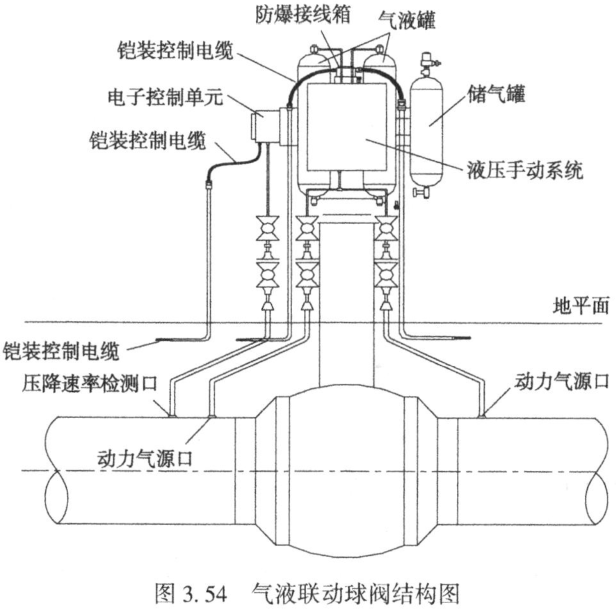

图 3.54 气液联动球阀结构图

国内常见的气液联动执行机构控制系统共分三种类型，分别为：

① 普通手动阀室使用的气液联动执行机构；

② 监控 RTU 阀室、干线越站紧急关断阀使用的气液联动执行机构；

③ 站场进出站紧急关断阀使用的气液联动执行机构。

常见几种气液联动执行机构介绍：

(1) 普通手动阀室气液联动执行机构(9701-S)。

普通手动阀室所使用的气液联动执行机构具有就地液压泵开关操作、就地气动开关操作、电子控制单元检测管线压力、爆管自动关阀等功能，由太阳能板直接给电子控制单元供电。

普通手动阀室气液联动执行机构控制原理图如图 3.55 所示，动力气体是天然气。在整个回路中包括阀门执行器摆缸①、一套气/液联动罐②和③、手动液压泵④、开关一个冲程的储气罐⑥、提升阀⑪、两位常闭先导阀⑱、调压器⑲、安全放空阀㉑、一组电子控制单元⑳、太阳能板㉒等。

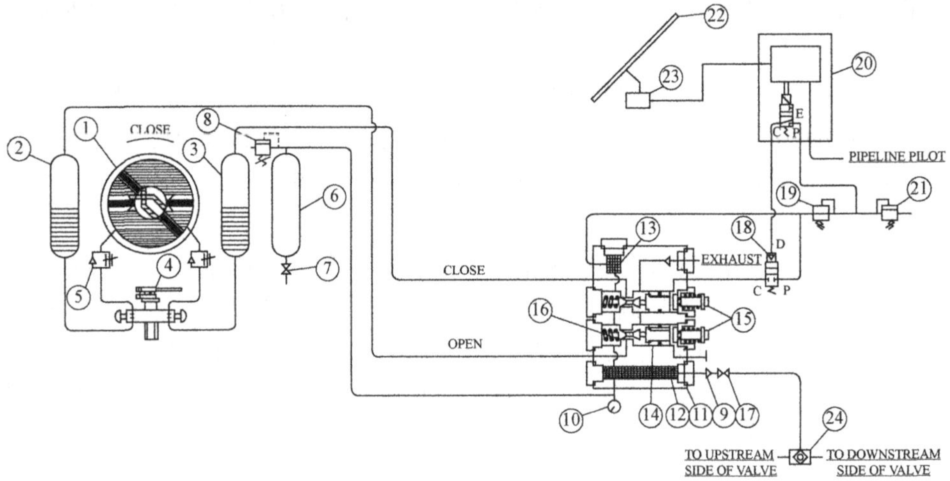

① 摆缸	⑨ 单向阀	⑰ 截止阀
② 开气液罐	⑩ 压力表	⑱ 两位常闭先导阀
③ 关气液罐	⑪ 提升阀	⑲ 调压器
④ 液压泵	⑫ 过滤器	⑳ 电子控制单元
⑤ 油速调节阀	⑬ 过滤器	㉑ 安全放空阀
⑥ 储气罐	⑭ 活塞	㉒ 太阳能板
⑦ 针阀	⑮ 手柄	㉓ 接线盒
⑧ 安全阀	⑯ 动力梭	㉔ 梭阀

图 3.55 普通手动阀室气液联动执行机构控制原理

(2) 干线越站及 RTU 阀室气液联动执行机构(11579-S)。

干线越站及 RTU 阀室所使用的气液联动执行机构具有就地液压泵开关操作功能、就地气动开关操作功能、远程开关功能以及电子控制单元检测管线压力、爆管自动关阀等功能，由控制系统直接供电到电子控制单元上。

越站以及 RTU 阀室气液联动执行机构控制原理图如图 3.56 所示，动力气体是天然气。在整个回路中包括阀门执行器摆缸①、一套气/液联动罐②和③、手动液压泵④、开关一个冲程的储气罐⑥、提升阀⑪、两位常闭先导阀⑱、调压器⑲、安全放空阀㉑、一组电子控制单元⑳、远程开关电磁阀㉗和㉘。

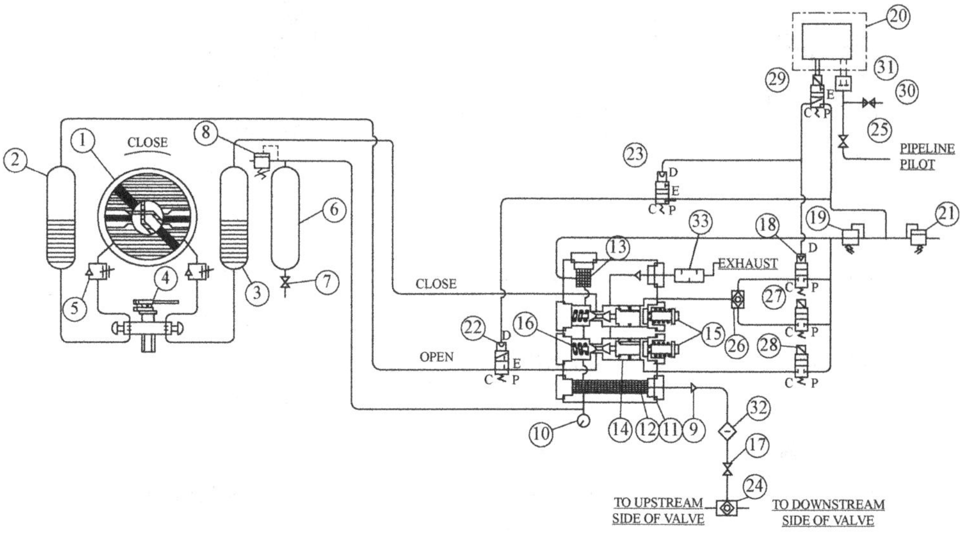

① 摆缸	⑪ 提升阀	㉑ 安全放空阀
② 开气液罐	⑫ 过滤器	㉒ 两位三通常开先导阀
③ 关气液罐	⑬ 过滤器	㉓ 复位手柄先导阀
④ 液压泵	⑭ 活塞	㉔ 梭阀
⑤ 油速调节阀	⑮ 手柄	㉕ 隔离阀
⑥ 储气罐	⑯ 动力梭	㉖ 梭阀
⑦ 针阀	⑰ 截止阀	㉗ 关电磁阀
⑧ 安全阀	⑱ 两位常闭先导阀	㉘ 开电磁阀
⑨ 单向阀	⑲ 调压器	㉙ 爆管电磁阀
⑩ 压力表	⑳ 电子控制单元	

图 3.56 11579-S 型越站气液联动执行机构控制原理

（3）进出站的气液联动执行机构(11234-S)。

站场进出站使用的气液联动执行机构具有就地液压泵开关操作功能、就地气动开关操作功能、远程开关功能和 ESD 紧急关阀(双电磁阀同时掉电)，同时保证 ESD 最高优先级。

进出站 ESD 气液联动执行机构控制原理图如图 3.57 所示，动力气体是天然气。在整个回路中包括阀门执行器摆缸①、一套气/液联动罐②和③、手动液压泵④、开关一个冲程的储气罐⑥、提升阀⑪、复位手柄电磁阀⑳和㉙、远程开关电磁阀⑰和⑱、调压器⑲等。

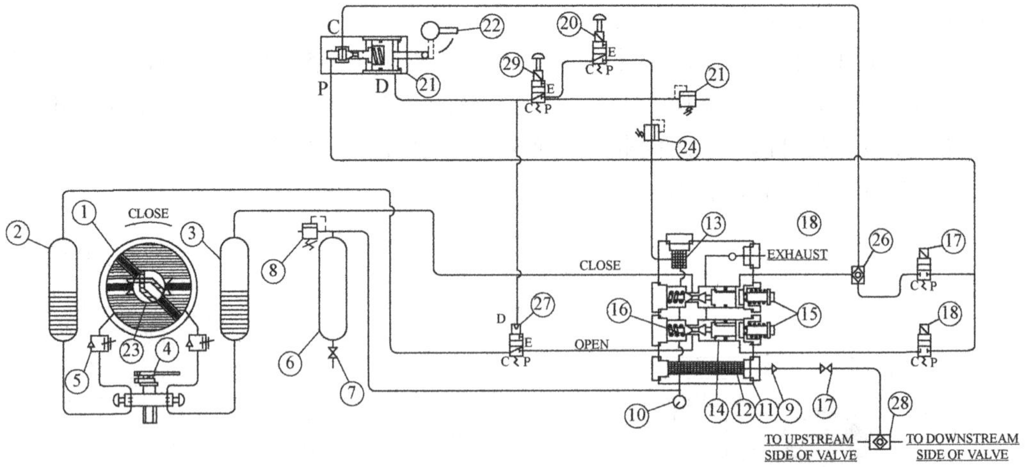

① 摆缸	⑪ 提升阀	㉑ 行程开关
② 开气液罐	⑫ 过滤器	㉒ 行程开关顶杆
③ 关气液罐	⑬ 过滤器	㉓ 转子
④ 液压泵	⑭ 活塞	㉔ 调压器
⑤ 油速调节阀	⑮ 手柄	㉕ 梭阀
⑥ 储气罐	⑯ 动力梭	㉖ 三通常闭先导阀
⑦ 针阀	⑰ 关电磁阀	㉗ 梭阀
⑧ 安全阀	⑱ 开电磁阀	㉘ ESD复位电磁阀
⑨ 单向阀	⑲ 调压器	
⑩ 压力表	⑳ 复位手柄电磁阀	

图 3.57　11234-S 型 Shafer 气液联动执行机构控制原理图

3）手动操作

Shafer 气液联动阀分两种操作方式，一种是用人工操作油泵操作手柄泵油慢速开关阀门；另一种是采用人工拉动气动梭阀，快速开关阀门。操作界面如图 3.58 所示。

图 3.58　Shafer 操作

（1）手动液压开阀。

① 把手动换向阀上标有“开（OPEN）”侧的按钮推入，确认另一侧标有“关（CLOSE）”的按钮处于拉出状态。

② 拔出手动油泵操作柄的锁销，将专用的操作杆插入操作柄孔中，上下压动油泵柱塞，观察阀位指示器（位于摆缸顶部）转动，当指向“开（OPEN）”位置时，即实现开阀操作。

③ 将油泵操作柄复位到初始状态。如不能恢复至原位，可拉起手动换向阀体上部的泄放平衡阀，再将操作柄复位。

④ 更新阀门状态标志牌。

（2）手动液压关阀。

① 把手动换向阀上标有“关（CLOSE）”侧的按钮推入，确认另一侧标有“开（OPEN）”的按钮处于拉出状态。

② 上下压动油泵柱塞，观察阀位指示器转动，当指向“关（CLOSE）”位置时，即实现关阀操作。

③ 将油泵操作柄复位到初始状态。如不能恢复至原位，可拉起手动换向阀体上部的泄放平衡阀，再将操作柄复位。

④ 更新阀门状态标志牌。

4）气动操作

（1）就地气动开阀。

① 若执行机构安装在室内，应将排空胶管的一端套在“梭阀”体标有“EXHAUST”的细管上，另一端引至安全、通风地点。

② 将梭阀上标记“开（OPEN）”的操纵杆下拉，此时阀执行器执行开阀动作。观察阀位指示器转动，当指向“开（OPEN）”位置时，松开操纵杆，即实现开阀操作。

③ 更新阀门状态标志牌。

（2）就地气动关阀。

① 若执行机构安装在室内，应将排空胶管的一端套在“梭阀”体标有“EXHAUST”的细管上，另一端引至安全、通风地点。

② 将梭动阀体上标记“关（CLOSE）”的操纵杆下拉，此时阀执行器执行关阀动作。观察阀位指示器转动，当指向“关（CLOSE）”位置时，松开操纵杆，即实现关阀操作。

③ 更新阀门状态标志牌。

5）维护保养

（1）气液罐油位检查及加油。

阀门在45°时，开关油罐油位在油标尺的白线；阀门在全开位时，关油罐油位在油标尺的白线15~20cm；阀门在全关位时，开油罐油位在油标尺的白线15~20cm（根据执行机构大小而定）。检查步骤为：

① 关闭气源截断阀，排空执行器系统内的天然气。

② 松开气液罐顶部的注油丝堵，抽出测量标尺，检查油位是否正常。

③ 如油位过低，则从气液罐顶部添加同规格型号液压油，直到油位符合要求为止。

④ 恢复所有拆卸的部件，打开气源截断阀。

（2）旋转叶片腔体排气及排污。

① 将执行机构上的任意两个对顶清污塞卸下，推动手动换向阀至被卸去清污塞所在扇形腔体注油的位置。

② 用手动油泵注油，当从一个孔中排出的液压油不含气体和杂质时，将该孔的清污塞装上拧紧。继续用手动油泵注油，当从另一个孔中排出的液压油不含气体和杂质时，将第二个清污塞装上并拧紧。

③ 将另外对顶扇形腔所在的两个清污塞卸下，转换手动换向阀的位置。

④ 重复以上步骤。

⑤ 完成旋转叶片腔体排气及排污后，应检查和恢复气液罐中的油位。

(3) 气液罐排污。

① 关闭气源截断阀，放空执行器系统内的天然气。

② 分别松开两个气液罐底部的排污丝堵，当排出的液压油无积液和杂质时，拧紧排污丝堵。

③ 检查油位是否正常。

④ 打开气源截断阀。

(4) 过滤器滤芯清洗及更换。

① 关闭气源截断阀，排空执行器系统内的天然气。

② 打开过滤器端盖，取出滤芯进行清洁，如发现滤芯有破损应及时更换。

③ 滤芯清洁完毕后再将滤芯装回，拧紧过滤器端盖。

④ 打开气源截断阀。

6) 常见故障处理

Shafer 气液联动执行机构常见故障及处理方法见表 3.12。

表 3.12 常见故障及处理方法

故障特征	可能原因	常见处理方法
执行器运行不稳	执行器缺油或有气体	排出执行器中气体和泡沫，补充液压油至合适的油位
执行器动作过慢	(1)使用了不合适的液压油； (2)动力气有节流、压力低，原因： ①系统管路堵塞； ②控制滤网上有污物、润滑脂、杂物； ③调试不当； (3)速度控制阀开度过小； (4)阀门或执行器扭矩过大	(1)更换液压油； (2)解堵，重新调试； (3)调节速度控制阀的开度； (4)充分清洗阀门或执行器
执行器不动作	(1)动力气压力低或阀门阻力矩过大； (2)阀门卡滞； (3)速度控制阀没有打开； (4)动力气源没有打开； (5)气路通道堵塞	(1)检查动力气压，尝试用手泵操作； (2)润滑阀门，进一步确认； (3)调节速度控制阀到一定开度； (4)打开动力气源； (5)检查气路并清除故障
手泵操作不动作	(1)缺液压油； (2)手泵故障； (3)执行器内漏	(1)补充液压油，排空； (2)检修手泵； (3)检修执行器
控制箱无法读取数据	(1)控制箱电路板损坏； (2)控制箱或笔记本计算机界面没有正确连接； (3)控制软件损坏	(1)更换电路板； (2)检查电缆和界面的连接； (3)重新安装控制软件

3.5.4.2 Biffi 气液联动执行机构

Biffi 气液联动阀基本功能是实现爆管紧急切断和人为开/关阀，其中人为开/关阀操作分为远程操作、就地手泵操作和就地自动操作三种方式(图 3.59)。

1) 工作原理

(1) 气液联动阀的气源管直接从干线上引压，作为动力。

图 3.59 Biffi 气液联动阀结构图

（2）气液罐盛有半罐液压油，其余部分充满天然气，当执行机构动作时，以气推油，以油推动转动机构(旋翼)，旋翼带动与其相连的球阀转动，实现球阀的开关操作。

（3）操作箱设有手动操作所需的手泵和气动操作所需的开、关手柄。

（4）控制箱的中央处理器根据设定值与检测管采集到的压力值比较结果，来确定阀门的开关，实现自动控制。

（5）远传遥控装置可实现中央控制室对该阀门的状态监测与遥控关闭操作。

2）结构特点

（1）控制器的功能：导通动力气的引进流程、切换阀门开关方向、进行动力气的过滤。

（2）驱动器的功能：将动力气的气压在气液罐中变为液压，液压传到液缸中推动拔叉(叶轮)装置做旋转运动，带动阀杆转动。

（3）液压手动系统的功能：导通手动泵至驱动器流程，手动泵排出的油压直接作用在驱动器拔叉上，带动阀杆转动。

电子控制单元通过压力传感器检测管线中气体压力，并判断检测压力是否正常，通过电磁阀控制气路的通断，控制阀门动作。

3）注意事项

（1）在进行气动操作时，应用手按住手柄不放，直至阀门到位为止。

（2）气动操作时，因气液罐放出剩余带压可燃气体，阀门周围必须严格注意防火。

（3）用手动液压摇杆操作时，当阀门到位而液压摇杆无法继续下压，可按下液压摇杆下部的平衡阀，然后放下液压摇杆到垂直位置。

（4）定期检查控制盒是否严密关闭，防止进水。

（5）取消装置的自动关闭功能时，必须做到关闭根部阀和更改控制箱中参数两种方法同时进行。

4）常见故障处理

Biffi 气液联动执行机构常见故障及处理方法见表 3.13。

表 3.13 常见故障及处理方法

故障特征	可能原因	常见处理方法
驱动器不能驱动阀门	(1)气源压力不足； (2)管路及连头漏气、堵塞	(1)现场手动开关； (2)充分清洗阀门或执行器
气动操作缓慢迟滞	(1)过滤器堵塞； (2)开关控制阀(先导阀)泄漏	(1)解堵，重新开关阀； (2)更换开关控制阀

3.5.4.3 中寰气液联动执行机构

中寰气液联动阀是一种拨叉式执行机构，用天然气或氮气作为动力，液压油作为传动介质驱动管线阀门的开启和关闭，适用于90°转角的阀门(如球阀、蝶阀、旋塞阀)。其组成如图3.60所示。

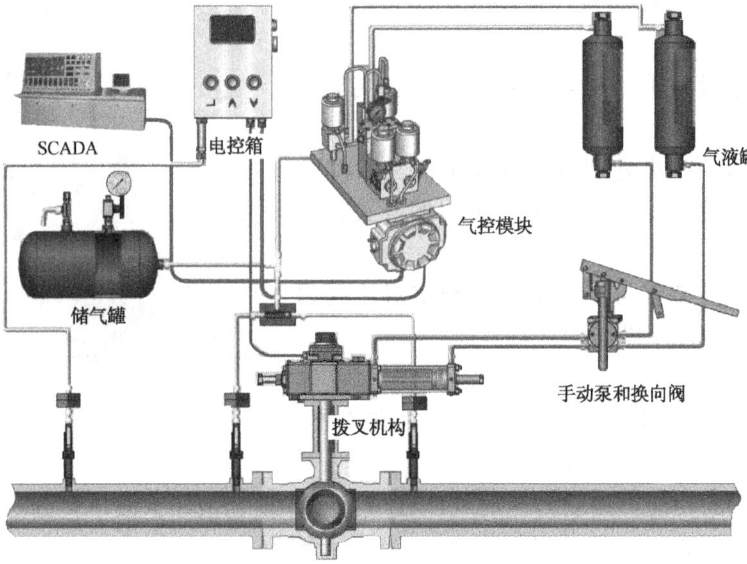

图3.60　中寰气液联动阀组成

1) 工作原理

(1) 拨叉机构原理。

拨叉机构是将直线运动转换为旋转运动的装置，液压油推动活塞做直线运动，活塞杆上的活塞销置于拨叉的U形槽中，将活塞的直线运动转换为拨叉的旋转运动，拨叉旋转带动阀杆转动，从而实现拨叉执行机构对阀门的控制，如图3.61所示。

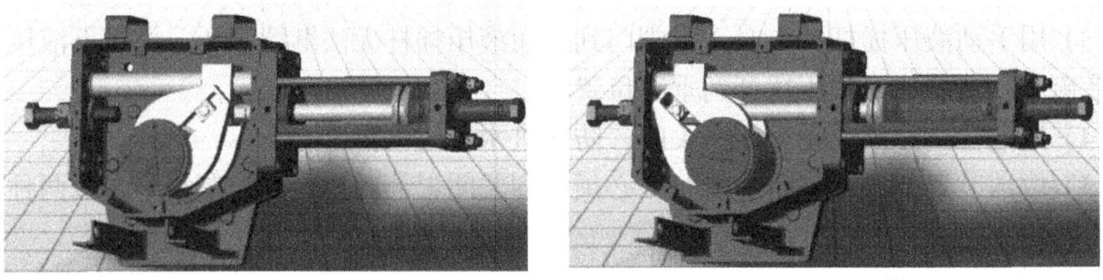

图3.61　拨叉机构工作原理

(2) 自控原理。

中寰气液联动阀爆管保护功能的核心部件——LBP-1000电子控制单元，主要由微处理器、控制单元、备用电池、压力传感器、必要的输入/输出模块、数据通信接口以及一个用于电气连接的接线箱等组成。设备运行过程中，控制单元自动采样、压力传感器检测管道压力，并将实时压力、压降速率与设定值进行对比，如果比对结果异常，系统会自动发出报警，并记录此次事件，同时持续比对异常数据，待异常确认后，系统就会自动控制执行机构执行关阀命令和记录此次关阀时间。

气液联动阀阀控高限、阀控低限、阀控压降速率、波动高限、波动低限、波动压降速率的设定值，需根据现场实际情况设定。

2）基本组成

（1）拨叉机构：将油缸输出的直行程推力转换成角行程扭矩并作用于阀杆上，实现开关球阀的目的。

（2）油缸：将压力转换为直行程推力，输出到拨叉机构。

（3）手动泵：连接于气液罐和油缸之间，可在没有动力气源的情况下就地手动开关阀门。

（4）气液罐：将气压转换为油压，使输出压力更为平稳和线性。

（5）气控箱(气控模块)：箱内安装气控阀组、远程电磁阀、ESD 电磁阀。打开气控箱可就地气动开关阀门。

（6）电控箱：检测天然气管道实时压力，当压力超高、超低、爆管可自动关阀，同时可记录和上传压力、阀位等信息。

（7）储气罐：储存管道天然气，当管线天然气放空以后还可以开关阀门一个行程。

3）结构特点

中寰气液联动阀主要由执行装置、储气罐、气液转换罐、手动泵、就地阀位指示器、机械限位装置、联轴器、调速装置、电磁阀等正确操作执行机构所需的装置组成，需要时还应包括：电子控制单元(包括蓄电池、压力传感器、按钮等)。控制逻辑 ZH6619 的执行机构具有就地气动、手动泵、爆管保护、ESD、远程开、远程关全部功能。与 ZH6619 相比，ZH6617 无 ESD 功能，ZH 6620 无爆管保护功能。ZH6619 控制原理如图 3.62 所示。

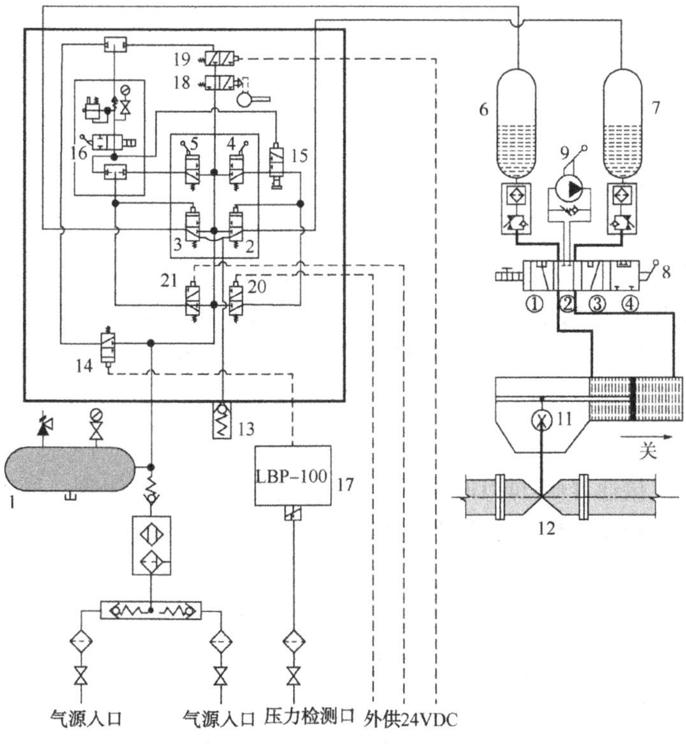

图 3.62　中寰气液联动阀控制原理(ZH6619)

1—储气罐；2—开阀气动阀；3—关阀气动阀；4—开阀手动阀及电磁阀；5—关阀手动阀及电磁阀；6—关阀气液罐；7—开阀气液罐；8—手动泵换向阀；9—手动液压泵；10—油缸；11—拨叉机构；12—干线截断；13—排放口；14—紧急自动关断电磁阀；15—复位阀；16—排气阀；17—LBP 电控单元；18—凸轮控制阀；19~21—ESD 电磁阀

4）基本操作

（1）手动液压操作。

将方向控制阀置于①位，则开阀油路导通，压动手动液压泵操作杆将开阀气液罐中的液压油压入油缸，从而推动活塞，使油缸的液压油流向关阀气液罐，带动拨叉机构，实现开阀操作。同理，将方向控制阀置于③位，操作手动液压泵即可实现关阀操作。手动开关阀门后，需将换向阀置于自动位置(REMOTE/AUTO)，插入安全销(图3.63、图3.64)。

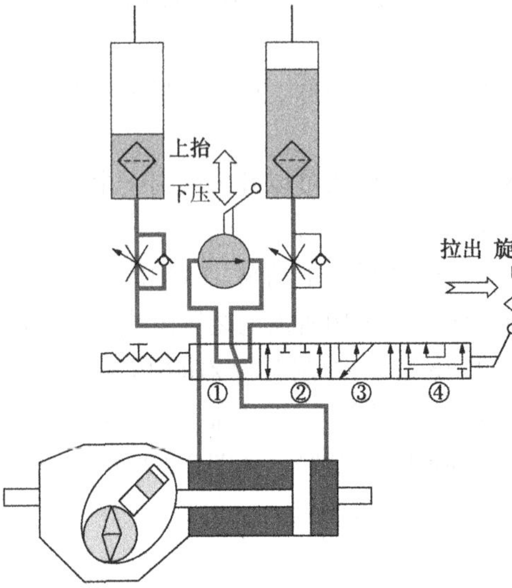

图3.63 手动液压开阀

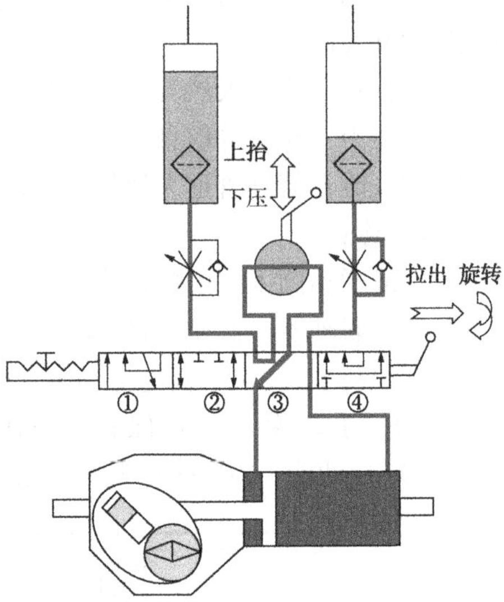

图3.64 手动液压关阀

（2）就地气动操作。

按下开阀手柄，控制气打开开阀回路先导阀，储气罐中的气体通过开阀回路先导阀进入开阀气液罐，将液压油通过流量调节阀压入油缸，驱动拨叉机构动作，实现开阀操作。在开阀的整个过程中要保持开阀手柄持续按下，直至阀门全开到位再松手。此时，控制气(少量)通过开阀手动阀排放口排出，而气液罐中的气体(大量)则通过执行机构排放口(消音器)排出。关阀操作与开阀操作同理。

（3）远程气动操作。

远程气动开阀：接通开阀24VDC电源，远程开阀电磁阀(常闭型，通电开)开启，使控制气打开开阀回路先导阀，储气罐中的气体通过开阀回路先导阀进入开阀气液罐，将液压油通过流量调节阀压入油缸，驱动拨叉机构动作，实现开阀操作。当阀门开阀到位(通过阀位信号判断)或者延时时间到后，断开(手动或自动)24VDC电源。此时，控制气(少量)通过开阀手动阀排放口排出，而气液罐中的气体(大量)则通过执行机构排放口(消音器)排出。关阀操作与开阀操作同理。

LBP紧急自动关阀：当LBP-1000检测到管线压力持续异常(压力超高、超低或者压降速率超限)时，将会发出控制信号(24VDC)到紧急自动关断电磁阀，电磁阀得电打开，气体通过高压梭阀打开关阀回路先导阀，并同时锁定开阀回路，储气罐中的气体通过关阀回路先导阀进入关阀气液罐，将液压油通过流量调节阀压入油缸，驱动拨叉机构动作，实现关阀操作。在 LBP-1000 设定的动作时间到时后，紧急自动关断电磁阀失电关闭，系统气被排掉；人员需到现场复位，否则执行机构无法执行开阀命令。

ESD 触发关阀：当 ESD 回路的外供 24VDC 电源丢失(如发生火灾、现场断电、触发 ESD、线路异常等)时，紧急关断电磁阀失电开，气体通过高压梭阀打开关阀回路先导阀，并同时锁定开阀回路，储气罐中的气体通过关阀回路先导阀进入关阀气液罐，将液压油通过流量调节阀压入油缸，驱动拨叉机构动作，实现关阀操作。关到位后，同轴联动的凸轮控制阀被关断，系统排气；人员需到现场复位，否则执行机构无法执行开阀命令。

5）维护保养

(1) 手泵检查。

利用手动泵和方向控制阀操作阀门，检查动作是否正常。

(2) 气液罐油位检查。

松开气液罐顶部的油位标尺堵头，用标尺检查气液罐中油位(检查油位前应放空气罐压力)，气液罐高液位应处于油位尺高限与低限间，低液位不低于油位尺末端，油位在液位计末端可见(≤100mm 为宜)。

(3) 储气罐排污。

使用内六角扳手打开储气罐放空阀，此时执行机构内天然气开始从放空阀排出，利用气压将储气罐内的杂质和水排出。

(4) 气控阀组检查。

利用气控阀组开、关手柄气动操作阀门，检查阀门开关是否到位。通过远程控制开关阀门命令(24VDC 通电控制信号)，检查阀门开关是否到位。从爆管保护单元的压力感测器输入给定的压力信号，分别超过高限设定值、低限设定值和压降速率设定值，检查爆管保护功能是否正常，气控阀组复位阀手柄是否起跳。通过 ESD 紧急关阀命令，检查 ESD 控制功能是否正常，气控阀组复位阀手柄是否起跳。

(5) 过滤器滤网检查。

清洗进气口、取压口、气控阀组底板底部过滤器滤网。

(6) 安全阀及压力表检查。

储气罐顶部安装的弹簧式安全阀每年校验一次，压力表每半年检定一次。

(7) LBP 电控单元(太阳能面板)检查。

打开电控箱，检查蓄电池外观是否正常，电池电压不低于 12VDC；打开防爆接线盒或电控箱，检查外供电压应为 18~30V。太阳能板空载电压为 12~25VDC；充电电流为 0~1.5A。

(8) ESD 电磁阀。

检查 ESD 控制电压 24(1±10%)V，检查控制线路连接情况；ESD 电磁阀断电后测量线圈电阻，为 218Ω 左右；检查密封情况。

6）常见故障处理

中寰气液联动阀常见故障及处理方法见表 3.14。

表 3.14 常见故障及处理方法

故障现象	可能故障原因	检查确认	常见处理方法
阀门无法开关到位	阀门开关位限位不正确	阀门运动到全开/全关位置时，两端限位螺栓被顶住，明显受力无法旋出	停止操作执行器，将两端的开/关限位调节螺栓旋出，将阀门分别处于全开位和全关位，重新设定限位
就地无法气控开/关阀门	(1)储气罐压力不足； (2)手动泵位置不正确； (3)系统爆管保护或ESD动作后未复位； (4)ESD(可选功能)电磁阀失电，且未屏蔽	(1)观察储气罐压力表示数是否达到管道设计的最低压力；取气回路阀门是否打开； (2)手动泵的换向阀位置是否正确； (3)气控阀组上的小型压力表有示数；复位手柄向上翘起； (4)ESD 24VDC信号是否正常	(1)打开取气回路，保证储气罐内气压足够； (2)将手动泵换向阀旋转处于“自动/远程”位置，并锁定； (3)通过气控阀组排气阀排气后，将复位手柄按下复位； (4)上位控制系统复位，ESD电磁阀回路通电，或者通过选择阀将ESD暂时屏蔽
电磁阀无法动作	(1)24VDC控制信号异常； (2)电磁阀电压偏低； (3)线圈短路	(1)检查控制回路连接和控制是否正确； (2)测量电磁阀线圈两端电压，应在24(1±15%)V范围； (3)用万用表蜂鸣挡或kΩ挡测试电磁阀两个端子间电阻，正常电阻在220Ω左右，若阻值明显偏小，可能有短路故障	(1)更改控制回路； (2)升高回路电压； (3)更换线圈

中寰气液联动阀LBP电子控制单元常见故障判断与处理见表3.15。

表 3.15 LBP电控单元常见故障判断与处理

故障现象	可能故障原因	检查确认	处理方法
系统通电后没有反应，且电路板未有12V直流供电输入	(1)蓄电池电量不足； (2)蓄电池保险熔断	(1)万用表测量蓄电池电压<12.2V； (2)万用表测量蓄电池电压为零	(1)太阳能或直流24V对蓄电池充电，系统将自动恢复供电； (2)更换保险管
LED显示的压力与管线实际压力不符	(1)传感器设置不正确； (2)系统精度不准	(1)检查传感器量程(通常是10MPa和16MPa两挡)，确认系统参数中传感器的设置是否匹配； (2)精度误差超过0.5%，压力感测器回路正常	(1)重新设置电控单元中传感器参数； (2)通过精度校正软件和标准信号发生器进行精度校验
阀位状态错误	(1)接线不正确； (2)阀位开关触点调整不到位	(1)对照电气接线图； (2)阀门开、关到位时确保触点分别触碰	(1)调整接线； (2)调整阀位开关触点

续表

故障现象	可能故障原因	检查确认	处理方法
RS485 通信异常	(1)RS485 通讯未开启; (2)接线不正确; (3)参数设置不当	(1)进入通信设置操作菜单，查看 RS485 是否处于开启状态; (2)对照电气接线图; (3)RS485 子站编号(Slave ID)不正确(默认 ID 是 1，波特率 9600，数据位 8，停止位 1，偶/无效验)	(1)开启 RS485; (2)调整接线; (3)根据要求修改
LBP-1000 控制异常	M2 模式未就绪	使用按键查看 M2 模式状态	根据《用户手册》设置就绪

3.6 快开盲板

盲板就是一块堵住设备开口的板子，传统石油化工压力容器盲板结构大多采用带紧固螺栓的法兰密封结构，但其螺栓拆装比较困难，尤其是压力高、尺寸大的压力容器拆装过程更加困难，不仅时间长，而且劳动强度大，急需一种快速打开盲板的装置。快开盲板是用于压力管道或压力容器的圆形开口上，并能实现快速开启或关闭的一种机械装置，一般由筒体法兰、头盖、卡箍、密封圈、安全联锁机构、开闭机构、转臂及短节(需要时)等部件构成。其目的就是通过特殊的结构来降低端盖开闭的难度，减少端盖开闭所需时间进而节约劳动力，提高生产效率。快开盲板操作风险较大，需严格执行操作规程，做好安全监护。

快开盲板按照结构原理可分为卡箍型、锁环型、插扣型、牙嵌型等典型结构。如图 3.65 所示。下面以常见的卡箍型和锁环型两种快开盲板进行介绍。

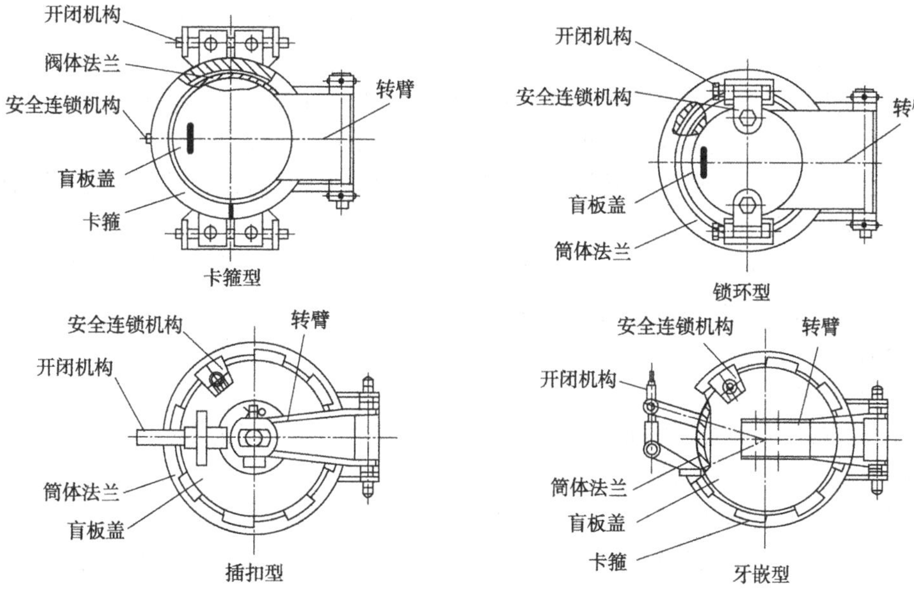

图 3.65 快开盲板类型

3.6.1 卡箍式快开盲板

卡箍式快开盲板是一种能迅速开启和迅速关闭的压力容器设备。

1）工作原理

卡箍式快开盲板是一种输送管道所用的封堵盲板。盲板体与盲板盖之间有密封圈，盲板体外有卡箍，卡箍由卡箍支撑轴承支撑，卡箍外侧有开合螺杆支撑机构，开合螺杆支撑机构由开合螺母和与之配合的开合螺杆组成，主要原理是通过转动丝杠，让三瓣锁紧环逐渐变大或变小，使锁紧环的内径大于或压实盲板盖的外径，从而完成卡箍式盲板的开与关。

2）结构特点

快开盲板主要由盲板座、盲板盖、卡箍、开关丝杠、安全卡板、回转铰接轴等组成(图3.66)，其结构特点为：

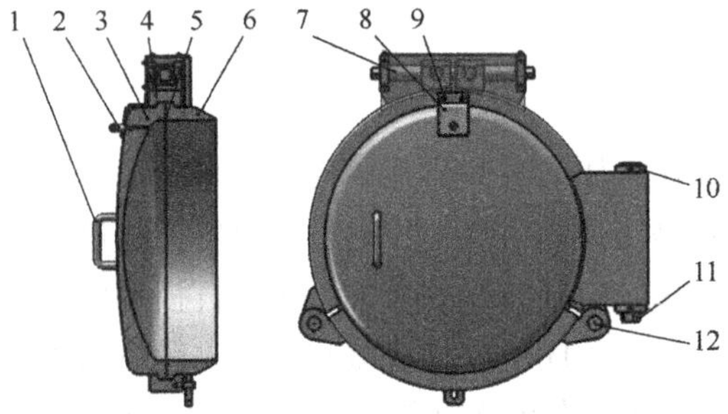

图3.66　卡箍式快开盲板

1—拉手；2—安全锁紧阀；3—盲板盖；4—卡箍；5—O形密封圈；6—盲板座；7—开关丝杠；8—安全卡板；9—安全定位销；10—回转铰接轴；11—调整螺母；12—销轴

（1）具有安全自锁功效(盲板自锁、防振、防松动、开启时可二次卸压)，不但防止盲板在锁紧的过程中松动，而且也防止在带压的情况打开盲板的伤害情况发生。

（2）密封圈与密封面无相对转动，密封圈不易损坏，从而更好地保护密封系统。

（3）外部卡箍将老式盲板旋扣式改成三瓣锁紧式，从而实现了锁紧时同时动作、受力均匀，减小了开启丝杆长度，使开关变得更加灵活可靠。

（4）同时增大咬齿受力面积(旋扣式盲板的咬合面积近50%，卡箍式盲板的咬合面积在90%以上)，盲板主要承压部件采用20#或16MnⅢ锻钢整体加工而成。

开启关闭锁紧机构：通过旋转丝杠，使平移螺母快速带动三瓣卡箍向两侧张开或者反向合拢，使三瓣卡箍离开或者靠近盲板盖、盲板座，从而实现盲板的开启或者锁紧功能。

回转机构：支撑盲板盖以回转铰接轴为轴心向一侧回转开启，可以通过选择门轴的安放位置左旋或者右旋开启。

安全联锁机构：对关闭到位的盲板进行定位锁紧，盲板锁紧后方能升压运行，盲板内压力降为零才能打开安全联锁机构进而开启盲板。

3）开关操作

(1) 开启操作。

① 打开盲板所安装容器的放空阀及排污阀，使容器内压力降为零。

② 拧下排气塞，取下防松板。

③ 用专用扳手根据开关标识方向转动丝杠，让三瓣锁紧卡箍环内径逐渐变大，使锁紧卡箍的内径大于盲板盖的外径时停止旋转丝杠。此时锁紧卡箍与盲板座和盲板盖成分离状态。

④ 用手拉住手柄向右拉，打开盲板。

(2) 关闭操作。

① 彻底清除密封面、密封槽及上下压环柄内的污物后，涂抹防锈油脂。

② 将盲板关闭、推紧。

③ 用专用扳手，逆时针旋转丝杠，使锁紧卡箍收紧将盲板盖压实。

④ 将防松板上方槽孔与定位销套好，拧紧排气塞(注意密封胶圈不要脱落)。

4) 注意事项

(1) 盲板开启前应确认设备内的压力已经完全释放，即设备上的压力表指数为0。

(2) 设备在加压前，必须确定盲板已完全关闭。

(3) 设备运行时，禁止敲击和碰撞盲板的各主要承压部件。

(4) 盲板的转轴、铰接轴、升降螺母、丝杠等转动装置必须定期上油，保持润滑，最少应每半年对以上部位加注润滑油脂一次。转轴、升降螺母、丝杠用黄油润滑，铰接轴从注油孔处用机油润滑。

(5) 盲板每次关闭前，应对密封槽、密封面和O形密封圈进行清洗、检查并涂抹润滑油，以防使用时不能密封。盲板关闭过程中保证盲板盖和盲板座进入抱箍的凹槽内，如果卡在凹槽边缘需要前后手动调整抱箍使之入凹槽内。

5) 常见故障处理

(1) 密封槽、密封面、O形密封圈表面有污物，应清理干净，再装上密封圈。

(2) 密封圈老化，及时更换密封圈。

3.6.2 锁环式快开盲板

锁环式快开盲板采用可伸缩锁环结构，比较以往形式的快开盲板，大大缩短了开启和关闭的时间，任何尺寸规格的快开盲板在不到一分钟的时间内都可以打开或关闭，且不需要专用工具。其独特的自紧式唇形密封结构，使密封性更安全可靠，在输气场站的分离器和收发球筒等设备上广泛使用。

锁环式快开盲板按照结构原理分为PT型快开盲板和GD型快开盲板。

3.6.2.1 PT型快开盲板

PT型快开盲板是用于压力管道和压力容器圆形开口，向一侧回转并能实现快速开启和关闭的机械装置。采用内部沟槽锁环结构，按照《压力容器》(GB 150.1~150.4—2011)，参照《快速开关盲板技术规范》(SY/T 0556—2018)设计、制造与检验，具有加工精度高、快速开关灵活、安全联锁、结构紧凑等特点(图3.67)。

1) 工作原理

PT型快开盲板采用唇形自紧密封圈密封形式，通过开启关闭锁紧机构、安全联锁机构，实现开关门机构带动盲板盖回转以实现盲板的开启、关闭动作，盲板盖上安装的安全联锁装置能够确保设备安全。

图3.67 PT型快开盲板

2）结构特点

PT型快开盲板主要由盲板座、盲板盖、锁环等组成，为水平或垂直管道上的快速开关结构。

PT型快开盲板采用内涨式锁紧结构，靠旋转螺栓在内圈拉动涨圈，通过拉紧或松开涨圈达到盲板开关的目的。

在零压力(表压)下开启。开启、关闭锁紧机构通过加力杆向下或向上的转动，带动内部沟槽中的锁环收缩、涨开使得盲板座与盲板盖紧密连接，锁紧时作用在盲板座与盲板盖密封面上唇形自紧密封圈实现轴向密封。联锁板、泄压螺栓安装后内部沟槽的锁环被限制不能产生位移，以致盲板盖不能打开，设备才可以升压运行。反之设备在零压力(表压)下，当联锁板、报警联锁装置拆卸后在外力的作用下锁环收缩，使得盲板座与盲板盖脱离，盲板才能实现开启。

3）注意事项

(1) 盲板座、盲板盖的20°斜面及锁环的各个面不允许涂喷各种底漆、面漆。

(2) 设备加压前，必须确定盲板已完全关闭。

(3) 设备运行时，严禁敲击和碰撞盲板的各主要承压部件。

(4) 盲板的各转动部位必须定期加注润滑油(脂)。

(5) 定期对盲板的主要承压件进行检查，若发现有变形、严重腐蚀或裂纹，要及时查找原因，并妥善处理。

(6) 盲板每次关闭前，应对密封沟槽、密封面和密封圈进行清洗、检查并涂抹润滑油，保证处于良好的使用状态。

(7) 密封圈的存储温度推荐5~25℃，且远离阳光和含有紫外线强光，避免接触热源，对从低温储存状态下取出的密封应先将其置于20℃环境中一段时间后再使用。

(8) 密封圈应以自由状态放置，避免受拉伸、受压缩或其他变形，若原包装处于无变形状态，则应使用原包装。

(9) 不同材料的密封圈不要混装在一起。

4）常见故障处理

PT型快开盲板常见故障及处理方法见表3.16。

表3.16 常见故障及处理方法

故障现象	产生原因	常见处理方法
盲板密封圈处泄漏	(1)密封沟槽、密封面、密封圈表面有污物； (2)密封圈老化	(1)清理干净，重新安装； (2)更换密封圈
安全联锁装置处泄漏	(1)密封沟槽、密封面、密封圈表面有污物； (2)密封圈老化	(1)清理干净，重新安装； (2)更换密封圈
盲板盖与筒体法兰错位	盲板盖自重产生位移、盲板开关轴松动移位	(1)调整盲板盖铰链控制螺栓，使其复位； (2)调整盲板开关轴定位螺栓

3.6.2.2 GD型快开盲板

GD型快开盲板用于压力管道和压力容器圆形开口，向一侧回转并能实现快速开启和关闭的机械装置(图3.68)。

1）工作原理

GD型快开盲板采用锁环型结构，锁环由一大段和一小段两段组成，锁环的一小段和手动压力报警装置即泄压螺栓总成为一个整体。操作时，如果盲板的门达不到预定关闭部位，锁环的大段将不能卡到位，和泄压螺栓总成连成一体的锁环的小段则无法安装到空档中，泄压螺栓也无法拧到位，容器则无法升压运行，达到安全的目的。锁环到位后逆时针转动手柄启动驱动链以及马蹄机械装置，即可用铰链旋转开门。

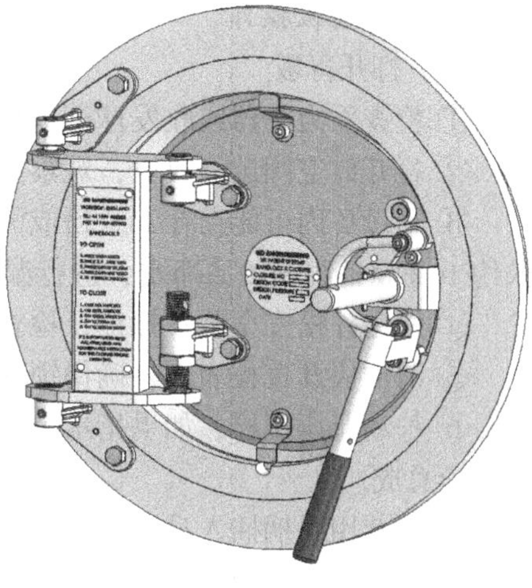

图3.68　GD型快开盲板

2）结构特点

GD型快开盲板结构为卡环式锁定，主要由筒体、盲板盖、门轴、锁环、驱动连接、操作手柄等组成。其中盲板筒体与设备开口焊接成一个整体，盲板随门轴的旋转而开启或关闭。双相不锈钢卡环使360°均匀受压，锥形止推环倾斜卡在门和法兰之间，使锁环不受剪切力的作用；卡环式为外置锁，锁定状态操作人员一目了然，只需回缩或扩张锁带即可实现操作，如图3.69所示。

根据实际应用的需要，GD型快开盲板分为卧式和立式两种，卧式的开启方式是通过门轴左旋或右旋，立式的开启是通过吊柱向上提升后平移，其他结构均相同。

设置压力报警和锁定，在有残压的情况下，压力报警装置即泄压螺栓总成不卸下，这样连为一体的锁环的小段也无法卸下，大锁环不能回缩，门则无法打开。这是保证安全的联锁装置，如图3.70所示。

橡胶和不锈钢弹簧制造为一体，实现盲板的密封。设计为一体后，密封既有弹性又有刚性，完全避免泄漏事故的发生。

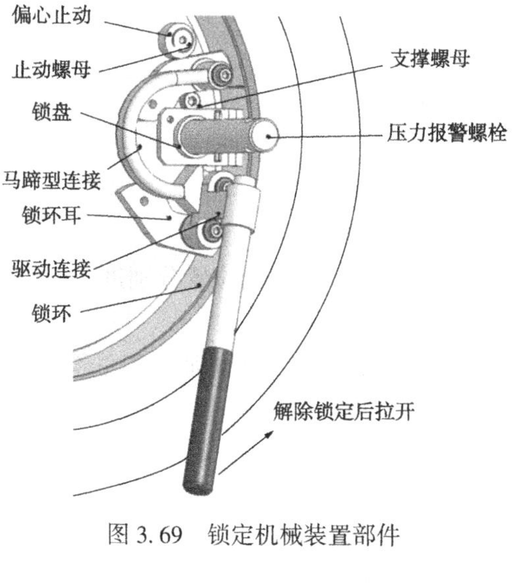

图3.69　锁定机械装置部件

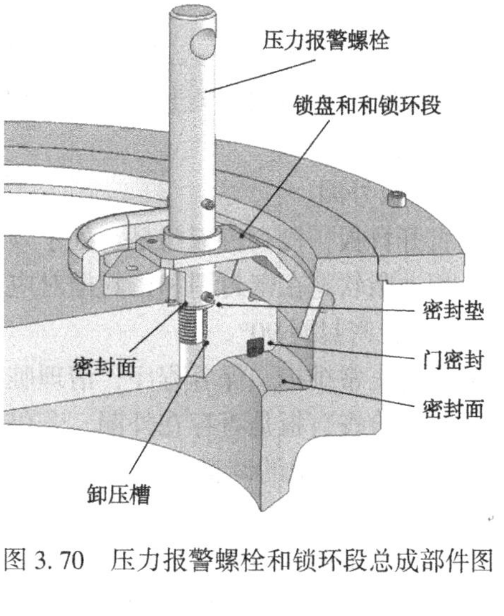

图3.70　压力报警螺栓和锁环段总成部件图

3）快开盲板操作

（1）打开盲板。

① 检查压力容器或收发球筒进出口阀门是否完全关闭。

② 打开放空阀进行放空，观察直到压力为零。

③ 当设备内可能存在 FeS 粉或泥沙时，通过设备或管道上的压力表放气阀向设备内注入约 10%设备容积的洁净水，进行湿式作业，湿式作业后的容器干燥合格后方可重新投运。

④ 慢慢拧松安全装置螺栓，检查容器内是否有压力。

⑤ 清洁快开盲板表面，确保锁环滑行表面干净。

⑥ 拧动泄压螺栓，如果指示有残压，请再拧紧等待，直到确认无残压时请拧下安全泄压螺栓总成。

⑦ 将专用手柄插入马蹄铁连杆孔中，逆时针 180°转动手柄，使锁环收缩离开锁环槽贴合在盲板盖的斜面，此时马蹄铁应为锁死状态。

⑧ 握住盲板盖提手，打开盲板，操作完成。

（2）关闭盲板。

① 检查密封圈完好，安装方向正确。

② 确保密封及密封面、密封凹槽干净。

③ 涂油脂于密封凹槽、密封面及锁环滑行面。

④ 握住盲板盖提手向设备方向推盲板，使盲板上边与 O 形垫圈上边水平对齐。

⑤ 确认盲板盖推到位后，把手柄插入锁环驱动连接，顺时针方向旋转 180°，直到 O 形压圈将盲板完全压紧。

⑥ 拧紧安全装置上的安全销，将压板锁定。

⑦ 关闭放空阀、打开注气阀，并验漏，完成操作。

4）注意事项

（1）检查容器上各仪表指示正常。

（2）检查容器及快开盲板各连接部位应无泄漏。

（3）必要的防爆工具、灭火器、消防毡及其他设施准备齐全。

（4）开闭盲板操作由一人进行，其他人员监护。

（5）在开启、关闭操作过程中，快开盲板的正面不能站人。

5）常见故障处理

（1）盲板外漏。

① 打开盲板，检查盲板门是否处于颈部的中间，否则调整盲板门的居中。

② 用油脂软笔在密封圈和密封槽对应 3 点、6 点、9 点、12 点的位置分别进行标记，标记顺时针旋转密封圈 90°。

③ 进行正常维护、保养程序，清理脏污，涂抹硅油或其他类似的油脂。

④ 升压检查盲板是否存在外漏，若仍泄漏，更换密封圈。

（2）盲板门居中的调整。

① 将锁带从门上卸下。

② 去掉门上的密封。

③ 关上门，确保垂直安装在颈部并用塞尺测量周围缝隙的大小。

④ 如发现门外径和颈部内径之间的缝隙间距在6点、12点位置上不相等，则转动调整螺丝，进行纵向调整，使门居中。

⑤ 在关闭位置上，用塞尺在6点、12点位置重新测量门外径和颈部内径之间的缝隙是否相等。如相等，门的纵向调整完毕。

⑥ 如发现门外径和颈部内径之间的缝隙间距在3点、9点位置上不相等，拧松门轴上的螺丝钉然后确定门的位置。注意门轴的支板的孔为门的调整留有一定角度。

⑦ 在关闭位置上，用塞尺在3点、9点位置重新测量门外径和颈部内径之间的缝隙是否相等。如相等，门的横向调整完毕。

(3) 密封圈的更换。

① 将密封圈从凹槽处拿开，确定密封凹槽处没有受到损伤。

② 去掉旧密封圈，将密封凹槽清理干净，涂上一层薄薄的硅油脂。

③ 将密封圈压进顶端的凹槽，确保密封在凹槽的中央，再分点对称地将密封圈压入凹槽中。

3.7 其他设备

3.7.1 凝液罐

凝液罐是用于收集、储存输气过程中设备分离出的污水的卧式低压容器。

1) 工作原理

凝液罐由筒体、进出口管、液位计等部件组成。站场设备排出的污水经排污管线进入凝液罐暂存，液位高度通过液位计指示，当达到2/3液位高度时，将污水装车外输。如图3.71所示。

图3.71 凝液罐

对于早期输气站场，凝液罐是必须设置的压力容器，但多年以来，天然气都是经过深度脱水后输送，分离器、收球筒等排放的污物均是粉尘状固体，往往在管道内检测时还需将排污管接入站外临时排污池。因此，凝液罐在输气站场的作用正在逐步减弱。工艺流程如图3.72所示。

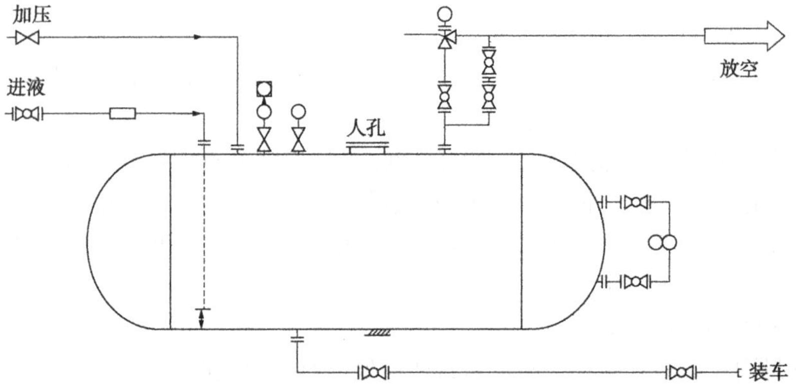

图 3.72 凝液罐工艺流程图

2）凝液罐操作

（1）首先应根据实际情况，切换设备和流程，确保正常输气；关闭需要排污设备的进出口阀门，做好离线排污准备。

（2）将设备内的天然气进行放空，控制设备最终压力保持在 0.2MPa 左右，停止放空，关闭放空阀。

（3）打开凝液罐放空管底部阀。

（4）检查天然气入口阀、装车出口阀应处于关闭状态；安全阀进出口阀应始终处于开启状态；污水进口阀应处于开启状态。

（5）缓慢打开设备底部的阀套式排污阀进行排污，控制适当的排污流量。

（6）观察排污罐液位，压力表基本为零后，排污结束。

（7）排污过程中听到有排气的声音时，应迅速关闭阀套式排污阀，恢复正常流程。

（8）操作完毕后向调控中心汇报，并做好值班记录。

3）注意事项

（1）凝液罐与输气站其他设备压力等级不一致，相对输气站场其他设备设计压力低。目前最新标准化设计已取消凝液罐设置。

（2）冬季温度较低时，排污罐进口阀门容易冻堵，无法排污，站场操作人员要经常检查排污阀伴热带是否正常工作，确保正常排污。

（3）排污罐压力达到安全阀起跳压力时，安全阀不动作，会造成排污罐憋压，出现生产事故，须定期校验安全阀，保证安全阀能正常起跳。

（4）排污时注意观察排污罐液位计，保证液位不高于液位计高度的 2/3，防止液位超限。冬季温度较低时，防止液面计冻堵或出现假液位。

（5）站场污水含有重烃类液体会增加污水外运的风险，需安排专门队伍进行拉运。并注意：

① 在装车点周围 100m 处围墙外设置隔离带；

② 设监管人员，保证操作无误；

③ 手持可燃气体探测器，排除安全隐患；

④ 慢开慢关，防止火花出现；

⑤ 罐车连接前应和就地放静电接地桩良好连接，防止静电造成事故。

(6) 高压力输气站场，排污压降过大，在线排污容易造成管道抖动，应将设备停运，降低压力后排污。

4) 常见故障处理

凝液罐常见故障处理见表3.17。

表3.17 凝液罐常见故障处理

故障现象	产生原因	常见处理方法
液位计显示失真	液位计上下阀门堵塞	冲洗上下阀门
污水无法外装	底部阀门被粉尘堆积	清理粉尘
排污罐进口阀门冻堵	(1)伴热带未开电源； (2)巡检不到位	(1)检查电伴热电源，保证正常使用； (1)加强巡检
安全阀起跳	(1)手动放空阀堵塞； (2)排污流速太快	(1)维修，保证放空管线正常运行； (2)严格按照操作规程排污

3.7.2 放空火炬

火炬系统是石油石化企业重要的安全设施，是处置生产异常过程中的最后一道防护线。火炬系统按照燃烧器是否远离地面分为高架火炬和地面火炬，其作用是在开、停车或事故状态时管道内的天然气能够及时、安全、可靠地通过放空管道及火炬排放燃烧，并满足健康、安全与环境的要求。

1) 工作原理

当火炬管线有天然气排放时，先按下电磁阀开启按钮，燃料气阀门打开，再按下点火按钮，高压放电管输出高压，高空点火器底部点火嘴的两高压电极间产生连续高能电弧，此时点火燃料气进入高空点火器内，与空气自动混合后，被电弧点燃，此火焰在引火筒内自动向上传递，并从引火筒内的燃烧筒头部喷出，引燃火炬气。点火成功后，点火燃料气电磁阀关闭，高压放电管停止工作，点火结束。

2) 结构特点

放空火炬系统主要包括：火炬头、火炬筒体(包括爬梯及检修平台)、钢丝拉撑、地面阀组、工艺管线(点火系统)、引火筒燃烧器、高空点火装置、手动外传火点火装置、就地控制箱(防爆)、远程控制箱、火焰检测装置、仪器仪表、界区内电缆、保护管及安装支架等组成(图3.73)。

(1) 火炬头。

火炬头为大气扩散式火炬头，采用了较高的排放流速及火焰稳定技术形成湍流燃烧火焰，火焰稳定、长度短、刚性好。内部采用稳火环结构，外部安装消音罩，保证了火焰燃烧稳定，降低了火炬出口处的噪声。火炬头采用法兰连接。

(2) 火炬筒体。

火炬筒体采用16Mn无缝钢管，筒体上安装笼式爬梯及检修平台，底座采用锥体结构，使抗震性和抗风载能力有所提高。筒体底部有排液口，保证无积液或雨水。火炬底座提供配对法兰与放空管连接，放空立管固定采用钢丝绳索结构。

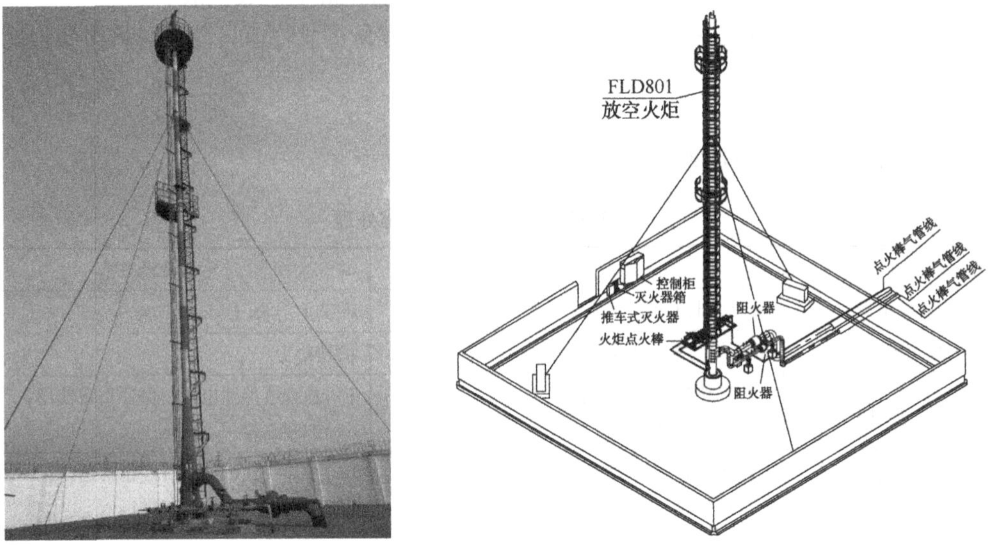

图 3.73 放空火炬

(3) 阻火器。

阻火器是一种由阻火芯、壳体以及附件构成，安装在放空气管路上，用以阻止传播火焰(爆燃或爆轰)通过的安全装置。当火焰经过阻火器后，被阻火元件分成许多细小的火焰流，由于传热效应(气体被冷却)和器壁效应，使火焰流碎灭。

阻火器结构如图 3.74 所示，阻火芯结构多种多样，有充填型、板型、金属网型、波纹型等。早期用金属网型但其熄灭火焰能力有限，目前已很少使用，波纹型阻火器选用薄不锈钢波纹带与平带共同卷制成盘状，它的阻火能力仅仅取决于阻火芯上由波纹形成的三角形截面孔的大小和阻火层的厚度。

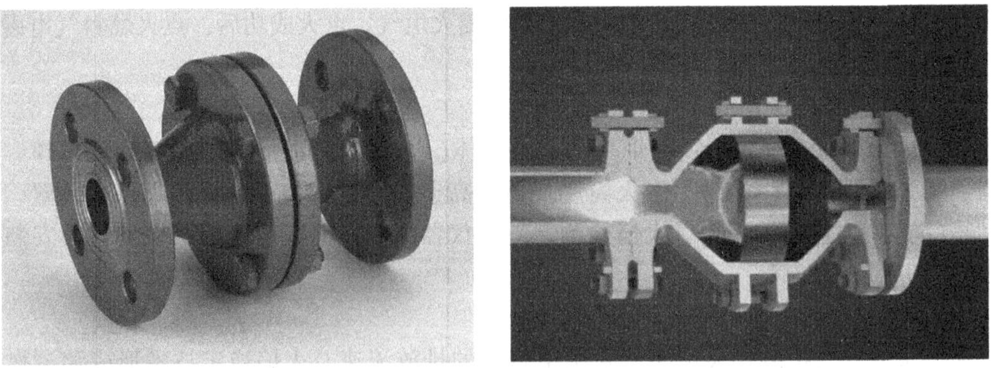

图 3.74 阻火器

值得注意的是，天然气放空管线在火炬入口安装阻火器，对于清洁的放空气还能正常工作，在管道投产期间，管道线路和输气站或多或少地有一部分固体颗粒粉尘通过放空管路进入阻火器，从而影响阻火器的流通能力，甚至堵塞放空管路。现场需要定期检查和维护阻火器，确保安全放散系统畅通无阻。

(4) 点火系统。

火炬点火系统采用高空点火装置，它主要由引火筒燃烧器、高能点火器(防爆型)、半导体电嘴、高温导电杆、专用弯管、高压电缆、就地控制箱、远程控制箱、火焰检测器、电磁阀组等几部分组成。可进行就地和远程手动及自动点火控制。点火控制采用 PLC 作为中央控制单元，实现各项功能。电嘴发火元件采用航空电嘴特有的陶瓷半导体，侧电极和中心电极采用高温耐热合金钢，内部采用高温密封工艺，因此具有发火电压低(2500V 以下)、火花能量大、点火迅速可靠；不怕污染、不积炭、自净能力强；在高温下能可靠工作(耐温 1100℃)等特点。引火筒为文丘里式引射结构，采用特种耐高温、耐腐蚀材料制成，自动配比气源。导电杆、弯管外壳体及中心杆由特种材料制成，绝缘层采用高铝瓷绝缘体，具有绝缘强度高(5kV 以上)、耐高温(900℃)、免维护等特点。其两端采用插入式连接，避免了由于热胀冷缩或摆动造成的接触不良现象，使连接更加牢固可靠。

(5) 火焰检测装置。

当在控制室操作点火时，为了便于观察火焰信号而设置火焰检测装置。它主要由高温热电偶、高温电缆和火焰放大器等组成。该装置采用内置式、多层铠装结构，装于引火筒内部及火炬头侧面。

(6) 外传火点火装置。

外传火点火装置主要由一级引火管、二级引火管、传燃管组成。主要用于天然气站场放空火炬的备用手动点火，采用接力式传燃点火，防风、防雨，点火可靠性高，能在无外接电源情况下，可正常点燃火炬。

(7) 控制系统。

火炬点火采用远程自动点火和就地点火方式相结合的方法，即：在控制室站控系统操作站上，手动给火炬系统一个无源触点信号(触点容量 24VDC、1A)能做到自动点火，并能将火焰信号反馈给站控系统。控制柜上设有就地和远控转换开关，便于进行就地和远程点火控制。现场安装就地控制箱(防爆型)，可操作点火开关进行就地点火控制。点火控制采用 PLC 作为中央控制单元，控制系统可提供放空气压力开关或流量开关信号。图 3.75 为控制流程图。

3) 放空火炬操作

(1) 自动点火。

将远传点火控制柜上的转换开关切换到“自动”位，此时控制柜上的“自动状态指示”灯亮。

当有气体排放时，远程控制柜面板上“排放指示”灯亮，此时按下“自动点火”按钮，火炬系统按专用程序点火，首先点燃引火筒，然后引燃火炬气。若引火筒被点燃，则远程控制箱面板燃烧指示灯长亮，火炬系统自动关闭电磁阀和点火器，然后待机。若自动点火程序结束后火炬未点燃，则“火炬报警指示”灯亮，可以将转换开关切换到“停止”位或者按下复位开关，再重新点火。

(2) 远传手动点火。

远程控制柜上的转换开关切换到“手动”位，此时远程控制柜上的“手动状态指示”灯亮。

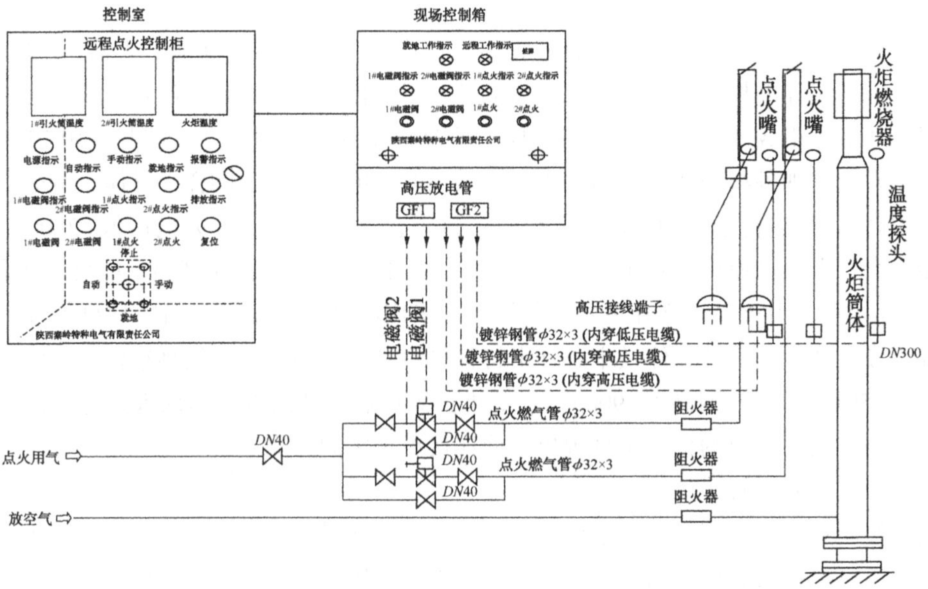

图 3.75 放空火炬点火系统工艺控制流程

在远程控制柜上一次按下“电磁阀”自锁按钮，对应“电磁阀指示”灯亮，燃气电磁阀打开，再按下“手动点火”按钮，“点火指示”灯亮，点火器工作。点燃引火筒，然后引燃火炬气。

点火成功后按“电磁阀”自锁按钮，“电磁阀指示”灯灭，熄灭引火筒。

(3) 就地手动点火。

检查燃气管线是否畅通，保证点火用天然气压力在 0.2MPa，同时检查并排掉管线中的冷凝液；将远程控制柜上的转换开关切换到“就地”位，此时远程控制柜上的“就地状态指示”亮，同时就地控制柜上的“就地工作指示”灯亮。在就地控制箱上依次按下“电磁阀”自锁按钮，对应“电磁阀指示”灯亮，燃气电磁阀打开，再按下“点火”按钮，“点火指示”灯亮，点火器工作。点火成功后旋出“电磁阀”自锁按钮，“电磁阀指示”灯灭，引火筒熄灭。

当电磁阀出现故障时，可采用旁通进行供气，按下“点火”按钮，点火器工作，点燃引火筒，然后引燃火炬气。

4) 注意事项

(1) 雷雨天气时严禁登高维修作业。

(2) 装置长期不用时，可定期操作点火一次，保持装置处于无故障状态。

(3) 在维护过程中必须切断电源，严禁带电打开现场控制箱。

(4) 定期开展巡检，并做好记录。

5) 常见故障处理

(1) 当接通高能点火器电源后点火器不工作，首先要检查点火器与输出电缆、导电杆、电嘴之间的连接是否牢固，并保持连接可靠。若无问题则检查点火器内部放电管、电容器或变压器是否损坏，若损坏则需要更换。

(2) 当点火器正常工作而无法点燃引火筒时，应检查电磁阀、截止阀等阀门是否处于开启状态，然后检查工艺管线是否有水、焊渣等残留物堵塞，再检查引火筒喷嘴，并保证燃料气到达引火筒出口。

(3) 当点燃引火筒和火炬后，无火焰信号，应检查火检连接电缆与热电偶连接是否牢固，再检查热电偶是否损坏，若损坏则需更换。放空火炬常见故障处理见表3.18。

表3.18 放空火炬常见故障处理

故障现象	产生原因	常见处理方法
接通电源后点火器不工作	(1)点火器与输出电缆、导电杆、电嘴之间的连接虚接； (2)点火器内部放电管、电容器或变压器损坏	(1)检查紧固； (2)更换损坏的放电管、电容器等配件
点火器正常工作而无法点燃引火筒	(1)截止阀未开启、电磁阀不开启或电磁阀故障造成信号中断； (2)工艺管线有水、焊渣等残留物堵塞； (3)点火器气路压力异常，气路不通	(1)开启截止阀、打开电磁阀旁通或检查更换电磁阀； (2)清除堵塞物； (3)检查燃料气压力是否正常，气路是否畅通
点燃引火筒和火炬后，无火焰信号	(1)信号电缆连接或感温探头连接虚接； (2)点火气路阀门故障； (3)热电偶故障	(1)检查确认信号电缆连接或感温探头连接是否完好，对虚接处进行紧固； (2)密封垫太脏，更换密封垫； (3)更换热电偶

3.7.3 地面火炬

随着石油化工企业用地紧张以及国家对环保要求日益提高，地面火炬由于其燃烧效率高、防火间距小、易于检维修等优势，逐步受到越来越多关注和应用。据统计，目前国内地面火炬有上百座，除乙烯、加氢、苯酚丙酮及甲乙酮装置外，在低温罐区及沼气处理、橡胶、LPG、芳烃等装置应用也比较多，在天然气站场周边环境受限的情况下开始应用。

1) 工作原理

地面火炬按照处理量大小分为开放式地面火炬和封闭式地面火炬。地面火炬是将天然气站场排放的天然气引入到燃烧管器管路，在筒体(金属围挡)本体内完成燃烧(图3.76)。整个燃烧过程封闭，热辐射低。燃烧器的数量根据站场放空量经过计算确定，多采用多孔设计，可将大股火炬气分成许多小股，以利其和空气的混合，增加与空气的接触面积，达到无烟燃烧(图3.77)。空气与火炬气的混合主要是依靠火炬气自身的压力和特殊设计的燃烧器完成。现场火炬筒体外设置有就地控制盘，

图3.76 地面火炬

就地控制盘上设置有防爆点火控制箱，可实现现场控制箱人工点火和DCS遥控点火。系统根据所检测到的压力，实现燃烧器的点火及燃烧控制。针对站场放空气的特点，为节省燃气消耗，长明灯管线设置自动阀控制(可不长燃)(图3.78)。

图3.77　地面火炬测试

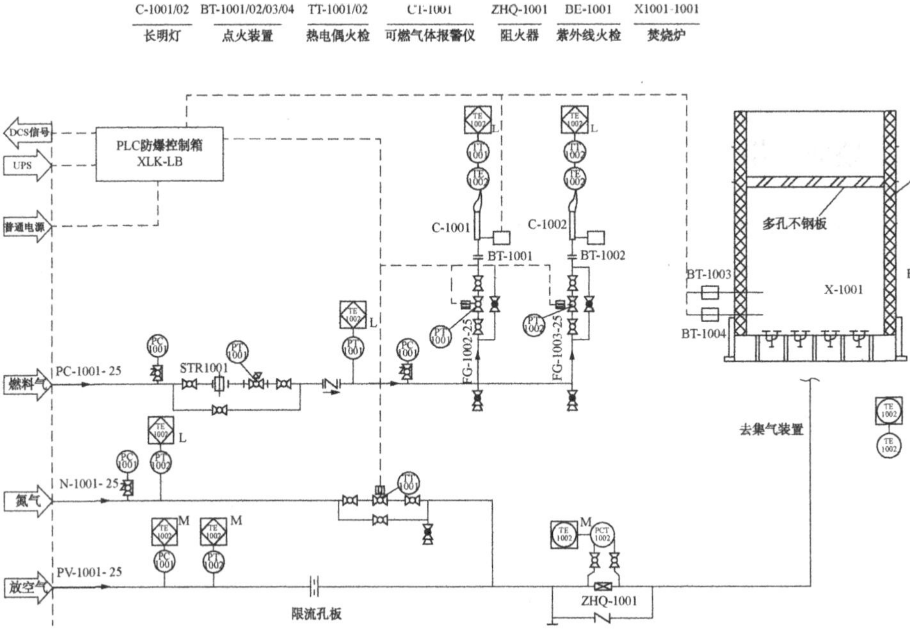

图3.78　地面火炬点火系统工艺控制流程

2）结构特点

地面火炬由燃烧器、筒体或金属围挡、防风墙等结构组成，同时配设长明灯及点火系统。为实现分级燃烧，地面火炬燃烧器多采用分级设置，每一级设分支管路及支线阀，并设有爆破片或爆破针阀旁路。

(1) 燃烧器均采用镍基高温合金310SS材料制作，长期耐温1200℃，大大延长了使用寿命。燃烧器烧管上喷嘴开口考虑旋流且烧嘴出口设置稳火块(图3.79)，以保证流量波动时燃烧器的稳定性。同时，为了增加气体喷射的湍流流动，降低火焰高度，喷口轴线与垂直方向夹角为15°。

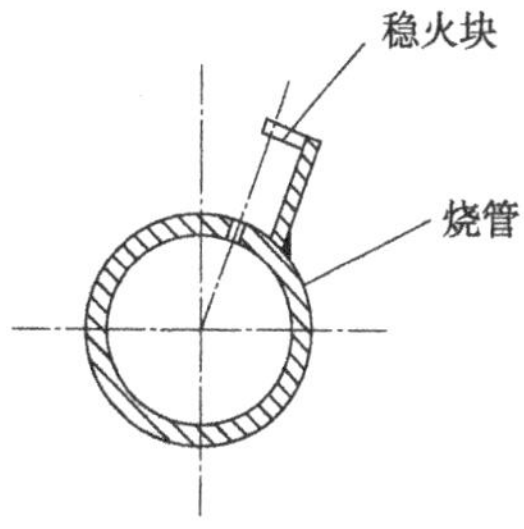

图3.79 单孔流量模块

(2)筒体内采用陶瓷纤维模块进行隔热，厚度不小于150mm。陶瓷纤维模块由陶瓷纤维毯折叠压缩而成，具有低导热率、低热容量、优良的抗腐蚀性能、优良的热稳定性及抗热震性能。锚固件设置在折叠模块中间，使其处于相对温度低的组块底部，远离模块热面，进而可长期承受1200℃高温。陶瓷纤维毯上下折叠压缩后会在不同方向互相挤紧，弹性大使得各组块之间不产生缝隙，进一步提高塔体抗热冲击及吸音降噪的能力，在出现长期排放及超量排放的情况下可有效避免高温烧坏塔体。

(3)高温热烟气在拔力作用下，从筒体顶部排出。燃烧区域由于拔力的作用形成负压，外界空气能够自动从筒体底部源源不断地进入燃烧区域内，保证火炬气燃烧。

(4)火炬筒体内圆周布置4套燃烧器，同时设置2只长明灯作为初期点火源，为保证短时间内的点火成功率，燃烧器出口另设置2支点火枪(图3.80)。

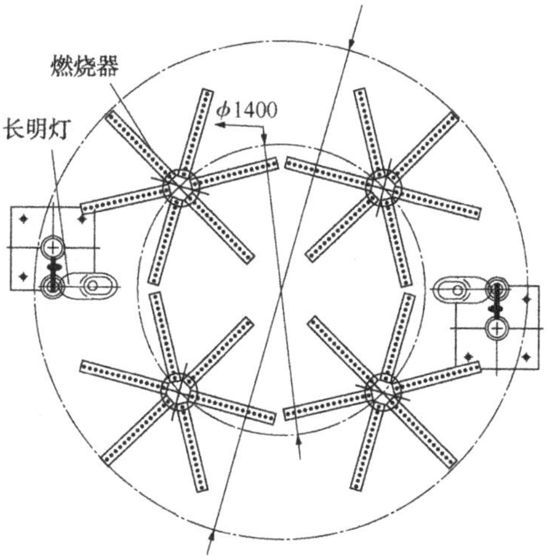

图3.80 多分支型燃烧器布置示意图

3）地面火炬操作

(1)操作前准备。

地面火炬燃烧炉内设有2只长明灯。最终进入长明灯的燃料气的压力要求为0.08~0.15MPa(可以根据现场情况调整)。每只长明灯设有2套高压电点火系统。在长明灯上方的防辐射消音墙上设有观火孔，可在现场对长明灯火焰进行观察。2只长明灯观察孔处均安装有一套热电偶火焰检测仪。

点火前，必须确认装置无排放气，燃烧炉内无可燃气聚积，可以通过可燃气体报警仪测量炉膛内可燃气体的浓度，合格后可进行点炉。吹扫时打开炉内的氮气吹扫环管，必要时可手动打开所有氮气管路的旁通手阀将氮气切断阀全开进行吹扫，吹扫时间大于5min或视情况而定。

(2)长明灯现场手动点火。

当地面火炬初次投用或检修结束时，应通过现场手动点火方式对长明灯进行试点火。现场手动点火可通过设置在点火控制柜上的点火按钮进行操作。

① 将点火控制柜“就地/程控”旋转开关旋到“就地”。

② 按下“启动1#点火器”“启动1~2#点火器”，启动点火器；按下点火控制柜上的“开1#点火阀”，长明灯燃气阀打开，将长明灯点燃。初次点火时可能需要调整总管上的手动阀门，使进入长明灯的压力保持在0.04~0.1MPa(可以根据现场情况调整)。

③ 长明灯点燃后，应检查热电偶是否能正确检测到火焰信号。

④ 确认完毕后，可以按下“关1#点火阀”，停止长明灯燃气。等待热电偶冷却后，可重

复前面的点火步骤，再次将长明灯点燃。

⑤ 如果3次均点火成功，且检测系统均能正确和可靠检测到火焰建立，说明长明灯点火系统正常，可以投入使用。

(3) 长明灯自动点火。

将点火控制柜“就地/程控”旋转开关旋到“程控”，火炬长明灯会根据排放压力进入自动启动、自动停止状态，若长明灯点火不成功，会将长明灯故障信号送入DCS，此时需手动将此长明灯点燃以消除故障信号。

(4) 电点火。

现场电动打火：先将点火控制柜“就地/程控”旋转开关旋到“就地”；然后按下“启动1#点火器”“启动2#点火器”，启动点火器。

自动电点火：将点火控制柜“就地/程控”旋转开关旋到“程控”，电打火系统将根据排放压力进入自动启动、自动停止状态。

4) 注意事项

(1) 长明灯点火时，禁止任何人触摸点火装置的点火电极。

(2) 在任何点火失败报警时，操作人员必须立即通过现场观火孔确认长明灯的燃烧状态，只有在长明灯确已熄灭的情况下才能切断该长明灯的燃料气供应，并且必须及时排除故障，将长明灯重新点燃。

(3) 手动点火前，必须确认炉内无可燃气体积聚。

(4) 在地面火炬正常运行中，禁止操作人员手动将长明灯燃料气管线上的手阀关闭。

5) 运行与维护

火炬设施正常运转有两个状态，一是其他各装置都处于正常运转，故没有排放产生，此时火炬设施处于正常待命状态；二是装置开车、停车或事故时，此时有关装置向火炬系统排出放空气体，火炬系统处于工作状态。火炬待命和正常运转时，一旦仪表监视或现场监视发现问题，在确定原因后再采取措施可能影响到生产运行，应及时与调控中心进行联络，采取应急措施后再实施既定措施。原则上每年应安排对火炬设施进行一次例行检修，发现损坏应及时安排修理。

(1) 点火装置需经常维护和保洁，经过一段时间的运行后应定期进行检查，以保证点火系统的可靠。

(2) 必须确保断电，并确认无残余电压后方可对点火装置进行检修，谨防高压触电，造成人员伤亡。

(3) 保持燃气管路的畅通，经过一段时间后对燃烧器管路进行检查，若发现阻塞应及时疏通。

(4) 操作人员应注意各阀门的操作控制要求与状态回讯是否一致，若发现不一致应及时对故障阀门进行检修。

(5) 如长期无火炬气，各气动阀将长期处于关闭状态，此时每周应对气动阀进行一次人为地强制开/关阀门操作。具体实施时可在无排放气排放时，对气动阀进行人为地强制开/关，以检测阀门是否完好。若检测到阀门有故障，操作人员必须立即去现场检查，排除故障。

(6) 若长期有排放气排放时，各气动阀可能长期处于开启状态，此时也应对气动阀进行人为地强制开/关阀门操作。此操作应每周进行一次，具体操作时须由专人指挥。此操作不能在燃烧炉所有燃烧器均打开的情况下进行，动作前应该先将气动阀前的手动闸阀关闭，操作关闭动作一次，以检测阀门是否完好，此操作需快速进行。

（7）严禁有排放气时对自控阀门进行手动操作检查。

6）常见故障处理

地面火炬常见故障处理见表3.19。

表3.19 地面火炬常见故障处理

故障现象	可能原因	解决办法
引火装置点不着火	(1)点火电缆绝缘子断路或短路； (2)点火激发器不工作； (3)点火电极烧蚀或严重积炭； (4)节流孔板堵塞； (5)检测仪表故障	(1)检查点火线路； (2)检查维护更换点火激发器； (3)检修或更换点火电极； (4)清洗节流孔板； (5)排除故障
地面点火装置点不着火	(1)点火器堵塞； (2)点火器燃气空气配比不当	(1)疏通管路； (2)调整空燃比
控制阀门不动作	(1)柜内相应的元件损坏； (2)线路出现故障； (3)电磁线圈烧坏； (4)阀芯严重污染； (5)气源压力不足	(1)检测并更换损坏元件； (2)检测排除故障点； (3)更换线圈； (4)清洗阀芯； (5)调整气源压力
冒黑烟	(1)喷嘴烧蚀严重； (2)调节系统故障； (3)调节系统参数整定不当，放散量过大	(1)更换喷嘴； (2)检查排放气流量计和蒸汽调节阀； (3)重新调整系统参数
脱火或熄灭	调节系统参数整定不当	重新调整系统参数
高空点火器不熄火	阀门内漏	检修或更换阀门
排放气背压过大	(1)阻火器堵塞； (2)仪表系统故障	(1)清洗疏通； (2)检修仪表系统

3.7.4 放空立管

1）作用及要求

天然气输气站场应设立放空管，线路截断阀室外设置放空立管。站场放空立管主要是将站内放空的气体汇集后通过放空立管排入大气，站场放空立管的口径需要经过计算确定。输气站天然气宜经放空立管集中排放，也可分区排放，高、低压放空管线应分别设置，不同排放压力的天然气放空管线汇入同一排放系统时，应确保不同压力的放空点能同时畅通排放。

2）结构特点

放空立管结构相较于放空火炬结构简单，主要由筒体、相关接管、锥壳等组成(图3.81)。

（1）筒体：放空立管的筒体是主要结构，其口径需按照天然气放空量的大小核算后确定。

（2）相关接管：放空立管设置接气管线(安装阻火器)，一般设有检查手孔。在放空立管锥壳下部设置排污口，定期对放空管内的液体进行排放。

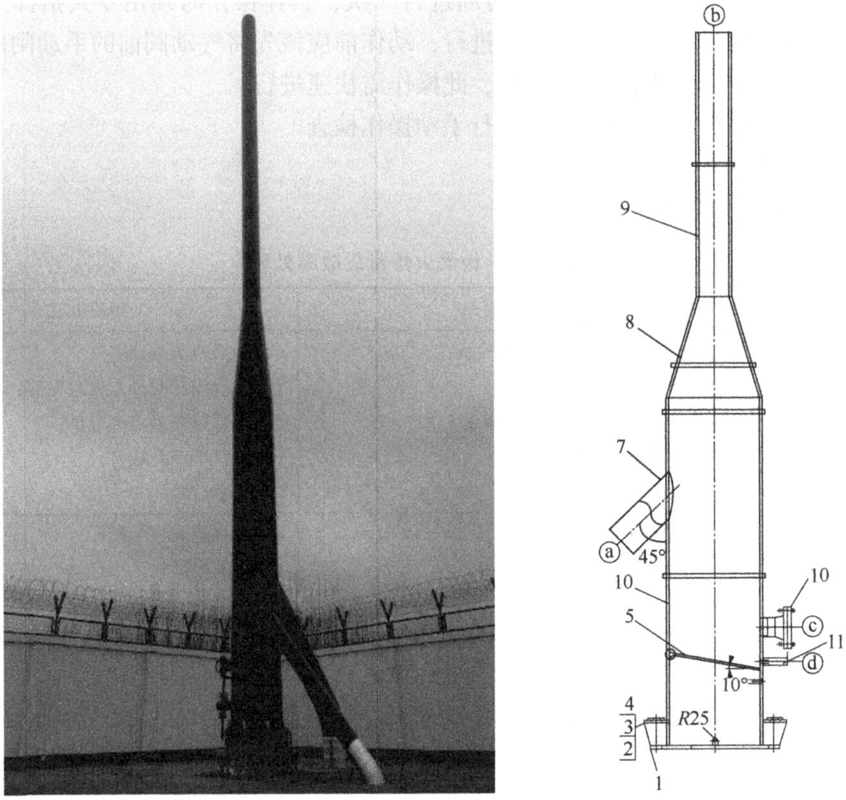

图 3.81 放空立管结构图

1—基础环板；2—筋板；3—盖板；4—垫板；5—堵板；6、10—接管；
7、9—筒体；8—锥壳；11—对接钢法兰；
ⓐ—高压放空进气口；ⓑ—放空口；ⓒ—手孔；ⓓ—排污口

3）注意事项

（1）放空立管稳固装置松动时禁止攀爬。

（2）雷雨天气时严禁登高维修作业。

（3）严禁非操作人员进入放空区域。

（4）拆卸阻火器时，严禁站场开展相关放空操作。

4）常见故障处理

放空立管常见故障处理见表 3.20。

表 3.20 放空立管常见故障处理

故障现象	产生原因	常见处理方法
阻火器堵塞	天然气内有异物，放空时对阻火器造成损坏	(1)拆卸进行清理，确认内部结构完好后回装； (2)更换全新阻火器
放空立管固定配件损坏	(1)地脚螺栓锈蚀； (2)绷绳锈蚀； (3)钢桁架锈蚀	(1)更换地脚螺栓，涂抹黄油； (2)更换绷绳； (3)对钢桁架进行除锈维修

3.8 阀室工艺及设备

阀室是输气干线中工艺比较简单的设施，一般为无人值守。根据《输气管道工程设计规范》(GB 50251—2015)要求，按照地区等级的不同，在输气干线约 8~32km 范围设置阀室，在特殊情况下，如河流等穿越处两侧应分别设置阀室。阀室的流程中主要由快速截断和放空工艺组成。

阀室的作用主要有两个，一是当管线上、下游发生事故时，管线内天然气压力会在短时间内发生很大变化. 快速截断可以根据预先设定的允许压降速率自动关断阀门，切断上、下游天然气，防止事态进一步扩大；二是在维修管线时切断上下游气源，放空需维修管线内天然气，便于维修。

3.8.1 阀室分类

(1) 根据不同的地区、环境和下游用户所在位置不同，阀室分为带分输功能的阀室和仅实现干线截断功能的阀室两种：

① 干线截断阀室起截断作用，未设置分输流程。

② 分输阀室是在阀室内部有分输支线或分输预留，能够实现天然气下载功能。

(2) 如果根据实现功能的不同，阀室分为手动阀室、监视阀室、监控阀室 3 种类型。

① 手动阀室：没有设置自动执行机构，当需要关闭时只有靠操作人员赶到现场通过手轮开关阀门。阀室内主要设置有干线截断球阀、上下游旁通球阀、节流截止放空阀、压力表及取压根部阀等。

② 监视阀室：主要由干线截断球阀、气液联动执行机构、旁通球阀、节流截止放空阀、压力变送器、固定式可燃气体报警仪等组成，可以实现爆管关断功能和远程数据采集功能，但无法实现远程控制功能。

③ 监控阀室：除了有监视阀室的设备外，增加了 PLC 控制通信系统，实现了远程数据采集和控制功能，通过网络进行远程控制阀室干线截断球阀的开关操作。

(3) 按照通信传输方式不同，阀室分为有线通信 RTU 阀室和无线通信 RTU 阀室。

① 有线通信 RTU 阀室：RTU 即远程终端控制系统，普通 RTU 阀室一般在新建时根据地理环境和地区等级来设计，主要有太阳能板组、太阳能控制单元箱、蓄电池组、通信柜、PCS 机柜、固定式可燃气体报警仪、压力变送器等。

② 无线通信 RTU 阀室：在原普通气液联动阀室的基础上升级改造，利用 4G 无线技术，实时进行远程监测和控制功能。

(4) 根据阀室房屋结构的不同，阀室分为封闭式阀室、半开式阀室和开放式阀室等多种类型。

3.8.2 阀室工艺

阀室典型工艺流程如图 3.82 所示。

(1) 阀室关断流程：将干线阀门从开启状态通过气液联动进行关闭操作，其余阀门均关闭。

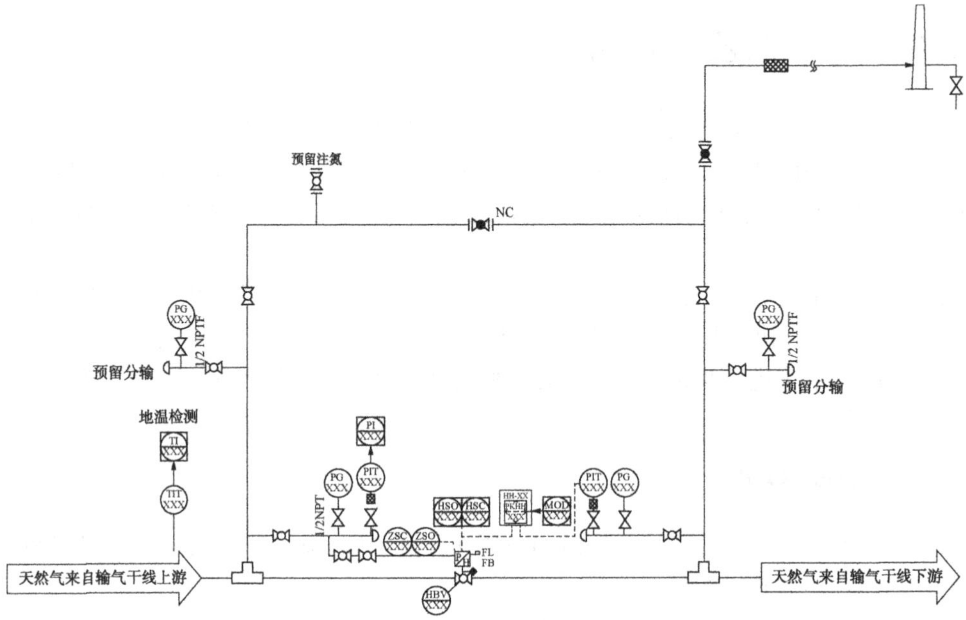

图 3.82 阀室典型工艺流程

(2) 上游放空流程：干线阀门关闭，干线天然气→上游放空球阀→联通旋塞阀→放空旋塞阀→放散管。

(3) 下游放空流程：干线阀门关闭，干线天然气→下游放空球阀→放空旋塞阀→放散管。

(4) 联通流程：假设下游放空、应急处置完毕、氮气置换完毕后，需要恢复天然气输送，此时干线阀门仍需关闭，通过联通流程的旋塞阀节流降压、控制流速，其流程为：上游天然气→上游放空球阀→联通旋塞阀→下游放空球阀→进入下游干线，待压力平衡后，开启干线阀门。

图 3.83 埋地全焊接阀门

3.8.3 阀室设备

目前，天然气长输管道干线阀门多采用埋地钢制全焊接球阀。全焊接球阀整体采用无缝钢管焊接成型，避免铸造工艺砂孔带来外部泄漏的情况，全身无螺丝密封的设计。全焊接球阀的特点较其他类型阀门明显，阀体结构整体式焊接，不会有外部泄漏现象；阀杆的防渗漏结构、多层密封，确保无泄漏；阀件全部采用数控机床加工，保证各零部件精度的同时，操作轻便(图 3.83)。

第 4 章　天然气调压与控制

天然气管道干线压力往往比分输用户压力高，输气站需要设计不同压力控制单元。调压设备不但用于在不同压力体系之间的压力调节与流量控制，还具有紧急情况下的超压安全关断功能。本章重点介绍调压阀的工作原理，多种调压撬的调流阀、调压阀、紧急关断阀的结构、原理和操作方法。并简要介绍输气站自用气撬的工作原理和操作方法。

4.1　天然气调压基础

4.1.1　调压基础

调压设备是天然气场站中常见的一大类设备，其基本作用是将管段上游较高的压力调节为下游较低的压力，同时根据出口处的工况变化情况自动将天然气压力恒定在设定值。

根据不同的原则，调压设备一般有如下类型：

(1) 按进出口压力分类，如低压调压阀、中压调压阀、高压调压阀等。

(2) 按结构原理分类，如直接作用式、间接作用式等。

(3) 按流体方向分类，如曲流式调压阀、轴流式调压阀等。

(4) 按执行机构分类，如自力式调压阀、电动调压阀等。

调压设备的工作原理是根据检测设备检测到的下游压力变化，利用能量源驱动调压阀芯，改变调压阀开口截面积，使得下游压力向接近设定值的方向变化，实现压力的负反馈控制。

调压设备的核心性能有两项，一项是调压性能，即实现减压并稳压的能力，在此基础上尽可能提高调压精度；另一项是关闭性能，即在全关状态下应能保证上下游之间气体完全实现隔离。

调压设备较重要的参数有入口压力、出口压力、流通能力，其中流通能力多用流量系数 K_v 表示。其定义为：当调节阀全开时，阀两端压差为 0.1MPa，流体密度为 $1g/cm^3$(即常温下的水)时，每小时流经调节阀的体积流量，单位为 m^3/h。

调压设备的流量特性，是在阀两端压差保持恒定的条件下，介质流经调节阀的相对流量与它的开度之间关系。常见的流量特性有线性特性、等百分比特性及抛物线特性三种。

4.1.2　流量系数

调压阀和普通的节流阀工作原理是一样的，阀体内部安装有一个局部阻力可以改变的节流元件。当流体流过调压阀时，由于阀芯、阀座所造成的流通面积的局部缩小，形成局部阻力，使流体的压力和速度产生变化，如图 4.1 所示。

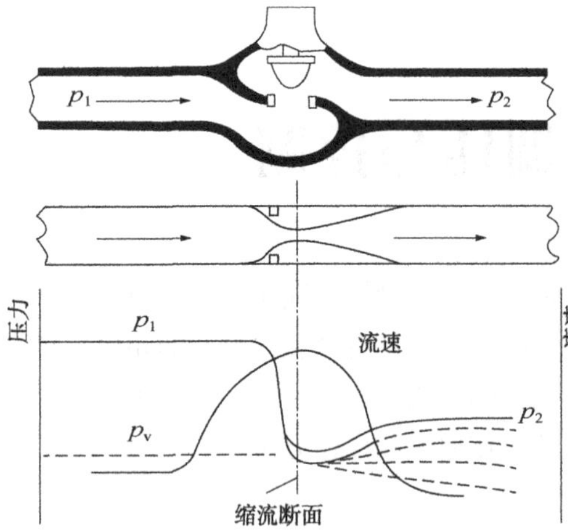

图 4.1 调压阀简化示意图

假如将调压阀入口设为 1 截面，出口为 2 截面，假设输送介质为不可压缩流体，根据能量守恒原理，由伯努利方程得：

$$\frac{p_1}{\rho g}+\frac{V_1^2}{2g}=\frac{p_2}{\rho g}+\frac{V_2^2}{2g} \tag{4-1}$$

整理为：

$$V_2^2-V_1^2=2\,\frac{p_1-p_2}{\rho} \tag{4-2}$$

令：

$$V_2^2-V_1^2=\xi V^2 \tag{4-3}$$

再根据流量 $Q=AV$，与式(4-3)式联立得到：

$$Q=\frac{A}{\sqrt{\xi}}\sqrt{\frac{2}{\rho}/(p_1-p_2)} \tag{4-4}$$

式中，A 为节流处截面积，cm^2；Q 为流量，cm^3/s；V、V_1、V_2为平均流速、节流前速度、节流后速度；p_1、p_2为节流前后压力；ξ 为阻力系数；ρ 为流体密度，kg/m^3。

若方程中的量采用以下单位：Q 采用 m^3/h，ρ 采用 g/cm^3，p_1-p_2采用 100kPa，A 采用 cm^2，可进一步将式(4-4)简化为：

$$Q=\frac{A}{\sqrt{\xi}}\sqrt{\frac{2\times 10}{10^{-5}}\times\frac{\Delta p}{\rho}\times\frac{3600}{10^6}}=5.09\,\frac{A}{\sqrt{\xi}}\sqrt{\frac{\Delta p}{\rho}} \tag{4-5}$$

令：$C=5.09\,\dfrac{A}{\sqrt{\xi}}$ (4-6)

也就是：$Q=C\sqrt{\dfrac{\Delta p}{\rho}}$ (4-7)

此式为调压阀实际应用的流量方程，从方程可以看出，当调节阀口径一定时，若保持阀门两端压差不变，减小阻力系数，流量增大。调压阀的工作原理就是通过改变阀芯来改变流通面积，从而改变阻力系数来达到调节流量的目的。

C 称为流量系数，它表示调压阀的流通能力，其值与阀芯和阀座的结构、阀前阀后的压差、流体性质等因素有关。根据流量系数中各单位不同，分别定义 K_v 和 C_v：

(1) K_v：当采用国际单位制时，流量系数用 K_v 表示，其定义为：当阀两端压差为 100kPa，流体是 5~40℃的水，每小时流经阀的体积流量。

(2) C_v：当采用英制单位时，通常用 C_v 表示流量系数。C_v 可以用数字表示为压力下降 1psi 情况下，流体为 40~100℉的水，在 1min 时间内流过阀的美加仑数。

根据单位换算可以得到：$C_v=1.156K_v$、$K_v=0.865C_v$。

4.1.3 简单调压阀原理

简化的自力式调压阀的主要结构如图4.2所示。主要包括引压管取压阀、主阀膜片、指挥器、过滤器、阀芯等部件，其中指挥器是调压阀的关键部件，一般由壳体、膜片、喷嘴、弹簧、丝杠、调节手柄、挡板(顶针)等部分组成。顾名思义，指挥器的作用是指挥主阀动作，通过调整调节手柄改变弹簧对挡板的压力，从而改变挡板与喷嘴之间的距离，从而改变主阀上腔的压力。

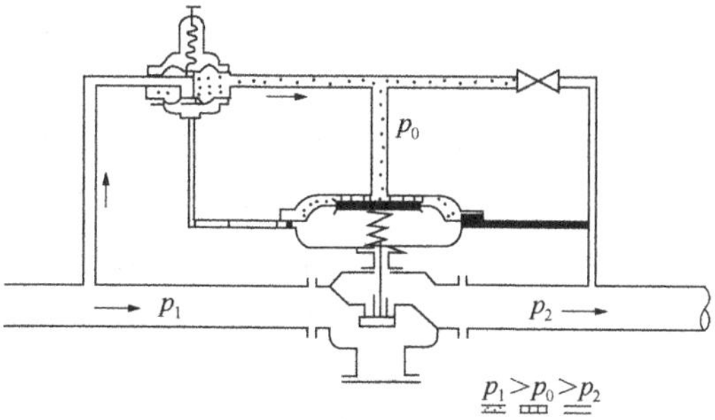

图4.2 自力式调压阀

设天然气阀前压力为p_1，阀后压力为p_2，在阀前压力p_1的情况下，调整指挥器的调节手柄，设定阀后压力p_2。当压力在稳态时，喷嘴与挡板的位置相对处于平衡，此时喷嘴流出的压力保持一定，主阀的膜片压差也保持一定，阀门开度保持不变。若阀后压力p_2减小，则指挥器下腔的压力减小，导致指挥器膜片下部作用力小于弹簧压力，在弹簧压力作用下指挥器挡板下移，远离喷嘴，使得喷嘴流出气量增大，主阀的上腔压力上升，主阀膜片两侧压差增大，主阀开度变大，通过主阀的气体流量也会增加，阀后压力则会升高，并慢慢恢复到初始设定压力。若阀后压力p_2增大，则指挥器下腔的压力增大，导致指挥器膜片下部作用力大于弹簧压力，指挥器挡板上移，接近喷嘴，使得喷嘴流出气量减小，主阀的上腔压力降低，主阀膜片两侧压差减小，主阀开度变小，通过主阀的气体流量也会减少，阀后压力则会降低，并慢慢恢复到初始设定压力。

按调压阀内天然气流动方向可分为曲流式调压阀和轴流式调压阀。其中多数曲流式调压阀内部部件可从顶部或底部取出，无须把主阀体从管道上拆卸下来，对其安装检修较为方便，同时由于阀体结构特点，工艺上容易加工制造，同等尺寸和材料耐压性能更优秀。由于曲流式调压阀阀杆固定为上下径向运动，因此设计受阀杆限制较大，结构较笨重。同时由于气体流向经过两次改变，能量损失大，驱动力需求更大。轴流式调压阀流向与介质流动方向一致，相对于曲流式受阀杆限制小，结构较为紧凑，在大口径阀方面比曲流式更有优势。由于气体流向仍为轴向，其流向转变较小，能量损失小，其阀前后最小压差可以控制得更小，调压精度通常更高。轴流式调压阀维护时必须将整个阀体从管道上拆下，维护时间比同尺寸的曲流式调压阀要长。

4.1.4 调压阀的选型

4.1.4.1 调压阀出厂K_V值

由于调压阀阀体流通形式、阀芯结构、接管形式等的不同，调压阀各生产厂家会对调压阀K_V值进行定量测试，根据《工业过程控制系统用电动控制阀》(JB/T 7387—2014)规定，被试验调压阀需在试验装置上用水进行测试，流量系数K_V根据式(4-8)计算。

$$K_v=\frac{10Q_1}{\sqrt{\dfrac{\Delta p}{\rho/\rho_0}}} \tag{4-8}$$

式中，Q_1为流体流量，m^3/h；Δp 为阀前后压差，kPa；ρ/ρ_0 为相对密度(规定范内水的 ρ/ρ_0 为 1)。

【例题 4-1】已知某调压阀试验介质为水，试验差压分别为 35kPa、50kPa、65kPa，通过的流量分别为 $143m^3/h$、$169m^3/h$、$200m^3/h$，求该调压阀的 K_V 值和 C_V 值。

解：将已知条件代入式(4-8)得：

差压 35kPa 条件下：
$$K_v=\frac{10Q_1}{\sqrt{\frac{\Delta p}{\rho/\rho_0}}}=\frac{10\times143}{\sqrt{35}}=242$$

同理得，50kPa 条件下计算得 $K_V=239$；65kPa 条件下计算得 $K_V=248$；

计算试验平均值：$K_V=(242+239+248)\div3=243$

$$C_V=1.156K_V=1.156\times243=281$$

答：该调压阀的 K_V 值为 243，C_V 值为 281。

4.1.4.2 调压阀气体流量系数 K_V 值计算

前节所述调压阀流量方程式(4-7)是在假设流体为不可压缩流体推导出来的，对于天然气等气体属于可压缩性流体，需要考虑气体状态、气体的压缩性和膨胀性。根据《工业过程控制阀，第 2-1 部分：流通能力安装条件下流体流量的计算公式》(GB/T 17213—2017)规定。紊流条件下可压缩流体基本流量模型为：

$$Q_s=K_VN_9F_pp_1Y\sqrt{\frac{X}{MT_1Z_1}} \tag{4-9}$$

式中，Q_s为标准状况下天然气流量，m^3/h；K_V 为流量系数；N_9 为常数，与量的单位有关；F_p为调压阀的接管系数，当调压阀和附接管件的尺寸一致时，取 1；p_1为入口压力，MPa；T_1为入口温度，K；Z_1为入口状态下天然气压缩因子；M 为天然气相对分子质量；X 为压差比，$X=\Delta p/p_1$；Y 为膨胀系数。

$$Y=1-\frac{X}{3F_\gamma X_T} \tag{4-10}$$

在调压阀选型计算时，需要正确判断流态是否为阻塞流。阻塞流是指流体在流过调压阀时所能达到的一种极限或最大流量状态，此时增大压差而不能进一步增大流量。其判定及替代方法为：

非阻塞流：当 $X<F_\gamma X_T$时，式(4-9)直接用 X，Y 计算；

阻塞流：当 $X\geqslant F_\gamma X_T$时，式(4-9)中的 X 用 $F_\gamma X_T$代替进行计算，Y 值取 2/3。

其中 F_γ为比热容比系数，$F_\gamma=(C_p/C_v)/1.4=\gamma/1.4$；$X_T$取决于调压阀的结构，需要制造厂家提供。

对于天然气调压阀选型计算，如果没有正确判断是否为阻塞流，可能导致控制阀流速过高，产生振动或严重噪声。

【例题 4-2】估算调压阀的 K_V 值。

已知调压阀阀前绝对压力 4.1MPa，阀后绝对压力 3.2MPa，标准状态体积流量为 $100\times10^4m^3/d$(101.325kPa，0℃)，天然气相对分子质量 17.3952，比热容比 1.32，阀前温度 18℃，压缩因子 0.95，X_T厂家提供为 0.72，试求所需调压阀的 K_V 值(不考虑接管附件)。

解：根据式(4-9)变形得：

$$K_v=\frac{Q_s}{N_9F_Pp_1Y}\sqrt{\frac{MT_1Z_1}{X}}$$

$X=\Delta p/p_1=(4.1-3.2)/4.1=0.2195$

$F_\gamma=\gamma/1.4=1.32/1.4=0.9428$

通过 $F_\gamma X_T=0.9428\times0.72=0.678$ 知：$X<F_\gamma X_T$为非阻塞流。

$Q_s=100\times10^4\div24=41667(m^3/h)$

$F_P=1$；

$N_9=24600$；

$M=17.3952$；

$T_1=273.15+18=291.15K$；

$Z_1=0.95$；

$$Y=1-\frac{X}{3F_\gamma X_T}=1-\frac{0.2195}{3\times0.9428\times0.72}=0.8922$$

代入得：

$$K_V=\frac{41667}{24600\times1\times4.1\times0.8922}\sqrt{\frac{17.3952\times291.15\times0.95}{0.2195}}=68.55$$

答：该工况条件下，所需调压阀 K_V 值约为69。

4.1.4.3 调压阀选型步骤

由于调压阀选型对输气站的运行至关重要，而管道运行工况可能发生较大变化。运行前期，用户市场需求较小，干线压力可能较低，调压阀尺寸需求就较小；但随着用户气量的大增，压气站的投运，管道干线压力增高，现有调压阀可能满足不了供气需求。因此，通常的做法，一般设计备用调压支路或多支路来满足输气站不同工况的调压需求。

调压阀计算选型过程中，可根据介质的最大流量计算出最大流量系数，然后在此基础上放大1.2~1.5倍后去选择阀的口径。由于计算比较复杂，建议与厂家做好充分技术沟通，可以使用厂家提供的选型软件进行计算。

调压阀选型基本步骤为：

（1）确认供气工况，了解供气用户的用气性质、用气量、用气压力，以及用户门站与输气站之间管道的设计压力和管径等情况。

（2）选择调压阀的驱动供能方式。

（3）根据不同工况，计算 K_V 值。

（4）计算噪声。

（5）通过比选，选择调压阀口径。

（6）确定安全防护方式及进行防护设备选型。

通常厂家给出的调压阀的技术文件中会包含调压阀的流量曲线图(图4.3)等数据，从曲线图中可以看出调压阀的调压范围。曲线描述了在给定流量下调压阀能够保持的系统压力范围。

调压阀的流量曲线一般均为左右两侧陡峭，中间部分平坦，这反映了一般调压阀的特点，即在流量特别小和流量特别大时均不能稳定控制压力，因此选择调压阀时应尽可能让流量范围在流量曲线的中间平坦位置，并留有一定余量。

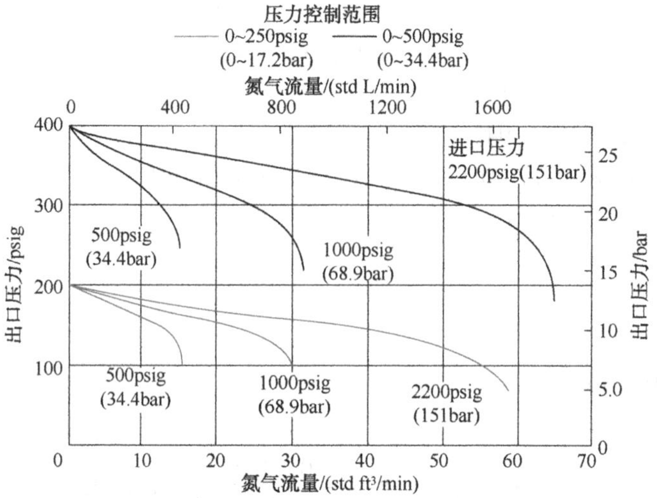

图 4.3　调压阀的流量曲线图(示例)

4.1.5　调压撬及调压工艺

调压撬是实现输气场站压力和流量调节的核心设备，一般由不同的多个独立调压设备串联组成撬装，以实现场站的不同工艺需求。根据《输气管道工程设计规范》(GB 50251—2015)输气场站调压工艺设计要求如下：

(1) 为使输气站的操作平稳、计量准确和压缩机安全运行，应对站场压力进行控制。为了保证对用户的供气量和供气压力，通常需要设置调压装置对压力和流量进行调节和控制。调压装置不但进行压力调节，同时也可对流量进行调节。为防止节流后气体温度降低导致管线冰堵等危害，根据工艺需要设置天然气加热设施。

(2) 当上游最大操作压力大于下游最大操作压力 1.6MPa，以及上游最大操作压力大于下游管道和设备强度试验压力时，单个的(第一级)压力安全设备还应同时加上第二个安全设备。此时可选择下列措施之一：

① 每一回路串联安装 2 台安全截断设备，安全截断设备应具备快速关闭能力并提供可靠截断密封。

② 每一回路安装 1 台安全截断设备和 1 台附加的压力调节控制设备。

③ 每一回路安装 1 台安全截断设备和 1 台最大流量安全泄放设备。

典型的调压撬系统如图 4.4 所示，调压撬现场应用如图 4.5 所示。由安全切断阀 SSV(紧急关断阀)+监控调压阀 PCV+工作调压阀 PV(调流阀)组成，三者皆为独立的设备，下面分别做简单的介绍。

1) 安全切断阀

安全切断阀的工作原理：由压力传感器感应被监控的气体压力，当压力超过监控所允许的范围时，压力传感器机构产生位移，带动脱扣机构，使脱扣机构脱扣，在关闭弹簧和流动气体压力的作用下使切断阀关闭，达到切断气体通路的目的。

安全切断阀是应用于天然气输配系统中起紧急切断保护作用的关键阀门，在调压撬中，安全切断阀是最后一道安全保险。具有监控天然气压力超压切断(可人工复位)的功能，当

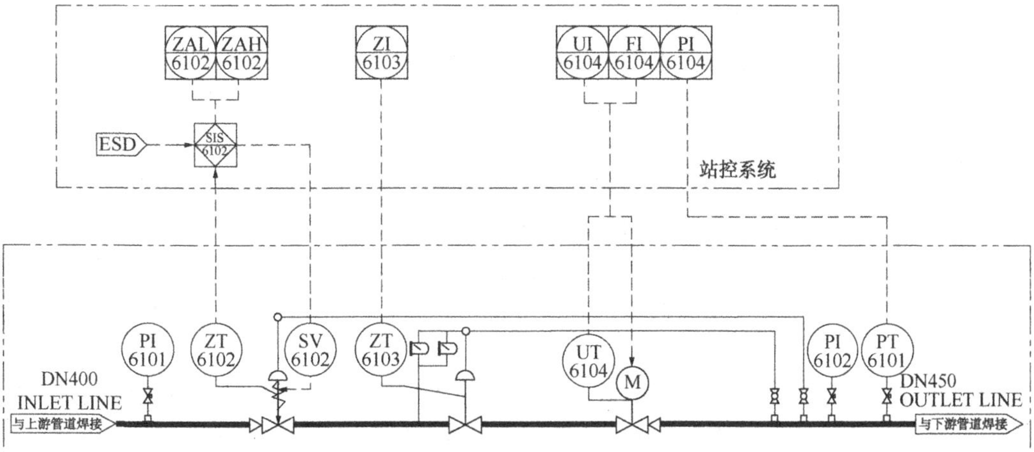

图 4.4 调压撬系统图

图 4.5 调压撬现场应用

系统压力高于一定压力值时，切断阀可迅速紧急切断，达到安全输气的目的。

安全切断阀一般由压力传感组件、脱扣机构组件、关闭机构组件三部分组成，安全切断阀包括安全切断阀和安全切断器。

2）监控调压阀

在调压撬中，监控调压阀一般选用自力式调压阀。自力式调压阀是最常见的一种调压设备，主要能量源是管道内的天然气所携带的能量，即不需要外来能源驱动，故称为“自力式”。优点是结构简单、便于操作、调压灵敏。其调节精度满足一般输气工艺要求，故早期场站中自力式调压阀占比非常高。

自力式调压阀广泛用于供用户的调压支路和自用气支路上。按结构原理可分为直接作用式调压阀和间接作用式调压阀。间接作用式通常是指带指挥器的调压阀，一般用在压力、流量较高的供气支路中；直接作用式不带指挥器，一般用在自用气等流量、压力较低的流程中。

3）工作调压阀

在调压撬中，工作调压阀常选用由电动执行机构驱动的调流阀，由调流阀对流量、压力进行较为精确的控制，由电动执行机构来实现远程开、关、设定阀开度、向 SCADA 系统反馈调流阀开度等功能，可根据需求在 SCADA 系统中灵活地选择压力调节或流量调节。

调压撬在压力设定值上一般为 $P_{SSV}>P_{PCV}>P_{PV}$。正常工况下，安全切断阀与监控调压阀处于全开状态，由工作调压阀对压力进行调节，自动状态下，当控制器接到站控系统的信号，供气流量超过设定值时，控制器和工作调压阀则切换到流量控制状态，此时控制器输出控制信号，限制分输流量。当工作调压阀处于故障状态时，监控调压阀会开始工作，维持压力稳定并对下游压力进行调节。当工作调压阀和监控调压阀都故障失效时，下游压力失去控制持续升高，当达到安全切断阀的设定值，安全切断阀会自动切断，关闭气源，保证管道及设备的安全。

在实践中，调压撬有多种组合方式，从而适应不同需求。对 PCV 监控调压阀选型困难时(例如调压阀口径过大无货源时)，可选用由 SSV(安全切断阀)+SSV(安全切断阀)+PV(工作调压阀)组成的调压撬，即单一支路设置两台串联的安全切断阀，形成双重保护，其优点是下游超压时切断迅速，适合下游用户压力稳定的情况下。

由 SSV(安全切断阀)+PV(监控调压阀)+PCV(工作调压阀)组成的调压撬比较少见，其中工作调压阀使用自力式调压阀，监控调压阀使用带有电动执行机构的调流阀。主要特点是当流量超限时，作为监控调压阀的调流阀发挥调流作用限制出口流量。相比传统调压撬流量调节范围较宽，但由于工作调压阀为自力式调压阀，不能方便地远程修改压力设定值。

当输气站的现场供电无法保证时，一般采用 SSV(安全切断阀)+PCV(监控调压阀)+PCV(工作调压阀)模式的调压撬。这种调压撬的工作调压阀和监控调压阀都为自力式调压阀，无法远程更改压力设定值，适合有人值守或下游用户需求非常稳定，无须经常修改调压阀压力设定值的场站。

在输气场站中，调压系统一般由多台调压撬支路组合使用。最常见的为两套调压撬形成一用一备支路的组合，根据不同工况的需求，也有两用一备、一用两备等更多种组合形式。在一些新建管线的输气场站中，也会有由不同输气能力的两套调压撬组合成的调压系统，以适应下游用户不同时期的输气需求。

早期调压撬中的调压设备多依赖进口，调压撬多集成 Honeywell、飞奥、Tartarini、Elster、Mokveld 等厂家的调压设备。随着天然气事业的发展，吴忠仪表、特瑞斯等国产厂家攻克核心技术，生产出达到国际领先水平的调压设备，并成功地在多个国内重点项目中批量应用，填补了我国在天然气长输管线大口径调压撬关键控制阀领域的空白。

4.1.6 调压撬的调试流程

以最常见的安全切断阀(SSV)+监控调压阀(PCV)+工作调流阀(PV)组合的调压撬为例，介绍一下调压撬的调试流程。

调压撬压力设定的总体原则，应先对安全切断阀(SSV)切断压力进行设定，再对监控调压阀(PCV)压力进行设定，最后根据工况需要设定工作调流阀(PV)的参数。图 4.6 为调压撬各部分压力设定的流程。

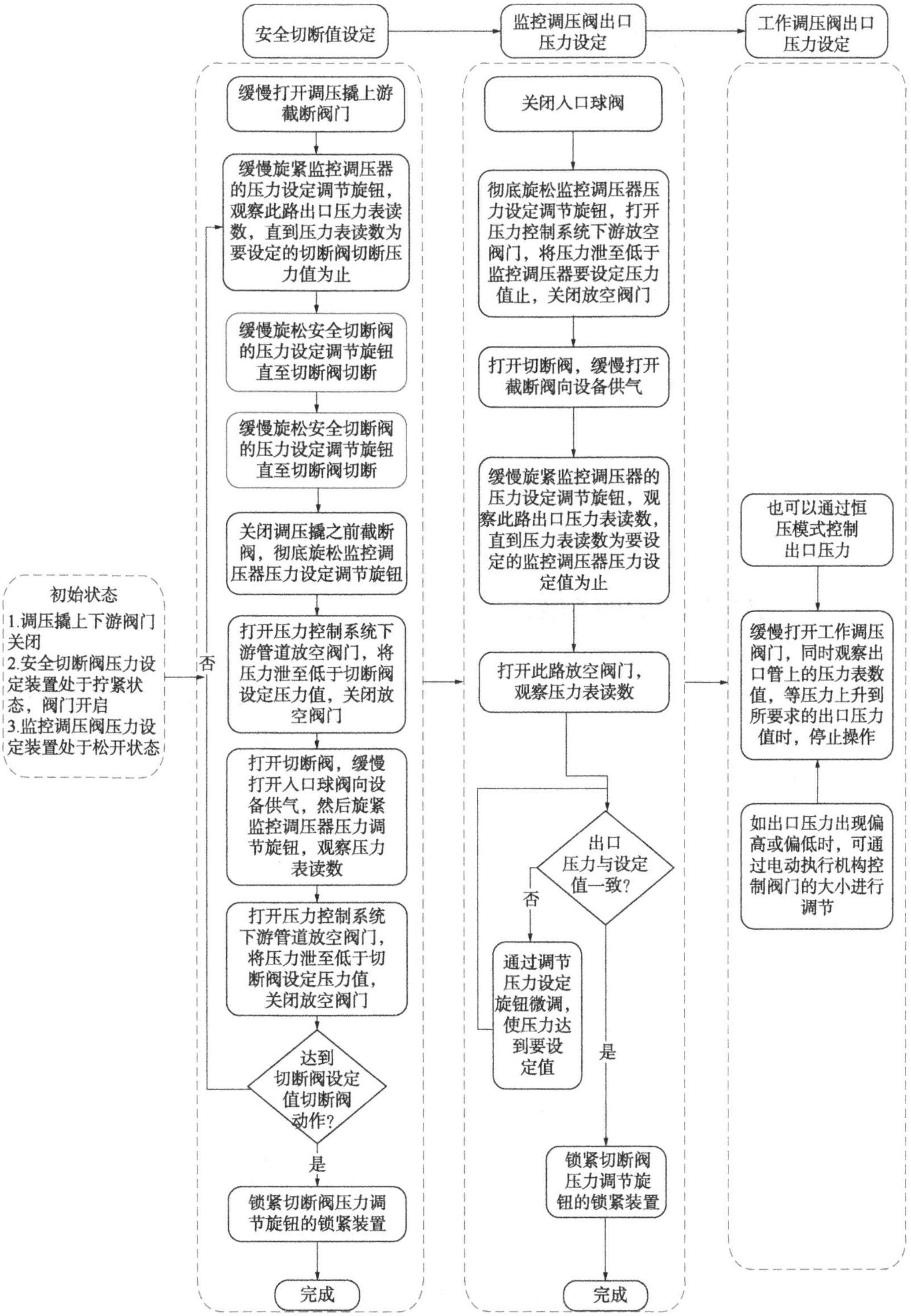
安全切断值设定
监控调压阀出口压力设定
工作调压阀出口压力设定
初始状态
1.调压撬上下游阀门关闭
2.安全切断阀压力设定装置处于拧紧状态，阀门开启
3.监控调压阀压力设定装置处于松开状态
缓慢打开调压撬上游截断阀门
缓慢旋紧监控调压器的压力设定调节旋钮，观察此路出口压力表读数，直到压力表读数为要设定的切断阀切断压力值为止
缓慢旋松安全切断阀的压力设定调节旋钮直至切断阀切断
缓慢旋松安全切断阀的压力设定调节旋钮直至切断阀切断
关闭调压撬之前截断阀，彻底旋松监控调压器压力设定调节旋钮
打开压力控制系统下游管道放空阀门，将压力泄至低于切断阀设定压力值，关闭放空阀门
打开切断阀，缓慢打开入口球阀向设备供气，然后旋紧监控调压器压力调节旋钮，观察压力表读数
打开压力控制系统下游管道放空阀门，将压力泄至低于切断阀设定压力值，关闭放空阀门
达到切断阀设定值切断阀动作?
否
是
锁紧切断阀压力调节旋钮的锁紧装置
完成
关闭入口球阀
彻底旋松监控调压器压力设定调节旋钮，打开压力控制系统下游放空阀门，将压力泄至低于监控调压器要设定压力值止，关闭放空阀门
打开切断阀，缓慢打开截断阀向设备供气
缓慢旋紧监控调压器的压力设定调节旋钮，观察此路出口压力表读数，直到压力表读数为要设定的监控调压器压力设定值为止
打开此路放空阀门，观察压力表读数
出口压力与设定值一致?
否
通过调节压力设定旋钮微调，使压力达到要设定值
是
锁紧切断阀压力调节旋钮的锁紧装置
完成
也可以通过恒压模式控制出口压力
缓慢打开工作调压阀门，同时观察出口管上的压力表数值，等压力上升到所要求的出口压力值时，停止操作
如出口压力出现偏高或偏低时，可通过电动执行机构控制阀门的大小进行调节

图 4.6 调压撬调试流程

4.2 吴忠仪表调压撬

吴忠仪表调压撬由工作调压阀、监控调压阀、安全切断阀串联组成，其现场应用实例如图4.7所示。

图4.7 调压撬现场应用实例

4.2.1 吴忠仪表A2100轴流式调压阀

4.2.1.1 A2100调压阀结构与原理

A2100调压阀主要由密封件、弹簧、阀芯、阀座、活塞、阀体等部分组成，如图4.8所示。A2100监控调压阀是一种国产间接作用式调压阀，采用轴流式结构，适用于需要持续不断提供下游压力的高压力及大流量环境。调压精度高、工作平稳、噪声小、密封性能好。

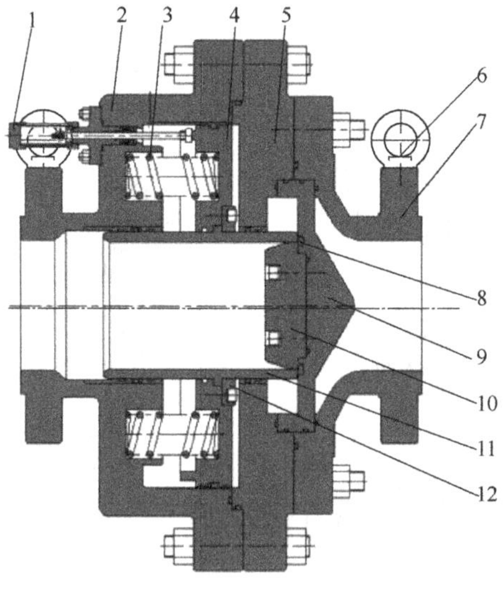

图4.8 A2100调压阀结构

1—远程/就地指示部件；2—主阀体；3—弹簧；4—活塞/皮膜；5—副阀体1；6—吊环；7—副阀体2；8—阀座；9—阀座基座；10—阀芯；11—套筒；12—挡环

如图4.9所示，下游压力进入调压指挥器的A口、S口和稳压器的V口以及监控阀的弹簧腔，上游压力进入稳压器的M口，稳压器在其压缩弹簧和下游压力的共同作用下，打开其内部阀芯口，从R口输出一定压力P[下游压力+(0.3~0.6MPa)]进入指挥器B口，当下游压力大于指挥器设定压力点时，指挥器尖口阀芯与密封阀座脱开，B口与L口导通，指挥器输出压力P到自力式减压阀的工作腔，推动活塞运动，使阀门打开，通过指挥器阀芯口与密封阀座之间的开度，可以使L口输出压力在下游压力和下游压力+(0.3~0.6MPa)之间变化，从而使阀门的开度在0~100%之间可调。

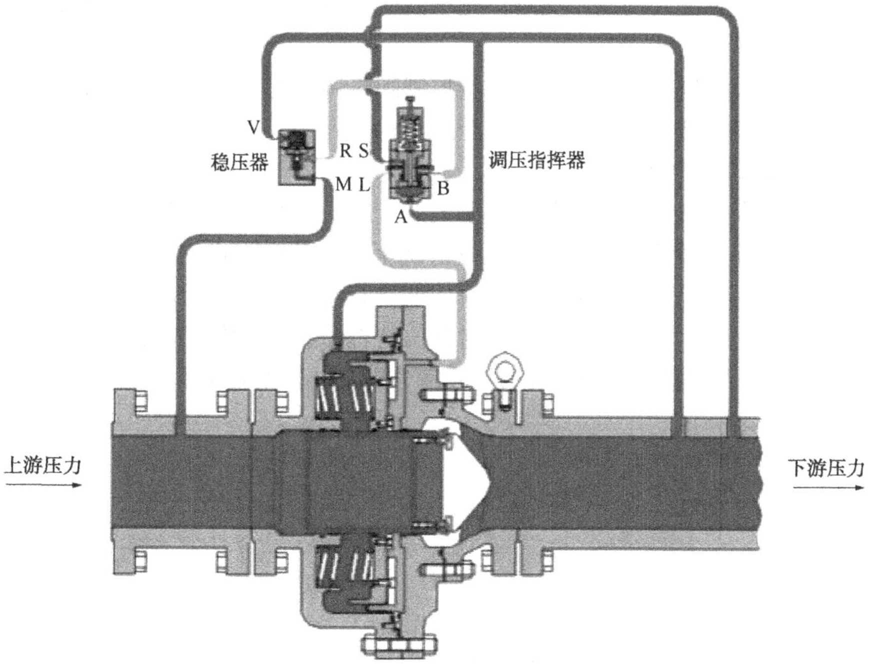

图4.9 A2100调压阀工作原理

当阀门下游压力与设定压力一样时，阀门保持当前开度不变，使阀后输出压力稳定，整个闭环控制气路保持动态平衡；当下游压力小于指挥器设定压力点时，阀门开度增大进行补压，直至新的动态平衡；当下游压力大于指挥器设定点压力时，阀门开度减小进行降压，直至新的动态平衡，保证稳定的出口压力值，达到稳压的目的。若下游压力异常升高则阀门回到故障位置。

4.2.1.2 A2100调压阀的操作与维护

1）操作前检查

（1）检查调压阀气流箭头与管线气流方向一致，调压阀首次开启前需经过氮气置换，确保阀腔内无爆炸性气体。

（2）检查阀前、阀后截止阀处于关闭位置，前置过滤分离设备、管路清洁，吹扫干净。

（3）检查调压阀各引压管路已连接完毕，并处于待用状态。

2）A2100调压阀启运操作

（1）将调整螺丝逆时针方向旋转，放松调压指挥器的压力弹簧。

（2）稍微打开调压阀后面管道的出口阀门。

(3) 缓慢开启调压阀上游进口阀门并控制阀门开度，让少许天然气进入调压支路。

(4) 调整指挥器设定点至所需压力。

(5) 缓慢打开下游阀门，至全开；观察下游压力，若下游压力高于所需压力，逆时针方向缓慢旋转指挥器调整螺丝，使其达到所需压力；反之亦然。

(6) 完全打开上游阀门。

3) A2100 调压阀停运操作

(1) 确认可以停止供气或已经导通备用调压支路。

(2) 对没有流量控制阀的调压支路，先缓慢松开指挥器调节螺丝，使调压阀阀芯关小直至完全关闭。

(3) 对有流量控制阀的支路，使用流量控制阀将调压支路的气流速度降低为零。

(4) 缓慢关闭调压撬支路上下游球阀至全关状态。

4) A2100 调压阀的维护

调压阀需要定期检查和维护保养，根据天然气净化程度，合理安排维修周期，清除调压阀内的污物，特别注意过滤器、阀口等处应清洗干净，及时更换密封垫、O 形圈等易损件。维修时应检查各零部件是否完好无损，然后才能进行组装，组装后应保证各部件灵活动作。维修安装完毕，用肥皂水检查所有连接密封部位是否渗漏。维修后应重新设定进出口压力和切断压力。其拆卸示意图如图 4.10 所示。故障分析及处理见表 4.1。

图 4.10　A2100 调压阀维修示意图

表 4.1　调压阀故障分析及处理方法

故障	原因	处理方法
出口压力偏低	(1)弹簧失效或选型不当； (2)阀口结冰； (3)进气口被杂物堵塞； (4)指挥器通往调压阀内部的信号管道堵塞或损坏	(1)更换弹簧； (2)对进口气体加热； (3)打开调压阀清洗杂物； (4)清洗信号管道
出口压力不正常升高	(1)调压阀阀口关闭不严； (2)调压阀活塞两侧漏气； (3)调压阀密封元件受损	(1)清理阀口杂物或更换阀座； (2)更换活塞上的密封件； (3)更换密封元件
调压阀下游没有气体通过	(1)过滤器堵塞； (2)切断器被触发； (3)入口流量不足、指挥器无气体通过	(1)清洗过滤器； (2)打开切断阀； (3)调节入口流量
关闭压力过高或有内漏	(1)指挥器皮膜老化或破损； (2)阀口有杂物	(1)更换皮膜； (2)清洗阀口
调压阀振动	(1)取压管连接错位或不符合安装要求； (2)流量过低； (3)指挥器上取压、泄压孔口径不对	(1)重新安装； (2)调节流量； (3)更换指挥器

续表

故障	原因	处理方法
调压阀压力调不高	(1)调压阀阀座膨胀，阀口达不到应有开度； (2)指挥器调节弹簧变形，达不到设计压力	(1)更换阀座； (2)更换弹簧
调压阀出口压力不稳和喘气	(1)气体杂质多； (2)气体压力或流量突然变化干扰； (3)阀出口压力高，入口压力波动大	(1)清洗过滤器； (2)稳定压力和流量； (3)调节出口压力，入口加装稳压器

4.2.2 吴忠仪表A2000轴流式调流阀

4.2.2.1 A2000调流阀结构

A2000轴流式调流阀是一种压力平衡式套筒调节阀。具有呈流线型并均匀对称的自由流通路径，降低了流体局部高速流、紊流、喷射流等的冲击，阀门具有优良的稳定性，因其阀芯为压力平衡式结构，因此开关所需力矩较小，同时具有流动阻力小、噪声小等优点。

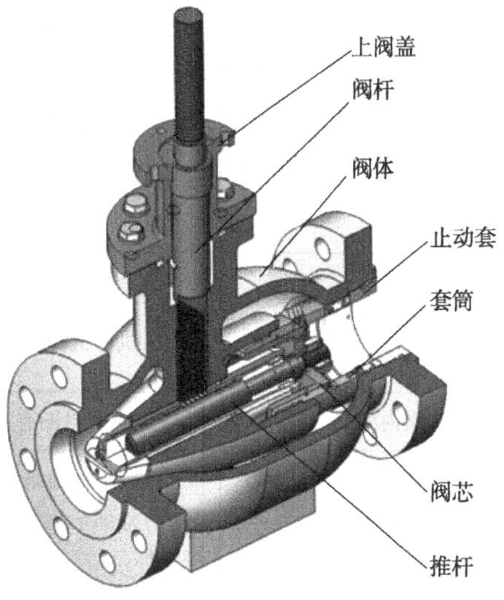

图4.11 A2000调流阀的结构

调流阀由阀体和执行机构两部分组成。调流阀主体由阀体、阀座、降噪降压套筒、阀芯、传动部件以及各密封件组成，如图4.11所示。其工作原理为：执行机构带动阀杆上下移动，使推杆水平移动，带动套筒在气体流道中水平运动，从而使套筒上的孔洞在气体流道中的面积发生变化，从而起到节流降压的作用。当执行机构开度增加，阀杆向上移动，套筒移动开度增大，气体流量增大；当执行机构开度减小时，阀杆向下移动，套筒移动开度减小，气体流量降低。

A2000调流阀 C_V 值和行程见表4.2，具体 C_V 值需根据实际工况进行计算。

表4.2 Class 600的A2000调流阀 C_V 值表

DN/mm	80	100	150	200	250	300	350	400
额定行程/mm	30	60	60	75	100	115	130	150
C_V 值	65	80	246	640	800	1053	1300	3000

4.2.2.2 A2000调流阀操作与维护

A2000调流阀一般均配合电动执行机构使用，其操作分为远程自动控制、就地电动控制、就地手动控制。其中远程控制操作和使用的站控系统相关联，因此主要介绍就地操作。

1）就地手动开阀操作

（1）缓慢打开调流阀上游阀门，缓慢打开调流阀下游阀门。

（2）推动执行机构的离合手柄，将手动离合挂上。

（3）逆时针旋转手轮，阀门逐渐开启，执行机构显示屏上可以看到阀门开度增加。

（4）打开至所需要的开度，停止转动手轮，观察至供气稳定后离开。

2）就地手动关阀操作

（1）推动执行机构的离合手柄，将手动离合挂上。

（2）顺时针旋转手轮，阀门逐渐关闭，执行机构显示屏上可以看到阀门开度减小。

（3）彻底关闭调流阀后，缓慢关闭调流阀上游阀门。

（4）关闭调流阀下游阀门。

3）A2000调流阀的维护

调流阀需正确操作以免阀受到损伤，一般阀工作5年后，应对阀进行检测和清洗，必要时更换O形圈和平衡密封圈，其故障分析及处理方法见表4.3。

表4.3　A2000调流阀故障分析及处理方法

故障	可能的原因	措施
阀不能完全打开或关闭	(1)执行机构没有正确地安装在阀上； (2)控制系统失灵； (3)外部原因引起的活塞堵塞	(1)检查执行机构的安装详细说明； (2)检查线路图和动力源； (3)拆卸并清洗
阀打不开或关不上	(1)控制系统失效； (2)执行机构卡住	(1)检查控制系统是否安装正确，检查动力源是否正常； (2)拆检并清洗执行机构
轻微内漏	底座或密封圈有微小损坏	将阀重复开关几次
阀座严重泄漏	(1)阀不在最终关闭位置上； (2)外部杂物的侵入造成阀座和密封圈损坏	(1)检查执行机构和定位器，检查动力源； (2)拆卸套筒和阀座，拆开定位器检查损坏程度修复或更换损坏件
密封件或填料处有轻微泄漏	(1)O形圈暂时卡住； (2)密封件有轻微磨损或损坏	(1)将阀重复开关几次； (2)修复或更换损坏件； 注意：不要破坏泄流塞密封
泄流塞处严重泄漏	(1)O形圈已损坏； (2)磨损	(1)关闭泄流塞； (2)检查阀的功能是否正常； (3)拆开阀检查损坏程度； (4)修复或更换损坏件

4.2.3　吴忠仪表H44Q安全切断阀

4.2.3.1　H44Q安全切断阀的结构与原理

H44Q安全切断阀是一种直通式安全切断阀，主阀为轴流翻板式结构，具有大流量、小压损、结构简单、便于维修等优点。

图4.12为H44Q安全切断阀不同视角下的剖面图。H44Q切断阀主要由执行器、阀体、阀位指示盘、阀盖、平衡阀等部分组成。

H44Q安全切断阀从工作调压阀后的下游管道取压到超压指挥器，当阀后压力达到超压指挥器设定切断压力时，执行器通过超压指挥器输出气源作用在活塞上，推杆推动转轮，使转轮与滚珠脱开，撞针通过复位弹簧撞击挂钩；阀瓣在自重和卷簧作用力下瞬间切断，保证用气安全。H44Q安全切断阀不能自动复位，当故障解除后，手动将平衡阀打开，待阀门前后压力平衡后转动复位手轮通过齿轮减速机构将切断阀打开，阀门开到最大位置后自动锁定，此时阀门处于开启状态。

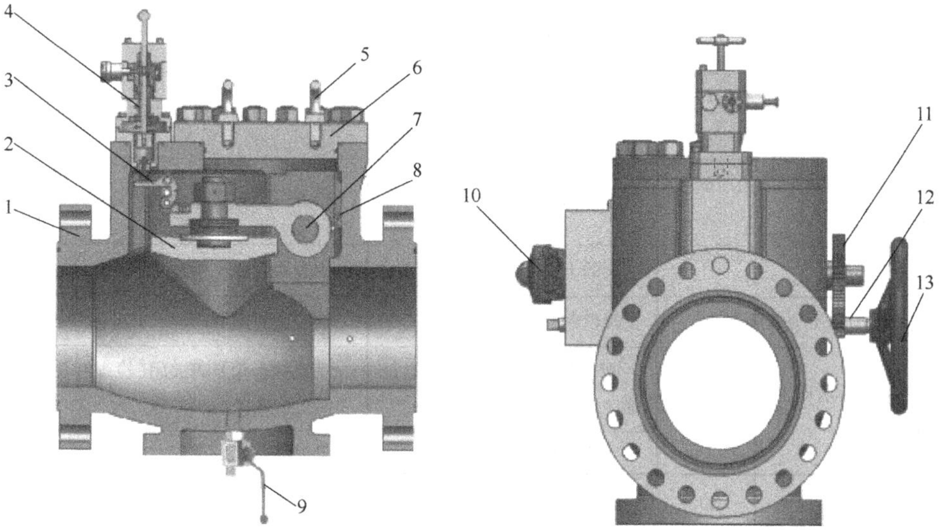

图 4.12 H44Q 安全切断阀结构图

1—阀体；2—阀瓣部件；3—挂钩；4—执行器；5—吊环螺钉；6—阀盖；7—轴；8—弹簧座；9—排污阀；10—行程开关；11—齿轮；12—齿轮轴；13—手轮

当遇到紧急情况需要手动切断时，执行器装有红色紧急按钮，按下紧急按钮时，推杆向右逆时针旋转，滚珠与转轮脱离，撞针通过复位弹簧撞击挂钩使得阀门关闭。

4.2.3.2 H44Q 安全切断阀的操作与维护

1）设定超压设定值

（1）电磁阀通电，断气源，用复位手轮手动将切断阀旋转打开。

（2）手动调节切断阀超压指挥器调压螺栓，将调压螺栓顺时针拧到最底。缓慢升高阀后压力至所需的切断压力后保持，然后缓慢逆时针调节超压指挥器调压螺栓直至切断阀关闭，此时的压力为弹簧设定压力。

（3）压力设定好后，需进行两次切断测试，若正常，拧紧锁紧螺母；若不正常，则重复上述步骤进行微调。

2）安全切断阀的维护

对于动态 O 形圈（在运动部件之间密封的 O 形圈）和使用中的膜片，在理想的工作状态下建议最长使用寿命为 2 年。对于静态 O 形圈（在固定的不移动的部件之间密封的 O 形圈）建议有效寿命为 3~4 年。

安全切断阀超压指挥器正常运行半年左右，可拆开检查，如发现膜片、O 形圈有细微破损，则须更换。正常运行中，如果发现气控活塞处漏气，则需检查超压指挥器是否有膜片、O 形圈破损。主阀盖如发现有漏气现象（在关闭状态下，仍有天然气泄漏到下游），则需更换密封圈。

主要故障分析及处理见表 4.4。

表 4.4　安全切断阀故障分析及处理

故障	可能的原因	解决方案
压力很低时，开关装置不动作或错误动作	低压切断弹簧设定不准确	重新调整并校核设定值
压力很高时，开关装置不动作或错误动作	高压切断弹簧设定不准确	重新调整和校验设定值
在没有达到低限动作压力时转换器不动作	压力传送器的膜片破裂	检查压力传送器中的膜片，必要时更换膜片
阀不能开启	阀的上下游压力不平衡	用旁通管路平衡压力
阀关闭后，出口压力继续上升	阀内密封泄漏	检查密封圈和阀座，必要时更换
阀位指示器显示阀为打开状态，而阀为关闭状态	阀位指示器的开关不能正确动作	就地检查阀是否关闭(检查阀位指示器)，必要时更换开关
	导线破坏	更换导线

4.3　FISHER 调压撬

4.3.1　Tartarini FL 轴流式调压阀

4.3.1.1　FL 轴流式调压阀的结构与原理

FL 轴流式调压阀是一种常见的调压阀(图 4.13)，具有流通能力大，调压精度高，阀口关闭严密等优点。FL 调压阀多与同厂家的 SA/2 型稳压器及 PRX 系列指挥器配合使用。FL 调压阀由膜盖、阀筒、弹簧、皮膜、阀口垫、阀座等部分组成。

图 4.13　FL 轴流式调压阀

调压阀工作原理如图 4.14 所示，调压阀入口压力被指挥器减压后作用于主阀的皮膜 5 上，同时与指挥器调节弹簧 11 形成合力共同控制皮膜移动。调压阀的出口压力由指挥器设定。当调压器下游需求增大时，出口压力 P_2 有下降的趋势，此时，P_2 通过图 4.14 中所示“感应压力的信号管”，进入到指挥器中皮膜 12 的下方，皮膜 12 感应到 P_2 的下降，被弹簧 11 向下推动，使阀口 13 开度增大，更多的高压气体通过指挥器加载在调压器主皮膜 5 右侧，负载压力增大，推动主皮膜 5 并带动阀筒 3 一起向左运动，使得阀筒 3 与阀座 7 之间的开度增大，当调压器下游需求减少时，其原理与上述过程相反。

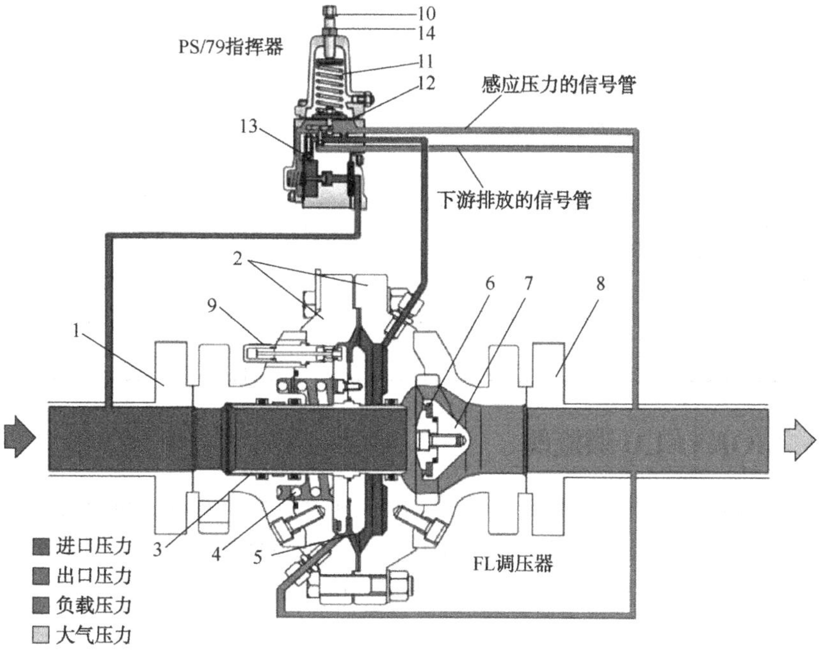

图 4.14 FL 轴流式调压阀原理

FL 调压阀具有以下特点：轴流式结构、流通能力大，调压精度高、使用寿命长，在线维护方便，阀口关闭紧密、结构紧凑，反应灵敏，现场应用广泛。

4.3.1.2 FL 调压阀的操作及维保

1）调压阀操作

（1）确认气体进入调压器之前，已通过过滤处理。

（2）稍稍打开出口端的阀门。

（3）缓慢打开进口端的阀门，让少许天然气进入调压支路。

（4）调节指挥器设定点至所需压力，等待出口端的压力变得稳定。

（5）缓慢地将出口端阀门完全打开。

（6）在调试过程中，如果压力未达到理想状态，需要调试指挥器调节螺杆，同时观察下游压力表，直到压力稳定即可停止操作，锁紧调节螺母。

（7）完全打开进口端阀门。

2）调压阀维修保养

调压阀在进行维护之前须确保上下游的截断阀门已关闭，并将调压支路内的天然气放空泄压，其故障分析及处理方法见表 4.5。

表 4.5 调压阀故障及处理

故障现象	故障原因	处理方法
调压器没有开启阀口	(1)进口侧上游阀门没有打开； (2)指挥器进口引压管路堵塞	(1)打开调压支路阀门； (2)导通指挥器引压管路； (3)拆卸检查更换调压阀皮膜
出口压力下降	(1)流量不足； (2)下游需求大于调压器的流通能力； (3)指挥器供给压力异常； (4)进口过滤器堵塞； (5)指挥器过滤器堵塞	(1)来气流量下降； (2)增开调压支路； (3)调整指挥器给定压力； (4)清洗过滤器； (5)清洗指挥器过滤器
出口压力增加	(1)主阀口是否已经破损，老化； (2)指挥器阀口是否已经破损，老化	(1)拆卸检查维修； (2)更换指挥器
喘动或振荡	(1)错误地放置了信号管取压点的位置； (2)下游流量需求不足； (3)指挥器内进出口调节阀口设定不当	(1)按厂家要求更换取压点位置； (2)更换小流量调压支路运行； (3)更换指挥器，重新调整
结冰现象	是否已预热天然气	增加电加热器

4.3.2 MOKVELD 调流阀

MOKVELD 调流阀是一种轴流式调流阀，由于其流道轴向对称，可以有效地降低变向所带来的噪声和紊流，与曲流式阀相比提高了单位直径的流体通过能力。其笼套结构上的孔洞分布则影响调流阀的流通特性，可以通过更换不同的笼套实现等百分比、线性、快开、快关等不同的特性转换。

4.3.2.1 MOKVLED 调流阀的结构与原理

MOKVLED 轴流式调流阀的结构如图 4.15 所示，调流阀主要由阀体、阀杆、活塞杆、活塞和笼套等部分组成。阀体由内阀体和外阀体组成，内外阀体之间组成了调流阀的轴向对称流道，阀杆是连接执行机构的传动杆，它与活塞杆共同组成一个直角角式传动机构，阀杆和活塞杆由 45°齿条相互啮合，阀杆的上下移动带动活塞杆左右运动，其结构如图 4.16 所示。

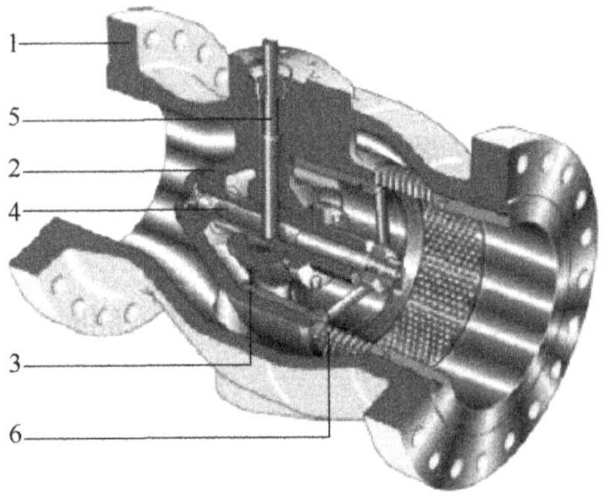

图 4.15 MOKVLED 轴流式调流阀的结构
1，2—阀体；3—活塞；4—活塞杆；
5—阀杆；6—笼套

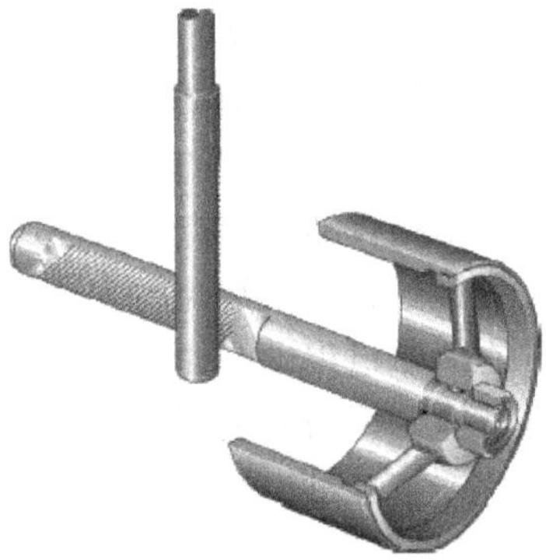

图 4.16 阀杆与活塞杆组成的角式传动机构

活塞固定于活塞杆上，在活塞的端面上设有孔洞，在均匀分布的孔洞作用下，活塞内外压力平衡，使得活塞在跟随活塞杆左右运动时不受轴向压力的影响。

笼套是调流阀的核心部件，由单层或多层壁面组合为一个整体，每一层壁面上布有许多孔洞，这些孔洞的几何尺寸与分布位置经由流体力学模拟计算。调流阀工作时流体通过的孔道，影响着阀门在不同开度下的流通特性。

执行机构的转动带动阀杆上下移动，在阀杆和活塞杆构成的传动机构作用下转化为活塞杆的水平移动，活塞通过活塞杆的引导在笼套中做水平运动，使笼套壁面上的孔洞暴露在阀内气体通道中。当执行机构开度增大，阀杆向上移动，活塞逆气流方向移动，使更多笼套的孔洞暴露出来，调流阀的开度增大。当执行机构开度减小时，阀杆向下移动，活塞顺气流方向移动，笼套上的孔洞被堵上的部分增多，调流阀气路变狭窄，开度减小(图4.17、图4.18)。

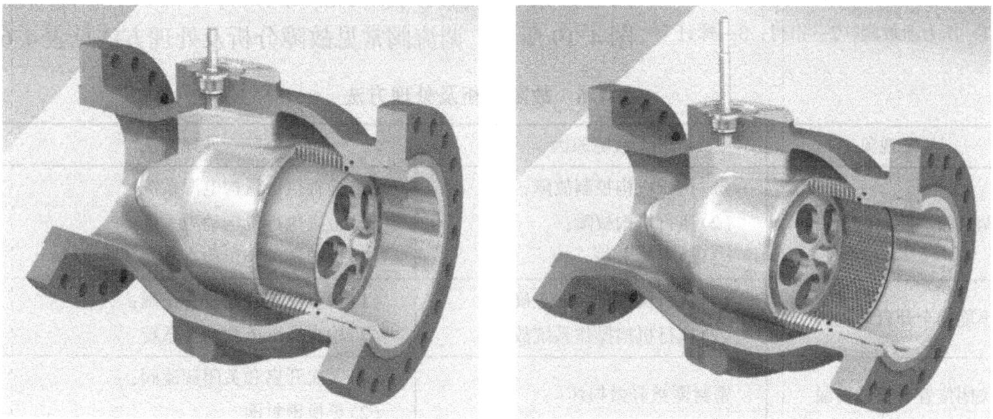

图4.17 MOKVELD调流阀全关、全开状态

调流阀主要具有以下特点：与传统调流阀相比，轴向式设计使调流阀结构更加紧凑，节流噪声大幅度降低；并减小流体对管道的冲击，密封性能优良，能在全压力范围内保持关闭严密；活塞在移动时不受阀门前后压差的影响，因而可以使用相对较小和快速的执行机构操作阀门。

图4.18 MOKVELD调流阀调流状态

4.3.2.2 MOKVELD调流阀的操作

MOKVELD调流阀操作分为远程自动控制、就地电动控制、就地手动控制。远程操作在站控系统部分介绍，本章介绍就地手动操作。

1）就地手动开阀操作

(1) 缓慢打开调流阀上下游阀门。

(2) 轻推执行机构的离合手柄，挂上执行机构手动离合器。

(3) 逆时针旋转手轮，逐渐打开阀门。

(4) 观察阀位指示器，将阀门打开至所需要的开度，操作结束。

2）就地手动关阀操作

（1）推动执行机构的离合手柄，将手动离合挂上。

（2）顺时针旋转手轮，阀门逐渐关闭，执行机构显示屏上可以看到阀门开度减小。

（3）彻底关闭调流阀后，缓慢关闭调流阀上游阀门。

（4）关闭调流阀下游阀门，操作完成。

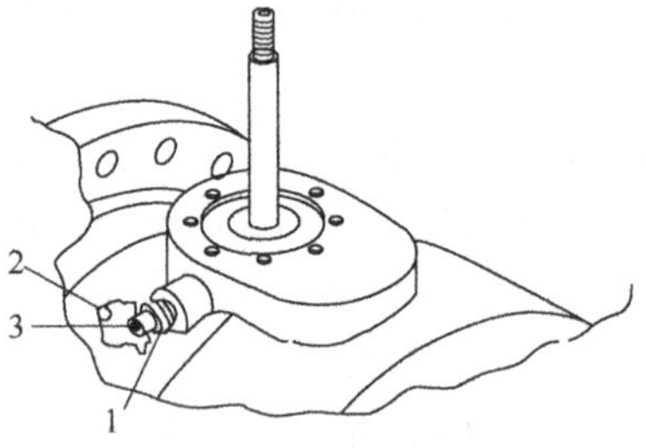

图 4.19　压力泄放阀

1—压力泄放阀；2—铅封；3—螺钉

3）故障分析

调流阀需定期进行检查，检查阀门与管道连接处是否有泄漏，检查是否有气体、液体或润滑油从压力泄放阀中泄漏，如果存在此类问题，说明活塞杆的密封圈有损坏，需要厂家来人维修，在紧急情况下，可翻开压力泄放阀的铅封，向里拧紧螺钉以关闭压力泄放阀，并尽快联系厂方维修；如图 4.19 所示。调流阀常见故障分析及处理方法见表 4.6。

表 4.6　故障分析及处理方法

故障现象	故障原因	处理方法
调流阀不能开启和关闭	(1)执行机构控制故障； (2)执行机构故障； (3)活塞被卡住	(1)检查执行机构电源系统； (2)检查执行机构动力系统； (3)拆卸调流阀，检查活塞是否卡住
不能完全开启或关闭	(1)执行机构安全不正确； (2)执行机构操作系统故障	(1)检查机构安全是否正确； (2)检查执行机构动力系统
关闭位置有轻微内漏	密封圈被轻微损坏	(1)多次开启和关闭调流阀； (2)更换密封圈
关闭位置、调流阀有严重内漏	(1)调流阀没有完全关闭； (2)调流阀内部被碎片损伤	(1)拆卸，检查活塞是否被卡住，去除障碍物； (2)检查调流阀内部

4.3.3　Fisher OSE 安全切断阀

4.3.3.1　OSE 安全切断阀的结构与原理

OSE 安全切断阀主要由主阀、切断器、传感器等部分组成。其中主阀为曲流式，阀体上有平衡管路和平衡阀，可用来平衡切断阀前后压力，切断器通过阀杆控制主阀切断。如图 4.20 所示。

图 4.20　OSE 安全切断阀及执行机构

OSE 切断阀传感器通过导压管感应下游压力，膜片在弹簧和下游压力的共同作用下移动，带动顶杆前后移动，推动切断器中的锁扣机构。锁扣机构失去平衡后脱钩，在预紧弹簧的弹力作用下带动凸轮并拉动滑块，滑块带动主阀阀杆，实现主阀的切断。如图 4.21～图 4.23 所示。

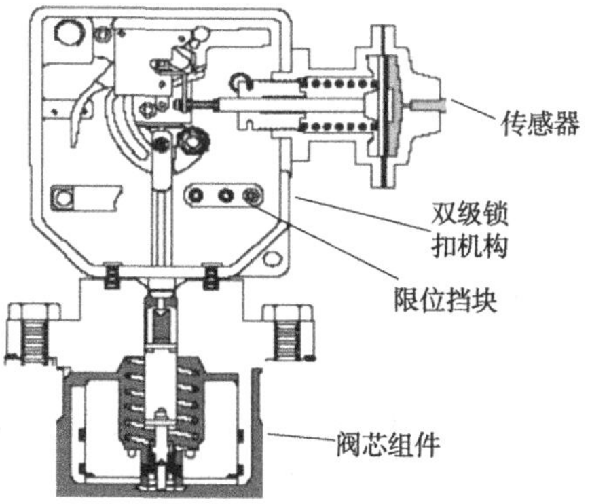

图 4.21　OSE 安全切断阀结构

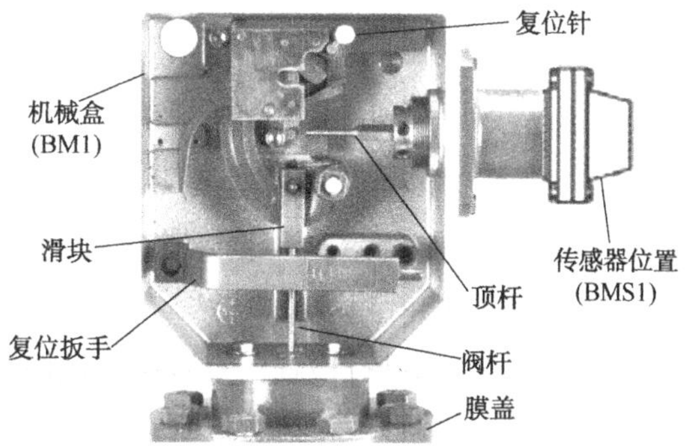

图 4.22　安全切断阀的切断器

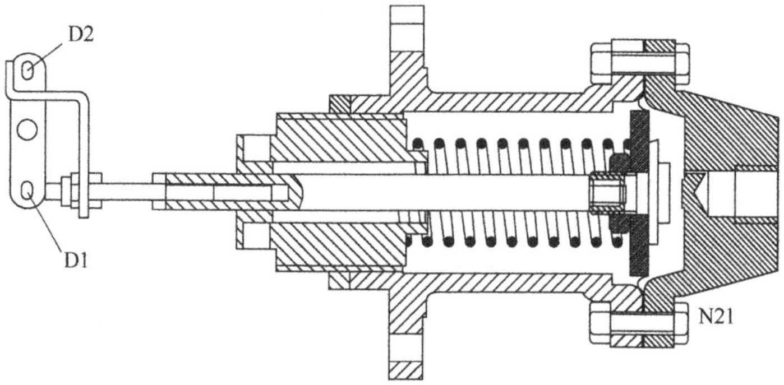

图 4.23　OSE 安全切断阀的传感器

OSE 切断阀具有以下特点：关断可靠，可实现超压、失压及超/失压保护，一旦切断，瓣芯组件一直保持紧闭；使用 O 形密封圈，密封性能好；内部设有旁路平衡装置，为复位起平衡作用；双击锁扣机构，灵敏度高；曲流式设计，便于在线维修。

4.3.3.2 OSE 安全切断阀的操作

1）复位操作

当下游压力超过切断阀设定压力值、远程下达切断命令时，切断阀会切断，同时将动作信号反馈到站控系统，动作后复位操作如下(图 4.24)：

(1) 已排除故障，确认下游压力低于切断值，远程无切断指令。

(2) 手动将扳机扳回到原位置，从而复位第一级锁扣。

(3) 打开阀体旁通平衡阀，平衡切断阀上下游压力。

(4) 用复位扳手顺时针转动凸轮的转动轴，从而复位第二级锁扣。

2）设定切断值

OSE 切断阀的切断值是通过调节和顶杆相连的调节螺栓实现的，将复位扳手末端的圆柱体插入调节螺栓凹孔，拧紧调节螺栓，切断值增大，拧松调节螺栓，切断值减小。

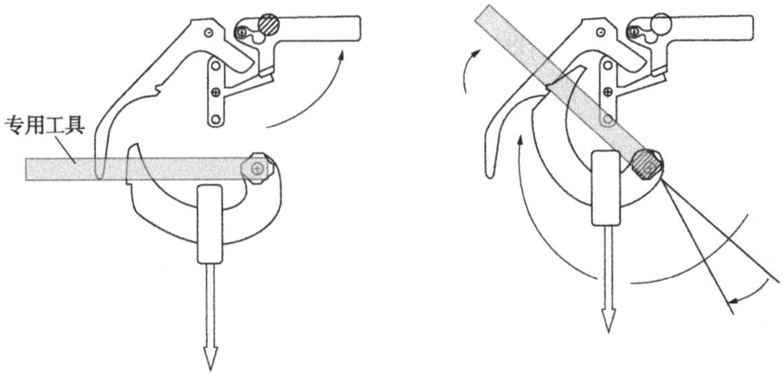

图 4.24 OSE 安全切断阀复位操作

3）维护保养与故障分析

需定期对切断阀进行检查，查看执行机构是否生锈腐蚀；检查各连接点有无漏气现象；定期对阀体内部各部件进行清洗检查，发现磨损和变形等情况及时更换；调整切断压力时要动作到位、轻柔，避免人为损坏元件。故障分析及处理方法见表 4.7。

表 4.7 故障分析及处理方法

故障现象	故障原因	处理方法
无法正常切断	(1)执行机构不动作； (2)传感器无反应	(1)检查执行机构是否正常； (2)检查传感器皮膜是否正常
切断后关闭不严	(1)阀口垫片受伤、变形； (2)阀口密封面有杂质吸附； (3)阀口与阀体连接处 O 形密封圈损坏	(1)更换阀口垫； (2)清理阀口杂质； (3)更换 O 形密封圈
动作不灵敏	(1)传感器顶杆位置未到位； (2)脱扣机构摩擦力过大； (3)阀杆密封处 O 形圈溶胀	(1)调整顶杆位置； (2)减小摩擦； (3)更换密封圈
切断阀机构不能复位	(1)脱扣机构零件损坏； (2)内部有污垢； (3)操作步骤不正确	(1)更换脱扣机构； (2)及时清理； (3)查看出厂说明书，正确操作

4.4 特瑞斯调压撬

4.4.1 特瑞斯 PL3000 监控调压阀

4.4.1.1 PL3000 监控调压阀结构与原理

监控调压阀选用轴流式调压阀，如图 4.25 所示。调压器的皮膜组件(与调压器的阀筒连接在一起)将调压器的执行机构分成两个腔室。调压器一个腔室与下游压力相通，另一个腔室与指挥器所产生的驱动压力相通。没有气通过时，在调压器主弹簧的作用下，调压器的阀口将关闭。

当调压器工作时，在指挥器的作用下，当指挥器输出的驱动力(深灰色)大于出口压力加上主弹簧的作用力时，调压器的阀口打开。当作用在皮膜腔两边的力相等时，阀芯保持当前位置不动，此时出口压力等于调压器的设定压力。当下游的流量发生变化时，调压器的出口压力与指挥器的控制压力进行比较，通过指挥器的控制，开大或关小调压器的阀口来保持下游压力的稳定。

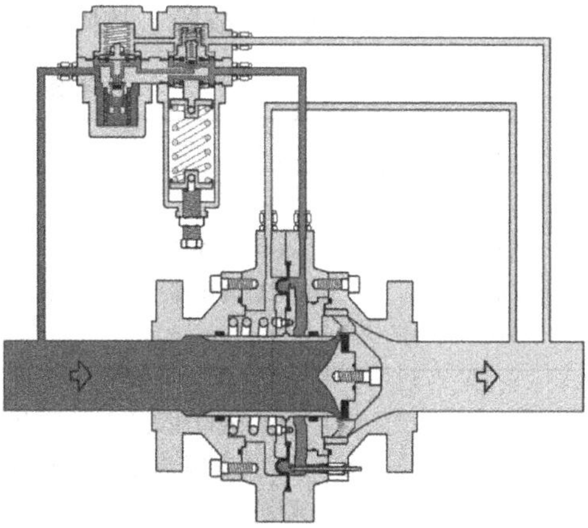

图 4.25 PL3000 监控调压阀

监控调压阀具有以下特点：流通能力大；全锻钢阀体；完全的气动操作；轴套有特殊涂层使轴套更好润滑；高压降；两级消音；具有就地阀位指示器；可配备阀位变送器及电加热器。

4.4.1.2 PL3000 监控调压阀的操作与维修

1）就地手动开阀操作

（1）关闭调压器出口阀门。

（2）将调压器（指挥器）上的调节螺栓全松开（逆时针转动）。

（3）打开信号管上前后小阀门（如有）。

（4）缓慢打开调压器进口阀门，听到过气声后停止转动，直到无过气声时，将阀门全部打开。

（5）打开出口管线上小放气阀门到30%开度。

（6）缓慢调节指挥器调节螺栓（顺时针转动），使出口压力升到需要的设定值，并将调节螺栓锁母锁紧。

（7）缓慢关闭出口管线上小放气阀门，等待10min，检查出口关闭压力。

（8）在工作调压器关闭的前提下，缓慢开启出口管线上的阀门，直至全开。

（9）缓慢调节调压器（指挥器）调节螺栓（顺时针转动），使出口压力缓慢上升，注意控制流量不可超过流量计等其他设备的最大值，使下游管道缓慢充满气体，待工作调压器达到设定压力值，即可正常供气。

2）故障排查和维修

PL3000 调压阀检查时可缓慢关上出口阀门，观察出口压力表，出口压力应该比正常运行压力稍高，但压力会很快稳定。如果压力仍然不断升高，即关闭不严，此时需要检查调压器和指挥器并进行维修。

PL3000 调压阀可在线更换阀口垫，如图 4.26 所示。

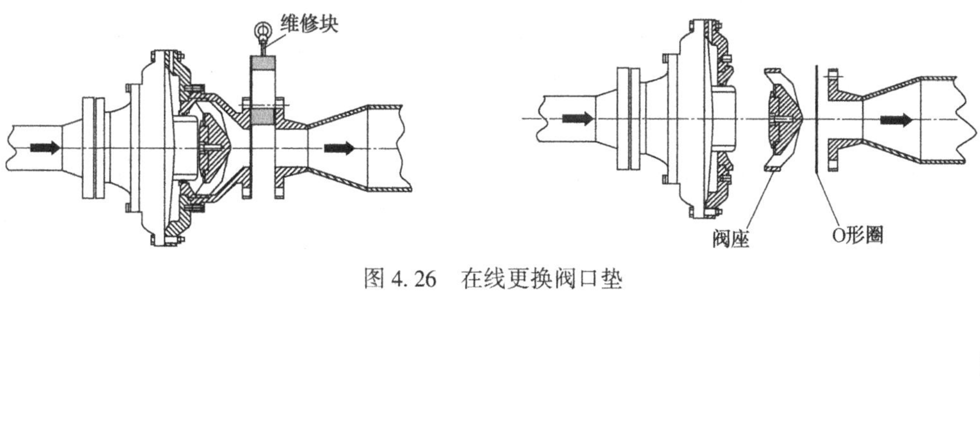

图 4.26 在线更换阀口垫

PL3000 调压阀常见故障、故障原因、检查及对应的处理方法见表 4.8。

表 4.8 PL3000 调压器的故障维修

故障现象	故障原因	检查及处理方法
调压器打不开或大流量时掉压	(1)指挥器故障； (2)调压器主皮膜破损	(1)检查指挥器上游信号管是否堵上(如杂物、结冰等)，检查指挥器内是否结冰、杂物堵住等； (2)检查指挥器皮膜是否破损； (3)检查调压器皮膜腔两边是否相通
调压器出口设定压力降低	(1)进口压力与出口压力差值小； (2)实际流量超过调压器的设计流量； (3)指挥器进气部分堵塞； (4)指挥器弹簧疲劳强度下降	(1)查看进口压力表，调压器正常工作条件需要进口压力与出口压力差值大于 0.7bar； (2)检查调压器的阀位指示器，看调压器是否全开，对比实际流量与设计流量； (3)检查指挥器前的信号管和稳压器滤芯； (4)更换指挥器弹簧
调压器关闭不严	(1)阀口处有杂物或阀口垫损坏； (2)阀筒 O 形圈磨损； (3)指挥器阀口关闭不严	(1)检查调压器阀口垫，清理杂物或更换阀口垫； (2)更换阀筒 O 形圈； (3)查看指挥器阀口及阀口垫
调压器喘气或不调压	(1)下游取压信号管位置不对； (2)实际流量低于调压器的最小流量； (3)指挥器下游信号管堵塞； (4)指挥器上游供气不足； (5)调压器阀筒运动不顺畅； (6)主管道内有积水； (7)调压主轴平衡孔堵塞(PL2000)	(1)调整取压信号管位置； (2)对比实际流量与调压器选型时的最小流量，集中供气或更换合适口径的调压器； (3)检查指挥器下游信号管是否通畅； (4)检查指挥器进气管和稳压器滤芯； (5)检查阀筒 O 形圈及防磨环，调压器静置时间； (6)清理主管道和调压器内积水； (7)清理主轴平衡孔

4.4.2 特瑞斯 PL4200 调流阀

4.4.2.1 PL4200 调流阀结构与原理

PL4200 调流阀是轴流结构电动调节阀，由电动执行机构和主阀组成，主要包括阀体、阀笼、阀筒、阀杆、密封圈及阀盖。阀筒在阀杆的驱动下，在阀笼内轴向移动，进而调节阀门开度，控制介质的流量或压力。介质由阀体左侧流入，然后从阀体右侧流出，进入下游。其结构如图 4.27 所示。其阀笼开孔形状不同，可实现线性、等百分比、快开、消音等不同流量特性和消音效果，如图 4.28 所示。

PL4200 调流阀通过配置智能电动执行机构，可实现开度信号的远程控制，从而实现流量或压力的自动控制功能。同时，电动执行机构配有手轮，故障时可手动控制调节阀的开度。

PL4200 调流阀具有以下特点：一体式阀体结构，安全可靠，也可提供分体式结构，方便维修；阀口密封自紧式设计，实现零泄漏；套筒压力平衡式结构，动作平稳，轴向对称式流道，阻力小；流通能力大，噪声低；阀笼多样，可适应各种工况需要。

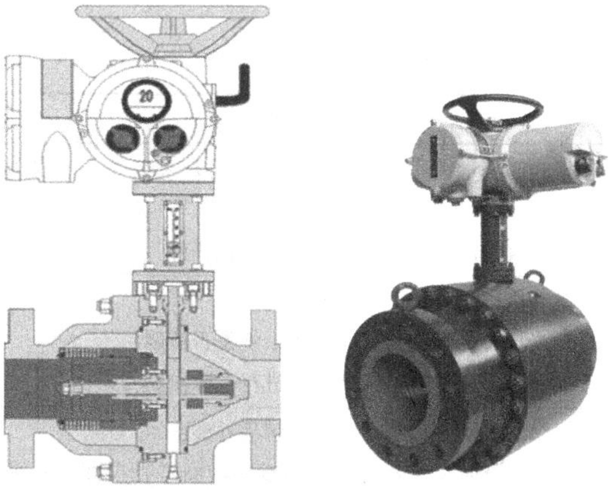

图 4.27 PL4200 调流阀结构原理示意图

图 4.28 阀笼原理示意图

4.4.2.2 PL4200 调流阀的操作和维修

1）*初始值设定步骤*

调节阀初始设定值包括：阀全开限位、阀全关限位、开阀方向及关阀方向，开阀对应 20mA 信号，关阀对应 4mA 信号。

（1）关闭调节阀。

（2）打开远程信号检测。

（3）打开电动执行机构。

（4）缓慢打开调节阀，观察流量变化，记录达到要求流量的阀门开度。

（5）将阀门开度值换算为信号的电流值，输入远程控制系统(如有)。

2）*故障维修保养*

PL4200 调流阀维修时，需首先断开执行器电源和信号电源供电，并做好标记后拆下动力电源和信号接线；拆下执行器与主阀支撑座螺栓，逆时针转动执行器，直到拆下执行器；从主管线拆下主阀，再拆下入口法兰，检查调压阀，清洗，维护保养。如图 4.29 所示。

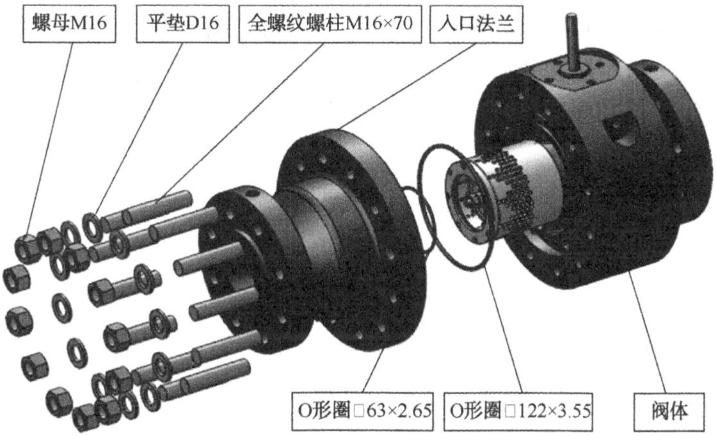

图 4.29 PL4200 调流阀拆卸示意图

调流阀常见故障及处理方法见表4.9。

表4.9　PL4200调流阀的故障维修

故障现象	故障原因	解决方法
阀门开启或关闭不畅，同时执行机构无故障	(1)阀筒卡住 (2)阀门内部损坏	(1)将阀门从管线上拆下来，检查阀筒是否卡住，并取出卡阻物； (2)检查阀门内部是否损坏，并更换损坏件
阀门开启和关闭不畅	执行机构故障	(1)检查执行机构是否正确安装； (2)检查执行机构的控制及电源系统是否故障； (3)按照相关的手册对执行机构进行故障测试
有气体、液体或润滑油从超压泄放阀中泄漏	阀杆的密封圈有损坏	(1)拧紧泄放阀关闭螺钉，暂时解决外漏； (2)将阀门从管线上拆下来，检查密封圈是否损坏，并进行更换
阀门全关时，有轻微内部泄漏	密封圈有轻微损坏	连续将阀门开关几次，检查是否还有泄漏，如阀门仍泄漏，须更换密封圈
阀门全关时，内部泄漏严重	阀门没有完全关闭	(1)检查执行机构关闭位置设置是否正确； (2)阀杆与导杆配合位置是否正确
	阀门内部被异物损坏或密封圈损坏	(1)将阀门从管线上拆下来，检查阀门内部阀杆等是否损坏； (2)将阀门从管线上拆下来，检查阀筒是否卡住； (3)检查相关密封圈是否损坏

4.4.3　特瑞斯SSV3500安全切断阀

4.4.3.1　SSV3500安全切断阀的结构与原理

安全切断阀选用轴流式切断阀，当监测压力未超过设定值，执行机构无动作，阀板处于打开状态。当监测压力超过设定值时，执行机构释放阀轴，在弹簧的作用下，阀板下摆至关闭位置，迅速切断气体流动。复位时，需要先打开平衡阀，通过手动进行复位；复位完成后，需关闭平衡阀。图4.30和图4.31为SSV3500安全切断阀的结构图。

安全切断阀特点：特有的切断模式，精度高，寿命长；全通径的流道设计，大流量、小压损、低噪声；阀瓣与阀轴在开启状态位于流道上方，不承受气流冲刷，不积杂物，使用寿命长；阀板在关闭状态时，压力越高，关闭越好，实现切断后零泄漏；容易维修；可在线更换阀内件，而勿需拆下阀体。

图4.30　SSV3500安全切断阀外形图

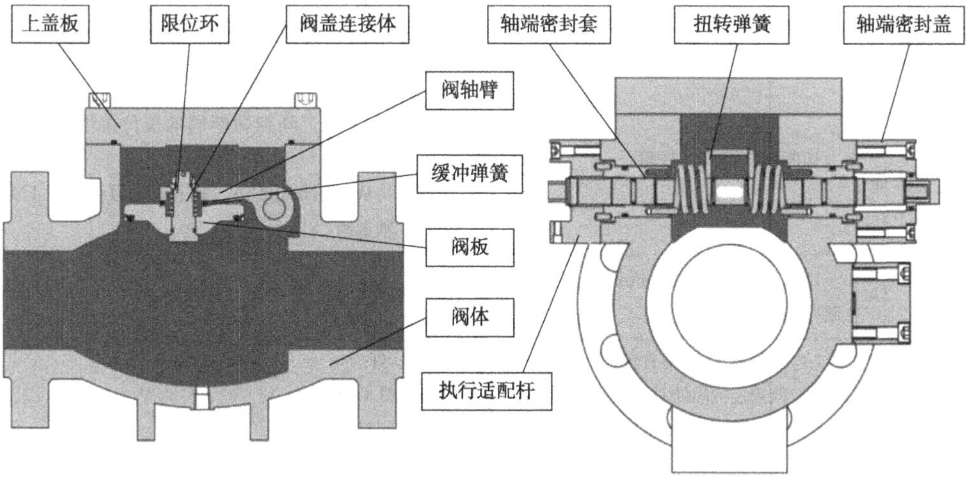

图 4.31　SSV3500 安全切断阀结构图

4.4.3.2　SSV3500 切断阀的操作与维护

1）切断阀复位步骤

（1）关闭调压器出口阀门。

（2）打开信号管上取压阀（如有）。

（3）打开放空阀，使调压器出口压力小于切断阀复位压力。

（4）关闭切断阀前入口阀门。

（5）打开切断阀的平衡阀。

（6）用扳手将执行机构的轴缓慢向逆时针方向旋转，听到过气声后停止转动，直到无过气声时，继续逆时针方向旋转到底，当松开扳手，轴不会反方向旋转时，切断阀已完全打开。

注：对于 *DN*200 及以上口径的切断阀，除进行以上操作外，还需将手轮沿指示箭头旋转，直至转过支撑块，手轮不会反向旋转，此时切断阀已完全打开。

（7）打开调压器出口阀门，关闭切断阀的平衡阀，切断阀已投入使用。

2）切断阀切断压力设定步骤

（1）按切断阀复位步骤打开切断阀。

（2）调整调压器（指挥器）设定弹簧，使出口压力升高到切断设定压力。

（3）缓慢减小切断阀执行机构的设定压力（逆时针放松弹簧），直到切断阀切断。

（4）再打开放空阀，使调压器出口压力小于切断阀设定压力。

（5）按切断阀复位步骤打开切断阀，切断阀投入使用。

3）切断阀的故障与维修

当进行维修检查或紧急情况时，可按下手动切断按钮关断切断阀。首先检查切断阀是否能顺畅动作，切断压力是否为设定值；其次检查切断阀关闭是否严密等。表 4.10 为 SSV3500 安全切断阀的故障处理。

表 4.10　SSV3500 安全切断阀的故障处理

故障现象	故障原因	检查及处理方法
切断阀不能复位(挂不上)	切断阀执行机构故障	(1)平衡阀是否打开； (2)查看下游压力是否降到切断阀的复位范围内(出口压力的 85%)； (3)将执行机构从切断阀上拆下，检查切断复位是否正常； (4)切断阀主轴卡阻
	出口压力超出执行机构的切断范围	更换合适的执行机构或降低出口压力
切断阀密封不严(没关闭)	(1)阀板处 O 形圈有损坏； (2)阀盖连接体处 O 形圈损坏； (3)阀体阀口密封面有异物； (4)主弹簧失效(主弹簧疲劳)	(1)更换 O 形圈； (2)更换阀盖处 O 形圈； (3)清理阀体阀口密封面； (4)更换主弹簧
切断阀不切断	执行机构卡住	(1)拆开执行机构盒盖，检查里面有无异物； (2)检查执行机构指挥器是否完好，如皮膜，活塞等
	切断阀阀轴卡阻	用手柄转动阀轴，看是否灵活，不灵活检查保养阀轴处 O 形圈
切断阀外漏	轴端密封盖处 O 形圈损坏	更换轴端密封盖处 O 形圈
	阀轴处 O 形圈损坏	更换阀轴处 O 形圈

4.5　调压设备维修实例

4.5.1　调流阀执行机构电机失速故障

(1) 问题描述：某调流阀及配套执行机构在自动调节过程中出现“关阀过矩”故障报警，该报警在现场活动执行机构后消失。在后续使用过程中，执行机构出现“电机失速”报警。

(2) 维修过程：经拆卸检查为调流阀活塞与笼套配合不当，开关阀所需扭矩较大，导致执行机构报警。现场拆卸图如图 4.32 所示，打磨活塞与笼套后恢复正常。

图 4.32　调流阀活塞笼套示意图

（3）原因分析：调流阀活塞与笼套配合不当。

（4）问题分类：设备故障。

（5）应对建议：加强对过滤分离设备的维护保养；对于新投用的管道应清除内部焊渣等杂质，避免损伤设备。

4.5.2 调流阀过扭矩故障

（1）问题描述：某供气支路调流阀执行机构在工作运行中开度显示无变化，同时出站压力下降至正常范围之外，现场检查发现现场存在执行机构故障报警，自动调节功能失效。

（2）维修过程：现场判断为阀门卡顿，经活动设备后恢复正常。

（3）原因分析：调流阀活塞与笼套之间混入粉尘杂质造成阀门卡顿，开关活动阀门后恢复正常。

（4）问题分类：设备故障。

（5）应对建议：① 调流阀发生电机失速或过扭矩的原因较多，其中有一项则是气体中的杂质卡在调流阀活塞与笼套之间，使其不能够顺利动作。在春秋检时，加强对旋风分离器、过滤分离器的状态监测，保证在大流量供气时气质的洁净，降低气流杂质对调压设备冲刷。

② 在设备检查维护保养时，对调流阀或执行机构进行手动检查，对开关阀扭矩较大的设备进行拆卸、保养。

4.5.3 调流阀电机主板故障

（1）问题描述：供用户出口压力持续缓慢升高，到现场查看核实，调流阀显示屏上显示电机失速报警。在调流阀空载的状态下，现场就地电动开关阀门，听到电机有“嗡嗡”的声音（不能确定执行机构电机转子是否已带动蜗杆转动），但是阀门没有动作，几秒后显示屏又出现电机失速报警，现场就地手动开关阀门较为顺畅，并无卡滞情况。

（2）维修过程：经多方研讨，判定是执行机构主板存在异常，更换主板后设备恢复正常。

（3）原因分析：该用户与场站距离过近，调流阀稳定出口压力需要进行的操作过于频繁，导致设备损耗过大，设备出现故障。

（4）问题分类：设备故障。

（5）应对建议：对于手动开关无卡顿，电动开关出现异常的调流阀，考虑电动执行机构主板是否存在异常，可以通过更换主板的方法进行排查。

4.5.4 切断阀异常切断故障

（1）问题描述：某安全切断阀切断压力设定值为3.8MPa，在下游压力为3.46MPa时切断，现场验证后判断是稳压器或指挥器存在故障。

（2）维修过程：对切断阀稳压器的阀口垫进行更换，试验后设备仍存在异常，随后对指挥器的主弹簧进行更换，验证正常。更换前后的备件如图4.33、图4.34所示。

（3）原因分析：切断阀切断压力设定为3.8MPa，接近主弹簧范围上限4.0MPa，长时间运行对指挥器弹簧极限挤压，导致弹簧疲劳，弹性系数降低，致使指挥器功能失效。

图 4.33　切断阀稳压器阀口垫

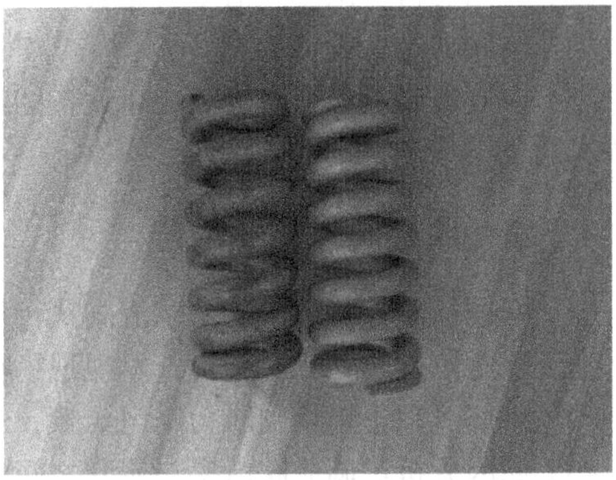

图 4.34　弹簧更换前后对比(右侧为更换后弹簧)

(4) 问题分类：设备设计缺陷。

(5) 应对建议：

① 应做好设备使用性能的检查记录，摸清设备易损件的使用周期。

② 了解切断阀弹簧的作用。在对调压撬进行维保时，要对调压阀的调压能力与切断阀的切断能力进行核查，对指挥器、稳压器的弹簧、膜片重点检查，保证完好可用(图 4.35)。

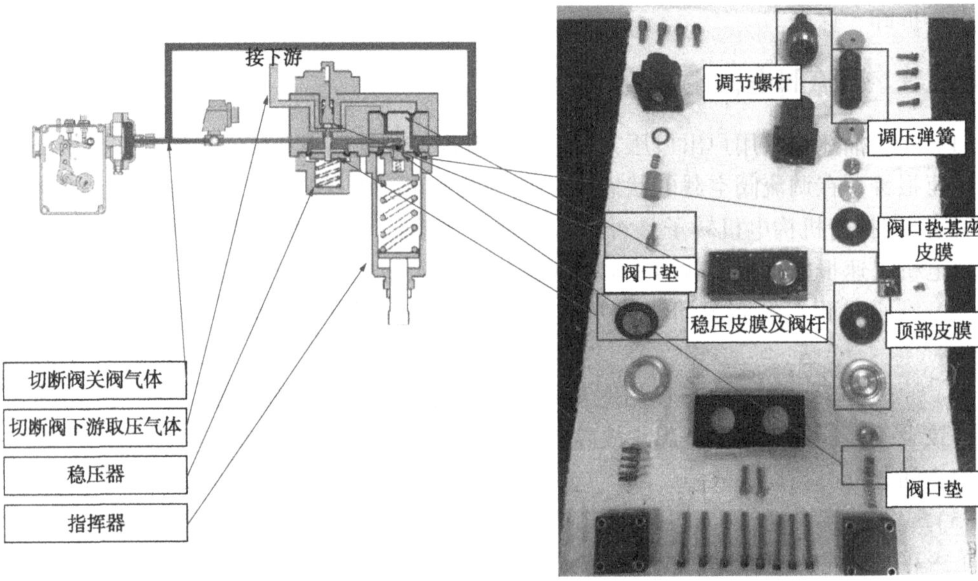

图 4.35　切断阀指挥器各部件说明

4.5.5　切断阀阀位传输异常故障

(1) 问题描述：某站供用户一支路安全切断阀在上位机上显示阀位异常(闪报)，在设备保持开状态下，上位机频繁出现关状态报警的问题，报警界面如图 4.36 所示。

(2) 维修过程：阀位显示异常问题可能为自控状态采集回路故障或设备故障。自控人员到现场后通过短接切断阀开关状态反馈线，模拟机柜到上位机数据传输过程。测试显示阀位传输无异常，判断为设备故障。设备厂家到现场后，通过拆卸现场切断阀接线盒，发现现场接线盒内存在进水现象(图 4.37)，初步判断为切断阀电感器故障，导致阀位状态远程频繁变化，出现报警，更换电感器后故障排除(图 4.39)。

(3) 原因分析：切断阀的阀位状态远传需要通过电感器(图 4.38)来感知与接线盒内执行机构的距离，由电感器向上一级安全栅反馈一个电阻信号，安全栅在接收到这个电阻信号后，会对这个电阻信号进行处理，超过一定值之后，安全栅会向机柜发送一个数字量信号，即我们常说的通断信号。

SCADA系统报警处置台账（除去测试、调试、施工、维修引起的紧急报警）

序号	报警时间(日期+时间)	报警类型	数据位号	数量	报警描述	报警原因	处置记录
1	2022.09.20 13:15:37.600	紧急	JND00C003SSV0505B		济南东线 章丘东站 调压撬切断阀SSV-0505B关到位	安全切断阀误报警，现场阀门未实际动作	已处置
2	2022.09.20 13:15:47.680	紧急	JND00C003SSV0505B		济南东线 章丘东站 调压撬切断阀SSV-0505B关到位	安全切断阀误报警，现场阀门未实际动作	已处置
5	2022.09.20 13:16:03.011	紧急	JND00C003SSV0505B		济南东线 章丘东站 调压撬切断阀SSV-0505B关到位	安全切断阀误报警，现场阀门未实际动作	已处置
6	2022.09.20 13:16:19.800	紧急	JND00C003SSV0505B		济南东线 章丘东站 调压撬切断阀SSV-0505B关到位	安全切断阀误报警，现场阀门未实际动作	已处置
7	2022.09.20 13:16:47.509	紧急	JND00C003SSV0505B		济南东线 章丘东站 调压撬切断阀SSV-0505B关到位	安全切断阀误报警，现场阀门未实际动作	已处置
8	2022.09.20 13:17:03.690	紧急	JND00C003SSV0505B		济南东线 章丘东站 调压撬切断阀SSV-0505B关到位	安全切断阀误报警，现场阀门未实际动作	已处置
9	2022.09.20 13:17:15.030	紧急	JND00C003SSV0505B		济南东线 章丘东站 调压撬切断阀SSV-0505B关到位	安全切断阀误报警，现场阀门未实际动作	已处置
10	2022.09.20 13:19:21.648	紧急	JND00C003SSV0505B		济南东线 章丘东站 调压撬切断阀SSV-0505B关到位	安全切断阀误报警，现场阀门未实际动作	已处置
11	2022.09.20 13:23:00.564	紧急	JND00C003SSV0505B		济南东线 章丘东站 调压撬切断阀SSV-0505B关到位	安全切断阀误报警，现场阀门未实际动作	已处置
12	2022.09.20 15:50:06.771	紧急	JND00C003SSV0505B		济南东线 章丘东站 调压撬切断阀SSV-0505B关到位	安全切断阀误报警，现场阀门未实际动作	已处置
13	2022.09.20 15:55:37.146	紧急	JND00C003SSV0505B		济南东线 章丘东站 调压撬切断阀SSV-0505B关到位	安全切断阀误报警，现场阀门未实际动作	已处置
14	2022.09.20 15:55:42.606	紧急	JND00C003SSV0505B		济南东线 章丘东站 调压撬切断阀SSV-0505B关到位	安全切断阀误报警，现场阀门未实际动作	已处置
15	2022.09.20 15:56:02.116	紧急	JND00C003SSV0505B		济南东线 章丘东站 调压撬切断阀SSV-0505B关到位	安全切断阀误报警，现场阀门未实际动作	已处置
16	2022.09.20 15:56:12.192	紧急	JND00C003SSV0505B		济南东线 章丘东站 调压撬切断阀SSV-0505B关到位	安全切断阀误报警，现场阀门未实际动作	已处置
17	2022.09.20 15:56:43.687	紧急	JND00C003SSV0505B		济南东线 章丘东站 调压撬切断阀SSV-0505B关到位	安全切断阀误报警，现场阀门未实际动作	已处置
18	2022.09.20 16:00:12.831	紧急	JND00C003SSV0505B		济南东线 章丘东站 调压撬切断阀SSV-0505B关到位	安全切断阀误报警，现场阀门未实际动作	已处置
19	2022.09.20 16:00:33.194	紧急	JND00C003SSV0505B		济南东线 章丘东站 调压撬切断阀SSV-0505B关到位	安全切断阀误报警，现场阀门未实际动作	已处置

图 4.36　切断阀报警显示画面

现场接线盒内电感器表面被污物影响，导致设备状态检测不正常，从而出现错误报警。

图 4.37　切断阀接线盒进水情况

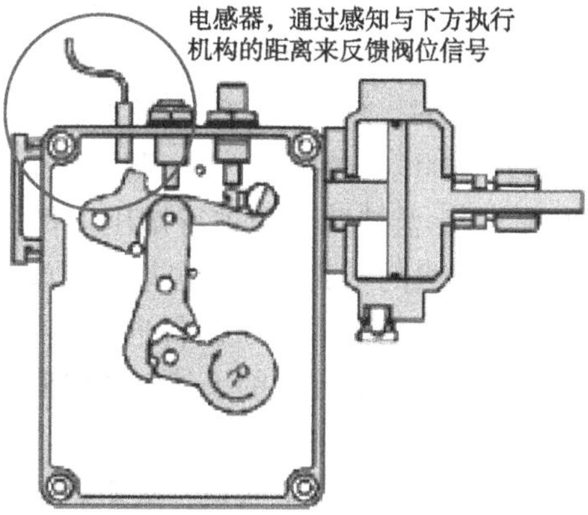

图 4.38　电感器位置图

图 4.39　更换的电感器

(4) 问题分类：设备故障。

(5) 应对建议：在调压撬例行维修保养时，检查切断阀接线盒进水情况，放置干燥剂，防止设备出现异常。

4.6 自用气撬

4.6.1 自用气撬工作原理

站场自用气撬是输气管道站内为小型发电机、站内采暖、热水锅炉和生活用气供气，集调压、计量、分配、加热、自动切换等功能于一体的燃气计量调压系统。具有防爆要求高、调压级数多、用气压力调节范围大、安全性能好、间歇供气、计量要求较高等特点。其调压需求为：

(1) 对于压缩机燃料用气，其要求的供气压力为3.3~4.2MPa，采用一级调压即可满足用气需要。

(2) 对于发电机用气/放空装置点火用气和生活用气，采用二级调压方式，即：第一级调压从高压调至高压(10MPa→5.0MPa)，第二级调压从高压调至用气设备的低压力(5.0MPa→0.4MPa和0.005MPa)。

典型自用气撬工艺流程如图4.40所示，自用气撬首先使用过滤器过滤掉气流中的杂质，随后利用“工作调压阀+监控调压阀+紧急切断阀”模式的调压设备将天然气降压到需要的压力值。一般情况下，监控调压阀、紧急切断阀全开，工作调压阀进行调压工作，当工作调压阀出现故障(出口压力超高)，工作调压阀全开(工作调压阀、监控调压阀为事故开，紧急切断阀为事故关)，监控调压阀进行调压工作。当压力进一步升高，紧急切断实现紧急关闭，达到安全保护的目的。放空系统包括手动放空、安全阀自动放空两部分。排污系统主要用于排污操作。由于自用气撬调压设备进出口压差比较大，天然气的节流效应带来的温降也较大。为了解决温降可能导致的天然气冰堵问题，自用气撬一般配有电加热器，主要用于对天然气加热，防止发生冰堵。

整个自用气系统有一个入口，火炬燃气、生活用气、发电机燃气等多个出口。调压撬主要包括对天然气进行过滤、加热、调压、计量等功能。

4.6.2 自用气撬的组成

典型的自用气撬主要由电加热器、过滤器、工作调压阀、监控调压阀、紧急切断阀、气体涡轮流量计、先导式安全阀、弹簧式安全阀组成。

4.6.2.1 过滤器

过滤器一般采用立式滤芯过滤器，当气流通过进口管进入滤芯后，固体杂质颗粒被阻挡在滤芯内，洁净的气体则通过滤芯由篮式过滤器出口排出。当需要清洗时，只需拆卸法兰盖，取出滤芯清洗后重新装入即可。过滤器头部采用快开式，方便过滤器头部的正常开启，为更换、清洗滤芯缩短了时间，减轻工作量；过滤器上设有进出口压差计，可显示滤芯的阻塞程度以便及时清洁及更换(图4.41、图4.42)。

4.6.2.2 电加热器

通常自用气撬入口与出口之间压降较大，由于节流效应，天然气温度会下降较多，不但存在冰堵风险，而且影响材质的低温性能。因此需要在调压撬中增加加热器，从而降低低温风险。

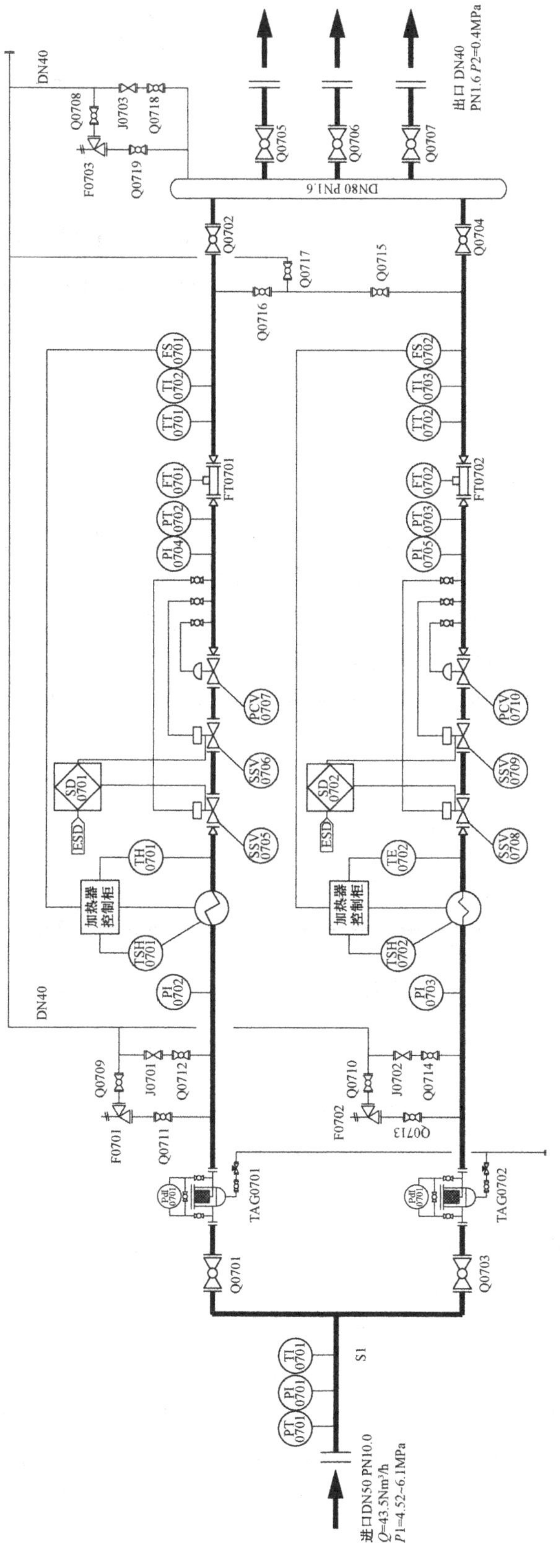

图4.40 典型的自用气撬流程图

图 4.41　过滤器外形图

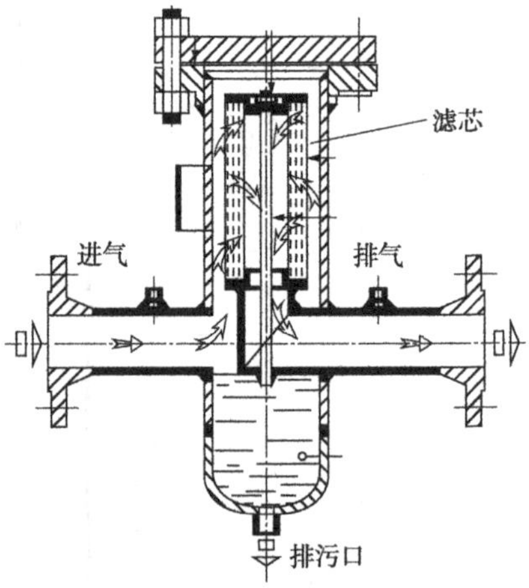

图 4.42　过滤器的结构图

防爆电加热器(图 4.43)是一种消耗电能转换为热能来对需加热的天然气进行加热的设备。在工作中天然气在压力作用下进入其输入口，沿着电加热容器内部特定换热流道，带走电热元件工作中所产生的高温热能量，使被加热天然气的温度升高。电加热器内部控制系统依据出口的温度传感器信号自动调节电加热器输出功率，使出口温度稳定；当发热元件超温时，发热元件独特的过热保护装置立即切断加热电源，避免超温引起结焦、变质、碳化，甚至发热元件烧坏，有效延长电加热器使用寿命。

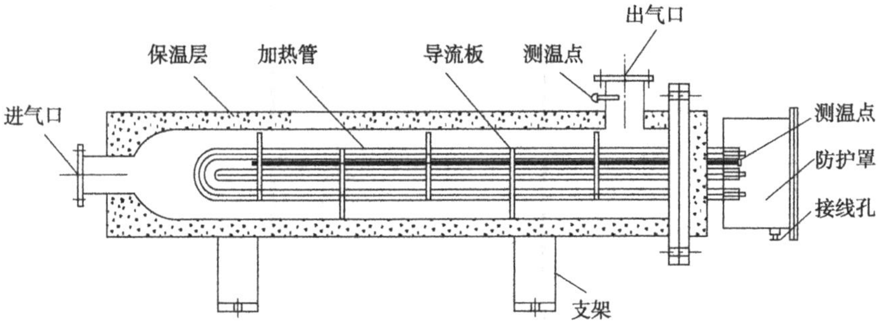

图 4.43　加热器的内部结构图

4.6.2.3　调压设备

1）监控调压阀

Aperflux851 调压阀外形如图 4.44 所示，图 4.45 为 Aperflux851 调压阀的结构原理图。

调压器中无压力时，主膜片 1 由于弹簧 2 的作用而处于关闭状态，紧贴在格栅 4 的阀座 3 上。阀座 3 与膜片 1 之间的紧密接触保证了密封性。在正常情况下，主膜片 1 上受到向上(弹簧力、控制室 A 中控制压力 P_c产生的推力和运动件的质量)和向下(进口压力 P_1、出口压力 P_2和剩余的动压产生的推力)两个力作用。为获得控制力 P_c，直接从膜片上游取出压力为 P_1的燃气，该燃气由装于 AR73 流量调节阀中的滤网 5 过滤。压力 P_c受导阀调节，该调节作用是由下游压力作用于膜片 10 上的推力与设定弹簧 7 的弹簧力之间的相互比较而产生的。

图 4.44　调压阀外形

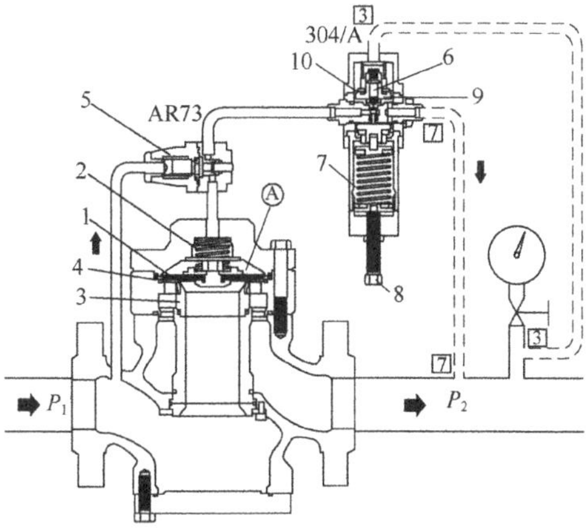

图 4.45　Aperflux851 调压阀工作原理

1—主膜片；2、7—弹簧；3—阀座；4—格栅；
5—滤网；6—启闭件；8—锁紧螺母；
9—运动件；10—膜片

2）工作调压阀

以常见的 DIVAL 调压阀为例介绍，DIVAL 调压阀是弹簧作用的直接作用式调压器，含有与弹簧作用力相平衡的阀芯和膜片，失效时全开。现场应用如图 4.46 所示。其工作原理与自力式调压阀类似，如图 4.47 所示。

图 4.46　DIVAL 调压阀现场应用

3）紧急关断阀

部分自用气撬采用 BM5 轴流式切断阀，其工作原理与其他安全切断阀类似。主要由主阀、切断器、传感器等部分组成。其中主阀为轴流式，内有提供预紧力的弹簧。切断器通过偏心轴连接至主阀中的套筒，套筒压紧主阀弹簧。传感器通过导压管感应下游压力（控制压），膜片在弹簧和下游压力的共同作用下移动，带动杠杆移动，推动切断器中的杠杆机构失衡。杠杆失去平衡后偏心轴托架脱钩，此时主阀中的套筒因偏心轴脱钩被释放，阀芯在预紧弹簧的作用下顶住阀口，形成密封，切断主阀。如图 4.48、图 4.49 所示。

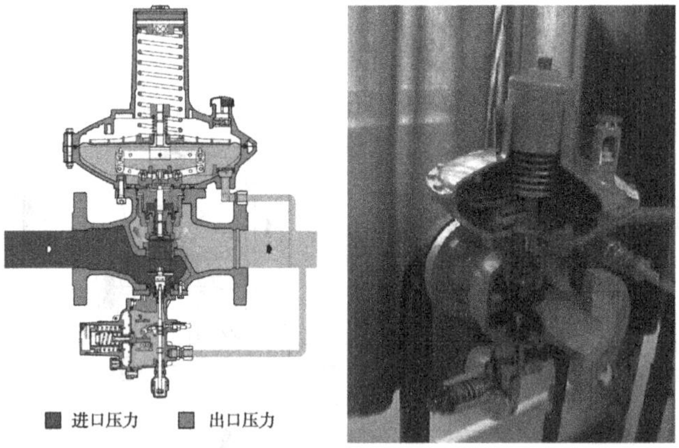

图 4.47　DIVAL 调压阀工作原理及结构

图 4.48　BM5 切断阀内部结构

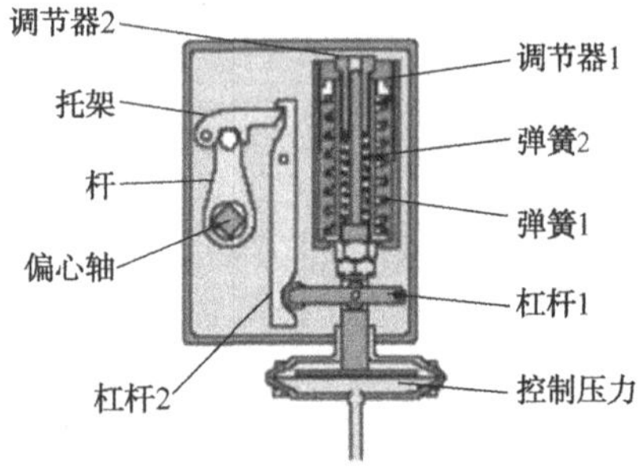

图 4.49　BM5 切断阀执行机构示意图

4.6.3　自用气撬运行

4.6.3.1　自用气撬压力设定

（1）关闭截断阀（调压支路出口球阀），确认这一条支路所有泄放阀门已关闭。

（2）拧紧紧急切断阀、监控调压阀的设定弹簧，拧松工作调压阀的设定弹簧。

（3）从进口处向一条调压支路供气。

（4）调节工作调压阀后泄放球阀开度控制下游压力，使紧急切断阀打开。

（5）拧紧工作调压阀导阀的设定弹簧，直至工作调压阀后压力表读数为切断阀切断压力设定值。然后逐渐拧松紧急切断阀的设定弹簧，直至切断阀切断，说明紧急切断阀设定完成。

（6）缓慢拧松监控调压阀导阀的弹簧，观察压力表的读数，直至出口压力与所需监控器设定值一致。

（7）缓慢拧松工作调压阀导阀的弹簧，观察压力表的读数，直至出口压力与所需调压器设定值一致。

（8）关闭通大气的泄放阀门，通过压力表读出调压器的关闭压力值。

4.6.3.2 自用气撬维修保养

1）过滤器的维护

对过滤器上的压差计进行读数记录，如果压差计黑色指针与设定位置上的红色指针重合，或红色指针已被带动至超过设定位置，说明滤芯堵塞严重，应及时更换滤芯；定期给过滤器排污，打开过滤器底部的球阀，放出过滤器中的水气直至放出天然气为止，关闭球阀。

2）供气通道的检查维护

根据各调压支路紧急切断阀控制头上手柄的位置结合压力表读数判定各调压支路是否在供气。

当在用调压支路紧急切断阀切断时，应先将该支路进、出口截断阀关闭，然后通过泄放阀排尽该调压支路中气体，才能对调压器进行在线维修。此时，应将备用调压支路的调压器和切断阀的设定压力调整为上述待维修的调压支路的设定值。

4.6.3.3 注意事项

（1）应确保天然气气质干净，否则易损坏调压阀。

（2）日常巡检时，注意工作调压阀、监控调压阀、紧急切断阀的工作状态。

（3）应保证自用气系统的安全阀有效可用。

（4）自用气撬的电伴热应安全可用，防止天然气因调压而产生冻堵。

4.6.4 自用气撬常见故障及处理

表4.11为自用气撬的故障处理方法。

表4.11 自用气撬的故障处理方法

故障现象	故障原因	处理方法
切断阀无法切断	(1)执行机构不动作； (2)传感器无反应	(1)检查执行机构是否正常； (2)检查传感器皮膜是否正常
切断动作不灵敏	(1)传感器顶杆位置未到位； (2)脱扣机构摩擦力过大； (3)阀杆密封处O形圈溶胀	(1)调整顶杆位置； (2)减小摩擦； (3)更换密封圈
切断阀不能复位	(1)脱扣机构零件损坏； (2)内部有污垢	(1)更换脱扣机构； (2)及时清理
调压器没有开启阀口	调压器皮膜已经损坏	拆卸检查更换调压阀皮膜
过滤器前后差压过大	过滤器内污物过多	过滤器排污
调压阀压力失控	(1)检查调压阀是否冰堵； (2)调压阀指挥器卡住	(1)开启电加热器； (2)拆解指挥器清理

第5章　天然气计量

天然气计量是天然气输送过程中的重要环节，是管道企业与天然气用户之间气量交接的主要手段，本章重点介绍计量基础知识、常见计量仪表、流量计的基本原理、操作维护和故障诊断，以及计量校准、检定等内容。

5.1　计量基础知识

计量是实现单位统一、量值准确可靠的活动，而测量是以确定量值为目的的一组操作。计量的本质特征是测量，它对整个测量领域起指导、监督、保证和仲裁作用。

自从人类使用劳动工具从事简单的生产劳动起，就开始有了结绳记事等计量概念，并出现用实物表示计量单位，例如日历、腕尺、斗等。1791年法国将巴黎的地球子午线，也就是经线长度的4000万分之一定义为1米，并制作成计量基准——米原器。1875年5月20日，20个国家正式签署《米制公约》，确定米制为国际通用的计量单位，并决定成立国际计量委员会和国际计量局。5月20日成了世界计量日。

在计量过程中，为保证计量数据的准确，需要建立统一的计量标准；为增强计量通用性，需规定统一的计量单位；国家为加强对计量领域的监督，需制定法律法规等进行强制约束。因此计量的特点可概括为准确性、一致性、溯源性、社会性、法制性。

(1) 准确性：准确性是计量的基本特点，是计量技术工作的核心。准确性是计量结果与被测量的真值的接近程度，准确性可以通过测量误差来表示。严格地说，只有量值，而无准确程度的结果，不是计量结果，只有准确的量值才具有实用价值。

(2) 一致性：计量单位的统一是量值一致的重要前提。计量的一致性不仅限于国内，也适用于国际。国家以法令形式规定我国强制使用的计量单位为法定计量单位，主要包括国际单位制计量单位(SI单位)和国家选定的其他计量单位(非SI单位)。

(3) 溯源性：溯源性是指计量器具的测量结果与国家计量标准装置能够联系起来的特性。在我国量值溯源关系用国家计量检定系统表来表示。溯源的起点是计量器具测得的量值，通过各级计量标准逐级或越级送往计量技术机构检定或校准，从而将测量结果与国家计量基准的量值相联系，国际计量基准就是这个量值的源头，是准确度的最高点。

(4) 社会性：社会性是指计量工作涉及的面相当广泛。计量是国际公认的四大国家质量技术基础(计量、标准、检验检测和认证认可)之一。计量的作用体现在政治、经济、文化、社会、国防等多个领域。

(5) 法制性：计量的法制性是计量社会性的必然要求和必要保障，我国计量法规分为3个层次，即法律、法规、规章和规范。2018年国家对《中华人民共和国计量法》进行第五次修订，2022年国家对《中华人民共和国计量法实施细则》进行第四次修订。从事计量工作的人员在工作中要严格遵守，依法计量。

5.1.1 基本概念

1）测量

根据《通用计量术语及定义》(JJF 1001—2011)，测量是通过实验获得并可合理赋予某量一个或多个量值的过程。中国古代的“度量衡”就是早期测量的具体概括，其中“度”是指长度测量(尺)，“量”是指容积测量(斗)，“衡”是指质量测量(秤)。测量的目的是要把所研究的量与一个数字和单位联系起来。

2）测量误差

测量误差是测得的量值减去参考量值。当人们进行测量的时候，由于测量设备、环境、人员、方法等不理想，造成测量结果必然存在误差。引起测量误差的因素很多，如测量仪器本身的误差、测量环境的影响、测量人员的技术状况及操作能力。

按误差的表示方法分类：

(1) 绝对误差：测量结果与被测量真实数值之间的差值称为绝对误差。绝对误差反映误差本身大小。

$$\Delta = y - t \tag{5-1}$$

式中，Δ 为绝对误差；y 为测量结果；t 为真值。

注意：绝对误差不要与误差的绝对值相混淆，前者有正负号；后者为误差的绝对值，只有正号。

(2) 相对误差：绝对误差与被测定的真实值的百分比，称相对误差。相对误差可以反映误差严重程度。

$$\delta = \frac{y-t}{t} \times 100\% = \frac{\Delta}{t} \times 100\% \tag{5-2}$$

式中，δ 为相对误差,%。

(3) 引用误差：测量仪器或测量系统的误差除以仪器的特定值，通常采用仪器仪表的量程或标称范围的上限作为特定值。它是相对误差的一种简单实用的表示方法，通常应用于仪表的准确度等级表示。

$$\delta_m = \frac{y-t}{t_m} \times 100\%\mathrm{FS} \tag{5-3}$$

式中，δ_m为引用误差；t_m为测量仪器的特定值；FS 为在引用误差后面附上满量程符号(Full Scale)。

3）准确度等级

准确度是指被测量的测得值与真值间的一致程度。精密度是指在规定条件下，对同一或类似被测对象重复测量所得示值与测得值间的一致程度。精密度分重复性和复现性两种。重复性是指相同测量程序、相同操作者、相同测量系统、相同操作条件和相同地点，短时间内对同一被测对象重复测量的精密度；复现性是指不同地点、不同操作者、不同测量系统，对同一或类似被测对象测量的精密度。

准确度等级是指在规定工作条件下，符合规定的计量要求，使测量误差或仪器不确定度保持在规定极限内的测量仪器或测量系统的等别或级别。常用的准确度等级有 0.05 级、0.1 级、0.2 级、0.5 级、1.0 级、1.5 级、2.5 级、4.0 级、5.0 级等，所谓的 0.05 级仪表，表示该仪表允许的最大相对误差为±0.05%，以此类推。仪表的准确度等级在数值上就是仪表在规定的工作条件下允许的最大相对百分误差去掉“±”号和“%”号。仪表的准确度等级一般用一定的符号标明在仪表面板上。

4）计量器具(测量仪表)

计量器具是指单独或与一个或多个辅助设备组合，用于测量的装置。一套组装的并适用于特定量在规定区间内给出测得值信息的一台或多台测量设备称为测量系统。

仪表分类方法有很多，按安装位置分为一次仪表和二次仪表。直接安装在工艺管道或设备上，测量并显示所测物理量的仪表称为一次仪表；接收一次仪表传送来的电(气)信号，用以指示、记录或积算来自一次仪表的测量结果的仪表称为二次仪表。仪表还可按功能分为检测仪表、显示仪表、控制仪表、记录仪表、执行器等，按测量参数分为压力仪表、温度仪表、流量仪表、分析仪表等。

5）仪表常数

仪表常数是指为给出被测量的指示值或用于计算被测量的指示值，必须与测量仪表直接示值相乘的系数。如测量电阻，需要根据标准电阻不同的挡位进行相乘，×1、×10、×100、×1k 就是仪表常数。

6）漂移

漂移是指由于测量仪表计量特性的变化引起的示值在一段时间内的连续或增量变化。如有的仪表零点漂移，有的仪表发生量程漂移。产生漂移的原因主要是仪表本身性能的不稳定和环境温度、压力、湿度的变化或振动等。

7）量程

量程是指仪表能够测量和显示的测得值的最大值和最小值的区间。对于流量仪表的量程称为流量范围，它是指流量计可测量的最大流量与最小流量的范围。最大流量与最小流量的比值称为流量计的量程比，如涡轮流量计的量程比为 10∶1。

8）计量监督

计量监督是指为检查测量仪器仪表是否遵守计量法律、法规要求并对测量仪器仪表的制造、进口、安装、使用、维护和维修所实施的控制。计量监督还包括对商品量和向社会提供公证数据的检测实验室能力的监督。

9）计量参比条件

由于气体的状态随压力和温度不同而变化，在测定气体流量时，理论性规定的压力和温度条件。《天然气标准参比条件》(GB/T 19205—2008)规定：101.325kPa，20℃为天然气计量标准参比条件，主要目的是将用于描述天然气的气质和数量的各种物理性质统一到一个共同的基准。

【例题 5-1】某 1.6 级压力表，量程为 0~6MPa，试计算压力表的最大允许误差。测量压力为 3.0MPa 时，测量最大可能的相对误差是多少？

解：已知此表的精度等级为 1.6 级，则此表的允许基本误差=±1.6%

最大允许误差=允许基本误差×量程=±1.6%×(6-0)=±0.096(MPa)

被测量点的最大可能相对误差=最大允许误差/被测量

=±0.096÷3.0×100%=±3.2%

答：压力表的最大允许误差为±0.096MPa，测量点 3MPa 最大可能的相对误差是±3.2%。

5.1.2 仪表系统构成

仪表系统通常由以下几部分构成，如图5.1所示。

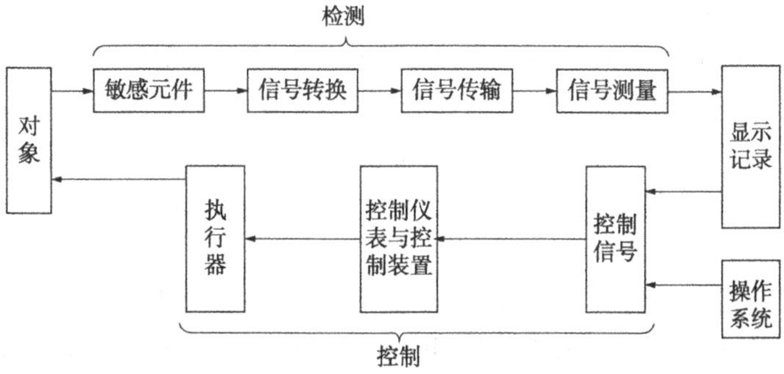

图5.1 仪表系统构成图

1）敏感元件

敏感元件即检测元件或传感器，检测元件一般与被测介质直接接触，是将被测参数转化成相应的机械、电或其他形式的易于观察、传输、测量的信号，按测量原理分为电阻式、电容式、电感式、热电式、压电式、光电式等。检测元件是测量仪表的关键元件，决定整个仪表的测量质量，因而对检测元件具有较高的要求。例如，检测元件的输入输出特性，即被测量与转换信号间要有简单的单值函数关系，最好是线性关系；检测元件的输出信号不受非被测量的影响，以减少干扰；检测元件在测量过程中所消耗的被测对象的能量小，减少对被测对象的影响及干扰。

2）信号转换部分

信号转换部分是测量仪表的中间环节即变送器，将检测元件的测量信号进行放大、处理或转换为标准信号进行输出，以供给显示环节进行显示。在天然气仪表中常用的标准信号有4~20mA DC信号、0~5VDC信号、脉冲信号等。

3）信号传输部分

信号传输部分利用约定的数据通信协议或标准，将标准信号传输至测量设备。

（1）HART协议。

HART协议是一种现场仪表间数据通信的标准，它是一种可寻址的远程传感器高速公路。HART协议的本质是在现有的4~20mA模拟信号的基础上，利用模拟信号载波数字调频信号实现数字信号通信。HART协议使用频移键控FSK（Frequency Shift Keying）技术，将数字信号变换为音频信号，叠加到现场变送器和控制室之间的4~20mA电流环上来做数字通信。协议规定的信号频率（1200Hz代表1，2200Hz代表0）和传输速率（1200bit/s）符合美国Bell 202标准。这些音频正弦波的平均值为零，所以在现存的模拟信号中不增加直流成分，因此，在两根线上可以同时传送互不影响的模拟和数字信号（图5.2）。

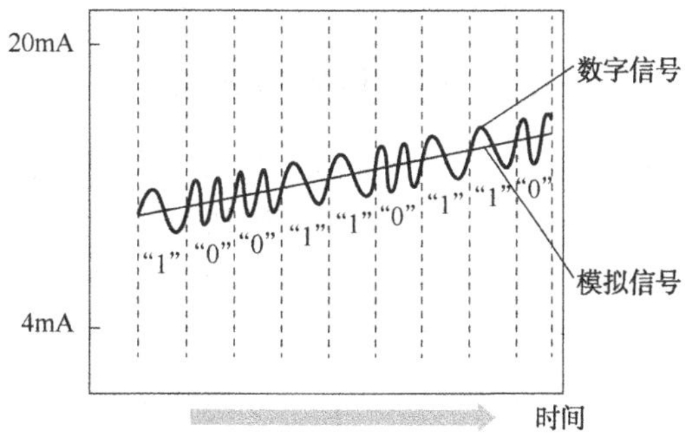

图5.2 HART协议

(2) Modbus 协议。

Modbus 协议是应用工业控制的一种通用语言，通过此协议，控制器互相之间，控制器经由网络和其他设备之间可以通信。此协议定义了一个控制器能够认识使用的消息结果，而不管它们是经过何种网络进行通信的。它描述了一个控制器请求访问其他设备的过程，例如回应来自其他设备的请求，以及怎样侦测错误并记录。它制定了消息结构和内容的公共格式。标准 Modbus 网络通信有两种方式可以设置：ASCII 和 RTU 模式，它定义了连续传输的消息段的每一位，以及决定怎样将信息打包成消息域和如何解码。在同一个网络中的所有设备都必须选择相同的传输模式和串口参数，包括波特率、校验方式等。

(3) TCP/IP。

TCP/IP 协议是指能够在多个不同网络间实现信息传输的协议簇，是一个应用层、传输层、网络层和数据链路层的体系结构，是 Internet 最基本的协议。智能仪表一般配有 TCP/IP 接口。

4) 通信接口标准

通信接口标准是为远程通信数据终端设备(如计算机)和数据通信设备(如流量计)连接而设计规定的，在标准中通常定义了接口的电气和机械特性及信号功能，常用的有美国电子工业协会制定的 EIA RS232C、RS485 标准。

RS232C 是电子工业协会(EIA)制定的异步传输标准接口，其电平标准：+3~+15V 对应 0，-3~-15V 对应 1。一般使用 9 针接口。RS232C 接口适用于短距离传输，一般不超过 15m。

RS485 是一种工业控制环境中常用的通信协议，采用差分信号传输，其电平标准：+2~+6V 对应 1，-2~-6V 对应 0。只需两根信号线(A+和 B-)就可以正常通信，接口可用于长距离传输，最长可达 1.2km，RS232C 与 RS485 两种串口可通过 RS232C/RS485 转换器来实现。

5) 信号测量系统

信号测量系统接收传感器通过信号传输来的标准信号并进行测量转换。如流量计算机可接收流量计及压力传感器、温度变送器、色谱仪等的信号，转换成相应的压力、温度、组分、流量数值并进行运算。

在单元组合仪表之初，显示、记录、控制三部分分别由不同仪表来完成这些功能，对于现代智能仪表则是由站控系统来完成，统一由 PLC 完成数据采集和计算、由站控计算机进行显示和发出操作指令。用以实现操作集中管理、控制分散的测控方案。

5.1.3 计量检定与校准

计量检定与校准是量值溯源的两种主要手段。

计量检定是指查明和确认测量仪器仪表符合法定要求的活动，它包括检查、加标记和/或出具检定证书。计量检定分首次检定、周期检定和修理后检定等多种。当出现纠纷时，也可进行仲裁检定，它是指用计量基准或社会公用计量标准进行的以裁决为目的的检定活动。

校准是在规定条件下，为确定测量仪器或测量系统所指示的量值，或实物量具或参考物质所代表的量值，与对应的由标准所复现的量值之间关系的一组操作。校准结果既可赋予被测量以示值，又可确定示值的修正值，校准还可确定其他计量特性，如影响量的作用，校准结果可出具“校准证书”或“校准报告”。

计量检定和校准的主要区别如表 5.1 所示。

表 5.1 计量检定和校准的区别

项目	检定	校准
目的	对测量装置进行强制性全面评定	对照计量标准，评定测量装置的示值误差
执法性	强制性	不具有强制性，非强制的自愿行为
依　据	检定系统(表)、检定规程	溯源链、校准规范、校准合同
证　书	检定证书、检定结果通知书	校准证书、校准报告
认　可	建标、考核合格	建标考核合格或校准实验室认可
归　属	量值传递体系	量值溯源体系

强制检定是指由县级以上人民政府计量行政部门建立的法定计量检定机构或授权的计量检定机构对特定范围的计量器具实行定期定点检定。

强制检定的计量器具包括三部分：

(1) 社会公用计量标准器具。

(2) 部门和企业、事业单位使用的最高计量标准器具。

(3)用于贸易结算、安全防护、医疗卫生、环境监测四个方面的列入强制检定项目的工作计量器具。

强制检定工作计量器具种类依据国家市场监管总局颁布的《实施强制检定管理的计量器具目录》(2020 版)执行。根据计量器具的结构特点和使用状况，强制检定可以采用两种方式，一是只做首次强制检定，失准报废；二是进行周期检定。

在天然气管道输送运行中，贸易交接用的流量计及安全防护、环境监测等在《实施强制检定管理的计量器具目录》范围内的仪表要进行强制检定，除此之外的仪表，为判断其准确性，通常根据使用情况按照企业要求进行送检。新投用、维修后的仪表也要及时进行检定或校准，合格后方能使用。常见计量仪表检定或校准依据、送检周期、检定方法如表 5.2 所示。

表 5.2 常见计量仪表检定/校准依据及周期

序号	仪表名称	检定/校准依据	准确度等级	检定/校准周期
1	精密压力表	《弹性元件式精密压力表和真空表检定规程》(JJG 49—2013)	0.1 级、0.16 级、0.25 级、0.4 级、0.6 级	1 年
2	普通压力表	《弹性元件式一般压力表、压力真空表和真空表检定规程》(JJG 52—2013)	1 级、1.6(1.5)级、2.5 级、4 级	半年
3	压力变送器	《压力变送器检定规程》(JJG 882—2019)	0.05 级、0.075 级、0.1 级、0.2(0.25)级、0.5 级、1.0 级、1.5 级	1 年
4	双金属温度计	《双金属温度计校准规范》(JJF 1908—2021)	1.0 级、1.5 级、2.0 级、2.5 级、4.0 级	1 年
5	铂电阻	《工业铂、铜热电阻检定规程》(JJG 229—2010)	A 级、B 级	1 年

续表

序号	仪表名称	检定/校准依据	准确度等级	检定/校准周期
6	温度变送器	《温度变送器校准规范》(JJF 1183—2007)		建议1年
7	涡轮流量计	《涡轮流量计检定规程》(JJG 1037—2008)	0.2级、0.5级、1.0级、1.5级	2年(准确度不低于0.5级的为1年)
8	孔板	《差压式流量计检定规程》(JJG 640—2016)		建议2年
9	超声流量计	《超声流量计检定规程》(JJG 1030—2007)	0.2级、0.5级、1.0级、1.5级、2.0级	2年
10	在线气相色谱仪	《在线气相色谱仪检定规程》(JJG 1055—2009)	合格/不合格	1年
11	气相色谱仪	《气相色谱仪检定规程》(JJG 700—2016)	合格/不合格	2年
12	流量计算机	《流量积算仪检定规程》(JJG 1003—2016)	0.05级、0.1级、0.2级、0.5级、1.0级	1年

5.1.4 天然气输差

管道的天然气输入量和输出量之间不可避免地存在偏差，即输差。天然气长输管道是一个连续的、密闭的压力输送系统，根据质量守恒定律，如果天然气在输送过程中没有泄漏，理论上流量计量的进口和出口差值应该为零。然而，天然气的量值是由测量仪表测量确定的，以及管道压力、温度、气质的变化导致管道内天然气的储存量也发生变化，输差问题发生在天然气从进入管道到售出的整个过程中。

按照《油气管道运行规范》(GB/T 35068—2018)规定，输差的计算公式为：

$$Q_{差}=(V_1+Q_1)-(Q_2+Q_3+Q_4+V_2) \tag{5-4}$$

式中，$Q_{差}$为某一时间输气管道内平衡输气量之差值，m^3；Q_1为同一时间内的输入气量，m^3；Q_2为同一时间内的输出气量，m^3；Q_3为同一时间内输气单位的生产、生活用气量，m^3；Q_4为同一时间内放空气量，m^3；V_1为计算时间开始时，管道计算段内的储存气量，m^3；V_2为计算时间终了时，管道计算段内的储存气量，m^3。

天然气长输管道企业在计算输差时，通常习惯$Q_{差}$为负数时表示气量亏损，因此一般按照$Q_{差}=(Q_2+Q_3+Q_4+V_2)-(V_1+Q_1)$的计算方法统计输差。

一般来说，天然气相对输差的计算公式为：

$$\eta=\frac{Q_{差}}{V_1+Q_1}\times 100\% \tag{5-5}$$

式中，η为相对输差。

【例题5-2】某日天然气长输管道接收气量为$45\times10^4m^3$，沿线各用户累计用气量为$40\times10^4m^3$，管道某日开始储气量50×10^4，管道日末储气量$54.4\times10^4m^3$，试计算该管道当日输差、相对输差各为多少。

已知：$Q_1=45\times10^4m^3$，$Q_2=40\times10^4m^3$，$V_1=50\times10^4m^3$，$V_2=54.4\times10^4m^3$。

求：当日输差、相对输差。

解：根据《油气管道运行规范》(GB/T 35068—2018)输差计算公式，得：

$$Q_{差}=(V_1+Q_1)-(V_2+Q_2)$$
$$=[(50+45)-(54.4+40)]\times10^4=0.6\times10^4$$

$$当日相对输差=\frac{Q_{差}}{V_1+Q_1}\times100\%$$
$$=\frac{0.6\times10^4}{(50+45)\times10^4}\times100\%$$
$$=0.63\%$$

答：该管线当日输亏6000m^3，相对输差为0.63%。

在输差计算公式中需要用到管道储存气量，管段管存计算方法为：

$$V_0=\frac{V_{管}\cdot P_{pj}\cdot T_n\cdot Z_n}{P_n\cdot T_{pj}\cdot Z} \tag{5-6}$$

式中，V_0为标准状态下管段管存量，m^3；$V_{管}$为管段的设计管容量，m^3；P_{pj}为管段内气体的平均绝对压力，MPa；T_{pj}为管段内气体的平均温度，K。

【例题5-3】某段输气管道规格Φ508mm×7.9mm，管道长度30km，天然气的平均表压力为4.5MPa，平均温度为15℃，大气压力按0.1MPa计算，天然气的平均压缩系数为0.90，请计算该段管道内管存气量。

已知：$t=15$℃，$p=4.5$MPa，$D=(508-7.9\times2)$mm，$L=30$km，$p_0=0.1$MPa，$Z=0.90$。求：该段管道内管存气量V_0。

解：根据公式得：

管道截面积：$A=1/4\times3.14159\times[(508-7.9\times2)\times10^{-3}]^2=0.1903(\text{m}^2)$

管道容积：$V_{管}=A\cdot L=0.1903\times30\times10^3=5709(\text{m}^3)$

标准参比条件为：$P_n=0.101325$MPa；$T_n=273.15+20=293.15(\text{K})$

$T=273.15+15=288.15(\text{K})$

依气体状态方程：$p_nV_0/T_n=pV_{管}/T$

$Z_n=1$

$Z=0.90$

$V_0=V_{管}pT_nZ_n/(p_nTZ)=5709\times(4.5+0.1)\times293.15\times1\div(0.101325\times288.15\times0.9)$

$=292974(\text{m}^3)$

答：该段管道天然气管存气量为29.3×10^4m^3。

5.2 压力测量

作用在单位面积上的力称为压强，也称为压力。在我国法定计量单位中，压力的单位为帕斯卡，简称帕，符号为Pa。1Pa相当于1N的力垂直作用在1m^{2}面积上产生的压力，即1Pa=1N/m^2。此外，工程上常用的压力单位还有bar(巴)。

常见单位换算有1MPa=10^{6}Pa，1kPa=10^{3}Pa，1bar=100kPa。

压力常用的表示方法可以分为绝对压力、表压力、大气压力和差压力，相互之间关系图

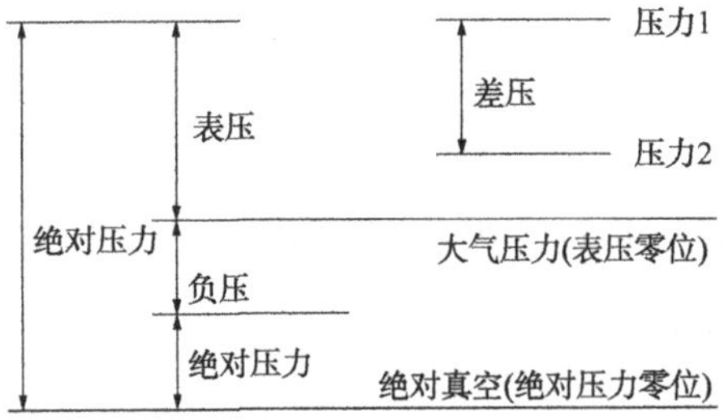

图 5.3　压力关系示意图

如图 5.3 所示。

(1) 大气压力是指地球表面大气层对地球表面或表面物体所产生的压力，在物理学中，把纬度为 45°海平面即海拔高度为零处的常年平均大气压力规定为 1 个标准大气压，1 标准大气压为 0.101325MPa。

(2) 绝对压力是以真空为零点表示的压力。

$$绝对压力=表压力+大气压力 \quad (5-7)$$

(3) 表压力是以大气压为零点表示的压力，工程上所用的压力指示值多为表压力。

(4) 差压力是指两个压力(P_1、P_2)之间的差值。

$$\Delta P=P_1-P_2 \quad (5-8)$$

5.2.1　弹簧管式压力表

1) 基本结构

弹簧管压力表是最常见的压力测量仪表。它由弹簧管、拉杆、面板、游丝、调整螺钉、指针、接头等组成(图 5.4)。现场压力表，从表盘直径看最常见的有 60mm、100mm、150mm 3 种规格。

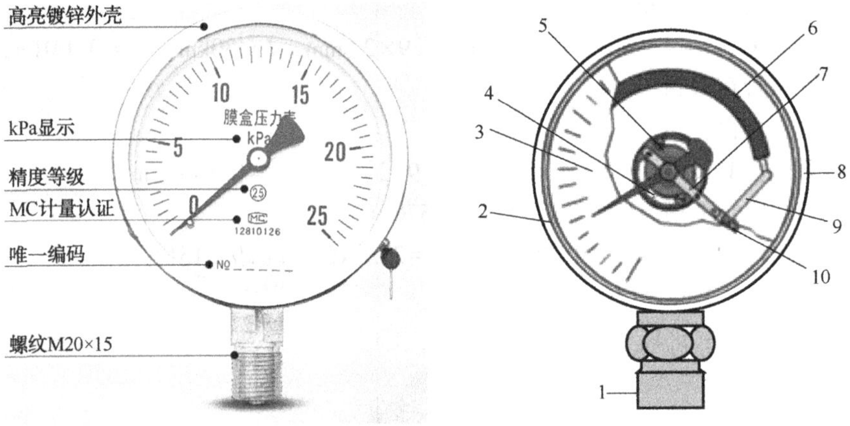

图 5.4　弹簧式压力表外观及结构图

1—接头；2—衬圈；3—度盘；4—指针；5—游丝；6—弹簧管；7—传动机构；8—表壳；9—拉杆；10—调整螺钉

2) 工作原理

弹簧管压力表是基于弹簧管受力弹性变形原理工作的。当弹簧管的固定端通入被测流体后，其椭圆形截面在流体压力作用下趋于圆形，圆弧形的弹簧管产生伸直的倾向，使弹簧管的自由端产生位移，通过拉杆、齿轮等传动放大机构，带动指针指示出压力值。弹簧管的自由端位移与被测压力成正比，压力越大，位移越大。

3) 压力表拆卸操作

(1) 关闭压力表取压针型阀(或根部阀)。

(2) 对有放空口多阀组，提前对压力表与取压阀之间的天然气放空。

(3) 调整两活动扳手开口适度，卡住压力表接头及对应的下接头。旋转活动扳手、松动压力表接头。

(4) 缓慢卸去针形阀至压力表管段内的天然气。

(5) 待压力表指针回到零位后，再继续旋转活动扳手直至取下压力表。

(6) 缓慢打开针形阀，吹扫取压管内的污物。

(7) 关闭针形阀。

(8) 打扫场地设备，擦净防爆扳手等工具。

4) 压力表安装操作

(1) 选用合适量程和准确度等级并在检定有效期内的压力表。

(2) 逐渐打开压力表取压针型阀，吹扫取压管，直至无污物粉尘，然后关闭针型阀(打开针型阀时应缓慢操作，注意气流不能过大)。

(3) 将压力表接头垫圈涂少许黄油后装在接头上贴牢。

(4) 将压力表接头对准取压管接头，旋转压力表至初步上牢。

(5) 将活动扳手开口适度，分别卡住压力表接头和取压管接头，扭动扳手，上紧压力表。

(6) 缓慢打开针形阀，注意观察压力表升压情况。

(7) 压力表指针基本稳定后，用验漏液检查接头处是否泄漏。

(8) 如果泄漏，用防爆活动扳手再拧紧接头，直至不漏为止。

(9) 清扫场地设备，擦净防爆扳手等工具。

5.2.2 压力变送器

压力变送器是一种将压力转换成可输出标准信号的仪表，主要用于压力参数的测量和控制。压力变送器是一种现场应用最常见的压力测量仪表。

压力变送器主要由压力传感器、信号处理和转换单元、显示表头、表壳和过程连接件等构成。它将检测到的气体、液体等压力信号转化为标准的4~20mA DC电流信号，供给指示报警仪、记录仪、调节器等二次仪表进行测量、指示和调节执行动作以及流量计算机进行流量计算。

1) 变送器分类

(1) 按照压力变送器类型可分为：绝压变送器、表压变送器、差压变送器。

(2) 压力变送器准确度等级可分为：0.05级、0.075级、0.1级、0.2(0.25)级、0.5级、1.0级、1.5级。

(3) 按传感器检测原理可分为电阻式、电容式、压电式、电感式、振频式等。目前在压力检测中常用的是电容式压力变送器和单晶硅谐振式传感器。

2) 工作原理

电容式压力变送器是利用弹性元件受压变形引起的微小位移导致电容量的变化，通过测量电容检测被测压力的大小。这种传感器通常采用可变电容形式，可变电容由压力腔上的膜片和固定在其上的绝缘电极所组成，当感受到压力变化时，膜片要产生微微的翘曲变形，从而改变了两极的间距，通过检测电路测量电容的微小变化，并进行线性处理和温度补偿。传感器输出与被测压力成正比的直流电压或电流信号。当压力腔上的膜片一侧为大气压力时，可用于测量表压力；当一侧为真空时，用于测量绝对压力；当一侧为其他比较压力时用于测量差压。如罗斯蒙特3051系列变送器均采用电容式传感器(测量原理如图5.5所示)。

单晶硅谐振式传感器采用微电子机械加工技术，在一块单晶硅芯片上制成两个完全一致的 H 形谐振梁，并以一定的频率产生振动。其谐振频率取决于梁的长度和张力，梁的长度已经确定，张力随压力变化而变化，通过测量频率信号的变化来测量压力。横河川仪 EJA 压力变送器采用单晶硅谐振式变送器，如图 5.6 所示。

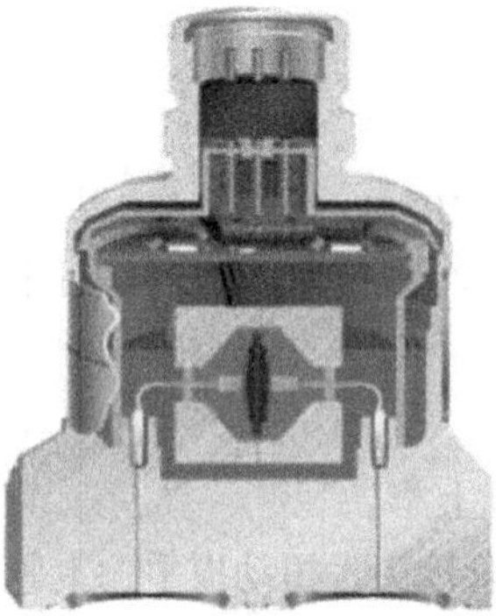

图 5.5　电容式压力变送器原理示意图

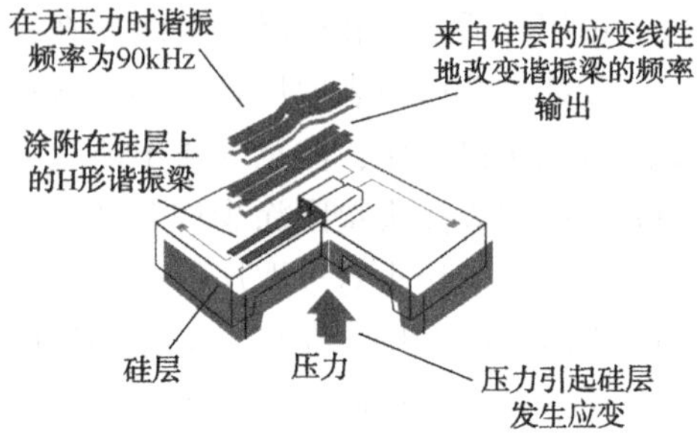

图 5.6　单晶硅谐振式变送器原理示意图

3）智能压力变送器

智能压力变送器是在普通压力或差压变送器的基础上增加了微处理器电路的检测仪表。智能压力变送器在压力检测的基础上同时具有显示、记录、运算和双向数字通信功能，用户可通过信号线就地或远程对变送器进行编程、故障诊断和调校。在天然气管道输送行业应用比较广泛的横河川仪 EJA 压力变送器、罗斯蒙特 3051 系列变送器均为智能压力变送器，仪表在通信时叠加 HART 协议或其他协议的数字信号，在通信时可通过专用的手操通信器，在主控室、现场进行仪表的组态修改、故障诊断等。图 5.7 为智能压力变送器信号传输原理示意图。

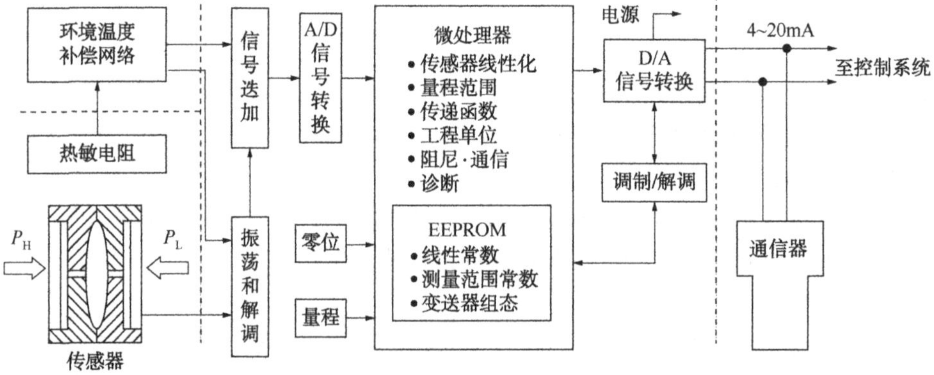

图 5.7　智能压力变送器

4）压力变送器操作

（1）投用操作。

① 按端子接线图检查变送器信号线连接是否正确。

② 接通变送器供电电源。

③ 对变送器进行零点和量程检查，如果出现错误应予以调整。

④ 缓慢打开变送器取压截止阀，变送器即投入使用。

⑤ 待示值稳定后，用肥皂水之类液体检查过程接口等连接处的气体是否泄漏。

(2) 停用操作。

① 全关取压截止阀，变送器即处于停止状态。

② 打开泄压阀门放空，观察仪表显示。

③ 切断仪表电源停止为变送器供电。

(3) 拆卸操作。

① 关闭压力变送器取压阀，打开放空阀放空取压管内天然气，变送器指示回至零位。

② 断掉压力变送器供电电源。

③ 打开压力变送器后盖，用仪表起子松开电源接线，做好正负标记。

④ 用扳手拧开穿线管接头，拔出并用绝缘胶带包扎好拆开的线头。

⑤ 拆下压力变送器，保护好变送器螺纹和膜片。

(4) 安装操作。

① 检查压力变送器电源处于关闭状态，检查压力变送器及安装附件丝扣是否平滑无坏道。

② 缠绕生料带或放置垫片，安装变送器，示数面板面向巡检道路。

③ 信号线穿进接线盒，并按接线要求接线，安装接线盒端盖，穿线接口处重新涂防爆胶泥。

④ 接通变送器供电电源，观察压力表指示是否正常。

⑤ 打开压力变送器根部阀组放空阀，缓慢开启关闭根部阀对压力变送器进行吹扫，关闭放空阀，缓慢打开根部进气阀，并对接口进行验漏。

【例题 5-4】已知绝压压力变送器量程为 0~10MPa，输出 4~20mA 标准信号，当测量电流值为 10mA 时，对应的压力是多少？

已知：$P_0=0\text{MPa}$，$P_m=10\text{MPa}$，$A_0=4\text{A}$，$A_m=20\text{A}$，$A_x=10\text{mA}$。求：P_x

解：根据压力信号与仪表标准信号成线性关系，有如下公式：

$$P_x=\frac{A_x-A_0}{A_m-A_0}\cdot P_m=\frac{10-4}{20-4}\times 10=3.75(\text{MPa})$$

答：当变送器电流为 10mA 时，压力测量值为 3.75MPa。

5.2.3 差压变送器

差压变送器为压力变送器的一种，它将差压转换成可输出的标准信号。差压变送器的结构原理已在压力变送器部分统一介绍，以下介绍差压变送器(图 5.8)的操作方法。

图 5.8 差压变送器

(1) 启用操作。

① 确认各阀门状态，根部阀、截止阀、放空阀、平衡阀均关闭。

② 打开差压变送器供电电源。

③ 打开平衡阀。

④ 缓慢打开高压侧截止阀。

⑤ 关闭平衡阀。

⑥ 最后缓慢地打开低压侧截止阀，差压变送器即投入使用。

⑦ 用肥皂水之类液体检查过程接口等连接处的气体是否泄漏。

(2) 停用操作。

① 缓慢地关闭高压侧截止阀。

② 打开平衡阀。

③ 缓慢地关闭低压侧截止阀。

④ 关闭平衡阀，差压变送器即处于停止状态。

⑤ 关闭差压变送器供电电源。

5.2.4 压力仪表校准

压力仪表在使用过程中，为判断仪表显示准确性，可使用压力校验设备进行核查，图5.9为常用的MC6多功能压力校验仪设备。主要用于压力校验功能，辅助功能包括温度及各种电信号校验，支持HART、FOUNDATION Fieldbus和Profibus PA仪表。具有多种操作模式：测量仪、校验仪、文档化校验仪、通信器、数据记录仪等功能模块。

MC6压力校验仪在校验压力时操作简单，如图5.10所示。

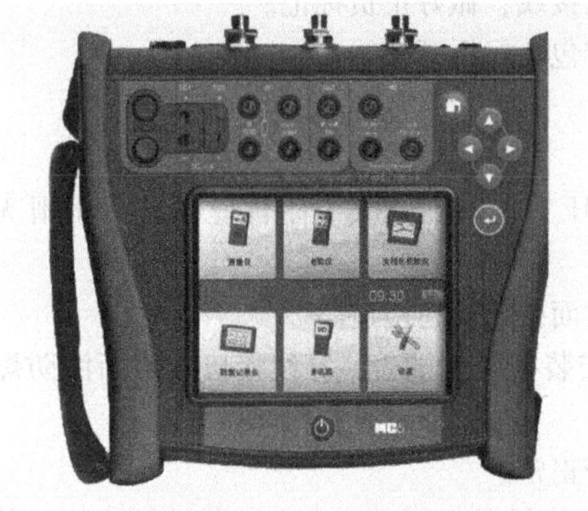

图5.9 MC6压力校验仪

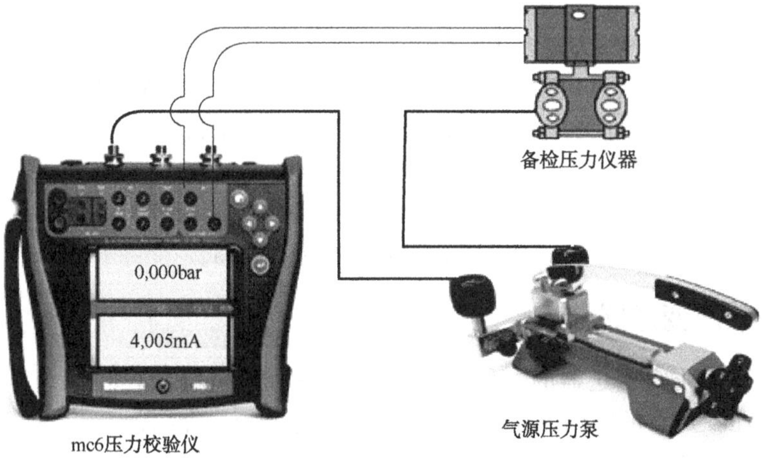

图5.10 MC6压力校验仪校验压力仪表连接图

校验压力设备步骤，需要连接压力管路和电路。

(1) 压力管路连接：气源压力泵两端，一端连接MC6标准压力模块，另一端连接备检压力设备，通过这种三通方式保证标准压力模块和备检压力模块压力相同。

(2) 电路连接：压力设备的4~20mA信号输出端连接MC6电流测量端，MC6设备有提示需要连接端子接口，此端子可接收4~20mA信号及提供24V电压。

（3）通过压力泵提供需要校准的压力值，待压力值显示稳定后即可校准压力。

5.3 温度测量

温度是表征物体冷热程度的物理量。温度只能通过物体随温度变化的某些特性来间接测量，而用来量度物体温度数值的标尺叫温标，它规定了温度的读数零点和测量温度的基本单位。目前国际上用得较多的温标有华氏温标、摄氏温标、热力学温标。

华氏温标规定：在标准大气压下，冰的熔点为32度，水的沸点为212度，中间划分180等分，每等分为1华氏度，符号为℉。

摄氏温标规定：在标准大气压下，冰的熔点为0度，水的沸点为100度，中间划分100等分，每等分为1摄氏度，符号为℃。

摄氏温度值 t 和华氏温度值 t_F 有如下关系：

$$t=\frac{5}{9}(t_F-32) \tag{5-9}$$

热力学温标又称开尔文温标，它规定分子运动停止时的温度为绝对零度，符号为K。

摄氏温度值 t 和热力学温度值 T 有如下关系：

$$t=T-273.15 \tag{5-10}$$

5.3.1 双金属温度计

1）结构原理

双金属温度计是采用膨胀系数不同的两种金属片，叠焊在一起制成的螺旋形感温元件，并置于金属保护套中，一端固定在套管底部，另一端连接在一根细轴上。当温度发生变化时，膨胀系数大的金属片伸长较多，金属片将向膨胀系数较小的金属片弯曲。温度越高，弯曲越大，造成自由端相对于固定端转动，从而带动与自由端连接的指针转动，指示出相应的温度值。双金属温度计结构如图5.11所示。

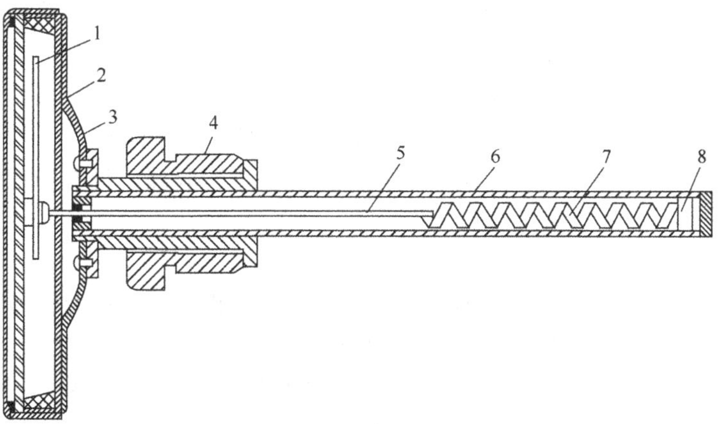

图5.11 双金属温度计结构图

1—指针；2—度盘；3—表壳；4—活动螺母；5—指针轴；6—保护管；7—感温元件；8—固定端

双金属温度计保护套管的直径一般有6mm、8mm、10mm等，根据表盘形式可分为轴向型、径向型和万向型等。

2）选表与使用要求

（1）双金属温度计测量的温度范围为-80~500℃，可根据不同应用场合，选用不同量程的温度计。常见的准确度等级为1.0级、1.5级、2.0级、2.5级。

（2）水平安装时，可选择轴向型或万向型双金属温度计；垂直安装时，选择径向型或万向型双金属温度计；倾斜安装时，根据实际需要从3种双金属温度计中选择。

（3）双金属温度计保护套管浸入被测介质的深度应大于感温元件的长度。温度计套管应伸入管道至公称内径的大约1/3处，对于大于300mm口径的管道，设计插入深度应在75~150mm。

3）仪表操作

（1）操作前的检查。

① 检查双金属温度计显示是否正常。

② 检查双金属温度计是否有保护套管，如果焊有保护套管就不需放空天然气，直接拆装；如果没有就需将安装位置的一段管道天然气放空后再进行拆装。

（2）双金属温度计的拆卸。

① 调整活动扳手开口度，1个卡住套管不动，另1个卡住双金属温度计接口转动，松动接头。

② 在温度计松动后，用手转动将温度计取下来。

③ 拆下温度计后用丝堵将套管接口堵住，避免杂物落入。

④ 在拆下的温度计上标明拆卸位置及原因。

⑤ 打扫场地设备，擦净防爆扳手等工具。

（3）双金属温度计(图5.12)的安装。

图5.12 双金属温度计

① 选择合适的温度计。

② 对焊有保护套管的地方，需先更换套管里的导热油。

③ 将垫片装在套管接头上(无垫片时缠密封胶带)。

④ 安装温度计，调整表盘朝向，便于巡检人员观察表盘的读数。

⑤ 观察温度计示值是否正常。

⑥ 在指定位置处粘贴仪表检定标签。

⑦ 对安装接头位置处进行验漏，打扫场地设备，擦净防爆扳手等工具。

（4）注意事项。

① 双金属温度计与管道相连的保护套管需定期进行泄漏检查，中间应填充导热油。

② 对无保护套管的双金属温度计，拆卸时应放空天然气。

③ 在安装过程中，注意防止双金属温度计掉落。

④ 根据管道套管长度选择合适长度的双金属温度计，避免双金属温度计保护管过长在安装过程中对管道套管形成损坏，或者保护管插入深度不足无法准确测量温度。

5.3.2 热电阻温度计

1）结构原理

热电阻温度计是利用金属导体电阻值随温度变化而变化的特性而制作的温度计，通过测量电阻值可计算得到被测物质的温度。热电阻温度计按材料分为铂和铜热电阻。铂电阻分度号有 Pt10(即0℃时电阻值为10Ω)和Pt100(即0℃时电阻值为100Ω)两种，工业中常用的为Pt100铂电阻。在常见测量温度范围内(0~50℃)铂电阻分度如表5.3所示。

表5.3 工业铂电阻(Pt100)分度表 单位：Ω

温度/℃	温度个位数值									
	0	1	2	3	4	5	6	7	8	9
0	100.00	100.39	100.78	101.17	101.56	101.95	102.34	102.73	103.12	103.51
10	103.90	104.29	104.68	105.07	105.46	105.85	106.24	106.63	107.02	107.40
20	107.79	108.81	108.57	108.96	109.35	109.73	110.12	110.51	110.90	111.29
30	111.67	112.06	112.45	112.83	113.22	113.61	114.00	114.38	114.77	115.15
40	115.54	115.93	116.31	116.70	117.08	117.47	117.86	118.24	118.63	119.01
50	119.40	119.78	120.17	120.55	120.94	121.32	121.71	122.09	122.47	122.86

铂电阻温度计由热电阻丝、引线和绝缘套管、保护管、接线盒等组成(图5.13)。铂电阻丝缠绕在云母或石英、陶瓷等绝缘骨架上进行固定，外面加绝缘套管和保护管，通过引线将测量值传出。

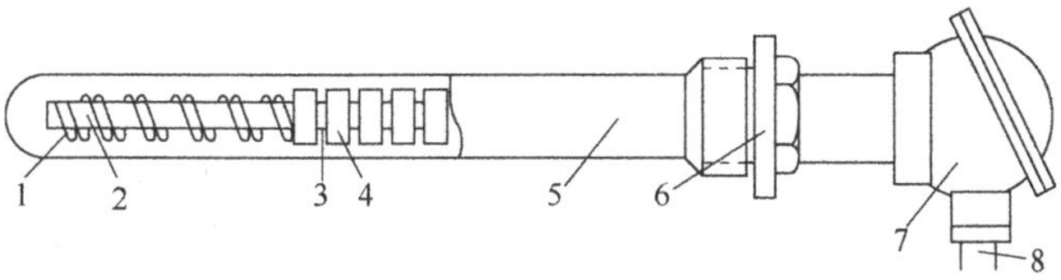

图5.13 铂热电阻结构图

1—热电阻丝；2—电阻体支架；3—引线；4—绝缘体瓷管；5—保护套管；6—卡套螺纹接头；7—接线盒；8—引线孔

铂电阻引线方式有二线制、三线制和四线制三种。二线制是在铂电阻两端各连接一根导线引出电阻信号的方式，这种接线方式简单，但无法消除引线电阻的影响，适合于测量准确度较低的场合；三线制是在铂电阻一端连接一根引线，另一端连接两根引线的接线方法，该方法可以较好地消除引线电阻的影响，是最常用的引线方式；四线制是在铂电阻两端各连接两根导线的方式，该方法可完全消除引线电阻的影响，适合于高准确度的温度测量。

2）性能指标

(1) 测量范围：-200~350℃。

(2) 准确度等级：A级，测量允许误差为±(0.15+0.002$|t|$)℃；

B级，测量允许误差为±(0.30+0.005$|t|$)℃。

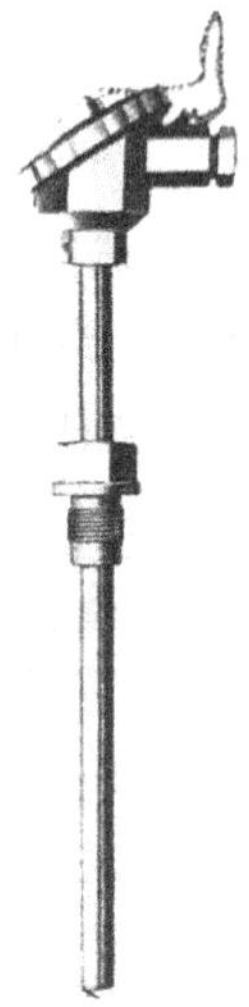

图 5.14 热电阻温度计

3）仪表操作

（1）拆卸操作。

① 对热电阻套管位置处进行验漏。

② 打开热电阻端盖一端拆下接线，标识线序以防安装时接错，对接头进行绝缘处理。

③ 卸开防爆软管接头，将接线从热电阻接线盒里抽出来。

④ 将热电阻从管线上拆卸下来，拆下后将底部套管的接口用丝堵封盖住以免杂物落入。

⑤ 做好相应记录，清洁仪表及周围环境卫生。

（2）安装操作。

① 选择量程、探针长度及螺纹规格等合适的铂热电阻(图 5.14)。

② 更换套管里的导热油。

③ 将垫片装在套管接头上，无垫片时缠密封胶带。

④ 对安装接头位置处进行验漏。

⑤ 将接线穿进热电阻接线盒内，拧紧防爆软管接头。

⑥ 按照接线图接线，将接线固定在相应的端子上。

⑦ 在温度计或站控上观察示值显示是否正常。

⑧ 在指定位置处粘贴仪表检定标签。

⑨ 做好相应记录，清洁仪表及周围环境卫生。

（3）注意事项

① 根据管道套管长度选择合适长度的铂电阻温度计保护管，避免过长损坏管道套管，或插入深度不足无法准确测量温度。

② 对无保护套管的铂电阻温度计，拆卸时应放空天然气，防止发生天然气泄漏造成人身伤害事故及财产损失。

③ 铂电阻温度计中的铂丝非常容易折断，温度计安装与拆卸需轻拿轻放。

④ 防止仪表盖或螺纹连接处进水、连接线接头锈蚀、连接线接线不牢等造成的仪表测量不准确。

5.3.3 温度变送器

1）结构原理

温度变送器是一种将温度变量转换为可传送的标准化输出信号的仪表。一体化温度变送器通常由温度传感器和信号转换器两部分组成，也有将信号转换器单独放置的。温度传感器可采用热电阻检测温度变化，转化为电阻值；信号转换器对电阻信号进行测量、处理和转换，也称变送器。温度变送器原理如图 5.15 所示。温度变送器测量输出信号主要有 4~20mA、0~5V、0~10mA、1~10V 等，应用最广泛的是 4~20mA 标准信号输出方式。温度变送器在进行选配时，可根据需要选择支持 HART 协议的传输方式，可选用 HART 协议方式进行信号传输，也可利用艾默生 375 手操器等连接到设备进行参数修改、故障诊断等。温度变送器接线方式如图 5.16 所示。

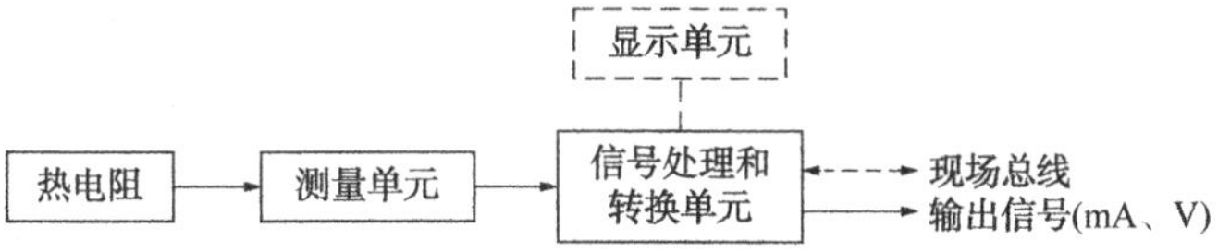

图 5.15　温度变送器原理图

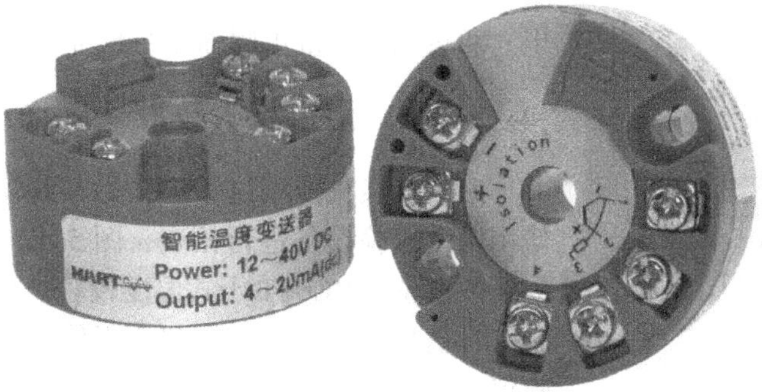

图 5.16　温度变送器接线方式图

2）仪表操作

（1）投运前检查。

① 检查温度变送器是否在检定周期内。

② 检查温度计表头是否清晰，是否有水雾或锈蚀。

③ 检查温度计安装是否牢固，对无温度计套管的需使用验漏液检查是否有天然气泄漏。

（2）拆卸操作。

① 检查温度变送器运行是否正常。

② 若运行正常，则断开供电电源。

③ 卸下温度变送器顶盖，把电源线和信号线抽出，将线用绝缘胶带固定，防止发生短路。

④ 用防爆扳手将温度变送器与管线接头处拆卸。

⑤ 做好相应记录，清洁仪表及周围环境卫生。

（3）安装操作。

① 将变送器插入装有导热油的温度计套管，并旋紧固定。

② 按照原接线方式进行接线，并拧紧接线螺钉，紧固变送器接线盒盖，防止雨水进入。

③ 检查电源供电情况是否正常，为温度变送器通电。

④ 观察温度变送器示值显示是否正常。

⑤ 做好相应记录，清洁仪表及周围环境卫生。

（4）注意事项。

① 温度变送器表头容易进水，造成电路损坏，需对仪表进线口等密封处做好防水措施，如果进线口朝上，建议安装 90°不锈钢弯头，将进线口方向转为水平。

② 温度变送器在连接电源接线时要确认好正负极，接线接反容易导致温度变送器故障。

③ 温度变送器插入深度不足可能影响管道中温度测量的准确性，温度变送器长度选择需与温度计套管配套，插入深度需接近管道圆中心。

图 5.17　MC6-T 干式温度校验炉

④ 温度变送器拆卸时容易造成与管道连接的套管松动，造成天然气泄漏，严重时造成天然气喷出伤人，因此拆卸温度计时倍加小心，反复确认后方可操作。

在现场遇到这样的情况：检测热电阻阻值与实际相符，室内显示却不相符，但又找不到可以调整的地方。经过仔细查找，原来温度变送器与安全栅装在室内仪表柜里，通过使用标准电阻器进行校准，问题得以解决。

5.3.4　温度仪表校准

温度仪表在使用过程中，为判断仪表显示准确性，可使用温度校验设备进行核查，图 5.17 为 MC6-T 干式温度校验炉设备。MC6-T 干式温度校验炉是一款便携式多功能温度自动校准系统，其中包含干体炉、校验仪、文档化校验仪、通信器、数据记录仪等功能模块，具有校准精度高、数字图片化视图、大尺寸彩色触摸屏等特点，内置了 HART 协议通信器，可校准所有带有 HART 协议仪表。MC6-T 干式温度校验炉校验温度范围为-30～150℃，提供三个热电阻模拟和两个热电偶测量通道，还能模拟热电阻和热电偶信号，用于校准温度变送器和其他温度仪表。

校验温度时操作简单，用到 MC6-T 干式温度校验炉干体炉和信号测量端子，步骤为：

(1) 打开干体炉温度电源，将温度传感器放入干体块中。

(2) 把温度设备输出端接入 MC6-T 信号测量端(可提供 24V 电压)。

(3) 干体炉主机设置需要校准温度，待温度稳定后即可校准备检温度设备。

5.4　流量测量

5.4.1　流量测量方式

单位时间内流过管路横截面积的流体数量，称为流量，流量的计量方法有体积流量、能量流量、质量流量等。

1) 体积计量

体积流量是指流体数量用体积来表示的流量。体积计量常用瞬时体积流量和累计体积流量表示。

瞬时体积流量指流体在单位时间内通过管道横截面积的流体体积流量。用公式表示：

$$q = V/t \tag{5-11}$$

式中，q 为瞬时体积流量，m^3/s；V 为流量体积，m^3；t 为时间，s。

累计体积流量指在一段时间内流体通过一定截面的体积流量。用公式表示：

$$Q = \int_{t_0}^{t} q\mathrm{d}t \tag{5-12}$$

式中，Q 为累计体积流量，m^3/s；q 为瞬时体积流量，m^3/s；t_0为进行累计流量积分的初始时间，s；t 为进行累计流量积分的结束时间，s；dt 为时间的微增量。

当累计流量时间为1h、1d时，便可以得到小时流量、日流量。

由于天然气具有压缩性，天然气体积流量受温度、压力、压缩因子等影响较大。天然气流量设备测量计算得到的为工况条件下的流量，在用于贸易结算时，需规定计量标准条件，将工况流量转换为标况流量，两者依据气体状态方程来进行换算。标准参比条件下瞬时体积流量计算方程如下：

$$q_n = \frac{P_f}{P_n} \cdot \frac{T_n}{T_f} \cdot \frac{Z_n}{Z_f} \cdot q_f \tag{5-13}$$

式中，q_n为标准状态下的瞬时体积流量，m^3/h；q_f为测量条件下的瞬时体积流量，m^3/h；P_f为测量条件下的绝对静压力，MPa；P_n为参比条件下的绝对压力，MPa；T_f为测量条件下的热力学温度，K；T_n为标准状态下的绝对温度，K；Z_n、Z_f分别为标况和工况下的压缩系数。

【例题5-5】某台超声波流量计的天然气工况流量为$5000m^3/h$，工作压力(表压)为3.9MPa，工作温度为15℃，标准参比条件下的压缩因子为0.998，工作条件的压缩因子为0.9097，当地大气压为0.1MPa，求天然气的标况流量。

解：根据计算公式：

$$q_n = \frac{P_f}{P_n}\frac{T_n}{T_f}\frac{Z_n}{Z_f}q_f$$

代入已知数据，得：

$$q_n = \frac{3.9+0.1}{0.101325} \times \frac{293.15}{273.15+15} \times \frac{0.998}{0.9097} \times 5000 = 220301(m^3/h)$$

答：天然气的标况流量为$22\times10^4 m^3/h$。从结果看出，标况流量远远大于工况流量，只有将工况流量换算成标准参比条件下的体积流量才能作为贸易交接计量。

2）能量计量

能量流量是指流体数量用能量来表示的流量。天然气能量计量主要参考标准为《天然气能量的测定》(GB/T 22723—2008)。

该标准对能量计量方法进行规定，即

$$q_e = q_n \cdot H \tag{5-14}$$

式中，q_e为标准状态下的瞬时能量流量，MJ/h；q_n为标准状态下的瞬时体积流量，m^3/h；H为标准状态下的体积发热量，MJ/m^3。

体积计量数据由流量计量系统实时测量得到，发热量可以在气体计量站测定，也可以在其他一些有代表性的地点测定，并将结果赋值给气体计量站。

在能量计量中，单位体积发热量H采用高位体积发热量，测量方法有3种：利用燃烧式热量计将天然气进行燃烧直接测量发热量的直接测量法；利用气相色谱仪测量天然气组分计算得到发热量的间接测量法；利用气体的一个或多个物理性质及其发热量之间的关系进行测量的关联测量法。目前比较通用的是利用气相色谱仪进行测量的间接测量法。

【例题5-6】已知天然气组分：甲烷93.3%，乙烷2.6%，丙烷1.6%，氮气1%，二氧化碳1.6%，求天然气高位体积发热量，假如天然气用户体积流量为$30\times10^4 m^3$，求贸易交接能量为多少MJ。

解：(1)求天然气发热量。

根据《天然气能量计量技术规范》(JJF 1993—2022)提供的求和因子和理想体积发热量基础数据，计算结果见表5.4。

表5.4 天然气求和因子、发热量计算表

组分	含量 x_i	各组分求和因子 s_i	$x_i \cdot s_i$	各组分热值 H_{0i}	$x_i \cdot H_{0i}$
C_1	0.933	0.0436	0.04068	37.044	34.562
C_2	0.026	0.0894	0.00232	64.91	1.688
C_3	0.016	0.1288	0.00206	92.29	1.476
N_2	0.01	0.0173	0.00017	0	0
CO_2	0.015	0.0728	0.00109	0	0
合计	1.000		0.04632		37.726

根据标准参比条件101.325kPa，20℃压缩因子公式：

$$Z_0 = 1 - \left[\sum_{i=1}^{N} x_i \cdot s_i\right]^2 = 1 - 0.04632^2 = 0.9978$$

实际气体体积发热量：

$$H = \frac{\sum x_i \cdot H_{0i}}{Z_0} = \frac{37.726}{0.9978} = 37.809\ \mathrm{MJ/m^3}$$

(2)求能量流量值。

$$E = Q \cdot H = 30\times10^4\times37.809 = 1134\times10^4\mathrm{MJ}$$

答，天然气高位体积发热量为37.809MJ/m^3，该用户能量计量值为1134×10^{4}MJ。

3）质量计量

质量流量是指流体数量用质量来表示的流量。质量流量的计算公式如下：

$$q_m = q_n \cdot \rho_n \tag{5-15}$$

式中，q_m为质量流量，kg/h；q_n为标准状态下的体积流量，m^3/h；ρ_n为标准状态下的气体密度，kg/m^3。

由于天然气体积计量和能量计量都受到温度、压力、组分变化的影响，当温度、压力等变化频繁时，尽管进行了修正和补偿，但往往难以达到所期望的准确度要求。由于气体质量不受状态条件、地理位置的影响，所以从该点考虑，天然气质量计量方式有其特别的优越性，经过世界各国几十年不懈努力，质量计量方式已应用到各类流体流量贸易计量中，在天然气中主要应用于液化天然气计量。

质量计量分为间接式和直接式两种。间接式质量计量采用测量体积再乘以被测流体的密度的方法，通过流量计、密度计和乘法器实现。由于天然气密度随压力、温度的变化而异，在变动工况下采用固定密度值误差较大，必须进行参数补偿或修正。这种方式计量时，误差因素增多，影响计量准确性。直接式质量计量采用直接测量与质量流量有关的量来反映质量流量的方法。研制质量流量计的目的在于使代表质量流量的输出信号与被测介质的温度、压力等参数无关，以解决间接式质量计量难以解决的问题，目前常用的是科里奥利质量流量计。

5.4.2 流量计系统组成及分类

流量计系统一般由流量计、前后直管段、测量仪表及整流器等组成，如图 5.18 所示。

图 5.18 流量计系统

(1) 流量计：例如孔板流量计、涡轮流量计、超声流量计等。

(2) 前后直管段：前直管段主要用于给流量计提供一个稳定的气流状态，后直管段用于减少下游设备、阀门等产生的干扰。前后直管段长度通常依据流量计准确度要求进行配置。

(3) 整流器：用于调整天然气的流动状态，保证流量计计量准确性。整流器有管型和板型两种形式，如图 5.19 和图 5.20 所示。

图 5.19 管式整流器

图 5.20 整流板

(4) 测量仪表：主要包括压力变送器、温度变送器、压力表和双金属温度计。用于测量和比对工况压力、温度。其中压力变送器从流量计本体处进行取压测量，为避免温度计套管对天然气流动状态的扰动，温度变送器等仪表要求设置在流量计下游直管段。

在天然气站场，计量撬安装在计量支路中。在计量撬上下游至少安装一个截断阀，同时根据流量计结构、性能及供气压力要求设置过滤分离设备、降低噪声的消声设备及调压设备等，天然气气质较脏时对涡轮流量计叶轮损坏较大，通常在涡轮流量计计量撬上游安装过滤器；调压设备作为噪声源安装在超声波流量计的上游比安装在下游时对流量计计量准确性影响更大，同时安装在上游时影响进入流量计的气体流体状态，因此调压设备通常安装在超声波流量计计量撬下游，且在两者之间增加 л 型弯等消声设备衰减噪声对计量准确度的影响，如图 5.21 所示。从图中可以看出，调压阀安装在超声波流量计的下游(右侧方向)，调压阀产生的噪声有一部分逆流向流量计方向传播，在直管段盲板处产生第一次反射，得到大幅度衰减；部分噪声信号继续逆流向流量计方向传播，经过弯头上行遇到第二个盲板，再一次产生反射，噪声信号得到进一步衰减。从而将调压阀噪声对超声波流量计的影响降到最低。

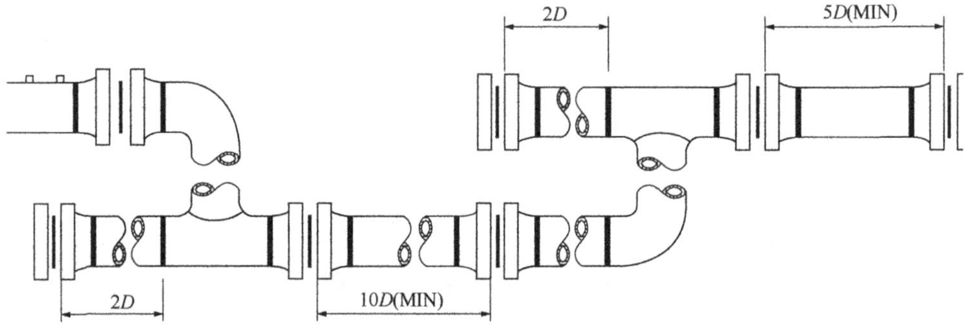

图 5. 21　л 型弯示意图

按照流量计工作原理分类，可分为差压式流量计、速度式流量计、容积式流量计、质量式流量计等。

1）差压式流量计

是根据伯努利能量方程，在流体中安装节流件产生差压，通过测量差压来间接确定流体流量的流量计。如孔板流量计、文丘利流量计、转子流量计等，其中孔板流量计应用最为广泛。

2）速度式流量计

利用测量管道内部流体速度的大小来测量流量的流量计统称为速度式流量计。如涡轮流量计、旋进旋涡流量计、超声流量计等。

3）容积式流量计

是利用机械测量元件，将流体连续不断地分隔成单位体积，通过累加计量得到总体积实现流体流量计量的流量计。常用的有椭圆齿轮流量计、腰轮转子流量计、皮膜式气体流量计等。

4）质量式流量计

是直接或单一测量读出质量流量的流量计。它分为直接式、间接式两类，直接式质量流量计有热式、双孔板、双涡轮、科里奥利等；间接式质量流量计是通过测量流体的流速和密度，由运算得到质量流量。

5. 4. 3　涡轮流量计

涡轮流量计属于速度式流量计的一种，是在气流作用下叶轮受力旋转，其转速与气体体积流量成函数关系的测量设备。涡轮流量计重复性好、准确度较高，同时具有结构简单、质量轻、振动小、耐高温高压、抗脉动流性能好等优点，《用气体涡轮流量计测量天然气流量》(GB/T 21391—2008)中对涡轮流量计在天然气测量中的使用进行了详细严格地规定。

1）结构原理

涡轮流量计集涡轮流量传感器和流量计算显示器于一体，能直接检测温度、压力参数，并对测量数据进行修正，计算显示工况体积流量、标况体积流量和总量。典型涡轮流量计结构如图 5. 22 所示。

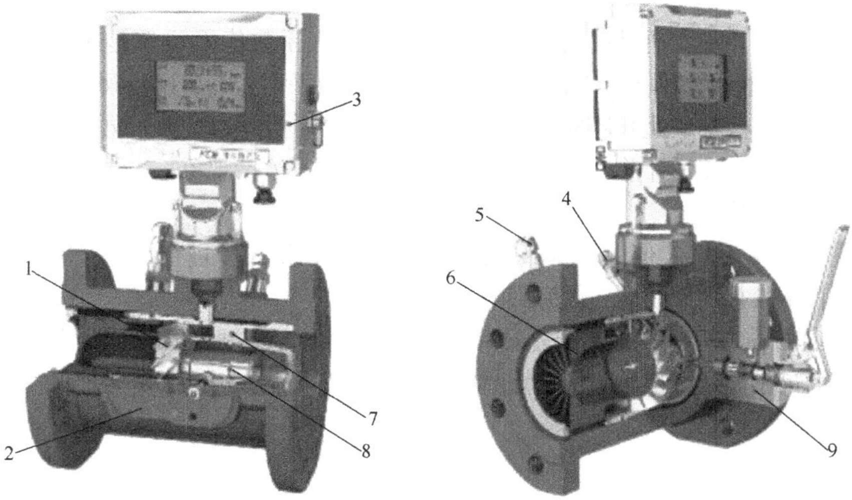

图 5.22　涡轮流量计结构图

1—涡轮；2—壳体；3—体积修正仪；4—温度传感器；5—压力传感器；
6—前导流体；7—后导流体；8—机芯组件；9—加油系统

当气体进入流量计时，首先经过独立机芯的前导流体并加速，在流体的作用下，由于涡轮叶片与流体流向成一定角度，此时涡轮产生转动力矩，克服摩擦力矩和流体阻力之后叶片旋转，在力矩平衡后转速稳定。在一定的条件下，转速与流速成正比，随着叶轮上嵌装的磁体周期性旋转，根据电磁感应原理，检测器线圈所处的磁场也随之改变，从而在线圈的两端感应产生电脉冲信号，此信号经过放大器的放大整形，形成有一定幅度的连续矩形脉冲波，该脉冲信号与工况体积流量成正比。

在一定的流量范围，涡轮流量计的输出脉冲频率与流经流量计的流体瞬时流量成正比，即：

$$q_v = f/K \tag{5-16}$$

式中，q_v为工况体积流量，m^3；f为流量计输出信号的频率，Hz；K为涡轮流量计的仪表系数，$1/m^3$。

涡轮流量计仪表系数K的数值由实验标定得到，在流量计的检定或合格证上都会标明经过实际校验得到的仪表系数K值，同时将K值设入配套的流量计算机(体积修改仪)中，为得到标准参比条件下的流量，同时需测量管道介质中压力、温度输入流量计算机中对工况体积流量进行修正，流量计便可显示出瞬时流量和累积总量。

2）流量计操作

（1）流量计的安装。

在流量计首次安装或按检定规程离线检定合格后重新安装时，要求如下：在安装之前，应当检查涡轮流量计以确信没有由运输引起的损坏以及所有附件完好无缺；确保流量计内是干净的，没有焊渣、砂砾、其他异物和水；确定表体两侧的法兰面和安装管道内外清洁无异物；注意流动方向，使用吊耳托起流量计到安装位置；小心表头或者其他的表体上的器件远离吊装用的皮带；小心地放入垫圈，确保管线内部没有突出部分以避免对流动造成干扰；拧紧螺栓，注意用力均衡；在表体油盒内加适当的润滑油。

（2）流量计的启动。

涡轮流量计投用前先通过流量计算机面板检查仪表系数值 K 设置是否正确。涡轮流量计投运时应缓慢开启入口阀门，待管线充满气体且压力平衡后开启出口阀门，防止瞬间气流冲击而损坏涡轮，严禁快速开启或关闭阀门。涡轮流量计投运时，要求同一管线下游处调压撬已完全调压完毕，流量计前后压差不能过大，防止出现冰堵现象。

（3）流量计的使用。

① 流量计仪表系数 K 值由检定部门根据检测结果在仪表中进行设定，并加上铅封，在仪表运行过程中禁止随意改动，以防影响计量准确性。

② 为保证计量准确性，涡轮流量计工作流量范围不应超过最大流量量程的 80%，不能低于流量计的最小流量量程。流量计短时间过载最大流量的 120%仪表无损坏，但过载时间不能超过 30min。

3）维护注意事项

（1）按时定期巡检，判断设备运行有无杂音，观察表头计数器显示有无卡阻，记录是否连续。

（2）为保证涡轮流量计计量准确、延长设备使用寿命，需定期加入润滑油对流量计的叶轮转轴轴承进行润滑。润滑油加入周期依据设备使用条件和气体脏污程度确定。

（3）保持过滤器畅通。通过过滤器入口、出口处的差压变送器的差压值来判断过滤器是否堵塞，出现堵塞及时排除。若管路杂质较多，导致流量计涡轮运转异常时应清洗管路，将涡轮流量计拆卸后用轻质高标号汽油彻底清洗后重新安装。

（4）对表头齿轮传动部件应每年进行检查、清洗、润滑及调校。

4）注意事项

（1）管路粉尘将严重影响涡轮轴承运行，安装前需检查计量管段内部，清扫管路，确保清洁无污物；吹扫管路时需将流量计拆卸后进行。

（2）使用工用具敲打仪表可能造成流量计损坏，禁止野蛮作业。

（3）涡轮流量计未可靠接地，可能造成设备损坏，需定期检查测量流量计接地情况。

（4）仪表系数如被修改会造成计量失准，贸易计量用流量计需做好表体铅封。

（5）瞬间过大气流冲击可能造成涡轮超速，损坏流量计叶轮，流量计操作应缓慢加压和启动。

（6）流量计轴承加油过多或过少，将影响流量计计量精度，应按要求定时定量加油。

（7）用气高峰时气流速度过高可能使流量计超速，需要在用气高峰期提前一段时间给用户增大至合适的气量，或开启备用流量计双计量支路同时供气。

5）常见故障分析及处理（表 5.5）

表 5.5 涡轮流量计常见故障及排查方法

故障现象	故障原因	排除方法
接通电源后无输出信号	（1）管道无介质流量或流量低于始动流量； （2）检查电源与输出线连接是否正确； （3）前置放大器损坏（修正仪不计数，瞬时值为 0）； （4）驱动放大级电路损坏	（1）提高介质流量，使其满足要求； （2）正确接线； （3）更换前置放大器； （4）更换驱动放大级中损坏的元器件

续表

故障现象	故障原因	排除方法
无流量时流量计有信号输出	(1)流量计接地不良及强电和其他地线接线受干扰； (2)放大器灵敏度过高或产生自激； (3)供电电源不稳，滤波不良及其他电气干扰	(1)正确接好地线，排除干扰； (2)更换前置放大器； (3)修理、更换供电电源，排除干扰
瞬时流量示值和实际流量不符合	(1)流量计仪表系数输入不正确； (2)用户用气流量低于或高于选用流量计的正常流量范围； (3)流量计基本误差超出标准要求	(1)重新标定后输入正确仪表系数； (2)通知用户调整流量或选用更合适的流量计； (3)重新标定

使用涡轮流量计可能产生计量输差的原因主要有：天然气气质较脏，长时间冲刷叶轮导致叶轮旋转变慢，计量偏低；流量计配套温度、压力传感器测量失准；气体密度变化时流量计未及时修改组分参数；仪表系数 K 值被修改等。

5.4.4 气体超声流量计

气体超声流量计是通过测量高频声脉冲在气流中传播时间差得出气体流量的速度式流量计。与其他流量计相比，具有准确度高、测量范围宽、无压力损失、安装方便、运行成本低等优点。适用于大口径测量、双向计量，也可用于脉动流计量。《用气体超声流量计测量天然气流量》(GB/T 18604—2014)对超声波计量进行了详细严格地规定。

5.4.4.1 超声概述

人能听到声音是因为空气的机械振动，波是指振动的传播。人能觉察到的声波频率范围为16Hz~20kHz，频率超过20kHz的声波称为超声波。超声波的折射、反射、散射及衍射在媒介中的传播规律与可听声波相比是一样的，超声波有以下特点：

(1) 由于超声波的频率高，因而波长很短，它可以像光线那样沿直线传播，例如使用超声波进行流量测量时，超声波能定向发射，可聚焦，有很强的穿透能力，在介质中传播能反射和折射，并能避开管道的干扰频率(60Hz左右)。

(2) 超声波可引起媒质微粒的振动，即使振幅很小加速度也非常大，因此可以产生很大的力量。例如超声清洗，可使液体受到交变声压的作用，清洗金属表面的污垢。

(3) 超声在传播过程中有其固有特性，可与介质相互作用，产生各种效应。在工业上，可以用超声波来检测金属内部的气泡、伤痕、裂隙等缺陷，在医学领域则可以做成各种超声波治疗和检测诊断仪器等。

5.4.4.2 气体超声流量计

1) 气体超声流量计结构

气体超声流量计主要由流量计表体、超声换能器、电子组件及微处理器系统等构成。超声换能器通常沿管壁安装，且直接与气体接触，并承受气体压力。电子组件负责发送和接收超声换能器信号，微处理器具有处理测量信号、计算声波在介质中传播的时间(声时)、流速、流量等并显示、输出及记录测量结果等功能。

按照超声换能器数量可分为单声道气体超声流量计和多声道气体超声流量计。

图5.23为某厂家超声流量计结构图。

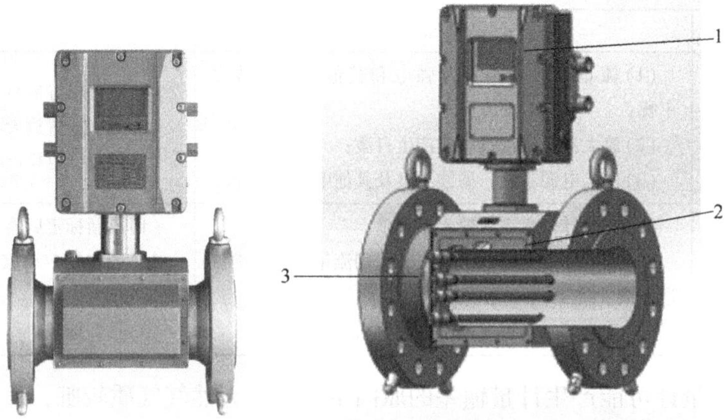

图 5.23　超声流量计外观及结构图

1—信号处理单元；2—表体；3—超声换能器

2）测量原理

气体超声流量计利用传播时间差法进行测量，传播时间差法是指在流动气体的相同行程内，用顺流和逆流的两个超声信号的传播时间差来确定沿声道的气体平均流速所进行的气体流量测量方法。声波由一个换能器发射，另一个换能器接收，顺流传送的声脉冲被气流加速，而逆流传送的声脉冲则会被减速。声波由上游向下游传输的时间小于由下游向上游传输的时间，这两个时间之差与气流的速度存在某种对应关系，从上下游测得的传输时间可以计算出气流的平均速度和声波的速度。

（1）超声波信号的产生。

超声波信号产生的机理是基于一种压电效应物理现象，1880 年法国物理学家居里兄弟发现把重物放在石英晶体上，晶体某些表面会产生电荷，电荷量与压力成正比，这一现象称为压电效应。1917 年法国科学家保罗 · 朗首次使用由石英晶体制成的超声换能器，并发明了声呐。

超声换能器可发射和接收测量流量所需的超声信号，俗称“探头”，压电超声换能器采用石英或陶瓷材料，图 5.24 为超声换能器结构图。

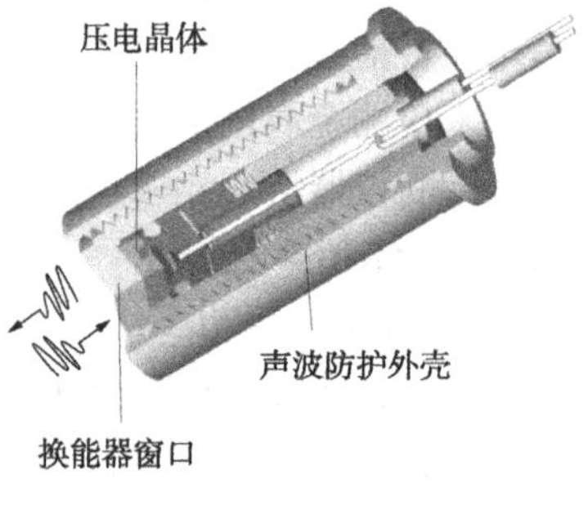

图 5.24　超声换能器结构图

超声换能器的压电晶体具有压电效应，且压电效应具有可逆性。在压电组件一端加上电压后，另一端会产生振动，在流体中产生声波(图 5.25)；相反，在入射声波的作用下石英晶体产生变形，压电组件会出现电子偏振，产生与机械应力相关的电压(图 5.26)。

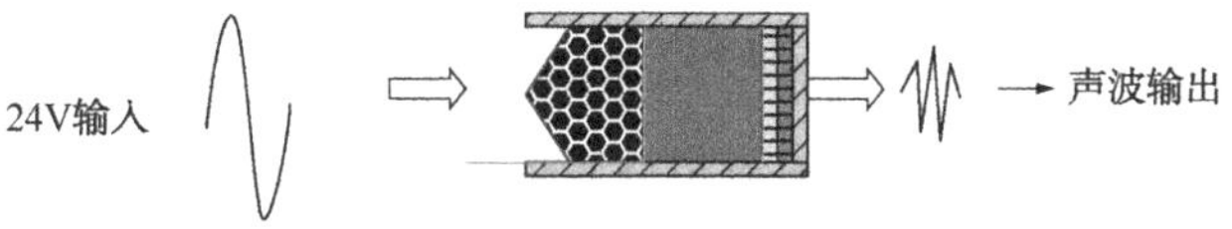

图 5.25　超声换能器反向效应产生声波

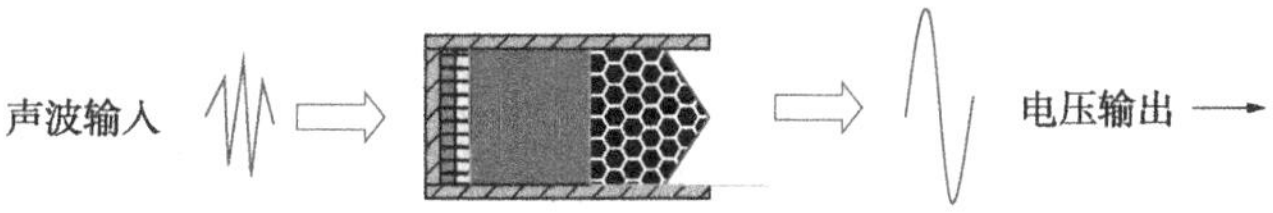

图 5.26　超声换能器正向效应用来感测超声波振动

（2）气体流量的测量。

换能器在超声波表体上成对安装，假设两换能器间的超声传播距离为 L，超声传播方向与轴线之间的夹角为 θ，如图 5.27 所示。通过推导可以得到顺流时间 t_D、逆流时间 t_U：

$$t_D=\frac{L}{C+V_m\cos\theta} \tag{5-17}$$

$$t_U=\frac{L}{C-V_m\cos\theta} \tag{5-18}$$

式中，t_D为声脉冲顺流（Down）传播的时间，s；t_U为声脉冲逆流（Up）传播的时间，s；L 为上下游换能器之间的距离，m；V_m为流体沿管径方向的流速，m/s；C 为超声波在气流中的传播速度；θ 为超声换能器与管径方向的安装角度（可用声道轴向长度 X 替代，$X=L\cdot\cos\theta$）。

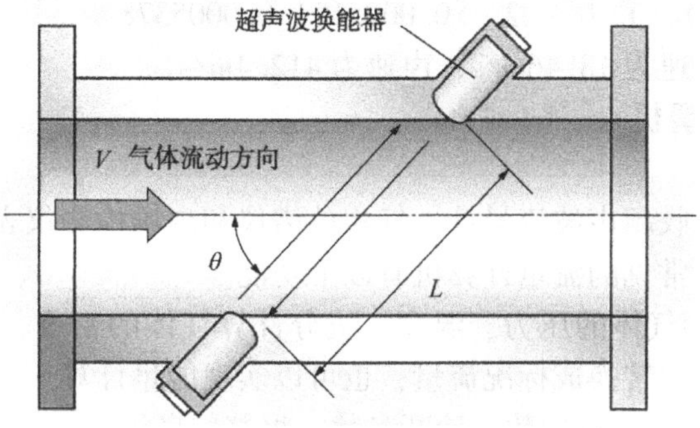

图 5.27　超声流量计工作原理

由时间差可推导出各声道面的气流速度：

$$V_m=\frac{L}{2\cdot\cos\theta}\left(\frac{1}{t_D}-\frac{1}{t_U}\right) \tag{5-19}$$

由于不同声道位置分布不同，在进行平均声速计算时权重分配不同，需引入权重因子系数。平均声速计算时需按照声道分布情况通过加权计算得到。

$$V_A=\frac{1}{N}\sum_{i=1}^{N}w_i\cdot V_{mi} \tag{5-20}$$

式中，V_A为流体平均流速，m/s；N 为声道数量；w_i为各声道权重因子；V_{mi}为 i 声道气体流速，m/s。

平均气体流速 V_A与横截面积 A 乘积得到工况体积流量 Q。

$$Q=V_A A=V_A\frac{\pi D^2}{4} \tag{5-21}$$

式中，Q 为工况体积流量，m^3/s；D 为流量计表体内直径，m。

值得注意的是，工况流量不是计算的最终结果，还需根据压力、温度、压缩因子等换算至标准参比条件下的标况流量作为计量交接的结算值。从超声流量计工作原理可以推导出声速计算公式，此为流量计的测得声速：

$$C=\frac{L}{2}\left(\frac{1}{t_D}+\frac{1}{t_U}\right) \tag{5-22}$$

【例题 5-7】气体超声流量计算

已知：某单声道气体超声流量计测量内径为 200mm，声道长度为 216.0mm，声道轴向长度为 126.6mm，超声换能器检测的顺流时间为 0.5103ms，逆流时间为 0.5378ms，求天然气平均流速和声速。

解：(1) 已知条件：

$L=0.216$m；$X=0.1266$m；

$t_D=0.0005103$s；$t_U=0.0005378$s。

(2) 计算平均流速：

$$\bar{V}=\frac{L^2}{2X}\left(\frac{1}{t_D}-\frac{1}{t_U}\right)=\frac{0.216^2}{2\times0.1266}\left(\frac{1}{0.0005103}-\frac{1}{0.0005378}\right)=18.46(\text{m/s})$$

(3) 计算声速：

$$C=\frac{L}{2}\left(\frac{1}{t_D}+\frac{1}{t_U}\right)=\frac{0.216}{2}\left(\frac{1}{0.0005103}+\frac{1}{0.0005378}\right)=412.4(\text{m/s})$$

答：天然气平均流速为 18.46m/s，声速为 412.4m/s。

5.4.4.3 流量计算机

1) 工作原理

流量计算机具有接收超声波流量计、气相色谱仪和现场检测仪表的输入信号，并进行计算、数据处理等功能，常见的流量计算机有以下功能。

① 计算功能：利用气体的压力、温度、组分计算气体的密度、压缩因子、声速、热值等，计算气体工况流量并转换成标况流量，也可以实现能量计算。

② 显示功能：可显示流量参数、诊断参数、报警信息等。

③ 组态功能：对程序中报警限值，功能设置和默认设置等进行设定。

④ 报警功能：能根据设置报警限值，产生报警指示。

⑤ 通信功能：具有多个串行数字通信口，分别可以与气体超声流量计、笔记本电脑、上位机等进行串行通信。

2) 结构

流量计算机主要由触摸屏、机架、电源板、I/O板、通信板、辅助板等组成。中核维思流量计算机如图 5.28 所示，DANIEL S600 流量计算机如图 5.29 所示，科龙 SUMMIT 8800 流量计算机如图 5.30 所示。

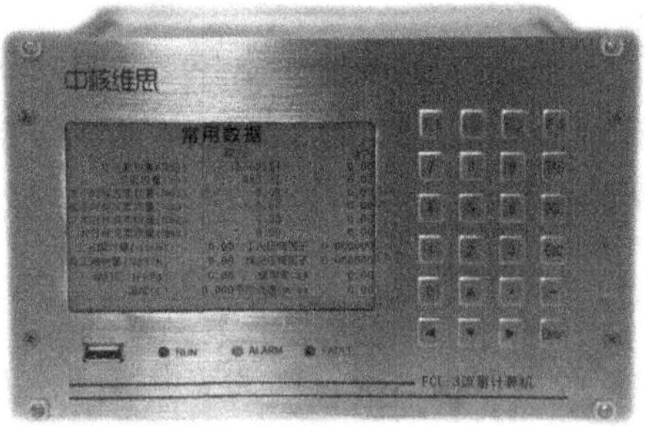

图 5.28 中核维思流量计算机

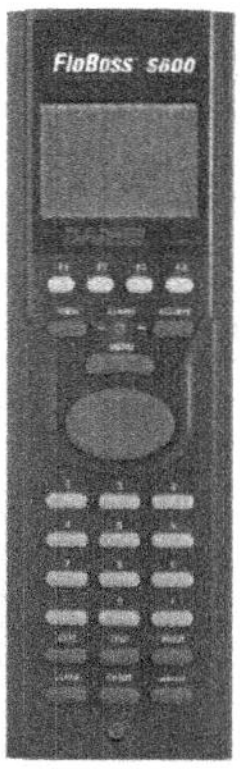

图 5.29 DANIEL S600 流量计算机

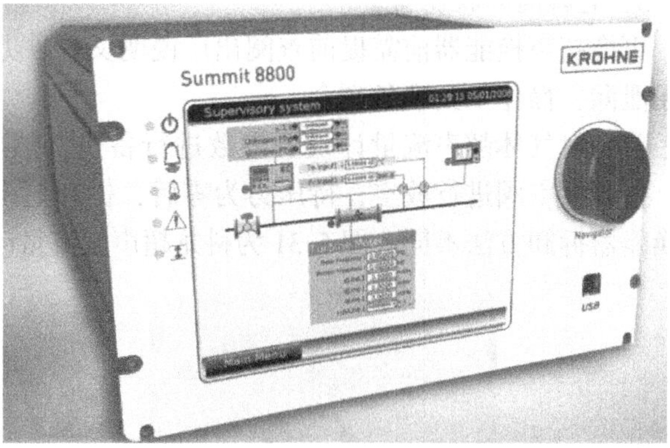

图 5.30 科龙 SUMMIT 8800 流量计算机

3）计量系统控制柜

计量系统控制柜内集成了开关电源、防浪涌保护器、安全栅、电压和电流过载保护器、电器控制开关以及电器接口部件，另外可配备不间断电源系统。

控制柜既可以采集现场流量计提供的工况体积流量信息、温度变送器和压力变送器信息，又可直接采集组分分析仪接入的组分信息给流量计算机。在各电器信号输入端口配备了浪涌保护器和安全栅，有效保护了流量计算机的运行安全，同时机柜中配备了温度报警装置。整个机柜布置周密，可靠性高，具有良好的稳定性和安全性。

5.4.4.4 超声波流量计操作

1）启用

首先检查各种信号线、电源线连接完好；检查所有法兰连接处、引压接头、温度传感器的插入接头处是否有气体泄漏现象；检查超声波流量计及配套仪表信号线和电源线连接是否正确。

其次合上站控系统仪表柜的电源开关，给超声波流量计及配套仪表送电，检查各仪表参数指示是否正确。

然后先打开进口阀门旁通阀，给管道充气缓慢加压，待压力稳定后，缓慢打开进口阀，直至达到流量计的运行压力，避免流量计过高压差或过高流速损坏探头。

最后调节天然气流量，控制流速，检查现场仪表、流量计指示是否正常，投入运行。

2）停用拆卸

流量计停用只需关闭调压供气支路的调压阀门，计量支路无气体流动，超声波流量计流量指示为零。关闭超声波流量计上下游球阀，停用该流量计计量支路。

若需拆卸，在进行停用拆卸前需办理相关操作票并进行风险分析，断开流量计信号线、电源开关，检查流量计数据报警已屏蔽，检查操作工具已准备齐全，检查现场无泄漏、无异味等。

关闭流量计前后阀门，打开放空阀进行泄压，管线卸压应缓慢小心进行，避免流量计表体和上下游直管段剧烈振动，以免损坏设备，待压力为零后，连接吊装设备进行拆除。可参考流量计厂家说明文件推荐的方法清洗超声流量计表体内部和上、下游直管段内部污物直至光洁无油污。

3）更换超声换能器

更换超声换能器前需提前查阅出厂说明文件，办理相关操作票并进行风险分析，确认现场无泄漏、操作工具准备齐全。

首先对气体超声流量计设置参数进行备份，然后断开流量计电源，关闭流量计前后阀门，打开放空阀进行放空，待压力为零后，拆卸超声换能器进行更换(注意不同厂家的流量计换能器拆卸方法不同，图 5.31 为科龙超声波流量计换能器拆卸示意图，需专业人员进行)。

图 5.31　超声波流量计换能器拆卸示意图

更换完成后回装超声换能器，对管线进行升压验漏，对流量计进行供电，修改原程序中探头相关参数，下载更新后的组态至流量计，检查探头数据准确性，并对流量计进行声速核查。

5.4.4.5　超声波流量计维护

1）性能诊断

应定期通过气体超声流量计诊断参数检查判断信号处理单元、声道有无故障、超声换能器表面是否有沉积物、计量分析数据是否准确等。气体超声流量计常用的诊断参数有流速、声速、平均增益、信号质量、信噪比和声速偏差等。如图 5.32 所示。

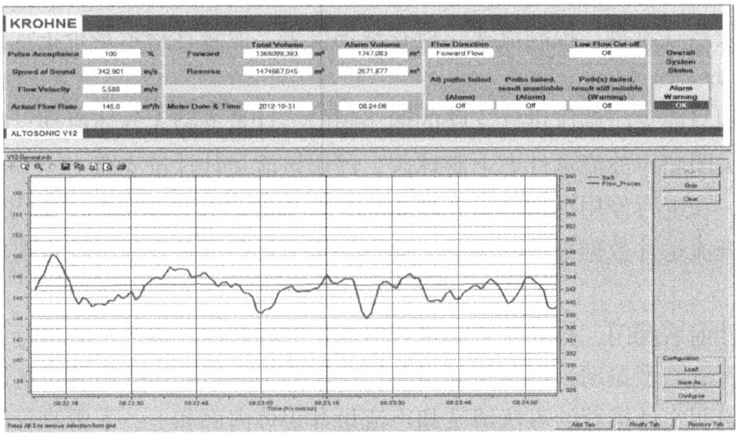

图 5.32　超声流量计性能诊断示意图

（1）声道流速。

声道流速是指一对探头间流体的平均流速；平均流速是指各个声道所测得的气体流速的加权平均值；流速比率是指每个声道的流速除以流量计的平均流速。各声道流速数据大小和探头分布位置有关。

（2）平均增益。

增益指为了使接收信号达到需要的振幅强度，需要对其增强多少。如果信号的强度衰减，则其增益增加。不同的流体条件对流量计的增益有很大的影响，相同流态下，大口径的流量计由于其声道较长，故其增益会比小口径的要大。流量计会自动调整增益值，以增加信号的强度。

（3）信号质量。

信号质量是指在一个测试周期内声道有效计时次数在总次数中所占的比例，如为100%则表示每一个接收到的信号都用来进行流量计量。信号质量是仪表性能的重要表现，在高流速状态下、受到噪声干扰或流动条件变化时，信号质量可能低于100%；在低流速下，信号质量应基本是100%。当信号质量偏低时，应对仪表进行检查，具体临界数值根据流量计品牌型号而定，另外小于100%的信号质量并不意味着仪表精度的降低。

（4）信噪比。

信噪比是接收到的信号和背景噪声的数值比率，通过信噪比可以判断噪声的来源。如上游声道的信噪比大于下游声道的信噪比，则噪声来自流量计的下游。

2）常见故障分析及处理

气体超声流量计常见故障分析及处理如表5.6所示。

表5.6 气体超声流量计常见故障分析及处理

常见故障	原因	处理方法
流量计不供气有流量	（1）流量计下游阀门未关到位或内漏； （2）流量计小流量切除未设置或设置不正确； （3）流量计探头有污物； （4）流量计内部模块故障	（1）将阀门关闭到位或对阀门进行注脂维护； （2）设置小流量切除并合理设置参数； （3）拆卸探头进行清洗； （4）对内部模块检修
流量计供气无流量	（1）流量计未供电；流量计供电线路故障； （2）流量计内部模块故障； （3）流量计探头故障； （4）流量计算机组态程序故障	（1）开启供电开关；对供电线路检查； （2）对内部模块检修； （3）拆卸探头进行清洗、检查或更换； （4）重新下载植入程序
流量计瞬时流量异常波动	（1）流量计上下游有阀门开、关动作； （2）流量计及其管线剧烈振动； （3）流量计故障；压力变送器故障；温度变送器故障； （4）流量计、压力变送器、温度变送器受强电磁干扰	（1）按照生产要求操作相关阀门，避免误操作； （2）检查上下游管线设备、流动调整器、过滤器是否有堵塞现象； （3）排查故障原因并维修； （4）找出电磁干扰源，加装抗干扰器消除干扰源

续表

常见故障	原因	处理方法
流量计所测流量比实际流量偏低	(1)流量计、温度变送器或压力变送器未在量程范围内工作； (2)计量压力较实际压力偏低；计量温度较实际温度偏高； (3)流量计探头声速、信噪比、增益异常； (4)流量计算机参数设置不正确	(1)合理设置调压阀开度，保证平稳供气，使瞬时流量在流量计供气范围内； (2)检查取压导管有无漏气点，拆卸清洗及排污；添加导热油；返厂维修；检查变送器接线是否松动； (3)对声速、信噪比、增益进行核查； (4)检查参数设置确认正确无误
流量计所测流量比实际流量偏高	(1)供气流量未在流量计供气范围内； (2)计量压力较实际压力偏高，计量温度较实际温度偏低； (3)流量计探头声速、信噪比、增益不正常； (4)流量计算机参数设置不正确	(1)合理设置调压阀开度，保证平稳供气，使瞬时流量在流量计供气范围内； (2)添加导热油；返厂维修；检查变送器接线是否松动； (3)对声速、信噪比、增益进行核查； (4)合理设置流量计算机相关参数

3）超声流量计故障分析实例

（1）压力变送器参数设置错误。

某输气站计量人员在更换变送器时，将绝压变送器更换成表压变送器，但在参数设置时并未对流量计算机中的参数进行修改，造成计量出现大的错误，如图 5.33 所示。

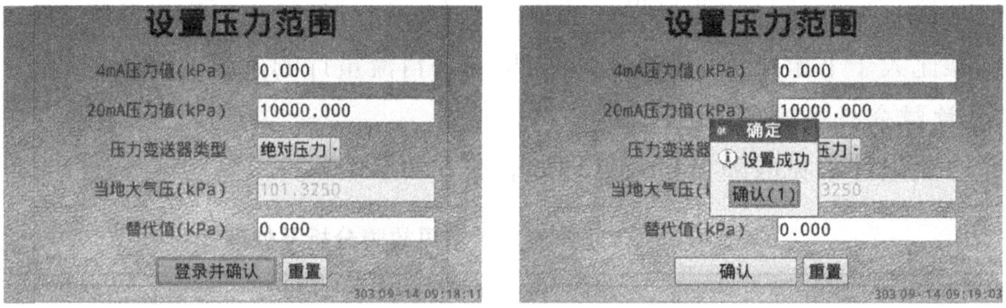

图 5.33　压力变送器设置

（2）计量管生锈。

输气站投产时设备一般都会进行水试压，如果扫水干燥不及时，就会造成工艺设备及管路锈蚀严重。例如某输气站对超声波流量计定期送检时，根据检定单位要求，将前后直管段一起送检，但检定机构在检定时发现计量管锈蚀严重，不予检定。送检人员对锈蚀打磨清除干净后检定单位才给予检定。如图 5.34 所示。

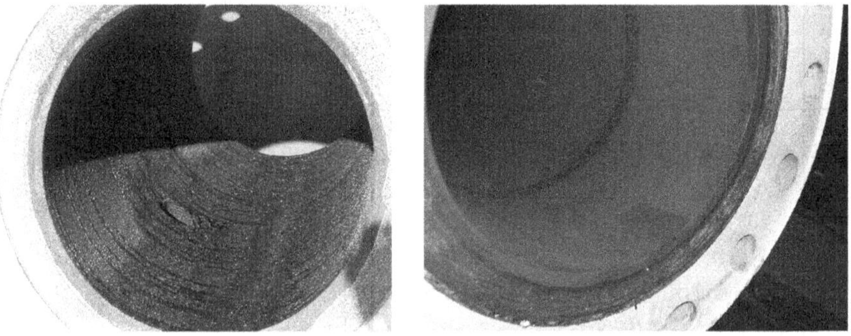

图 5.34　计量管清洁对比

（3）某场站丹尼尔气体超声流量计 CPU 板故障。

某场站丹尼尔气体超声流量计计量过程中，瞬时流量突然变为 0，流量时有时无，经诊断，流量为 0 时四声道流速、声速、信噪比均为 0，报警信息显示信号采集板及探头报警，经判断 4 个探头同时故障概率较低，CPU 故障概率较高，通过更换 CPU 板，数据恢复正常。故障时诊断信号参数及报警信息如图 5.35 所示。

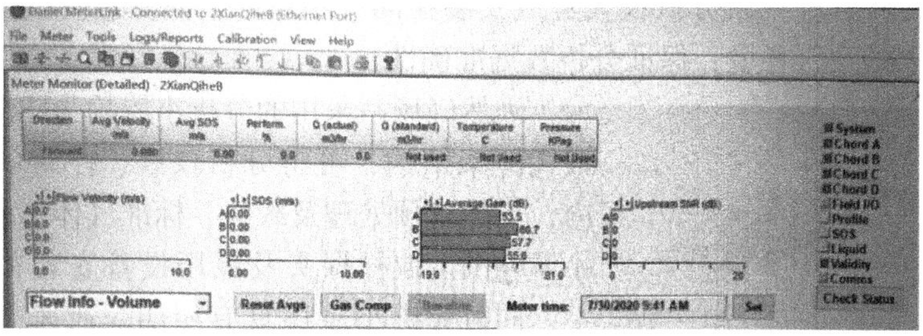

图 5.35 丹尼尔气体超声流量计故障时诊断信号参数及报警信息

（4）某场站 Elster 气体超声流量计内部脏污。

某输气管道清管后，输气站进入大量粉尘，出现计量直管段及气体超声流量计内壁脏污，对气体超声流量计进行诊断，流速数据异常，6 个声道流速比率只有 B2CCW 声道满足要求，其余 5 声道均不符合要求，对计量直管段及流量计测量管内壁进行清洗，清洗完成后，流速数据恢复正常(图 5.36)。

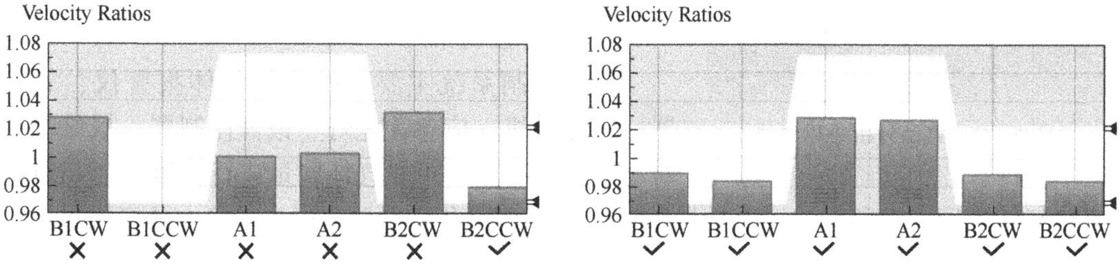

图 5.36 Elster 气体超声流量计清洗前后声道流速比率

（5）某场站 Daniel 气体超声流量计探头故障。

对某场站 Daniel 气体超声流量计进行诊断时发现 D 声道流速较低，声速异常，在对 D 声道探头进行拆卸清洗后，参数变化不大，初步判断 D 探头故障。在对探头进行更换后，参数恢复正常。异常诊断参数详如图 5.37 所示。

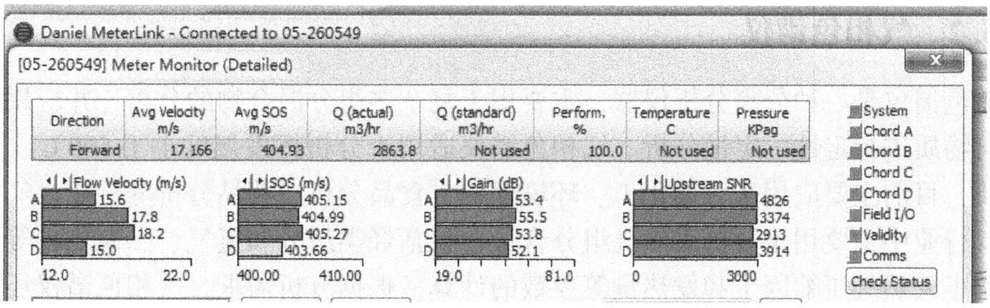

图 5.37 Daniel 气体超声流量计异常诊断参数

5.5 在线分析仪

5.5.1 分析小屋

分析小屋是将各种气质分析仪表集成安装在同一小屋内，使安装及维保专业化、规范化，保证了仪表的运行环境，保证分析数据准确性。

图 5.38 典型分析小屋外观

天然气场站采用的分析小屋均为防爆型，采用全钢铁式框架结构，可将分析仪表、控制单元组装在小屋内，天然气预处理及载气、标准气体、驱动气等安装在小屋外围。取样探头及减压设备安装在旁边工艺管线上。同时分析小屋还具有照明、通风、检测报警等功能。分析小屋图如图 5.38 所示。

分析小屋按功能大致可以分为四个部分：分析系统、安全控制系统、供配电及信号传输系统、其他设备。

1）分析系统

分析系统用于水露点检测、天然气气质分析。主要包括样品预处理系统、标准气载气气瓶、色谱分析仪、水露点分析仪等。

2）安全控制系统

安全控制系统主要包括可燃气体报警仪、氧检测器、防爆风机、应急荧光灯、报警控制器、报警灯。可对小屋内氧含量、可燃气体含量进行检测，当超过设置的可燃气体浓度含量和氧浓度含量报警参数时，小屋会启动自动声光报警、开启排风风机。

3）供配电及信号传输系统

供配电及信号传输系统主要包括公用电源接线箱、UPS 接线箱、模拟及数字信号接线箱、电源配电箱和防爆维修插座。主要对分析小屋进行供电将分析数据、报警信息、检测数据等进行远传。

4）其他设备

主要指防爆空调和室内外灯开关、风机开关等。

5.5.2 气相色谱仪

气相色谱仪是一种分离分析仪器，主要用于复杂多组分混合物的分离，并应用色谱法分析技术对物质进行定性、定量分析。气相色谱仪适用于分析挥发温度小于 500℃、热稳定性好的物质，目前主要应用于石油化工、环境保护、食品分析、药品分析等行业。气相色谱仪在天然气行业中主要用于分析天然气组分含量，包括烃类组分和氮气、二氧化碳等非烃类组分，可用于天然气压缩因子和发热量等参数的计算。根据分析需求，气相色谱仪还可用于分析硫化氢和含硫化合物。在《天然气的组成分析　气相色谱法》(GB/T 13610—2020) 中对气相色谱仪分析天然气组成有详细的规定。

1）原理结构

色谱法起源于20世纪初，俄国植物学家用碳酸钙填充竖立的玻璃管，以石油醚洗脱植物色素的提取液，经过一段时间洗脱之后，植物色素在碳酸钙柱中实现分离，由一条色带分散为数条平行的不同颜色的色带。其后将这种先将混合物中各组分分离，而后逐个分析的方法称为色谱（分析）法。色谱法需有两个基本相，一个是静止不动的固定相（色谱柱），一个是携带样品流过整个系统的流动相。

气相色谱法是以气体作为流动相（载气）的色谱分析方法。混合物通过进样系统进入进样器，在载气携带下进入色谱柱，被色谱柱内的填充剂所吸收或吸附，不同气体组分在填充剂中吸附脱附的速度不同，因而通过柱子的速度和时间存在差异，在载气的冲洗下，各组分在色谱柱中得到分离，不同组分通过检测器后可得到色谱谱图，通过计算得出各组分含量。气相色谱仪原理图如图5.39所示 。

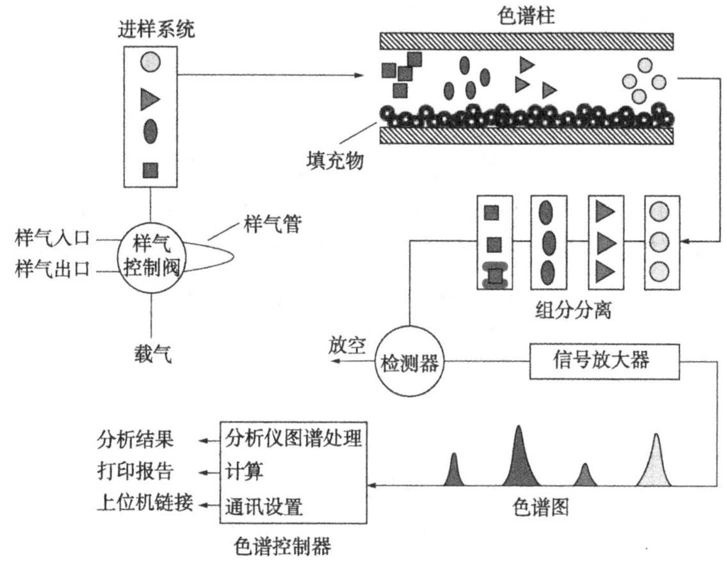

图5.39　气相色谱仪分析系统原理图

气相色谱仪分析系统可分为五大部分：气路系统、进样系统、分离系统、检测系统和数据分析系统。

（1）气路系统：主要包括载气、标准气和驱动气。

① 载气作为色谱的流动相，把样品输入到色谱柱和检测器中，常用种类有 H_2、N_2、He、Ar。色谱载气要满足三个方面的要求，即惰性气体，化学稳定性好，不能与被测气样、固定相起化学反应，不能被固定相吸附或溶解的气体；纯度要高于99.99%，目前色谱载气常用99.995%以上纯度；使用范围广，价格便宜，易取得。不同分析功能的气相色谱仪在进行载气选择时主要依据检测器种类、分析物质组分种类以及气体价格、安全性等因素，用于天然气在线分析的色谱分析仪大多选用He或Ar作为载气。

② 标准气体（简称标气）是已知确定组成的气体，气体种类与样气种类相同，含量相近。

③ 驱动气体主要用于驱动色谱仪内部阀门动作，有的色谱仪有单独设置的驱动气，常用干燥的 N_2、干空气，有的色谱仪使用载气作为驱动气。

（2）进样系统：根据天然气取样方式的不同，可以将进样系统分为离线进样系统和在线进样系统。在离线分析时，操作人员将管道中的天然气取入取样气瓶中，将取样气瓶带回实验室与色谱仪连接进行分析。在线分析时，色谱仪通过进样管线直接与管道相连，实时进行取样分析。离线色谱仪主要应用于实验室分析，天然气场站用的色谱仪均为在线色谱仪(图5.40)。

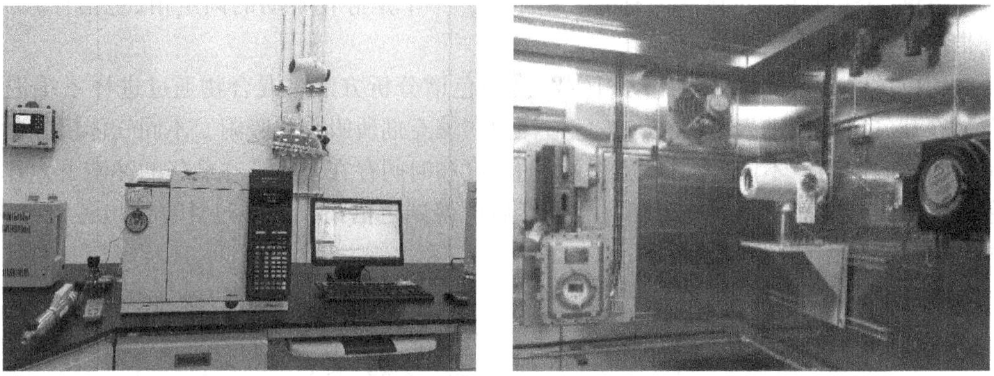

图5.40　离线和在线气相色谱仪外观图

(3) 分离系统：色谱分离的关键为色谱柱，色谱柱分为填充柱和毛细管柱。两者的区别见表5.7。两种色谱柱柱长度不同主要影响天然气组分的分辨率，柱内径影响色谱柱的效率、保留时间和柱容量，较小的内径有较小的流失和较小的柱容量。

表5.7　填充柱和毛细管柱的区别表

序号	填充柱	毛细管柱
长度	2~3m	10~100m
内径	2~4mm	0.1~0.8mm
材质	玻璃和金属材质	熔融氧化硅或不锈钢，聚酰亚胺涂层

同样物质在相同色谱操作条件下分别通过填充柱和毛细管柱分离检测后得到的谱图如图5.41所示，可以看到通过毛细管柱后组分分离效果明显好于填充柱。目前分析天然气使用的气相色谱仪均采用毛细管柱，并且通过多个毛细管柱组合实现天然气组分的有效分离。

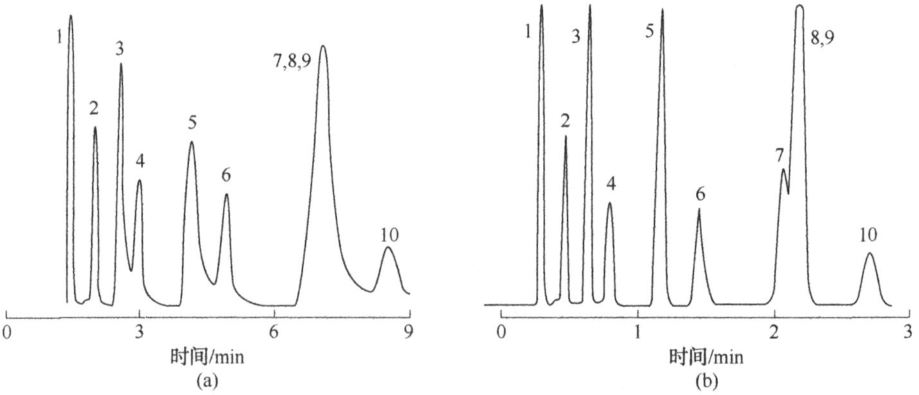

图5.41　填充柱和毛细管柱分析同一物质分析效果比较图

（4）检测系统：在天然气组分分析中气相色谱仪最常用的检测器为热导检测器也称 TCD 检测器，TCD 检测器是气相色谱仪最早使用的检测器，是一种通用型检测器，测量样品气流导热性能的变化分析气体组成（图 5.42）。

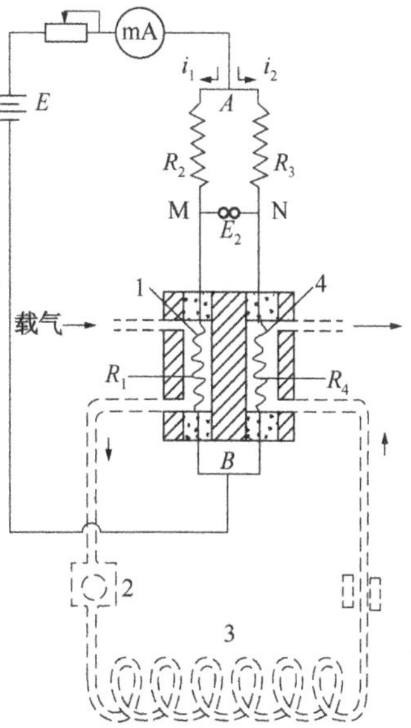

图 5.42　TCD 检测器结构原理图

1—参考池腔；2—进样器；3—色谱柱；4—测量池腔

在参考池腔和测量池腔中含有钨丝做成的热丝，因电路导通，热丝中有电流通过，热丝发热，温度远高于池壁，热丝通过池腔内气体向池壁导热。当只有载气通过时，参考池腔和测量池腔内气体组成相同，热丝向池壁传导热量相同，热丝温度相同，热丝阻值相同，此时电桥平衡（即 $R_2 \times R_4 = R_3 \times R_1$），M、N 两点电位相同，测量时 M、N 两点电位差输出为 0。当天然气从进样器注入后，通过色谱柱进行分离，分离后的组分进入到测量池腔，此时两腔内气体组成不同，导致热丝向池壁传递热量变化，热丝温度改变电阻值改变，电桥平衡被打破，M、N 两点会有电位差输出。通过检测 M、N 两点的电位差可计算得到分析组分的浓度。

TCD 检测器工作时需要通过载气进行热量传递，为提高组分分析的灵敏度，需选择热导系数高的气体作为载气，分子越小，运动越快，热导系数越高，因此优选 H_2、He。由于 H_2 为易燃易爆气体，因此常选用 He 作为载气。

（5）数据分析系统：气相色谱仪在对天然气进行数据处理时主要采用外标法和归一化法。外标法是指在相同的操作条件下，分别将等量的试样和含待测组分的标准试样进行色谱分析，比较试样与标准试样中待测组分的峰值，求出待测组分的含量的方法。

$$\frac{y_i}{H_i} = \frac{y_{si}}{H_{si}} \tag{5-23}$$

式中，y_i 为样气中 i 组分的浓度；y_{si} 为标准气中 i 组分的浓度；H_i 为气样中 i 组分的峰高或峰面积；H_{si} 为标准气中 i 组分的峰高或峰面积。

归一化法是将样品中所有含量之和定为 100%，计算其中某一组分含量百分数的定量方法。

图 5.43 为 ABB NGC8206 气相色谱仪结构图，该色谱仪采用模块化集成设计，主要包括数字显示控制组件、分析模块组件、主板、进样组件。

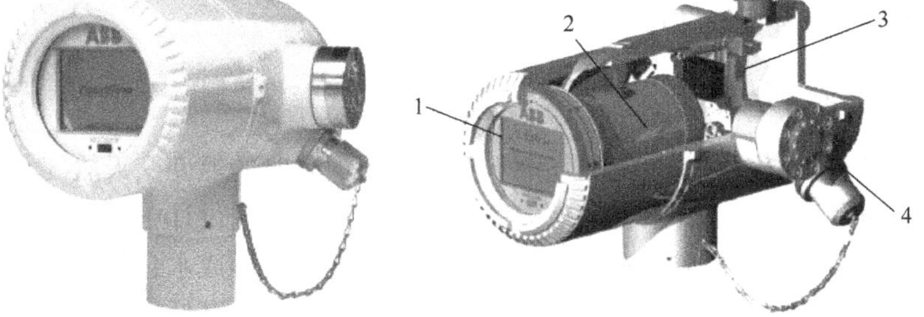

图 5.43　ABB 气相色谱仪外观及内部结构图

1—数字显示控制组件；2—分析模块组件；3—主板；4—进样组件

2）运行与维护

（1）启用。

① 检查所有连接管的连接，确保紧固。

② 检查全部电气接头连接牢靠。

③ 检查、清除防爆机壳里的异物。

④ 确认全部流量和阀门关闭。

⑤ 如环境温度较低时，开启采样系统加热电源。

⑥ 打开载气气瓶阀门，调节压力至规定压力（Elster 推荐设置 0.55MPa，Emerson 和 ABB 色谱仪推荐设置 0.6MPa），打开载气气路开关阀门。

⑦ 打开分析小屋内采样系统管路上的样气进口阀门，调节压力至 0.15~0.2MPa。

⑧ 打开浮子流量计开关，调节至合适流量。

⑨ 如色谱分析仪有标气自动校准功能，需打开标气气瓶阀门，调节压力与样气气瓶压力相同。

⑩ 开启分析仪供电开关，给分析仪送电，待仪器稳定后，新投用色谱分析仪需完成组态配置和设备调试，设备运行正常后启动循环运行模式。

（2）日常巡检。

① 运行压力：检查载气、天然气样气及标气各级减压后压力是否在设备要求范围内。

② 数据监测：定时对色谱分析仪分析出的组分数据进行比对，如发现数据异常，及时排查原因。

③ 分析小屋环境：小屋内温度应保持在 20~25℃，夏季、冬季根据情况打开空调或电暖风；检查有无跑、冒、滴、漏现象。

（3）更换载气。

当载气气瓶压力在 1~2MPa 时，需要更换载气，操作步骤如下：

① 断掉色谱仪电源，停运设备。

② 关闭载气瓶减压阀，更换连接新的载气瓶后，打开减压阀，调节压力，并进行验漏。

③ 确认减压阀出口压力在要求的压力范围内稳定后，合上电源开关，按步骤投运色谱分析仪。

（4）更换标气。

当标气气瓶压力低于 2MPa 时，应对标气气瓶进行更换，每次更换标气后，需将新的标气组分输入色谱分析仪，并根据更换后新的标气组分含量对色谱进行重新标定。标气有效期为 1 年，到期标气即便没有使用完，也需进行更换。

5.5.3 水露点分析仪

水露点是指在恒定压力下，天然气中水蒸气达到饱和时的温度。天然气水露点反映了天然气中水含量的多少，天然气水含量是天然气加工、管输工艺设计中的重要基础数据。当天然气中水含量过高时，会造成液态水在管道中集聚，甚至会形成水合物引起管道堵塞。当天然气中同时含有硫化氢、二氧化碳等酸性气体时，其水含量的高低将直接影响输气管道的腐蚀程度。

天然气中水含量通过水露点分析仪进行检测。水露点分析仪按照工作原理的不同可分为：冷镜法水露点分析仪、阻容法水露点分析仪、振动频率法水露点分析仪、激光法水露点分析仪、光纤法水露点分析仪。

1）冷镜法水露点分析仪

样品气在恒定压力下，以一定流量流经水露点仪测定室中的抛光金属镜面，该镜面温度可以人为降低并能准确测量。当气体中的水蒸气随着镜面温度的逐渐降低而达到饱和时，开始析出凝析物，此时测量所得到的镜面温度即为该压力下气体的水露点。

冷镜法水露点分析仪常用于离线式检测水露点。水露点分析仪测定镜面温度和检测凝析物方法有人工测定和自动测定两种方法。镜面冷却和控制镜面温度的方法有四种，分别为：溶剂蒸发法、绝热膨胀法、制冷剂制冷法、热电效应法。主要原理特征见表 5.8。

表 5.8　4 种镜面致冷方法比较

序号	名称	原理	最大降温值	露点仪类型
1	溶剂蒸发法	使挥发性液体与镜子背面接触，通入空气使其汽化而制冷	30℃左右（乙烯氧化物）；20℃左右（丙酮）	手动
2	绝热膨胀法	气体膨胀而使镜面冷却	20℃左右（压缩二氧化碳等）	手动
3	制冷剂制冷法	通过热电阻将镜子与制冷器相连，通入制冷剂，镜面温度随制冷剂温度降低而下降	-70～-80℃（液氮）	手动，自动
4	热电效应法	改变热电效应元件中的电流，来调节镜面温度	50℃左右（单级）；70℃左右（两级）	手动，自动

典型水露点仪结构如图 5.44 所示。

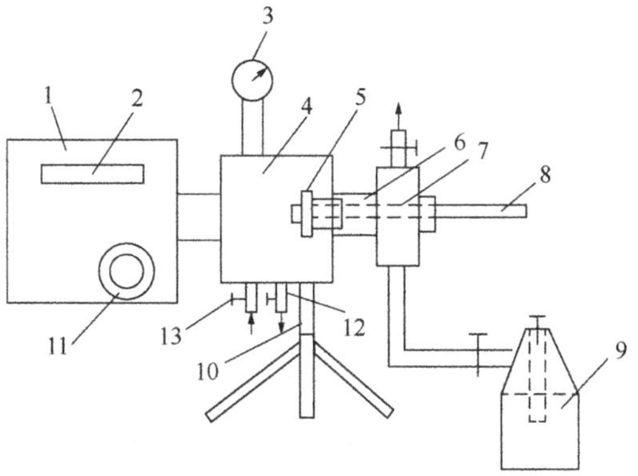

图 5.44　冷镜法水露点仪结构图

1—数字显示器；2—温度显示屏；3—压力表；4—样品池；5—镜面；6—导冷杆；7—制冷室；8—温度计探头；9—制冷容器；10—三脚架；11—观察孔；12—出口阀；13—入口阀

2）阻容法水露点分析仪

阻容法水露点分析仪采用陶瓷氧化铝材料作为介质，构成电容或电阻，在含水分的气体流经后，介电常数或电导率发生变化，测出当时的电容值或电阻值，就能知道当时的气体水分含量即测量水气分压，即露点温度。

传感器的工作原理是基于多孔感湿层对水分子的吸收。该吸湿活性层如同“三明治”一样被夹在陶瓷基底上的两个导电层之间，厚度非常薄——不到一微米，而顶部的多孔导电金箔保护层，相比起吸湿层更薄且只允许水分子自由进入传感器。因此，当周围环境的湿度发生变化的时候，传感器对湿度变化会做出极其快速的反应。(图 5.45)

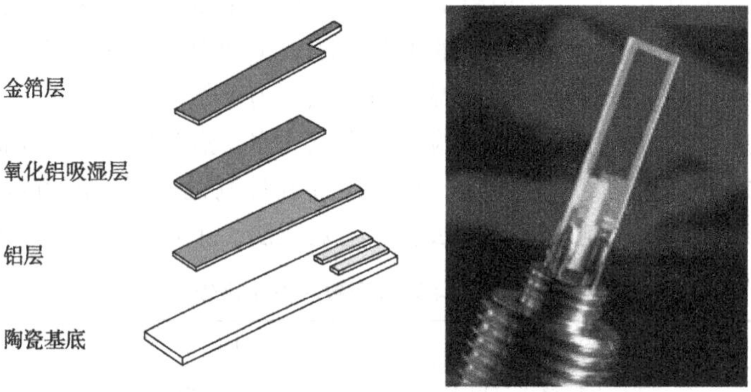

图 5.45　陶瓷传感器结构图片

3）振动频率法水露点分析仪

振动频率法水露点分析仪的核心部分是石英晶体微平衡传感器，即石英晶体振荡器(图 5.46)。传感器对水分敏感，其中的石英晶体表面涂有吸湿涂层。该涂层可选择性逆吸收样品气流中的水分。当晶体暴露于含气态水分的气流中时，吸湿涂层吸收气流中的水分，从而使涂层质量改变。通过传感器的固有振动频率的改变可检测质量的改变。

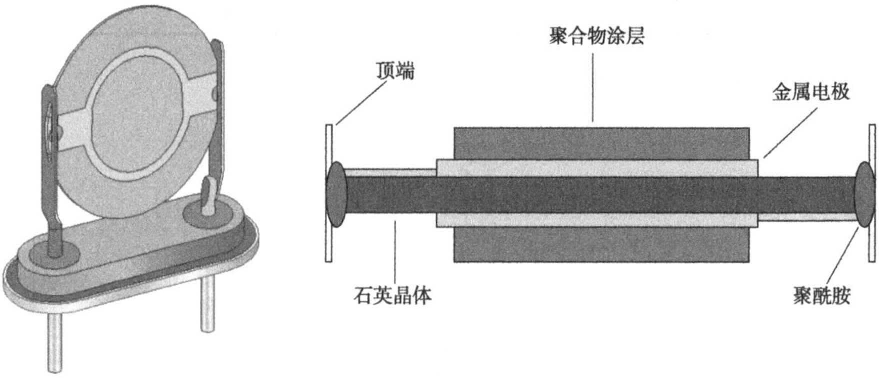

图 5.46　石英晶体传感器结构图

在分析仪的普通操作方式下，石英晶体传感器交互暴露于样品气体和干燥的参比气体中。通过使样品气体的一部分流过干燥器除去存在的水分来得到干燥的参比气体。传感器暴露于两种气流后所测得的振动频率改变即是样品气体水分含量的代表。所以样品的水分即可通过频率改变测得。

4）激光法水露点分析仪

激光法水露点分析仪是基于可调式半导体激光器吸收光谱技术，通过电流和温度调谐半导体激光器的输出波长，扫描被测物质的某一条吸收谱线，通过检测吸收光谱的吸收强度获得被测物质的浓度。

当激光穿过被测气体通道上的分子数，获得的气体浓度是整个通道的平均浓度。气体浓度定量计算是以比尔-郎伯定律为基础，比尔-郎伯定律指出了光吸收与光穿过被检测物质之间的关系，当一束频率为 V 的光束穿过吸收物质后，在光束穿过被测气体的光强变化为：

$$A=\varepsilon \cdot l \cdot c \tag{5-24}$$

式中，A 为吸收量；ε 为衰减系数(气体在特定波长上的吸收强度)；l 为腔室的光路长度；c 为气体组分含量。

激光法水露点分析仪结接原理图如图 5.47 所示。

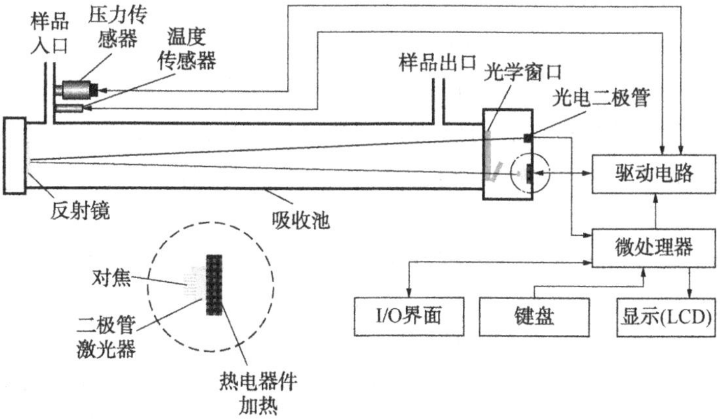

图 5.47 激光法水露点仪结构原理图

5）光纤法水露点分析仪

光纤法水露点分析仪采用传感器和控制器分开的结构，由于检测元件不在传感器中，该传感器底端由具有不同反射系数的氧化硅和氧化锆薄层构成，通过热固化技术，形成恰好可以让水分子通过的小孔(0.3nm)，其形式类似一个可以让水分子进入的海绵体。

介质中的水分子不断进入到传感器的小孔中。由可调谐发光二极管发射的特征光由光纤传递至传感器，水分子在传感器中对特征光谱产生一定的吸收和折射，改变了光的强度和波长。由于光路多次改变方向，也使得在一个很小的空间内制造的很长的光路。光束通过另一根光纤返回电子单元的光学传感器，记录其特征光谱的峰高和波长偏移量，从而计算出露点值。

5.5.4 硫含量分析仪

天然气是由碳、氢和其他元素组成的混合气体，其中含有少量的硫。天然气中含硫量偏高，会影响燃烧效率，并产生环境污染。天然气中总硫和硫化氢含量是判定天然气质量，划分一类气和二类气的重要指标。因此，天然气中硫含量的检测至关重要。

国内外使用的天然气总硫测定方法较多，其主要技术路线是将各种形态的硫转化为二氧化硫或硫化氢后，再用不同的方法测定其转化产物。目前我国在天然气管输和生产过程中常用的在线总硫分析仪测定方法有氢解速率比色法、紫外荧光法和气相色谱法。

(1) 氢解速率比色法也称醋酸铅纸带法。天然气样品和氢气在高温炉中进行加氢反应，使所有硫化合物氢解生成 H_2S 气体。样气中的 H_2S 气体通过醋酸加湿器湿润后流经醋酸铅纸带时与纸带上的醋酸铅发生反应生成褐色硫化铅，经过光电检测器检测颜色变化的速率得出硫化氢含量，即总硫浓度。该方法利用 H_2S 和醋酸铅反应变色的机理，不受其他介质干扰，是一种经典准确的测量方法，可以测量 ppb 级含量。

(2) 紫外荧光光度法类型的总硫分析仪检测原理：具有代表性的气样通过进样系统进入到一个高温燃烧管中，在富氧的条件下，样品中的硫被氧化成 SO_2。将样品燃烧过程中产生的水除去，然后将样品燃烧产生的气体暴露于紫外线中，其中的 SO_2 吸收紫外线中的能量后被转化为激发态的 SO_2。当 SO_2 分子从激发态回到基态时释放出荧光，所释放的荧光被光电倍增管所检测，根据获得的信号可检测样品中的硫含量。

(3) 气相色谱法在线总硫分析仪分析原理：天然气样品和已知组成的硫化合物混合标准气体，在相同的操作条件下，用气相色谱法进行物理分离，进入火焰光度检测器(FPD)进行检测，获得各个硫化合物的色谱峰。由标准气体的硫化合物含量值，通过比较峰高或者峰面积，计算获得样品气中相应的硫化合物含量。最后，将获得的各个硫化合物的硫含量数值进行加和，得到总硫含量。使用该方法测定总硫的前提条件是配备的色谱仪可以检测出天然气样品中所有的硫化合物。

天然气中硫化氢分析仪常用的测定方法有醋酸铅纸带法、激光光谱法和紫外吸收法。其中醋酸铅纸带法测量硫化氢与测量总硫时相同。

激光光谱法类型的硫化氢分析仪检测原理：半导体激光器发射处的经过调谐的激光束穿过被测气体，由接收单元的光电传感器进行检测。激光束能量由被测气体分子吸收而发生衰减，接收单元检测的吸光度与被测气体含量符合比尔-朗伯定律。图 5.48 为激光法硫化氢分析仪的检测原理示意图。

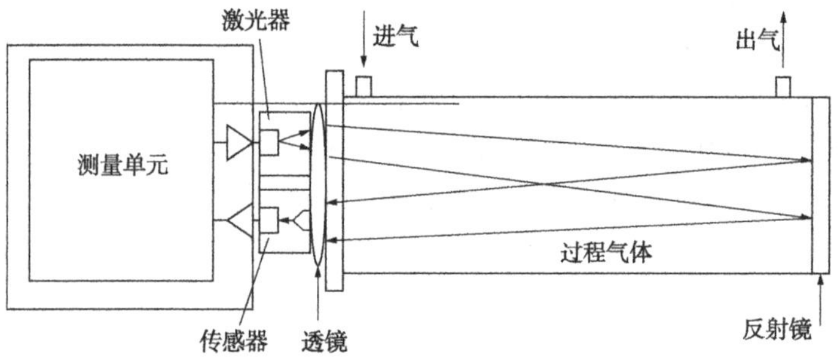

图 5.48　激光法硫化氢分析仪检测原理示意图

下面以某厂家生产的硫化氢分析设备为例，介绍设备的结构原理。该设备采用醋酸铅纸带法测量天然气中 H_2S 含量。图 5.49 为硫化氢分析仪设备及内部结构图，被测样气经过滤、压力及流量调节后流经加湿器，然后进入样品腔。在样品腔上有一个窗口允许样气进入，与纸带接触，当有 H_2S 存在时，反应产物在感应纸带上会形成很明显的棕色色斑。浓度越高，颜色越深，分析周期也越短。

硫化氢分析仪传感器模块具有 LED 和光电二极管检测器。LED 发出一束红光照射在醋酸铅纸带上，光电二极管可接收到纸带上的反射光，当纸带与 H_2S 接触时，颜色越深，光电二极管检测器接收到的光强越弱，光强转换的毫伏值就越低，分析仪通过电压变化的速率得出 H_2S 含量。

由于醋酸铅只与天然气中的硫化氢这一组分发生反应，而不会与其他组分产生反应，因此不会受到类似于二氧化硫、苯等杂质的干扰。特别适用于测量不同来源、不同组成的天然气中 H_2S 的含量。

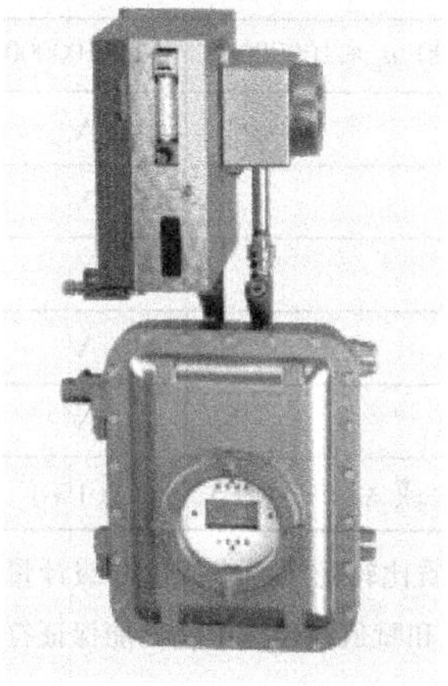

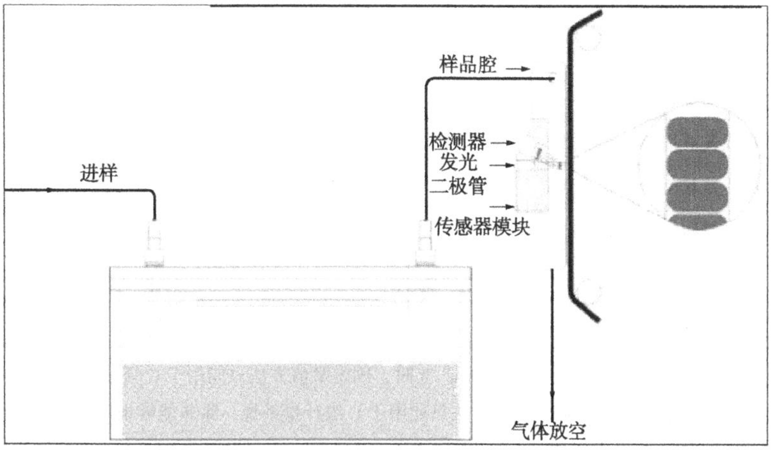

图 5.49 醋酸铅纸带法硫化氢分析仪结构原理图

目前，天然气管道硫含量在线分析设备通常可同时分析总硫和硫化氢含量。图 5.50 为天然气总硫和硫化氢分析设备，在硫化氢分析仪基础上增加总硫转换炉，在总硫转换炉内各种不同硫化物在高温下与 H_2 发生氢解反应被转换成硫化氢，然后通过分析硫化氢得出真正的总硫含量。

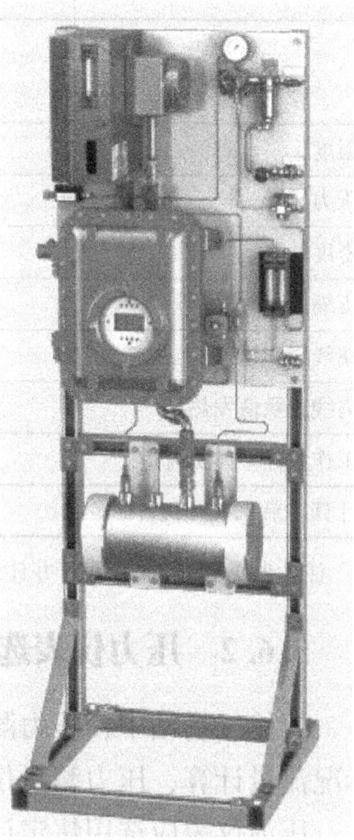

图 5.50 硫化氢/总硫分析仪结构原理图

5.6 仪表选型

5.6.1 计量系统仪表选型

天然气计量场站计量系统在设计和选型时，宜作为一个独立的系统，所有设计、建设和安全方面的要求应符合相应的国家标准、行业标准和有关规范要求，仪表选型应根据工艺要求的操作条件、工艺介质特性、测量准确度要求等选择适合现场使用的计量仪表。

根据《天然气计量系统技术要求》(GB/T 18603—2014)规定，天然气计量系统可分为 A(1%)、B(2%)、C(3%)三个准确度等级，不同等级计量系统对于测量性能和仪表准确度要求见表 5.9、表 5.10。

表 5.9 不同等级计量系统测量性能要求

设计能力(标准参比条件)q_n/(m^3/h)	$q_n \leqslant 1000$	$1000<q_n \leqslant 10000$	$10000<q_n \leqslant 100000$	$q_n>100000$
流量计的曲线误差矫正		√		√
在线核查(校对)系统				√
温度转换	√	√		√
压力转换	√	√		√

续表

设计能力(标准参比条件)q_n/(m^3/h)	q_n≤1000	1000<q_n≤10000	10000<q_n≤100000	q_n>100000
压缩因子转换		√		√
在线发热量和气质检测				√
离线或赋值发热量值测定	√	√		
每一时间周期的流量记录				√
密度测量(代替 P、T、Z)				√
准确度等级	C(3%)	B(2%)	B(2%)或A(1%)(注)	A(1%)

注：当 10000m^3/h<q_n≤100000m^3/h 时，固定赋值方法只能用于 C 级计量系统和气质比较稳定的小流量 B 级计量系统；双气源或多气源的固定赋值方法只能用于 C 级计量系统；除非能够证明气质的变化和赋值结果的准确性能保证符合要求，否则 A 级计量系统不应该使用赋值方法获取发热量或组成数据，并应该选择可变单气源赋值方法。

表 5.10　不同等级计量系统配套仪表准确度要求

测量参数	最大允许误差		
	A 级	B 级	C 级
温度	0.5℃(注)	0.5℃	1.0℃
压力	0.20%	0.50%	1.00%
密度	0.35%	0.70%	1.00%
压缩因子	0.30%	0.30%	0.50%
在线发热量	0.50%	1.00%	1.00%
离线或赋值发热量	0.60%	1.25%	2.00%
工作条件下体积流量	0.70%	1.20%	1.50%
计算结果	1.00%	2.00%	3.00%

注：当使用超声波流量计并计划开展使用中检验时，温度测量不确定度应该优于 0.3℃。

5.6.2　压力仪表选型

天然气场站中，压力测量仪表常用的有压力变送器、压力表，主要用于压力测量显示和标况流量计算，压力测量仪表在选型时主要考虑以下方面的因素：

压力仪表应选用法定计量单位：帕(Pa)、千帕(kPa)和兆帕(MPa)。

压力仪表应配有超量程保护装置，测量稳定压力时，正常操作压力应为量程的 1/3～2/3，测量脉冲压力时，正常操作压力应为量程的 1/3～1/2，使用压力变送器测量压力时，操作压力宜为仪表校准量程的 60%～80%。

操作压力在 40kPa 或以上时，宜选用弹簧管压力表(差压表)，在 40kPa 以下时，宜选用膜盒压力表。

安装在振动场所或振动部位时，应选用耐震压力表，耐震方法可以采用表盘内充填充液和/或加阻尼器。

压力变送器和差压变送器宜选用二线制(4～20)mA DC 带 HART 协议智能型设备，在爆炸危险区域内，应选用隔爆型或本安型变送器。

5.6.3 温度仪表选型

天然气场站中，温度测量仪表常用的有温度变送器、双金属温度计和铂电阻，主要用于温度测量显示和标况流量计算，温度测量仪表在选型时主要考虑以下方面的因素：

温度仪表的测量单位，应采用摄氏度(℃)，热力学温标单位为开[尔文](K)仅用于包含绝对温度的计算。就地显示温度仪表的刻度/量程应采用线性直读式或数字显示，操作温度应为刻度/量程的30%~70%，温度变送器操作温度应为量程的10%~90%。

双金属温度计的表盘直径宜为Φ100mm，在光照较差、安装位置较高及观察距离较远的场合，宜选用Φ150mm表盘，表盘外壳宜为不锈钢，面板宜为白底黑字，应带防爆玻璃。

温度测量精确度要求较高、反应速度较快、无振动场合，宜选用热电阻(RTD)，RTD应采用Pt100分度号且应符合IEC60751标准，宜采用线圈式或绕线式，不得采用薄片式，RTD宜采用3线制。

在天然气管道中，温度测量设备一般设有温度套管，温度计套管的插入深度应保证测温元件的端点位于被测介质温度变化的灵敏区域。在管道内安装时，应伸入管道至公称内径大约三分之一处，对于大于300mm口径的管道，设计插入深度应在75~150mm。

温度变送器应首选二线制4~20mA DC带HART协议智能型设备，安装在爆炸危险区内的温度变送器应选用隔爆型(Exd)、本安型(Exi)或n型(Exn)。

温度变送器的读数准确度不应低于±0.2℃。

5.6.4 流量计选型

天然气计量系统在选择流量计类型时，要充分考虑各种流量计的优缺点，结合流量计流量范围、操作压力、介质流态、工程投资等因素进行综合考虑，确保所选用的流量计在正常的流量、压力、温度操作条件下，性能稳定，满足计量准确度要求。对目前天然气管道行业中常用的孔板流量计、超声流量计和涡轮流量计特点进行分析对比，见表5.11。

表5.11 流量计选型指南表

影响因素	涡轮流量计	超声流量计	孔板流量计
气体中夹带固体	可能有沉积物、叶片可能受损影响旋转，需要安装过滤器	一般不受影响，如果传感器孔被污垢堵塞，流量计计量准确性会受影响，建议增加过滤器；气体中有粉尘，对超声流量计换能器存在冲蚀影响	可能有侵蚀和沉积物，需要增加过滤器
气体中夹带液体	可能有腐蚀、结垢，润滑油被稀释，转子出现不平衡	可能导致信噪比受影响，如果传感器孔受阻，流量计计量准确性受影响	由流量计腐蚀引起的磨损会造成流量误差，孔板端面和孔板取压孔内有沉积物会影响准确性
压力和流量变化	压力突变可能造成损坏	影响不大	压力突变会造成损坏
脉动流	流量快速的周期变化会使测量结果过高，影响程度取决于流量变化的频率和幅度，以及气体的密度和叶轮的惯性	只要脉动的周期大于流量计的采样周期，就不会受影响	准确度取决于仪表响应速度，准确度要受影响

续表

影响因素	涡轮流量计	超声流量计	孔板流量计
允许误差范围内典型的量程比	30:1	30:1	10:1
过载流动	可短时间过载	可过载	可过载至孔板的允许压差
增大公称设计能力	增大最大流量需要加大流量计或增加气路或提高压力	增大最大流量需要加大流量计或增加气路或提高压力	增大最大流量需要加大孔板流量计内径或增加气路或提高压力
流量计及其管道所需配管设计要求	依据 GB/T 21391 要求，上游 10*D*，下游 5*D*	依据 GB/T 18604 要求，上游 30*D*，下游 5*D*	依据 GB/T 21446 要求，上游 30*D*，下游 5*D*

5.7 仪表电气安保措施

计量仪表设备在进行供电时应保证计量系统稳定、不间断运行。为避免大型电气设备开启对计量系统电源造成波动，影响系统稳定性，通常自控计量系统不应与大型电气设备共用同一电源；在自控计量系统内供电时应使用同一电源，从而避免不同电源之间的电势差对通信信号传输的影响。自控计量系统中的工控机使用 220V 交流电或 UPS 供电，其他设备使用 24V(12V)直流 UPS 供电，避免断电或电源异常情况下系统受影响不能正常运行，同时 UPS 对电源有整流功能，起到稳压的作用(图 5.51)。

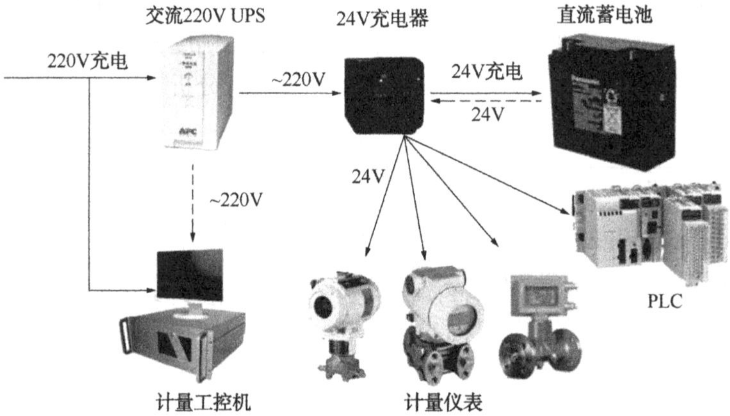

图 5.51　计量系统电源供电系统结构图

随着仪表自动化技术和电子信息技术的发展，自控通信计量系统在天然气场站得到了广泛应用，由于该系统电源和信号回路均为低电压弱电回路，雷电对该系统有很强的干扰和破坏作用，易导致仪表和电子元件损坏，造成经济损失的同时，还会影响计量数据的计算和传输，影响正常的生产经营工作，因此，防雷技术对于天然气自动计量系统至关重要。

当有直击雷等自然现象时，计量回路中会产生电涌现象。电涌即瞬态过电，是电路中出现的一种短暂的电流、电压波动，在电路中通常持续约百万分之一秒，对电子仪表等弱电设备危害性巨大。目前天然气计量仪表及自控系统常用的防雷措施有防雷接地和安装浪涌保护器。

5.7.1 防雷接地

接地是防雷防电涌的基础，是系统防雷工程中至关重要的一个环节，没有良好的接地系统，任何防护设施都不能很好地发挥应有的作用。接地装置是指埋设在地下的接地电极到设备之间连接导线的总称。接地装置是由埋入土中的金属接地体(角钢、扁钢、钢管等)和连接用的接地线构成的。

自控计量系统接地的设计及应用要严格执行《石油化工仪表接地设计规范》(SH/T 3081)的要求，规范中对接地分类、接地方法、接地连接等内容有详细的规定，在实际应用中应注意以下几点：

防雷接地应与专业防雷接地系统共用，但不得与独立避雷装置共用接地装置。

仪表工作接地的原则是单点接地，信号回路中要避免产生接地回路，当一条线路上的信号源和接收仪表都不可避免接地时，应采用隔离器将两点接地进行隔离。仪表及控制系统的接地电阻为工频接地电阻，阻值不应大于4Ω。

接地系统设计施工时，应尽量缩短地线距离，尽量降低接地电阻阻值。

计量站应采用联合接地设计，采用联合接地系统接地电阻为1Ω。

仪表电缆槽、电缆保护金属管应做保护接地，可直接焊接或用接地线连接在附近已接地的金属构件或金属管道上，并保证接地的连续和可靠，但不得接至输送油气的金属管道，仪表电缆槽、电缆保护金属管的连接处，应进行可靠的导电连接。安全保护接地电阻不应大于4Ω。

5.7.2 防电涌保护器

安装防电涌保护器(SPD)是目前防止雷电损坏比较通用的做法。SPD防电涌保护器的工作原理有三种：

(1) 开关型：其工作原理是当没有瞬时过电压时呈现为高阻抗，一旦响应雷电瞬时过电压时，其阻抗就突变为低值，允许雷电流通过。

(2) 限压型：其工作原理是当没有瞬时过电压时为高阻扰，随电涌电流和电压的增加其阻抗会不断减小，其电流电压特性为强烈非线性。

(3) 分流型或扼流型，分流型——与被保护的设备并联，对雷电脉冲呈现为低阻抗，而对正常工作频率呈现为高阻抗；扼流型——与被保护的设备串联，对雷电脉冲呈现为高阻抗，而对正常的工作频率呈现为低阻抗。

无论是哪种工作原理的SPD防电涌保护器，在使用安装时，必须根据厂家的说明书进行安装使用。根据天然气场站的实际情况，设计时可考虑用在220V、24V、12V，仪表通信端选取型号匹配的SPD防电涌保护器进行保护安装，如图5.52所示，其中220V、24V、12V的SPD保护器的接地保护端子应与工作地共用接地装置，但不能连接在同一汇流排上；仪表等弱电设备通信端使用SPD保护器应就近就地连接在现场接地装置上，如图5.53所示。

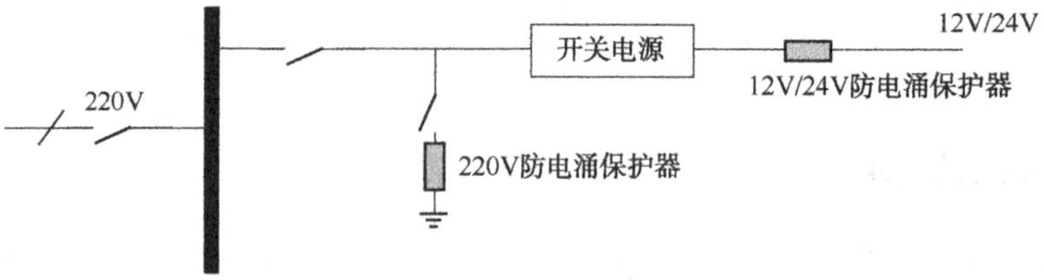

图 5.52　电源保护示意图

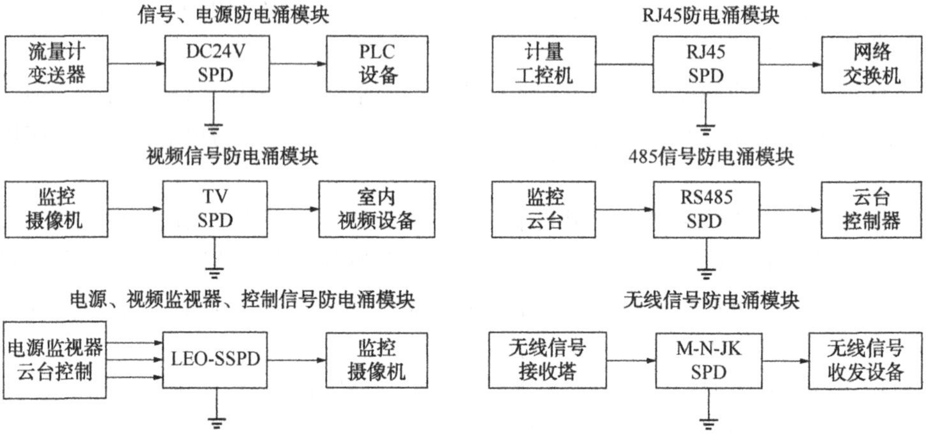

图 5.53　信号保护示意图

5.8　能量计量

20 世纪 80 年代，为应对石油危机、提高天然气利用水平，美国天然气加工者协会提出天然气交接计量和结算的发热量准则，要求以天然气的发热量为基准进行计价。国际标准化组织 ISO 制定了《天然气能量测定》国际标准，标准号为 ISO15112，该标准于 2007 年 12 月 1 日正式发布，规范了天然气能量计量的方法。美国在实施能量计量后，天然气的供需矛盾得到缓解，同时也推动了美国天然气生产、储运、销售、计量、分析测试、气体净化等各方面技术的进步，为天然气工业快速发展奠定了科技基础。

目前，在世界范围内，除俄罗斯、前东欧部分国家及我国内地等地区还是用体积计量作为天然气贸易的计量标准外，北美、西欧的大部分国家和亚洲的大部分国家如日本、印度等也都采用了能量计量。国外天然气能量计量应用技术比较成熟，已形成完整的技术体系和计算方法，建立了完善的计量标准和量值溯源体系。

在国际上，天然气能量计量标准主要包括 ISO 标准与美国气体协会(AGA)、美国石油学会(API)的技术报告和规范及美国材料与试验协会(ASTM)标准。欧洲各国有自己的相应标准体系，在两国之间的天然气贸易计量中，主要使用 ISO 标准，并且逐渐建立起欧洲的标准体系。国际法制计量组织(OIML)也着手制定天然气计量方面的技术法规。

近年来，我国天然气的发展突飞猛进，已经成为世界上天然气进口大国，我国进口天然气总量占天然气供给总量的约 40%，进口天然气又分为进口管道气和进口 LNG 气。在进口天然气贸易中，管输天然气主要采用能量计量，LNG 进口天然气采用能量计量方式进行结算。在同一天然气输配管网中，计量贸易结算方式不同，难以准确计算管网输气能量平衡，且气源气质不同，发热量差异明显，体积计量方式无法体现天然气优质优价原则，为进一步同国际贸易接轨，天然气实现能量计量也必将是我国天然气计量的发展方向。

然而，我国要从天然气的体积计量转变为能量计量，首要任务是加强天然气能量计量标准、能量计量设备等体系建设。现阶段，我国已经积极开展了这方面的科学研究工作，在天然气流量计量、天然气物性参数测定方面参照 AGA、ISO 和欧洲标准制定了一系列的标准。目前已实施的国家标准有《用孔板流量计测量天然气流量》(GB/T 21446—2008)，《用气体超声流量计测量天然气流量》(GB/T 18604—2014)，《天然气计量系统技术要求》(GB/T 18603—2014)，《天然气》(GB 17820—2012)，《天然气压缩因子计算》(GB/T 17747—2011)；《天然气发热量、密度、相对密度和沃泊指数的计算方法》(GB/T 11062—2020)和《天然气能量的测定》(GB/T 22723—2008)等。

2019 年 5 月 24 日，国家能源局印发《油气管网设施公平开放监管办法》中要求推行天然气能量计量方式，到 2021 年 5 月份建立天然气能量计量计价体系，逐步推行能量计量。该办法从法律法规层面明确了能量计量体系建设要求。

对企业来讲，由体积计量向能量计量方式改造实施过程，主要是实现单位体积发热量的测量和流量计算机对能量参数的计算。以某大型管道企业为例，在能量计量计价体系改造过程中，对辖区内所有流量计算机进行梳理，对内置热值计量标准的流量计算机直接进行组态修改调试，对没有设置热值计算标准的流量计算机通过程序写入热值计算标准的方式进行改造，对程序写入实现不了改造的流量计算机进行更换。热值的测量通过色谱分析仪实现，具体分两种情况：已有气相色谱仪或新增气相色谱仪的站场，直接将气相色谱仪分析得到的天然气组分写入流量计算机，计算得到热值；没有气相色谱仪的站场，从调控中心调取同一气源站场的气体组分，并写入站场流量计算机，实现能量计量。

5.9 流量计实流检定

每一个量值传递体系都只有一个国家计量基准。流量是由质量、长度、时间基本量组成的导出量，我国天然气流量计量体系的计量基准在中国计量科学研究院，由国家基准将量值传递到原级标准装置，再依次传递至工作计量流量计。天然气流量量值传递示意图如图 5.54 所示。

天然气流量计计量标准装置过去多设置在中国科学研究院或省市计量管理、测试机构，利用空气进行实验室检测，由于空气与天然气介质性质不同，利用空气进行检定时误差较大。随着我国天然气行业快速发展以及天然气长输管道建设规模不断扩大，为保证天然气贸易计量的公平、公正，加强对测量天然气流量的流量计的监督，建立天然气在线实流检定装置迫在眉睫。从计量学角度看，实流检定校准最符合流量量值的溯源特征，它以管输的实际天然气介质及在接近实际运行工况条件下对流量的分参数，如压力、温度、气质组分和流量进行动态量值溯源，保证测量条件与实际使用条件尽可能一致。

天然气在线实流检定检测机构或实验室大多依托大的天然气输送管道公司组建，由认证机构或国家计量技术机构授权。20 世纪 80 年代，经国家计量局批准，中国石油在国家原油大流量计量站(现为国家石油天然气大流量计量站)建立了石油石化系统第一套 mt 法气体流量标准装置。目前我国已建成位于成都、南京、武汉的 3 套压力介于 0.4~10.0MPa、测量不确定度介于 0.05%~0.07%的天然气流量原级标准装置，以及广州分站、乌鲁木齐分站、

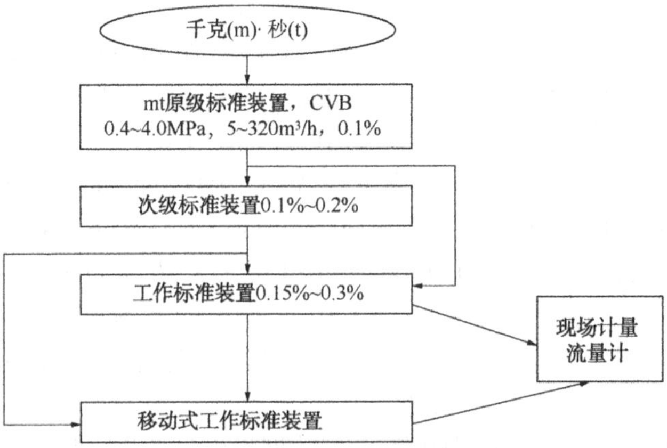

图 5.54　天然气流量量值传递方式示意图

注：图中原级标准除 mt 法外还有 pVTt 法、钟罩法等

塔里木分站等 11 个国家天然气专业计量站。

图 5.55 为某流量站的实流检定流程图。图 5.56 为移动式计量标准装置外形图。计量检定站流程主要包括过滤单元、调(稳)压单元、检定装置和流量调节单元。送检的流量计与检定标准装置进行串联连接，检定表安装在检定台位后，将天然气气源通过过滤分离器除尘，压力调节控制气流压力，流量调节阀门调节过气流量点，在不同流量检定点下将被检表数值依次与工作标准表进行比较，最后得出不同流量检定点下的流量系数。

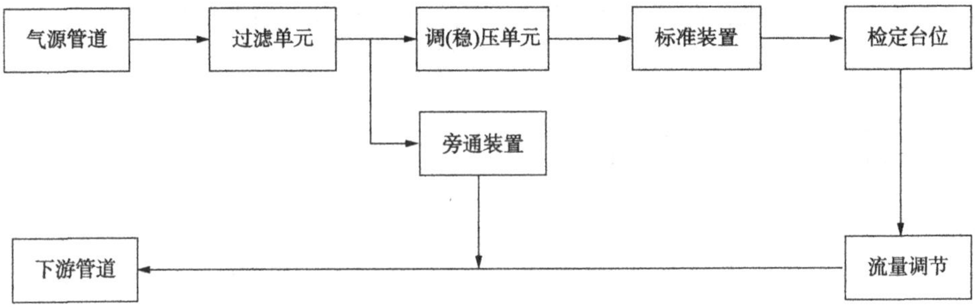

图 5.55　天然气实流检定流程图

图 5.56　移动式天然气计量标准装置

第 6 章　压缩机与压气站

天然气增压是长输管道远距离输送常用的技术措施之一，为保持管道末端压力和最大输气能力，需在管道沿线不同位置增加一定数量的天然气压缩机。本章重点介绍离心式压缩机工作原理、结构组成及操作维护等方面知识，概要介绍活塞式压缩机、螺杆式压缩机和轴流式压缩机。

6.1　压缩机概述

6.1.1　压缩机组

压缩机是指将低压气体提升为高压气体的流体机械。压缩机及与之配套的原动机统称为压缩机组。压缩机组是干线输气管道的主要工艺设备，同时也是压气站的核心部分，其功能是提高进入压气站的气体的压力，从而使管道沿线各管段的流量满足相应任务输量的要求。

干线输气管道的运行可靠性和经济性在很大程度上取决于其所采用压缩机组的性能。压气站的投资占总投资的 20%~25%，经营费用占管道总经营费用的 40%~50%，而其中压缩机组的投资占压气站投资的一半以上，压缩机组的能耗费用约占压气站费用的 70%。因此，在干线输气管道设计中选择技术上先进、经济上合理的压缩机组是至关重要的。

目前在干线输气管道上采用的输气压缩机有两种类型，即往复式压缩机和离心式压缩机。从工作原理上划分，它们分别属于容积型压缩机和速度型压缩机。根据《压缩机分类》(GB/T 4976—2017)压缩机基本分类如图 6.1 所示。

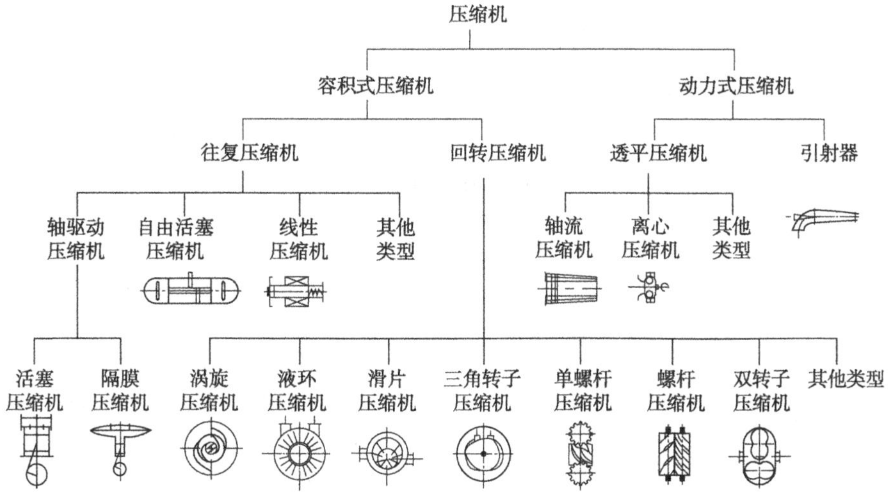

图 6.1　压缩机分类

压缩机已发展应用到从航天、航海，到石油化工、冶金动力，甚至小到家庭等各个领域。其中活塞式压缩机适用压力范围广、压缩效率高、应用性较强；离心式压缩机的流量大、结构紧凑，适用于中低压力、大中流量场合，在天然气能源、石油化工、空分、空气动力等行业得到广泛应用；轴流式压缩机适用于低压大流量的炼油化工、冶金和航空发动机领域；螺杆式压缩机主要用于空气压缩等方面。

6.1.2 离心式压缩机工作原理

离心式压缩机在电动机或燃气轮机的驱动下，压缩机叶轮随轴旋转，气流由吸入室轴向进入叶轮，叶片推动气体高速向外圆流动，在离心力作用下提高了压力，同时出口流速也大幅度提高。然后在扩压室内将气体的动能转化为压力能，从而使出口气体压力进一步升高，达到增高压力的目的。

电动机通过变速箱带动压缩机主轴叶轮高速转动，在离心力作用下，气体被甩到工作轮后面的扩压器中去。而在工作轮中间形成稀薄地带，前面的气体从工作轮中间的进气部分进入叶轮，由于工作轮不断旋转，气体能连续不断地被甩出去，从而保持了压缩机中气体的连续流动。气体因离心作用增加了压力，还可以很大的速度离开工作轮，气体经扩压器逐渐降低了速度，动能转变为静压能，进一步增加了压力。如果一个工作叶轮得到的压力不够，还可以通过使用多级叶轮串联起来工作的办法达到对出口压力的要求。级间的串联通过弯道、回流器来实现。这样一级接一级直至末级叶轮的出口通向蜗壳流向压缩机体外。如图 6.2 所示。

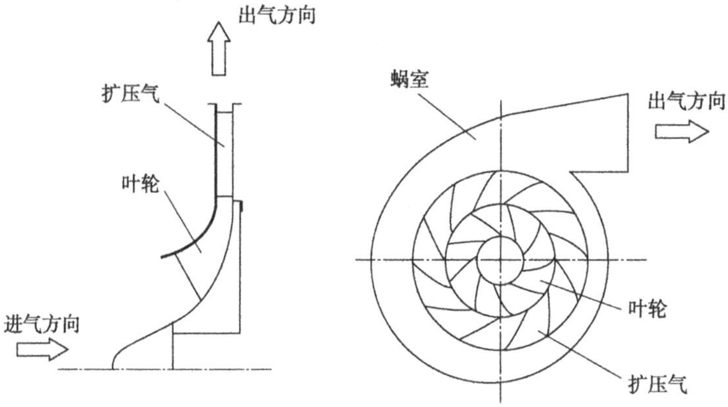

图 6.2　压缩机工作原理

图 6.3　离心式压缩机外形图

离心式压缩机外形如图 6.3 所示。

与其他压缩机相比较，离心式压缩机的主要优点有：

（1）离心式压缩机为一种回转运动的机器，它适宜于工业汽轮机或燃气轮机直接拖动。对一般大型化工厂，常用副产蒸汽驱动工业汽轮机作动力，为热能综合利用提供了可能。

（2）离心式压缩机排量大，运动部件少，运转平稳，操作可靠，备件需用量少，运行维修工作量低，运行周期长。

(3) 结构紧凑，机组尺寸较小，占地面积及质量相对较小，容易实现自动化。

(4) 由于无须气缸润滑，因此压缩气体无油污染。

(5) 振动和噪声较小，不需庞大而笨重的基础。

但是，离心式压缩机也存在一些不足：

(1) 离心式压缩机效率一般比活塞式压缩机低，对输送气质的要求高。

(2) 离心式压缩机目前还不适用于气量太小及压比过高的场合。

(3) 离心式压缩机的稳定工况区较窄，可能出现喘振现象，机组须添加防喘振系统。

(4) 安全防护措施要求较高。

6.2 离心式压缩机

离心式压缩机结构如图6.4所示。从图中看出，离心式压缩机每一个级都是由一个叶轮和与之相配合的固定元件组成。气室由吸入室引入，轴向进入叶轮，通过叶轮对气体做功，气体的速度、压力和温度都得以提高；然后进入扩压器，使气体的动能转换为压力能。

为了将扩压器后的气体引入下一级叶轮的入口继续增高压力，需设计一个弯道、回流器，其主要作用就是导向作用。至此，气体完成了一个级的压缩，再进入第二、第三级压缩后，经蜗壳和出气管线引出。为了降低温度、减少功耗，有的离心式压缩机配套设计有中间冷却器，中间冷却器前面的级称为第一段，后面的级称为第二段。

图6.4 离心式压缩机纵剖面结构图

离心式压缩机主要包括定子和转子两个部分：其中转子是指能够转动的部件，包括主轴、叶轮、平衡盘、推力盘、联轴器等部件(图6.5)。定子是指不能转动的零部件，主要包括机壳、吸气室、扩压器、回流器、蜗壳，还包括密封、轴承等部件。

图6.5 离心式压缩机转子部件

6.2.1 转子部件

6.2.1.1 主轴

主轴是压缩机的关键部件，主要起到装配叶轮、平衡盘、推力盘的作用，通过联轴器与驱动机相连，是转子部分的中心部件。

主轴的尺寸设计不仅需考虑强度问题，还需仔细计算轴的临界转速，工程上一般要求工作转速离开临界转速30%以上。由于制造误差和材料的不均匀，转子的质量中心往往不会在正中心，这一质量偏心在转子高速运转时产生离心惯性力，引起压缩机振动，因此需要通过动平衡来尽可能地消除质量偏心。转子动平衡一般在动平衡机上进行，通过转子一定的速度运转，发现不平衡的总量和相位，从而通过加重或去重，使转子不平衡量尽可能地减小。

6.2.1.2 叶轮

叶轮是离心式压缩机对气体介质做功的唯一元件，所以对叶轮的设计、材料和制造质量都要求很高。如图6.6所示，气体进入叶轮后，在叶片的推动下跟着叶轮旋转，由于叶轮对气流做功，增加了气流的能量，因此气体流出叶轮时的压力和速度均有所增加。叶轮按结构分开式、闭式和半开式两种，开式叶轮就像电风扇的叶轮，在离心压缩机上很少使用；没有轮盖的称为半开式叶轮；由轮盖、轮盘和叶片组成的称闭式叶轮。

图6.6 叶轮示意图

影响叶轮性能的主要因素是叶片的弯曲形状。按叶片出口角β_{2A}的不同，可分为后弯($\beta_{2A}<90°$)、前弯($\beta_{2A}>90°$)及径向叶轮($\beta_{2A}=90°$)三种类型。由于后弯式叶片的级效率较高，因此被广泛采用。叶轮是高速旋转的部件，要求材料具有足够的强度。为了减少振动，叶轮和主轴必须经过动平衡试验。

根据叶轮加工制造方法，叶轮可分为铆接型、整体铸造型和整体铣制焊接型。铆接型叶轮是早期压缩机常采用的方法，叶片用钢板压制成型，再与轮盘、轮盖铆接在一起。铣制的叶轮是用数控机床在叶轮毛坯上直接铣出叶片和轮盘，再将轮盖焊上，这种叶轮制造工艺复杂，成本高，但可以加工出精度很高的三元叶片，因为效率高，被现代压缩机普遍采用。

叶轮与主轴的连接装配方式主要有过盈连接、键连接、螺栓连接等多种。其中过盈连接最为常见。叶轮与主轴装配后，在接触面形成一定的过盈量，此过盈量会使叶轮抱在主轴上。若过盈量过小，叶轮将与主轴脱落；过盈量过大，装配将非常困难，反而造成叶轮的损坏。装配时一般将叶轮轮毂加热，使叶轮内孔受热膨胀，就可以将叶轮套在主轴上，待叶轮冷却后，叶轮内孔收缩就产生过盈，与主轴紧紧抱在一起产生过盈配合。

6.2.1.3 平衡盘

平衡盘是离心式压缩机用于平衡轴向力的装置。叶轮在工作时，由于叶轮两侧的压力不相等，受到气体对它轴向的压力，这样就产生了一个指向入口方向的静推力。对于压缩机的轴承而言难以承受，因此必须予以消除。低压大流量的压缩机可采用背靠背布置叶轮的方式来相互抵消叶轮产生的轴向力，但最常用的方式是在末级叶轮后设置一个平衡盘。

平衡盘的一侧与出口端(高压端)相通，另一侧与压缩机的入口端(低压端)相连通，这样便在平衡盘上产生了一个与叶轮推力相反的力，从而抵消整个转子向入口端的推力，减轻止推轴承的负荷，其结构如图6.7所示。

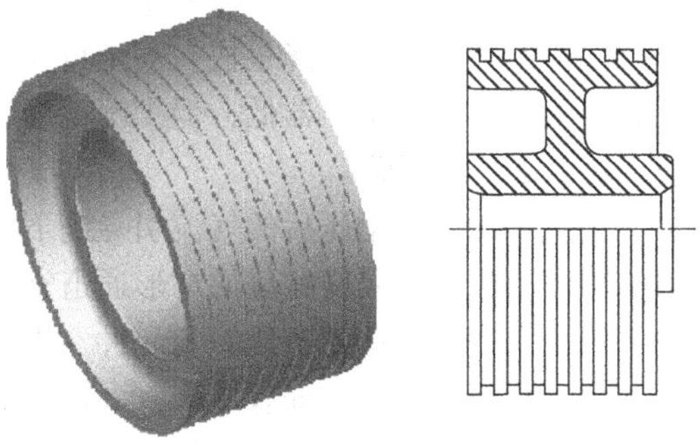

图6.7 平衡盘

6.2.1.4 联轴器

联轴器将压缩机轴与驱动设备连接起来，向压缩机传递扭矩。压缩机与驱动设备安装过程中轴线不可能保证百分之百的对中，所以联轴器要有吸收不对中量的能力。离心式压缩机常用的联轴器为膜片式弹性联轴器，膜片联轴器适用于高温、高速、有腐蚀介质工况环境的轴系传动，经动平衡后应用于高速、大功率机械传动系统。膜片联轴器没有相对滑动、无须润滑、密封好、无噪声、维修少，广泛应用于离心式压缩机。

6.2.2 定子部件

6.2.2.1 机壳

压缩机的壳体称为气缸，又称为机壳。机壳用来封闭压缩机的内部构件，机壳与进出口管路相连接。对机壳的主要要求是需有足够的强度以承受气体的压力。工作压力低于6.4MPa时常用铸钢或铸铁外壳，高于6.4MPa时用筒形铸钢或锻钢外壳。

按外壳的打开形式，可分为水平剖分式和垂直剖分式，水平剖分的机壳在水平中分面上分成上下两半，采用螺栓连接。具有密封性好、拆装方便的特点，隔板可直接安装在外壳内，但由于存在巨大的密封面，不适宜用在工作压力较高的情况，一般工作压力低于3.5MPa。

垂直剖分式机壳在两端用螺栓将端盖与机壳紧固在一起。具有密封面较小，有利于工作在较高的压力下的特点，但维修不如水平剖分式方便，必须将内部构件从外壳中抽出来。

例如沈鼓压缩机型号“2BCL405”的含义是：2代表两段压缩、B代表垂直剖分；CL代表闭式叶轮无扩压器；40代表叶轮直径400mm；5代表叶轮数为5。“MCL904”其中的M代表水平剖分。

不同用途的离心式压缩机的出入口连接管线位置也不同，化工流程用压缩机所压缩的气体往往含有极少量的液态重组分，因此管线接口方向向下有利于排除液体。天然气用压缩机的接口一般在压缩机的两侧。

6.2.2.2 扩压器

压缩机工作时气体从叶轮流出时速度仍很高，大约为200~500m/s。为了充分利用这部分速度能，在叶轮后要设置流通截面逐渐扩大的扩压器，气体在扩压器中减速，使气体的动能转变为压力能。

扩压器分为有叶扩压器和无叶扩压器。无叶扩压器是由两个平行壁面构成的环形通道。有叶扩压器又称叶片扩压器，是在无叶扩压器的环形通道中，沿着圆周方向分布一定数量的叶片。一方面截面积增大使气体降速，另一方面通过叶片强迫气流转弯，其降速效果比无叶扩压器更为明显。

有叶扩压器效率较高、尺寸小，使得流道缩短，但工况范围较窄。当实际工况偏离设计工况较大时，其效率下降很快，甚至首先在扩压器内产生喘振。无叶扩压器结构简单，造价低，其效率比有叶扩压器低，但工况范围较宽。

6.2.2.3 隔板

为把一级叶轮增压后的气流引导到下一级叶轮去进一步压缩，需设置一个气流弯道，一般弯道是由机壳和隔板构成的弯形通道空间来实现。

隔板是形成气体通道的固定元件。进气隔板和气缸形成进气室，将气体导流到第一级叶轮入口。中间的隔板用处有2个，一是形成扩压室，使气体流出后具有的动能减少，转变成压力的增高；二是形成弯道回流向中心，流到下级叶轮入口。排气隔板除了与末级叶轮前隔板形成末级扩压室之外，还要形成排气室。如图6.8所示可以看出隔板与机壳的关系。隔板主要技术要求有：

(1) 要有足够的刚度，有足够的受力时抵抗弹性变形的能力(一般用弹性模量来衡量)。

(2) 要有足够的强度，以承受来自气体介质的压力。

(3) 排气室、进气室要有可靠的密封性能，以免造成气体介质泄漏。

图6.8 垂直剖分压缩机隔板与机壳的关系

6.2.2.4 轴承

离心式压缩机有径向轴承和推力轴承之分。轴承是承载转轴的重要部件，它的主要功能是支撑转子，降低摩擦系数并保证转动精度。径向轴承为滑动轴承，它的作用是支持转子使之高速运转，并保持转子的转动中心与气缸中心一致。推力轴承则承受转子上剩余轴向力，限制转子的轴向窜动，保持转子在气缸中的轴向位置。

1) 径向轴承

径向轴承的结构主要由轴承座、轴承盖、轴瓦等组成。如图6.9所示。

(1) 轴承座，是用来放置轴瓦的，可以单独铸成后支持在机座上，也可以与气缸铸在一起，转子加给轴承的作用力最终都要通过它直接或间接地传给机座和基础。

(2) 轴承盖，盖在轴瓦上，并与轴瓦保持一定的紧力，以防止轴承跳动，轴承盖用螺栓紧固在轴承座上。

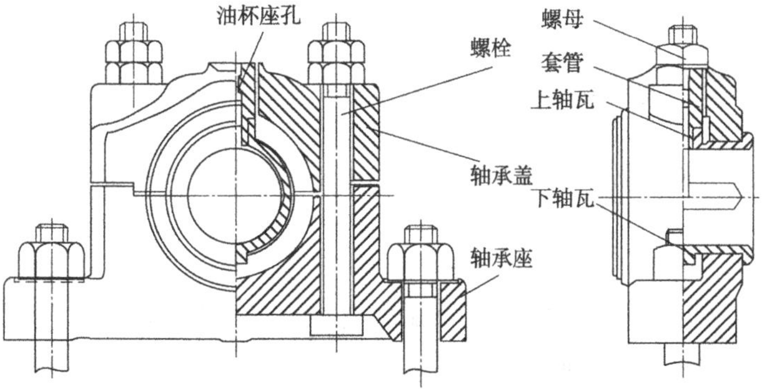

图 6.9　径向轴承结构形式

(3) 轴瓦，用来直接支承轴颈，轴瓦圆表面浇巴氏合金。在实际中，为了装卸方便，轴瓦通常制成上下两半，并用螺栓紧固，由于其减摩性好，塑性高，易于浇注和跑合，在离心压缩机中广泛采用。目前使用巴氏合金厚度通常在 1~2mm。

轴承的工作原理为依靠轴颈本身的旋转，把润滑油带入轴颈与轴瓦之间，形成楔状油膜，受到负荷的挤压建立起油膜压力将轴浮起，使得在正常工作时轴颈与轴瓦不接触。轴承油膜及油膜压力大小与轴的转速、润滑油黏度、轴承间隙以及轴承结构、负荷等相关。

由于离心式压缩机的转子较轻，转速较高，传统的半圆瓦轴承在工作时容易产生一种称为“油膜振荡”的涡动现象，因此离心式压缩机大都采用分块式轴承，这种轴承的工作面由若干块可以倾斜的瓦块组成，称作“可倾瓦轴承”。

2) 推力轴承

离心式压缩机在运行中，由于叶轮两侧、高低压端存在的压力差，产生了轴向力。通过平衡盘平衡约 70%的轴向力，剩余的 30%的轴向力需要推力轴承来承担。推力轴承又称止推轴承，它的安全运行对压缩机组运行十分重要。

推力轴承与径向轴承一样，分上下两半，中分面有定位销，并用螺栓连接，推力轴承与推力盘一起作用，安装在轴上的推力盘随着轴转动，把轴传来的推力压在若干块静止的推力块上，在推力块工作面上也浇铸一层巴氏合金，推力块厚度差不大于 0.02mm。

图 6.10　推力轴承

离心式压缩机中广泛采用米切尔式推力轴承(简称米氏轴承)和金斯泊雷式轴承(简称金氏轴承)，米氏轴承对变动载荷的适应性强，但是载荷并不是均匀地分布在每个瓦块上，这就造成推力轴承瓦块磨损不均。而金氏轴承克服了这个缺点，其优点在于载荷分布均匀，调节灵活，能补偿转子的不对中偏斜。如图 6.10 所示。

金氏轴承由止推瓦块、上下摆动的水准块、基块和控油环等组成。结构特点是层叠式自动平衡推力的轴承。其工作原理是：当各个止推瓦块载荷不同时，就会引起轴承的不平衡，止推瓦块受力不均就会发生偏转，此时，通过上下搭接的水准瓦块，自动调节每个止推瓦块上的载荷，直到每个止推瓦块上的载荷相同，轴承重新建立平衡为止。

6.2.3 压缩机密封

离心式压缩机若要获得良好的运行效果，必须在转子和定子之间保留一定的间隙，转子与机壳之间需要密封组件，才能防止高压天然气泄漏到机壳之外的大气中。密封装置对压缩机正常运转非常重要，是最容易发生故障的零部件之一。离心式压缩机密封方式有多种，常见有迷宫密封、浮环密封与干气密封。

6.2.3.1 迷宫密封

迷宫密封是由一系列节流锯齿和空隙构成的非接触式密封。其工作原理为：当气体经过一个一个的密封齿时，通过节流作用，降低气体的压力，直到最后一个齿压力趋于背压从而外泄动力消失，达到密封的目的。实质上是给气体流动施加压差阻力，从而减小气体的通过量。迷宫密封主要用于离心式压缩机级内轮盖密封、级间密封和平衡盘密封，如图 6.11 所示。

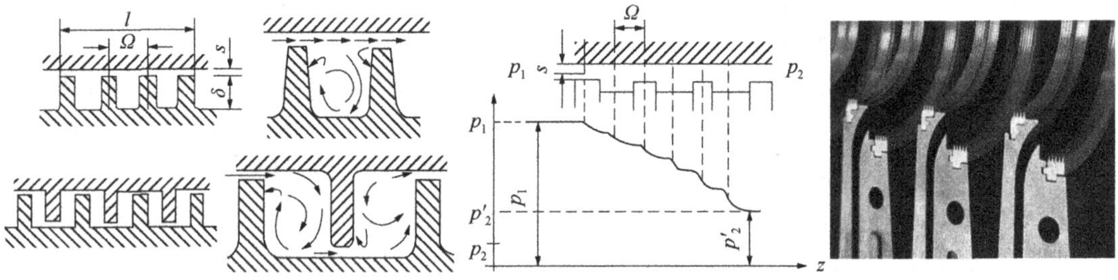

Ω—节距；δ—齿顶高度；s—间隙

图 6.11 迷宫密封原理图

6.2.3.2 浮环密封

对于高压、高速压缩机输送易燃、易爆、有毒气体时，迷宫密封很难做到零泄漏，需要新的密封形式。其中之一就是浮环密封，它是利用密封液体在浮环之间油膜的作用实现密封的。

6.2.3.3 干气密封

干气密封与传统的机械密封相类似，密封面由动环和静环组成。其中动环端面上刻有许多沟槽，它们互不相通，各个沟槽从旋转环的外径向中心延伸，但不贯通，接口槽外深内浅，在沟槽的末端形成了密封堰。干气密封与浮环密封相比，省去了复杂的密封油系统，操作简单、可靠性高，磨损小、寿命长。其结构示意图如图 6.12 所示。

静止部分包括由 O 形环密封的静环(主环)、加载弹簧及固定静环的不锈钢夹持套组成，不锈钢夹持套也通过 O 形环固定在压缩机壳内。动环组件由一个夹紧套和一个保持轴向定位的锁定螺母组成，固定在轴上并随轴高速旋转。

干气密封工作原理为：密封气体进入密封组件后，动环随转子做旋转运动，气体被动环里的螺旋槽剪切，产生动压力，气体向中心流动，遭遇密封坝后气体流动受阻，气体压力升高，动环与静环被压力分开。当气体压力与静环后的弹簧力平衡后，动静环之间就维持一个最小间隙，形成密封气膜。

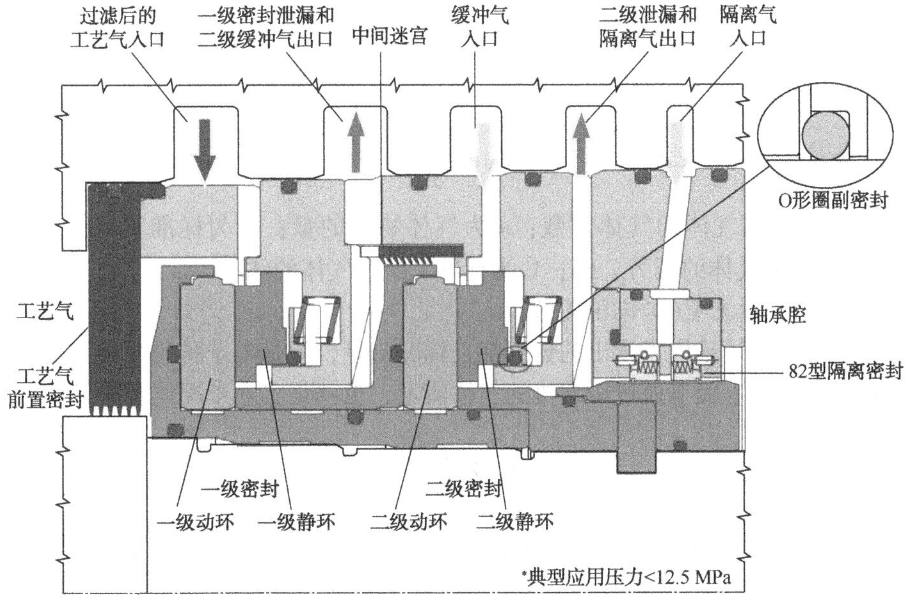

图 6.12 干气密封原理

干气密封一般由硬度高的耐磨硬质合金制造，在动环的表面刻有深度为 0.0025 ~ 0.01mm 的螺旋状沟槽。轴静止时，动环与静环被弹簧压在一起，没有间隙，故气体不能从动静结合面泄漏出来，这些槽是产生气膜压力的关键。当动环随轴转动时，螺旋槽里的气体被剪切从外缘流向中心，产生动压力，由于螺旋槽是非贯通的，使得气体流动受阻，气体压力升高，分开动环与静环，当气体压力与弹簧恢复力平衡后，维持一个最小间隙，这一间隙为 3 ~ 10μm。由于螺旋槽的深度只有几个微米，工作时气膜也只有几个微米，因此必须有非常干净的气体来启动并保护密封面外表面，既不能有固体颗粒，也不能有液滴，固体颗粒会划坏密封环表面，液滴会破坏气膜的形成。由于干式密封的设计要求和制造精度均很高，因此造价昂贵。

6.3 离心式压缩机喘振与控制

6.3.1 压缩机性能参数

压缩机常用参数有排气量、压缩比、级、段等。其中离心式压缩机的一个叶轮与配套的固定元件构成的基本单位，称为级；以中间冷却器隔开的单位，称为段。一个段可以包括一个级或多个级。

6.3.1.1 排气量

排气量是指在所要求的排气压力下，压缩机单位时间内排出的气体容积，也称流量。压缩机运行的某一工作状态，简称工况。根据不同的参比条件又分标准工况排气量和实际工况排气量。

1）标准工况体积流量（标况排气量）

我国天然气行业规定的标准工况是指压力为1.01325×10^5Pa，温度为20℃，此工况下的流量为标准工况体积流量。在标准工况下，天然气的压缩因子约等于1。

$$V_0=\frac{nR_M T_0}{p_0} \tag{6-1}$$

式中，R_M为每千摩尔气体的气体常数；n为气体物质的量；T_0为标准工况下气体的温度，K；p_0为标准工况下气体的压力，Pa；V_0为标准工况下气体的体积，m^3。

2）实际工况体积流量（工况排气量）

在实际生产中，计量仪表读出的数据都是标况流量，但是出于科研或计算的需要，常常需要知道在某一运行工况下通过压缩机的气体流量，也就是实际工况体积流量。

$$V=Z\frac{T p_0}{T_0 p}V_0 \tag{6-2}$$

式中，V为实际工况下气体的体积，m^3；p为实际工况下气体的压力，Pa；Z为天然气压缩因子。

6.3.1.2 压缩比

压缩比是指压缩机绝对排气压力与绝对进气压力的比值，简称压比。压缩比反映了气体能头（能头是指单位质量气体通过压缩机所获的有效能量）增加的多少。

6.3.1.3 功率

轴功率：单位时间内压缩机对气体所做的功。是压缩机主轴上要求输入的功率，通常是压缩机选用原动机额定功率的重要依据。功率也是求解原动机能耗的一个重要参数。设通过压缩机的气体流量为V（m^3/s），则压缩机对气体做功所消耗的理论功率为：

$$N_t=\frac{V\rho H_{pol}}{1000} \tag{6-3}$$

式中，ρ为气体密度，kg/m^3；H_{pol}为多变能头，kJ/kg。

多变能头是指压缩机级中叶轮通过叶片直接对气体所做的功中用来使气体压力升高并且不包括动能损失的那部分能头。多变能头的大小直接反映了被压缩气体压力升高的程度。叶轮工作时的总功耗转化为气体获得的总能头，气体所获得的总能头是通过四种方式得到的：第一种是叶轮的叶片直接对气体做功，机械能转化为气体的能头，这里包括气体的动能和势能。势能就是使气体压力升高的那部分能量，也就是多变能头；第二种是气体与叶轮发生摩擦而产生的热量传给气体，使气体能量增加；第三种是由于叶轮的轮盖密封不严，造成少量气体反复进出轮盖，产生摩擦，生成的热量被气体吸收；第四种是气体在流道中流动所产生的各种流动损失所消耗的能量。

离心式压缩机功率公式推导过程比较复杂，需要根据热力学能量方程、连续方程和欧拉方程等进行求解，根据《输气管道工程设计规范》（GB 50251—2015），离心压缩机的功率计算公式为：

$$N=\frac{q_m}{3600}\cdot\frac{8.3145}{M}\cdot\frac{KZT_1}{K-1}\cdot(\varepsilon^{\frac{K-1}{K}}-1)\cdot\frac{1}{\eta} \tag{6-4}$$

式中，N为压缩机轴功率，kW；q_m为天然气流量，kg/h；K为气体绝热指数，以甲烷为主的天然气K可取1.27~1.31；M为气体的质量，kg/kmol，其值等于气体的相对分子质量；T_1为压缩机进口气体温度，K；Z为气体平均压缩因子，$Z=(Z_1+Z_2)/2$，Z_1、Z_2分别为进、出口的压缩因子；ε为压缩比；η为压缩机效率。

从式(6-4)可以看出，离心压缩机主要参数有：功率、效率、压比、进气量，它们之间存在相互影响的关系。

【例题6-1】 已知离心式压缩机进气压力4.1MPa(a)，排气压力8.4MPa(a)，进气温度15.96℃，排气温度66.9℃，瞬时流量$23.3\times10^4m^3/h$，天然气相对分子质量17.3952，相对密度为0.6017，试估算压缩机功率。

解：(1)求天然气标准状态下的密度：

$$\rho=G\cdot\rho_a=0.6017\times1.2044=0.7247$$

(2) 求天然气质量流量：

$$q_m=q_v\cdot\rho=23.3\times10^4\times0.7247=16.89\times10^4(kg/h)$$

(3) 求压缩比：

$$\varepsilon=\frac{p_2}{p_1}=\frac{8.4}{4.1}=2.05$$

(4) 求绝热指数，取：

$$K=1.31$$

(5) 求绝热温度：

$$T_1=t_1+273.15=15.96+273.15=289.11(K)$$

(6) 求压缩因子，取$Z_1=0.9120$，$Z_2=0.9163$，有：

$$Z=\frac{Z_1+Z_2}{2}=\frac{0.9120+0.9163}{2}=0.9142$$

(7) 效率，取η为0.85。

(8) 求轴功率，代入式(6-4)。

$$N=\frac{q_m}{3600}\cdot\frac{8.3145}{M}\cdot\frac{KZT_1}{K-1}\cdot(\varepsilon^{\frac{K-1}{K}}-1)\cdot\frac{1}{\eta}$$

$$=\frac{16.89\times10^4}{3600}\times\frac{8.3145}{17.3952}\times\frac{1.31\times0.9142\times289.11}{1.31-1}\times(2.05^{\frac{1.31-1}{1.31}}-1)\times\frac{1}{0.85}$$

$$=5454(kW)$$

答：压缩机功率约为5454kW。

6.3.2 离心式压缩机特性曲线

为了直观表示压缩机性能的变化关系，可以以特性曲线的形式来表现。离心式压缩机特性曲线是指在进气状态和转速一定的前提下，压缩比、效率、功率随进气流量变化的

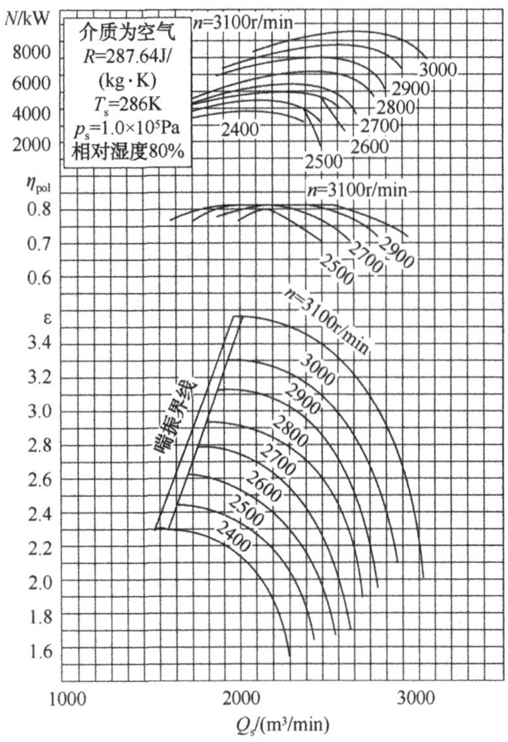

图 6.13 离心式压缩机特性曲线

曲线。如图 6.13 所示。在实际工作中，特性曲线是设备选型、现场操作以及性能调节的重要依据。

常用的性能曲线有三种：

(1) 压缩比(或压力差)—流量曲线(ε—Q 曲线)：在一定的转速下，增大流量，压缩比将下降，反之则上升。性能曲线左边受喘振工况的限制、右边受滞止工况的限制，二者之间的区域称为压缩机的稳定工况区域。转速越高，性能曲线越陡，稳定工况区域越窄。

(2) 效率—流量曲线(η—Q 曲线)：在一定转速下，当流量为某个值时，压缩机效率达到最高值，当流量大于或小于此值时，效率将下降，一般以此流量的工况点作为设计工况点。

(3) 功率与流量关系曲线(N—Q 曲线)：功率随流量的增加而增加，当流量增加到某一程度后，出口压力或压比很快下降，这时的功率也随之下降。

多级压缩机特性曲线可由单级叠加而成，结果是特性曲线更陡，最大流量变小，最小流量变大，稳定工作区变窄。

离心式压缩机在出厂时，按照设计要求设定了运行特性曲线，但在实际使用过程中，由于入口气体温度、压力、气体组分等与设计参数存在偏差，造成设计特性曲线与运行条件不匹配，这就需要使用单位对特性曲线进行一些修正。例如，当入口温度降低幅度较大时，压缩比将增加，最小流量点将向左移动；而当气体分子质量增加时，压比会略有减小，但消耗的轴功率会相应增加。

6.3.3 压缩机喘振机理

喘振是离心式压缩机固有的特性，当离心式压缩机的进口流量小到某一值时，就会在整个扩压器流道中产生严重的旋转失速，压缩机的进出口压力和流量会发生周期性的大幅度波动，引起压缩机组的强烈振动并发出风的吼叫声，这种现象叫作压缩机的喘振。

当离心式压缩机偏离设计工况时，如果气体流量减小则进入叶轮或扩压器流道的气流方向发生变化，气流向着叶片的凸面(工作面)冲击，在叶片的凹面(非工作面)的前缘部分，产生很大的局部扩压度，于是在叶片非工作面上出现气流边界层分离现象，形成旋涡区，并向叶轮出口处逐步扩大。随着叶轮的连续旋转和气流的连续性，这种边界层分离现象将扩大到整个流道而且气流分离沿着叶轮旋转的反方向扩展，以至叶道形成气流旋涡，从叶轮外圆折回到叶轮内圆，此现象称为旋转脱离。

由于离心式压缩机的入口流量不断减小，使得旋转脱离非常严重，气体的分离涡流充满整个叶轮或扩压器流道，这时压缩机的输出压力突然降低。但此时压缩机是与管道系统相连，管道内的气体会从压缩机的出口倒流入压缩机内。这样压缩机内气体增多，冲击损失得到改善，压缩机输出压力恢复正常，重新向管道内输气。但是压缩机入口流量过小的状况并没有根本改变，气体输向管道后输出压力又发生了突然降低，管道气体再次倒流入压缩机，如此反复，压缩机的流量大幅波动，并随气流发生大幅振动。当这种现象较轻时，气流倒回压缩机以及随后的输回管道过程听起来像人的粗重喘气声，故称这种现象为喘振。但喘振严重发生时，听到的是气流的吼叫声和管道、压缩机内部构件剧烈的撞击声。喘振使压缩机、管道发生剧烈振动与冲击，会严重损坏压缩机部件，因此必须避免出现这种情况。

当压缩机的流量大大高于设计流量时，会使气体流动损失增加，压缩机效率降低，此时增加压缩机的转速，流量不会再增加。另外，如果当气流速度增加达到声速，这时再提高叶轮的转速所增加的功都被气流损失所消耗，流量也会达到最大值，这种即使提高压缩机转速也无法使流量提高的现象称为阻塞。

当压缩机流量小于最小流量时，压缩机将发生喘振；当大于最大流量时，将发生阻塞，这都是压缩机运行时应避开的危险工况区。通常在喘振线右侧要设一条喘振控制线，当工况点达到喘振控制线时，就需要采取措施，以防压缩机发生喘振。

6.3.4 防喘振系统

离心式压缩机喘振危害主要有：

(1) 气流强烈无规律的震荡造成机组强烈振动。

(2) 转子弯曲变形，密封损坏，造成严重的漏油、漏气。

(3) 可能出现转子与机箱部件相撞，主轴断裂，压缩机报废。

(4) 喘振对止推轴承产生冲击力，破坏轴承油膜稳定，烧毁轴承。

(5) 喘振会破坏机器的安装质量，破坏各部件调整好的间隙值。

防喘振的方法主要从压缩本体设计时扩大稳定工况范围入手，例如：在气动参数和结构选择上，采用后弯式叶轮，无叶扩压器，出口宽度减窄的无叶扩压器，叶轮叶片进口边适当加厚等；采用导叶可调机构或者增设专用喷嘴，将部分气流从叶轮出口引喷到叶轮入口，改变叶轮入口气流的预旋，抑制喘振发生。在实际运行时，往往设计有压缩机防喘振系统，从压缩机与管网联合运行上采取方法：

(1) 动态模拟压缩机的运行状态，时刻监视压缩机的工况，控制管网的压力比不高出喘振工况的压力比。

(2) 对机身振动进行监测，一旦出现振动，系统立即进行报警。

(3) 对工艺管网设置自动回流开关，当发生喘振时，系统将自动调节回流阀门开度，使离心式压缩机脱离喘振工况区。

防喘振的根本措施是设法增加离心式压缩机的入口气体流量。在压缩机升压前和降速、停机前，应将放空阀或回流阀预先打开。如果系统需要维持等压，在放空或回流之后应提升转速，使排气压力达到原有水平。在升压和变速时，操作人员需按照“升压必先升速，降速必先降压”的原则操作。升压之前查看特性曲线，确定应该达到的转速，升到这一转速后再提升压力；降速应当在防喘振阀门处于一点开度后才开始降速。升压不能过猛过快，降速降压需缓慢、均匀。

6.4 压气站

6.4.1 压气站功能及组成

天然气在长输管道输送过程中，仅靠气源压力远距离输送是无法实现的，这主要原因是天然气在管道流动过程受到管壁摩擦作用其压力会不断下降。要想保持天然气在管道中以规定压力和流量运行就必须分段建设天然气压缩机站，简称压气站，如图6.14所示。

图6.14 某长输管道压气站

压气站是干线输气管道的主要工艺场站，除给管道中输送的天然气增压外，通常还具备清管器收/发、越站旁通输送、安全放空、管路紧急截断等功能。如果压气站位于干线输气管道与整个供气系统的其他部分的交界处，例如管线的起点和终点、干线与支线的连接点，则还应该具有计量和调压功能。

一般来说，可以将整个压气站划分为主工艺系统、站控系统和辅助系统。

(1) 主工艺系统是指管道所输天然气流经的部分，主要包括压缩机组、净化除尘设备、调压阀、流量计、天然气冷却器、工艺阀门以及连接这些设施的管线。

(2) 站控系统包括SCS系统、DCS系统、ESD系统。

(3) 辅助系统包括压缩机组的电力系统、驱动系统、密封系统、冷却系统、润滑油系统以及通信系统、给排水系统、通风系统、消防系统、放空系统等。

压缩机是管道输气的核心设备。在压缩机选型中秉承技术先进、经济合理的宗旨，具体要求有：

(1) 压缩机组应工作可靠、操作灵活、可调范围宽、调节控制简单、自动化程度高。

(2) 选择的压缩机应能满足压气站各种工况要求，并适当留有发展余地，先确定压缩机组的类型，再确定机组的型号规格。

(3) 热效率高、单位能耗低。

(4) 机组的辅助设备尽可能简单。

(5) 还应考虑压缩机组厂方的制造水平和供货周期以及配件的供应情况。

(6) 价格适当，寿命长、安装维修方便。

(7) 压缩机的选择还需考虑天然气组分、热值、露点温度等工艺参数，以及压气站所处地理位置的大气温度、相对湿度、海拔高度、周围电源情况、大气洁净程度等综合因素的影响。

(8) 考虑压缩机组的备用方案。要考虑机组的可靠性、方案的经济性以及使用维护的合理性。

压气站平面布局需根据全站工艺流程的要求，将功能相同的设备布置在同一个区块内，如压缩机房、净化除尘区、冷却装置区、调压计量区、站控室、变电站、材料库、修理间、润滑油库、给水区、消防水池、办公区等。此外，压气站的平面布局还应该考虑以下几个方面：

(1) 压气站功能全、作业多、噪声大，要充分考虑站内工艺布局。压缩机进出口工艺区要做好高低压分离分界管理，做好现场巡检及应急处置路线优化。

(2) 要缩短站内工艺管线长度、减少交叉，便于站内道路的布置。

(3) 压气站与周围构建筑物之间以及站内各构建筑物之间必须有足够的安全防火距离，有保证消防、起重和运输车辆通行的道路。

(4) 站控室、维修间和办公区要与压缩机房保持较远距离，以确保人员安全，减少噪声干扰。

近年来国内外一直在推广应用模块化施工技术，即在压气站建设中大量使用快装机组和撬装区块。能源化工行业大力推进数字化转型，压气站实施远程一键启停，大幅度提高压缩机组启停工作效率，为压气站按无人值守设计和建设打下了坚实基础。

6.4.2 压气站工艺及调节

压气站的工艺流程是以压缩机组为中心而设计的。考虑到压气站工况调节及机组备用的需要，在一个压气站中通常设有多台压缩机组，这些机组可以采用串联、并联等多种连接方式。

(1) 串联：离心式压缩机串联的主要目的是增加压力。各台压缩机的标准体积流量相等，而压气站的站压比等于各台压缩机的压比的乘积。当离心式压缩机串联运行时，整个压气站的喘振流量大于第一级以后各台压缩机的喘振流量，而其阻塞流量有可能小于单台压缩机的阻塞流量，因此串联压缩机组合的稳定工作区要小于其中某台压缩机的稳定工作区。

(2) 并联：当一台压缩机不能满足输气量要求时，往往需要并联几台压缩机一起工作。压气站的总流量(标准体积流量)等于各台压缩机的标准体积流量之和，而站压比等于每台压缩机的压比。见本章附图。

在某些大型压气站中也可采用先串联再并联或先并联再串联的方式。在设计站内管线时既要最大限度地满足工艺操作的要求，又要尽可能缩短管线长度，减少阀门数量，并按照合理流速选择管线直径。一般来说，站内管线的气体流速应控制在20m/s以内，整个压气站的总压力损失应控制在0.25MPa以内。站内管道气体流速过高一方面会增大站内压力损失，另一方面会产生较大的气流噪声。

为了保证压缩机组安全平稳、正常运行，压气站中还需设置防喘振装置。通过感测压缩机进、出口的压差判断其流量是否达到喘振流量限，如果已经达到，则发出信号打开压缩机进、出口之间的回流阀，通过回流调节使压缩机的入口流量增大到喘振流量限之上。

压缩机在运行时，为适应不断变化的管网要求，压缩机也应该不断改变排气压力和流量，也就是要不断改变运行工况。压气站流量调节措施有：

(1) 压气站进气节流调节。在压缩机进气管线上安装节流阀，这种方法可以使压缩机的喘振流量限变小，简单易行。而且经济上优于压气站出口节流。

(2) 压气站排气节流调节。通过增大压气站出口调节阀的局部阻力损失来降低管道的输气流量，但其经济性较差，特别是对于排气压力—流量特性较陡的压气站，出口节流调节的经济性更差。

(3) 改变压缩机转速。对于电机驱动的压缩机，可以通过变频来改变转速。一方面改变转速就改变了离心式压缩机的排气压力—流量特性；另一方面，改变离心式压缩机的转速将改变其稳定工作范围，从而使压缩机保持在它的稳定范围内工作。与节流调节相比，变转速调节最为经济，因为它没有附加的节流损失，这种方式应用最为广泛。

(4) 回流调节。这种调节方法是让压气站出口的一部分气体通过站内循环管线返回到压气站进口，从而减少该压气站的有效输气流量。这种方法常作为防喘振措施使用。

(5) 进口导叶角度调节。在离心式压缩机叶轮进口前设置一组可绕叶片自身轴线旋转的气流导向叶片，当转动这些导向叶片时，进入叶轮的气流方向将发生变化，从而影响压缩机的排气压力—流量特性。但这种方法将使压缩机的内部结构复杂化。

6.4.3 压缩机驱动与控制

6.4.3.1 压缩机驱动方式

压缩机是用能设备，需要被其他运转设备驱动(“用力带动”之意)，天然气长输管道压缩机的驱动方式有三种：电动机、燃气轮机和燃气发动机三种(对于其他用途的离心式压缩机还有蒸汽轮机驱动方式)，各种驱动方式的性能比较见表 6.1。

表 6.1 各种驱动方式对比

序号	项目	变速电动机	燃气轮机	燃气发动机
1	运行可靠性	98%	低速可靠性高	大于 96.5%
2	能量效率	高	低	低
3	噪声(1m 远测)	≤83dB	90~110dB	≤89dB
4	输出功率与环境温度	不受环境影响	受环境影响较大	温升 10℃减小 10%
5	输出功率与大气压	不受环境影响	受环境影响较大	大气压降 10kPa，减小 10%
6	开车时间	立即	分级	分级
7	动态制动	能	不能	不能
8	维修工作量	小	每年维修费用高	每年维修费用高
9	对电依赖性	受供电制约	燃料自有，不受供电制约	燃料自有，不受供电制约
10	对电网影响	需满足谐波要求	无	无
11	污染物排放	无	有	有

在电力充足的大多数压气站，往往使用电动机作为压缩机的驱动方式。电动机是利用电磁感应原理工作的，一般由定子、转子、风扇、机座和接线盒等组成。交变的三相电流通过电机的定子绕组后，在电机内部产生旋转的气隙磁场并在转子导条中产生感应电流，根据法拉第电磁感应定律，带电流的转子条与旋转磁场相互作用产生电磁转矩，使电机转子得以旋转，从而驱动压缩机转动。

6.4.3.2 压气站控制系统

压气站控制系统分站场控制系统和机组控制系统。站场控制系统 SCS(简称站控系统)，主要是采集和监控阀门、过滤分离器、调压计量等站场工艺设备运行数据、供配电系统、消防火气系统等纳入站控系统监视。

机组控制系统(UCS 或称 UCP)或称机组就地控制系统，由供货商成套提供，主要控制压缩机组、润滑油系统、空压系统、空冷系统等启停，监视全部机组运行数据。机组控制系统自成体系，独立于站控系统之外。机组控制系统是一套以 PLC 为控制核心，用于机组实时数据处理、逻辑顺序控制、PID 控制、联网通信、报警停机保护的自动控制系统。PLC 是压缩机的大脑，安装于就地控制柜内，主要由 CPU 模块、I/O 模块、通信模块、电源模块、安装附件以及 12 槽通用底板和扩展底板等构成，采用模块式结构。为保证系统的可靠性，PLC 的处理器按热备设计。PLC 所选用的模块为带电可插拔型模块，且每块模块带有自诊断功能。PLC 系统能够满足所需的热备冗余配置要求。对硬件的地址分配设置、I/O 的量化等采用组态的方式完成。

UCS 自动、连续地监视和控制压缩机组及其辅助系统的运行，保证人身和设备安全。可根据命令或条件，按预定程序自动完成机组的启动、加载、卸载和停机/紧急停机等操作；在所有工况下执行对机组的保护；在系统故障或误操作的情况下避免不安全的因素发生；在操作员工作站上显示各种工艺变量及其他有关参数；提供声光报警；与站控系统(SCS)交换信息；接受 SCS 的操作命令。操作员工作站将直接与 PLC 交换数据，它具有数据采集及处理、实时及历史数据的管理、动态工艺流程及其他图形的显示、报警/事件管理、报表生成及打印等功能。在远控模式时，关闭操作员工作站不对 UCS 的信号传输、运行有任何影响。

压气站控制系统还需设置一套独立的安全仪表系统(SIS)，有的称之为紧急停车系统(ESD)，但 ESD 只是安全仪表系统的一部分。安全仪表系统是用于监视控制系统状态、判断危险条件、防止危险发生或减轻事故造成影响的由独立的传感器、逻辑控制器和执行器组成的行使安全仪表功能的仪表系统。

压气站 SCS 系统是过程控制系统，是动态的；而 SIS(ESD)是独立的、静态的，不需要人为干预。主要功能包括进/出站系统紧急切断和放空，增压系统保护以及进出站爆管检测等。压气站 ESD 系统共分三级：

一级关断(ESD-1 级)：全站紧急关闭，站内动力设备停运，自动打开站内放空。适用于压气站全站。

二级关断(ESD-2 级)：区域紧急关闭，同时关闭事故区域进、出站阀门，切断该区域与压气站其他区域的连通，将事故区域天然气全部放空。二级关断适用于压缩机厂房等。

三级关断(ESD-3 级)：局部功能紧急关闭。适用于单独压缩机组、分输用户等。

6.4.4 变频器

6.4.4.1 基本原理

1）同步转速

交流电动机的同步转速又称旋转磁场的转速，其计算公式为：

$$n_1 = 60\frac{f_1}{p} \tag{6-5}$$

式中，n_1为同步转速，r/min；f_1为电源频率，Hz；p为定子绕组产生的磁极对数。

即电动机的同步转速，可采用改变供电电源频率或磁极对数的方法实现调节。感应电动机的转子转速 n 与同步转速 n_1存在有转差率 s，其表达式为：

$$n = n_1(1-s) \tag{6-6}$$

感应电动机除采用改变供电电源频率、磁极对数外，还可以用改变转差率的方法实现调速。

2）调速分类

当感应电动机的定、转子回路参数恒定时，一定的转速下，感应电动机的电磁转矩与定子绕组电压的平方成正比。调节定子电压将使电磁转矩产生变化，在一定的负载转矩下可使电动机转速改变。即定子电压降低时电动机转速下降；反之，转速升高。

交流异步电动机调速可分为调节频率调速、改变极对数调速和调节转差率调速三大类。

(1) 变频调速。通过改变电动机电源频率实现电动机转速的调节，是一种理想的、高效的、高性能的调速手段，应用最为广泛。

变频调速优点为无附加转差损耗、效率高、调速范围宽，对于启停运行较为频繁的场合，可以达到节电和保护电机的目的，其缺点是技术较为复杂，价格偏高。

(2) 变极调速。改变极对数调速的方法控制电路简单，效率高、价格低、易于维修。但有相当的局限性，只有特殊结构的电动机和在特殊场合下应用，或作为一般电机在启动过程中应用。主要缺点是不能实现无级平滑调速，调速范围有限。

(3) 调压调速。改变感应电动机定子电压实现调速的技术属于调节转差率调速的一类。其优点是效率高，可以将调速过程中产生的能量加以回馈利用。但功率因数较低，有谐波干扰。

6.4.4.2 变频器分类

变频设备可分为两大类：

(1) 交流-交流变频器(又称直接变频器或周波变频器)，是直接将恒压恒频的交流电通过电力变流器变换成变压变频的交流电源，供电给交流电动机进行调速(即一次换能)。

(2) 交流-直流-交流变频器，先将交流电变换为直流电后再变换为变频交流电源(即两次换能)。

两类变频器的输出可以呈现高阻抗，也可以呈现低阻抗，前者称为电流型(又称电流源)变频器，后者称为电压型(又称电压源)变频器。因此，变频器可细分为四种：交流-交流电压型直接变频器、交流-交流电流型直接变频器；交流-直流-交流电流型变频器、交流-直流-交流电压型变频器。

为了改善交流-直流-交流变频器的输出波形，减少转矩脉动，简化主电路，出现了先进的正弦波脉宽调制(PWM)。在这种方式中，PWM 变频器以较高的频率对逆变电路的半导体开关器件进行开闭控制，并通过改变输出脉冲的占空比来控制输出电压的大小。PWM 变频器的特点：功率因数高，调节速度快，输出电压和电流波形接近正弦波，改善了由矩形波引起的电动机发热、转矩降低等电动机运行性能。PWM 变频器适用于单台或多台电动机并联运行、动态性能要求高的调速系统。

6.4.4.3 变频器的操作与维护

1）参数设置

用户在使用变频器之前，要对变频器参数进行设置，如果参数设置不正确，会导致变频器不能正常工作。

(1) 确认电机基本参数，设定电机的功率、电流、电压、转速、最大频率，这些参数可以从电机铭牌中直接得到。

(2) 设定变频器的启动方式，用户可以选择操作器面板控制、外部端子控制、由上位机通信等几种启动方式，一般变频器在出厂时设定从面板启动。

(3) 变频器采取的控制方式，即转矩控制、速度控制、PID 控制或其他方式。采取控制方式后，一般要根据控制精度，需要进行静态或动态辨识。

(4) 给定信号的选择，一般变频器的频率给定也可以有多种方式，面板给定、外部给定、外部电压或电流给定、通信方式给定，可以是这几种方式的一种或几种方式之和。

2）故障诊断

(1) 参数设置类故障。

当发生参数设置类故障后，变频器就不能正常运行，一般可根据说明书进行修改参数。如果设置困难，可以先将所有参数恢复出厂设置值，然后按步骤重新设置。

(2) 过载故障。

负载过重，即所选的电机和变频器不能拖动该负载，过载故障包括变频过载和电机过载。其可能是电网电压太低、负载过重、加速时间太短，直流制动量过大、机械润滑不好等原因引起的。一般可通过检查电网电压、延长加速时间、延长制动时间等。

(3) 过压类故障。

正常情况下，变频器直流电为三相全波整流后的平均值。若以 380V 线电压计算，则平均直流电压 $U_d = 1.35U_{线} = 513V$。变频器的过电压集中表现在直流母线的支流电压上。常见的过电压有两类：输入交流电源过压、发电类过电压。在过电压发生时，直流母线的储能电容将被充电，当电压上升至 760V 左右时，变频器过电压保护动作。

(4) 过流故障。

变频器输出电流超过变频器额定电流的 1.5 倍时，变频器将过流保护。过流故障可分为加速、减速、恒速过电流。其可能是由于变频器的负载发生突变、加减速时间太短、输出短路、负荷分配不均等原因引起的。这时一般可通过减少负荷的突变、延长加减速时间、对线路进行检查、外加能耗制动元件、进行负荷分配设计等方法排查。如果断开负载变频器还是过流故障，说明变频器逆变电路已坏，需要更换变频器。

(5) 其他故障。

① 电动机不转：包括机械有卡住现象、功能预置不当、电动机的启动转矩不够、在使用外接给定时，无“启动”信号、电动机正压通风系统是否正常运行、变频器的电路故障主

回路开路等。

② 欠压：可能是变频器电源输入部分存在问题，主要包括电源断相、电源电压过低、整流桥故障，需检查后才可以运行。

③ 温度过高：变频器温度过高，检查变频器的通风情况，检查变频器内循环水系统、外循环水冷却系统是否存在故障。

3）变频器维护保养

（1）日常运行：操作人员每天要记录变频器及电机的运行数据，主要包括变频器输出电压、输出电流、输出频率，变频器内部直流电压、散热器温度等参数，并与正常数据做比较，及早发现故障隐患。变频器如发生故障跳闸，需记录故障代码、跳闸时变频器的运行工况，以便排查故障原因。

（2）变频器检查：变频器需每两周进行一次检查，检查记录运行中的变频器输出三相电压、三相电流，并分别比较它们之间的平衡度；检查记录环境温度、散热器温度；查看变频器有无异常声响、振动、风扇是否运转正常。

（3）变频器保养：每台变频器每季度要清灰保养 1 次。保养要清除变频器内部和风路内的积灰、脏物，将变频器表面擦拭干净；变频器的表面要保持清洁光亮；在保养的同时要仔细检查变频器，查看变频器内有无发热变色部位，水泥电阻有无开裂现象，电解电容有无膨胀漏液，防爆孔突出等现象。对于长期不用的变频器应该每隔一年通电一定时间。

（4）变频器大修：应根据供货方要求，由专业人员进行维修，一般变频器内部冷却风扇三年左右更换 1 次，高压滤波电容器每隔五年更换 1 次，控制板上的电解电容器每隔七年更换 1 次。

6.4.5 压气站辅助系统

6.4.5.1 电力系统

电力系统可分为一次系统和二次系统两大部分。一次系统是电力输送、分配和使用的系统，包括变电系统及配电系统；二次系统是对一次系统进行测量、监视、保护、控制的系统，即通信自控系统和测量监视保护系统。

以某压气站为例，其一次系统的设备主要有 110kV SF6 气体绝缘封闭式组合电器、110/10kV 25000kVA 有载调压油浸自冷电力变压器、10kV 开关柜、10/4kV/2.2kV 三相油浸隔离变压器、变频器、4.16kV/7200kW 三相异步电动机、树脂绝缘干式电力变压器及站用变压器、低压配电柜、MCC 柜及交直流屏等；其中主回路断路器用于主回路电源的通断，受控于变频器。三相油浸变压器（即隔离变压器）主要用于变压、隔离、滤波，以符合变频器的工作条件；三相异步电动机为压缩机的直接驱动设备，其作用为将定子绕组的电磁能转换为机械能，带动离心式压缩机的旋转。

二次系统设备主要有 110kV 高压柜、综合自动化系统、“五防”系统（防水、防火、防雷、防雪和防小动物）、线路保护屏、主变保护屏、公用测控屏及系统通信屏以及各设备二次部分等。

6.4.5.2 润滑油系统

润滑油系统是向压缩机、齿轮联轴器和驱动机供给一定流量、具有一定压力的润滑油，在轴承内形成油膜起润滑作用，并带走这些部件在运转中所产生的热量。润滑油是一种油脂化合物，它对保障离心式压缩机安全平稳运行具有十分重要的作用。润滑油系统(也称润滑油站)一般由油箱、油泵、过滤器、高位油箱等组成，一般由压缩机供货商成撬提供。其工作原理如图6.15所示。

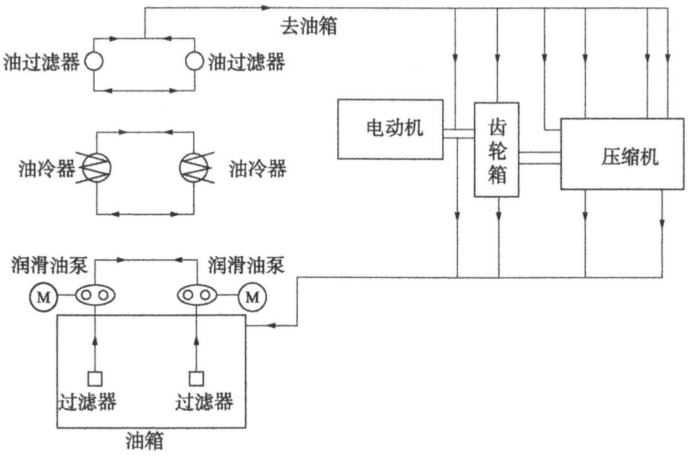

图6.15 润滑油系统原理

(1) 润滑油箱。它是润滑油储存的设备，内部设有电加热器，用来在压缩机启动前对润滑油进行加热升温。油箱侧面设有液位计，用于日常检查油箱内润滑油的油位变化。油箱的出口与回油口应设在油箱的两侧，中间需设置过滤挡板，以便返回的润滑油有杂质沉降和气体释放的时间。

(2) 润滑油泵。它是润滑油的加压设备，一用一备。油泵由电机驱动，一般为螺杆泵。其工作原理是通过阴阳螺杆的啮合来提高润滑油的压力。

(3) 油冷却器。油冷却器的方式一般采用水冷，压缩机润滑油有严格的温度限制。一般要求在35~45℃。

(4) 油过滤器。它是用来对泵出口的润滑油进行精细过滤，是保证润滑油质量的有效措施。过滤器结构一般为纸质过滤芯，当过滤器两端压差超过规定值，可以通过更换滤芯的方式进行维护。

(5) 高位油箱。高位油箱中的润滑油可以通过自身重力的作用进入压缩机各润滑点，当突然停电或压缩机紧急停机且油站无法继续供油的情况下，高位油箱为还在降速旋转的转轴提供润滑防止润滑不良造成轴瓦或轴颈磨损。

6.4.5.3 天然气空冷器系统

空冷器系统是压缩机组的重要组成部分，其功能是将经过压缩机加压后温度较高的天然气冷却降温至安全温度值后，输送到长输管道中。压缩机的排出气体温度取决于其吸入气体温度和压缩比，吸入温度越高、压缩比越大，则其排气温度越高。天然气排气温度应控制在50℃以内。气体温度过高可能产生的后果有：

(1) 压缩机的进气温度越高，其消耗的功率越大。

(2) 压气站出口的气体温度过高可能会损坏其下游管段的防腐层。

(3) 压气站出口的气体温度越高，则该站与其下游相邻站之间的管段的摩阻损失越大。

压缩机出口冷却器根据冷却介质的不同分为水冷和空冷两种，目前普遍采用空冷装置。它不但可以利用气候变化节约大量能源，而且更适合于无水或缺水地区。

空冷器系统主要由空冷器、风机和连接管道等组成。空冷器的结构形式有垂直式、水平式、屋顶式和网络式等。在空冷器中，需要冷却的高压天然气通过管束流动，为了扩大管束的散热面积，管束中的管子外面需要套用翅片，翅片的材料通常为铝，翅片的表面积一般为管子本身表面积的15~20倍。由鼓风机送入管束空隙的冷空气将管束散发的热量带走，或者由引风机将管束空隙中的热空气抽走，达到降低温度的目的，如图6.16所示。

图6.16　空冷器示意图

6.4.5.4　干气密封供气系统

干气密封系统为离心式压缩机的干气密封提供洁净的气源，主要分密封气系统、隔离气系统和放空系统。

1）密封气系统

密封气是由压缩机出口管内气体和外部气源提供，在压缩机正常运行的情况下主要由压缩机出口提供，在开、停机过程中主要由外部气源提供，外部气源管线上设有密封气体流量控制阀，用来保证密封气流量和压力。在密封气进气管与压缩机平衡管之间设有压差控制器、变送器，在密封气进气管上设有自动压差控制阀，受压差控制器控制；在压差控制阀处还设有带截止阀和流量孔板的旁通管线，便于控制阀的调整设定。密封进气压力要高于平衡管内气体压力，其压差控制在0.1MPa，这样就能保持密封气体进入机械密封，避免平衡管内出现背压，损坏气封。在两端密封气进气的分支管线上各有一个流量孔板，用来保证两端密封气进气流量和压力的均衡。

2）冲洗隔离气系统

冲洗隔离气是由空压机系统提供干燥、洁净的仪表风，冲洗气压力由压力传感器控制，通过流量调节孔板阀进入隔离腔。其作用是防止密封气体外泄后与润滑油接触，也防止轴颈轴承排出的油气与机械气封接触。冲洗气排放管线上有手动排放阀，用于隔离腔的排空；同时还装有自动集油器，用于排放润滑油。

3）放空及控制系统

主放空管：从压缩机每端内侧的第一组机封泄漏的密封气通过流量孔板阀由主放空管排到火炬系统。放空管上的流量孔板阀的上下游之间有压差开关变送器，当压差高于第一设定值时，就会发出高报信号，如果压差继续升高达到第二设定值时，机组就会联锁停车。放空管上设有压力表控制阀，用来保持主放空管内气体压力，保证到火炬系统的气流稳定，也保证了密封气的正常压力。放空管上还设有安全阀，用来保证压力过高时直接排放气体到火炬。

次放空管：从压缩机每端内侧的第二组干气密封泄漏的微量密封气与来自冲洗隔离腔的反向冲洗气由次放空管排到大气。

6.4.5.5 仪表风系统

仪表风系统主要用来为压缩机提供干气密封系统隔离气，主电机的正压通风气体以及站内气动阀门的驱动气体。仪表风系统主要由螺杆式空压机、高效除油器、无热再生吸附式压缩空气干燥机和两个仪表风储气罐等设备组成。外界空气经过滤进入空压机后，通过螺杆的啮合运转实现空气的增压，干燥机实现空气的干燥、过滤等，最后清洁、干燥的空气经储气罐后进入压缩机组。

6.5 离心式压缩机操作与维护

离心式压缩机机组操作比较复杂，主要分为操作前检查、压缩机启动、压缩机停机、压缩机切换等操作。

6.5.1 操作前检查

6.5.1.1 电气系统检查

(1) 确认电源正常，所有配电设备已经具备工作条件。

(2) 确认电机控制中心(MCC)正常，隔离变压器、变频器、阻尼柜、滤波装置处于送电状态。

(3) 确认空冷器、电动球阀等供电正常，设备可用。

6.5.1.2 工艺流程检查

(1) 检查压气站天然气工艺区流程切换是否正确。

(2) 检查机组进出口管线阀门状态是否正确，压缩机工艺流程打通。

(3) 检查所有压力变送器、压力表的取压阀，确保其处于常开状态。

6.5.1.3 润滑油系统检查与投用

(1) 检查润滑油站管路，确保管路畅通，阀门处于正确开关位置，且管线无漏油现象，打通润滑油的正常流程。

(2) 确保润滑油箱内油温合格，如润滑油温度不合格，启动润滑油箱加热器对润滑油进行加热。

(3) 检查并关闭油冷却器、过滤器、液位计的各个排污阀。

(4) 对油泵进行盘车操作，确认无卡涩后，启动润滑油泵。确保主润滑油泵处于运行状态，辅助油泵处于完好待用状态。

(5) 检查润滑油系统供油压力，确保泵出口压力、汇管压力不低于最小值，检查压缩机油管视窗回油正常。

(6) 检查润滑油过滤器前后压差，确认压差不高于规定值，如压差超过规定值，切换至备用过滤器，并对问题过滤器进行检查。

(7) 检查高位油箱液位与液位传感器数据反馈正常。

6.5.1.4 干气密封系统检查

(1) 确认仪表风管路无泄漏；空压机运行正常，出口压力在规定范围之内；隔离气过滤器压差不超过规定值；隔离气截断阀处于打开状态。

(2) 确认隔离气调压后压力达到设定值。

(3) 检查密封气系统管线，确保管路无泄漏，阀门处于正确开关状态。

(4) 确保密封气与平衡气压差在规定范围之内，密封气温度在规定范围之内；密封气过滤器压差不高于规定值。

6.5.1.5 循环冷却水系统检查

(1) 确认循环水管路连接良好，无泄漏。

(2) 循环泵运行正常，无异常振动与声音。

(3) 循环泵出口压力在规定范围之内，出口汇管温度不高于规定值。

(4) 循环水冷却塔运行正常，风机、喷淋泵等无异响。

6.5.1.6 空冷器系统检查

(1) 空冷器供电正常，风机处于正常供电状态。

(2) 空冷器皮带完好，无松动、裂纹等现象存在。

(3) 已经有合适数量的风机处于运转状态。

6.5.1.7 站控系统检查

(1) 离心式压缩机控制机柜(UCP)运行正常，无报警。

(2) 操作员站人机界面(HMI)运行正常，可以监控机组运行参数。

(3) HMI 无报警存在。

6.5.1.8 其他检查

(1) 防喘阀处于全开状态，热旁通阀处于全关状态，且阀门无报警。

(2) 主电机正压通风吹扫达到规定时间，且吹扫结束。

(3) 站控 SCADA 系统远程启动处于允许状态。

6.5.2 压缩机启动

当压缩机开机条件确认无误后，方可进行压缩机启动操作。离心式压缩机组启动是由站控系统按开机逻辑自动完成，无须人工干预。当遇到不正常情况时，系统将终止机组启动。这时可根据报警信息或机组操作手册来排除故障，然后重新一键启动。下面以某压气站为例介绍一下启动操作步骤。

(1) 申请操作票。

(2) 确认仪表风、循环水、润滑油等辅助系统处于运行状态，进行压缩机启机条件确认。

(3) 启机前，首先在 HMI 主页面点击“启动”页面，查看“允许启动”中的项目均变为绿色(蓝色)后，点击压缩机“复位”按钮，对压缩机停车回路进行复位。当所有启动允许条件都满足，并且压缩机复位完成，则压缩机准备好启动的指示条，背景色变成绿色(蓝色)，表示压缩机已做好启动准备。这时按下“启动”按钮，执行压缩机启机吹扫程序[如果机组原先是正常停机，机组内保留着进气压力下的天然气，则可直接进入第(9)步]。

(4) 打开机组放空阀门，关闭防喘阀，对机组本体以及进出口管线中天然气进行放空。

(5) 打开压缩机进口主阀门的旁路旋塞阀，对压缩机本体进行吹扫。

(6) 打开热旁通阀门，对热旁通管线进行吹扫。

(7) 关闭热旁通阀门，打开防喘阀，对防喘管线进行吹扫。

(8) 关闭机组放空阀门，吹扫结束。

(9) 打开压缩机组的进出口主阀门。

(10) 关闭进口主阀门的旁路旋塞阀，充压结束。

(11) 电机启动，并逐渐升速至最低转速。

(12) 在控制界面“防喘”与“负荷分配”页面中将防喘阀与电机转速控制调整为自动。实现机组的自动加载，加载过程中实时监控流量变化，在流量满足输气要求的情况下将防喘阀与电机转速调整为自动，实现正常外输。

(13) 将操作信息上报调控中心，填写相关记录。

6.5.3 压缩机停机

机组停机可分正常停机和紧急停机两种，一般故障停机也执行正常停机程序。若是紧急停机则需机组立即停机，变速电机会采取刹车措施。停机时需全开防喘振阀门，并将机组内气体放空。

6.5.3.1 正常停机

(1) 接到生产调度指令，操作人员准备相关工具、资料、站场通信畅通。

(2) 告知上游压缩机站场停机时间。

(3) 进行机组停机条件确认，主要为气量及进口压力确认。

(4) 降低压缩机运行转速，减少机组天然气处理量。同时注意流量变化以及压缩机运行工作点移动情况，当移动至接近喘振线时，缓慢打开防喘阀，使部分天然气回流。开启防喘阀过程中，实时监控瞬时流量变化情况以及工作点变化，避免较大压力波动。

(5) 当压缩机出口压力低于管线压力后，防喘阀全部打开，降低压缩机转速至最低运行转速。

(6) 不论在就地启停盘、UCP 或 SCS 上相应位置按下停机按钮，则执行正常停机程序；此时，控制系统发出停机命令给变频器；电机转速降低至零，机组停机。

(7) 关闭机组进出口主阀及主阀的旁通旋塞阀。

(8) 正常停机后润滑油系统、密封气系统继续工作。

(9) 检查停机后管线、设备等是否存在泄漏等。

(10) 记录停气时间、仪表参数以及相关资料，汇报调控中心停机情况。

6.5.3.2 紧急带压停机

紧急停机(ESD)分为带压停机程序和泄压停机程序，当机组或外界环境出现紧急情况需紧急停机时，人为手动按下紧急停机按钮，实现紧急情况下的迅速停机。

(1) 发现紧急状况，根据情况确认进行带压停机，按下紧急带压停机按钮，则执行紧急带压停机程序。

(2) 控制系统发出紧急停机命令给防喘阀，防喘阀线圈失电紧急打开。同时进出口阀、进出口加载阀关闭，机组放空阀保持关闭状态。

(3) 控制系统发出紧急停机命令给变频器，通过变频器断开主电源断路器，主电机失电而逐渐减速，滑行至转速为零。

(4) 来自出口汇管的密封气通断阀打开。

(5) 紧急带压停机程序结束。

(6) 视情况关闭润滑油系统、隔离气密封气系统。

(7) 保持密封气工作的前提下，为防止机组内部憋压，手动打开进口加载阀。

(8) 视情况关闭主电机正压通风系统。

(9) 手动关停空冷器。

6.5.3.3 紧急泄压停机

(1) 发现紧急状况，根据情况确认进行泄压停机，按下紧急泄压停机按钮，则执行紧急泄压停机程序。

(2) 控制系统发出紧急停机命令给防喘阀，防喘阀上电磁阀线圈失电紧急打开，同时进出口阀、进出口加载阀关闭。

(3) 机组放空阀打开，放空机组内天然气。

(4) 控制系统发出紧急停机命令给变频器，通过变频器断开主电源断路器，主电机失电而逐渐减速，滑行至转速为零。

(5) 来自出口汇管的密封气通断阀打开。

(6) 紧急泄压停机程序结束。

6.5.4 压缩机切换操作

申请操作票后，告知上游输气站将进行机组切换操作，请其注意压力波动。设定待启动压缩机为 A 机，待关闭压缩机为 B 机。

(1) 确认润滑油、仪表风、循环水等辅助系统处于运行状态且参数符合机组切换需求。

(2) 按照压缩机启机作业规程对 A 压缩机进行启机条件确认。

(3) 检查 B 压缩机运行状态，确定停机条件。

(4) A 机按照压缩机启机作业规程步骤进行压缩机启机，完成机组运行，此时电机达到最低运行转速，机组防喘阀全开，不进行外输。

(5) A 机缓慢稳定关闭防喘阀，提升压缩机转速，增加进口气量。同时打开 B 机防喘阀，降低运行转速，减少机组输气量，将气量由 B 机向 A 机转移。操作中注意工作点与防喘控制线位置情况，避免发生喘振。

(6) A 机关闭防喘阀与提升转速过程中，根据瞬时气量情况调整 B 机防喘阀开度，保证气量的稳定。

(7) 当 A 机防喘阀完全关闭，转速达到运行条件时，B 机防喘阀全开，出口压力低于汇管压力，无法外输，实现负载切换。

(8) 按压缩机停机作业步骤执行停机作业，关停 B 机。

6.5.5 注意事项

(1) 做好启机前或停机前与上游压缩机站场的协调工作，提前通知启机时间、气量。以免造成启机或停机过程出现抽空或憋压现象。

(2) 启机过程中，启机前清空压缩机厂房内无关人员，防止外部人员逗留厂房内，以免发生误操作，造成启机失败或安全事故。

(3) 严格执行压缩机操作规程，严格按照作业检查表进行启机条件检查，确保所有条件检查到位。若未进行条件确认存在缺漏，将造成机组启机失败或发生事故。

(4) 启机过程中，安排专人进行现场监控，及时向站控室反映现场情况，保证信息畅通。以免造成对机组现场监测不到位，主控室与现场沟通不及时，造成机组启机异常状态得不到及时控制。

(5) 机组正常运行时，操作人员严格巡回检查。发现问题及时上报，并及时排除故障完成处理并做好工作记录。

(6) 停机过程中机组降速过程缓慢平稳，不得过急操作。以免造成转速下降过快，气量波动造成机组振动增大。

(7) 操作完成后，更换机组及阀门状态牌，检查工艺流程、阀门及管线是否泄漏现象，以避免因标识不清造成误操作。

6.5.6 状态检测与维保周期

离心式压缩机是压气站的核心设备，一旦发生故障甚至事故，将造成输气管道停输，甚至危及值班人员的人身安全。因此，对离心式压缩机进行状态参数检测和故障诊断十分重要。

状态检测是指通过测定设备的某个较为单一的特征参数来检查其运行状态是否正常，离心式压缩机的状态参数以振动参数为主，同时兼顾温度、压力和流量等工艺参数以及电压、电流等电量参数。例如某天然气长输管道进口压缩机为 RV050/04 四级离心式压缩机，压缩机最大转速为 8715r/min，径向振动报警值为 48μm，停机值为 62μm。投产两个月后，径向 X 方向振动值接近 48μm，出现振动值偏高的故障。通过便携式振动监测诊断系统采集压缩机的振动信号，发现振动主要因为转子不平衡力造成。在厂家指导下，对压缩机进行了解体检查，发现有异物进入压缩机内部，卡在转子的第一级叶轮上。更换转子后重新组装开机，压缩机恢复正常。

离心式压缩机的维护周期宜按厂家规定执行。新机组的维护周期按投入使用时间累计，大修后的离心式压缩机维护周期应重新累计。

例行维护保养：每天、每周、每月进行设备检查所进行的维护保养工作。

二级维护保养：距上次二级保养累计运行 3900~4200h。

三级维护保养：距上次三级保养累计运行 7800~8200h。

大修周期：视情况进行。

6.5.7 日常维护主要内容

机组正常运行中，运行人员应至少每 2h 进行一次巡回检查。检查内容有：

（1）检查压缩机控制盘参数显示应正常，无报警提示信息。

（2）检查、记录机组各运行参数，并与以前参数进行对比，分析机组运行趋势。

（3）严密监视机组振动情况和运行工况点趋势，如果运行工况点靠近喘振线，及时调整机组控制模式、控制参数；检查防喘振阀开度、工作稳定情况。

（4）检查现场各个阀位指示状态正常。

（5）检查现场工艺气管线、密封气管线、隔离气管线、润滑油管线无泄漏。

（6）检查工艺气冷却风扇及电机运转正常，无异常声响，检查空冷器振动报警器灵敏，必要时进行调整。

（7）检查现场工艺气、密封气、隔离气、润滑油现场仪表参数与远传站控机参数应一致。

（8）检查机组、空冷器的地脚螺栓、管夹、法兰和螺栓无松动。

（9）观察并倾听压缩机组无异常声响。

（10）检查空压机系统工作状态正常、稳定；检查其联锁启动正常备用。

（11）检查机组润滑油箱油位在正常范围内，必要时补充润滑油。

（12）检查润滑油加热器和密封气电伴热工作正常。

（13）通过润滑油各回油观察视窗检查润滑油流动情况，润滑油供给应充足。

（14）检查现场各气动阀门的仪表气源供应情况正常。

在日常检查的基础上，每日需完成以下维护内容：

（1）检查压缩机进排气压力和温度正常。

（2）检查压缩机、增速齿轮箱、主电机的振动和温度正常。

（3）检查密封气过滤器差压，必要时更换滤芯。

（4）检查各冷却器的风扇、电机、轴承、管路及传动皮带正常。

（5）检查润滑油过滤器差压合格，当差压达到1.5bar时切换过滤器，更换滤芯。

每月进行检查的内容：

（1）检查所有管路软管和接头无泄漏，必要时应进行紧固或更换。

（2）检查所有机械连接，紧固件无松动。

（3）在机组停机时对机组润滑油站油池进行排污。

（4）对辅助油泵进行自动切换测试。

（5）检查和维护UPS电池，每季度进行一次充放电保养，查看电池接线柱无腐蚀。

（6）对比日常记录的数据，分析机组运行趋势。

对于系统的二级、三级保养，由专业队伍进行，输气站值班人员做好监护。

6.5.8 故障诊断

故障诊断是指在设备运行过程中，通过设备状态检测和故障分析方法，判断产生故障的部位和原因，并做出预测和预报的方法。主要诊断方法有：工况参数分析法、振动分析法、轴位移检测法、轴承回油温度及轴瓦温度检测、油膜分析法、红外热像分析法等。

离心式压缩机运行过程中，可能出现各种各样的故障，需要按照厂家出厂文件所列举的故障进行分析排除。常见故障分析见表6.2。

表6.2 压缩机常见故障分析表

序号	故障	原因	解决方法
1	压缩机振动或噪声	(1) 压缩机转子不平衡; (2) 有偏差未找正; (3) 联轴器不平衡; (4) 喘振; (5) 轴承磨损; (6) 管路应力; (7) 转子叶轮积灰、摩擦或破损; (8) 密封片摩擦; (9) 地脚螺栓松动，基础不坚固; (10) 润滑油系统故障; (11) 气体含水、杂质混入机内; (12) 机内部件松动	(1) 检查转子是否有污垢或破损，必要时重新平衡; (2) 卸下联轴器，让主机与压缩机分别找正; (3) 卸下联轴器，检查不平衡的原因; (4) 检查是否在喘振工况，立即应急处置; (5) 检查轴承，检查润滑油清洁度，检查轴承盖与轴承瓦背之间过盈量，若轴承合金破损，换瓦; (6) 适当调整固定管道，满足热膨胀的需求; (7) 清洁、检查转子叶轮，必要时进行更换或修复; (8) 在启动或停机能听到金属摩擦声，修复或更换; (9) 检查基础，把紧地脚螺栓; (10) 检查油质，清洗过滤器，定期换油; (11) 检查水冷却器管束，检查压缩机内部，清除气道杂质; (12) 紧固零部件，设备大修
2	排气温度高	(1) 冷却器冷却能力下降; (2) 冷却器表面积污; (3) 运行点过分偏离设计点; (4) 温度传感器故障	(1) 检查冷却器; (2) 清除污物; (3) 调整运行工况; (4) 维修或更换仪表
3	压缩机流量降低	(1) 压缩机喘振; (2) 防喘阀或放空阀异常; (3) 进口过滤器堵塞; (4) 密封间隙过大; (5) 进口导叶位置不当	(1) 检查进气温度，检查喘振工况，脱离喘振区; (2) 检查防喘振传感器以及放空阀是否正常，如果异常适当调整，防止漏气; (3) 检查过滤器前后压差是否超标，清洗过滤器; (4) 按规定调整密封间隙或更换密封; (5) 检查进口导叶指示是否与实际一致，可重新调整
4	轴承故障	(1) 轴承不对中; (2) 润滑不正常; (3) 轴承间隙不当; (4) 压缩机本体不平衡	(1) 检查对中情况，及时校正和调整; (2) 检查润滑系统，使用合格润滑油; (3) 检查间隙，及时调整或更换轴承; (4) 检查压缩机和联轴器，查看零件是否损坏
5	止推轴承故障	(1) 轴向推力过大; (2) 润滑不正常	(1) 安装时注意避免驱动机向压缩机传递过大的推力; (2) 检查油泵、过滤器等系统，及时排除故障
6	压缩机喘振	(1) 运行工况落入喘振区; (2) 吸入流量不足; (3) 防喘裕度不足; (4) 防喘整定值偏差; (5) 升速升压过快; (6) 出口管道止回阀失灵; (7) 气体性质改变或状态改变; (8) 压缩机零部件破损; (9) 防喘监控设施未投用; (10) 工况变化时，未打开放空阀或回流阀	(1) 检查特性曲线，及时脱离并消除喘振; (2) 进气阀开度不够，进气通道堵塞，及时处理; (3) 防喘裕度应控制在1.03~1.50; (4) 严格整定，定期试验，发现不准及时校正; (5) 调节工况时，应当缓慢均匀; (6) 经常检查，保持灵活，防止转速降低或停机时气体倒流; (7) 重新换算特性曲线，重新整定防喘振值; (8) 级间密封、平衡盘密封或O形圈破损，可能诱发喘振，应勤检查，发现问题及时处理; (9) 正常运行时应投自动; (10) 进口流量减小或转速下降，或转速急速升高时，应查明特性曲线，及时打开防喘振的回流阀或放空阀

续表

序号	故障	原因	解决方法
7	叶轮损坏	(1) 动静部分接触; (2) 叶轮强度不够或材质不合格; (3) 工作条件恶劣; (4) 杂物侵入; (5) 液滴侵入; (6) 腐蚀产物侵入	(1) 机组振动过大造成,查明原因,消除异常振动; (2) 选用合格的叶轮产品; (3) 改善工作条件; (4) 严把吹扫质量关,检查过滤器芯是否破损; (5) 严防水击,加强排污,进行干燥后再压缩; (6) 做好压缩机防腐蚀工作
8	密封系统异常	(1) 密封件被腐蚀; (2) 密封环断裂; (3) 密封环质量差; (4) 干气密封气源质量问题	(1) 检查气体成分,更换密封环; (2) 组装时注意保护密封环,更换; (3) 检查产品质量,必要时更换; (4) 检查干气密封系统,及时排除故障
9	油密封环异常	(1) 油脏污; (2) 油压不足; (3) 密封间隙与规定不符; (4) 不对中或振动影响	(1) 更换过滤器滤芯,检查油路管道清洁度; (2) 检查油路压力,查找偏低的原因并排除; (3) 调整间隙; (4) 重新检查并找正
10	油压偏低	(1) 主油泵故障; (2) 油箱油位偏低; (3) 油路堵塞; (4) 油管泄漏或破裂; (5) 油压传感器故障	(1) 切换副油泵工作,维修主油泵; (2) 给油箱加油; (3) 依次排查油路各环节,排除故障; (4) 更换或修理油路; (5) 更换压力表或压力变送器,检查根部阀是否堵塞
11	油温过高	(1) 冷却水中断或不足; (2) 油冷却器结垢; (3) 润滑油变质; (4) 冷却水压力低,温度高; (5) 温度传感器故障	(1) 检查循环水系统,排除故障; (2) 清洗油冷却器; (3) 更换新油; (4) 加大供水量,降低来水温度; (5) 校准仪表或更换温度传感器
12	润滑油变质	(1) 水或凝析油混入; (2) 油本身质量不过关; (3) 油发泡	(1) 检查压缩机密封系统,发现问题立即解决; (2) 请专业部门检查油品质量,更换合格产品; (3) 停机检查油位,更换新油

6.6 其他压缩机简介

6.6.1 活塞式压缩机简介

6.6.1.1 工作原理

活塞式压缩机是一种常见的往复式压缩机,其基本工作原理是利用活塞在气缸中的往复运动及与之协调配合的吸气阀与排气阀的开启与关闭来实现气体压缩。往复式压缩机的传动机构比较复杂,活塞通过活塞杆与曲轴连接,而曲轴与原动机的传动轴相连。当原动机带动曲轴旋转时，曲轴的转动通过连杆、活塞杆转化为活塞在气缸中的往复运动。如图 6.17 所示。

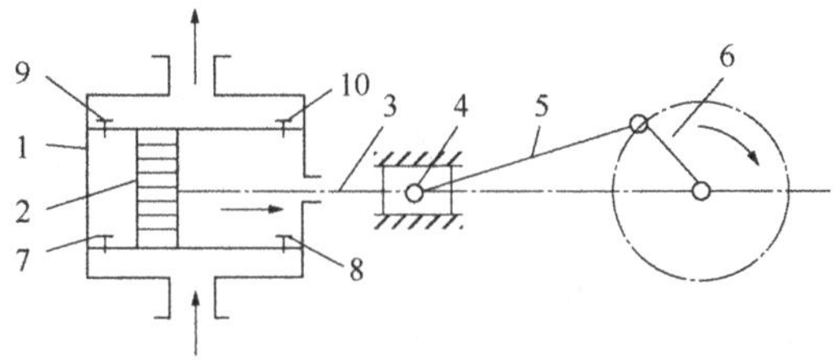

图 6.17 活塞式压缩机工作原理

1—气缸；2—活塞；3—活塞杆；4—十字头；

5—连杆；6—曲柄；7、8—吸气阀；9、10—排气阀

6.6.1.2 压缩机工作过程

活塞式压缩机工作容积由气缸、活塞、气阀组成，其工作过程分为膨胀、吸入、压缩和排出 4 个过程。

(1) 膨胀：当活塞从左向右移动时，活塞左边的气缸容积不断增大，压力下降，原先残留在气缸中的气体不断膨胀。

(2) 吸入：活塞继续向右移动，当气缸压力降到小于进气管中的气体压力时，进气管道中的气体自动推开吸气阀进入气缸，直到活塞移动到右边的末端为止。

(3) 压缩：曲轴旋转过程中，带动连杆做直线往复运动，当活塞调转方向从右向左移动时，气缸容积逐渐缩小，这样就开始了压缩气体做功的过程。由于吸气阀有止逆作用，缸内气体不能倒回到进气管道中。体积越小，压力越大。

(4) 排气：随着活塞左移，压缩气体的压力升到稍高于出口管道的压力时，缸内气体便顶开排气阀而进入出口管道中，直到活塞移动到左边的末端。

随着曲轴的继续旋转，活塞又开始从左向右运动，重复上述过程。活塞的每一次来回运动，气缸即完成一次工作循环。

图 6.18 为活塞压缩机理想状态的 *PV* 图(示功图)，其曲线 CD 为膨胀过程；DA 为吸入过程；AB 为压缩过程；BC 为排气过程。由于压缩机在实际运行过程中，存在磨损损失和气阀泄漏，其实际状态 *PV* 图如图 6.19 所示。

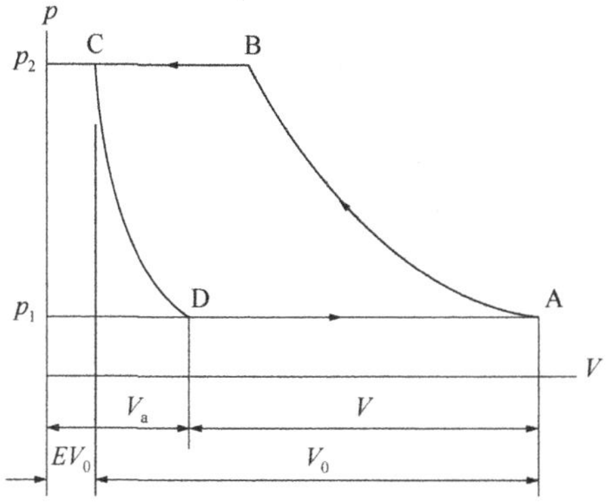

图 6.18 理想 *PV* 图

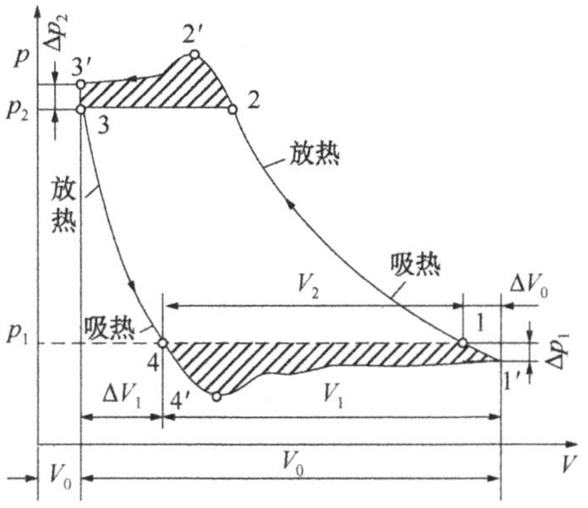

图 6.19 实际 *PV* 图

根据《输气管道工程设计规范》(GB 50251—2015)，活塞式压缩机的功率计算公式如下：

$$N=16.745p_1q_v\frac{K}{K-1}(\varepsilon^{\frac{K-1}{K}}-1)\frac{Z_1+Z_2}{2Z_1}\cdot\frac{1}{\eta} \tag{6-7}$$

式中，N 为压缩机轴功率，kW；p_1为进气压力，MPa；q_v为进气条件下压缩机排量，m^3/min；Z_1、Z_2为压缩机进、排气条件下的气体压缩系数；K 为气体绝热指数；ε 为压缩比；η 为压缩机效率。

6.6.1.3 活塞式压缩机结构组成

活塞式压缩机主要由曲轴、连杆、十字头、活塞、气缸、机体等组成。以某压缩机为例，其结构如图 6.20 所示，其性能如表 6.3 所示。

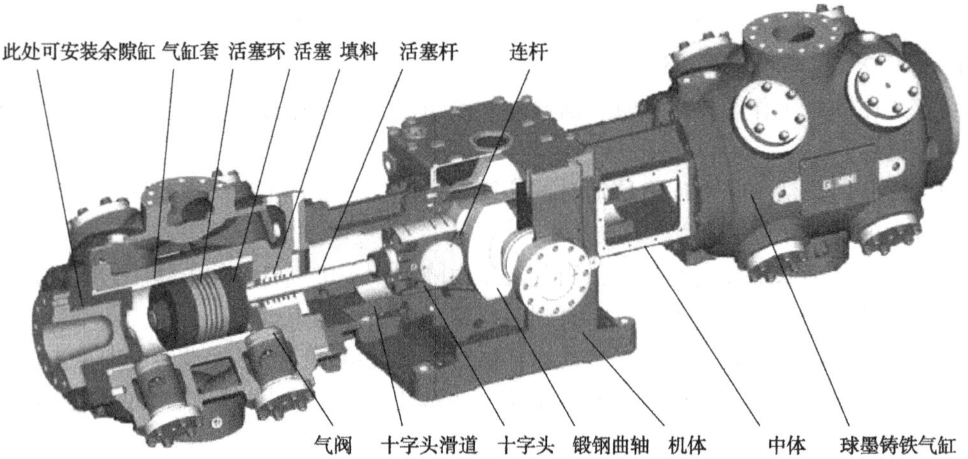

图 6.20 活塞式压缩机结构图

表 6.3 压缩机参数表

序号	项目	参数		备注
1	压缩机级数	Ⅰ级	Ⅱ级	
2	容积流量/(m^3/min)	1.53		
3	供气量/(m^3/h)	3700~6000		
4	进气压力/MPa	4.0~9	10.6~18.4	不调压
5	进气温度/℃	-19~25	≤45	
6	排气压力/MPa	10.6~18.4	25	
7	排气温度/℃	≤110	≤130	外输≤45
8	气缸、活塞杆直径/mm	Φ120/Φ63	Φ95/Φ63	
9	轴功率/kW	≤250		
10	活塞行程/mm	140		
11	转速/(r/min)	600~900		
12	冷却方式	水冷		
13	冷却水量/(m^3/h)	30		
14	驱动机功率/kW	250		选用电动机

1）机身

机身包括气缸体和曲轴箱两部分，一般由高强度高级灰铸铁件制成，外形呈方箱形，两侧由中体与机身铸成一体，下部为油池，中间装有曲轴，其两端由双列调心滚子轴承支承在机身上。气缸采用气缸套结构，安装在气缸体上的缸套座孔中，便于当气缸套磨损时维修或更换。

2）曲轴

曲轴的主要作用是将电动机的旋转运动通过连杆改变为活塞的往复直线运动，它传递着压缩机的全部功率(图6.21)。曲轴在运动时，承受弯曲、扭转、拉、压和剪切的交变复合载荷，工作条件恶劣，要求具有足够的强度和刚度，主轴颈曲轴销还需要好的耐磨性。

曲轴一般由40、45或50号优质碳素钢锻件制成，为双曲拐。在主轴颈两端装有两只耐重载荷的双列调心滚子轴承，两曲拐颈上各装置一个连杆，曲轴上钻有油孔，为运动部件输入润滑油，曲轴的尾部由胀紧套与飞轮连接，通过联轴器与电动机直连。

3）连杆

连杆是曲轴与活塞间的连接件，它将曲轴的回转运动转化为活塞的往复运动，并把动力传递给活塞对气体做功。连杆包括连杆体、连杆小头衬套、连杆大头轴瓦和连杆螺栓。如图6.22所示。

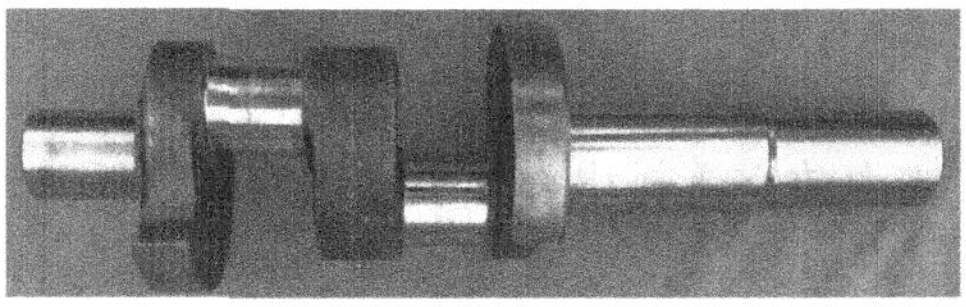

图6.21 曲轴

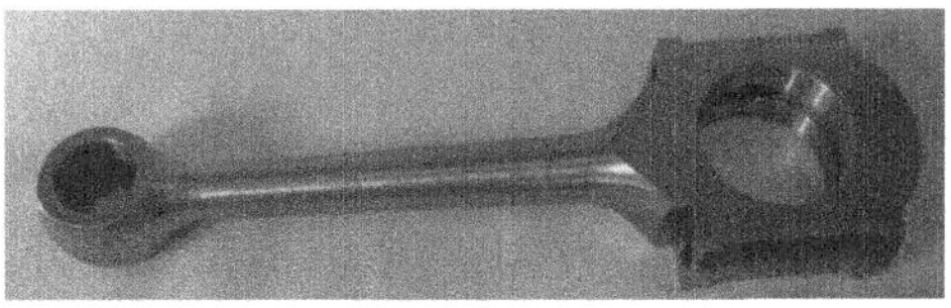

图6.22 连杆

连杆体在工作时承受拉、压交变载荷，一般由优质中碳钢锻件制成，杆身呈圆形，其内部钻有贯穿大、小头的油孔，连杆大头为剖开式，为改善连杆大头与曲轴销之间的磨损状况，大头孔中装有薄壁轴瓦，连杆小头孔中装有铜合金衬套与十字头销相连接。连杆螺栓用于连接剖分式连杆大头与大头盖。它是曲轴连杆机构中受力严重的零件，不仅承受反复拉伸而且承受振动和冲击，很容易松脱和断裂，连杆螺栓常用40Cr、45Cr钢制造，而且采用细牙螺纹，在安装时需对螺栓施加一定的预紧力。

4）十字头

十字头体由铸钢制成，滑履摩擦面为弧形圆柱面，且浇有轴承合金层；十字头体两侧销孔内装有铜合金衬套，销为浮动式结构；销孔内置十字头销与连杆小头相连，十字头颈部通过细牙螺纹与活塞杆相连，并用背帽(活塞杆螺母)锁紧。十字头销为20Cr合金钢经表面渗碳淬火处理，内部钻有油孔。如图6.23所示。

5）气缸

Ⅰ级、Ⅱ级气缸均为双作用，由碳素结构钢锻件制成，由缸体、缸套和缸盖组成。机身和气缸之间带有接筒，以便装拆填料和刮油环，在缸体上径向装有吸排气阀，设有注油孔。在缸体侧面设有进气孔口，下侧设有排气孔口，以便与缓冲器相连通。

6）活塞组

活塞组是活塞、活塞销及活塞环的总称。活塞组在连杆的带动下，在气缸内做往复直线运动，从而与气缸组成一个可变的工作容积，用以实现吸气、压缩、排气等工作过程。

活塞由裙部、环部和顶部组成，由顶部组成封闭气缸的工作面。Ⅰ、Ⅱ级活塞与活塞杆组成一体，为整体式。如图6.24所示。在Ⅰ级和Ⅱ级活塞体上都装有导向环。所有活塞的活塞环槽内均为一槽置一环。活塞杆由氮化钢制成，其尾部螺纹用MJ细牙螺纹与十字头体相连，并用背帽锁紧。

图6.23　十字头

图6.24　活塞部件

7）填函、刮油器

填函、刮油器连体设置。填函泄漏的微量气体由放空管排出。填料盒设有环形循环油冷却通道，相邻填料盒上的通油槽相互错开180°，装配时一定要注意！刮油环为三斜口式，由铜合金制成，置于填函壳体压盖法兰上。刃口方向朝十字头侧进行刮油。

8）气阀

气阀是工作腔的开关，分进气阀和排气阀两种；当气缸内压力低于气体管道压力时，进气阀上的阀片打开，实现气缸的进气过程；而当气缸容积缩小，进气阀关闭，达到一定压力时，排气阀打开，将高压气体排出气缸，实现一个压缩循环。各级吸、排气阀由阀片、阀座、升程限制器、阀弹簧、螺栓组成。阀座、升程限制器、螺栓均为不锈钢材质，阀片由PEEK材料制造。各级吸气阀设有卸荷装置。

9）联轴器

联轴器部件由飞轮和半联轴器用弹性柱销连接，飞轮为铸钢件由胀套与曲轴相连，半联轴器为锻钢件由平键与电动机相连。

10）油泵及油管路

传动机构压力润滑（油）的油泵为内转子泵，主油泵由曲轴头部驱动，副油泵由单独的电动机驱动，内转子泵自机身油池吸油。在副油泵的出口管路中接有止回阀，在机油精过滤器进口前管路中接有油冷却器，以使机身油池内的油温不高于65℃，但当油池内油温低于25℃时，电加热器通电加热至40℃时停止加热。

11）注油系统

油箱容积为30L，油箱上设有液位计，可观察注油器油箱内油位高低；设有电加热器及温度传感器，可测量油箱内润滑油的温度并在油温低于25℃时对其加热。注油器上注油泵头数共有6个，其中4个分别向两侧气缸及填料注油，另外两个备用。

活塞式压缩机的主要特点是：

(1) 适应性较强，同一台压缩机可以适用于较宽的流量范围，而且流量调节比较方便。

(2) 压缩比高，适用的压力范围广。

(3) 运行效率高。

(4) 曲轴转速低，出口排量小。

(5) 结构复杂、体积庞大、易损件多、维修保养工作量大。

(6) 在运行过程中排气不连续，运行时的振动较大、噪声大。

活塞式压缩机主要适用于排气压力高，中、小流量的场合。在石油化工、制冷、气体分离等领域有着广泛的应用。

6.6.1.4 活塞式压缩机的操作

活塞式压缩机与离心式压缩机有很多类似之处，均是多机组构成压缩机站，均有工艺、电气、仪表、给排水、润滑油等系统。操作人员上岗前必须经过系统理论和实际操作培训，熟悉压缩机站工艺流程和操作规程等各种规章制度。具体到某一台压缩机启动操作，也是首先需确认压缩机的工作状态，操作人员需进行细致的启动前的各种条件检查和参数复核，并进行流程切换、投运电气、仪表、冷却水、润滑油等辅助系统。在得到生产调度许可的前提下，按动启动按钮。操作人员还需按操作规程进行启机后的各种检查和流量调节工作，直至压缩机投入正常运转。

6.6.2 螺杆式压缩机简介

螺杆式压缩机是容积式压缩机的一种，它由一对平行布置，相互啮合的转子组成，其中一个转子按顺时针转动，另一个转子按逆时针转动，在齿与齿的相互啮合过程中，气体被压缩至所需要的压力。其原理结构图如图6.25所示。通常把节圆外具有凸齿转子，称为阳转子或阳螺杆，把节圆内具有凹齿转子，称为阴转子或阴螺杆。一般阳转子与原动机连接，由阳转子带动阴转子转动。转子上最后一对轴承实现轴向定位，并承受压缩机轴向力。转子两端圆柱滚子轴承使转子实现径向定位，并承受压缩机径向力。压缩机机体两端，分别开设一定形状和大小孔口，一个供吸气用，称为进气口，另一个供排气用，称作排气口。

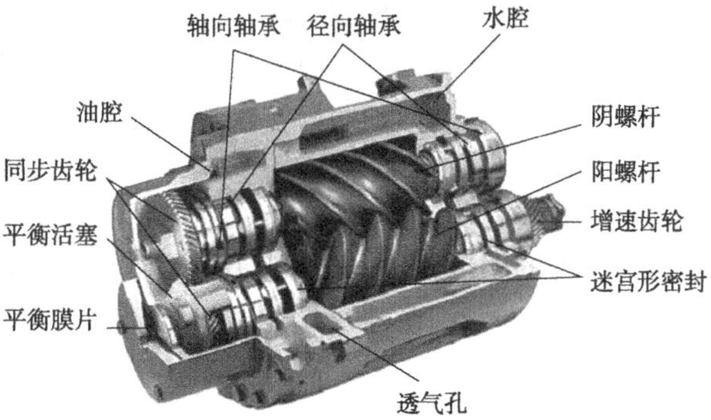

图6.25 螺杆式压缩机

螺杆压缩机分吸气、压缩、排气3个过程。随着转子的旋转，每对相互啮合的齿依次完成相同的工作循环。

(1) 吸气过程。随着螺杆的转动，两个齿间容积各自不断扩大，气体经吸气口分别进入阴阳螺杆的齿间容积，当两个容积达到最大值时，齿间容积与吸气口断开，吸气过程结束。

(2) 压缩过程。螺杆继续转动，齿间容积因齿的互相挤入，其容积逐渐减小，实现气体的压缩过程，直到齿间容积与排气孔相连通时为止。

(3) 排气过程。在齿间容积与排气孔连通后，排气过程开始，将压缩后具有一定压力的气体送入排气管。此过程一直延续到齿间容积达到最小为止，然后循环进行以上过程。

螺杆式压缩机在空气压缩方面应用较广，它主要有以下特点：

(1) 运行可靠，零部件少，寿命长。

(2) 操作方便，易于实现自动化。

(3) 流量几乎不受排气压力的影响，转子间隙耐液体冲击，可输送含液气体，适应性强。

(4) 运行平稳，压缩机没有不平衡的惯性力，可实现无固定基础运转，特别适合作移动式压缩机。

(5) 只能用于中低压，不适用高压场合。

(6) 因为转子齿面需要特制加工，压缩机造价高。

6.6.3 轴流式压缩机简介

轴流式压缩机属于速度型压缩机，主要由机壳、叶片承缸、调节缸、转子和叶片、扩压器、轴承箱、密封、平衡管道等组成。如图 6.26 所示。

图 6.26 轴流式压缩机

轴流式压缩机工作原理为：被压缩气体沿着压缩机轴向流动，依靠高速旋转的转子叶片对气体做功，使气体速度极大提高，并通过扩压叶片将速度能进一步转化为压力能。如此反复，使气体压力升高。

轴流式压缩机主要用于炼油化工、冶金和航空发动领域。由于气体在机壳内沿着转子轴向流动，其流通面积较大，并且流道短。与其他压缩机相比较，有以下特点：

(1) 流量可以做得很大，其径向尺寸较小，轴向尺寸较大。

(2) 适用于多级压缩，效率高、结构紧凑。

(3) 稳定工况区窄，性能曲线较陡，变工况调节性能较差。

(4) 气体从单级叶片中获得的能量和压力小，叶片易受到磨损，制造工艺要求较高。

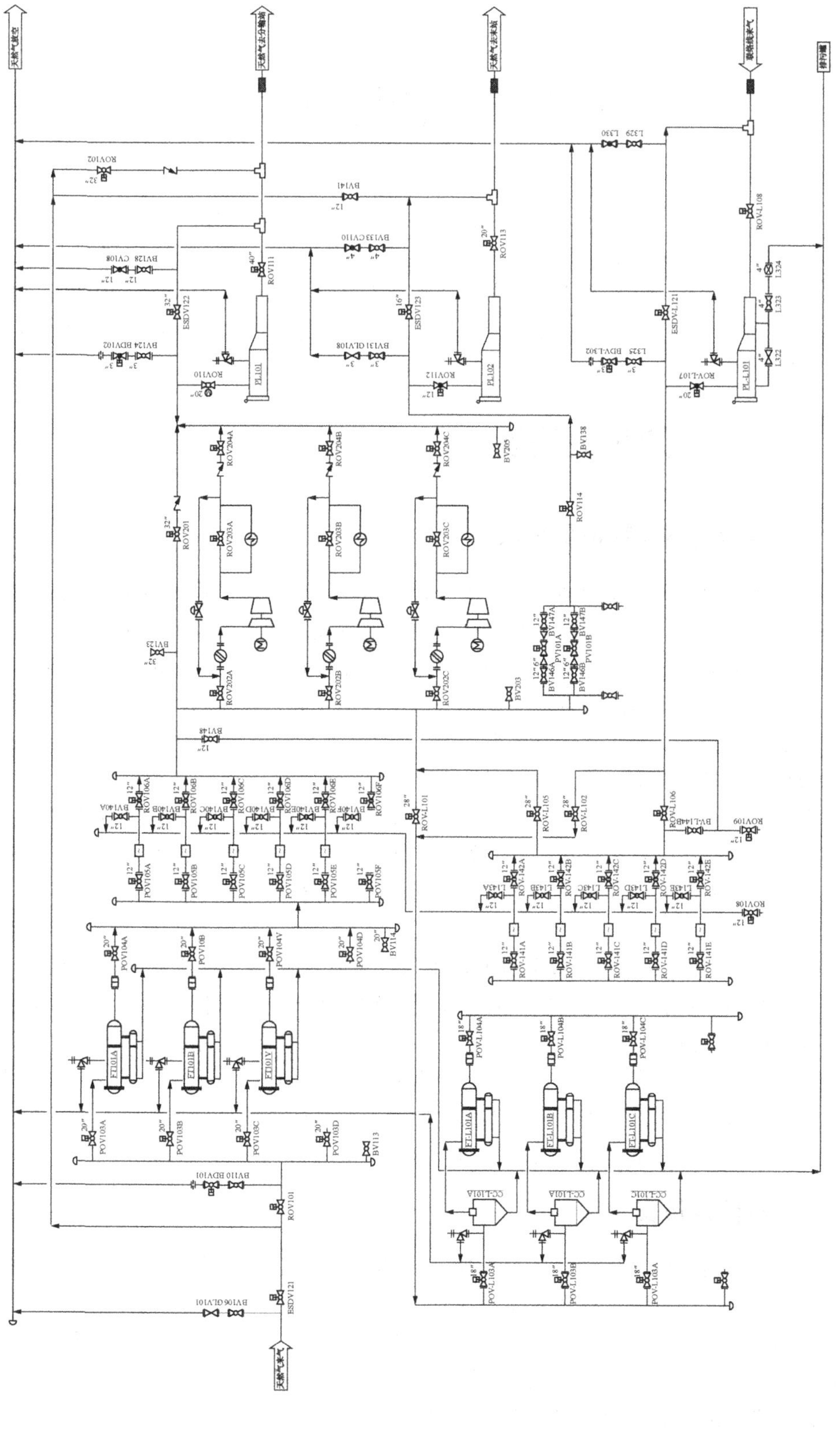

第6章附图

第7章 管道保护

长输管道建设完成后，长期埋设于广袤的田野和人迹稀少的山峦中，加之各种公路、铁路、水利以及其他管道的新建、改扩建等工程与管道交叉施工，甚至管道周围出现山体滑坡、泥石流等自然灾害，极易造成管道本体伤害和天然气泄漏事故的发生，加强管道日常保护工作就显得尤为重要。本章重点介绍管道巡护、第三方施工管理、地质灾害及水工保护、重车碾压防护管理等相关内容。

7.1 管道保护相关法规

7.1.1 石油天然气管道保护法

油气管道被誉为能源运输的强大生命线，管道运输安全不仅关系着国家经济健康稳定发展，同时也紧密联系着国家能源安全和公共安全。随着油气管道建设的飞速发展，管道保护方面的问题也越来越突出。一方面随着城市扩张和美丽乡村建设，大量的原来远离居住区的油气管道被各种建设施工包围，管道建设和城镇建设的矛盾十分突出；二是铁路、公路等交叉施工层出不穷，管道安全距离受到严重入侵；三是不法分子对管道的破坏仍可能存在，打孔窃气行为在油区时有发生，严重危害石油天然气管道运营安全。

2010年6月25日第十一届全国人民代表大会常务委员会第十五次会议通过并发布《中华人民共和国石油天然气管道保护法》，旨在保护石油、天然气管道，保障石油、天然气输送安全，维护国家能源安全和公共安全而制定的法律。《石油天然气管道保护法》共六章六十一条。

《石油天然气管道保护法》颁布实施十余年来，对石油天然气管道安全运行意义十分重大。该法不但明确了政府、主管部门、管道企业及相关个人在管道保护中的义务和责任；而且从规划源头抓起，协调管道与城市、乡村、土地、环境之间的关系，根本解决违章占压和管道本质安全问题；管道保护法还强化了管道企业的主体责任，要求配备专人对管道线路进行日常巡护，履行管道保护义务，接受人民政府和有关部门依法实施的监督；管道保护法还对危害石油天然气管道安全诸如移动、切割、打孔等破坏行为依法严惩。

7.1.2 特种设备安全法

众所周知，压力管道与锅炉、压力容器一类作为承压类特种设备，一旦发生爆炸或泄漏，往往并发火灾、中毒等灾难性事故。

2013年6月29日第十二届全国人民代表大会常务委员会第三次会议通过并发布《中华人民共和国特种设备安全法》旨在加强特种设备安全工作，预防特种设备事故，保障人身和财产安全，促进经济发展而制定的法律。《特种设备安全法》共七章一百零一条。

特种设备包括对人身和财产安全有较大危险性的锅炉、压力容器(含气瓶)、压力管道、电梯、起重机械、客运索道、大型游乐设施、场(厂)内专用机动车辆，以及法律、行政法规规定适用本法的其他特种设备。明确长输管道是属于《特种设备目录》范围，依据《输气管道工程设计规范》(GB 50251)和《输油管道工程设计规范》(GB 50253)设计的，在产地、储存库、油气使用单位之间的用于输送商品介质的压力管道，包括原油、成品油、天然气。

特种设备具有两大属性：一是质量，二是安全。《特种设备安全法》的立法施行体现了特种设备生产(设计、制造、安装、改造、修理)、经营、使用、检验检测行业发展的统一监管需求。在保证特种设备产品质量的前提下，同时要保证在用设备的安全运行。

《特种设备安全法》对使用单位提出了明确要求，主要有：一是应当建立岗位责任、隐患治理、应急救援等安全管理制度；二是应当具有规定的安全距离、安全防护措施；三是需由有资质的检验单位开展定期检验；四是对设备使用状况进行经常性检查，发现问题应当立即处理。

7.1.3 治安风险与安全防范要求

为加强油气管道安全管理，国家公安部于2015年2月颁布公共安全行业标准《石油天然气管道系统治安风险等级和安全防范要求》(GA 1166—2014)，该规范规定了石油、天然气管道系统的治安风险等级、安全防范要求及保障措施。

治安风险等级是指可能遭受盗窃、抢劫、人为破坏等安全威胁以及遭受侵害后危害公共安全、造成人员伤亡、财产损失和产生社会影响的程度。规范将治安风险等级由高到低划分为一级、二级和三级。国家骨干管道首末站、调控中心、长江、黄河跨越或隧道穿越等部位为一级风险部位；一般调控中心、储气库、人口稠密治安复杂等部位为二级风险部位；一般站场、阀室和管道等部位为三级风险部位。根据管道系统治安风险等级采取的安全防范措施的水平称为安全防范级别。安全防范级别应与治安风险等级相适应。

管道企业应组织落实各项安全防范措施，建立内部安全防范责任制，加强内部安全防范管理，做到人力防范、实体防范、技术防范相结合。

7.2 管道巡护

7.2.1 管道巡护意义

管道巡护是为预防和制止管道遭受自然和人为破坏(损伤)，及时发现和处置管道出现的各类问题等进行的巡护管理活动。管道巡护是管道运营企业安排或委托相关人员对管道设施进行巡查、保护，并按规定对管道本身状况和管道附近影响或可能影响管道安全的人为活动及自然因素，及时发现、制止、纠正、记录、报告处理的全过程。

输气管道系统站场内的管道有专门的管理部门和人员，而且一般情况下24h有人在岗值守、巡检、管理与维护，管道事故隐患易于发现和处理，而站场外公共区域的管道是管理的薄弱点，公众易于接近，事故多发，且一旦发生事故影响面较大。

管道巡护对保障管道安全具有重要意义，管道外部环境是不断变化的，这项工作任重而道远，需要采取不同的方式和方法，加强管道巡护，为天然气管道的安全运行提供有力的保障。

7.2.2 巡护工作法及劳动保护

7.2.2.1 管道"十清"工作法

一是管道走向清；二是管道埋深清；三是管道腐蚀情况清；四是管道穿跨越清；五是地面标识情况清；六是阀室内设施完好情况清；七是水工保护情况清；八是阴极保护情况清；九是光缆情况清；十是管道周围地形、地貌、建筑物清。

7.2.2.2 "五四三"工作法

"五个查清"：查清工程名称、查清工程业主单位及负责人联系方式、查清工程承建单位及负责人联系方式、查清施工范围、查清施工进度。

"四个告知"：告知管道具体位置、告知管道埋深、告知管道若被破坏可能引发的危害、告知《中华人民共和国石油天然气管道保护法》。

"三个报告"：报发现时间、报具体位置、报"五个查清"的内容。

7.2.2.3 "二二一"工作法

"两个务必"：务必对第三方施工现场进行标准化布控；务必安排专人负责现场监护，严盯死守，防止危及管道安全事件的发生。

"两个到位"：人员现场监护到位；责任落实到位。

"一份告知书"：若该作业活动与管道交叉或影响到管道安全，及时向工程承建单位和业主单位负责人各下达一份《天然气管道安全告知书》(不得超过24h)。

7.2.2.4 巡线劳动保护

管道巡护工作是一种长期处于野外作业、十分艰苦的工作，巡线人员不但需要丰富的管道保护知识、强烈的责任心和扎实的社会工作经验，还需要健康的身体素质和良好的个人安全防护，主要体现在：

(1) 佩戴好劳动保护用品，包括工作服、巡线仪、通信工具、饮水用具。

(2) 徒步巡线注意地势、地面情况，防止地面不平或沟坎致意外摔倒或崴脚。

(3) 在夏季注意防暑降温，防止高温暴晒，并配带防暑药物。

(4) 在雨季注意防滑、防雷，提前进行躲避。

(5) 进入受限空间(如地下阀室、阀井)必须有两人在场，严格执行受限空间安全作业制度。

7.2.3 线路巡护

7.2.3.1 线路巡护的基本内容

线路巡护主要检查天然气泄漏现象(枯死的植物、烟气、响声、气泡、天然气味道等)。检查管道沿线地形地貌变化、管道附属设施(管道标识、水工等)的完好情况、沿线管道占压、安全保护范围内的第三方施工等，检查埋地管道沿线有无露管现象，并关注周边社会活动，及时制止危害管道及其附属设施的行为。

7.2.3.2 管道安全距离范围内巡护重点

在管道线路中心线两侧各5m地域范围内重点巡查并禁止事项：

（1）种植乔木、灌木、藤类、芦苇、竹子或其他根系深达管道埋设部位可能损坏管道防腐层的深根植物。

（2）取土、采石、用火、堆放重物、排放腐蚀性物质、使用机械工具进行挖掘施工。

（3）挖塘、修渠、修晒场、修建水产养殖场、建温室、建家畜棚圈、建房及修建其他建筑物、构筑物。

在其他管道安全距离范围内巡护时应该注意的事项：

（1）在管道线路中心线两侧各5m以外重点关注定向钻、顶管作业、公路交叉、铁路交叉、电力线路交叉、光缆交叉、其他管道交叉，河道沟渠作业、挖砂取土作业，侵占、城建、爆破等施工活动。

（2）在穿越河流处管道线路中心线两侧各500m地域范围内重点巡查事项：抛锚、拖锚、挖砂、挖泥、采石、水下爆破等。

7.2.3.3 线路巡护要求

（1）输气管道巡护重点应以预防人口密集区的第三方违章施工等风险为主。

（2）管道保护人员应定期与巡线员联合巡线，查看管道巡护工作的开展情况，全面掌握管道沿线的基本情况。

（3）应明确日常重点巡查部位，加强巡护频次。如滑坡、崾岘、隧道、采空区、高陡边坡、河流穿跨越、大型水工保护、高后果区、环境敏感区、自然灾害频发区、第三方施工及打孔盗气频发段等管段。

（4）巡查管道、光缆、管道地面标识及水工保护等附属设施的完好情况，管道所经区域的地形地貌有无明显变化。

（5）巡查管道上方及周边有无可疑人员或车辆出现、有无水毁、占压、违章动土、违章施工、重车碾压以及其他影响管道安全的行为。

（6）地震、强降雨过后检查管道有无露管、泄漏，管道上方土体有无位移、沉降、裂缝。

（7）沙漠风蚀地区应注意春季和秋季大风对管道的威胁，大风过后应检查管道、光缆埋深，确保管道上部覆盖层厚度满足设计要求。

（8）黄土地区应注意暴雨径流和灌溉水对台田和梯田产生的洞穴侵蚀。春灌、冬灌以及暴雨过后，应对管沟下沉段进行观测，检查是否存在由于灌溉水或暴雨径流使管道悬空失去支撑。灌溉或暴雨过后，应进行专项检查，并采取相应措施。

（9）高寒地区应定期对管道沿线冻土带进行巡护，对处于不稳定型冻土的管段、边坡管段、穿跨越等部位进行重点巡查或实时监测。

（10）巡查其他有无违反管道保护法律法规、危及管道安全运行的行为。

7.2.4 光缆巡护

光缆是由一定数量的光纤按照一定方式构成的缆芯和加强构件、外护层一起组成，用以实现光信号传输。光缆是长输天然气管道系统的重要组成部分，是天然气管道安全、可靠、经济、优化运行的重要保障，是天然气管道输送的中枢神经系统。

管道巡线工根据光缆走向、埋深和相关设施信息等竣工资料或检测数据进行巡护。管道巡线工发现危及光缆安全的情况后，立即制止并上报。

7.2.4.1 光缆敷设方式及要求

(1) 光缆敷设位置应结合输气管道敷设和附属设施的安装要求选择敷设在管沟一侧，位于管道气流前进方向右侧。光缆应埋设在冻土层以下，光缆在沟内应平整、顺直，沟坎及转角处应平缓过渡。

(2) 在一般岩石地段当管道采用细土回填保护时，光缆下方应采用细土保护，细土厚度不小于100mm。当管道采用原土袋包裹或连续石方段且取土困难地段，光缆采用原土袋包裹敷设于沟底。

(3) 穿越挡土墙、护岸等水工保护设施时，光缆应穿75mm高密度聚乙烯管保护并放置于沟底。

7.2.4.2 光缆线路巡护

(1) 光缆巡护与管道巡护同步进行。巡线人员要熟悉光缆埋设走向、光缆埋深、光缆是直埋光缆还是在硅芯管中敷设。

(2) 检查直埋光缆路由上有无严重坑洼或光缆裸露情况及护坡等防护措施有无损坏情况。

(3) 对设置有光缆桩的管道，查看有无光缆桩缺失移位现象。

(4) 光缆测试由专业人员进行，光缆巡护人员做好配合。

(5) 第三方施工时，提前找出光缆位置后，再进行相关施工，并对操作坑内的光缆提前进行保护，防止光缆受到损伤。

7.2.5 阀室巡护

输气管道沿线阀室是管道的重要设施之一，对保证正常输油气和管道抢修起着重要作用，因此必须做好重点巡查。

输气站要定期对所管辖的阀室进行巡查并做好记录(对需要专人看护的阀室，看护人员要定期进行检查)，检查内容包括：阀室的门窗、围墙是否完好无损，设施有无损坏或丢失，室内有无漏水、渗水，管道阀门有无泄漏、管道有无锈蚀，供电、仪器仪表显示是否正常，有无杂草、有无易燃物，阀室内应保持清洁。如发现上述情况应及时记录、维修并以电话和书面形式上报上级管理部门。

阀室的流程操作与切换应统一指挥，未经许可不得随意开关阀门，所有操作必须严格按照操作工艺流程执行。当全线紧急停输需要手动关断线路截断阀时，输气站要派工艺操作人员到达现场，在统一指挥下进行操作，并将情况及时上报。

在进行检修动火时，要严格执行输气管道动火管理规范。严禁各种车辆(包括电动自行车)进入阀室，如确因工作需要，进入阀室的机动车排气管应安装防火罩。进入阀室的生产、维修以及施工人员，应穿戴防静电服装和使用防爆工具，严禁携带火种进入阀室，禁止在阀室内吸烟。阀室内配备灭火器要按照规定每月进行检查，并按要求填写检查卡片。根据关键生产装置锁定管理规定要求对阀室阀门进行锁定管理。

7.2.6 隧道巡护

输气管道隧道是输气管道贯穿山岭或丘陵、河流，埋置于地层内的一种地下建筑物。

7.2.6.1 隧道检查内容

1）隧道检查分类

隧道的检查可分为日常检查、定期检查和灾后检查，隧道的保养维修主要涉及日常检查和定期检查。灾后检查是在发生突发事件后进行的技术检查，包括地震灾害、地质灾害、洪水、泥石流及其他自然灾害和人为因素造成的破坏性事件。

2）隧道口部区域及管道附属设施检查

（1）水工保护有无损坏迹象。

（2）观察山体有无崩塌迹象、滑坡迹象、山体护坡损坏迹象。

（3）洞口外河流、沟渠护坡有无塌方迹象。

（4）口部排洪沟是否通畅；洞口上方岩石有无崩塌迹象。

（5）对于未封闭的隧道应进入内部进行检查。

（6）关注隧道中心线两侧各1000m范围内是否存在采石、采矿、爆破作业等活动。

（7）检查隧道宣传标语、标识是否完好，附属设施是否完好。

3）隧道内部检查

（1）对于全衬砌的隧道，检查衬砌层是否有裂缝，裂缝有无渗水，隧道底部是否积水。

（2）对于锚喷支护的隧道，检查喷射混凝土层是否出现裂缝，喷射混凝土层是否掉落，连接钢构件有无锈蚀、断裂，有无钢筋裸露、锚杆松动现象。

（3）对于未衬砌的隧道，检查隧道洞室围岩是否有改变原状的情况发生，隧道底部是否有岩石掉块、少量塌方，洞顶局部有无松动岩块，洞室围岩有无可能造成隧道受损的活动裂缝出现。

（4）检查隧道内外有无油气泄漏。

4）管道本体及光缆检查

（1）管道支墩、支架、补偿器、固定墩等有无损坏。

（2）管道水平或纵向位移有无改变。

（3）管道连接件有无损坏。

（4）管道防腐、补口有无损坏。

（5）管道阴极保护系统是否正常。

（6）管道光缆有无外露、破损。

7.2.6.2 隧道检查注意事项

（1）一般情况下隧道不允许人员、牲畜通行，禁止机动车辆通行，在非检修期间，洞口应封闭。

（2）进入隧道检查（巡查）的人员必须佩戴安全帽，携带防爆照明手电等器具；灾后检查，必须待灾情稳定后，有可行的安全措施保障下方可进入。

（3）进入封闭隧道检查之前，应先期开启洞门通风或强制通风，并保持足够的通风时间，凡是可能存在缺氧、易燃易爆气体、有毒有害气体等，进入隧道前应进行气体检测，进入隧道后气体监测应优先采用连续监测，若采用间断性监测，间隔不应超过2h。隧道在维护期间应保持通风。

7.2.7 其他巡护

7.2.7.1 跨越巡护

管道跨越方式有：

(1) 管桥：管桥是用来支撑管道跨越河流的各种结构，主要形式有单跨或多跨连续梁、八字钢架式、轻型托架式、桁架式、悬索式、悬垂式、斜拉索式以及各种混合式等。

(2) 拱跨：利用管道自身的刚性增加跨距，用单管或组合管做成拱式结构。

(3) 直跨：利用管道自身的刚性增加跨距，做成直管结构跨过河。

(4) 管道架空：管道除了采取穿跨越方式外，在一些特殊的地段(地势低洼，地下常年水位较高)不利于敷设地下和日常检查维修，另外管道在穿越铁路、公路及其他设施时，从地下穿越的条件不具备，就需要采取架空的方式跨越。

管道跨越位置巡护是可以直接能看见的管道巡护，重点查看人行阻挡设施是否牢固，管道支墩是否下沉，管道护坡是否冲蚀破损，管道防腐层是否破损，管道是否捆绑异物等。

7.2.7.2 市政管网交叉/并行处巡护

(1) 对管道与市政管网交叉/并行处实施加密巡检，定期检测管道与市政管网交叉/并行处的可燃气体浓度。

(2) 巡护中重点排查有无可能危及管道安全的第三方施工工程，如市政管网工程施工、水平定向钻施工等。

7.2.7.3 高后果区高风险段巡护

(1) 对高后果区高风险管段应进行加密巡检，定期检测可燃气体浓度。

(2) 重点加强对学校、集市、寺庙等特定场所人员的宣传，特别针对管道沿线大型机具(挖掘机、打桩机、收割机)户主、农田所有者、高后果区单元开展管道保护宣传及教育。

(3) 对高后果区内的企事业单位及相关人员重点普及油气泄漏的紧急疏散、撤离知识、自我防范常识和油气特性知识。

7.2.7.4 汛期巡护

(1) 管道建设和运行阶段应对易发生险情的部位重点分析，明确重点防汛部位，在汛前落实管道线路重点巡护部位的各级巡护管理责任人，制定巡护管理方案或应急预案，定期开展应急预案演练。

(2) 巡护人员应在强降雨或洪水过后对黄土塬、山区、河流穿跨越、高陡边坡、横坡敷设、采空区、高填方部位、地质灾害监测点等重点管段和列入重点巡护部位的管段及时进行现场检查，做好记录。

(3) 管道运营企业应在主汛期前完成管道水土保持工程的维修维护。如存在实际困难无法完成的，应采取临时措施并编制现场处置预案，在确保安全、质量的前提下，缩短施工周期；在河道或山区泄洪沟内实施汛期线路维护工程时，应分段施工，避免管道裸露失稳，防止发生漂移或折断管道等事故。在此期间，应加密管道巡护。

7.2.8 线路巡护实例

管道线路巡护发现问题的实例非常多。以某管道热煨弯管泄漏为例：2019 年 12 月 21 日某管道公司巡线人员在日常巡线时，遇村民反映附近存在异常气味，经仔细排查，疑似有天然气泄漏。巡线人员立即汇报管道管理处，管理处汇报调控中心，并对疑似泄漏区域进行警戒，对泄漏点进行开挖验证，确认天然气管道发生泄漏，泄漏位置发生在热煨弯管处(图 7.1)。管道企业立即启动应急预案，正巧在企业应急备用物资资源库中有同样规格、角度的弯管，应急抢险队伍随即到达现场进行放空置换和换管作业，于 12 月 23 日成功完成泄漏应急抢险作业。

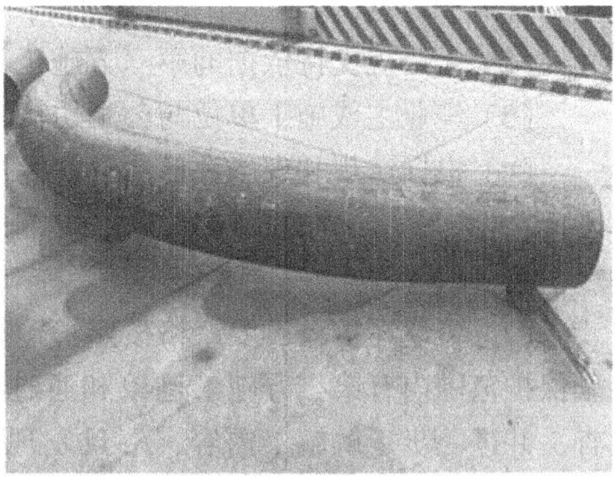

图 7.1　发生泄漏的弯管

为查找泄漏原因，管道企业委托某管材研究所对该弯管进行失效分析(表 7.1)，发现弯管化学成分不符合标准要求，其含碳量远高于标准要求。在局部加热热煨弯制成型后，经喷水冷却淬火形成脆性金相组织，从而造成弯管发生低应力脆断，导致弯管天然气泄漏。

表 7.1　化学成分分析结果　　%

<table>
<tr><th>试样位置</th><th>C</th><th>Si</th><th>Mn</th><th>P</th><th>S</th><th>Cr</th><th>Mo</th><th>Ni</th><th>Nb</th><th>V</th><th>Ti</th><th>Cu</th><th>B</th><th>Al</th><th>CE_{pem}</th></tr>
<tr><td>1-管体</td><td>0.29</td><td>0.25</td><td>1.33</td><td>0.011</td><td><0.002</td><td>0.038</td><td>0.0069</td><td>0.015</td><td>0.0003</td><td>0.035</td><td>0.0020</td><td>0.013</td><td>0.0005</td><td>0.013</td><td>0.37</td></tr>
<tr><td rowspan="2">技术条件要求</td><td rowspan="2">≤0.12</td><td rowspan="2">≤0.45</td><td rowspan="2">≤1.60</td><td rowspan="2">≤0.025</td><td rowspan="2">≤0.015</td><td rowspan="2">≤0.50</td><td rowspan="2">≤0.50</td><td rowspan="2">≤0.50</td><td>—</td><td>—</td><td>—</td><td rowspan="2">≤0.50</td><td rowspan="2">—</td><td rowspan="2">—</td><td rowspan="2">≤0.25</td></tr>
<tr><td colspan="3">Nb+V+Ti≤0.15</td></tr>
</table>

注：CE_{pem}=[C]+[Si]/30+([Mn]+[Cu]+[Cr])/20+[Ni]/60+[Mo]/15+[V]/10+5[B]。

7.3　第三方施工管理

7.3.1　基本概念及分级

“第三方施工”是一个习惯术语。管道企业人员自行施工作为第一方；管道企业委派(中标单位)的施工方为第二方；第三方施工是指非管道企业组织(或个人)在管道及其附属设施国家法律规定或国家标准规范强制性要求范围内进行的各种工程施工行为。

为便于分类管理，分级管控，可以将第三方施工分为一级、二级、三级。

(1) 三级第三方施工。在管道两侧各 5m 范围之外，与管道无交叉的项目且风险低的施工，采用三级布控标准。主要项目有管道中心线两侧各 5~50m 范围内平行敷设的各类管道、电缆、光缆、设置安全接地体、避雷接地体、鱼塘、沟渠清淤、土地平整等项目或工程。

(2) 二级第三方施工。设计压力在 4.0MPa 以下且管径小于 800mm 的管道交叉的项目、施工便道与管道交叉项目、相对简易且 48h 内就能完成的施工项目为二级施工。采用二级布控标准。

(3) 一级第三方施工是除二、三级施工以外的施工，主要包括在管道两侧各 5m 范围内的施工或管道周边大型基础建设等影响管道安全稳态的施工，需要落实专项管道保护方案，采用一级布控标准。主要包括以下施工：

(1) 铁路、河流、县级以上公路改扩建项目，管径在 800mm 以上或压力在 4.0MPa 以上的管道穿跨越(含定向钻穿越)项目；市政雨污管道交叉项目。

(2) 无法规支持依据的第三方施工项目。

(3) 经业主或施工单位与公司协商不成由地方政府组织安全评审的第三方施工项目。

(4) 根据法规和现场评估，存在高风险的其他第三方施工项目。

7.3.2 第三方施工风险识别

(1) 管道巡护人员要严格按照长输管道线路巡护管理的相关规定进行巡查，对在管道安全保护范围内有第三方施工迹象和通过其他渠道获取第三方施工信息的管段要加密巡线检查，并进一步了解施工内容，一旦发现有违法施工迹象，应立即制止、及时上报，并采取“五四三”“二二一”工作法有效措施进行处理。

(2) 管道巡护人员逐一落实每段责任范围，管道管理单位和管道巡护人员要及时掌握责任管段的风险因素分布，根据不同地段存在的风险，有针对性地制定风险控制措施，并在线路管理工作(包括管道巡线工日常工作)中落实。

(3) 开展风险识别，风险识别时考虑挖掘作业风险、爆破作业风险、重车碾压风险、打桩作业风险、装置支护风险等，重点识别以下因素对管道产生的危害影响：交通状况；附近的振动源；隐蔽电气、管网等设施的分布情况；邻近的建筑结构及其状况；土质类型；地表水和地下水；对土壤和水的污染；架空的公用设施；挖出物及施工材料的存放；有害气体易燃、易爆气体、腐蚀性液体、污染性液体排放；使用的工器具、挖掘机、铲车等；重车载荷情况；使用爆炸物；作业防护、支护；气候；其他。

7.3.3 第三方施工过程管控

一、二级第三方施工应严格按照“六步法”进行管控，即联合现场勘查、审查保护方案、签订安全协议、开挖探坑验证、施工过程监督、联合各方验收；三级且低等级风险的小型第三方施工严格遵循“快速服务、快速通过、确保安全”的管控原则，管道基层管理单位与施工单位现场对接，做好现场布控、风险告知、探坑开挖、现场交底、现场监护，确保管道安全，并填写表7.2低风险快速通过类第三方施工处置记录表。

表7.2 低风险快速通过类第三方施工处置记录表

序号	管道名称	工程名称	施工单位负责人(个人)及联系方式	施工地点(详细到市、镇、村、桩号)	施工概况描述	时间			是否安全通过	现场监护人员	备注
						发现时间	开始施工时间	完工时间			
1											
2											

7.3.3.1 联合现场勘查

对管道安全造成潜在危险的大型第三方施工，应与建设单位及时联系，共同对施工现场进行现场勘查，讨论施工细节，形成施工方案，双方负责人或者授权负责人签字备案。

7.3.3.2 保护方案审查

1）总体要求

经地方政府核准（会议纪要、主管部门行政许可或发改委核准文件）及管道企业同意的第三方施工项目，方能进入设计和施工方案审查程序。依照有关法律、行政法规的规定，要求第三方施工工程业主单位选择具备相应资质的勘察、设计、施工、工程监理单位进行管道保护工作，管道保护方案必须符合天然气管道保护施工作业技术要求。

2）第三方施工方案的基本技术要求

（1）第三方施工方案要保证不改变管道原有功能和安全条件，保证管道本体、外防腐层、阴极保护系统完好，保证穿越处具备检测功能。

（2）不得造成管道占压和安全间距不足。

（3）管道与铁路相互关系的处理、电气化铁路与管道交叉、管道与公路相互关系的处理、电力线路与管道相互关系的处理、新建管道与原有管道相交关系的处理、河道与管道的相互关系处理及其他第三方工程的交叉（相遇）处理按照管道保护的有关法律法规标准执行。

（4）对于快速通过类小型施工，相对简易、施工周期短、可不依照以上内容要求编制方案，但必须清楚与管道的位置关系且不对管道造成安全隐患，在施工时要派人到现场全程监护，快速完成施工。

3）审查要求

处于设计规划阶段的项目，项目业主单位或者施工单位须提交下列资料：

（1）《关于征求管道保护意见的函》。函件需重点介绍新建项目的基本情况、政府核准文件、相对管道位置情况、管道保护初步方案。简要介绍业主单位、设计单位、施工单位等相关情况并附资质证书。

（2）确定的设计文件。1∶1000平面、断面图，图示说明项目与管道位置关系（包括角度、上下位置关系、相对高程关系、管道桩号、行政位置、北京54坐标、管道埋深、管道之前敷设方式、是否有保护措施等相关参数）。

（3）对于正在施工阶段的第三方施工项目，方案审查需要提交以下资料：

① 管道及光缆保护工程施工图纸。1∶1000平面、断面图，图示项目与管道相对位置关系（包括交叉角度、上下位置关系、相对高程关系、管道桩号、行政位置、坐标系、设计管径、设计压力、防腐等级、管道埋深、探坑开挖情况照片、运行管道周边环境照片、阴极保护方案、管道之前敷设方式、是否有保护措施等相关参数）。

② 管道及光缆保护专项施工方案。方案中重点介绍项目概况、政府核准文件、管道及光缆保护方案、施工组织、施工周期、HSE措施、应急预案。

③ 对于需要做盖板涵保护的公（铁）路、定向钻穿越与管道交叉的项目需要提交地勘报告。

④ 盖板涵等管道保护工程设计应由具备管道、公路、铁路、水利等行业设计资质的专业设计单位承担，资质等级不低于乙级或二级；方案中应明确盖板涵等难以再次开挖的第三方施工，应对管道环焊缝进行X射线检测和超声波检测，对防腐层进行漏点检测。

⑤ 设计单位、施工单位的资质证明与营业执照。

⑥ 其他需要提交的资料。

7.3.3.3 安全协议签订

施工前与建设单位和施工单位签订安全协议，明确组织、安全、技术等方面的要求以及相关责任的划分，明确施工由专业监理进行监护，双方负责人或者授权负责人签字备案。

7.3.3.4 探坑开挖验证

施工前，人工开挖探坑，明确管道和光缆的位置和埋深等信息。

7.3.3.5 施工过程监督

(1) 管道企业管理人员与工程建设单位、施工单位现场负责人再次对管道及光缆埋深和走向进现场复核确认。

(2) 开工条件确认：符合下列条件方可进场施工。

① 施工单位的资质满足管道保护工程要求。

② 具有符合管道安全和公共安全要求的施工作业方案完成审批。

③ 制定专项事故应急预案。根据第三方施工识别、分析与评价，编制不同风险状况下的预案，一、二级第三方施工要制定"一点一案"。

④ 管道保护人员对施工单位现场负责人、挖掘机、勘探机等机具的操作手及其他施工人员进行技术交底及安全教育，做好记录。施工作业人员熟知具体施工方案。

⑤ 具有保障安全施工作业的设备、设施。

⑥ 签订《管道安全保护协议》，方案完成报备，取得属地主管部门施工作业许可手续。

7.3.3.6 联合各方验收

第三方施工竣工后，管道企业管道保护人员负责组织进行验收，必要时可邀请地方政府主管部门共同参与工程验收工作。验收合格后，出具第三方施工竣工验收报告。如果验收不合格，要求施工单位对相关问题进行整改，直至满足要求。

7.3.4 施工现场标准化分级管控

施工作业期间管道正上方要有警示桩、警示牌等警示设施，并用红色标识旗和蓝色标识旗分别标出管道和光缆走向，高风险第三方施工段采取一级硬隔离布控+摄像头+断线报警器；中风险第三方施工段采取二级铁丝网布控+摄像头(可选)+断线报警器(可选)，低风险第三方施工段采取三级警戒带布控。

(1) 一级布控要求：在管道中心线两侧各5m范围，划定安全边界，布控区域应四面封口、留通道。安全边界采用彩钢板(或脚手架)划定隔离，彩钢板(或脚手架)上沿距离地面高度不低于2m，在彩钢板(或脚手架)中间部位，面向四周朝外粘贴或悬挂警示标语等特色化管道警示标识。管道(及光缆)上方插红色标识旗，地面高度均为1m，间距为2m，施工布控区域四角埋设警示牌。

(2) 二级布控要求：在管道中心线两侧各5m范围，划定安全边界，布控区域应四面封口、留通道。安全边界采用8mm铁丝线划定隔离，每8~10m埋设一根直径5~6cm桩体，地面以上高度1.5m，沿桩体自顶端向下0.3m处布设一条铁丝，铁丝上悬挂警示标语等特色化管道警示标识；管道上方插红色标识旗，地面高度均为1m，间距为2m，施工布控区域四角埋设警示牌。

(3) 三级布控要求：在管道中心线两侧各5m范围，划定安全边界，布控区域应四面封口、留通道。安全边界采用宽度5cm以上警戒带划定隔离，每8m左右埋设一根直径3~4cm桩体，地面以上高度1.2m，沿桩体自顶端向下0.2m水平布设一条警戒带，圈围全部管道施工预控区域。管道上方插红色标识旗，地面高度均为1m，间距为2m，施工布控区域四角埋设警示牌。

7.4 地质灾害防护与水工保护

7.4.1 地质灾害基本概念

管道地质灾害是指对管道工程建设、管道输送系统安全和运营环境造成危害的地质作用或与地质环境有关的灾害，主要包括以下内容：

（1）岩土类灾害：滑坡、崩塌、泥石流、不稳定斜坡、采空区塌陷、岩溶塌陷。

（2）特殊土灾害：黄土湿陷、膨胀土胀缩、冻胀融沉、盐渍土盐胀溶陷、风蚀沙埋等。

（3）水毁类灾害：坡面水毁、河沟道水毁、台田地水毁。

（4）地质构造类灾害：活动断裂等。

（5）其他灾害：地裂缝、地面沉降等。

7.4.2 地质灾害防控

7.4.2.1 巡查内容

（1）地质灾害巡查重点主要有：岩土类灾害、水毁类灾害、特殊土灾害、构造类灾害及其他灾害等。

（2）开展管道全线巡查，识别及巡查管道沿线地质灾害(隐患)点。

（3）开展已有地质灾害风险点巡查。

① 已有地质灾害风险点有无变化或异常情况。

② 应对地质灾害情况不完善部分通过现场调查补充完善。

③ 对列入地质灾害风险及潜在的滑坡、崩塌、泥石流、黄土塌陷、河沟道水毁等地质灾害区，实施重点巡检。

④ 汛期检查管道有无悬空、变形、漂移情况，管道因水毁冲蚀、坍塌等灾害造成的悬空及其悬空长度是否超过管道所能承受的最长悬空长度。

⑤ 检查水工保护设施损坏情况，跨域基础损坏情况，隧道渗水、内衬开裂情况。

（4）日常巡查重点还应包括：

① 地质灾害高发育管段。

② 大型河流的穿跨越。

③ 与管道穿跨越河流相关的水库。

④ 煤矿、铁矿、铜矿等采空区。

⑤ 水网密集、不良地质条件以及维护抢修条件较差的地段。

⑥ 沿线跨越长度大于30m的跨越等重点部位。

⑦ 管道沿线人类工程活动点。

7.4.2.2 常用工程治理措施

1）滑坡常见地质灾害防治工程措施

（1）滑坡常见治理措施主要有清除滑坡体、坡面坡体截排水、减重反压、支挡工程、改良土质等方法。

(2) 为有效治理滑坡灾害，一般应合理选用多种工程措施组合进行综合整治。

2) 崩塌防治工程措施

(1) 崩塌治理的主要工程措施包括清除危岩(土)体、柔性防护网、支挡、支撑及嵌补、锚固剂灌浆、截排水等，应根据实际情况进行组合选择。

(2) 崩塌治理宜以清除危岩(土)体为主，不具备清除条件的采取其他工程措施。

3) 泥石流防治工程措施

(1) 管道穿越泥石流沟的灾害防治方法：用蓄水工程、引排水工程和防御工程控制水源；用拦沙坝、谷坊工程、挡土墙工程、护坡工程、变坡工程、潜坝工程控制土源；用导流堤、顺水坝、排导槽、渡槽、急流槽、明洞、过水断面进行排导；用倒流堤、节流坝、拦泥坝实施停淤。

(2) 泥石流形成区应以稳住物源为主，主要治理工程措施包括拦挡坝、护岸、护底和恢复植被等；流通区应采用排导和拦挡进行综合治理，主要治理工程措施包括排导槽、拦挡坝、沟道清理、防护堤和护底等；堆积区宜采取排导、防护和停淤等综合治理措施。

4) 不稳定斜坡防治工程措施

参照崩塌或滑坡治理工程措施。

5) 岩溶塌陷一般防治方法

有截排水、挖填、灌注、强夯及跨越等方法，辅以地下水和地表水控制。

6) 采空区塌陷主要治理措施

有充填、注浆等，鉴于治理实际效果及成本，建议采取监测措施。

7) 管道水毁类防治方法

(1) 河沟道水毁。护岸工程(抛石护岸、砌石护岸、丁坝护岸、混凝土连锁板护岸)；护底工程(抛石、桩管、固床坝等)。

(2) 坡面水毁。坡面水毁防治措施应结合生态防护和工程治理综合进行。

(3) 台田地水毁。台田地水毁应结合挡土和截排水工程进行综合防治。挡土工程宜优先选用重力式挡土墙，可用浆砌石砌筑，在石料缺乏地区，也可采用混凝土修建，在一些特殊地区，还可使用草袋土结构。

8) 管道黄土湿陷灾害的防治方法

管沟回填、换填非湿陷性土或改良加固处理(如土垫层、土桩挤密、化学加固等)。截排水措施，可通过导、堵、填等方式，结合开展水土保持和巡查工作，疏导地表水。

7.4.2.3 地质灾害预警

(1) 宜采用合成孔径雷达干涉测量(InSAR)技术，监测分析大范围地质灾害变化态势。运用合成孔径雷达干涉及其差分技术进行地面微位移监测，是近年来发展起来并得到日益重视的新方法。对不同地区地面形变的最新研究结果表明，合成孔径雷达干涉及其差分技术在滑坡位移、地震形变、活动构造等监测中应用广泛，具有不可替代的优势。

(2) 监测内容包括但不限于地质背景监测、地质灾害体监测、承灾体本体监测、诱发因素监测、视频监测等。滑坡、崩塌、泥石流监测还应符合《崩塌、滑坡、泥石流监测规范》(DZ/T 0221—2006)相关要求。

(3) 地质灾害风险点采取风险削减措施实现风险降级后，应进行追踪监测，监测周期不少于1个水文年。

(4) 应根据地质灾害类型和特点、地质背景与形成条件、工作区条件、地质灾害体的稳定性、发展趋势以及对承灾体的危害程度等因素，编制地质灾害监测方案，监测设备的安装及维护应避免扰动地质灾害体或威胁油气设施安全。

(5) 水毁灾害监测项目应根据实际情况确定，选择视频监测、水位监测、汛情监测、承灾体本体监测等。

(6) 监测应当保持监测设备及系统的完好性，及时修复存在的问题，每个水文年检查维护次数不低于1次。

(7) 应密切跟踪地质、气象、汛情等信息，并结合地质灾害监测信息，建设信息化预警平台，及时进行地质灾害预警。

(8) 地质灾害预警应包含地质灾害类型、承灾体信息、发生位置、发生规模、发生时间、持续时间等信息。

(9) 预警工作应联合油气设施所属地方政府，建立群测群防体系。

7.4.3 典型水工保护结构

7.4.3.1 浆砌石挡土墙

挡土墙适用于一般地区、非膨胀性地区、盐渍土及湿陷性黄土地区的边坡支挡，其抗震设防烈度为6、7度的地区，并由设计人根据土壤内摩擦角 ϕ 值进行选用。当抗震设防烈度为8度时，挡墙高不得大于4m，当抗震设防烈度为9度时应另行设计。

挡土墙设计按一般场地条件考虑，当地基为软土、液化土、膨胀土、盐渍土、多年冻土等特殊土质，或地基位于Ⅲ、Ⅳ级湿陷性黄土地区时，应按相关地基规范处理后，方可使用。

7.4.3.2 浆砌石坡式护岸

浆砌石坡式护岸适用于流速不大于4m/s的岸坡防护。

当河道水流流速大于5m/s或者河岸较竖直、放坡有困难时，应采用浆砌石挡土墙式护岸。

7.4.3.3 浆砌石地下防冲墙

适用于各类土质条件下有明显下切作用的河(沟)床的冲刷防护；如管线完全进入基岩则采取其他防护措施。

7.4.3.4 浆砌石过水面

浆砌石过水面适用于基本稳定的河(沟)床穿越段管道覆土流失的防护。

7.4.3.5 镀锌铁丝石笼

镀锌铁丝石笼适用于砂砾石河(沟)床，冲刷较强、基础较为软弱的河(沟)床地段。

7.4.3.6 截水墙

浆砌石截水墙适用于坡角 $\alpha \leq 45°$ 的管线坡地；灰(水泥)土或黏土截水墙适用于坡角 $\alpha \leq 30°$ 的管线坡地。

灰(水泥)土截水墙常用于黄土地区，其设置不能影响耕地或林草地的地表层。

7.4.3.7 排水沟

排水沟适用于水流集中并在长期冲刷下容易形成冲沟并发育，造成管道外露的地段。排水沟应将汇水引至远离管道的安全地段。

排水沟的横断面应有足够的过水能力。当不需按流量计算时，可根据实际地形地貌综合考虑后选用。若需按流量设计排水沟时，宜按15~20年降雨重现期设防，另行设计。

7.4.3.8 护坡

护坡适用于坡面稳定的边坡防护。

防护类型的选择应综合工程地质、水文地质、边坡高度、环境条件、施工条件和工期等因素，采取边坡防护与支挡结构、工程防护和植物防护、临时措施和永久措施相结合，并与周围环境相协调的工程措施。

1）*浆砌石护坡*

浆砌石护面适用于坡比在1：1~1：2之间的土质和易风化岩石边坡，在坡面受雨水冲刷严重或潮湿时，坡比应尽量放缓。

2）*浆砌石骨架植物护坡*

浆砌石骨架护坡分为拱形骨架和菱形骨架护坡，适用于坡比小于1：0.75的土质和易风化岩石边坡。当坡面受雨水冲刷严重或潮湿时坡比宜小于1：1。

3）*喷浆、锚杆挂网喷浆护面*

此类护面分为喷浆护面、锚杆挂网喷浆护面和锚杆挂网TBS有机质基材喷播植草护面。

喷浆护面适用于易风化但尚未严重风化的Ⅰ类岩石边坡，不宜在成岩差和土质边坡上采用。

锚杆挂网喷浆、锚杆挂网喷混凝土护面适用于易风化但坡面岩体破碎的Ⅲ类岩石边坡。

锚杆挂网喷播植物护面适用于易风化但稳定的可以绿化的边坡。

如为不稳定边坡、地下水发育的边坡、成岩作用差的土质边坡均应进行边坡稳定性计算，增加其他工程处理措施后方可选用。

4）*植生带护面(三维植被网防护)*

植生带护面适用于砂性土、土夹石及风化岩石，且坡比小于1：0.75的边坡防护。

7.4.3.9 沙草方格

宜用麦草、稻草、芦苇等柔性较好的材料，将草直接插入沙层内，在流沙上扎设成方格状的半隐蔽式沙障。防护宽度一般为20m×25m，也可视具体情况而定。

7.4.4 典型敷设方式下的防护

7.4.4.1 水域、冲沟穿越防护

（1）管道穿越水域、冲沟，应依据地质、地形及水文条件，设置护岸和护底措施。

（2）在地基承载力满足设计要求的条件下，优先采用浆砌石结构护岸。必须带水作业的情况下，可选择石笼或抛石护岸。对于地基承载力较差的软土地区，岸坡侵蚀不严重、且适宜植被生长的条件下，应采用草袋护岸。

（3）高陡河流、冲沟的岸坡应设置截水墙。

7.4.4.2 河道穿越

（1）对于设防高度不小于1m的河道岸坡，应根据地形、地质、水文等资料设置护岸。

（2）对于无冲刷资料的土质河道穿越段，应根据设防流速，设置过水面、防冲墙等护底措施。对于河道中有树木、植被的河床稳定河道，可不采取护底措施。

（3）对于管道埋入冲刷深度以下的土质河道穿越段，应根据《油气输送管道穿越工程设

计规范》相关条款，进行管道抗漂浮计算，相应采取配重块稳管措施。

（4）对于管道埋入稳定岩层以下0.5m的岩质河道穿越段，应根据《油气输送管道穿越工程设计规范》相关条款，采取混凝土连续浇筑护管措施。

7.4.4.3 沟道穿越

（1）沟道是指季节性冲刷剧烈的黄土冲沟、泥石流沟、石方山区的沟壑以及戈壁山前汇水侵蚀沟。

（2）管道穿越黄土冲沟时，应依据地质、地形、水文条件设置护岸和护底措施，护底应优先选用防冲墙。

（3）管道穿越泥石流沟时，应设置防冲墙护底，泥石流裹挟物较大时，应采用外包钢筋混凝土防冲墙。

（4）管道穿越石方山区沟壑时，应采用浆砌石结构护岸、混凝土连续浇筑稳管护底的措施。

（5）管道穿越戈壁山前汇水侵蚀沟。应根据地质、地形、水文条件设置护岸和护底措施。

7.4.4.4 静水水域的穿越防护

（1）管道穿越鱼塘、水库、航道、水网、沼泽等静水水域时，其管道埋深应设置清淤以下不小于0.8m，同时管顶覆土不小于2.5m。

（2）管道穿越鱼塘，应根据坡岸地质、地形及地基条件，选择以草袋护岸或浆砌石护岸。

（3）管道穿越水库、航道，应根据岸坡地质、地形及地基条件，选择浆砌石护岸。

（4）管道穿越水网、沼泽时，一般不设置护岸。

7.4.4.5 水渠穿越防护

（1）堤上水渠采用大开挖时，尽量按原貌恢复，特别是水资源匮乏的地区。对于渠深大于等于0.5m的堤上渠采用水工措施恢复。一般采用浆砌石结构水渠或混凝土预制板结构恢复。

（2）管道穿越地表水渠时，管顶的埋深建议不小于2.5m。对毁坏的渠道进行原貌恢复。对渠深大于等于1m的灌溉渠采用水工措施恢复；对渠深小于1m的土渠，在保证埋深的情况下夯实恢复原样即可，不再增加水工设施。

7.4.4.6 顺坡敷设防护

1）一般规定

（1）管道顺坡敷设，应根据地质、地形及降雨条件，设置管沟截水墙和坡角防护措施。

（2）管道顺坡敷设，可依据地质、地形、坡顶汇水条件及坡面植被状况，设置坡顶截排水沟和植被坡面防护措施。

2）坡角防护

坡角防护应根据地质、地形条件，本着就地取材的原则，选择使用浆砌石护坡、浆砌石拱形骨架护坡、浆砌石挡墙、干砌石护坡、草袋护坡、草袋挡土墙等结构形式。

3）截水墙

（1）应根据地质、地形条件，本着就地取材的原则，选择使用浆砌石截水墙、水泥土截水墙和草袋截水墙等结构形式。

(2) 一般石方、卵石坡面，可采用浆砌石截水墙。一般砂性土、黄土等土方地区，可采用水泥土截水墙、软土、黏性土地区，可采用草袋截水墙。

4) 坡顶截排水沟

(1) 坡顶汇水面积较大时，应根据地质、地形、降雨等条件，设置截排水沟。

(2) 截排水沟形式包括素土夯实、水泥土夯实、浆砌石和混凝土预制板等结构形式。一般黄土地区宜采用水泥土结构，黏性土地区可采用素土开挖夯填结构，浆砌石结构多用于石方山区及卵砾石地区。

5) 植被坡面防护措施

(1) 管线顺坡敷设通过下列区域时，应进行植被坡面防护建设：

① 水土保持生态工程建设的区域。

② 天然林保护、水源涵养林、自然保护区、旅游区、城市及城市近郊的区域。

③ 易造成大量植被破坏的项目区。

④ 适宜造林种草、绿化美化防护的区域。

(2) 植被坡面防护设计，应根据地质、地形及坡面植被状况，选择适用植草、植生带、鱼鳞坑、水平沟整地等水土保持措施。

(3) 在管道中心线两侧各5m范围内，不得种植深根植物。

(4) 植被坡面防护范围应为管道施工扫线所破坏的作业带。

7.4.4.7 横坡敷设防护

(1) 管道横坡敷设，应根据地质、地形及上部边坡汇流情况，设置管沟截水墙。一般岩石、卵砾石山区，可选择浆砌石截水墙；黄土及砂性土地区可采用水泥土截水墙；黏性土地区可采用草袋截水墙。

(2) 管道横坡敷设，可依据地质、地形、坡面稳定性状况，对削方坡面设置防护措施。

(3) 管道正常横坡敷设，可依据地形及上部边坡汇流情况，设置截水沟。

7.4.5 地质灾害巡护实例

2015年6月22日，某管道公司属地巡线工在巡查时，发现管道侧一光缆探坑内有连续气泡涌出，怀疑管道有天然气泄漏，该巡线工立即上报管道管理处，管理处一边上报公司调控中心；一边安排管道保护人员携带可燃气报警检测仪赶往现场进行确认，通过检测，确认存在天然气泄漏；随即设置警戒区，做好现场警戒工作。管道公司立即启动应急预案，积极组织管道泄漏应急抢险处置，6月24日成功完成天然气管道放空氮气置换换管作业。

事后对天然气管道泄漏原因调查查明：该管道地形地貌为丘陵地带，地势起伏较大，泄漏段管道境内遭遇三次强降雨，12h内最大降雨量达100mm以上。造成距管道泄漏点约20m处山包垮塌，覆盖管道土层厚约4.5m，加之泄漏点下游5m有一垂直向下的小型冲沟，致使管道底部被冲刷，水土流失严重，地面产生沉降，管道焊缝形成应力集中，发生了天然气泄漏。

7.5 重车碾压防控

7.5.1 重车碾压基本概念

重车碾压管道是指与设计时相比，管道上方通过车辆的载质量增大、通过频率增加，可能危及管道安全运行的车辆碾压行为。

7.5.2 重车碾压防控管理

7.5.2.1 发现与制止

巡线过程中，对管道穿越道路的管段要记录并上报道路变化情况及行车种类；对发现道路扩、改建施工应按照第三方施工的有关程序处理；一旦发现管道穿越的道路车流量明显加大或有重型车辆行驶要立即汇报，对重型车辆行驶要立即制止；发现由于主道路堵塞有大型车辆绕行管道上方农田及荒地时，应立即制止并及时汇报。

7.5.2.2 数据采集

重车碾压管道载荷数据信息：

(1) 管道的位置(两侧里程桩编号及距两侧里程桩的距离)。

(2) 是否有套管或涵洞。

(3) 管道壁厚、管径、材料。

(4) 埋深。

(5) 车辆经过的最大吨位。

(6) 碾压管道的长度。

(7) 经过的频率。

(8) 是否存在检测缺陷(或未进行腐蚀检测、内检测、应力检测等)。

(9) 路面有无沉降、塌陷。

7.5.2.3 管道外载荷现场测试

对经分析或评估确定的重点风险部位可进行外载荷现场测试，测试方式宜通过委托或有条件自检的方式进行。

1) 测量仪器

采用智能振弦测试仪，适用于各种单线圈激励式振弦(钢弦)传感器的数据采集测量，可直接测量所要观测的物理量，如压力(kN)、应力(MPa)等。

2) 压力测试

考虑到管道的安全，在现场土层调查的基础上，在管道上方布置对比压力盒的方法，制定压力盒埋设参数。

3) 土层压力测量

为确保压力测量结果与管道上方土层压力规律的一致性，测试宜设置大于15天的测量间隔期。在间隔期内，通过车辆的不断碾压，加上雨水作用，压力盒上覆土层参数已与管道上方土层参数近似。

4) 压力测量方案

为全面分析车辆载荷在土层中的传递规律，采用纵横向联合测试技术方案，即同时测量轮胎纵向(平行管道方向)和横向(垂直管道方向)土层压力。为简化双轴双轮组带来的压力叠加效应分析，采用合力测量分析方法测量全部基于车辆静载进行，测量数据分组保存，最后导入计算机进行分析处理。

5) 土层垂直应力计算

对于均质密实地层，车辆轮胎作用在土层中的垂直应力可近似用下面的公式进行计算：

$$\sigma_Z=\frac{P}{1+2.52\left(\frac{Z}{D}\right)^2} \tag{7-1}$$

式中，σ_Z 为土层深度 Z 处车辆附加应力，kPa；P 为轮压，kPa；Z 为轮胎作用土层深度，m；D 为当量圆直径，m。

6）土层参数分析

由于管道沿线土层参数变异性很大，仅对试验场地土层参数进行分析。考虑到参数的实用性和可靠性，运用数值反分析方法确定土层参数，数值计算采用岩土工程计算分析软件FLAC2D(v5.0)，土层材料计算采用 Mohr-Coulomb 模型。

7）车辆行车动载数据

车辆在行驶时，由于车身自身的振动和路面的不平整，车轮实际上是以一定的频率和振幅在路面上跳动。作用在路面上的轮载时大时小呈波动形式，应进行测试与采集。以上测试可委托专业检测队伍实施。

7.5.2.4 重车碾压专项评价

对经分析或评估确定的重点风险部位宜进行如下几方面的分析：力学模型分析、载荷分析、管道的强度分析、管道屈曲分析、管道的疲劳分析。

1）评价所需数据

对于需评价的管道，应采集如下数据：管道埋深、缺陷位置、缺陷尺寸、缺陷修复情况、管道壁厚、管道材质、运行压力、土壤类型、防腐材料及防腐等级、设计压力、碾压车辆行走方向与管道夹角等。

2）力学模型分析、载荷分析

埋地管道的载荷主要有两种：一是承受内压；二是地面汽车载荷。对于地面汽车载荷，在管顶覆土厚度小于0.8m时，采用分布角的方法计算管道上的垂直压力，对于覆土厚度大于0.8m的情况，采用弹性半无限体中压力分布的方法计算管道上的垂直压力。此外，埋地管道还应考虑的载荷有管道自重、管内输送介质的质量、管道防腐材料的质量、温度载荷、管顶覆土载荷、土壤摩擦力等。

3）管道强度计算

由相应的载荷工况可以计算出管道中的应力，从而进行管道的强度校核。

4）管道屈曲分析

在大吨位重车载荷作用与内压共同作用下，管道可能失稳而产生屈曲，应进行管道的稳定性分析，计算失稳临界载荷，为控制车辆载荷、保护管道提供依据。

5）管道的疲劳分析

由于重车对管道的作用力是瞬时的，同时也会频繁发生，管道所承受的重车载荷为交变载荷。受此种载荷的作用，管道会有疲劳行为发生，应对管道进行疲劳分析，确定管道的疲劳寿命。

7.5.2.5 风险控制与治理措施

1）预防控制措施

（1）对于道路情况发生变化(如先前无路而现在有路，先前是小路而现在变成了大路)的管道穿越段，根据理论分析及有限元分析的结果提出合理的处理办法及控制措施。在采取永久措施之前，要进行风险预控。

（2）要控制车辆的载荷，未做任何防护措施的管道，50t 以上车辆禁止通过。在管道上方加支撑(或钢板)后，方可通过。

（3）对于路基松软、雨天泥泞的管道穿越道路，要有专人看护，严格控制车辆载荷。

（4）控制车辆通过的次数，一天内大车通过的疲劳载荷不超过 100 次。

2）管道埋深要求

根据设计单位理论计算及现场试验，提出不同管径、不同载质量的重车碾压对管道的埋深要求见表 7.3。对所有重车碾压管段，基层管理单位须进行详细的管道埋深测量，以确保埋深准确。

表 7.3　不同管径重车的最浅埋深要求(仅供参考)

重车范围/t	埋深/m	
	管径小于 660mm	管径大于 660mm(含)
0~20	1.0	1.0
20~40	1.0	1.2
40~60	1.2	1.5
60 以上	1.4	1.8

若埋深与最浅要求相差在 200mm 以内，应采用三合土进行夯实处理，厚度为 500mm；如埋深与最浅要求相差在 200mm 以上，应增加防护盖板，盖板厚度为 300mm，宽度为管道直径的 4 倍，最小 1m，最大 4m。

3）治理措施及要求

对于可能危及管道安全的重车碾压，应采取钢筋混凝土盖板或修建管道保护涵的方式进行保护。保护所用水泥应不低于 C30，钢筋应采用 Q235 及以上。混凝土盖板、保护涵的结构尺寸应经过理论计算或有限元计算，能够满足管道保护要求。

第 8 章　管道腐蚀与控制

为切实减缓埋地管道腐蚀速率、延长管道寿命，降低管道腐蚀穿孔等安全风险，长输天然气管道普遍采用外防腐层+阴极保护的保护模式。本章主要介绍管道的腐蚀成因、防腐层结构、阴极保护机理等内容。重点介绍牺牲阳极、强制电流两种保护方式，并对阴极保护系统关键设备——恒电位仪操作维护，交直流干扰调查、排流防护进行详细介绍。

8.1　腐蚀现象

8.1.1　腐蚀的定义

腐蚀是指材料受环境介质的化学、电化学和物理作用而产生的损坏或变质的现象。金属腐蚀是指金属与环境间的物理、化学相互作用，造成金属性能的改变，导致金属环境或由其构成的一部分体系功能的损坏。就油气管道而言，腐蚀是影响管道可靠性、完整性的最关键因素，由于腐蚀造成管道金属减薄、承压能力下降，最终穿孔、破裂导致高压油气泄漏，酿成严重事故，腐蚀被称为油气管道行业的隐形致命杀手。管道腐蚀现象如图 8.1 所示。

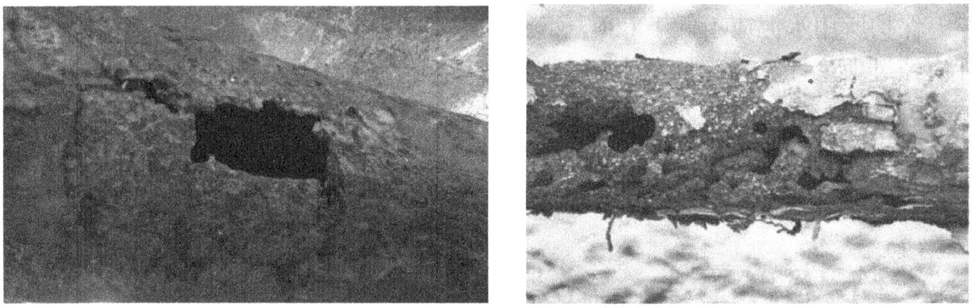

图 8.1　管道腐蚀现象

8.1.2　腐蚀的分类

1）按腐蚀机理分

物理腐蚀：指金属由于单纯的溶解作用而产生的破坏，如铁被液态锌溶解等。

化学腐蚀：指金属表面直接与非电解质产生化学反应而引起的破坏，如铁在高温下与氧气反应生成铁氧化物。

电化学腐蚀：指金属与电解质溶液发生原电池反应而产生的破坏，这是埋地金属管道发生腐蚀的主要形式。

2）按腐蚀形貌分

全面腐蚀：指整个金属表面均发生腐蚀，它可以是均匀或不均匀的，钢铁构件在大气、海水及稀还原性介质（稀盐酸、稀硫酸等）中的腐蚀一般属于全面腐蚀。

局部腐蚀：指金属表面的某些部分的腐蚀。包括点蚀、浓差腐蚀、缝隙腐蚀、晶间腐蚀、电偶腐蚀、应力腐蚀、氢腐蚀等形态。

3）按腐蚀位置分

内腐蚀：发生在管道内部的腐蚀称为内腐蚀。包括酸性腐蚀、氯离子引起的腐蚀、微生物腐蚀、应力腐蚀、焊接腐蚀等等。

外腐蚀：主要是由于管线金属材质与外部的环境，比如土壤、海水、大气等腐蚀性介质相接触引起的腐蚀。

8.1.3 腐蚀的危害

腐蚀不但造成金属缺失、功能丧失，高压天然气管道腐蚀穿孔可能造成巨大的经济损失、资源浪费，更有可能酿成火灾爆炸事故，造成环境破坏和影响社会稳定。

以某输油管道泄漏事故为例，2013 年 11 月 22 日值班人员发现管道输油泵外输压力出现下降，立即停泵停输，随后巡线人员发现管道泄漏位置，原油泄漏入海。在抢险过程，因处置不当发生爆炸。造成地下 5.5km 长的排污暗渠水泥盖板及路面掀起，引发泄漏点和海面轻质原油大火，造成严重人员伤亡和巨大财产损失。经事故调查查明，原油管道建设于 1985 年，管道采用石油沥青布防腐外加电流阴极保护。1996 年地方建设排水明渠，2004 年明渠上敷设钢筋混凝土盖板，形成暗渠密闭空间直达入海，由于输油管道与排水暗渠交叉悬空架设，所处区域土壤盐碱和地下水氯化物含量高，同时排水暗渠内随着潮汐变化海水倒灌，输油管道长期处于干湿交替的海水及盐雾腐蚀环境，加之管道受到道路承重和振动等因素影响，导致管道加速腐蚀减薄、破裂，最终造成原油泄漏发生重大事故。

通过这起典型管道腐蚀造成事故可以看出，油气管道的腐蚀防护和控制工作十分重要。从金属腐蚀的控制方法来讲，最重要的是在管道外部增加防腐层达到与腐蚀环境的物理隔绝；其次是使用阴极保护法对防腐层薄弱或破损处实施电化学保护，从而减缓或消除管道的局部腐蚀；然后通过管道外检测和内检测及时发现管道内部、外部本体缺陷，通过实施完整性修复，使管道在全生命周期内始终处于一种健壮、完好的状态，切实保证管道长期的安全平稳运行。

8.2 管道防腐层

8.2.1 防腐层的基本要求

管道防腐涂层是指用特定涂料均匀致密地涂敷在经除锈处理的金属管道表面，使其与各种腐蚀性介质隔绝，是管道防腐最基本的方法。管道防腐涂层的基本要求有：

耐腐蚀性能要好。所谓涂料的耐腐蚀性是指其固化涂层对它所接触的腐蚀介质（如酸、碱、盐、各种化学药品、废液、空气、水分、化工气体等）在物理性质和化学性质方面都是稳定的，既不被腐蚀介质溶胀、溶解，也不被腐蚀介质所破坏、分解，不和腐蚀介质发生有害的化学反应。

透气性和渗水性要小。钢铁的大气腐蚀需要有水分和氧的作用，否则其腐蚀速度可以忽略不计。选择透气性小的成膜物质和屏蔽作用大的涂料，并增加涂装道数，使涂层达到一定的厚度。

要求良好的附着力和一定的机械强度。涂膜能否牢固地附着在金属基体上，是其能否发挥防腐蚀作用的关键因素之一。除此之外，固化涂膜还应具有一定的物理机械强度，以承受工作条件下的应力。

8.2.2 防腐层的分类

8.2.2.1 石油沥青防腐层

石油沥青作为最早的管道防腐材料，具有来源丰富、成本低、安全可靠、施工适应性强等特点。但和环氧粉末、煤焦油瓷漆、塑料等材料相比，它的主要缺点是吸水率大、耐老化性能差、不耐细菌腐蚀等。

石油沥青防腐层由石油沥青、中碱玻璃布和聚乙烯薄膜构成。石油沥青隔绝土壤腐蚀环境，增强防腐层绝缘电阻；中碱玻璃布作为防腐层骨架材料，可以增加防腐层的强度和热稳定性；聚乙烯薄膜包裹石油沥青防腐层，可以提高防腐性能与抗老化性能。

石油沥青防腐层分为普通、加强、特加强三个等级，各等级防腐层结构与厚度应符合相关标准要求。石油沥青防腐层如图 8.2 所示。

8.2.2.2 熔结环氧粉末防腐层

环氧粉末涂层是将严格处理过的管子预热至一定温度，再将环氧粉末喷在管子上，利用管壁热量将粉末融化，冷却后形成均匀、连续、坚固的防腐薄膜(图 8.3)。相对于传统薄膜防腐层，环氧粉末涂料不含溶剂，涂敷时几乎不产生挥发物，仅要求防止粉尘。对环境无污染，作业卫生，生产效率高，防腐性能可靠。

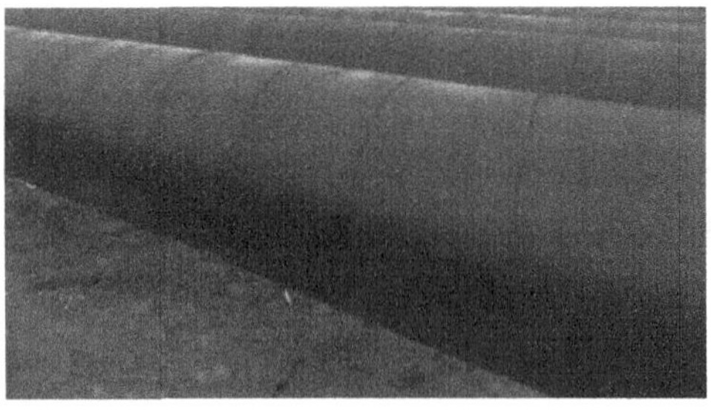

图 8.2　沥青防腐层

图 8.3　环氧粉末防腐层

1) 单层环氧粉末

环氧粉末的主要成分为酚醛环氧树脂，它是一种通过混合、挤出、研磨得到的无挥发性的有机物固体粉末。它是在管道外壁严格除锈并预热至 235~245℃的条件下，静电喷涂而形成的防腐层。单层熔结环氧防腐层具有优异的黏结力、防腐层坚牢、耐腐蚀和耐溶剂性，防腐层损伤修复较容易，抗土壤应力，适用于大多数土壤环境，包括砾石地段；和阴极保护配套性好，对保护电流几乎无任何屏蔽作用。但是，防腐层吸水率较大，耐湿热性能有限，不适用于输送介质温度过高的水下管道，抗冲击损伤能力也比较有限。

2）双层环氧粉末

双层环氧粉末是由两种不同的环氧粉末喷涂而成。内层为单层熔结环氧粉末，外层在粉末涂料制备过程中加入部分塑性材料，可有效提高防腐层的抗冲击能力，使得抗冲击性能优异、抗划伤性能卓越、最高使用温度达到 80℃。

8.2.2.3 聚乙烯防腐层

埋地管道聚乙烯防腐层分二层和三层结构两种。二层结构聚乙烯底层为胶粘剂层，外层为挤出聚乙烯层。具有极为优异的抗机械损伤能力，水汽渗透率极低，电绝缘性优异，并有良好的低温性能，但防腐层的黏结力不是很好，温度升高会导致黏结性的丧失，和阴极保护的匹配性较差，防腐层可能在保护电流的作用下失去黏结性，并对电流产生屏蔽。

三层结构聚乙烯防腐层(3PE 防腐层)底层为环氧涂料涂层，中间层为胶黏剂层，外层为挤出聚乙烯，各层之间相互紧密黏接，形成一种复合结构，取长补短，如图 8.4 所示。它利用环氧粉末与钢管表面很强的黏结力而提高黏结性；利用挤出聚乙烯优良的机械强度、化学稳定性、绝缘性、抗植物根茎穿透性、抗水浸透性等来提高其整体性能，使得三层 PE 防腐涂层的整体性能表现更为突出，更为全面，适用于对覆盖层机械性能、耐土壤应力及阻水性能要求较高的苛刻环境，如碎石土壤、石方段、土壤含水量高、植物根系发达地区。

图 8.4 3PE 防腐层

聚乙烯防腐层的等级和厚度应符合《埋地钢质管道聚乙烯防腐层》(GB/T 23257—2017)要求。

8.2.2.4 其他防腐层材料

（1）黏弹体。它是一种新型的高性能黏弹性聚烯烃材料，兼具固体胶黏材料和液体胶黏材料的双重特性。用于埋地管道补口防腐和防腐层修复，以及弯头、弯管、三通和绝缘法兰等异型管件防腐。具有耐酸、耐碱、耐盐特性，防腐性能优越、可靠。

（2）热收缩带，也称热缩补扣带。用于 3PE 管道焊接完成后，在焊缝两侧留下的一段没有防腐层的金属管段的防腐，辐射交联聚乙烯热收缩带由聚乙烯基材和热熔胶层复合而成。施工时应先对管道除锈打磨清理，其后涂敷环氧底漆，然后人工将热收缩带缠绕在管道上(注意贴上封口片)，均匀加热热收缩带表面，热收缩带基材在径向方向均匀收缩，同时热熔胶熔化、填充和包覆在管道上，形成牢固连续的管道外防腐层。

8.2.3 防腐层质量检验

（1）外观检查：防腐层表面应平整，无裂纹、气泡、麻点、剥离、破损、翘边、褶皱等现象。使用测量工具对于防腐层缺陷点测量其面积大小并进行记录。

（2）厚度检测：按照《钢质防腐层性能试验方法 第 7 部分：厚度测试》(SY/T4113.7—2020)的规定，取钢管三个截面，用防腐层测厚仪测试每个截面上、下、左、右 4 个点的厚度，以最薄点为准。

（3）剥离试验：按照《钢质防腐层性能试验方法 第 2 部分：剥离强度测试》(SY/T4113.2—2018)的规定执行。

（4）连续完整性检查：按照《管道防腐层检漏试验方法》（SY/T 0063—1999）的规定，用电火花检漏仪进行连续性检测。3PE 防腐层检漏电压为 15kV，以无漏点为合格。

8.3 阴极保护原理

阴极保护技术与人类电化学、材料学和电子学等技术进步息息相关。1800 年伏特将银片与锌片相连放在盛有盐水的电解质溶液中，发现有电流通过，制作了最早的电池。1824 年英国化学家戴维对一条快速炮帆船做防腐研究，该船在木头的表面用铜板镶装包覆，但铜往往会受到海水的腐蚀，戴维决定在该船的船首和船尾安装铁板，经后来验证铜板取得了良好的保护效果，1824 年这一年被后人称为阴极保护开创之年。1834 年，戴维的学生法拉第在进行系统电解实验后，提出电极、法拉第定律等电化学理论，进一步奠定了阴极保护理论基础。

8.3.1 工作原理

8.3.1.1 基本术语

原电池：将化学能转变为电能的装置。

电解液：具有离子导电性的溶液。

电极：置于电解液中的导体。电流通过它流入或流出电解液。

阳极：发生氧化作用的电极。在原电池中，阳极是负极，电子由负极流向正极。

阴极：得到电子的电极，也是发生还原反应的极。在原电池中，阴极是正极，电子由负极流向正极。电流方向与电子方向相反，电流由正极流向负极。

电位：即电势，是衡量电荷在电路中某点所具有能量的物理量，单位伏特（V）。

极化：电化学中，电流通过电极表面引起电极电位变化的现象。

8.3.1.2 电化学腐蚀

物质是由原子或分子或离子构成的，原子又是由原子核和电子组成。金属材料电子十分活泼，当将一根铁棒插入电解质中，金属表面与电解质表面将出现电压差，我们称金属棒为电极，其表面电压差为电位。由实验发现，将铜、锌两电极，一同浸入稀硫酸中，由于锌比铜活泼，容易失去电子，锌被氧化成二价锌进入溶液，电子由锌片通过导线流向铜片，溶液中的氢离子从铜片获得电子，被还原成氢原子，这就是原电池（图 8.5），由于锌失去电子造成腐蚀，因此也称腐蚀原电池。

埋地金属管道在土壤腐蚀环境（电解质溶液）中，由于化学成分不均匀、晶间结构差异等原因，在管道表面形成了无数微小腐蚀原电池，原电池的阳极（金属）失去电子，变成金属离子融入土壤，金属管道发生腐蚀；金属丧失的电子在阴极区与土壤中的氢离子、氧气等结合，产生析氢、吸氧等反应。如图 8.6 所示。

从以上可知，发生电化学腐蚀必须满足 3 个必要条件：

（1）不同电极电位的阴极和阳极必须同时存在。

（2）阴极和阳极之间必须有电线连接。

（3）阴极和阳极之间必须处于同一电解质中。

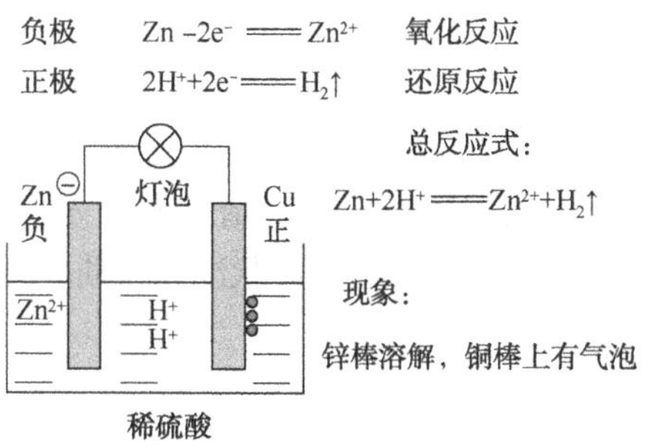

图 8.5 原电池工作原理

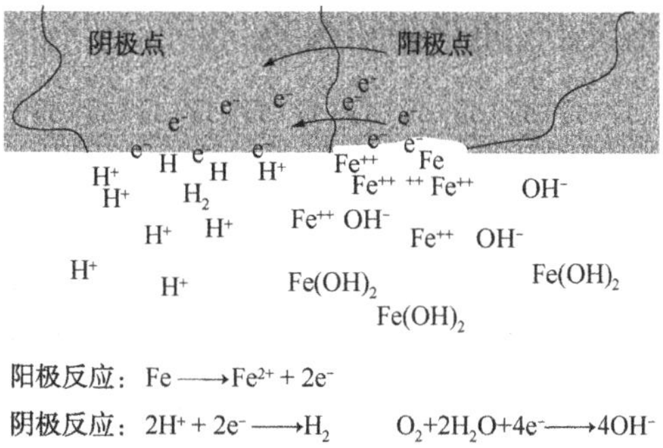

图 8.6 金属表面腐蚀电池

8.3.1.3 阴极保护方法

从上得知，对长输管道施加防腐层涂层可以起到物理隔离作用，避免管道与周围环境发生电化学反应，从而保护管道不被腐蚀。但现实情况比较复杂：一是涂层本身存在缺陷；二是在管道施工和运行期间不可避免防腐层会局部遭到破坏，从而使金属暴露于腐蚀环境中，造成管道腐蚀。因此需要通过电化学方法，将需要保护的金属结构极化，使之电位向负向移动，以达到在环境介质中处于阴极，即被保护状态的地位的方法，这种方法称为阴极保护法。

阴极保护根据方法不同分为牺牲阳极阴极保护和外加电流阴极保护。

(1) 牺牲阳极阴极保护是将电位更负的金属与被保护金属连接，并处于同一电解质中，使该金属上的电子转移到被保护金属上去，使整个被保护金属处于一个较负的相同的电位下。该方式简便易行，不需要外加电源，很少产生腐蚀干扰。

(2) 外加电流阴极保护是通过外加直流电源以及辅助阳极，迫使电流从土壤中流向被保护金属，使被保护金属结构(例如管道)电位低于周围环境。该方式主要用于保护大型或处于高土壤电阻率土壤中的金属结构。两种阴极保护方式各有优劣，可根据情况选用(表 8.1)。

表 8.1 阴极保护方式比较

方 法	优 点	缺 点
强制电流法	(1) 输出电流连续可调； (2) 保护范围大； (3) 不受环境电阻率限制； (4) 工程越大越经济； (5) 保护装置寿命长	(1) 需要外部电源； (2) 对邻近构筑物干扰大； (3) 维护管理工作量大； (4) 一次投资费用高
牺牲阳极法	(1) 不需要外部电源； (2) 对邻近构筑物无干扰或很小； (3) 投产调试后可不需管理； (4) 工程越小越经济； (5) 保护电流分布均匀、利用率高	(1) 高电阻率环境不适用； (2) 保护电流几乎不可调； (3) 覆盖层质量必须好； (4) 投产调试工作复杂； (5) 消耗牺牲阳极金属

8.3.2 阴极保护参数

(1) 自然电位：这里需要引入一个腐蚀电位概念，它是金属材料浸泡在电解液中其电子聚集形成一定数量的电位，为了准确计量，将其电位与饱和硫酸铜作为参比电极(CSE)进行比较，其差值就是腐蚀电位，即我们通常所说的自然电位。自然电位是指金属埋入土壤后，在无外部电流影响时的对地电位。自然电位随着金属结构的材质、表面状况和土质状况、含水量等因素不同而异。常见金属的自然电位见表8.2。

表8.2 常见金属自然电位表

金属	电位/V(CSE)	金属	电位/V(CSE)
高纯镁	-1.82~-1.77[a]	低碳钢(表面光亮)	-0.80~-0.50
镁合金	-1.67~-1.57[a]	低碳钢(表面锈蚀)	-0.50~-0.20
锌	-1.10	铸铁(不含石墨)	-0.50
铝合金(锌5%)	-1.18~-1.10[b]	高硅铸铁(硅14%)	-0.20
纯铝	-0.80	铜、黄铜、青铜	-0.20~0.00
不锈钢	-0.10~+0.20	炭、焦炭、石墨	+0.3
混凝土中的低碳钢	-0.20	铅	-0.5

注：a. 数据来源《镁合金牺牲阳极》(GB/T 17731—2015)。

b. 数据来源《铝-锌-铟系合金牺牲阳极》(GB/T 4948—2002)。

(2) 保护电位：保护电位是指阴极保护时管道的对地电位。

① 最小保护电位：金属达到完全保护所需要的最低电位值。一般认为，金属在电解质溶液中，极化电位达到阳极区的开路电位时，此时金属处于完全保护状态。

② 最大保护电位：保护电位不是愈低愈好，是有限度的，过低的保护电位会使管道防腐层漏点处大量析出氢气，造成涂层与管道脱离，即阴极剥离，不仅使防腐层失效，而且电能大量消耗，还可导致金属材料产生氢脆进而发生氢脆断裂，所以必须将电位控制在比析氢电位稍正的电位值，此电位称为最大保护电位，超过最大保护电位时称为"过保护"。

(3) 通电电位：阴极保护系统运行时测得的管道保护电位。由于阴极保护电流的阻抗效应，通电电位包含*IR*降，不能真实地反映管道保护状况。

(4) 断电电位：在断掉强制电流阴极保护系统电源或牺牲阳极瞬间测得的管道保护电位。由于此时没有阴极电流从土壤中流向被保护管道，所测保护电位不含*IR*降，能够真实地反映管道的保护状况。管道对地电位受电感影响，会有一个正向脉冲，所以应选取0.2~0.5s之内的电位读数。

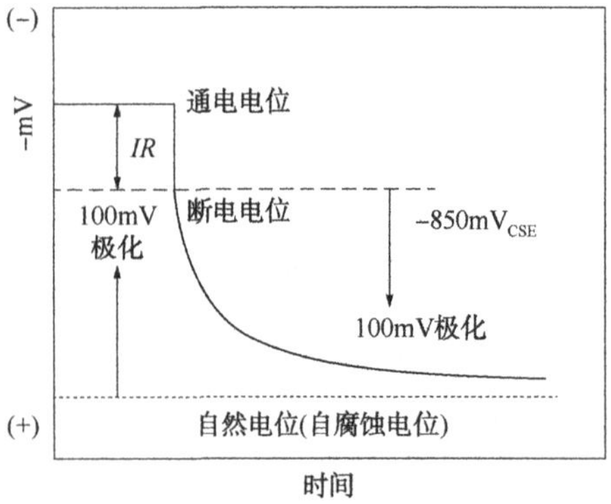

图8.7 阴保参数相互关系

(5) 最小保护电流密度：保护电流密度是指被保护金属或金属构筑物单位面积上所需要的保护电流，单位为mA/m^2。阴极保护时，使金属腐蚀下降到最低程度或停止时所需的电流密度值称为最小保护电流密度。

(6) *IR*降：由阴极保护电流在土壤中流动而引起的电压降称为*IR*降。如图8.7所示。

(7) 极化电位：管道施加阴极保护后，管道的自然电位向负电位偏移至稳定值，该偏移量就是阴保极化电位。

8.3.3 阴极保护准则

(1) 通常情况下，管道保护电位(即不包含 *IR* 降的管道极化电位)应为-850mV(CSE)或更负，管道的极限保护电位不能比-1200mV(CSE)更负。

(2) 对高强度钢(最小屈服强度大于 550MPa)和耐蚀合金钢，如马氏体不锈钢，双相不锈钢等，极限保护电位则要根据实际析氢电位确定，其保护电位应比-850mV(CSE)稍正，但在-650~-750mV 的电位范围内，管道处高 pH 值应力腐蚀开裂(SCC)的敏感区，应予注意。

(3) 在厌氧菌或硫酸盐还原菌(SRB)及其他有害菌土壤环境中，管道阴极保护电位应为-950mV(CSE)或更负。

(4) 在土壤电阻率 100~1000Ω·m 环境中的管道，阴极保护电位宜负于-750mV(CSE)；在土壤电阻率 ρ 大于 10000Ω·m 环境中的管道，阴极保护电位宜负于-650mV(CSE)。

(5) 达不到上述要求时，可采用阴极极化与去极化电位差大于 100mV 的判据，但是在高温条件下，SRB 的土壤中存在杂散电流干扰及异种金属材料偶合的管道中不能采用 100mV 极化准则。

8.3.4 区域性阴极保护

区域性阴极保护是指将一定区域内所有需要被保护对象作为一个整体实施的阴极保护。主要适用于石油天然气场站、油库、放空区内的区域性阴极保护。保护对象为场站埋地管道、储罐底板、接地网。

输气站以强制电流阴极保护作为埋地管道实施的阴极保护的主要方式，牺牲阳极可作为补充方式。站内区域性阴极保护应与站外系统相互独立，避免两套系统互相干扰。

8.4 阴极保护方式

8.4.1 牺牲阳极保护

牺牲阳极保护法是将被保护金属和一种电位更负的金属或合金相连，使被保护体阴极极化以降低腐蚀速率的方法。

牺牲阳极设计寿命应与被保护体寿命匹配。

8.4.1.1 牺牲阳极保护原理

将牺牲阳极通过测试桩接线端子与管道连接，电极电位更负的牺牲阳极为埋地管道提供保护电流，通过土壤流向被保护管道，管道电位发生负向偏移，埋地管道得到保护，牺牲阳极发生腐蚀。此时阳极被腐蚀消耗，故称为“牺牲”阳极，从而实现了对阴极的被保护金属体的防护，如图 8.8 所示。

在一般情况下，牺牲阳极和管道钢材之间的驱动电压是有限的，牺牲阳极提供的电流也是有限的。所以，牺牲阳极阴极保护一般用于所需保护电流较小的情况，阳极和土壤之间的接触电阻必须很小以使阳极输出有效电流。因此牺牲阳极方案一般用于低电阻率土壤中(100Ω·m)。

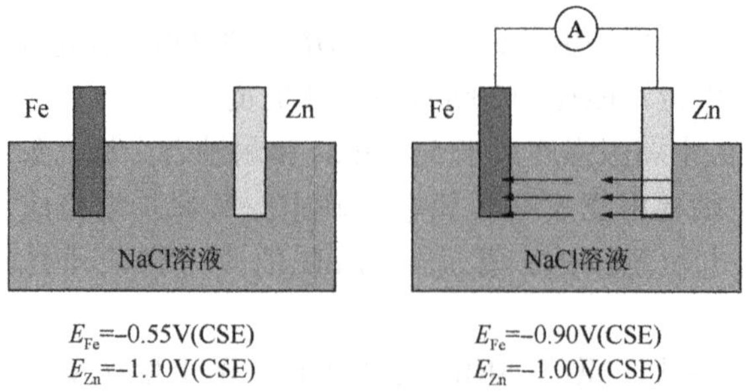

图 8.8　牺牲阳极保护原理示意图

8.4.1.2　牺牲阳极材料

牺牲阳极材料性能应符合《锌-铝-镉合金牺牲阳极》(GB/T 4950—2002)、《铝-锌-铟系合金牺牲阳极》(GB/T 4948—2002)和《镁合金牺牲阳极》(GB/T 17731—2015)的要求，牺牲阳极的选用应符合《埋地钢质管道阴极保护技术规范》(GB/T 21448—2017)的要求。

作为牺牲阳极材料应具备以下几个条件：

(1) 电位足够负，但不宜太负，以免阴极区产生析氢反应。

(2) 阳极极化要小，电位及电流输出要稳定。

(3) 阳极材料的电容量要大。

(4) 必须有高的电流效率。

(5) 溶解均匀，容易脱落，腐蚀产物无毒，不污染环境。

(6) 材料价格低廉，来源充分。

目前常用的牺牲阳极材料有三类：镁和镁合金、锌和锌合金、铝合金。

1) 镁和镁合金

镁是元素周期表中第二族化学元素，理论标准电极电位(E_H)为-2.37V。镁的特点是密度小、电位负、极化率低，单位质量发电量大，是牺牲阳极的理想材料，但不足之处是电流效率低，一般只有50%左右。

根据形状以及电极电位的不同，镁合金阳极可用于电阻率在15~100Ω·m的土壤或淡水环境。高电位镁合金阳极的电位为-1.63V(CSE)；标准型镁阳极的电位为-1.55V(CSE)。如图8.9所示。

2) 锌和锌合金

锌是电负性金属，标准电位(E_H)为-0.76V，具有电流效率高、自腐蚀小、使用寿命长和自动调节的特点。此外，锌阳极与铝阳极和镁阳极相比，与其他钢制构筑物碰撞时，不会诱发火花，而且不会过保护。锌阳极要求有极高的纯度(99.9%)，即使有少量杂质，也会使表面形成不溶性产物，从而使阳极钝化，输出电流变小。

锌合金阳极多用于土壤电阻率小于50Ω·m的土壤环境或海水环境，电极电位为-1.10V(CSE)。温度高于40℃时，锌阳极的驱动电位下降，并发生晶间腐蚀。高于60℃

时，它与钢铁的极性发生逆转，变成阴极受到保护，而钢铁变成阳极受到腐蚀。所以，锌阳极仅能用于温度低于40℃的环境。如图8.10所示。

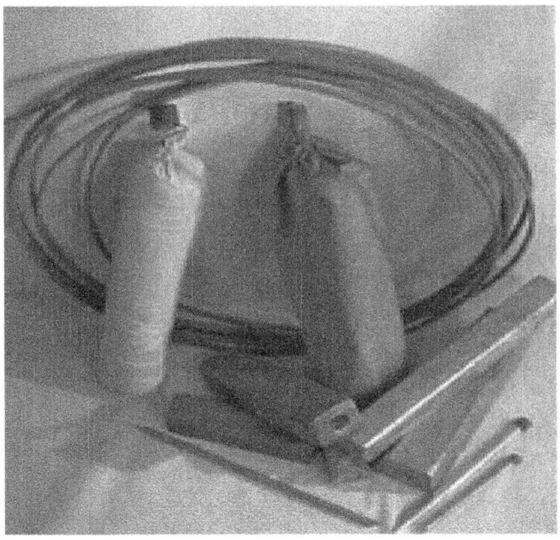

图8.9 棒状和带状镁阳极

图8.10 棒状和带状锌阳极

3）铝合金

铝是自钝化金属，纯铝不能作为牺牲阳极材料，但通过合金化可以破坏其保护膜，保持铝阳极的活性。铝阳极电位较低，制造简单、价格低廉。铝是两性金属，在土壤介质中，腐蚀产物容易水解成铝酸(氢氧化铝)，加速阳极的自腐蚀，所以在土壤介质中一般不能应用。因此，铝合金阳极主要应用于海洋环境中金属构筑物的阴极保护。

8.4.1.3 牺牲阳极施工

(1) 阳极到货后，必须用万用表逐支检测阳极与电极之间的电性连接情况，如果发现电性连接不好或断线的阳极，则不能使用，在施工过程中，严禁用力提拉电缆线，防止电缆接头折断。

(2) 阳极填包料应符合《埋地钢质管道阴极保护技术规范》(GB/T 21448—2017)的要求，阳极填料包放入阳极坑后，对坑内浇水，坑内水位必须完全浸没阳极填料包，且坑内常积水时间必须超过10h，以便彻底浸没填料包。

(3) 阳极回填时严禁向阳极坑内回填砂石、水泥块、塑料等杂物。应回填电阻率低的细土，并应防止后续施工中碰断电缆。

(4) 阳极分布可采用单支式或集中式，其埋设可采用立式、水平式，埋设方向有轴向式和径向式。

(5) 阳极应埋在距管壁3~5m处，不宜小于0.5m，其埋设深度以阳极顶部距地面不小于1m为宜。成组埋设时，以2~3m间距为宜，牺牲阳极在管道长度方向上以200~300m一组为最好。

【例题8-1】 已知某分支管道Φ273mm×9.5mm长约5.3km，三层PE防腐，土壤电阻率50Ω·m，拟选用镁合金棒状阳极，半径为0.08m，单根长度0.75m，单支净重11kg，阳极开路电位-1.48V(CSE)，牺牲阳极寿命大于20年，试选择需要多少根牺牲阳极。

解：(1)求管道的表面积：

$$A=\pi dL=3.14159\times0.273\times5300=4546(\text{m}^2)$$

（2）阳极的接地电阻：

$$R_a = 40\ln(L/r)/2\pi L = 40\ln(0.75 \div 0.08)/(2 \times 3.14 \times 0.75) = 40 \times 2.24 \div 4.71 = 19.02(\Omega)$$

（3）单支阳极的输出电流：

$$I_a = \Delta V/R_a = (-0.85+1.48)/19.02 = 0.63/19.02 = 0.033(A)$$

式中，ΔV 为阳极驱动电位，V；R_a 为阳极的接地电阻，Ω。

（4）求所需阴保电流：

根据 3PE 防腐层管道，取最小保护电流密度 $C_d = 0.1\text{mA/m}^2$。

$$I = AC_d = 4546 \times 0.1 \div 1000 = 0.4546(A)$$

（5）所需阳极支数：

$$n = \frac{B \times I}{I_a} = \frac{2 \times 0.4546}{0.033} = 28(\text{支})$$

（6）牺牲阳极选取：

根据 GB/T21448—2017 得知，实际消耗率 ω_g 为 7.5kg/(A·a)。

（7）阳极使用年限校核：

$$T_g = 0.85\frac{W_g}{\omega_g I_a} = 0.85 \times \frac{11}{7.5 \times 0.033} = 37(\text{年})$$

答：需要 28 支牺牲阳极，寿命大于 20 年。

8.4.2 强制电流保护

8.4.2.1 强制电流阴极保护原理

如果向埋地金属管道施加阴极电流补充电子，使腐蚀原电池阳极电流减小、阴极电流增大，金属电位负向偏移，发生阴极极化，金属的腐蚀速度减缓；当阴极极化到一定程度，金属表面的阴极、阳极电位相等，腐蚀原电池阳极电流减小为零，从而电化学腐蚀得到有效控制。阴极保护即是利用极化的原理，使被保护体发生阴极极化，转移阳极反应发生的位置，防止被保护体发生腐蚀。如图 8.11 所示。

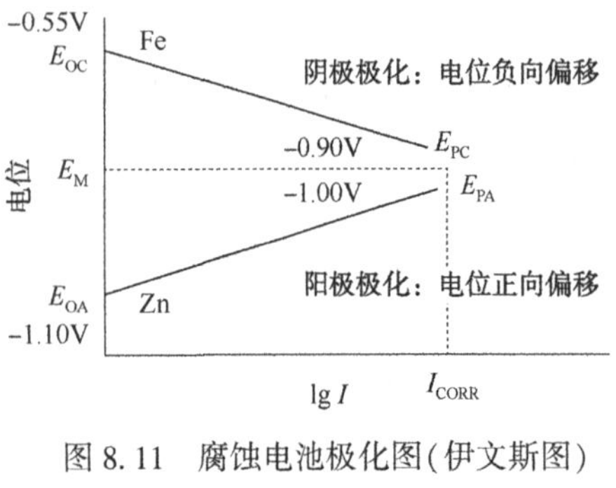

图 8.11 腐蚀电池极化图(伊文斯图)

8.4.2.2 强制电流阴极保护系统

强制电流阴极保护系统由电源设备(恒电位仪或整流器)、辅助阳极地床、参比电极、连接电缆等组成。如图 8.12 所示。

恒电位仪是阴极保护系统的控制中心和电源设备，一般由变压/整流器和控制单元两部分组成。阳极电缆连接恒电位仪的正极与辅助阳极地床，阴极电缆连接恒电位仪负极与被保护管道，恒电位仪输出电流由辅助阳极地床经土壤流向埋地管道表面，经汇流点流回恒电位仪，实现管道阴极极化，减缓管道腐蚀。

参比电极埋设在管道附近，恒电位仪通过参比电极端子与参比电极相连，通过零位接阴端子与埋地管道连接，组成测试回路，完成对埋地管道保护电位的实时测量，并根据测试结果，调整恒电位仪输出电流，实现管道保护电位可控。

鉴于恒电位仪在强制电流阴极保护系统中的重要性，将在后续内容阐述。

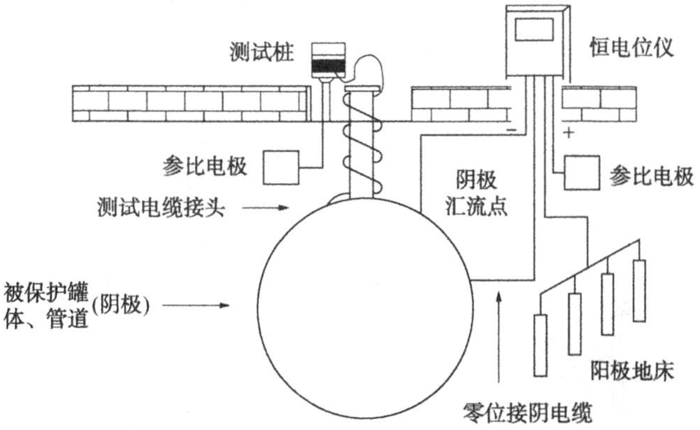

图 8.12　强制电流阴极保护

8.4.2.3　电源设备基本要求

强制电流阴极保护电源设备有很多：整流器、恒电位仪、太阳能硅光电池、热电发生器、风力发电机等，其基本要求是：

(1) 可靠性高。

(2) 维护保养简便。

(3) 寿命长。

(4) 对环境适应性强。

(5) 输出电流、电压可调。

(6) 具有抗过载、防雷、抗干扰、故障保护等功能。

(7) 仪器电路板经防潮处理，可在湿度≤85%环境下长期工作。

(8) 在防爆区域使用的电源设备应符合《爆炸危险环境电力装置设计规范》(GB 50058—2014)的要求。

8.4.2.4　辅助阳极地床

辅助阳极在阴极保护系统中担负为管道输送电子的任务，是该系统的电流通路，因此阳极需要处于电解状态，基本要求有以下几点：

(1) 能够使被保护体获得足够的保护电流。

(2) 避免地床与被保护体之间产生电屏蔽，且避免对外部构筑物产生有害干扰。

(3) 在最大的预期保护电流需要量时，地床的接地电阻上的电压降应小于额定输出电压的 70%。

(4) 阳极地床与被保护管道之间不得有其他金属管道，远离输气场站干线进、出站段距离不小于 30m，防止互相干扰。

(5) 土壤电阻率低，一般应小于 50Ω · m。

(6) 确保电流分布均匀。

(7) 设计寿命与被保护体的寿命匹配。

(8) 可采用专业软件对辅助阳极地床的设计进行优化。

(9) 土层厚，无块石，便于施工。

8.4.2.5 辅助阳极材料

作为阳极材料，必须有良好的导电性、足够的机械强度、消耗率低、材料来源广泛、价格低廉等性能特点。目前普遍采用的辅助阳极有高硅铸铁阳极、柔性阳极、混合金属氧化物(MMO)阳极等。

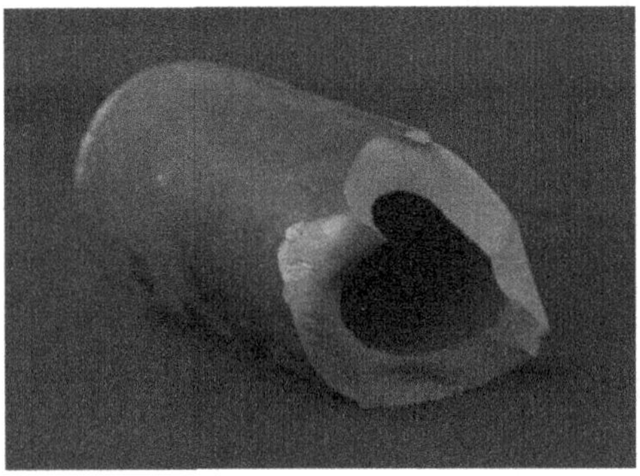

图 8.13 高硅铸铁阳极断面示意图

1) 高硅铸铁阳极

(1) 高硅铸铁阳极是在铁中加入了大量的硅(14%~18%)，耐腐蚀性能好，价格便宜，可应用于各种环境，具有良好的使用性能(图 8.13)。

(2) 阳极表面无明显缺陷，由于其机械强度低、易折断，需轻拿轻放。

(3) 允许电流密度 5~80A/m^2，阳极消耗率小于 0.5kg/(A·a)。

(4) 阳极引线与阳极之间的接触电阻小于 0.01Ω，拉脱力大于阳极自身质量的 1.5 倍，接头密封可靠。

2) 柔性阳极

柔性阳极是一种柔软、长线形辅助阳极。在铜芯上包覆导电聚合物而构成的连续性阳极，铜芯起导电的作用，而导电聚合物则参与电化学反应。柔性阳极在土壤中使用时，需在其周围填充焦炭粉末而构成阳极地床。

3) 混合金属氧化物(MMO)阳极

混合金属氧化物(MMO)阳极是将铂族金属氧化物和贵金属氧化物的混合物烧制在钛基材上制成。由于钛金属的加工性，MMO 阳极可以制成线缆状柔性阳极。如图 8.14 所示。该阳极具有质量轻、体积小、消耗低等特点，与传统分布式阳极相比更便于电位、电流均匀分布，实现高效率保护，施工方便，适用于复杂管网的保护。

(1) 工作电流密度：土壤及淡水为 100A/m^2；海水为 500A/m^2。

(2) 氧化膜消耗率：<1.0mg/(A·a)。

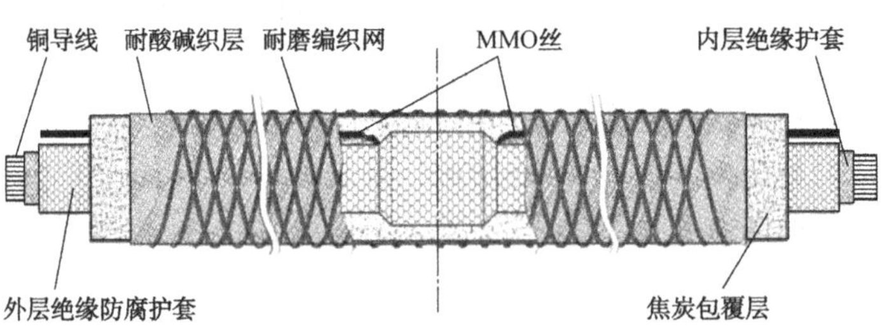

图 8.14 MMO 柔性阳极

8.4.2.6 长效参比电极

长效参比电极是测量管道阴保电位的基准。一般用于土壤介质中，是埋地用长寿命电极，一般采用陶瓷罐体结构设计，该结构既保证了硫酸铜的渗透以及离子交换，也就是保证了参比电极的电位稳定性，又有效控制了硫酸铜晶体的渗透速度，大大延长了参比电极的使用寿命。

8.4.2.7 阴极保护测试桩

主要用于阴极保护参数的检测，是阴保管理维护中必不可少的装置。测试线一端固定在测试桩上，另一端用铝热焊与金属管道相连。

8.4.2.8 绝缘接头

绝缘接头是埋地管道实施阴极保护所需的重要元件，它可以将目标管线与其他管线、设备绝缘分隔，减少目标管线电流流失，控制电流流向，减轻杂散电流干扰。绝缘接头一般设置在管道所有权改变的交界处、干线管道进出站、管道干支线连接处、杂散电流干扰区及管道材质、保护方式发生改变处等。绝缘接头典型安装如图 8.15 所示。

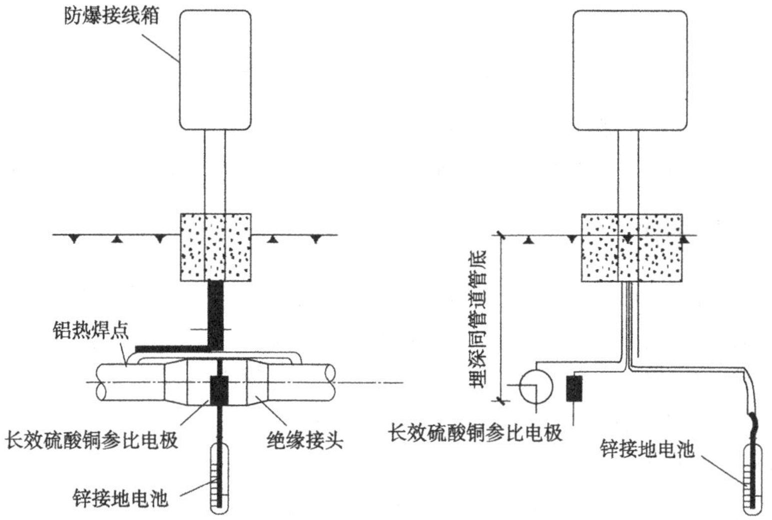

图 8.15 绝缘接头典型安装图

值得注意的是，绝缘接头由于内部结构的原因，安装时需严格按照出厂说明书进行，特别是不能安装在应急集中、出站弯头、立式安装等位置，也不能在管道敷设时靠近最后焊接死口的位置。

8.5 恒电位仪

8.5.1 工作原理

恒电位仪是采用数字控制技术和高频开关电源技术完成功率转换，通过测量管道电位与设定的参比电位的比较，自动地调整电流，使管道的电位保持恒定的仪器。恒电位仪产品有很多，现在以某厂生产的 HDV-4D-5 恒电位为例，其主要电路由电源变换电路和控制电路组成。电源变换电路主要由全桥逆变电路、高频功率变压器、整流滤波电路等组成。其工作原理如图 8.16 所示。

恒电位的控制原理是：比较器将保护电位和控制电位进行比较，并对脉宽调制器输出比较信号，脉宽调制器产生的脉宽信号的占空比(一周期内高电平时间与低电平时间之比)则受比较信号的控制，比较信号电平高时则占空比减小，这一脉宽信号经移相互锁后分四路送给驱动器，驱动器将这四路脉宽信号隔离放大，并驱动全桥逆变器工作。当保护电位低于控

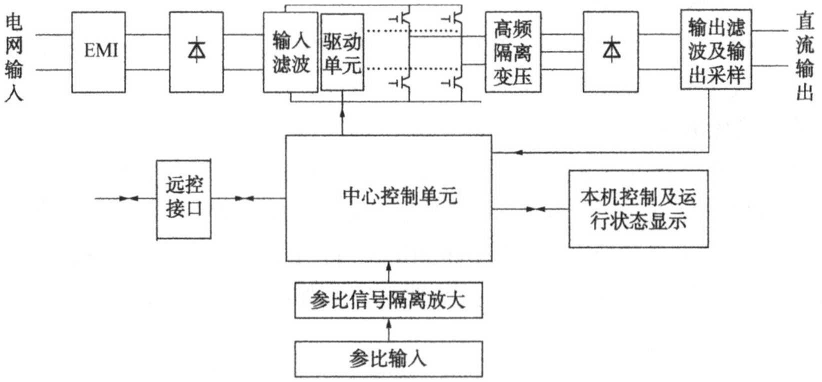

图 8.16 恒电位仪原理框图

制电位时，比较信号电平降低，脉宽信号的占空比增大，从而控制逆变器的输出增大，使保护电位升高，反之亦然，如此周而复始地连续调整，使保护电位恒定在控制值上。

8.5.2 启停操作

现以某厂生产的 YHS-1 恒电位仪为例，介绍其启、停、切换等操作。YHS-1 阴极保护控制柜是根据外加电流阴极保护的特点设计的阴极保护综合电源系统。它以数字通信、GPRS 及 GPS 卫星全球定位系统等公用平台为依托，实现阴极保护系统的交-直流配电、自动切换、系统监控、数据传输、间歇供电检测等功能。

一台 YHS-1 控制柜内放置两台恒电位仪，互为备用。控制柜负责配电及输入输出线路连接以及恒电位仪的自动切换，恒电位仪负责为管道提供所需的阴极保护电源。

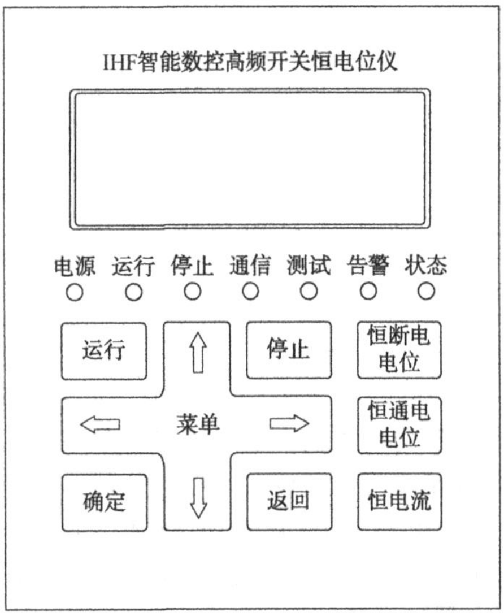

图 8.17 操作面板

8.5.2.1 按键说明

恒电位仪操作面板如图 8.17 所示。

运行：启动恒电位仪工作。

停止：停止恒电位仪工作。

确定：选择和保存设置。

返回：返回上级菜单。

方向键：修改数据，移动光标(参数调整方法是：通过左右方向键选择需要修改的数据位，通过上下方向键修改数据或状态)。

菜单：调出恒电位仪功能菜单。

恒电位仪液晶屏上显示的主界面，显示了恒电位仪的主要运行数据。其内容如下：

(1) ——当前采样通道编号。多个采样通道，可通过按上下键翻页显示。

1#——当前输出通道编号。多个输出通道，可通过按上下键翻页显示。

通电——通电电位。当前采样通道采集的通电电位。

断电——断电电位。当前采样通道采集的断电电位。

电压——输出电压。当前输出通道的输出电压。

电流——输出电流。当前输出通道的输出电流。

运行——恒电位仪工作状态。运行时显示“运行”，停止时显示“停止”。

8.5.2.2 开机

1）开机前检查

(1) 仔细检查连接线完全正确，接触良好，机壳接地良好。

(2) 检查交流电源电压在允许的范围内。

(3) 检查各仪表指示情况。

(4) 检查控制台电源转换开关是否拨至“停止”挡，检查恒电位仪电源连接线是否正常。

2）恒电位仪单独使用时开机

(1) 合上恒电位仪市电断路器，恒电位仪来电指示灯亮。此时，恒电位仪已经进入工作状态。

注意：恒电位仪进入的工作状态是上次断电前的状态，例如：如果上次断电前，恒电位仪处于“恒电位”的“运行”状态，则开机后，自动按照上次设定的参数开始运行。此时“运行”指示灯亮，液晶屏状态栏显示“恒电位”“运行”，仪器应该有电流、电压输出。

当恒电位仪处于“恒电位”的“停止”状态时，输出电压和电流都为零。

(2) 按下“恒电位”按键，设置预置电位，设置操作通过按上下左右箭头完成。

(3) 按下“确定”按键，恒电位设置完成，并保存预置电位值。

(4) 按下“运行”按键，恒电位仪开始运行，运行指示灯亮，输出电压和电流开始显示。

3）恒电位仪配合控制柜开机

(1) 确认所有接线正确无误。

(2) 合上恒电位仪市电断路器。

(3) 合上控制柜后部配电盘上的“总开关”，电源指示灯亮。

(4) 合上控制柜操作面板上的电源开关，电压表和电流表有显示，运行指示灯亮。

(5) 恒电位仪面板电源指示灯亮。恒电位仪液晶屏先进入主界面。

4）恒电位仪单独使用关机

按下恒电位仪操作面板上的“停止”键。恒电位仪“停止”指示灯亮，液晶屏状态栏显示“停止”，恒电位仪停止输出。

断开恒电位仪市电断路器。恒电位仪电源指示灯(红色)灭，液晶屏将没有显示，风机也停止工作。

5）恒电位仪配合控制柜使用时关机

按下恒电位仪操作面板上的“停止”键。恒电位仪“停止”指示灯亮，液晶屏状态栏显示“停止”，恒电位仪停止输出。

断开控制柜操作面板上电源开关，控制柜操作面板上的恒电位仪“停止”指示灯亮。恒电位仪电源指示灯灭，液晶屏将没有显示，风机也停止工作。

6）工作中的操作调整

(1) 根据需要，将“双机自动切换器”的“启用/禁止”开关拨到“1#机”，并将“状态选择开关”打在“自动”挡。

（2）按照恒电位仪操作步骤，设定1#恒电位仪的工作方式，并进入运行状态。1#恒电位仪开始运行。

（3）重新设置运行电位，只需要按照恒电位运行操作步骤操作即可。

（4）如果要求运行在恒电流状态，请按恒电流运行操作步骤操作即可。

（5）如果1#恒电位仪出现故障，将自动切换到2#恒电位仪运行。

（6）系统出现异常时，会发出声光报警，报警原因将显示在恒电位仪液晶屏上。

8.5.2.3 注意事项

（1）维修保养前需做好人员技术物资等准备，影响安全生产的需做好安全评价和安全监督工作，必要时安全技术人员需到现场进行指导。

（2）平时，"手动输出调节"旋钮应逆时针方向拧到底，以免在由"自动"转"手动"时输出过大，损坏仪器。

（3）当仪器需"自检"时，"工作状态"旋置"自动"，禁止置"手动"。因机内假负载功率小，"手动"时，输出稍大，就会将其烧坏。

（4）仪器从"手动"转"自动"时，应先关机，将"工作状态"旋钮置"自动"后再开机。因仪器在"手动"时，自动控制部分因失去平衡而处于极端状态，此时转向"自动"，仪器工作就不正常。

（5）当仪器需"自检"时，阳极线一定要去掉。

（6）遇雷电天气时，应关闭恒电位仪，并及时上报上级主管部门。

（7）恒电位仪设计额定输入电压波动范围为额定电压20%（直流供电电压波动范围为额定电压10%）。如果市电电网电压波动范围大于20%，请联系厂家处理。

（8）接地螺栓要可靠连接，以确保接地良好。

（9）恒电位仪和控制柜的输入输出接线时，接线端子一定要注意绝缘，以免碰到机壳，导致漏电或短路。

（10）应保证恒电位仪正常散热，恒电位仪后面板应距墙300mm以上。

（11）由于机内有高压，非专业人员不得打开机箱，以免发生危险。

8.5.3 PC-1B恒电位仪简介

PC-1B远控机型为PS-1恒电位仪的升级机型，具有手动调节、恒电位、恒电流三种运行模式，恒电位精度不大于5mV。恒电位仪设有远控、远传接口，可实现数据远传及远程控制。系统配备两台恒电位仪，一用一备。

在额定状态下连续工作24h，保护电位值变化不大于5mV。在"参比电极"端子与"零位接阴"端子之间加入50Hz、30V交流干扰电压，保护电位值变化不大于5mV，机器抗交流干扰能力强。当保护电位比控制电位高，声光报警20s后切换到恒电流工作模式。其操作面板如图8.18所示，接线端子如图8.19所示。

PC-1B恒电位仪操作步骤如下：

（1）打开仪器前门，将前接线板上恒电位仪电源开关往上拨动，仪器面板电源指示灯亮。

（2）将面板上A机和B机的"控制调节"旋钮反时针旋转到底，将"工作方式"开关置"自动"挡，"测量选择"置"控制"挡，"通断测试"置"远控"挡。

（3）按动面板“开A机”按钮(系统默认)，按动面板上A机“自检”自锁开关，恒电位仪进入自检状态，“自检指示”灯亮。

（4）使用“控制调节”旋钮调节控制电位，将测量选择开关在“控制”与“保护”挡切换，电位若显示一致，表明仪器正常。

（5）再次按动“自锁”按钮，恒电位仪退出自检状态，恒电位仪投入运行。

（6）将“工作方式”开关拨动到“手动”挡时，可顺时针转动“输出调节”旋钮使输出电流达到设定值。

（7）若需恒电流运行，只需按动“恒电流”设定按钮。根据管道实际，调节“恒流调节”电位器，使电流达到设定值。拨动“关A、B机”按钮，将恒电位仪关机再开机。

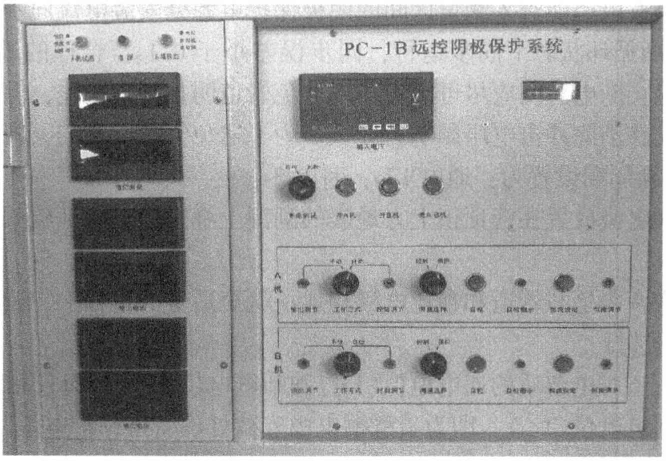

图8.18　PC-1B恒电位仪面板

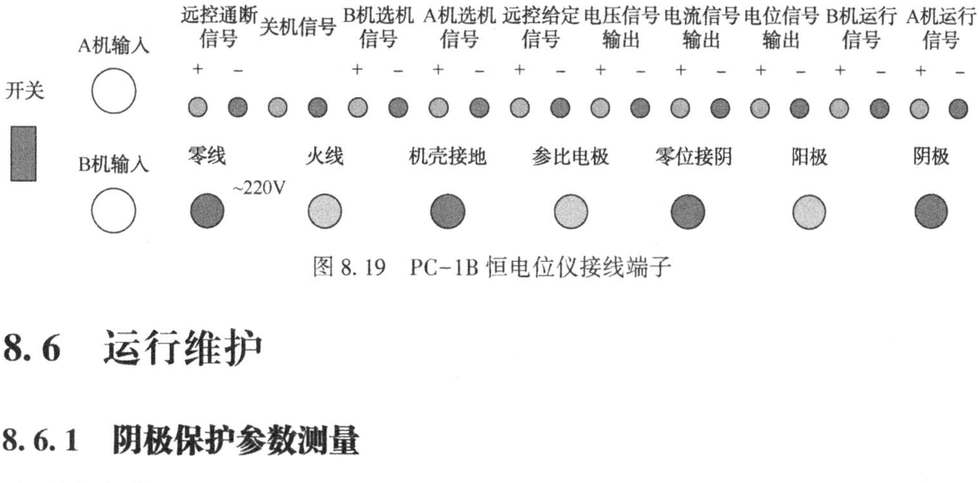

图8.19　PC-1B恒电位仪接线端子

8.6　运行维护

8.6.1　阴极保护参数测量

1）通电电位

通电电位是阴极保护系统持续运行时测量的管道对电解质电位。测得的电位是极化电位与回路中所有电压降的和，即含有除管道金属/电解质界面以外的所有电压降。

（1）测量前，应确认阴极保护运行正常，管道已充分极化。

（2）测量时，将便携式硫酸铜电极(CSE)放置在潮湿土壤上，应保证硫酸铜电极底部与土壤接触良好。

（3）将万用表调至直流电压挡上，黑表笔接便携式参比电极，红表笔接管道线，读取数据，记录数值。如图 8. 20 所示。

（注：实施过阴极保护的管道在完全去极化后进行的电位测量即是自然电位测量。）

2）断电电位

断电电位是为测试无 *IR* 降电位。测试方法有极化探头法和恒电位仪同步通断法，以下介绍常用的恒电位仪同步通断法。

恒电位仪同步通断法是通过在输出回路增加断路器或本身具备通断功能，使恒电位仪进入通断工作状态，按照设定的周期交替输出和中断。

（1）在测量之前，应确认阴极保护正常运行，管道已充分极化。

测量时，在所有电流能流入测量区间的阴极保护电源处安装电流同步断路器，并设置在合理的周期性通/断循环状态下同步运行，同步误差小于 0. 1s。合理的通/断循环周期和断电时间设置原则是：断电时间应尽可能短，以避免管道明显的去极化，但又应有足够长的时间保证测量采集及在消除冲击电压影响后读数。为了避免管道明显的去极化，断电期宜不大于 3s，典型的通/断周期设置为：通电 12s，断电 3s。

（2）将硫酸铜电极放置在管顶正上方地表的潮湿土壤上，应保证硫酸铜电极底部与土壤接触良好。

（3）将电压表两表笔与管道和参比电极相连，调至适宜的量程上，读取数据，读数应在通/断电 0. 5s 之后进行。

（4）记录下管道对电解质的通电电位（V_{on}）和断电电位（V_{off}），以及相对于硫酸铜电极的极性。所测得的断电电位（V_{off}），即为硫酸铜电极安放处的管道保护电位。

3）辅助阳极接地电阻

根据《埋地钢质管道阴极保护参数测量方法》（GB/T 21246—2020）中“长接地体接地电阻测试”方法对线路阴极保护、区域阴极保护、罐区阴极保护的辅助阳极地床进行接地电阻测试。

对于有阳极分流箱的站场，测量各分回路阳极地床的接地电阻，从而确定辅助阳极的工作状况。接线方法如图 8. 21 所示。

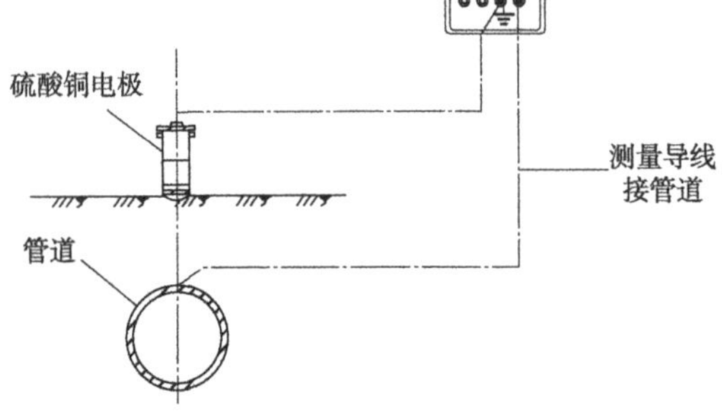

图 8. 20　数字万用表管道电位测量接线图

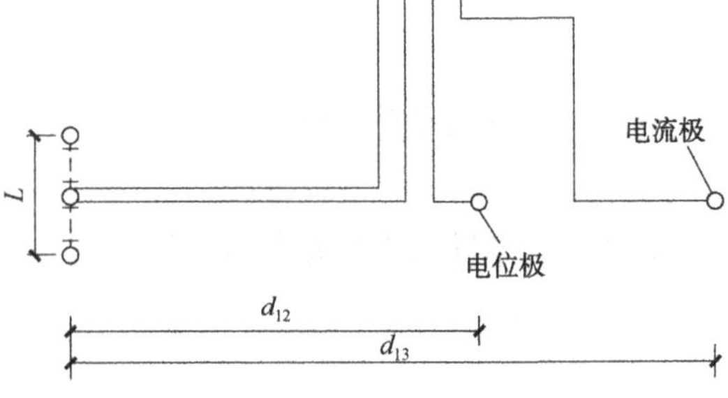

图 8. 21　长接地体接地电阻测量接线图

当采用图 8. 21 方法测量时，d_{13}不得小于 40m，d_{12}不得小于 20m。在土壤较均匀的地区 d_{13}取 $2L$，d_{12}取 L；在土壤不均匀的地区，d_{13}取 $3L$，d_{12}取 $1.7L$。在测量过程中，电位极沿接地体与电流极的连线移动三次，每次移动的距离为 d_{13}的 5%左右，若三次测试值接近，取其平均值作为长接地体的接地电阻值；若测试值不接近，将电位极往电流极方向移动，直至测试值接近为止。

(1) 将测量仪水平放置后，检查检流计的指针是否指向中心线，否则调节“零位调整器”使测量仪指针指向中心线。

(2) 将“倍率标度”(或称粗调旋钮)置于最大倍数，并慢慢地转动发电机转柄(指针开始偏移)，同时旋动“测量标度盘”(或称细调旋钮)使检流计指针指向中心线。

(3) 当检流计的指针接近于平衡时(指针近于中心线)加快摇动转柄，使其转速达到120r/min以上，同时调整“测量标度盘”，使指针指向中心线。

(4) 若“测量标度盘”的读数过小(小于1)不易读准确时，说明倍率标度倍数过大。此时应将“倍率标度”置于较小的倍数，重新调整“测量标度盘”使指针指向中心线上并读出准确读数。

(5) 计算测量结果，即 $R_{地}$=“倍率标度”读数×“测量标度盘”读数。

根据《埋地钢质管道阴极保护技术规范》(GB/T 21448—2017)5.2规定，在最大的预期保护电流需要时，地床上的电压降应小于额定输出的70%，因此通过测量阳极地床接地电阻结合阳极地床上的电压降判断阳极地床是否满足标准要求。

4) 土壤电阻率测试

(1) 沿直线将4根接地棒打入地下，间距相等(a)，接地棒插入地下的深度为 $a/20$。

(2) 将4根接地棒分别连接导线至摇表，分别对应摇表C1、P1、C2、P2接线柱。

(3) 顺时针匀速摇动摇把，转速不低于120r/min。

(4) 将旋钮向指针偏移方向旋转，超过量程时切换量程，当指针在中间位置时的数值即为 R 值。

(5) 根据公式 $\rho=2\pi aR$ 求出土壤电阻率。

【例题8-2】 土壤电阻率计算。已知接地棒间距 a 为1.5m，三次测得电阻的平均值为3.1Ω，求土壤电阻率。

解：$\rho=2\pi aR=2\times3.14\times1.5\times3.1=29.2(\Omega\cdot m)$

答：该处土壤电阻率为29.2Ω·m

5) 绝缘接头性能测量

在阴极保护通电之前，用数字万用表测量绝缘法兰非保护侧法兰盘a的对地电位 V_{a_1}；使保护侧法兰盘的对地位 V_b 达到保护电位值(−0.85～−1.5)V，再测量a点的对电位 V_{a_2}，若 V_{a_2} 与 V_{a_1} 基本相同，一般认为绝缘法兰绝缘性能良好；若 $V_{a_2}>V_{a_1}$，且 V_{a_2} 接近 V_b 的数值，则一般认为绝缘法兰绝缘性能很差。如图8.22所示。

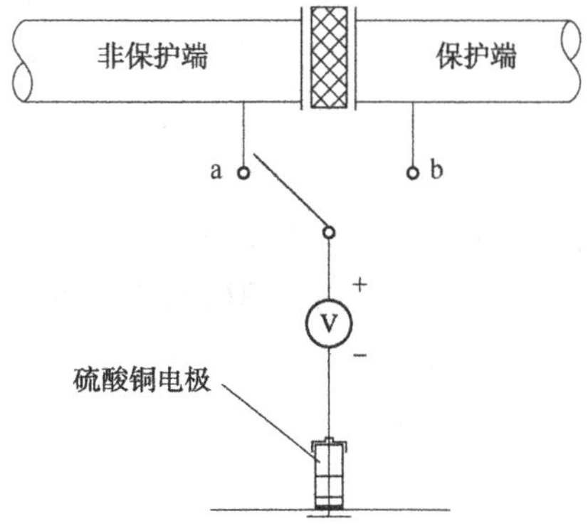

图8.22 绝缘法兰电位法测量

8.6.2 系统检查维护

8.6.2.1 恒电位仪的检查维护

(1) 恒电位仪一般配置两台，互为备用，每1～3个月切换一次。除每年规定的停机测自然电位时间外，恒电位仪不得任意停机，因故障停运12h以上，需由上级主管部门批准。

改用备用的仪器时，应及时进行一次检测和维修。仪器维修过程中不得带电插、拔各插接件、电路板等。

(2) 每日测量管道电位一次，每两小时巡检恒电位仪等一次，每月用干毛刷清理百叶窗和风机罩上的灰尘，清理时应停机。需要时可适当调整输出电位，并填写运行记录表。

(3) 雷雨季节和多雷雨地区应经常检查避雷电路，根据企业规定必要操作。

(4) 发现仪器故障应及时检修，并投入备用仪器，保证供电。每年要计算开机率。

$$开机率=\frac{全年小时数-全年停机小时数}{全年小时数} \tag{8-1}$$

8.6.2.2 硫酸铜电极的检查维护

(1) 参比电极硫酸铜溶液的配制方法是先把化学纯硫酸铜晶体倒入干净的玻璃烧杯中，然后倒入适量的蒸馏水(配置用水温度25℃)，用干净的玻璃棒(不能用金属棒)搅拌溶解，至此饱和硫酸铜溶液配成。

(2) 打开参比电极上盖，把参比电极中的液体倒出，取下各部件。如图8.23所示。

(3) 检查接点连接是否良好，接触不良处重新连接。清除各部位的表面附着物，特别是铜棒应用砂纸打磨干净。检查半透膜是否完好，发现损坏及时更换，如发现堵塞可用热水认真浸泡清洗。

(4) 倒入配置好的饱和硫酸铜溶液，使之淹没铜棒的三分之二以上，拧紧上盖，检查底部半透膜应有溶液渗出，但不能有溶液漏出，否则应更换半透膜。

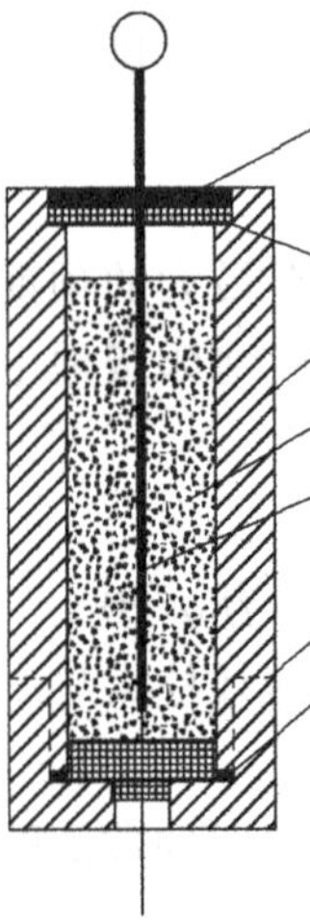

图8.23 参比电极

8.6.2.3 辅助阳极地床的检查维护

(1) 埋地阳极电缆应敷设规范，走向、标识清楚，阳极电缆与阳极地床间应设阳极地床测试桩。

(2) 阳极地床接地电阻每半年测试一次，接地电阻增大至影响恒电位仪不能提供管道所需保护电流时，应该更换阳极地床或进行维修，以减小接地电阻。

8.6.2.4 牺牲阳极的检查维护

(1) 为了便于测量评价管道保护状况，在相邻两组阳极的管段中间，应根据需要适当设置电位测试桩。

(2) 牺牲阳极投入运行后，应定期进行监测，建议每月测量一次管道保护电位，每季度测量一次牺牲阳极开路电位、输出电流、接地电阻，分析管道保护状况。若阳极性能变坏，则需采取相应措施。

8.6.2.5 绝缘接头的检查维护

应定期检测绝缘接头两侧管地电位，若与原始记录有差异时，应对其性能好坏做鉴别，如有漏电情况应采取相应措施。对有附属设备的绝缘接头(如接地电池、地极保护器等)应加强维护管理工作，保证完好。

8.6.2.6 测试桩的维护

阴保测试桩应进行统一编号，每次进行数据测试时，应对测试桩外观及接线情况进行检查。发现线缆接头松脱及接线错误要立即进行重新接线，接线时要对接线端子进行除锈打磨，确保接线质量。

8.6.2.7 常见故障及处理

1）恒电位仪没有输出

（1）检查恒电位仪是否有报警。检查通信设置是否正确。

（2）检查是否停电（配电面板上的红色市电指示灯是否亮）。

（3）检查运行指示灯（绿色）是否亮，液晶屏上状态栏是否显示运行。如果不亮，液晶屏也没有显示，则检查恒电位仪市电断路器是否合闸。

（4）检查恒电位仪及控制柜输出端子是否连接可靠。

（5）检查控制参比是否连接可靠，且控制参比自身工作正常。

（6）检查散热风机是否正常工作。

（7）检查环境温度是否超出恒电位仪允许范围。

（8）检查双机自动切换控制器相应指示检查灯是否显示正常。如果不正常，则将切断自动切换控制器电源，改用控制柜后部配电盘上的手动切换开关进行控制。

2）控制柜出现异常

（1）检查散热风机是否正常工作。

（2）检查环境温度是否超出恒电位仪允许范围。

（3）检查双机自动切换控制器相应指示检查灯是否显示正常，如果显示不正常，则将控制开关打到“禁止”，改用控制柜后部配电盘上的手动切换开关进行控制。

（4）检查外部同步通断控制信号是否为0。

3）恒电位仪阳极线缆断路

（1）恒电位仪面板显示输出电流为0，输出电压持续升高至超限（或恒电位转恒电流运行，电流无输出），电压超限报警超过30s，恒电位仪显示停止运行。

（2）恒电位仪显示及实际测量管道参比电位偏正，接近管道自然电位，且随着恒电位仪电压升高无变化（管道无阴保电流）。

（3）恒电位仪后面接线柱调换零位线和阴极线，恒电流运行设备仍没有输出电流（排除阴极线路断路情况）。

发生以上故障现象则说明可能存在阳极线缆断路。

4）恒电位仪零位线缆断路

（1）恒电位仪恒电位运行模式下面板显示参比电位偏正，输出电流、输出电压持续升高至超限（参比电位无明显变化），输出超限报警超过30s，恒电位仪显示停止运行。

（2）恒电位仪停止运行，实际测量管道电位（阴极线）较零位线偏负，且随恒电位模式恒电位仪运行时电流输出增大而偏负（排除阴极线路故障）。

（3）检查恒电位仪反馈参比电位或用万用表检查零位线测量电位，显示零位线电位接近铜线自然电位（-0.2V），万用表通断挡检查零位线和阴极线断路。

（4）恒电位仪停止后，将恒电位仪后面零位线和阴极线接线柱调换，检查恒电位仪反馈参比电位或用万用表测量零位线接线柱（实际为管道阴极线）电位，测量显示其参比电位接近管道自然电位(阴极线排除)。

发生以上故障说明可能存在零位线缆断路现象。

5) 恒电位仪参比线缆断路

(1) 恒电位仪恒电位运行模式下面板显示参比电位偏正，输出电流、输出电压持续升高(参比电位随输出增大，电位增长缓慢且达不到预置电位)，如果输出超限报警超过30s，恒电位仪显示停止运行；如果断缆线头悬空，面板显示参比电位为0，输出电流、输出电压持续升高至超限(参比电位无明显变化)。

(2) 恒电位仪运行，实际测量管道电位(零位、阴极线)随恒电位模式恒电位仪运行时电流输出增大而偏负。

(3) 用万用表和便携参比电极检查长效参比电极电缆是否断路，如断路则检测电位接近铜线的自然电位(-0.2V)。

(4) 检测其他线路无故障。

发生以上故障说明可能存在参比线缆断路现象。

6) 长效参比电极失效

(1) 恒电位仪反馈及万用表实际检测数据偏正或恒电位仪输出不稳定。

(2) 用便携参比电极检测长效参比电极电位差大于100mV(此为经验值)，则判断长效参比电极失效，应更换长效参比电极。

8.7 杂散电流干扰及其防护

8.7.1 杂散电流的定义

伴随国民经济的快速发展，电力线路、电气化铁路与油气管道都在以惊人的速度高速建设，服务经济、便利施工、高效管理，路由选择的相似性，使得后建工程不可避免与先建工程相近、相邻，电力线路、设施与埋地金属管道之间，电气化铁路、设施与埋地金属管道之间以及埋地金属管道与地下埋地管道之间由于电磁感应、电容耦合、电流影响，地下管道腐蚀状况愈加复杂，不仅可能加速管道腐蚀，威胁管道安全运行，还可能威胁操作人员人身安全和设备设施安全。

杂散电流是沿规定路径之外途径流动的电流，它在土壤中流动，且与被保护管道阴极保护系统无关。埋地管道杂散电流根据工作机理，分为直流杂散电流干扰、交流杂散电流干扰。直流杂散电流干扰电流流动途径明显，干扰电流从管道的某一部位进入管道，沿管道流动一段距离后，从管道的另一部位流入土壤，在电流流出部位，管道发生腐蚀。交流杂散电流干扰电流流动途径不明显。

8.7.2 直流干扰及防护

8.7.2.1 直流干扰

直流干扰是由直流杂散电流引起管道腐蚀的现象，直流杂散电流一旦流入埋地管道，必然会从埋地管道防腐薄弱点流出，从而引起管道的剧烈腐蚀，腐蚀的速率可以达到自然腐蚀的几十甚至几百倍。

对已投运阴极保护的管道，当干扰导致管道不满足最小保护电位要求时，应及时进行直流干扰调查。

8.7.2.2 直流干扰调查

直流干扰分为静态干扰和动态干扰。有 4 种主要的方法用来鉴别管道是否存在直流杂散电流干扰：

(1) 管地电位发生波动。

(2) 与正常自然电位值相比存在较大偏移(背离正常值)。

(3) 土壤中的电位梯度发生变化。

(4) 管道挂片或两测量电缆点间存在线电流(自然状态下)。

直流地电位梯度是采用两支 $Cu/CuSO_4$ 参比电极相距 10m 测其电位差，依次在平行管道和垂直管道两个方向进行测量，作出地电位分布图，测试方法如图 8.24 所示。可判断大地中流动的直流杂散电流的大小及方向的情况，若电位差大于 5mV/m，则为严重干扰区，要采取排流措施。考虑到直流地电位梯度在判定干扰程度上的局限性和准确性，只能定性地作为辅助识别手段。

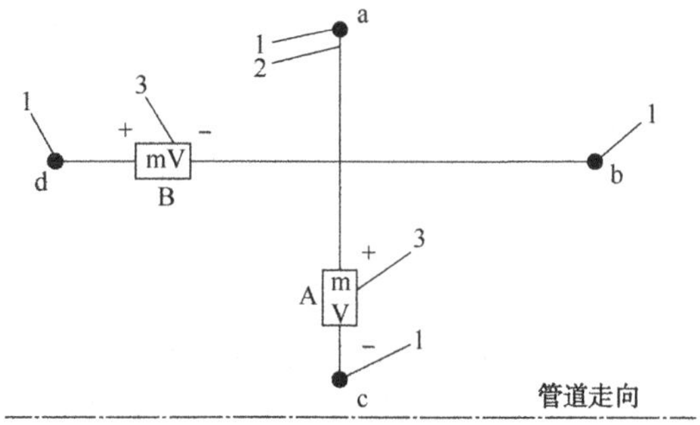

图 8.24 直流干扰测试图

具有如下腐蚀形貌特征的被干扰管道，可判定发生了直流杂散电流腐蚀：

① 腐蚀点呈孔蚀状、创面光滑、有时有金属光泽、边缘较整齐。

② 腐蚀产物呈炭黑色细粉状。

③ 有水分存在时，可明显观察到电解过程迹象。

8.7.2.3 直流干扰防护

直流干扰的防护应按排流保护为主、综合治理、共同防护的原则进行。

直流干扰防护的主要措施为排流保护，但对于干扰严重或干扰状况复杂的场合，还应采取其他措施，包括增设阴极保护、防腐层修复、等电位连接、绝缘隔离、绝缘装置跨接、电屏蔽等，必要时，干扰源侧亦应采取措施。防护措施选取应考虑下列因素：

(1) 干扰来源及干扰源与管道相互位置关系。

(2) 干扰的形态和程度。

(3) 干扰的范围及管道阳极区、管道阴极区和管道交变区的位置。

(4) 管道周围地形、地貌和土壤电阻率等环境因素。

(5) 管道防腐层绝缘性能。

(6) 管道已有干扰防护措施及干扰防护措施的防护效果。

在同一条或同一系统的管道中，根据实际情况可采用一种或多种防护措施。对于已采用强制电流阴极保护的管道，应首先通过调整现有阴极保护系统抑制干扰。当调整被干扰管道的阴极保护系统不能有效抑制干扰影响时，应采取排流保护及其他防护措施。常用的排流保护方式可分为接地排流、直接排流、极性排流和强制排流等，可按表 8.3 选用。

表 8.3　常用的排流保护方式

方式	接地排流	直接排流	极性排流	强制排流
原理示意图	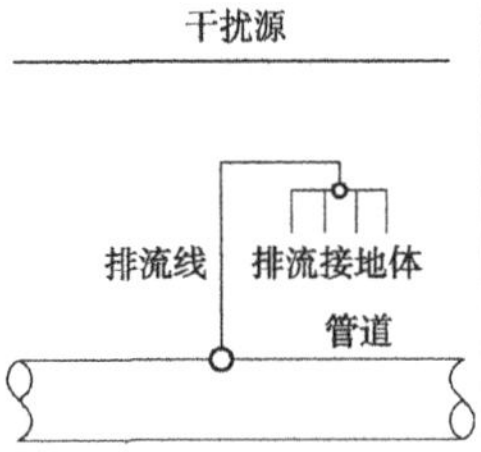	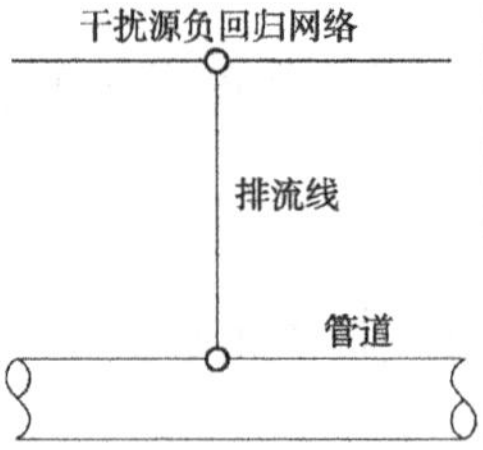	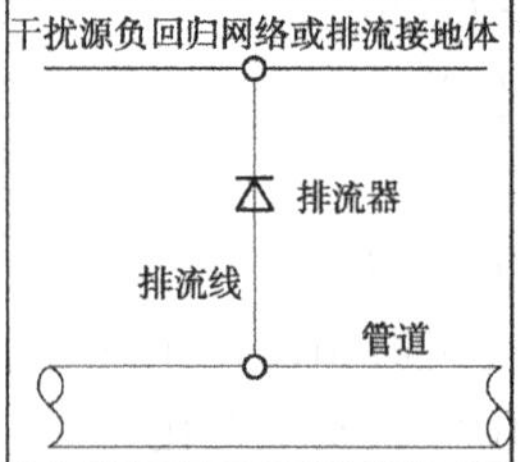	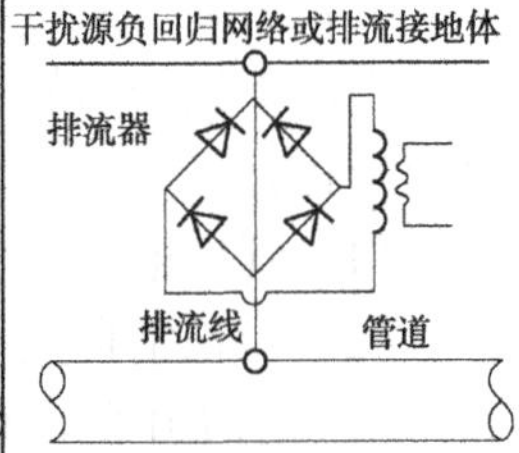
适用范围	适用于管道阳极区较稳定且不能直接向干扰源排流的场合	适用于管道阳极区较稳定且可以直接向干扰源排流的场合，此方式使用时须征得干扰源方同意	适用于管道阳极区不稳定的场合。如果向干扰源排流，被干扰管道需位于干扰源的负回归网络附近，且须征得干扰源方同意	适用于管道与干扰源电位差较小的场合，或者位于交变区的管道。如果向干扰源排流，被干扰管道需位于干扰源的负回归网络附近，且须征得干扰源方同意

8.7.2.4　杂散电流治理实例(1)

某天然气长输管道支线全长 23.5km，管径为 406.4mm，壁厚 8mm，设计压力 6.3MPa，管材为 L415ERW 钢管，外防腐层为 3PE，该管道采用强制电流与牺牲阳极联合保护。于 2010 年底建成投产。管道企业在管道阴极保护例行测试中，发现管道存在杂散电流干扰，严重影响管道阴极保护的正常运行，使管道安全存在重大隐患。

1）数据测试

管道保护人员通过全线阴保电位测试，发现 33#测试桩电位波动剧烈，波动范围由 +0.3V到 1.5V。其后由专业人员对 30#~33#测试桩的管道直流电位及地电位梯度进行详细测试，数据见表 8.4，电位波动如图 8.25 所示。

表 8.4　管道直流电位及地电位梯度测试数据表

测试桩编号	直流电位/-V			土壤电位梯度/(mV/m)			
	平均值	最大值	最小值	方向	平均值	最大值	最小值
30	1.096	1.601	0.729	⊥	-1.50	1.25	-4.39
				//	-1.58	-0.17	-4.02
31	0.979	1.478	0.521	⊥	3.47	14.03	-8.82
				//	3.2	14.97	-11.36
33	1.027	1.710	0.423	⊥	0.18	5.79	-6.05
				//	-1.32	3.12	-6.29

2）原因分析

该段管线与成品油管道同沟敷设并设置有均压线共同保护，两管道并行长度约 9.5km；并与地方燃气管道并行，长度约 9km；管道与沪宁城际高铁并行，间距约为 60~200m，城际高铁为交流驱动并行长度约 7km；该管道还与城市地铁 2 号线存在并行，间距约为

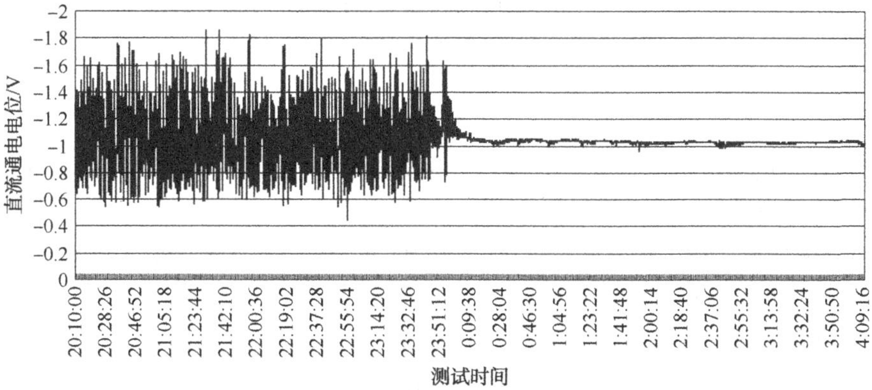

图 8.25　30#桩电位测试曲线

2.4km，地铁为直流驱动，牵引电位为 1500V。

测试人员由此推断该管段存在较为严重的动态直流干扰：白天城际高铁与地铁运行时，管道直流电位波动剧烈，夜间 23 点到凌晨 5 点半左右，城际高铁与地铁停运时段，管道直流电位恢复稳定状态，由此可见干扰源可能主要为铁路。

通过专业公司进行地电位梯度的检测及杂散电流强度的检测，有了重大发现，管道附近高铁桥墩接地极的地电位梯度较大，垂直地电位梯度达到 10mV/m。从桥墩向管道方向慢慢减小。再进一步分析得知，其原因为地铁 2 号线的干扰电流通过城际铁路传到管道附近，由桥墩接地对管道造成干扰。

3）治理措施

由于消除电气化铁路干扰源存在困难，需要与铁路部门协调解决，根据专业公司的建议方案，管道企业采取对管道增设屏蔽性排流设施，在平行于管道两侧同时敷设锌带，并将锌带连接到管道上形成屏蔽网，屏蔽网同时覆盖成品油管道和燃气管道。利用阴极保护系统来抵消大的正向电位偏移，从而达到治理直流杂散电流干扰的目的。

8.7.3　交流干扰及防护

8.7.3.1　交流干扰

在管道与高压输电线路接近的管段上，都将会在管道上感应出一个交流电压，通常被称为交流干扰电压。高压输电线正常运行时，交流干扰电压作用于地下金属管道上，随电力负荷变化而增减，可由几伏、几十伏到上百伏且作用时间长。

交流干扰对管道的危害主要分为两个方面：其一，过高的交流干扰会损坏管道的设备，甚至会在管道的日常运行或维护中危及操作人员的人身安全；其二、在过高的交流干扰电压长期作用下，管道会产生交流腐蚀，从而加速管道的腐蚀。

8.7.3.2　交流干扰调查

使用万用表采用地表参比法测量管道交流感应电压，测试时记录交流感应电压 5min 内的最大值、最小值和平均值。同时记录测试桩周围环境和地貌情况。

交流电流密度是指交流电流在防腐层破损点处单位面积的漏泄量。交流干扰程度可按下列标准进行判断：

(1) 当管道上的交流干扰电压不高于4V时，可不采取交流干扰防护措施；高于4V时，应采用交流电流密度进行评估，交流电流密度可按式(8-2)计算。

$$J_{AC}=\frac{8V}{\rho\pi d} \tag{8-2}$$

式中，J_{AC}为评估的交流电流密度，A/m^2；V为交流干扰电压有效值的平均值，V；ρ为土壤电阻率，Ω·m；d为破损点直径，m。

注：①ρ值应取交流干扰电压测试时，测试点处与管道埋深相同的土壤电阻率实测值。

② d值按发生交流腐蚀最严重考虑，取0.0113。

(2) 管道受交流干扰的程度可按表8.5判定。

表8.5 交流干扰程度的判断指标

交流干扰程度	弱	中	强
交流电流密度/(A/m^2)	<30	30~100	>100

当交流干扰程度判定为"强"时，应采取交流干扰防护措施；判定为"中"时，宜采取交流干扰防护措施；判定为"弱"时，可不采取交流干扰防护措施。

在交流干扰区域的管道上宜安装腐蚀检查片，以测量交流电流密度和对交流腐蚀及防护效果进行评价。检查片的裸露面积宜为$100mm^2$。

8.7.3.3 干扰防护

交流干扰的防护，主要考虑以下三方面因素：一是干扰源正常工作情况下对管道的交流腐蚀；二是干扰源故障和雷电状态下对管道防腐层和管道本体、阴极保护设备、干扰防护设备的损坏；三是操作和维护人员及公众的接触安全。

在同一条或同一系统的管道中，根据实际情况可采用一种或多种防护措施，但所有干扰防护措施均不得对管道阴极保护的有效性造成不利影响。

(1) 管道与干扰源间保证足够的安全间距，即管道与输电线路、通信铁塔及其接地装置，直埋敷设电缆等之间应保证足够的安全距离，可按表8.6判定。

表8.6 埋地管道与输电线路接地体最小距离

电压等级/kV	≤220	330	500
开阔区域	杆塔高度	杆塔高度	杆塔高度
路径受限区域/m	5	6	7.5

(2) 对存在交流干扰的管道加强阴极保护，使管道保护电位比阴极保护规则更负。

(3) 分段隔离。即采取在长距离干扰管段的适当部位设置绝缘接头的分段隔离措施，将与交流干扰源相邻的管段与其他管段电隔离，简化防护措施。

(4) 故障屏蔽。可在管道邻近架空输电线路杆塔、变电站或通信铁塔、大型建筑的接地体的局部位置处，沿管道单侧或双侧平行敷设一根或多根浅埋接地体作屏蔽体，减轻在电力故障或雷电情况下，强电冲击对管道防腐层和管道本体的损坏。

(5) 集中接地。为杂散电流干扰管道提供持续干扰防护，减缓管道交流腐蚀状况；为管道特定位置处提供瞬间干扰防护，减轻在电力故障或雷电情况下，强电冲击对管道辅助设施、阴极保护设备和线路管道防腐层的影响。

在进行持续干扰防护措施的设计时，应根据调查与测试结果的分析，结合对阴极保护效果的影响等因素，选定适用的接地方式。持续干扰防护常用的接地方式的安装示意图、特点和适用范围见表 8.7。

表 8.7　持续干扰防护常用的接地方式

方式	直接接地	负电位接地	固态去耦合器接地
示意图	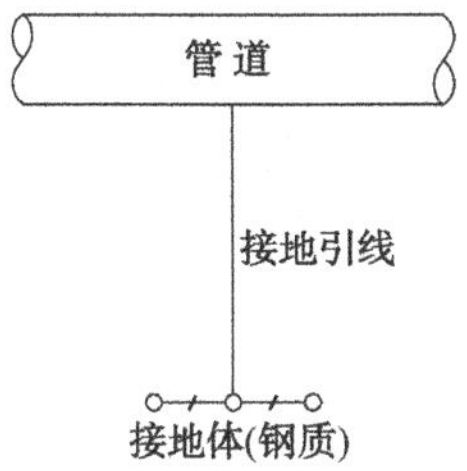	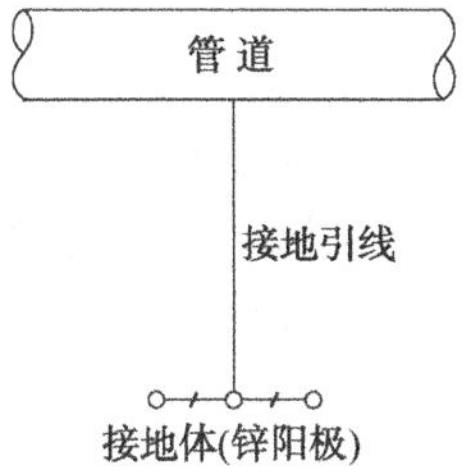	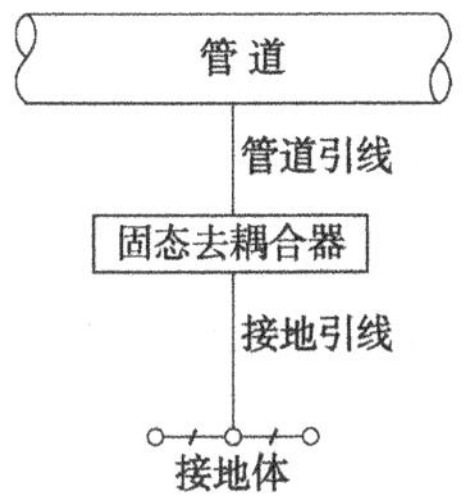
特点及适用范围	适用于阴极保护站保护范围小的被干扰管道。具有简单经济、减轻干扰效果好的优点，缺点是应用范围小，漏失阴极保护电流	适用于受干扰区域管道与强制电流保护段电隔离，且土壤环境适宜于采用牺牲阳极阴极保护的干扰管道。具有减轻干扰效果好、向管道提供阴极保护的优点；缺点是管道进行瞬间断电测量与评价阴极保护有效性实施困难	适用范围广。能有效隔离阴极保护电流，启动电压低，可将感应交流电压降到允许的极限电压内，减轻干扰效果好；额定雷电冲击及故障电流通流容量大，装置抗雷电或故障电流强电冲击性能好。缺点是价格高

8.7.3.4　杂散电流治理实例(2)

某管道企业新建一条输气管道，设计压力 8.0MPa，线路总长 201km，管道规格 Φ1016，钢级为 L485M，防腐采用 3PE 防腐层+阴极保护联合保护，涂层厚度 3.7mm。管道投产后 2016 年 12 月企业组织该管道杂散电流干扰现场调研及测试，管道交流电压最大值达 29V，超出《埋地钢质管道交流干扰防护技术标准》(GB/T 50698—2011)的要求。

经现场调查，输气管道沿线电压等级≥110kV 以上的高压输电线路共计 36 条，管道与输电线路伴行总长度约 90km，交叉共计 46 次。交流电气化铁路垂直交叉 5 条，伴行 1 条(间距在 300~600m，伴行长度 10km)。

测试期间，交流干扰电压比较高的管段主要集中在 21#测试桩—67#测试桩之间和 93#测试桩—118#测试桩两段，通电电位在-1~-1.4V 之间；交流干扰电压在 0.03~29V 之间，测试段最大干扰出现在 36#测试桩为 29V。沿线交流干扰电压>4V 的管段集中在管道与 500kV 的照Ⅰ、照Ⅱ线伴行的区间范围内和与 500kV 泽Ⅰ和涝Ⅰ、Ⅱ线伴行段。另外两座阀室内与管道连接的导体与阀室接地网接触时出现打火现象。其交流电压曲线如图 8.26 所示(图中横坐标为数据点编号，非管道测试桩编号)。

利用 UDL2 数据记录仪对测试桩电位进行伴行铁路进行长周期检测，未发现电力火车经过时，管道交流干扰电压出现明显波动现象。

管道企业随后委托设计单位进行软件模拟分析和排流缓解措施的设计，干扰排流装置采用“固态去耦合+锌合金阳极”的形式。全线共设计杂散电流排流点 45 处。2017 年 10 月施工

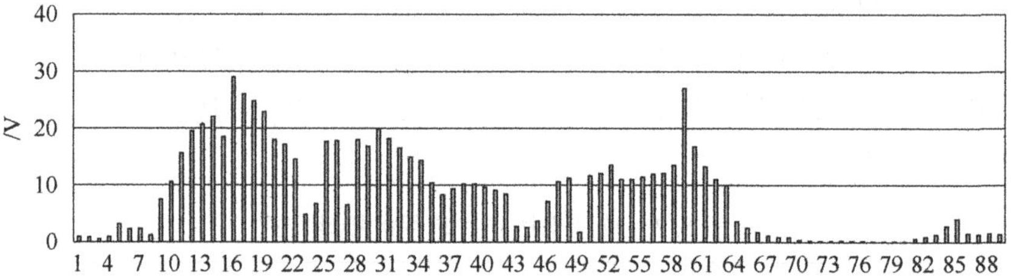

图 8.26　交流干扰电位分布图

单位按照设计文件进行施工，全线共完成排流装置 37 处。其余的 8 处排流装置未能实施。

其后，管道企业组织对该管线的交流干扰排流效果评估，对实施排流措施后管道沿线的交流干扰电压、土壤电阻率进行检测，同时对排流装置进行现场复核，检测固态去耦合器的排流效果和接地电阻等数据。排流效果如图 8.27 所示。

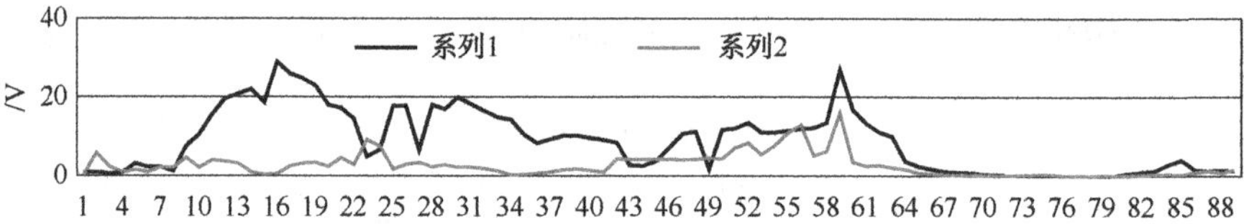

图 8.27　排流前后交流电压对比

交流干扰电压测试见表 8.8。

表 8.8　交流干扰电压测试表(局部)

序号	耦合器位置	耦合器拆除前		耦合器拆除后		接地电阻/Ω			锌带长度/m
		交流电压/V	通电电位/V	交流电压/V	通电电位/V	锌带	锌阳极	总接地电阻	
1	21#—22#	0.43	-1.07	1.5	-1.04	1.188	6.77	1.008	290
2	26#—27#	0.38	-1.23	1.18	-1.17	2.3	5.02	1.86	180
3	32#—33#	0.67	-1.03	2.3	-1.05	1.784	5.28	1.512	240
4	37#—38#	2.2	-1.07	6.2	-1.06	0.744	7.18	0.642	200
5	39#—40#	4.5	-1.01	10.9	-1	0.852	17.69	0.796	200
6	阀室	1.23	-1.18	1.26	—	—	—	—	室内接地
7	53#—54#	3.2	-1.24	11.6	—	2.037	4.17	1.611	250
8	阀室	0.4	-1.29	2.1	—	—	—	—	室内接地
9	99#—100#	4.07	-1.16	6.5	-1.04	—	1.412	1.412	集中接地
10	102#—103#	4.1	-1.05	7.9	-1.11	0.738	3.25	0.64	290
11	110#—111#	10.4	-1.22	16	-1.1	5	3.28	2.038	200
12	113#—114#	11.3	-1.15	14.7	-1.13	—	1.31	1.31	集中接地

通过对比发现，排流措施实施后管道沿线的交流干扰电压明显下降，特别是 34#测试桩—67#测试桩管道交流干扰电压由原来的大部分管段>10V，下降至目前仅 53#桩在 9.2V

左右。北段管道的交流干扰电压也有所下降，但由于此段管道原设计 11 处排流点，现场仅实施 7 处，且另有 3 处因为工农关系的原因将原设计的沿管道敷设的带状屏蔽接地调整为远距离集中接地，管道交流干扰电压仍然较高，其中 113#测试桩现场检测交流干扰电压仍然>15V；但排流措施实施后，两座阀室接地接触打火现象已明显消除。

根据现场检测的情况，105#桩—113#桩的交流干扰电压仍然在 5~16V 左右，交流电流密度均>60A/m^2。管道企业将进一步增加排流装置达到杂散电流干扰治理的目的。

8.8 管道内腐蚀防护

8.8.1 内腐蚀及控制标准

管道内腐蚀是管道内部在腐蚀性介质的作用下发生的腐蚀现象。由于管道内部金属本体缺乏防腐层，加之难以觉察，一旦腐蚀将很难阻断，给管道寿命造成严重影响。

管道内腐蚀控制包括工艺控制、选择耐蚀材料、添加化学药剂、采用内涂层或内衬层等措施。严格执行《钢质管道内腐蚀控制规范》(GB/T 23258—2020)国家标准。

8.8.2 内腐蚀控制方法

H_2S、CO_2 是引起管道内壁腐蚀的主要因素，如果天然气中同时有游离水的存在，与 H_2S、CO_2 形成酸性电解质环境，很可能导致管道内壁局部电化学腐蚀的发生。

H_2S 对钢材具有很强的腐蚀性，同时还是一种很强的渗氢介质，促使钢材脆化导致开裂。一般情况下，造成 H_2S 超标的主要原因是：

(1) 净化厂工艺参数设置和调整不够及时。

(2) 净化装置短时间进气量超过处理能力。

(3) 补充脱硫剂时造成短时间内净化装置脱硫温度低于标准工作温度。

(4) H_2S 分析装置背压管堵塞造成错误分析结果。

(5) H_2S 分析仪数据输出装置的机械误差。

资料表明，含 H_2S 的湿天然气对钢的腐蚀一般为均匀腐蚀，腐蚀速率较低，通常为每年几十微米。但是，如果天然气管道中存在 H_2S 水溶液，腐蚀速率可达每年几毫米或几十毫米；同样，CO_2 也只有在溶解于水的条件下才对钢铁具有腐蚀性。

由此可见，控制游离水是控制内腐蚀的关键。目前天然气输气干线的气源大多来自 LNG，天然气中含水量几乎为零。管道中出现水的可能性就是管道建设施工期间和管道试压作业期间未彻底清管和干燥造成。加之存有细菌的污水可能进入管道，如果投产前未及时彻底清管，土壤和细菌就沉积在管道低洼处形成点状垢下腐蚀。长期下去，管道势必腐蚀穿孔，给管道企业造成极大的经济损失。

总而言之，管道腐蚀控制是一项十分艰难复杂的工作，只有通过管道内检测、外检测等科学手段，及早发现问题，解决问题，才能确保管道长期安全平稳运行，才能真正延长管道的使用寿命。

第 9 章　管道检验

为准确全面了解管道状况，减少或避免管道事故发生，指导管道企业经济地、可靠地维护管道，延长管道安全使用的寿命，天然气长输管道需严格执行国家《特种设备安全法》相关规定。特种设备需由持有相关资质的检验单位定期进行安全检查验证。本章重点介绍压力管道定期检验规则、天然气管道清管、内检测、管道外检测等相关内容。其中管道清管操作还适用于管道施工阶段扫水、投产阶段清管干燥、运行阶段铁锈清除等作业时参考。

9.1　压力管道定期检验规则

9.1.1　压力管道概述

我国压力管道安全监察工作起步于 1994 年，国家在原劳动部职业安全卫生与锅炉压力容器监察局下设压力管道安全监察处。1996 年劳动部颁布《压力管道安全管理与监察规定》。2003 年国务院颁布《特种设备安全监察条例》，将压力管道纳入特种设备管理。2013 年国家颁布《中华人民共和国特种设备安全法》，其中第二条规定，特种设备是指对人身和财产安全有较大危险性的锅炉、压力容器(含气瓶)、压力管道、电梯、起重机械、客运索道、大型游乐设施、场(厂)内专用机动车辆，以及法律、行政法规规定适用本法的其他特种设备。

根据 2014 年国家质检总局修订的《特种设备目录》，压力管道是指利用一定的压力，用于输送气体或者液体的管状设备，其范围规定为最高工作压力大于或者等于 0.1MPa(表压)，介质为气体、液化气体、蒸汽或者可燃、易爆、有毒、有腐蚀性、最高工作温度高于或者等于标准沸点的液体，且公称直径大于或者等于 50mm 的管道。注意该定义中的管道直径由《特种设备安全监察条例》(2009 年版)的 25mm 调高到 50mm。

特种设备安全管理有相应的系列技术规范，TSG 分别代表“特”“设”“管”三个汉字的拼音字母，《压力管道安装许可规则》(TSG D3001—2009)将压力管道分为：长输管道(GA1、GA2)、公用管道(GB)、工业管道(GC)、动力管道(GD)。其中输送有毒、可燃、易爆气体介质，最高工作压大于 4.0MPa 的长输管道归类为 GA1，GA1 以外天然气管道归类为 GA2(原油等液体管道另行规定)。

油气长输管道按特种设备管理，执行《压力管道定期检验规则——长输管道》(TSG D7003—2022)，该规范适用于《特种设备目录》范围内，依据《输气管道工程设计规范》(GB 50251—2015)设计、《输油管道工程设计规范》(GB 50253—2014)设计、生产、施工的输送油气商品介质的压力管道。包括原油、成品油、天然气、煤层气、页岩气等长距离油气输送管道。

9.1.2 定期检验的含义

长输管道定期检验是指特种设备检验机构按照一定的时间周期，根据法定检验相关技术规范、标准，对在用管道安全状况进行的符合性验证活动。通常所说的管道检测是对管道技术状况进行测试的活动，仅提供检测结果，不需判定合格与否；而检验是检测验证的意思，检验强调“符合性”，不仅提供检测结果，还需与相关规范要求进行比较，做出合格与否的判定。

从以上定义可知，定期检验是由管道企业委托专业检验机构完成的，而不是由自身员工开展的工作。管道企业为配合管道定期检验需做好以下工作：

(1) 管道使用单位应按照安全技术规范要求做好管道年度检查工作。

(2) 制订检验计划，依据定期检验周期自主选择经市场监管总局核准的管道检验机构(核准项目代码为 DD1)开展管道定期检验(从事管道漏磁内检测的检验机构需持有 MFL 核准证书)。

(3) 做好检验准备、配合和安全监督工作，提供相关技术资料和管道运行管理资料。

(4) 对检验中发现的问题及时处理，并及时反馈。

(5) 按定期检验报告要求的参数及条件运行，并组织实施运维措施。

9.1.3 定期检验基本流程

9.1.3.1 检验前准备

检验机构提前制定检验方案，并征求管道企业的意见，其后管道企业向检验机构提供管道设计资料、安装资料、改造或修理资料、使用运行记录、异常处理记录、安全附件校验等资料。

9.1.3.2 现场检验

(1) 所有管道都需开展宏观检查，包括管道走向、埋深、标识、防腐层、杂散电流等情况检查；阴极保护系统测试；电性能测试；安全附件和仪表检验。

(2) 具备内检测条件的管道，应当进行内检测。

(3) 对不具备内检测条件的管道，根据管道的主要损伤模式，选择一种或多种外检测方法，例如内腐蚀外检测、外腐蚀外检测或应力腐蚀开裂外检测。

(4) 对不可实施内检测和外检测的管道，应当进行耐压试验。

9.1.3.3 适用性评价

适用性评价也称“合于使用评价(Fitness For Service)”，它是指对含有缺陷的管道是否适合继续使用以及如何继续使用的定量评价。主要包括应力分析、强度评估、剩余寿命预测和材料适用性评价。其中剩余强度评估可参照《承压设备合于使用评价》(GB/T 35013—2018)，剩余寿命预测可参考《基于风险的埋地钢质管道外损伤检验与评价》(GB/T 30582—2014)的规定执行。

9.1.3.4 检验周期

首次定期检验应当在管道投用后 3 年内完成，以后的定期检验周期按照规则由检验机构确定。

使用内检测的方法进行检验的管道，其检验周期最长不能超过预测的管道剩余寿命的一半，并且不应当超过6年；使用外检测或耐压试验的方法进行检验的管道，其检验周期最长不应当超过3年；依据基于风险检验的情况确定管道的检验周期，根据管道的风险水平延长或者缩短检验周期，但是最长不应当超过9年。

基于风险管理的管道，对管道企业要求较高，企业应当依据《油气输送管道完整性管理规范》(GB 32167—2015)等规定实施完整性管理，并符合具有完善的管理体系和较高的管理水平，以及SCADA系统、泄漏检测系统和安全联锁保护系统等运行可靠条件。

9.1.3.5 检验报告

检验人员在检验中发现的问题，管道企业应当及时完成问题的处理。检验机构收到问题处理书面反馈后，正式出具定期检验报告。报告中应当明确管道许用条件、参数及下次定期检验日期等。

为进一步强化油气管道定期检验工作，国家质量监督检验检疫总局、国务院国有资产监督管理委员会、国家能源局联合发文《关于规范和推进油气输送管道法定检验工作的通知》(国质检特联〔2016〕560号)，要求油气管道执行法定检验，严格落实管道检验制度，依据法律法规、安全技术规范、强制性开展压力管道元件制造、安装监督检验和在役管道定期检验。

由于管道法定检验均由持有相关资质的检验单位完成，管道企业做好配合，因此以下仅简要介绍管道外检测、内检测基本原理，重点介绍与管道企业相关的清管内检测的收发球作业及故障处理等内容。

9.2 管道外检测

9.2.1 外检测概述

根据《压力管道定期检验规则——长输管道》(TSG D7003—2022)要求，对不具备内检测条件的管道，应该根据管道的主要损伤模式，选用一种或多种适合的外检测方法。外检测方法包括内腐蚀外检测、外腐蚀外检测和应力腐蚀开裂外检测3种，以下仅对外腐蚀外检测方法进行介绍。

外检测主要是指在地面不开挖条件下，对埋地钢质管道外覆盖层以及阴极保护效果进行检测评价。同时，有效地检测监控管道经过地区的环境条件，这是埋地管道腐蚀防护检验检测评价的一个重要方面。外腐蚀外检测主要包括环境腐蚀性调查、防腐层状况不开挖检测、阴极保护有效性检测和开挖检测等内容，检测实施可以按照《基于风险的埋地钢质管道外损伤检验与评价》(GB 30582—2014)进行。实际使用中可参考《钢质管道及储罐腐蚀评价标准　第1部分：埋地钢质管道外腐蚀直接评价》(SY/T 0087.1—2018)，即专业人员称之为的ECDA评价(External corrosion direct assessment)。埋地管道防腐层检测的方法有交流电流衰减法(PCM)，密间隔电位法(CIPS)、电位梯度法ACVG、DCVG，见表9.1。

表 9.1 埋地管道检测方法表

检测方法	密间隔电位测量法(CIPS)	电位梯度法(ACVG, DCVG)	地面音频检漏法或皮尔逊法	交流电流衰减法(PCM)
方法特点	评价阴极保护系统有效性、确定杂散电流影响范围、检测防腐层漏点的检测技术	DCVG、ACVG 比其他测量方法能更精确地确定防腐层漏点位置，可检测孤立或连续的防腐层破损。DCVG 还可评估漏点尺寸、缺陷处金属腐蚀活性	确定埋地管线防腐层漏点位置的地面测量技术	评价防腐层管段的整体质量和确定防腐层漏点位置的检测技术
采用标准	SY/T 0087.1	SY/T 0087.1	SY/T 0087.1	SY/T 0087.1
检测精度	高	一般	一般	高
抗干扰性	高	高	一般	差

9.2.2 交流电位梯度法(ACVG)

将管道当作一条很长的导线，向管道施加特定频率的交流信号，则管道周围的磁感线分布是以管道为圆心的同心圆。在地面通过检测施加信号的磁场强度来判断管道的位置。ACVG 是逐步从皮尔逊法和 PCM 法过渡发展而来的。

9.2.2.1 皮尔逊法

皮尔逊法由皮尔逊(Pearson)发明，即人体电容法，也称电压差法。在管道与大地之间施加的交变信号通过管道防腐层的破损点时会流出，因而电流密度随着远离破损点的距离而减小，在破损点的上方地表面形成了一个交流电压梯度。当两个人体在交变电场内(相距约 6m)时，由于人体的电容作用，使每个人具有一定的交变电位，通过检测两个人体的电位差判断管道缺陷和漏点位置。

9.2.2.2 PCM

PCM 又称多频管中电流法，也称电流衰减法。检测时由发射机向管道发射某一频率的信号电流，电流流经管道时，在管道周围产生相应的磁场；当管道外防腐层完好时，随着管道的延伸，电流较平衡，无电流流失现象或流失较少，其在管道周围产生的磁场比较稳定；若电流衰减异常，说明该段外覆盖层有破损点，外覆盖层绝缘性能的下降使电流信号从破损部位泄漏，出现电流的异常衰减段。对于同一条管道，电流衰减率越小，外覆盖层的绝缘性能就越好，反之，外覆盖层绝缘性能就差。PCM 一般由便携式发射机和手提式接收机组成，如图 9.1 所示。

9.2.2.3 交流电位梯度法(ACVG)

交流电位梯度法(ACVG)可采用 PCM 与交流地电位差测量仪(A 字架)，通过测量管道上方土壤中交流地电位梯度的变化，查找和定位管道防腐层破损点。设备主要包括发射机、接收机、A 字架、电源电池、信号线、接地电极(地钎)，如图 9.2 所示。

ACVG 不适用于未与电解质(土壤、水)接触破损点的查找，下述情况应用 ACVG 比较困难或测量结果的准确性将受到影响：当 A 字架距离发射机较近；剥离防腐层或绝缘物造成电屏蔽的位置；测量不可到达的区域，如河流穿越；管段处覆盖层导电性很差，如铺砌路面、冻土、沥青路面、含有大量岩石回填物等。

图 9.1　雷迪 PCM

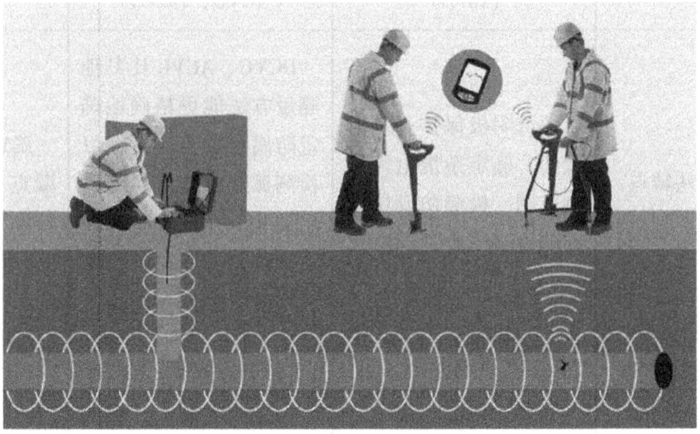

图 9.2　ACVG 示意图

ACVG 实际操作需要丰富的实践经验才能发现防腐层缺陷点并定位。PCM 及 A 字架的操作步骤简要叙述如下：

1）发射机开启

（1）先将发射机电源开关调到“OFF”挡，电源输入线中黑线接负极，红线接正极。

（2）将管线测试桩连接处清理干净，将信号输出线(白色)与管道相连。

（3）沿管道垂直方向敷设接地信号线(绿色)，离开管道 45m，插入接地钎至少埋地 1m，接好信号线。

（4）将发射机电流挡调到 100mA，频率选择双向甚低频(中间挡)。

（5）拨动发射机开关为“ON”，信号开始发射。

2）管线定位操作

（1）打开接收机按键式单触开关。

（2）将接收机频率调节至与发射机频率相同。

（3）转换接收机峰值/零值(peak/null)测量方式，对管道的精确定位先选用峰值测量方式。

（4）将接收机的灵敏度放在中间位置，整个测量过程需调整灵敏度，使仪器的模拟指针保持在可观察范围以内。

（5）接收机在已知管道上做横向的两边移动，以获得机器的最大响应。

（6）假设一中心点，接收机在此假设点附近移动并停在最大响应点。

（7）使接收机垂直并靠近地面。在获得最大响应的假设点上转动仪器，获得某一方向的最大响应。

（8）在上述位置上再将接收器向两侧转动，获得确切的最大响应，此时的接收器所在位置即在埋地管道上方，根据转动时的接收机最大响应方向，可确定管道走向。

（9）在峰值法上的记号点将接收机设置为工作零值方式，根据左右箭头在管道上面再获得一个最小响应点。如果此点与峰值法重合，说明管道已精确定位；如不重合说明位置尚未“精确”找到。两种方法定出的位置都偏离，管道的真实位置应该接近峰值法所定的位置。

3）测量管道埋深操作

（1）按上述管道定位操作步骤确定管道精确位置。

(2) 接收机必须放在管道垂直上方。

(3) 按"Depth"测深键，即显示此处管道截面中心处距接收机底部的距离。

4) 防腐层破损检测操作

(1) 将附件 A 字架连接至接收机。

(2) 按上述管道定位操作步骤确定管道精确位置。

(3) 将 A 字架放至管道正上方地面，保证 A 字架与地面充分接触。

(4) 按定位电流键，根据电流大小判断防腐层破损程度。

9.2.3 密间隔电位法(CIPS)

密间隔电位法(CIPS)用于检测埋地钢制管线阴极保护有效水平。CIPS 检测系统由数据记录仪、卫星同步中断器、探杖等部件组成。

密间隔电位法是使用一根长导线与测试桩上的管道连线连接，沿着管道路由以小间隔测量管—地电位，这样可测出管道上任意点的保护电位，CIPS 法沿管道以间隔 1~1.5m 采集数据，配合专业静态数据记录仪完成管道电位的静态测量，长时间记录电位波动情况，采用卫星同步断流装置，测试管线各点的通电电位和断电电位。当防腐层某处存在缺陷时，该处电流密度增大，使保护电位正向偏移，当 V_{OFF} 低于-850mV(铜/硫酸铜参比电极)时，管道就存在发生腐蚀的区域。

9.2.4 直流电位梯度法(DCVG)

直流电位梯度的工作原理是将直流信号施加于管道上，然后通过两支相距 10m 的参比电极来测试管道沿线的电位梯度，数据要沿整条管道测取。当管道的防腐层有破损点时，信号电流就会从该点流出，在管道周围的土壤中形成以破损点为中心的电场，两极电位差有明显差别(直流电位梯度曲线出现陡坡)，以此推断破损点的位置，根据电位降的百分比来计算防腐层缺陷的大小。

DCVG 技术可以通过结合 CIPS 技术以提高检测结果的准确性。具体操作上，首先使用 CIPS 技术对管线进行总体检测，根据 CIPS 的检测结果对管线的保护状况进行初步评价，根据这个评价结果，对存在缺陷的管段再使用 DCVG 技术进行精确定位，缺陷严重程度用 *IR*%来评价分级，可得到更为准确的埋地管道防腐蚀系统状况的综合评价结果，为管道维护和大修提供更为准确、可靠的科学依据。如图 9.3 所示。

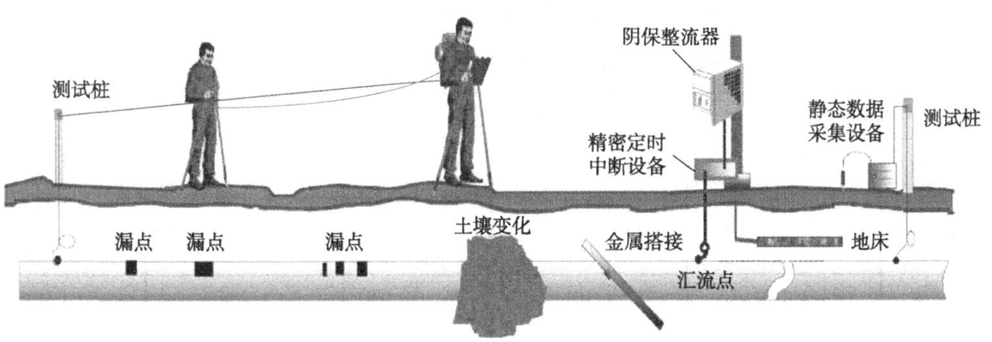

图 9.3　CIPS+DCVG

在检测现场，可以见到这样的场面：4 人联合作业，先由第 1 人手持 PCM 探管，找准管道中心线，然后第 2 人手持仪器，腰后牵扯一根连接后面测试桩的细铜线进行 CIPS 测量，第 3 人两手各持 1 根参比电极探针一前一后做 DCVG，第 4 人负责记录。

9.2.5 开挖检测

管道外检测还需选择一定数量的地点对管道进行开挖，实测管道本体质量(俗称开挖验证)。开挖点数量可按规范选取，应当优先考虑腐蚀活性区域的破损点和曾经发生过外腐蚀泄漏的管段。开挖检测的主要项目有：

(1) 土壤腐蚀性检测，必要时可对土壤样品进行理化分析。

(2) 防腐层检查和探坑处管地电位检测。

(3) 管道本体检测，包括管道壁厚测量，腐蚀区域描述，凹陷、变形、划痕等损伤的测量，必要时进行腐蚀产物分析。

(4) 焊缝无损检测。

9.2.6 管道外检测实例

某天然气管道支线总长 39km，设计压力为 6.3MPa。管道规格为 $\Phi273\times(6.4\sim7.1)$mm，材质为 L320 螺旋缝埋弧焊钢管，管道外防腐层采用 3PE 防腐，补口及补伤采用热收缩套，大型河流穿越段、公路穿越段等采用加强级防腐。管道设 2 个场站，1 座截断阀室，设 2 座阴极保护站。管道穿越河流 3 次 1074m，穿越铁路 1 次 30m，穿越公路 39 次 878m。沿途经过平原 25km、丘陵 14km。

1) 阴保站恒电位仪运行情况

管线设有强制电流阴极保护站 2 座，见表 9.2。

表 9.2 阴极保护站运行参数表

序号	阴保站名称	参比电位/V	预置电位/V	输出电压/V	输出电流/A	阳极接地电阻/Ω	状态
1	首站	-1.25	-1.25	1.116	0.218	2	运行正常
2	末站	-1.2	-1.2	2.92	0.486	1.1	运行正常

2) 管道电位测试

检测人员使用数字万用表对管道沿线测试桩电位测量，结果见表 9.3。

表 9.3 测试桩通断电位测试结果表(局部)

序号	桩号	通电电位/-V	断电电位/-V	序号	桩号	通电电位/-V	断电电位/-V
1	J1	1.228	1.143	23	J26	1.191	1.046
2	J2	1.209	1.132	24	J27	1.248	1.068
3	J3	1.19	1.095	25	J28	1.218	1.09
4	J4	1.196	1.101	26	J29	1.238	1.076
5	J5	1.255	1.126	27	J30	1.222	1.045

3）阴保有效性测试

对管道全线的阴极保护通断电位进行 CIPS 测试，其测试结果如图 9.4 所示。管线全线电位变化较为平稳，无过保护及欠保护管段，全段阴极保护电位正常。

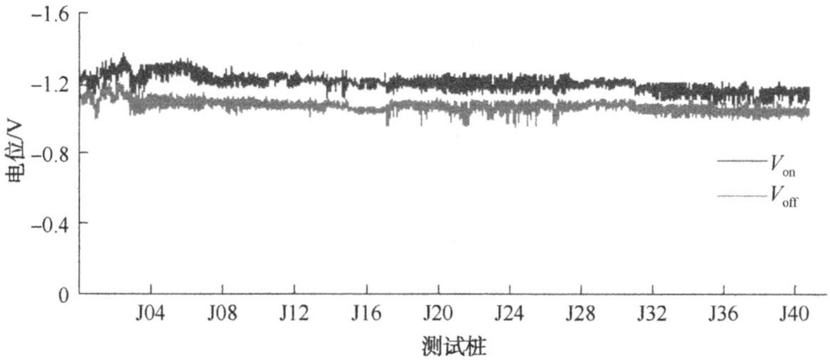

图 9.4　阴保有效性 CIPS 测试曲线

检测人员对场站绝缘接头测试，测试结果见表 9.4。

表 9.4　站场绝缘接头绝缘性能测试

序号	站场/阀室名称	保端电位/V	非保端电位/V	备注
1	首站出站	-1.05	-0.81	正常
2	末站进站	-1.01	-0.66	正常

4）土壤腐蚀性测试

土壤腐蚀性测试及评价采用工程勘察中常用的土壤电阻率的方法进行测试及评价，使用 ZC-8 接地电阻测试仪，采用四极法沿线逐桩测试土壤电阻率。测试结果见表 9.5。

表 9.5　管道土壤腐蚀性测试数据(局部)

序号	测试桩编号	$\rho/\Omega\cdot m$	土壤腐蚀性	序号	测试桩编号	$\rho/\Omega\cdot m$	土壤腐蚀性
1	J1	38.936	中	23	J26	71.592	弱
2	J2	60.288	弱	24	J27	17.584	强
3	J3	12.56	强	25	J28	32.656	中
4	J4	200.96	弱	26	J29	25.12	中
5	J5	1000.48	弱	27	J30	27.632	中

由表 9.5 可知管线沿线土壤腐蚀性弱、中、强三种土壤均有分布，其中以弱腐蚀性居多，强腐蚀性呈分散分布状态。土壤腐蚀性为强的占总数的 11.6%，土壤腐蚀性为中的占 34.9%，土壤腐蚀性为弱的占 53.5%。

5）杂散电流干扰测试

通过全线直流干扰普查测试结合管道沿线自然电位变化情况综合分析，管线不存在明显直流干扰。共检测出交流干扰 43 处，全线交流电位均小于 4V，为弱干扰。

6）管道防腐层完整性评价

使用埋地管道外防腐层检测仪 PCM 对管道防腐层破损点进行了准确定位，并结合直流电位梯度法(DCVG)对防腐层缺陷点进行分类，确定缺陷点修复优先级别。共发现破损点 81

处，其中Ⅰ类点8处占比9.9%；Ⅱ类点19处，占比23.5%；Ⅲ类点54处，占比66.6%。防腐层破损点统计见表9.6。

表9.6 防腐层破损点统计表(局部)

相对位置 km+m	DB ACVG	IR%	埋深/m	缺陷类别	备注	开挖编号
J2-37m	36	3.72	1.45	Ⅲ类	水沟中	
J2+201m	62	1.86	1.05	Ⅱ类	荒地	JH-12
J3-281m	64	5.75	0.44	Ⅱ类	无号检测桩旁	
J3处	70	8.28	0.75	Ⅰ类	3号检测桩旁	JH-11
J36+902.5m	71	1.35	1.76	Ⅰ类	苗树地(围墙边)	JH-3
J40+423m	79	2.04	1.36	Ⅰ类	旱地	JH-4
J40+471m	75	1.50	1.89	Ⅰ类	旱地	JH-5
J40+511m	72	1.47	1.37	Ⅰ类	旱地	JH-6

7）直接开挖验证

检测单位按照规范要求，选取部分缺陷点进行开挖验证。以JH-4为例，该点位于J40+423m处，埋深1.86m。土壤无分层，土质类型为泥沙，无植物根系。该处缺陷位于焊缝处，整圈裸露，未缠绕防腐层，管体见铁、生锈。判断为管道建设施工完成后未做防腐层，管体表面光滑未见腐蚀。检测完毕后采用黏弹体+热烤压敏带对防腐层缺陷点进行修复，修复完毕后采用电火花检漏仪对补伤处防腐层进行检漏，无漏点确认合格，回填。回填时确保地面恢复到开挖前状况。如图9.5所示。

在开挖验证过程中，发现JH-10位置为机械损伤，其防腐层破损、见铁、生锈(黑色)，缺陷面积为(56×40)mm^2，最小壁厚为6.1mm。检测完毕后采用黏弹体+热烤压敏带对防腐层缺陷点进行修复。

8）剩余强度评价

取壁厚最薄的点JH-10，最小剩余壁厚6.1mm，外径273.1mm，标称壁厚取最大值7.1mm；设计压力6.3MPa，管道材质L320(屈服强度320MPa)。根据《承压设备合于使用评价》(GB/T 35013—2018)按式(9-1)计算。

$$RSF=\frac{R_t}{1-\frac{1}{M_t}(1-R_t)} \tag{9-1}$$

计算结果：$RSF=1>0.9$，可以继续使用。

9）剩余寿命预测

按剩余寿命公式计算：

$$RL=C\times SM\frac{t}{GR} \tag{9-2}$$

计算结果：$RL=85a$。

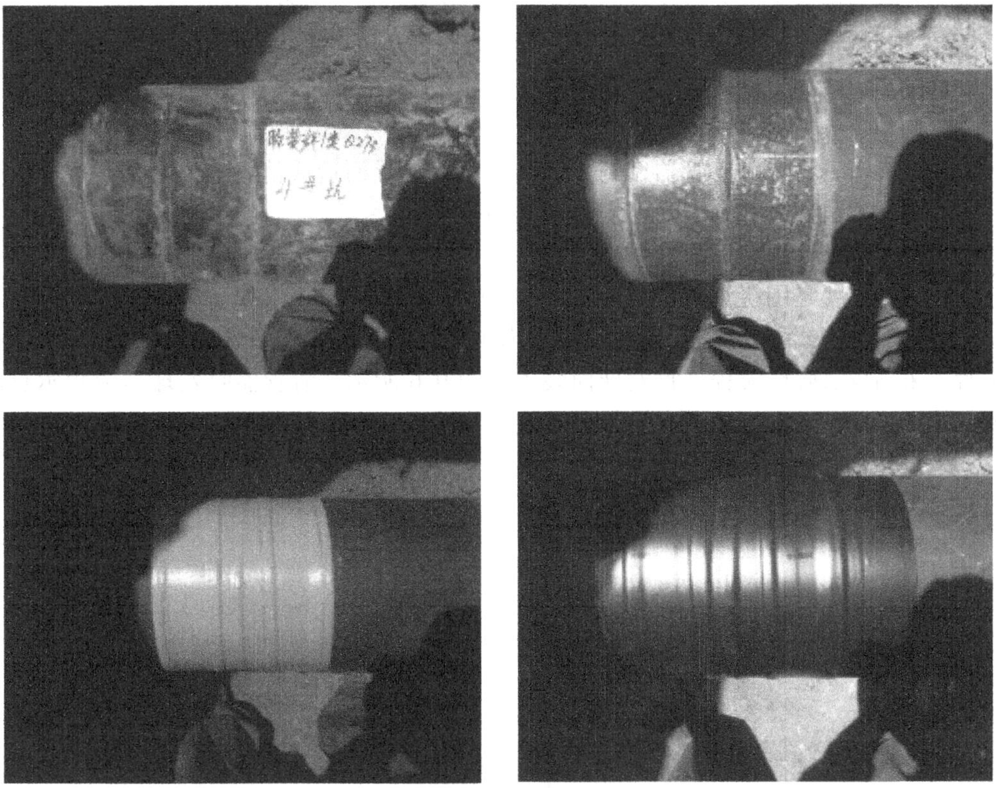

图 9.5　开挖验证防腐层修复示例

10）再评价间隔

考虑到管道外防腐层状况、阴极保护系统状况以及管道外部环境发生改变对管道状况的影响，综合评价此管道再评价间隔应为 5~8 年。

9.3　清管工艺及设备

输气管道的输送效率和使用寿命很大程度上取决于管道内壁及其内部清洁状况。对于气质和管道有害物质——凝析油、水分、硫分、机械杂质等，进入输气管道后引起管道内壁的腐蚀，增大管壁粗糙度，产生大量水和腐蚀产物的聚集，导致局部堵塞或缩小管道的流通截面。在施工过程中，大气环境也会使无涂层的管道生锈，并难免有一些焊渣、泥土、石块等杂质进入管道内。管线水试压后，单纯利用管线高差开口排水是很难排净的。因此，利用清管工艺设备对管道内壁及其内部进行清扫显得尤为重要。管道清管一方面能够清洁管道内壁，提高输送效率；另一方面可为管道内检测提供检测条件，因此管道清管作业是天然气管道输送运行期间的重要工作。

9.3.1　清管站

为了保证管道的安全运行，需要对管线进行定期地清理检测，管道清管技术主要是通过管道清管器进行工作的，通过特殊的装置将管道清管器发射到管道之中，然后利用压力差推动清管器在管道内发生位置的移动，从而清除管道内的残留杂质。因此长输管道每隔一段距离在输气场站均设计有用于清管器发送和接收的专门设备，这种场站也称之为清管站。清管站之间的距离可按相关设计规范选取，例如中亚天然气管道全长约1800km，管径1067mm，其清管站间距最大为250km。值得注意的是，随着天然气气源深度脱水，管道中以金属粉尘为主，长距离清管将造成清管器密封皮碗磨损严重，反而造成清管器失去密封性，前行困难。因此在管道设计时，应尽可能缩短清管站间的距离。

9.3.1.1 清管工艺设备

清管工艺主要是围绕清管器(Cleaning Pig)、内检测器(Intelligent Pig)等设备的收球和发球两个功能对管线和阀门进行组合。首站仅有发球流程，中间站既有收球流程、还需有发球流程，末站仅有收球流程。收发球筒装置如图9.6所示，清管器收发球球流程示意图如图9.7所示。

图9.6 收发球筒装置

9.3.1.2 发球筒

清管器的发送是利用天然气在清管器前后形成压差，将球推入管道。发球筒外形为一钢质圆筒，发球筒筒体的直径应比所清管管道直径大1级，且筒体的中心线与管道中心线顺气流方向呈8°~10°倾斜安装，即快开盲板端高于管道端，以便清管器推入，使其在发送前能紧贴前端的大小头。在安装双向清管收发球球筒时，应水平安装。发球筒的长度应满足发送最长清管器的需要，一般应不小于筒径的3~4倍，发球筒的长度应满足管道内检测的需求，内检测器往往由检测器、陀螺仪等组成检测队列，一般应不小于3m。

9.3.1.3 收球筒

收球筒是用于接收清管器的钢质圆筒。筒体的直径较管径大1~2级，其长度的设计既能适应较长清管器及内检测器使用，也便于2个甚至多个清管器的接收，同时要为容纳固体杂物留下一定的空间。因此，目前所用收球筒的筒体长度一般为筒径的4~6倍。收球筒筒体上的上下大口径支管应焊装挡条(也称挡球篦子)，以阻止大块物体进入输气站工艺区。清管器清理出来的污物通过收球筒下部的排污阀排入排污池。

9.3.1.4 快开盲板

收发球筒快开盲板与压力容器例如过滤式分离器的快开盲板结构原理是一致的，都是将带快开机构的盲板焊接在管道圆形开口上，实现快速开启或关闭的一种机械装置。一般由筒体法兰、头盖、勾圈或卡箍、密封圈、安全联锁机构、开闭机构、转臂及短节等部件构成。具体内容可参考输气站设备快开盲板相关章节。

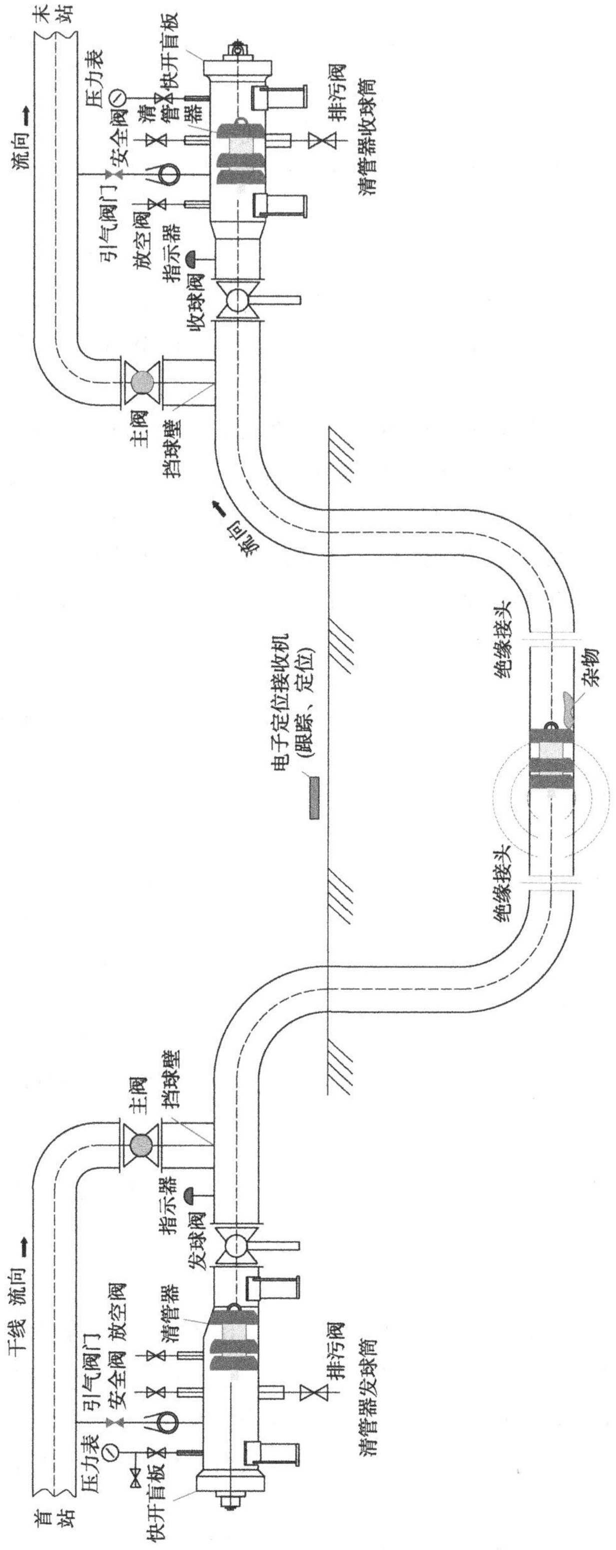
末站
流向
压力表
快开盲板
清管器
安全阀
引气阀门
放空阀
指示器
收球阀
排污阀
清管器收球筒
主阀
挡球壁
流向
电子定位接收机
(跟踪、定位)
绝缘接头
杂物
绝缘接头
主阀
挡球壁
指示器
发球阀
干线 流向
引气阀门 放空阀
安全阀
清管器
排污阀
清管器发球筒
压力表
快开盲板
首站

图9.7 清管收发流程

9.3.1.5 清管指示器及清管跟踪仪

1）清管指示器

清管指示器通常安装在发球筒出口后的管线上或收球筒进口前的管线上。用于收、发球筒上的清管指示器有两种，一种是机械式的清管指示器插入管道中，当清管器通过后，通过插入的拨杆偏移来传递信号，这种插入式由于可能出现天然气泄漏目前较少采用；另一种是磁感应式的清管指示器，它是通过紧贴在管道外表面的磁感应传感器感知清管器通行的装置，其表头如图9.8所示。

指示器分三个部分：传感器、支架和表头，传感器采用固定带绑扎在管道上；表头与传感器通过支架内的导线相连。当带有永久磁铁发射机的清管器通过时，磁感应传感器发出信号，在表头显示并闪烁报警，同时通过站控系统数据采集上传至SCADA系统。

2）清管器跟踪仪

清管器跟踪仪是由安装在清管器上的电子发射机和工作在地面的电子接收机两部分组成（图9.9）。清管器携带的电子发射机在管道内运行，并不断有规律地发出电磁信号，信号穿过管壁和土壤覆盖层传出地面，发射出来的电磁信号通过接收机探头接收，接收机处理后发出信号指示。通过发射机与接收机之间的信号传递，可以及时地掌握管道清管器在管道中的运行状态，当清管器发生卡堵后，能够使用跟踪仪快速准确地确定清管器在管道中的停留位置。

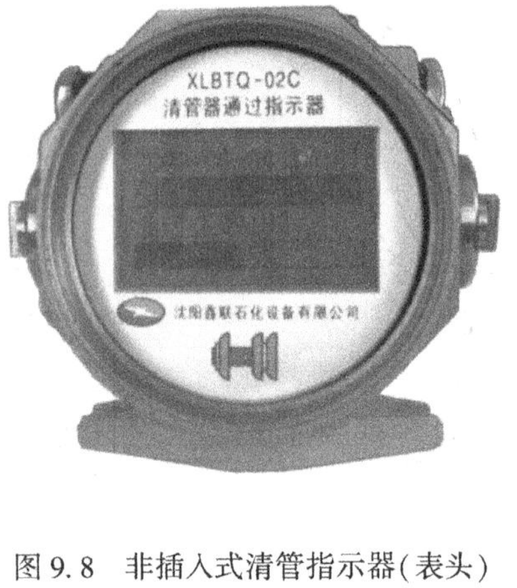

图9.8 非插入式清管指示器（表头）

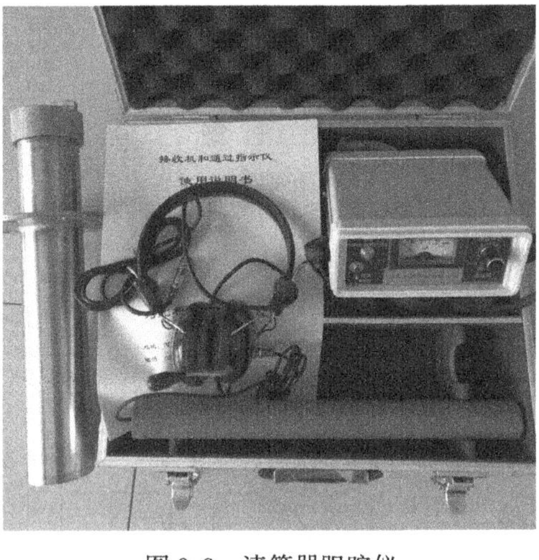

图9.9 清管器跟踪仪

9.3.2 清管器

清管器是由管道输送介质推动，用以清理管道的专用工具。它可以携带无线电发射装置与地面跟踪仪器共同构成电子跟踪系统。其工作原理为：在欲作业的管道中，按作业要求置入相应系列的清管器。清管器皮碗的外沿与管道内壁弹性密封，利用天然气产生的压差作为驱动力，推动清管器沿管道运行。依靠清管器自身或其所带机具所具有的刮削、冲刷作用来清除管壁的铁锈或沉积物。

球型清管器是早期常用的一种管道清管器，它是采用耐腐蚀的氯丁橡胶制成的空心球，用专用工具注水后放入管道中使用(过盈量一般为3%~10%)。由于其耐磨性差、密封不严容易丢失，已很少使用，但收“球”筒，发“球”筒这种名称却沿用了下来。不同种类清管器适用于不同的条件，同时还受管道的管径、阀门、弯头等设备差异和路由起伏、管道内部状态、杂质种类、杂质数量、运行工况等差异影响。需要对每一个作业项目的清管器提出更为具体的要求，才能达到理想的清管效果。

根据清管器的使用特点，可以将清管器简单划分为两大类：密封型和清理型。密封型清管器主要用于清理管道内液体或者为混输油品管道提供密封隔离，如清管球；清理型清管器主要清理管道内的固体及粉尘杂质。清管器按是否安装跟踪设备分为普通型清管器和跟踪型清管器。下面我们对常用的泡沫清管器、皮碗清管器、直板/皮碗清管器、钢刷清管器、磁力清管器等进行介绍。

9.3.2.1 泡沫清管器

泡沫清管器由高密度泡沫芯体外涂聚氨酯涂层而制成，其外径比管道内径大2%~4%，它用于初步探测管道的可通过性能。

泡沫清管器结构简单、轻盈，发生卡堵的可能性很小，其通过能力能达到30% *OD* 以上(注 *OD* 指管道外径)，由于泡沫清管球材质较软，若管道存在未知的较大变形发生卡堵时，只要增加压力便可将泡沫球击碎，且不会对管道造成任何影响，同时为判断管道能否投运机械清管器提供依据，降低卡球风险。如图9.10所示。

图9.10 泡沫清管器

9.3.2.2 皮碗清管器

除泡沫清管器之外，其他多为机械清管器，它们是以钢体芯轴为主体，轴向组合多个直板、皮碗以及钢刷(或尼龙刷)、信号发射装置等附件，与管道内壁形成多个密封面，清扫和刮除管道内壁杂质和沉积物。

皮碗清管器是机械清管器的一种，它是利用皮碗边裙对管道的1%~4%的过盈量与管壁紧贴而达到密封，由天然气压差推动前进。皮碗清管器由密封皮碗、支撑直板、隔垫和骨架等组成，皮碗材料为耐油、耐磨的氯丁橡胶或聚氨酯，皮碗的裙边有自动密封作用，即清管器在天然气压差作用下，皮碗裙边能向四周张紧，这种作用即使在裙边遭遇磨损、过盈量变小后仍能保持一定的密封作用，因此长输管道清管器常常装有皮碗片，如图9.11所示。直板清管器全部由直板、隔垫和骨架组成，清理粉尘能力更强，并且具备反推性能，也称双向清管器。

皮碗清管器骨架上可安装有普通内径90%的测径板(铝盘)，外边缘一般为8或12等分，测径板厚度可为3mm、5mm、6mm，如图9.12所示。依据测径铝盘通过管道后的测量结果可以初步验证管道的通过性能，判断被检管道是否存在较大变形点，为下一步投运其他类型清管器提供依据。直板/皮碗清管器特点有：支撑和密封性较好，结构轻便、通过能力强，直板可在边缘开具边槽，针对杂质较多的管道，可以将多余的污物顺边槽遗落，不会因大量污物往前推动形成堆积造成卡堵。

图 9.11　皮碗清管器

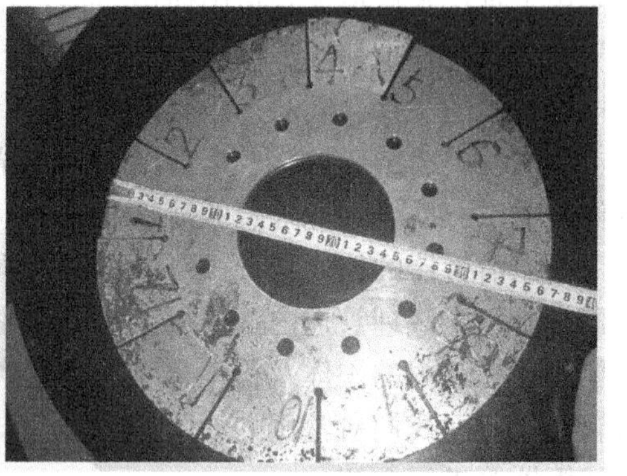

图 9.12　测径板

9.3.2.3　钢刷清管器

为进一步清洁管壁上的铁锈，增加内检测所要求的光洁度，往往需要在皮碗清管器上增加钢刷，构成钢刷清管器。如图 9.13 所示。

钢刷清管器采用的是全周向钢刷，对管道内壁凝结的残留物有很强的清除能力。采用直板+钢刷的结构构成加强型钢刷清管器，对管道内堆积的杂质进行清扫，清扫和通过能力强于普通钢刷清管器。

9.3.2.4　磁力清管器

磁力清管器是在磁性筒体的基础上，由直板或蝶形皮碗、钢刷等组成。如图 9.14 所示。

图 9.13　钢刷清管器

图 9.14　磁力清管器

磁力清管器由于具备磁性钢刷结构，可以最大限度吸附并清除管道内的铁磁性杂质及较小颗粒，降低铁磁性杂质对内检测器信号的干扰，提高数据质量。根据现场情况可以将钢刷开槽，以实现分批次清除杂质，使管道的清洁度达到投放检测器条件。

加强型磁力清管器是在磁性筒体的基础上，采用直板+钢刷+钢珠皮碗的结构，它对管壁提高了杂质的清扫能力。其前端增加射流孔，天然气形成射流对清管器前端堆积的杂质进行吹扫。

在实际工作中，工程师为解决常规清管器无法彻底清除管道内大量杂质时，采用一种重型磁力清管器，它是由去掉电子元器件的漏磁内检测器改造而成，通过其自重、强磁铁及磁铁表面的钢刷片对管道进行清扫。

9.3.2.5 清管器选型原则

天然气管道清管成功的表现为在保证清管器完整的条件下，充分发挥清扫能力，清除管道内的杂质。要实现上述目标，主要取决于两个因素，一个是管道摩擦因素，包括管道长度、杂质量、管道内表面粗糙度、有无内涂层等；另一个是清管器本身的耐磨性和运行稳定性(旋转良好)。在清管作业中，应提前掌握管道属性，明确管道的全生命周期阶段和前期可能遗留的问题，明确管道运行工况，确保最优工况运行。

清管器长度需在了解长输管道弯头尺寸基础上确定，一般为管道直径的1.5~2倍；密封皮碗过盈量一般为1%~4%，驱动皮碗的直径能适应更宽范围的管径变化，导向板直径取管道内径的99%；不同材质的清管器的最大运行距离相差较远，应尽量选用高密度耐磨材质；全直板组合清管器可以实现正推、反推，适用于易卡堵管道。

清管作业应遵照循序渐进、安全稳健的原则，执行“清通、清扫、清除、清洁”四步工法，在明确管道及清管器特点及属性的基础上，清管器的发送顺序依次为：泡沫清管器、测径清管器、直碟/板清管器、钢刷清管器、磁力清管器。清管器运行速度控制在5m/s以内。当泡沫清管器出现破损时，一定要增加泡沫球发送次数，不要盲目发送机械清管器。在预定方案中的清管器发送计划仍不能满足管道清洁度验收条件的情况下，将通过增加磁力钢刷组合清管器运行次数的形式继续清管。如在清管过程中遇到清管器性能不佳、偏磨、卡堵等特殊情况时，及时合理改进清管器或调整清管器类型，选用更加适宜现场条件的清管器，从而实现有效清管。例如杂质较多易产生卡堵，可在直板、钢刷上开槽或在骨架、配件上开设泄流孔，使清管器前端的杂质扰动，扫清前进障碍。如果管道内壁摩擦系数较大或杂质干燥，可以在皮碗或直板内部加装钢珠和耐磨钉、加厚钢刷增加清管器耐磨性。

9.4 管道内检测

9.4.1 内检测定义及基本要求

管道内检测是指利用在管道内运行的可实时采集并记录管道信息的检测器所完成的检测，也叫作智能检测。管道内检测分以检测管道几何变形情况为目的几何变形检测和以检测管壁金属损失为目的的金属损失检测两类。管道内检测器在管道中的发球、运行、收球等操作与清管器一致。

TSG D7003对管道内检测提出了以下基本要求：

(1) 内检测按照《钢质管道内检测技术规范》(GB/T 27699—2011)等要求实施。

(2) 内检测器的选择，应当考虑待检管道的条件、缺陷类型与检测器之间的匹配性。

(3) 管道定期检验时，内检测一般包括几何变形和管体缺陷内检测。

(4) 从事内检测数据分析人员，应当经过专业培训，具备相应的数据分析能力。

9.4.2 几何变形检测器

管道几何变形检测用于检测、定位和测量管壁几何形状异常，测量管道因施工及使用过程中产生的几何变形，对管道阀门、三通、弯头、斜接、焊缝等特征等进行测量标识，并对上述管件及管道变形给出量化尺寸和里程定位。

图 9.15 几何变形检测器

几何变形检测器使用一定排列的机械抓手压着在管道内壁，并会因横断面的任何变化引起偏移，这些偏移可能是由于一个凹陷、偏圈、褶皱或附着在管壁上的碎屑引起的，捕捉到的偏移信号被转换为电子信号存储到机载的存储器上，将一次运行后的数据取出并加以分析，绘制到按照以里程为横坐标、以传感器分布角度和传感器高度的叠加值为纵坐标的曲线图上，从而确定管道变形位置和可影响到管道完整性的异常点。如图 9.15所示。

几何变形检测器有较强的管道变形通过能力，可通过变形量达 25%*OD* 的管道变形。管道在下列情形之一时，需投运几何变形检测器：

（1）测径清管器测径板发生严重变形且无法确定变形点的准确位置时。

（2）新建管道投入使用 3 年之内，基线检测时。

（3）运营管道被超负荷物体长期占压或机械破坏或管道通过地区发生泥石流、山体滑坡等自然灾害。

（4）管道通过地区发生里氏 5 级以上地震时，可投运几何变形检测器。

（5）在管道漏磁内检测前，因为漏磁内检测器需要磁化管壁，搭载有骨架、永磁体、钢刷并且为保证有效磁化，需要紧贴管内壁，因而其通过能力较差，在不确定漏磁内检测器能否通过前，也需要发一个几何变形检测器，确保漏磁内检测的安全运行。

9.4.3 漏磁检测器

漏磁检测器是一个智能检测系统，可实时检测并记录金属管体上的一般缺陷、坑状缺陷、大面积腐蚀、机械损伤、内部缺陷、焊缝异常、划痕、异常开孔等管道异常缺陷信息及套管、补丁、阀门、三通等管道附件。通过后期数据分析处理，可以确定管道异常缺陷信息及相关管道附件的精确位置和尺寸大小。

1）工作原理

磁性是指物体能够吸引铁、钴、镍等物质的性质，能够长期保持磁性的物体叫永磁体，磁体周围存在磁场。表征磁介质磁性的物理量称为磁导率，相对磁导率大于 100 以上的铁磁性材料称为高磁导率材料。为了描述磁场强弱和方向，人们想象在磁场中画出一组有方向的曲线，这种曲线称为磁感线(也称磁力线)。

首先了解一下磁粉探伤的机理：铁磁性材料被磁化后，其内部会产生很强的磁感应强度，磁力线密度增大到几百倍到几千倍，如果材料中存在不连续性，磁力线会发生畸变，部分磁力线有可能逸出材料表面，从空间穿过，形成漏磁场，漏磁场的局部磁极能够吸引铁磁物质。如果在工件上撒上磁粉，漏磁场会吸附磁粉，形成与缺陷形状相近的磁粉堆积(磁痕)，从而显示缺陷。磁痕图案比实际缺陷要大数十倍，因此很容易用肉眼便能找出缺陷。

漏磁检测技术(MFL，Magnetic Flux Leakage Testing)是从磁粉探伤演化而来的检测方法。它基于铁磁性材料的高磁导率特性，利用永磁体将铁磁性材料磁化到近饱和状态，当管道材料连续无缺陷时，磁感线被均匀地约束在管壁内；当管壁材料不连续，即存在缺陷时，由于缺陷处的磁阻远大于管材，会使部分磁感线从管壁漏出，进而在缺陷处形成漏磁场，如图9.16所示。利用磁敏元件可对缺陷处的漏磁场进行信号采集，通过数据处理与分析，可对缺陷的位置及几何特征进行判别。

图9.16 漏磁检测示意图

2）漏磁检测器结构

漏磁检测器一般分为四部分：动力部分、检测部分、计算存储部分和电池部分。根据管径的不同，这四部分可能整合到一起，也可能分四个单元使用万向节串接在一起，形成柔性连接。下面简要介绍一体式漏磁检测器的组成(图9.17)。

图9.17 漏磁内检测器结构

(1) 驱动部分：是检测器在管道中运行的动力来源，与皮碗清管器类似，依靠检测器密封皮碗前后介质的压差来驱动检测器的运行。

(2) 磁化部分：其主要作用是与被测管壁形成磁化回路，磁化回路的主体是一块圆柱筒形的衬铁，衬铁两端分别装上一周圆环形的永久磁铁(一般由若干块扇形环状磁铁组成)，两组磁铁的磁场方向相反，磁铁外套上圆环形钢刷。使用时支撑在管道内，其外径比管道内径略大，可以与管壁充分接触，增加磁化效率。这样由衬铁、两端永久磁铁、钢刷以及管道壁构成了一个封闭的磁化回路，实现了对管壁的磁化作用。

(3) 主探头部分：探头安装在两组磁铁之间，探头内的霍尔磁敏传感器装在末端，紧贴管壁，探头支架柔软具有弹性，能有效地与管壁充分接触。为区分缺陷是外部缺陷还是内部缺陷，一般设置两组探头(OD/ID)，OD探头检测管道各类特征和管道缺陷，ID探头用于内外壁的分辨。

(4) 电子舱部分：用来收集和处理所采集的信号并进行数据存储的单元。

(5) 里程轮部分：用来记录检测器在管道运行当中所行走的距离。地面标记系统记录检测器通过设置点上方的准确时间，结合管道的里程信息就可以精确确定缺陷所在管道的里程位置，便于缺陷点开挖和修复。

(6) 跟踪器：检测器内装有低频发射机，用于地面上检测器的跟踪和定位。

(7) 电池：因为管道内检测处在密闭管道中运行，无法使用外部电源来提供电能，因此检测器都配有足量使用的电池。不仅需要考虑正常内检测所需的用电时间，还需留有余量给检测器卡堵、停球处理后剩余管道的漏磁检测。

3）漏磁检测数据分析

当内检测器从收球筒取出后，可使用笔记本电脑对检测数据进行下载，并上传到数据分析中心进行处理。一般检测单位都有专门的分析软件，首先由软件对原始数据进行初步处理，将检测数据、里程轮数据、时钟方位数据描绘成曲线图，形成一个可重放各传感器探头在管道中运行记录到的漏磁信号。当管道无缺陷时，信号为360°平铺的数条直线平行移动的灰度图；当管线缺陷和特征点引起磁路泄漏时，磁感线信号就产生波动。根据观察到的磁感线波动幅度，就可以对缺陷和特征进行归类和尺寸判定，然后再由人工进行处理评估。图9.18为内检测信号与现场开挖对比图。

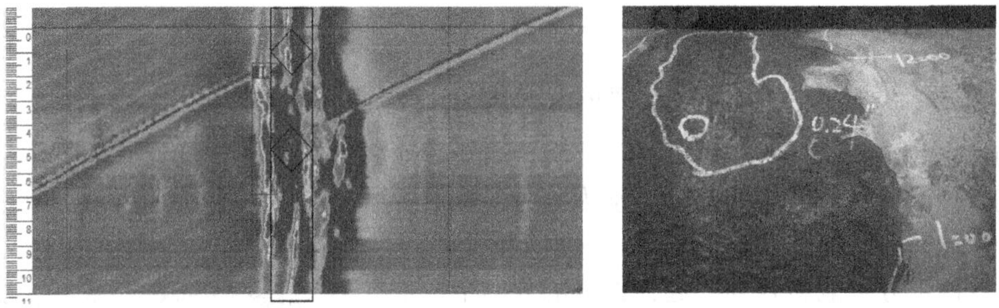

图9.18　内检测信号与现场开挖对比图

常见漏磁特征信号如图9.19所示，一般分为两种：

（1）波峰信号：代表金属增益。壁厚增加、套管修复和接触管壁的金属物将会造成波峰信号。

（2）波谷信号：代表金属损失。支管、金属损失、壁厚减小、焊缝异常和凹陷将会造成波谷信号。

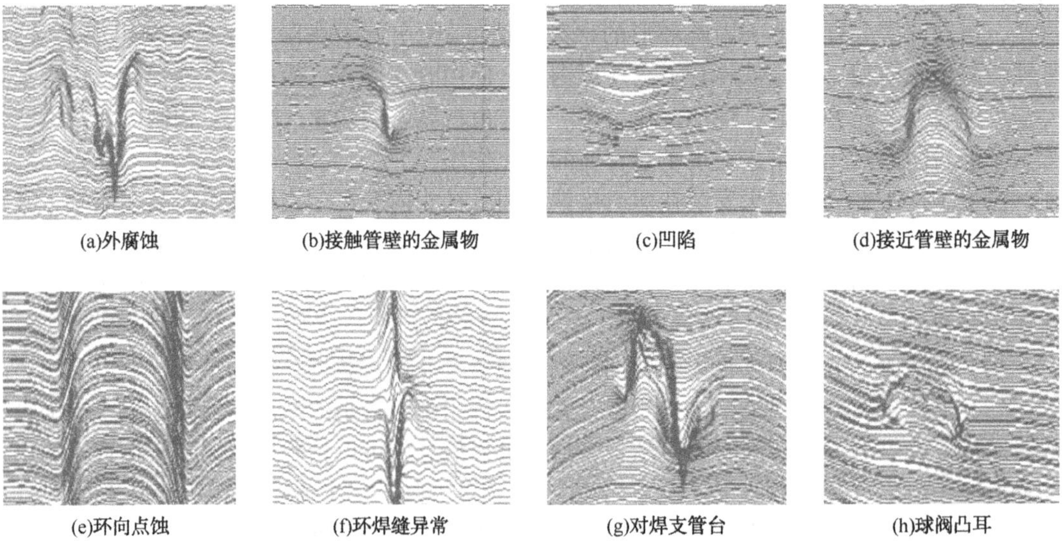

(a)外腐蚀　(b)接触管壁的金属物　(c)凹陷　(d)接近管壁的金属物

(e)环向点蚀　(f)环焊缝异常　(g)对焊支管台　(h)球阀凸耳

图9.19　常见漏磁特征信号

4）漏磁检测的优点

（1）在线检测能力强、自动化程度高。

（2）可靠性较高，降低了人为因素影响引起的误差。

（3）可以对缺陷的危害程度进行量化评估。

（4）可获得很高的检测效率且无污染。

5）漏磁检测技术局限性

（1）只适用于铁磁材料。

（2）严格上说，漏磁检测不能检测铁磁材料内部的缺陷。

（3）磁漏检测不适合检测开裂很窄的裂纹，尤其是闭合性裂纹。

9.5 清管内检测操作

9.5.1 操作准备

9.5.1.1 清管应具备的条件

清管作业是一项风险较大的作业，为了保证安全，减少事故率，作业人员要提前做好充分的计划和准备，主要包括以下几个方面的内容：

1）输气管道档案调查

（1）掌握管道的设计参数，包括管道的设计压力、内径、壁厚、长度、材质及其材质性能。

（2）了解设计图纸及竣资料、分析站场清管工艺流程、排污流程、放空流程，搞清管道走向、高程差、所清管段各阀室的间距、阀室工艺等。

（3）查阅施工档案资料，包括管道焊接记录、分段打压、通球清管记录。

2）输气场站调查

现场调查收球筒、发球筒，阀门，仪表，放空管，排污罐及其周围环境状况等。对收发球筒进行球筒长度、管件阀门位置测量，特别需要调查入地弯头的曲率半径(管道中心线至弯头圆心的距离)，不同清管器厂家对弯头曲率要求不一致，例如有的要求大于4*D*，有的可以放宽到1.5*D*。特别注意两个连续弯头之间直管段长度需要大于管道外径。开孔直径大于30%的管道内径的三通必须有档条，如果没有档条将造成清管器歪曲移位卡堵或误入旁通管路。现场就曾发生过*DN*500的泡沫清管器通过没有档条的*DN*300三通进入中间输气站，造成大炼油专线管道停输的情况。

3）其他调查

（1）对于运行的管道，要收集近期管道运行参数、沿途分输气量，并对其进行分析，制订合理的用气调配计划，提前做好气量调节，保证清管期间球速和用气量的需要。

（2）调查管道历次清管记录。

（3）调查阀室干线阀门、放空阀门是否灵活好用，阀室通风是否良好。

9.5.1.2 清管作业前期准备

（1）编制有针对性的清管作业方案，编制清管作业操作细则，明确人员分工，设置指挥组、发球组、跟球组、收球组。并将相关方案上报审批，同时做好物资和工具的准备工作。

（2）要提前与用户沟通，做好气量输配计划，提前调整管线的运行参数，满足清管时段的球速要求。

（3）清管作业前，相关技术人员到现场进行实地踏勘，进一步了解现场地形地貌、社会依托、水文气象等，提前做好后勤保障计划。

（4）在清管作业前，对沿线各清管站及管线上各种设施进行彻底检查，尤其要检查各站的收、发球筒的排污流程以及放空流程。检查阀门内漏情况，准备注脂工具。确保阀门灵活好用、开关到位，关闭严密。

（5）清管前站间所辖干线阀门处于全开状态，取消作业管段内气液联动阀的自动截断功能，关闭引压管根部阀，放空储气罐。

（6）对清管管段输气场站的仪表、自控设备、通信设备进行检查，确保清管操作期间各类设备运行正常，仪表指示准确无误。

（7）清管作业前，对收发球筒快开盲板进行保养，备齐密封配件，准备氮气气瓶，并完成清管作业全过程演练。

（8）若预估收球时将清出大量水和污物时，可提前在收球站外安全位置设置临时排污池，并按环保要求做好防渗措施，连接临时排污管线并用管卡固定牢固。

（9）特别提示，对于几何检测完成后准备漏磁检测前，检验单位均需在管道沿线埋设地面标记盒，漏磁检测完成后再进行回收。

（10）提前准备好通信工具，确保对讲机、内、外部电话通信畅通。

（11）提前准备清管器、检测器的场站拉运及放入球筒、拉出球筒的吊装、推送、拖拽工用具。

（12）提前设置警戒带、警示牌等警示标志。

（13）消防器材配备齐全，并摆放到位。

9.5.2 收发球操作

9.5.2.1 发球操作

发球流程如图 9.20 所示（注：大部分输气场站 3#阀是全焊接阀门）。操作步骤如下：

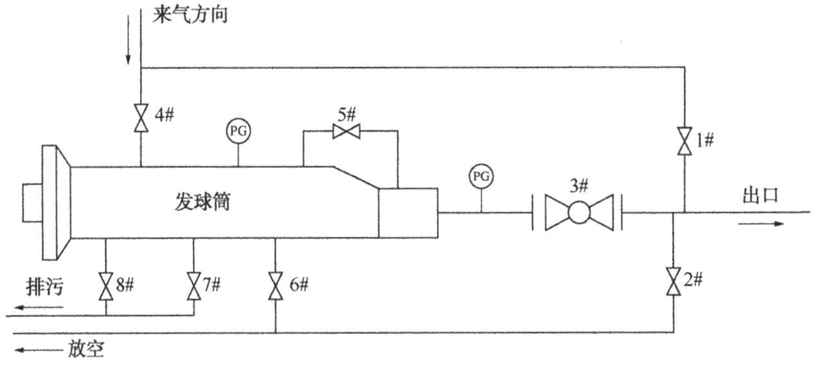

图 9.20 发球流程示意图

（1）确认阀门状态，3#、4#阀处于全关状态。

（2）打开 5#、6#、7#、8#阀对发球筒进行放空、排污泄压，确认球筒压力为零、无残液后，打开球筒快开盲板，把清管器或检测器送入球筒底部大小头处塞紧，在管道站内出站埋地位置放置跟踪仪。

（3）关闭快开盲板，关闭 7#、8#阀，从压力表接头处对发球筒进行注氮置换，置换合格后，关闭 6#放空阀。

(4) 打开4#阀，通过5#阀平衡清管器前后端压力。

(5) 压力平衡后，关闭5#阀，全开3#阀，准备发送清管器。

(6) 关闭1#阀门发送清管器。

(7) 清管器发出后，先打开1#阀，再关闭3#、4#阀，恢复正常流程。

(8) 适度打开6#阀进行泄压，需要时再打开7#、8#阀进行排污。

(9) 泄压、排污结束后，关闭6#、7#、8#阀门，打开快开盲板，检查清管器是否发出，若未发出，重复步骤(2)~(8)直至将清管器发出。

(10) 关闭快开盲板，做好发送清管器相关记录。

9.5.2.2 收球操作

收球流程如图9.21所示，操作步骤如下：

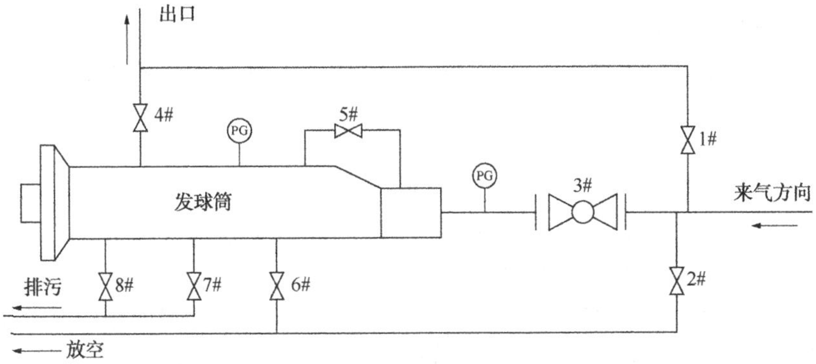

图9.21 收球流程示意图

(1) 提前在收球筒内放置收球用具，例如对泡沫清管器放置收球笼，对机械清管器在筒壁放置防撞橡胶垫等，并对收球筒进行氮气置换待用。

(2) 确认阀门状态，1#、3#、5#阀处于全开状态，2#、4#、6#、7#、8#处于全关状态。

(3) 当清管器通过进站5km处时，先全开4#阀，再关闭1#阀，收球筒处于收球状态，准备接收清管器。

(4) 站外1km监听坑人员确认球通过时，或跟踪指示器发出信号时，适度打开7#、8#阀进行排污。

(5) 确认清管器进入接收筒后，关闭7#、8#阀，打开1#阀，再依次关闭3#、4#阀，恢复正常流程。

(6) 适度打开6#阀进行放空泄压，再打开7#、8#阀进行排污。

(7) 泄压、排污结束后，对球筒进行氮气置换，置换合格后打开盲板，取出清管器或检测器。

(8) 清除收球筒内污物(必要时称重)，关闭6#、7#、8#阀，做好下次收球准备，对快开盲板进行清理保养，关闭快开盲板。

(9) 对收球筒进行氮气置换，备用。

(10) 做好接收清管器相关记录。

9.5.2.3 清管跟踪

由于管线清管具有一定的风险性，由此所有清管器运行时，都必须进行全线跟踪或监听，俗称“跟球”。全线跟踪点设置原则上相邻两个点之间不超过2km。跟踪人员需根据球速预先进行分组，交叉进行。即：第二组人员提前到预设跟球点，第一组人员发球后到达第二跟踪点，以此类推，如图9.22所示。清管器到达每一个跟踪点后，向下游跟踪点、清管指挥组汇报，计算清管器平均速度及当时的压力，并注明时间及地点，直到清管器到达收球筒为止。

图9.22　定点跟踪示意图

清管、检测器运行速度控制：

根据《油气管道运行规范》(GB/T 35068—2018)，清管、检测器运行速度一般按式(9-3)近似计算。

$$v=\frac{Q}{240\times F\times P} \tag{9-3}$$

式中，Q 为输气流量，m^3/d；v 为清管器内检测器运行平均速度，m/h；F 为管道内径横截面积，m^2；P 为清管器后平均压力，MPa。

由式中看出，清管器及内检测器运行速度主要取决于下游管段的输气流量和管道运行压力，如果需要精确计算，可以通过测量管道实际压力、温度，求取天然气压缩因子，然后计算工况流量，再除以管内截面积计算实际流速。

【例题9-1】 清管器球速计算。已知某输气管道管径406mm，壁厚6mm，长度90km，运行压力4MPa，输量$200\times10^4Nm^3/d$。试估算清管器的运行速度，清管器运行时间大约多少小时？

解：(1)根据公式：

$$v=\frac{Q}{240\times F\times P}$$

$$F=3.14159\times(0.406-2\times0.006)^2/4=0.1219(m^2)$$

代入得：

$$v=\frac{200\times10^4}{240\times0.1219\times4}=17090(m/h)$$

$$v=17090/3600=4.75(m/s)$$

(2)根据公式：

$$t=\frac{L}{v}$$

得：$t=90\times1000\div17090=5.27(h)$

答：清管器运行速度约4.75m/s，清管器运行大约需要5.27h。

9.5.3　故障分析及处理

由于天然气易燃易爆的性质，结合管道的实际情况，清管过程中存在许多风险，应提前做好作业风险分析。例如清管器卡堵；清管器串气；球筒盲板操作风险；收发球筒阀门内漏、外漏；泥沙和污物阻塞管道；清了大量污水、污泥；清除粉尘含硫化物造成着火；环境污染；人身伤害等都是清管过程中可能遇到的问题。其中，清管器信号丢失、清管器卡堵风险最为常见，如不及时解除将造成全线停输的重大生产事故。因此，对发球作业环节、清管器运行过程、收球作业环节等进行风险分析，提出具有针对性的风险控制措施十分必要。

9.5.3.1 清管器卡堵

清管作业时，清管器因管道变形，弯头半径小于清管器通过的最小半径，管道内污物过多或管道内存在阻碍清管器前进的大障碍物出现停球，造成清管器前后压差大于0.5MPa，持续时间超过2h，判断为清管器卡堵。针对这种情况，可采取以下应对措施：

（1）在清管期间安排人员阀室监听，并记录分析压力变化。

（2）当阀室和分输站监听人员发现压力表出现压力明显增大现象，当增大0.3MPa时，监听人员及时向跟踪组和指挥组汇报。

（3）若发生清管器卡堵在管道中，跟踪人员需第一时间定位卡堵位置(俗称“找球”)。

（4）确认停球位置后，指挥组人员到位，分析卡堵原因，在管线运行压力许可的条件下，通过增大清管器的前后压差，监测清管器能否重新启动，在增大压差过程中，跟踪人员需在停球位置下游布置监控点，防止清管器高速启动后丢失清管器位置。

（5）若增大压差不足以使清管器重新启动，则采取反输、再启输流程，监测清管器是否能够通过停球点。

（6）如果清管器还不能顺利通过，则考虑对停球点进行开挖，确定是否由异物的支撑或挤压等原因造成管道变形，并做相应处理。

（7）如果卡堵仍不能解决，考虑对卡堵管段进行放空，进行割管取出清管器。

（8）分析清管器卡堵的原因，确定下次投运清管器类型或是否继续清管。

9.5.3.2 清管器、内检测器串气

因清管器运行中磨损大，气流泄漏量大，或运行中因划伤导致破裂，或卡在进出站三通处等导致清管器停止前进，此时如果在正常输气差压下，清管器运行时间超过理论运行时间的2倍，判断清管器串气，针对上述情况，可采取以下措施：

（1）跟踪人员需第一时间定位停球位置，并根据卡堵位置的特点分析有可能造成清管器停球的原因。

（2）采用通过上游输气站增大气量的方式进行推球。

（3）若仍不能接收到清管器，在清管器停止运行超过24h，且全线不憋压，可断定清管器串气，结合管线特点，确定是否可以再发一个清管器，推出前一个清管器。

9.5.3.3 管线泥沙和污物阻塞管道

（1）通过降低卡堵点下游压力，增大推动压差推动清管器和泥沙前进。

（2）反向推动清管器，解除管道堵塞。

（3）以上方法均不能解卡时，在堵塞处割管，并启动应急预案和应急供气预案。

9.5.3.4 清管器、内检测器信号丢失

在清管器运行过程中，可能会因为速度过快而使接收机收不到信号；也有可能由于机械振动、电池等原因而出现接收不到信号的情况，俗称“丢球”，可采取以下措施：

（1）充分利用阀室、裸管、监听坑等特殊点对清管器的运行情况进行监控。

（2）工艺与气量协调人员严密监控管线压力的变化情况。

（3）收球人员坚守岗位，做好监听及收球准备。

（4）如果仍未收到清管器，需根据压力变化综合分析，确定采取下一步“救球”措施。

9.5.4 清管内检测实例

某天然气长输管道建设于2002年，直径508mm，设计压力3.9MPa，全长276km。全线设四座清管输气站，2016年开始清管内检测作业。以下为第二段83.7km清管内检测情况：

清管单位10月9日开始实施清管作业，运行首次泡沫清管器。球速控制在3.5~4.0m/s。7：18从发球站发出，13：45泡沫清管器到达收球站，清管器总运行时间6h 27min，清除粉尘113kg，泡沫球整体完好，但表皮损伤严重，如图9.23所示。从图中看出，第一段所发泡沫球外壁损伤较少，而第二段聚氨酯皮基本全部损坏，预示管道清管作业条件复杂。

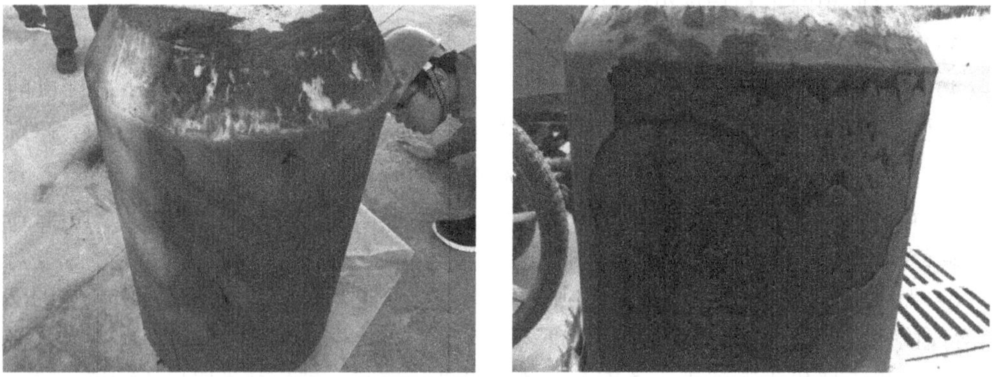

图9.23　第一段与第二段泡沫球对比

10月10日发送四碟测径清管器，发现测径板变形严重，清管单位继续清管作业。

10月14日在测155号桩东800m发生钢刷清管器卡堵，10月15日管道企业进行应急抢险作业，采取天然气阀室间停输放空的方式进行氮气置换换管作业。卡堵变形如图9.24所示。

图9.24　管道变形造成清管器卡堵

管道修复后继续清管作业，10月17日清管器在测118再次停球，后通过跟踪仪确定停球位置进行开挖，发现一处由大块岩石垫层造成的管道凹陷变形，变形时钟方位为气流方向

4：50—6：00，变形面积约为350mm×150mm；因岩石紧贴管壁，为避免振动损伤管道，暂时维持岩石原貌，继续清管作业，待几何检测后确定是否换管作业。如图9.25所示。

图9.25　管底岩石造成管道变形

10月18日清管器再次出现卡堵，确定停球位置后，进行开挖，确定是数年前对东侧河流大开挖改定向钻施工作业进行带压封堵点时留下的封堵三通。为确保管道内检测完成，管道企业决定对相邻两条河流4个带压封堵点和测118岩石凹陷点同时进行应急处置，5处进行换管作业。停球位置开挖验证如图9.26所示。

图9.26　带压封堵遗留管板造成清管器卡堵

10月25日开始继续清管，先后发送四碟测径清管器和钢刷磁力清管器清管。10月26由内检测单位发送测径验证清管器，除测132附近发生2min停球之外，其余管段无明显停球、卡球记录。

10月31日再次发送钢刷磁力清管器，用时6h 28min，清除粉尘9.9kg。其后为进一步对管道表面进行清洁，清管单位使用重型磁力清管器清管。

从10月9日开始清管作业，清管16次，几何检测1次，漏磁检测1次，粉尘累计383.5kg，无水。11月10日完成内检测，历时1个月。期间出现多次卡球憋压，2次割管取球。发现缺陷598处，其中腐蚀缺陷196处、管体制造缺陷1处、环焊缝异常82处、螺旋焊缝异常146处、凹陷58处、椭圆47处、无壁厚损失缺陷68处。

第 10 章　管道系统完整性

完整性是应用较为广泛的一个词语，主要泛指完整的状态，例如数据完整性是指所有数据均正确无误，档案完整性是指档案齐全完好。管道完整性简单地说就是管道结构和功能都呈现完好无损的状态。本章首先介绍完整性的基本概念和完整性管理体系，重点介绍管道完整性和输气站场完整性以及管道本体修复等内容。

10.1　完整性管理概述

10.1.1　管道失效与完整性

1859 年 8 月 27 日美国宾夕法尼亚州发现了第一个油田，随后出现最早的木制输油管道，我国早在 1000 多年前就使用竹制管道输送天然气。20 世纪 70 年代，世界石油天然气工业飞速发展，全球范围内的长距离大口径高压油气管道大规模建设，极大地满足了世界能源需求，但是新的问题出现了，那就是油气管道各种事故频繁发生，甚至造成巨大的经济损失和人员伤亡的重大事故。典型的案例有：

1965 年 4 月 14 日，路易斯安那州发生一起美国有史以来最大的一次输气管道爆炸事故，当场死亡 17 人。钢管爆裂长 8m，炸出一条长 8m、宽 6m、深 3m 的大坑，把半吨多重的 5 块破裂钢管炸到一百多米以外的地方。

1989 年 6 月 4 日，苏联某自治共和国首都乌法市附近的一条输气管道发生泄漏，当时正好两列火车开进泄漏区，火车与铁轨摩擦产生的火花引燃泄漏的可燃气体发生爆炸，造成 600 多人死亡，烧毁数百公顷森林，成为 1989 年震惊世界的灾难性事故。

1999 年 6 月 10 日，美国华盛顿州贝灵汉的一条 *DN*406mm 汽油管道因机械挖伤(图 10.1)引起断裂泄漏，发生爆炸，造成 3 人死亡、8 人受伤，1 座污水处理厂被严重破坏。

2000 年 8 月 19 日，美国新墨西哥州卡尔斯巴市发生一起天然气管线突然爆炸事故，造成 10 人死亡、2 人受伤，直接经济损失约为 100 万美元。发生事故的管线建设于 1950 年，管道规格为 $\phi762\times8.5$mm，管材强度等级 X52，事故原因为管线内壁长期受到腐蚀，管壁变薄所致(图 10.2)。

美国是世界上拥有油气管道最多的国家，为了保证油气管道安全，于 1968 年颁布《1968 年天然气管道安全法案》。20 世纪末，美国石油大量油气管道进入老龄期，各种事故频发，导致重大伤亡，暴露出美国运输部在管道安全监管方面的疏漏。为防止事故的发生，美国颁布了《2002 年管道安全改进法案》首次明确要求管道企业识别高后果区，对该区域管道进行风险分析，实施完整性管理，并制定详细的检测计划。

管道完整性不是与生俱来的管理理念与方法，是为应对管道事故、减小管道缺陷，提高管道管理水平而不断完善和发展形成的管理模式。大约在 20 世纪 70 年代，美国管道研究委员会(PRC)首次提出天然气管道结构完整性概念，之后由PRC发展成国际管道研究委员会(PRCI)会同美国天然气研究学会(GRI)，在管道检测、安全评估、泄漏检测以及管道操作和维护相关技术开展一系列研究，1985年美国的Battelle Columbus研究发表了《危险评价程序指南》，1992年W. Kent. Muhlbauer编写了《管道风险管理手册》，提出了较为完整的管道风险评分法，以期最大限度地减少事故发生率和尽可能地延长管道使用寿命，合理分配有限的管道维护费用。2002年7月19日美国机械工程师协会发布了ASME B31.8S：2001《输气管道系统完整性管理》标准，标志着管道完整性管理进入了实际应用阶段。

图10.1 机械伤害

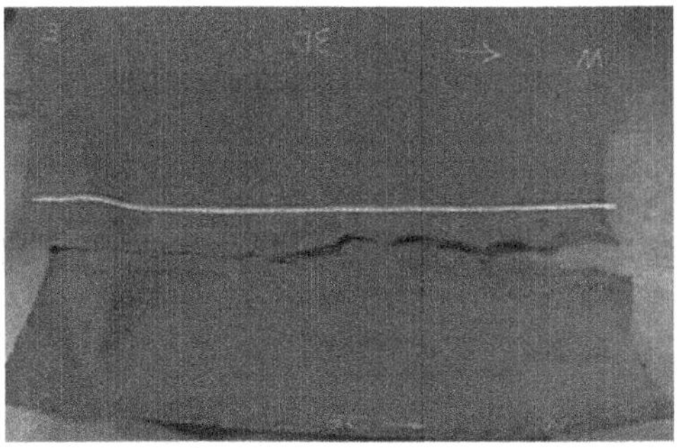

图10.2 管道腐蚀破裂

根据ASME B31.8S：2001，国际管道研究委员会(PRCI)对输气管道事故数据进行了分析，对管道失效划分成22个根本原因。22个原因中每一个都代表影响完整性的一种危险，应对其进行管理。

1）与时间有关的危害

(1)外腐蚀(图10.3)；

(2)内腐蚀；

(3)应力腐蚀开裂。

2）固有因素

(1)与制造管子有关的缺陷：

管体焊缝缺陷；

管体缺陷。

(2)与焊接/制造有关的缺陷：

管体环焊缝缺陷(图10.4)；

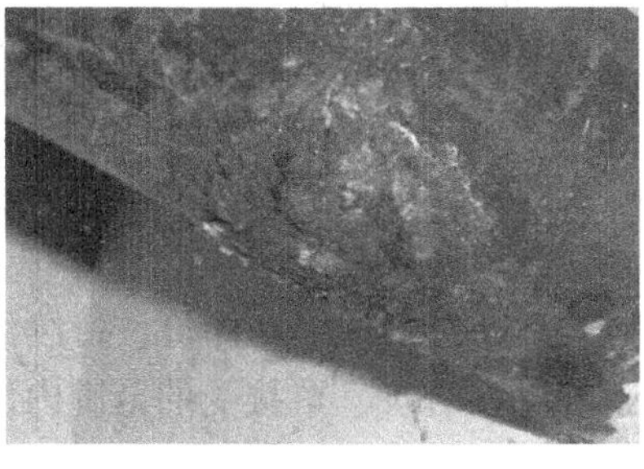

图10.3 管道外腐蚀

图10.4 管道环焊缝缺陷

制造焊缝缺陷；
折皱弯头或壳曲；
螺纹磨损/管子破损/管接头损坏。
(3) 设备因素：
O 形垫片损坏；
控制/泄压设备故障；
密封/泵填料失效；
其他。

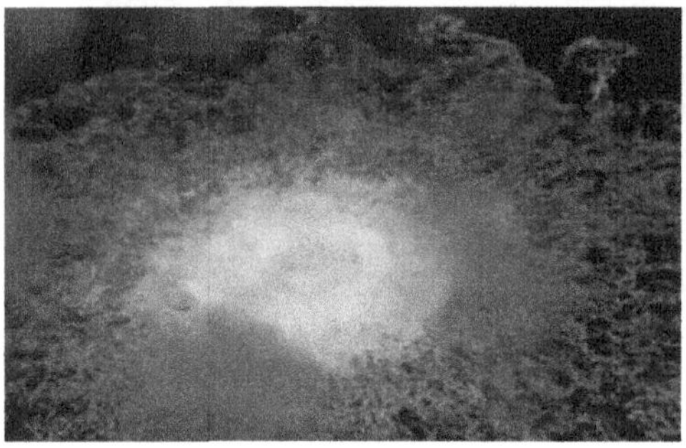
图 10.5　北溪管道遭到破坏

3) 与时间无关的危害
(1) 第三方/机械损坏：
甲方、乙方或第三方造成的损坏(瞬间/立即损坏)；
以前损伤的管子(滞后性失效)；
故意破坏(图 10.5)。
(2) 误操作。
操作程序不正确。
(3) 与天气有关的因素：
天气过冷；
雷击；
暴雨或洪水；
土体移动。

根据 ASME B31.8S：2001，我国于 2005 年发布《输气管道系统完整性管理》(SY/T 6621—2005)(等同采用 ASME B31.8S：2001)标准。该标准对天然气管道行业实施完整性管理起到了推动作用。由于 2013 年 11 月 22 日青岛发生“11·22”原油管道泄漏爆炸事故，让管理层进一步认识到完整性管理是保障管道安全的重要手段，必须下大力气实施和推广。2015 年 10 月 13 日，国家标准化委员会颁布了《油气输送管道完整性管理规范》(GB 32167—2015)，首次将管道完整性管理纳入国家标准序列，具有划时代的意义。

10.1.2　术语与定义

完整性由英文“integrity”翻译而来，字面意思为：完好、完整的状态。

(1) 管道完整性：是指管道处于安全可靠的服役状态，主要包括：管道在结构和功能上是完整的；管道处于风险受控状态；管道的安全状态可满足当前运行要求。

(2) 全生命周期：是指从管道系统建设的需求开始，到管道规划、设计、采购、施工、运营维护、报废的全部生命历程。

(3) 完整性管理(PIM)：是对管道系统面临的风险因素不断进行识别和评价，持续消除识别到的不利影响因素，采取各种风险消减措施，将风险控制在合理、可接受的范围内，最终实现安全、可靠、经济地运行管道的目的。

(4) 完整性评价：是指采取适用的检测或测试技术，获取管道本体状况信息，结合材料与结构可靠性等分析，对管道的安全状态进行全面评价，从而确定管道适用性的过程。常用的完整性评价方法有：基于管道内检测数据的适用性评价、压力试验和直接评价等。

（5）数字管道：是以信息设施为基础，以多尺度、多种类的空间基础地理信息为支撑，按照数字化的构想，构建一个数字化的信息平台，容纳全生命周期的管道大数据。

（6）基线检测：管道实施的第一次完整性检测，包括中心线、变形检测和漏磁内检测以及其他检测活动。

（7）失效：管道或相关设施等失去原有设计所规定的功能或造成一定损失的物理变化，包括泄漏、损坏或性能下降。

（8）金属损失：管道表面部分区域集中失去金属的现象。金属损失通常是由于腐蚀所致，但划痕或机械损伤也能导致金属损失。

（9）第三方损坏：是指管道企业及与其有合同关系的承包商之外的个人或组织无意或蓄意损坏管道系统的行为。

（10）高后果区：是指管道泄漏后可能对公众和环境造成较大不良影响的区域。

（11）效能评价：是对管道完整性管理系统或某一项任务结果或进程的质量、作用和状态等的衡量，通过建立评价指标体系，综合分析管道完整性管理的效率、效果和效益，并给出改进建议。

（12）最大允许操作压力：是指油气管道处于水力稳态工况时允许达到的最高压力，等于或小于设计压力。

（13）安全运行压力：通过完整性评价得出的管道允许操作压力。

（14）风险：指某一特定危险情况发生的可能性和后果的组合。

（15）风险评价：指对识别出的风险采用相应的评价方法和工具进行定性、定量评估，准确描述风险，确定风险等级、制定管控措施。

（16）HAZOP 分析：是按照科学的程序和方法，从系统的角度出发对工程项目或生产装置中潜在的危险进行预先识别、分析和评价，识别出生产装置设计及操作和维修程序，并提出改进意见和建议，以提高装置工艺过程的安全性和可操作性，为制定基本防灾措施和应急预案进行决策提供依据。

10.1.3 完整性管理的涵义

完整性管理是指为了保障实物资产结构和功能完好而做的一系列技术及管理工作，是对所有影响管道系统完整性的因素进行综合的、一体化的管理。完整性管理贯穿输气管道系统的设计、采购、施工、投产、运行和报废等全生命周期各个阶段，对管道系统面临的风险因素不断进行识别和评价，持续消除识别到的不利影响因素，采取各种风险消减措施，将风险控制在合理、可接受的范围内。

完整性管理主要包括：一是通过管理和技术手段去评估管道风险的大小，即管道发生事故的概率；二是通过必要措施给予预防，使管道系统风险水平始终处于可接受的范围内；三是完整性管理贯穿管道系统整个生命周期，通过评估对管道系统的使用寿命给予预判。

完整性管理与传统的安全管理的不同之处在于由传统的被动应对转变为基于风险的主动预防，实现风险全面预控。过去的做法是从事故到事故，为了防止事故进行看护式管理；而完整性管理是从预防事故入手，引入系统化管理理念，采用提前检测、修复的方式去预防事故，并持续不断地有序循环。

10.1.4 实施完整性管理的意义

由于管道点多线长面广，输气站场又相隔较远，因此，输气完整性又分管道完整性和站场完整性两个方面。实施完整性管理对管道企业安全管理和企业效益都有十分重要的意义：

（1）实施完整性管理从日常管理与巡护、缺陷修复、第三方损坏风险控制、自然与地质灾害风险控制、腐蚀-风险控制、应急支持、控压运行七个方面对高后果区识别、风险评价及完整性评价中的风险有具体的消减措施，使管道企业在应对风险方面有据可依，有章可循。

（2）实施完整性管理由于使用了基于风险的检测技术，使得管道及设备的检维修更具有针对性，合理控制维护费用，延长使用寿命，可大幅度降低企业成本，提升企业经济效益。

（3）实施完整性管理能强化推行全生命周期的每一个阶段、每一个环节的程序化和标准化。

（4）实施完整性管理能有效保障输气管道和站场设备本质安全。

（5）提升管理水平，将管道系统风险降低至最低合理可行的水平，助力管道企业提质、降本、增效和高质量发展，最终实现安全、可靠、经济地运行管道的目的。

（6）完整性管理对管道、设备的报废及更新具有指导性。

10.2 管道完整性管理

10.2.1 管道完整性管理体系

管道完整性管理体系是指包含一套互相联系、互相作用的要素，以管道安全、设施完整和可靠为目标，并持续改进的系统管理体系。管道完整性管理体系侧重对影响管道的各种因素进行识别、检测。一般融于企业已有的管理体系中，例如 HSE 体系，是对原有管理体系的补充和升级完善。

管道企业应制定管道完整性管理方针和政策、范围和目标以及组织结构、岗位与职责，并按照规范工作流程进行包括管道设计、采购、施工、投产、运行和报废等各个环节的完整性管理。完整性管理还应包括记录与文件控制、沟通管理、合规性管理、变更管理、管理审核、培训和资质等内容以及与完整性相关的应急管理和失效管理等内容。

根据《油气输送管道完整性管理规范》（GB 32167—2015），管道完整性管理工作主要分为数据采集与整合、高后果区识别、风险评价、完整性评价、风险消减与维修维护、效能评价六步循环，各环节不是严格的前后关系，相互联系，完整性管理循环持续进行。如图 10.6 所示。

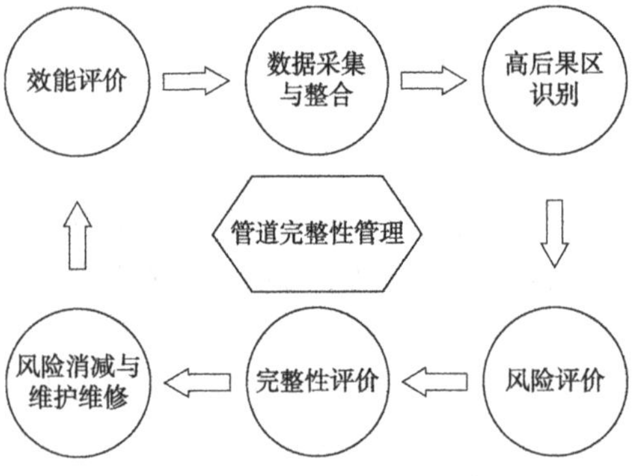

图 10.6　管道完整性管理流程

10.2.2 数据采集与整合

10.2.2.1 数据采集基本要求

完整性管理离不开大量基础数据的支持。数据采集是基于计算机、数据库、服务器、网络的一个庞大的数据收集系统。这里的数据不仅仅是简单的数值，而且还包括文字、图像、声音、视频等静止信息；还包括通过传感器采集的设备运行的诸如压力、温度、流量等动态变化的实时数据。

(1) 管道企业应不断收集管道完整性管理数据，并利用信息系统对数据进行整合，应开展长输管道完整性管理信息化工作，实现管道全生命周期数据的管理和有效维护。

(2) 建设阶段要做好管道中心线测量和相关设计、施工数据采集工作，确保数据采集的真实性、准确性、完整性和及时性。主要采集内容包含管道属性数据、管道环境数据、施工过程中的重要过程及事件记录、施工记录、评价报告等。

(3) 生产运营阶段主要采集内容包含管道属性数据、管道环境数据和管道运营数据等，即：含设计施工、运行维护数据、检测及监测数据、维修数据、环境和地理信息、生产运行历史以及事件和风险数据等。

(4) 管道完整性管理数据应由专人进行维护管理，其他人员仅有使用权限，不得擅自创建、修改及删除任何管道完整性数据文件。数字管道数据应分级分类保护，根据数据秘密等级对数据进行保护。

10.2.2.2 数据收集要素

1) 管道基础数据

(1) 管道。管道数据包括管道的类型、管道名称、长度、行政地理位置、输送介质、设计压力、直径、壁厚、设计输量、当前输量、管材、防腐层类型、阴极保护类型、施工日期、投产日期、站场输量、大型穿跨越数量等。

(2) 埋深。埋深数据包括所属管道名称、行政村名称、桩号、与桩的距离、里程、地表高程、埋深、管顶高程、合格埋深值等。

(3) 桩。桩数据包括所属管道名称、行政村名称、桩号、里程及桩类型等。

(4) 管道设施。包括套管、防腐层、弯管、阀门、环焊缝、三通及水工保护等。

2) 输气站场技术数据

(1) 站场管理范围。包括管道名称、行政村名称、上下游桩、起始桩号、与起始桩的距离、终止桩号、与终止桩的距离、进站桩号、出站桩号及长度等。

(2) 站场。站场数据包括管道名称、站场名称、站场类型、站场功能、站场位置(桩号)、站场位置(与桩的距离)、里程、站场面积、进站平均温度、出站平均温度、联系人、站场内是否有阴保间、收发球筒类型、输送介质、人员信息、环境信息等。

3) 防腐与阴保

(1) 阴保电源数据。包括管道名称、站场名称、恒电位仪编号、运行模式、回路编号、型号、投用日期、是否处于工作状态、生产厂家、生产日期、出厂编号、施工单位、监理单位、阳极地床位置、参比电极位置、阳极组数、电源、额定电压、保护对象等。

(2) 阳极地床。阳极地床数据包括管道名称、站场名称、地床编号、地床构造、回填材料、投入使用时间、阳极材料类型、阳极组数、电缆长度、是否有注水系统、阳极电阻、阳极电阻测量日期等。

(3) 阴极保护记录。包括管道名称、测试编号、阴保站名称、通电电位、断电电位、阴保电源编号、绝缘法兰内侧进站电位、绝缘法兰内侧出站电位等。

(4) 牺牲阳极。包括管道名称、阴保测试编号、与桩距离、阳极材料、阳极质量、阳极数量、坐标等。

4) 管道检测

(1) 清管。包括管道名称、起始里程、起始桩号、与起始桩的距离、终止桩号、与终止桩的距离、清管器类型、清管开始时间、清管结束时间、清出物描述、清出物质量、分析报告、监理单位、施工单位及建设单位等。

(2) 内检测记录。包括管道名称、特征名称、特征类型、特征类型描述、焊缝钟点、时钟方向、缺陷长度、缺陷宽度、缺陷深度、剩余壁厚、测量厚度、管径、检测里程、上游环焊缝编号、相对距离、坐标信息、上游参考点、距上游参考点距离、下游参考点、距下游参考点距离、缺陷来源、评价方法、建议修复方法、计划修复方式、计划修复年份、修复年限、修复状态等。

(3) 内检测修复信息。包括开挖单编号、特征序号、缺陷点描述、特征类型、检测里程、距离开挖环焊缝距离、特征长度、特征宽度、特征深度、时钟方位、开挖验证信息、实际修复方式、无损检测方式、无损检测结果、防腐材料、修复状态等。

(4) 防腐层破损点。包括管道名称、管段名称、里程、管顶埋深、破损点综合评定等级、修复建议等。

(5) 阴极保护欠保护段。包括管道名称、起点里程、终点里程、管段名称、超标状态、超标原因等。

5) 管道运行

(1) 生产运行记录。管道运行压力、运行温度、输气流量等。

(2) 失效记录。包括线路失效、水工保护失效、通信设施失效等。

(3) 巡线记录。包括管道名称、起始路程、结束里程、起始桩号、与起始桩号的距离、终止桩号、与终止桩号的距离、出发时间、返回时间、巡线方式、巡线周期、人员、问题及处理情况、交班人、交班地点、交班时间及接班人等。

(4) 应急管理。包括单位联系人、应急组织机构、应急组织人员、应急抢修设备、应急预案、储备物资等。

(5) 泄漏检测系统。包括管道名称、起始里程、起始桩号、终止桩号、检测系统类型、系统原理、投用日期、监控中心所在地等。

6) 完整性管理

(1) 基础地理。包括建构筑物、河流、土地利用、行政区划、公路、铁路、地质灾害及面状水域等。

(2) 公共设施。包括坐标信息、名称、类型、层数、常住人口总数等。

(3) 地下障碍物。包括障碍物编号、桩号、与桩号的距离、里程、障碍物名称、障碍物类型、埋深、障碍物形状、障碍物走向描述等。

(4) 高后果区(HCA)识别。包括管道名称、行政区划、起始桩号、与起始桩号的距离、终止桩号、与终止桩号的距离、高后果区长度、HCA 等级、高后果区类型、地区等级、高后果区编号及备注等。

(5) 风险评价结果。包括管道名称、起始桩号、与起始桩号的距离、终止桩号、与终止桩号的距离、管道长度、管理站队、评价日期、管道风险值、风险等级、风险因素类型、是否为高后果区、是否采取了风险减缓措施及减缓措施分类等。

(6) 地质灾害评价。包括管道名称、起始里程、终止里程、地质灾害编号、地质灾害类型、地点、评价日期、风险等级、风险点描述、风险概率分值、风险概率分级、后果损失、后果分级、是否已采取风险消减或控制措施等。

10.2.2.3 数据安全

数据安全是指通过采取必要措施，确保数据处于有效保护和合法利用的状态，以及具备保障持续安全状态的能力。根据《测绘地理信息管理工作国家秘密范围的规定》(自然资发〔2020〕95号)中的相关要求，我们日常工作中的有关管道及周边测绘地理信息数据是无法公开使用的。

《国家数据安全法》明确指出，企业应建立健全流程数据安全管理制度，组织开展数据安全教育培训，采取相应的技术措施保障数据安全。重要数据的处理者应当落实数据安全保护责任。

10.2.3 高后果区识别

高后果区是指管道如果发生泄漏会严重危及公众安全和(或)造成环境较大破坏的区域。高后果区内的管段是实施风险评价和完整性评价的重点管段。通过对高后果区的分析，明确造成管道高后果区的原因、可能的影响区域和可能的后果，实现对这些区段的有针对性的管道完整性管理，以达到减少或者不发生管道运营过程对员工、社会公众、用户或环境产生不利影响的目标。管道线路高后果识别率应达到100%。

1) 地区等级

地区等级是指沿线居民户数和(或)建筑物的密集程度等划分的等级。地区等级划分方法按照《输气管道工程设计规范》(GB 50251—2015)最新版本划分，沿管道中心线两侧各200m范围内，任意划分成长度为2km并能包括最大聚居户数的若干地段，按划定地段内的户数划分为4个等级。在乡村人口聚集的村庄、大院、住宅楼，应以每一独立户作为一个供人居住的建筑物计算。如图10.7所示。

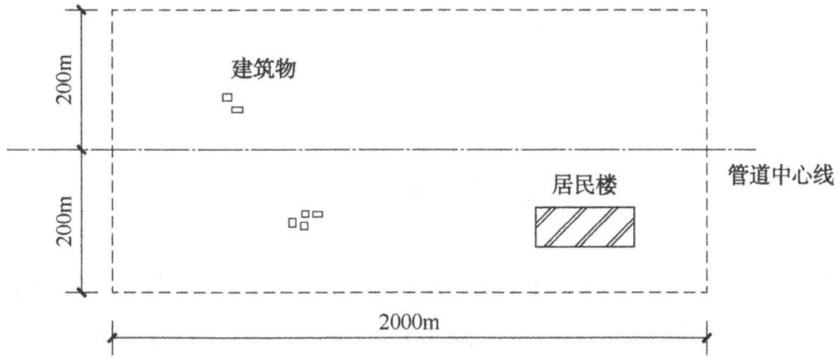

图10.7 管道地区等级划分示意图

(1) 一级一类地区：不经常有人活动及无永久性人员居住的区段。

(2) 一级二类地区：户数在 15 户或以下的区段。

(3) 二级地区：户数在 15 户以上、100 户以下的区段。

(4) 三级地区：户数在 100 户或以上的区段，包括市郊居住区、商业区、工业区、发展区以及不够四级地区条件的人口稠密区。

(5) 四级地区：系指四层及四层以上楼房(不计地下室层数)普遍集中、交通频繁、地下设施多的区段。

当划分地区等级边界线时，边界线距最近一幢建筑物外边缘应不小于 200m；在一、二级地区内的学校、医院以及其他公共场所等人群聚集的地方，应按三级地区选取设计系数；当一个地区的发展规划足以改变该地区的现有等级时，应按发展规划划分地区等级。

2) 高后果区识别准则

管道经过区域符合表 10.1 输气管道高后果区管段识别分级表识别项中任何一条的为高后果区。

表 10.1 输气管道高后果区管段识别分级表

序号	识别项	分级
1	管道经过的四级地区，地区等级按照《输气管道工程设计规范》(GB 50251—2015)中最新版本相关规定执行	Ⅲ级
2	管道经过的三级地区	Ⅱ级
3	除三级、四级地区外，管道两侧各 200m 内有加油站、油库等易燃易爆场所	Ⅱ级
4	如管径大于 762mm，并且最大允许操作压力大于 6.9MPa，其天然气管道潜在影响区域内有特定场所的区域，潜在影响半径按照式(10-1)计算	Ⅱ级
5	如管径小于 273mm，并且最大允许操作压力小于 1.6MPa，其天然气管道潜在影响区域内有特定场所的区域，潜在影响半径按照式(10-1)计算	Ⅰ级
6	其他管道两侧各 200m 内有特定场所的区域	Ⅱ级
7	根据 GB 50251《输气管道工程设计规范》最新版本要求管道强度设计系数应依据管道经过的地区等级确定，在管道中心线两侧各 200m 范围(不含 5m 范围)内由于居民数或建筑物增加而导致原地区等级升级，导致管道强度设计系数不满足地区等级要求的	Ⅰ级

潜在影响半径公式：

$$r=0.099\sqrt{pd^2} \tag{10-1}$$

式中，d 为管道外径，mm；p 为管段最大允许操作压力(MAOP)，MPa；r 为潜在影响半径，m。

表 10.1 中高后果区分为 3 级，Ⅰ级表示最小的严重程度，Ⅲ级表示最大的严重程度。识别高后果区时，高后果区边界设定为距离最近一幢建筑物外边缘 200m。

特定场所，除三级、四级地区外，由于管道泄漏可能造成人员伤亡的潜在影响区域，包括学校、医院、幼儿园、养老院、车站、劳动密集型工厂、娱乐场所、监狱、商场等人群难以疏散的建筑区域；在 1 年之内至少有 50 天(时间计算不需连贯)聚集 30 人或更多人的区域。例如集贸市场、寺庙、运动场、广场、娱乐休闲地、剧院、露营地等。

3）高后果区管理

(1) 根据确定的高后果区，分析每一区段的管理现状，包括检测历史、管道属性、周边环境、气体可能的扩散区域，制定相应的完整性管理措施(检测、监测、完整性评价等)，确定组织处理泄漏事件的对策和责任，提出初步针对性管理意见。

(2) 当完成基线评估后，应执行高后果区管段的风险评价。风险评价应能提出明确的保护和减缓措施来保护高后果区管段的安全运行。应评估高后果区管段安装紧急截断阀门、泄漏检测系统和制定相关应急预案的必要性。

(3) 落实应急预案并加强企地应急演练。针对重要高后果区分区(段)编制“一区一案”，内容应包含但不限于一区三图(影响图、行政图、示意图)、高后果区的具体位置、级别、编号、长度、设计压力等。

(4) 对已确定的高后果区，应定期复核识别。识别时间间隔最长不超过12个月。当管道及周边环境发生变化，及时进行高后果区更新。

10.2.4 风险评价

10.2.4.1 风险评价定义及分类

风险评价又称安全评价，它是以实现工程或系统安全为目的，应用安全系统工程原理和方法，对系统中存在的危险、有害因素进行辨识与分析，判断系统发生事故和职业危害的可能性及其严重程度，从而为制定防范措施和管理决策提供科学依据。风险评价是安全预评价、安全验收评价、安全现状评价、安全专项评价的有力工具。

风险评价是指识别对管道运行产生不利影响的风险因素，评价事故发生的可能性和后果，综合得出风险大小，并提出相应风险措施的分析过程。风险评价的目的是组织数据和信息，帮助管道企业优先考虑和策划，确定采取何种检测、预防或减缓措施以及采取措施的时间。管道风险识别是风险评价的基础工作，要点是及时性、准确性及全面性。

管道风险评价方法按风险评价结果的量化程度可以分为定性风险评价、半定量风险评价及定量风险评价。定性方法评价结果一般为风险等级或其他定性描述的结果；半定量方法一般是指标体系法，结果为一相对数值，用其高低来表示风险的高低，无量纲；定量方法的结果一般也是数值，也用其大小来表示风险的高低，但此数值有实际意义，有量纲。常用的管道风险评价方法见表10.2。

表10.2 常见管道风险评价方法

方法名称	方法类别	主要用途
专家经验判断	定性方法	具体风险点的风险判断
风险矩阵图	定性方法、半定量方法	风险分级、风险结果展示
安全检查表	定性方法、半定量方法	合规性审查
肯特打分法	半定量方法	系统的风险评价
事件树分析	定性方法、定量方法	失效后果分析
故障树分析	定性方法、定量方法	管道风险因素识别、失效可能性分析

续表

方法名称	方法类别	主要用途
概率风险评价	定量方法	系统风险评价
数值模拟	定量方法	失效后果分析
量化风险评价	定量方法	失效后果分析、优化平面布局、确定安全距离

10.2.4.2 肯特打分法

1992年，W Kent Muhlbauer撰写了《管道风险管理手册》，通常将此书中记录的方法简称为肯特打分法、肯特评分法等。肯特打分法与其他方法相比优点突出，比较完整和系统，简单易懂，易操作实施，在国际国内的管道风险评价中都广泛应用。

肯特打分法的原理是在求取长输管道各分段相对风险指数大小的基础上，确定各段管道的风险程度，相对风险数越大，管道的风险越小，管道越安全。相对风险数是在分析各段管道的独立影响因素后，求取指数和，再分析介质的危险性和影响系数，求取泄漏影响系数，最后求取指数和与泄漏影响系数的比，得出相对风险数的大小。将管道风险值进行排序后，可以找出高风险段，分析风险致因，提出针对性的风险减缓措施，指导风险管控与日常管道管理。其计算模型如图10.8所示。

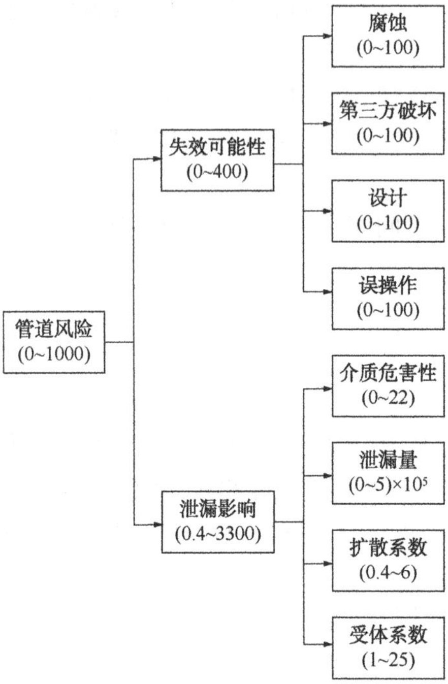

图10.8 肯特法风险评价框图

肯特法风险评价的基本模型相对风险数=(指数和)/(泄漏影响系数)=[(第三方指数)+(腐蚀指数)+(设计指数)+(误操作指数)]/(泄漏影响系数)

10.2.4.3 风险矩阵

管道风险矩阵(Risk Matrix)是一种有效的风险可视化的工具，风险矩阵法是一种能够把危险发生的可能性和伤害的严重程度综合评估风险大小的定性的风险评估分析方法。风险矩阵法常用一个二维的表格对风险进行半定性的分析，其优点是操作简便快捷。风险矩阵图是风险矩阵法使用过程中所参照的图表。风险矩阵法主要用于风险评估领域，可以快速得出风险等级，也可与半定量和定量风险评价方法相结合。

管道风险矩阵应包括管道失效可能性、失效后果和风险的分级标准。失效可能性分级由表10.3确定。失效后果由表10.4确定，分析过程中分别考虑人员安全、财产损失、环境污染和停输影响等。风险分级见表10.5，各风险等级的涵义见表10.6。

表10.3 失效可能性等级

失效可能性分级	描述	等级
高	企业内曾每年发生多次类似失效，或预计1年内发生失效	5
较高	企业内曾每年发生类似失效，或预计1~3年内发生失效	4

续表

失效可能性分级	描述	等级
中	企业内曾发生过类似失效，或预计3~5年内发生失效	3
较低	行业中发生过类似失效，或预计5~10年内发生失效	2
低	行业中没有发生类似失效，或预计超过10年后发生失效	1

表10.4 失效后果等级

后果分类	后果描述				
	A	B	C	D	E
人员伤亡	无或轻伤	重伤	死亡人数1~2	死亡人数3~9	死亡人数≥10
经济损失	<10万元	10万~100万元	100万~1000万元	1000万~1亿元	>1亿元
环境污染	无影响	轻微影响	区域影响	重大影响	大规模影响
停输影响	无影响	对生产重大影响	对上/下游公司重大影响	国内影响	国内重大或国际影响

表10.5 风险矩阵

失效后果	失效可能性				
	1	2	3	4	5
E	Ⅲ	Ⅲ	Ⅳ	Ⅳ	Ⅳ
D	Ⅱ	Ⅱ	Ⅲ	Ⅲ	Ⅳ
C	Ⅱ	Ⅱ	Ⅱ	Ⅲ	Ⅲ
B	Ⅰ	Ⅰ	Ⅰ	Ⅱ	Ⅲ
A	Ⅰ	Ⅰ	Ⅰ	Ⅱ	Ⅲ

表10.6 风险等级

类别	描述
低(Ⅰ)	风险水平可以接受，当前应对措施有效，可不采取额外技术、管理方面的预防措施
中(Ⅱ)	风险水平可以接受，但应保持关注
较高(Ⅲ)	风险水平不可接受，应在限定时间内采取有效应对措施降低风险
高(Ⅳ)	风险水平不可接受，应尽快采取有效应对措施降低风险

10.2.4.4 半定量风险评价

半定量风险评价是采用一个相对数值来表示管道失效的可能性与后果大小的风险评价方法，是应用最广泛的风险评价法。半定量风险评价方法适用于数据基础较好的情况，常用于对管道进行安全预评价、风险评价、全面评价、专业化评价。

《油气输送管道完整性管理规范》(GB 32167—2015)规定可以使用两种标准进行半定量风险评价，一是《埋地钢质管道风险评估方法》(GB/T 27512—2011)，该标准规定了埋地钢质管道可行性论证阶段、设计审查阶段、竣工交付阶段和在用阶段等不同阶段的风险评价方法，其风险值的计算使用失效可能性与失效后果的乘积来表示。二是《油气管道风险评价方

法　第1部分：半定量评价法》(SY/T 6891.1—2012)，对每个管道计算失效可能性分值和失效后果分值，并按以下公式进行相对风险值计算：

风险值=(第三方损坏分值+腐蚀分值+制造与施工缺陷分值+误操作分值+地质灾害分值)/后果分值。

其中失效可能性指标总分500分，包括：第三方损坏分值100分，腐蚀分值100分，制造与施工缺陷分值100分，误操作分值100分，地质灾害分值100分。

第三方损坏得分=埋深+巡线+公众宣传+管道通行带与标识+打孔盗油(气)+管道上方活动水平+管道定位与开挖响应+管道地面设施+公众保护态度+政府态度。

腐蚀得分=100-[100-(介质腐蚀性+内腐蚀防护+土壤腐蚀性+阴极保护电位+阴保电位检测+恒电位仪+杂散电流干扰+防腐层质量+防腐层检漏+保护工人员+保护工培训+外检测+阴保电流)]×管道内检测修正系数。

制造与施工缺陷得分=100-[100-(运行安全裕量+设计系数+疲劳+水击危害+压力试验系数+轴向焊缝缺陷+环向焊缝缺陷+管体缺陷修复)]×管道内检测修正系数。

误操作得分=危害识别+达到MAOP的可能性+安全保护系统+规程与作业指导+SCADA通信与控制+健康检查+员工培训+数据与资料管理+维护计划执行+机械失误的防护。

地质灾害得分=min[已识别灾害点(地形地貌+降雨敏感性+土体类型+管道敷设方式+人类工程活动+管道保护状况)]。

各公式中的每一项的分值可以参考SY/T 6891.1—2012附录A进行选取。其中：min是从各选项中找出最小值。一般使用专门的风险评价软件(例如RiskScoreTP)进行，如图10.9所示。最后得出一张与管道长度相关的风险曲线图，如图10.10所示。

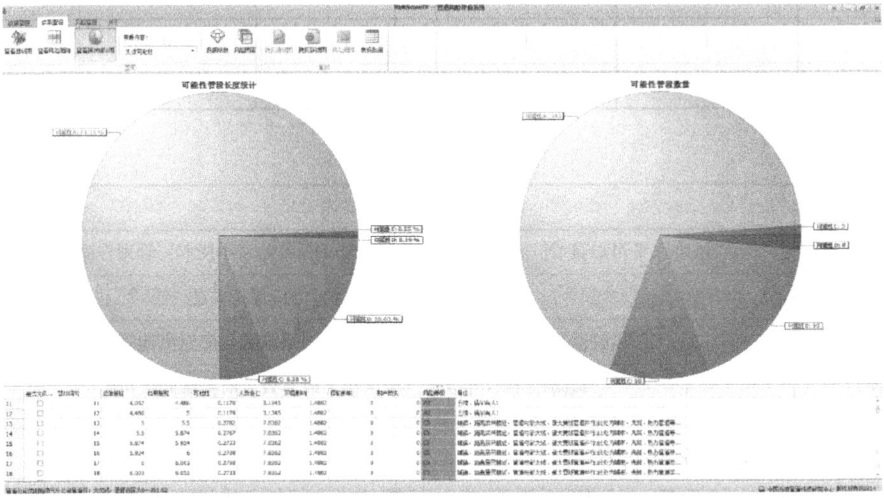

图10.9　风险评价软件示意图

10.2.4.5　定量风险评价

定量风险评价是在统计数据的基础上对事故(风险)的可能性和后果进行量化分析的风险评价方法。定量评价方法通常比较复杂，采用大量计算公式和经验模型，需要较多数据，适用于数据基础较好并有大量失效统计数据的情况，常用于对重点管段和特殊地段的风险评价，也可用于不同管道之间的风险对比。地质灾害、大型穿跨越和管道本体中的管道在线内

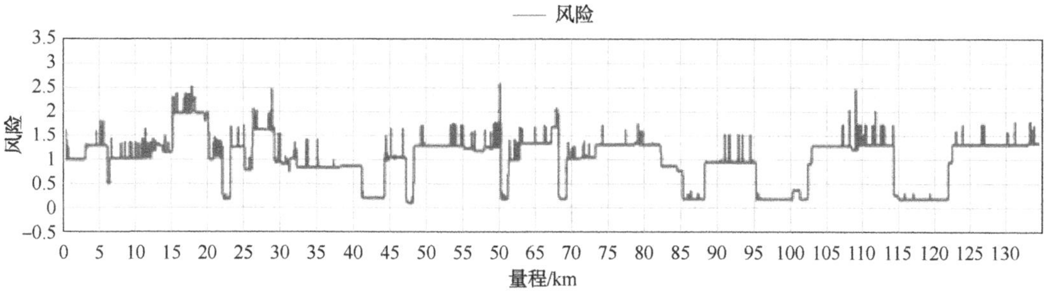

图 10.10 风险评价曲线示意图

检测应采用定量风险评价。

定量风险评价可参考《油气管道风险评价方法 第 2 部分：定量评价法》(SY/T 6891.2—2020)。

【例题 10-1】 某天然气管道，运行已有二十余年，请按 SY/T 6891.1—2012 对该段管道的相对风险进行评估。

已知：该段管道规格为 ϕ508×(7.9~10.3)mm，材质为 L390 螺旋缝埋弧焊钢管，防腐层为环氧粉末防腐。管道沿国道 G309 敷设，设有强制电流阴极保护，设计压力为 6.4MPa，该段长 5.0km，埋深 1200mm，经检测知实际最小壁厚为 6.58mm。缺陷位于 46#桩西 435m 处，发现后及时进行了修复。但其中 100m 为浅埋，埋深 800mm，管道投产于 2002 年 6 月。管道缺陷处前后有 1.6km 经过人口稠密地区，对沿线居民定期进行“管道保护法”的教育，沿管道有专人巡线，每天一次，42#桩附近有一个干线截断阀室，距公路 200m 处有明显标志，操作人员均经过培训，其他有关情况在各项评估时再行收集。

为便于分析对比，将 5.0km 分成两段，前 2.5km 为第 1 段，描述为Ⅰ，后 2.5km 为第 2 段，描述为Ⅱ。

1) 关于“第三方破坏”的评定

(1) 最小埋深：

Ⅰ段：最小埋深评分 = 13.1×最小埋深量 = 13.1×1.2 = 15.72 分，取 16 分。

Ⅱ段：最小埋深评分 = 13.1×0.8 = 10.48 分，取 10 分。

(2) 巡线：巡线得分为频率得分与巡线效果得分之积。巡线频率按每日巡查，取 15 分；巡线效果取中间 0.5 分。因此Ⅰ、Ⅱ段巡线得分 15×0.5 = 7.5 分。

(3) 公众宣传：根据实施效果评分。Ⅰ、Ⅱ段定期公众宣传取 2 分。

(4) 管道通行带与标识：根据管道标志是否清楚以便第三方能明确知道管道的具体位置评分。Ⅰ、Ⅱ段管道走向标识清楚，取优，5 分。

(5) 打孔盗气：根据历史情况、当地治安状况评分，Ⅰ、Ⅱ段发生打孔盗气可能性低，取 15 分。

(6) 管道上方活动水平：根据管道周围或上方开挖施工活动的频繁程度评分。Ⅰ段低水平活动，取 12 分；Ⅱ段中等水平活动，取 8 分。

(7) 管道定位与开挖响应：根据管道信息化程度评分。Ⅰ、Ⅱ段管道能准确定位取 3 分，有经证实的有效记录得 2 分，合计为 5 分。

(8) 管道地面设施：按管道有无地面设施评分，Ⅰ段有截断阀室，有效防护取 5 分；Ⅱ

段无地面设施，取 8 分。

(9) 公众保护态度：根据管道沿线公众对管道的保护态度。Ⅰ、Ⅱ段较一般，取 2 分。

(10) 政府态度：根据沿线政府机关积极配合打击盗气工作的积极性评分。Ⅰ、Ⅱ段均积极配合，依法保护，取 5 分。

综合以上 10 个方面，第三方破坏评分为：

Ⅰ段：16+7.5+2+5+15+12+5+5+2+5=74.5；

Ⅱ段：10+7.5+2+5+15+8+5+8+2+5=67.5。

2) 关于“腐蚀原因”的评定

(1) 介质腐蚀性：根据输送介质评分，输送介质为天然气，介质无腐蚀性。Ⅰ、Ⅱ段均取 12 分。

(2) 内腐蚀防护：根据内涂层等评分，Ⅰ、Ⅱ段上游输气站有气质分离处理措施，取 4 分，清管取 2.5 分，合计 6.5 分。

(3) 土壤腐蚀性：根据土壤电阻率评分，实测土壤Ⅰ段为 35Ω，Ⅱ段为 38Ω，取 8 分。

(4) 阴极保护电位：根据阴保电位评分。Ⅰ、Ⅱ段实测电位均在-0.8~-1.2V 之内，取 8 分。

(5) 阴保电位测试：据电位测试频率评分。Ⅰ、Ⅱ段均一月进行一次，取 4 分。

(6) 恒电位仪：根据恒电位仪运行情况评分。管段上游阴保站运行正常，Ⅰ、Ⅱ段取 5 分。

(7) 杂散电流干扰：根据杂散电流干扰评分。Ⅰ段无直流干扰取 10 分；Ⅱ段直流干扰未防护，取 0 分。

(8) 防腐层质量：根据防腐层质量经验判定。Ⅰ、Ⅱ段为环氧粉末防腐层，防腐层质量一般，取 10 分。

(9) 防腐层检漏：根据防腐层检漏情况评定。管道运行前期未检漏，Ⅰ、Ⅱ段没有按期进行检漏取 2 分。

(10) 保护工人员：根据人员多少评分。Ⅰ、Ⅱ段保护工人员充足，取 3 分。

(11) 保护工培训：根据培训次数评分。Ⅰ、Ⅱ段保护工培训按每年一次，取 2 分。

(12) 外检测：根据系统的外检测情况，Ⅰ、Ⅱ段外检测距今小于 5 年，取 10 分。

(13) 阴保电流：根据防腐层类型和电流密度评分。Ⅰ、Ⅱ段非 3PE 防腐层，取 3 分。

(14) 管道内检测修正系数：根据管道内检测精度评分。Ⅰ、Ⅱ段 2012 年内检测，精度为标清，距评价时间大于 8 年，取 100%。

由以上分析得到腐蚀评分：

Ⅰ段腐蚀得分：100-[100-(12+6.5+8+8+4+5+10+10+2+3+2+10+3)]×100%=83.5。

Ⅱ段腐蚀得分：100-[100-(12+6.5+8+8+4+5+0+10+2+3+2+10+3)]×100%=73.5。

3) 关于“制造与施工缺陷”的评定

(1) 运行安全裕量：根据公式：运行安全裕量评分=(设计压力/最大运行压力-1)×30 计算，查阅资料，该段管线最大正常运行压力 4.8MPa，Ⅰ、Ⅱ段安全裕量评分=(6.4/4.8-1)×30=10 分。

(2) 设计系数：根据与地区等级对应的管道设计系数，按二级地区设计，Ⅰ、Ⅱ段取 8 分。

（3）疲劳因素：据调查，每年冬季供气高峰压力提升，压力波动次数较小，Ⅰ、Ⅱ段取8分。

（4）水击危害：据了解，该管道无水击危害，Ⅰ、Ⅱ段取10分。

（5）压力试验系数

根据水压试压与设计压力的比值评分。据调查该管道水压试验压力为8MPa，Ⅰ、Ⅱ段取8.5/6.4=1.32取3分。

（6）轴向焊缝缺陷：根据管道内检测结果进行评分。Ⅰ、Ⅱ段管线无轴向焊缝缺陷，取20分。

（7）环焊缝缺陷：根据管道内检测结果进行评分。Ⅰ、Ⅱ段管线无环焊缝缺陷，取20分。

（8）管体缺陷修复：根据缺陷修复情况评分。Ⅰ段不需要修复得10分，Ⅱ段及时修复，得10分。

（9）管道内检测修正系数：根据管道内检测精度评分。Ⅰ、Ⅱ段2012年内检测，精度为标清，距评价时间大于8年，取100%。

由以上分析得到制造与施工缺陷评分：

Ⅰ、Ⅱ段制造与施工缺陷得分：100-[100-(10+8+8+10+3+20+20+10)]×100%=89。

4）关于"误操作"的评定

（1）危害识别：根据站队的危险源辨识等风险管理情况评分。Ⅰ、Ⅱ段风险管理为一般，取3分。

（2）达到最大许用操作压力(MAOP)的可能性：根据管道运行过程，由于上游气源压力和输气站设备安全切断的情况，Ⅰ、Ⅱ段运行压力不可能达到MAOP，取15分。

（3）安全保护系统：根据安全保护系统设置评分。管道配有SCADA系统，可以实现远程检测或超压报警，Ⅰ、Ⅱ段取5分。

（4）规程与作业指导：根据操作规程、作业指导书及执行情况评分。Ⅰ、Ⅱ段操作受控，取15分。

（5）SCADA通信与控制：根据现场与调控中心间的沟通核对工作方式评分。Ⅰ、Ⅱ段有沟通核对，取5分。

（6）健康检查：根据职工健康体检进行评分。Ⅰ、Ⅱ段职工有健康检查，取2分。

（7）员工培训：根据员工培训科目进行多选评分。Ⅰ、Ⅱ段职工培训科目齐全，定期再培训，有测验考核，并进行应急演练。取9分。

（8）数据和资料管理：根据保存管道和设备设施资料数据管理评分。Ⅰ、Ⅱ段有，但不完善，取7分。

（9）维护计划执行：根据维护计划执行好坏评分。Ⅰ、Ⅱ段执行较好，取8分。

（10）机械失误的防护：根据联锁保护等多项选择评分。Ⅰ段管道阀室操作有旁通阀，干线阀门操作有醒目标志，取10分。Ⅱ段管道无机械操作，无失误可能性，取15分。

由以上分析得到误操作评分：

Ⅰ段误操作得分：3+15+5+15+5+2+9+7+8+10=79。

Ⅱ段误操作得分：3+15+5+15+5+2+9+7+8+15=84。

5）关于“地质灾害”的评定

（1）已识别的灾害点：已识别灾害点评分=易发性×管道失效可能性×治理情况。Ⅰ段、Ⅱ段潜在发生地质灾害的可能性低，灾害发生后造成管道泄漏的可能性低，没有必要治理，取100分。

（2）地形地貌：根据管道敷设地形地貌特征评分，Ⅰ段、Ⅱ段在平原敷设。取25分。

（3）降雨敏感性：根据降水导致地质灾害的可能性评分。Ⅰ段、Ⅱ段可能性低，取10分。

（4）土体类型：根据管道敷设土体评分，Ⅰ段、Ⅱ段有薄覆盖层，土层厚度小于2m，取12分。

（5）管道敷设方式：根据管道敷设方式评分。Ⅰ段、Ⅱ段无特殊敷设，取25分。

（6）人类工程活动：根据人类工程对地质灾害的诱发性评分。Ⅰ段为农田，取12分，Ⅱ段人口稠密区，存在取土、工程建设情况，取8分。

（7）管道保护状况：根据有无硬覆盖、稳管等保护措施评分。Ⅰ段、Ⅱ段有土壤覆盖，取5分。

由以上分析得到地质灾害评分：

Ⅰ段地质灾害得分：25+10+12+25+12+5=89。

Ⅱ段地质灾害得分：25+10+12+25+8+5=85。

综上可求出失效可能指标：

Ⅰ段失效可能指标 $P_1=74.5+83.5+89+79+89=415$。

Ⅱ段失效可能指标 $P_2=67.5+73.5+89+84+85=399$。

6）关于“后果指标”的评定

（1）介质危害性：介质危害性得分为介质危害得分与介质危害修正得分之和。Ⅰ段、Ⅱ段介质为天然气，介质危害取9分；输气管道内压大于3.5MPa且小于13MPa，取介质危害修正为1分。介质危害性为 $c_1=9+1=10$ 分。

（2）影响对象：输气管道影响对象为人口密度与其他影响之和。

Ⅰ段的人口密度为零星住户，取人口密度得分为3分；其他影响因沿国道敷设，取1.5分，影响对象得分为 $c_2=3+1.5=4.5$ 分。

Ⅱ段的人口密度为特定场所，取人口密度得分为6分；其他影响因沿国道敷设，取1.5分，影响对象得分为 $c_2=6+1.5=7.5$ 分。

（3）泄漏扩散影响系数。首先计算泄漏分值 X：

$$X=\sqrt{d^2 \cdot p} \cdot MW \times 0.474$$

式中，X 为气体泄漏分值；d 为管径，mm；p 为运行压力，MPa；MW 为气体相对分子质量。

根据现场调查，天然气相对分子质量为17.39，运行压力为4.8MPa，管径508mm，代入上式求得Ⅰ段、Ⅱ段气体泄漏分值为9174。

根据泄漏扩散影响系数评分表通过插值法查得泄漏扩散影响系数为 $c_3=3.78$。

后果指标可以通过下式求得：

$$C=c_1 \cdot c_2 \cdot c_3$$

Ⅰ段后果指标为：$C_1=10\times4.5\times3.78=170.1$。

Ⅱ段后果指标为：$C_2=10\times7.5\times3.78=283.5$。

7）风险值计算结果

Ⅰ段风险值：$R_1=P_1/C_1=415/170.1=2.440$。

Ⅱ段风险值：$R_2=P_2/C_2=399/283.5=1.407$。

根据SY/T 6891.1标准管段分级标准，Ⅱ段符合 $P<409$ 且 $C>134$ 的范围，定为高风险管段，需要对高风险管段采取风险减缓措施。

10.2.5 完整性评价

10.2.5.1 完整性评价方式

完整性评价：是指采取适用的检测或测试技术，获取管道本体状况信息，结合材料与结构可靠性等分析，对管道的安全状态进行全面评价，从而确定管道适用性的过程。常用的完整性评价方法有基于管道内检测数据的适用性评价、压力试验和直接评价等。

1）内检测

内检测是借助于流体压差使检测器在管内运动，检测管道缺陷(内外壁腐蚀、损伤、变形、裂纹等)、管道中心线位置和管道结构特征(焊缝、三通、弯头等)的方法。

内检测一般由专业队伍实施，管道企业需进行内检测准备工作，主要包括线路测量及定标，收发球筒、弯头条件确认，管道干线历史资料调查，确认检测器满足通过要求。

内检测方法包括：变形内检测、漏磁内检测、超声内检测、惯性测绘内检测及其他内检测方法。在检测之前需对管道进行多次泡沫清管、测径清管、钢刷清管、重磁清管，确保符合内检测的条件。

2）压力试验

压力试验是通过对管道局部或整体进行分阶段提高压力来检验管道的强度和严密性的方法。压力试验是风险最大的完整性评价方法，特别是用气体(空气或输送介质)试验时存在因高压气体的膨胀性导致管道裂纹扩展造成管道撕裂的风险。对于已建管道，压力试验一般在换管、升压运行，输送介质发生改变、封存管道启用等情况下选用。压力试验最好选用洁净的水作为试压介质。

3）直接评价

直接评价方法主要有外腐蚀直接评价、内腐蚀直接评价、应力腐蚀裂纹直接评价，均可参考相关标准执行。直接评价一般在以下情况下选用：

(1) 不具备内检测或压力试验实施条件的管道。

(2) 不能确认是否能够实施压力试验或内检测的管道。

(3) 使用其他方法评价需要昂贵改造费用的管道。

(4) 确认直接评价更有效，能够取代内检测或压力试验的管道。

需要注意的是：新建管道投产3年内完成首次完整性评价，运营期管道应每年开展年度检查。完整性评价周期应严格遵照《油气输送管道完整性管理规范》(GB 32167—2015)确定。存在下列情况之一的，可根据评价情况适当缩短评价周期：1年以内多次发生泄漏事故或受自然灾害、第三方破坏严重的；发现严重腐蚀的；运行工况或输送介质发生重大变化；可能影响管道本体安全的。

10.2.5.2 完整性适用性评价

内检测、压力试验以及直接评价检测出众多缺陷，是否能继续使用，需要对这些缺陷进行合理使用评估。适用性评价是指对含缺陷或损伤的在役构件结构完整性的定量评价过程。适用性评价内容主要包括：评价数据收集、缺陷数据统计与致因分析、评价方法选择、剩余强度评价、剩余寿命预测与再评价周期、措施与建议等。主要依据标准有：

《在用含缺陷压力容器安全评定》(GB/T 19624—2019)

《钢质管道金属损失缺陷评价方法》(SY/T 6151—2022)

《含缺陷油气输送管道剩余强度评价方法》(SY/T 6477—2014)

《腐蚀管道评估推荐做法》(SY/T 10048—2016)

《钢质油气管道凹陷评价方法》(SY/T 6996—2014)

1) 金属损失剩余强度评价

依据金属损失的长度和深度数据，使用SY/T 6151—2022对金属损失进行剩余强度评价及剩余寿命预测。

(1) 预估维修比(*ERF*)。

为了判断金属损失经剩余强度评价后是否需要立即维修及缺陷的严重程度，引入预估维修比概念。预估维修比(*ERF*, Estimated Repair Factor)是管道最大允许操作压力(*MAOP*)与缺陷处安全操作压力(P_s)的比值。当*ERF*值大于1时，表示缺陷处的安全操作压力小于最大允许操作压力(*MAOP*)，不能满足最大允许操作压力的运行要求，需要立即维修；反之，当缺陷处的*ERF*小于或等于1时，表示缺陷处的安全操作压力大于或等于*MAOP*，能够满足*MAOP*的运行要求，不需要立即维修。

*ERF*的计算公式如下：

$$ERF = MAOP/P_s \tag{10-2}$$

式中，*ERF*为预估维修比；*MAOP*为管道最大允许操作压力或评价压力；P_s为利用评价方法计算得到的缺陷处的安全操作压力。

通常使用*ERF*曲线图来描述缺陷尺寸与压力之间的关系。在*ERF*曲线图中，横坐标描述的是缺陷的长度，纵坐标描述的是缺陷的深度；线上任意一点所对应的缺陷，在其长度和深度下，缺陷的P_s等于最大允许操作压力，即曲线上任意一点的缺陷尺寸稍有增长就不能满足最大允许操作压力下的要求了。因此当金属损失位于*ERF*曲线上方时，表示该缺陷当前尺寸是不可接受的，需要立即维修；位于下方时，表示是可接受的，考虑计划维修或进行监控处理。

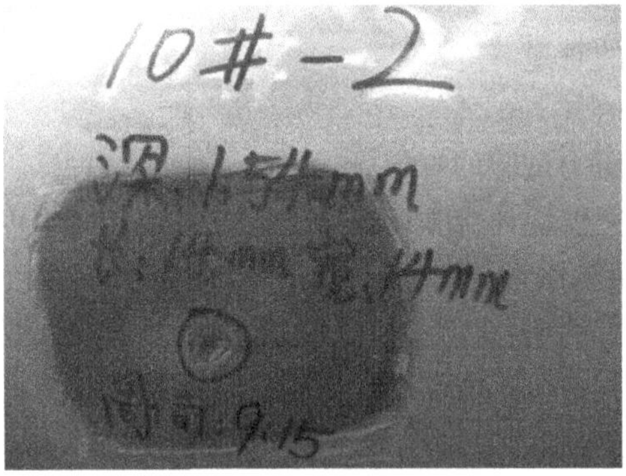

图10.11 缺陷示意图

【例题10-2】 *ERF*简易计算

某天然气长输管道全长131.2km，设计压力6.4MPa，管道规格ϕ508mm×7.9mm，材质L390，螺旋焊缝管，环氧粉末防腐层外加强制电流阴极保护。某年完成内检测之后，经开挖验证测量，某处外部腐蚀体积型缺陷尺寸为：缺陷深度1.54mm、长度14mm、宽度14mm(图10.11)；实测该处管道壁厚为7.7mm。

根据《石油天然工业管线输送系统用钢管》(GB/T 9711—2017)中对L390钢管的要求值，σ_s

最小值取 410MPa。为安全起见，取屈服强度 $SMYS$ 的最小值 386MPa 进行评价。

① 已知：管道外径 $D=508$mm；管道壁厚 $t=7.7$mm；缺陷深度 $d=1.54$mm；缺陷轴向长度 $L=14$mm。

② 求几何系数 z。

$$z=\frac{L^2}{Dt}=\frac{14^2}{508\times 7.7}=0.05$$

③ 求鼓胀因子。

因 $z=0.05<50$，选 M 计算公式为：

$$M=\sqrt{1+0.6275z-0.003375z^2}=1.0156$$

④ 求流变应力 S。

对于管材等级不大于 L485 时：

$$S=SMYS+69=386+69=455(\text{MPa})$$

⑤ 求轴向管道爆破压力 p_f。

$$p_f=\frac{2t}{D}\cdot S\cdot\frac{1-0.85\dfrac{d}{t}}{1-0.85\dfrac{d}{t}\left(\dfrac{1}{M}\right)}$$

$$p_f=\frac{2\times 7.7}{508}\times 455\times\frac{1-0.85\times\dfrac{1.54}{7.7}}{1-0.85\times\dfrac{1.54}{7.7}\times\left(\dfrac{1}{1.0156}\right)}=13.75$$

⑥ 求含缺陷管道最大安全操作压力，取安全系统 $SF=1.39$。

$$p_s=\frac{p_f}{SF}=\frac{13.75}{1.39}=9.892$$

⑦ 求 ERF。

$$ERF=\frac{MAOP}{p_s}=\frac{6.0}{9.892}=0.606$$

(2) 压力图。

压力图描述的是每一个金属损失处的安全操作压力与最大允许操作压力及设计压力之间的关系，能够一目了然地显示金属损失在不同压力下的安全程度。

如果金属损失位于压力线上方，说明金属损失处的安全操作压力大于该压力线所描述的压力，则在该压力下是安全的，不需要立即维修；如果金属损失位于压力线下方，说明该金属损失处的安全操作压力小于该压力线所描述的压力，则在该压力下是不安全的，需要立即维修。

2）变形评价

(1) 凹陷评价。

根据标准 SY/T 6996—2014 规定，基于凹陷深度，下列凹陷应维修：

① 弯折凹陷；

② 含有划痕、裂纹、电弧灼伤或焊缝缺陷的凹陷；

③ 在焊缝上且深度大于 2%管道直径的凹陷；

④ 含有腐蚀且腐蚀深度大于 40%管道壁厚的凹陷；

⑤ 含有腐蚀且腐蚀深度为 10%～40%管道壁厚，按 SY/T 6151—2022 评价需要修复的凹陷；

⑥ 深度大于 6%管道直径的凹陷。

凹陷在管道中所处位置及深度的不同，对管道产生的危害和严重程度也不同。管道顶部的凹陷可能由于施工建设时机械碰撞或管道运营后的第三方活动造成，外力产生的凹陷可能含有机械划伤、沟槽等其他金属损失，金属损失会造成管道局部应力集中，导致管道失效。管道底部凹陷可能是由于管道底部岩石挤压造成，管道底部的凹陷也会随着管道的沉降而加重。

(2) 椭圆度评价。

根据加拿大标准协会提供的《油气管道系统》(CSA Z662—2015)标准中对椭圆度变形的规定，不超过 5%*OD* 的椭圆度变形是可以接受的。

(3) 斜接角评价。

依据《油气长输管道工程施工及验收规范》(GB 50369—2014)的相关规定，角度小于等于 3°的斜接角是可以接受的。对于大于 3°的斜接角，依据《含缺陷油气管道剩余强度评价方法》(SY/T 6477—2017)进行剩余强度评价。

3) 环焊缝异常评价

对具有量化尺寸的环焊缝异常，可依据 SY/T 6477—2017 或其他方法评价焊缝异常对管道安全的影响。

10.2.5.3 管道腐蚀速率预测

由于漏磁检测技术的局限性，数据分析时不能准确地区分金属损失的类型，检测数据报告中的金属损失可能为与时间相关的腐蚀缺陷，腐蚀会随着时间的增长而继续生长，影响管道将来的完整性。

目前金属损失增长速率普遍使用的方法是对比两次(或多次)检测数据，依据数据对比结果确定。对于只进行过一次内检测的管道，经验做法是假设管道投产的起始时间为腐蚀开始生长的初始时间，并使用全寿命或半寿命的方法来计算金属损失的生长速率。

1) 全寿命腐蚀速率计算

全寿命腐蚀速率应用式(10-3)计算。

$$V_c=\frac{d_2-d_1}{T_2-T_1} \tag{10-3}$$

式中，V_c为腐蚀增长速率，mm/a；d_2为最近一次检测的腐蚀深度，mm；d_1为上一次检测的腐蚀深度，mm；T_2为最近一次检测的时间，a；T_1为上一次检测的时间，如果没有，表示管道投产时间，a。

2) 半寿命腐蚀速率计算

半寿命腐蚀增长速率应用式(10-4)计算：

$$V_c=\frac{d_2-d_1}{(T_2-T_1)/2} \tag{10-4}$$

从全寿命和半寿命腐蚀增长率计算公式可以看出，半寿命计算方法更为保守，当腐蚀比较严重时，采用半寿命评估方式比较安全。

10.2.6 风险消减与维护维修

管道企业应根据风险评价和完整性评价结果，制定风险消减与维修维护计划，以及各项保障措施。风险消减与维修维护包括维护类(自然灾害风险评价、完整系统平台维护、完整性体系建设、高后果区识别等)、维修类(占压治理、较高以上自然灾害点治理、管线改线、缺陷修复等)措施。

(1) 在对所辖管道进行风险识别与评价基础上，管道企业应采取人防、物防、技防三方面相应安防措施。

(2) 管道企业应及时掌握管道沿线第三方施工信息，应对第三方施工现场划定施工警戒区，增设警示桩(牌)，采取物理隔离措施保护管道，禁止第三方盲目施工。及时将风险评价报告中的风险信息进行公众宣传；安全间距不足问题参照国家相应管理规定执行。

(3) 新投产管道应在完工后一个水文年后开展，或调查周期能覆盖第一个汛期：应根据地质灾害调查结果，制定综合防治方案，因地制宜采取防灾减灾措施，当管道沿线工程地质环境发生较大变化时，应随时启动调查。

(4) 应根据检验、检测与完整性评价结果，对不可接受的管道本体缺陷进行修复或者实施降低最大允许操作压力等应对措施，对于临时修复的缺陷应及时进行永久修复。

10.2.7 效能评价

效能评价是指对某种事物或系统执行某一项任务结果或者进程的质量好坏、作用大小、自身状态等效率指标的量化计算或结论性评价。为掌握完整性管理的真实水平，发现薄弱环节，管道企业应定期开展效能评价，确定完整性管理的有效性，通过对比完整性管理的效果和投入来衡量效能。

效能评价可采用管理审核、指标评价和对标等方法。管理审核可采用内部审核或外部审核方式，发现并改进管理存在的不足。

效能评价应考虑针对具体危害因素的专项效能和完整性管理项目的整体效能设定评价指标，包括但不限于管道完整性管理覆盖率、高后果区识别率、风险控制率及缺陷修复情况。效能评价活动后应出具效能评价报告。

10.2.8 管道完整性评价实例

某天然气管道投产于 2006 年 1 月，管道的主要参数：管径为 355.6mm，壁厚为 7.9mm，设计压力为 3.9MPa，钢管等级为 L320，最大允许运行压力为 3.9MPa。

2021 年 10 月 22 日至 2022 年 11 月 16 日，检测单位分别使用聚氨酯全发泡清管器、两直四碟测径清管器、两直两碟两钢刷测径清管器、两直两碟两钢刷清管器、两碟两钢刷磁力清管器、两直四碟清管器、两直两碟两钢刷+两直四碟清管器、两直两碟两钢刷+四碟两钢刷清管器对该管道进行了 30 次清管，清管过程顺利。

随后发送多通道变形检测器、漏磁检测器都取得成功，2022 年底完成该管道内检测，取得 Φ355.6 管道内检测数据，开展管道完整性评价，通过使用 DNV、RESTRENG 等国标标准软件进行科学评价，给出评价修复建议。通过内检测该段总长度 77.1km，查出管道的缺陷包括金属损失、凹坑、焊缝异常以及接近管道的异常物。

1）管道金属损失缺陷情况分布

本次内检测发现并量化金属损失11886处，其中内部金属损失9570处，外部金属损失2316处。内、外部金属损失深度沿里程分布见图10.12和图10.13。金属损失深度为金属损失点的深度，以管道正常壁厚的百分比来表示。邻近的金属损失点被当作一处缺陷处理，其深度为邻近的金属损失点中最深处的深度。检测里程是以发球筒第一个阀门中心为起始点特征点的绝对距离。

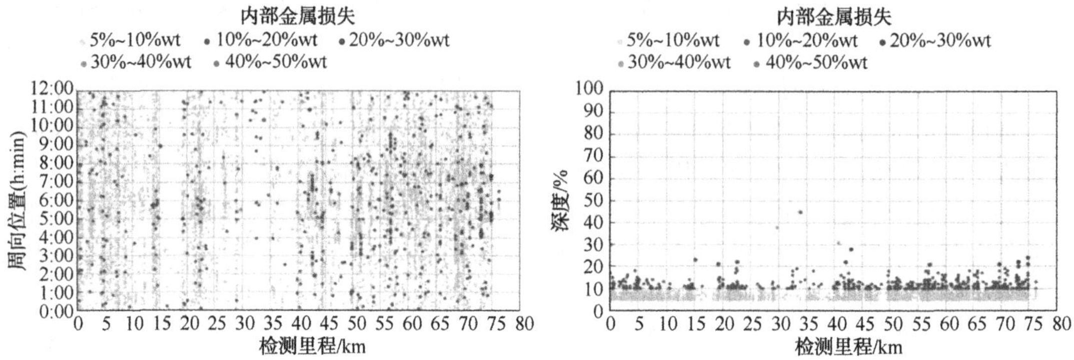

图10.12 内部金属损失周向、深度沿里程分布图

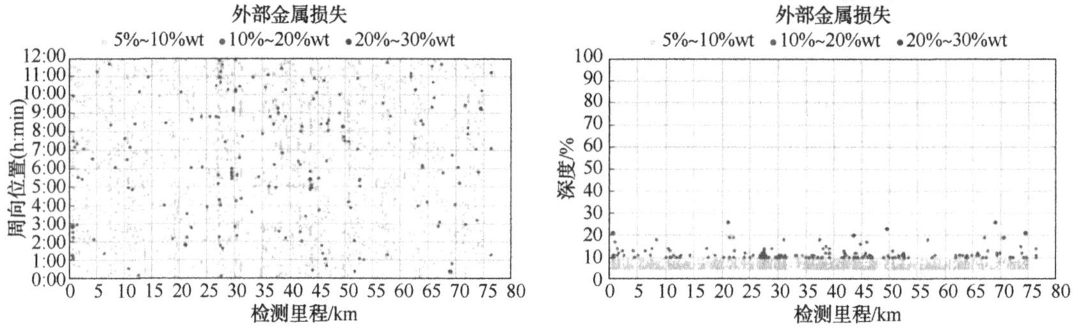

图10.13 外部金属损失周向、深度沿里程分布图

2）焊缝异常分布

本次内检测发现焊缝异常194处，包括环焊缝异常(GWAN)91处，螺旋焊缝异常(SWAN)94处，直焊缝异常(LWAN)9处。

3）变形统计分析

本次检测发现管道变形456处，其中包含84处斜接角，86处与螺旋焊缝相关凹陷，251处普通凹陷，10处椭圆度，7处与环焊缝相关凹陷，8处包含金属损失凹陷，8处伴随椭圆度的凹陷，2处与螺旋焊缝及金属损失相关凹陷。

4）补口分析

本次检测发现外部金属损失2316处，其中有502处外部金属损失(占全部外部金属损失的21.7%)分别存在于372处管道补口上(距环焊缝两侧距离小于等于200mm区域)，存在1处深度大于等于20%(质量百分比)的补口处外部金属损失。

5）预估维修比

根据缺陷长度和深度尺寸，按照SY/T 6151—2009对本次检测发现的11886处金属损失进行剩余强度评价，在最大允许操作压力3.9MPa下，没有金属损失需要立即维修，图10.14为壁厚7.9mm、设计系数0.4金属损失深度与长度的缺陷预估维修比曲线图。

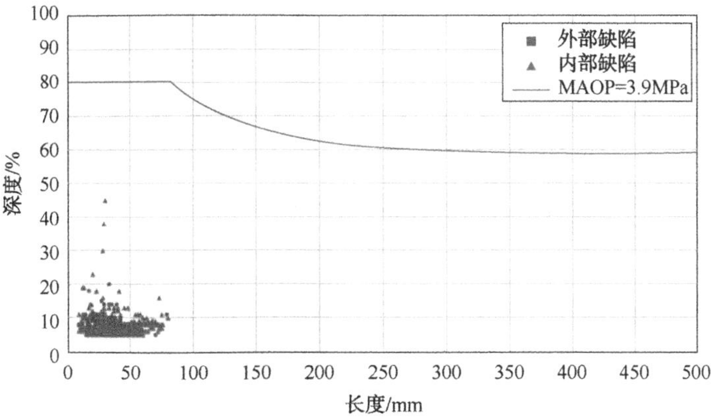

图10.14 *ERF*曲线图（金属损失深度与长度）

6）压力图

图10.15为此管道的压力图，图中缺陷处的安全操作压力是根据缺陷长度和深度尺寸，使用《钢质管道管体腐蚀损伤评价方法》（SY/T6151—2009）计算得到。

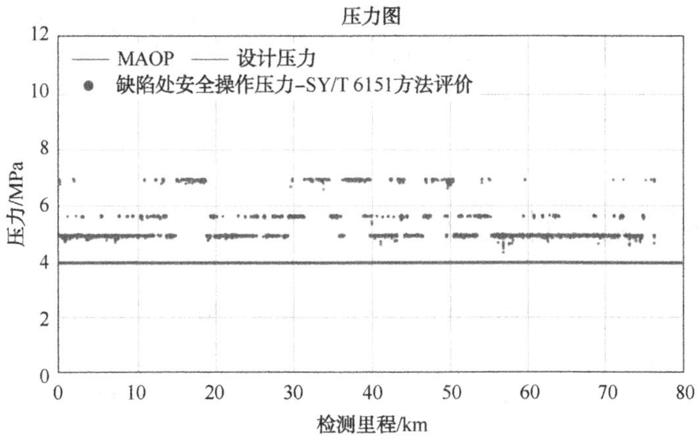

图10.15 压力图（安全操作压力与MAOP、设计压力）

7）开挖验证

为了解环焊缝异常对管道安全的影响，检测单位对检测发现的焊缝异常依据其严重程度，查看存在环焊缝异常的焊缝在施工建设阶段的检测结果，或对焊缝异常进行选择性开挖验证，确定焊缝异常对管道完整性的影响。开挖验证时优先选择较重的环焊缝异常以及位于特殊位置、管道斜接位置的环焊缝异常。图10.16、图10.17为两处缺陷点的开挖验证图。

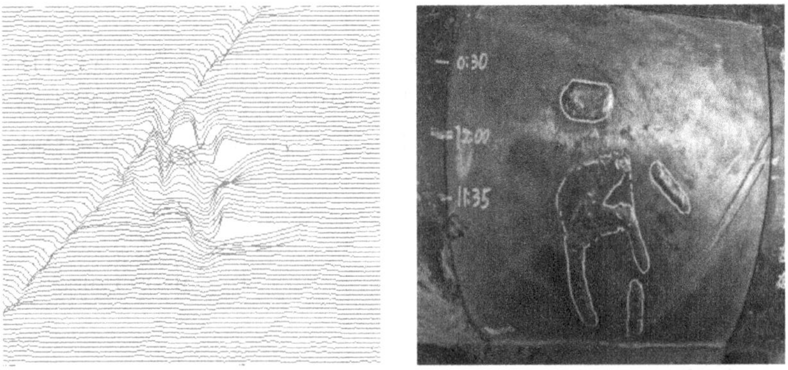

图 10.16　开挖验证(测 66 下游 18.328m)

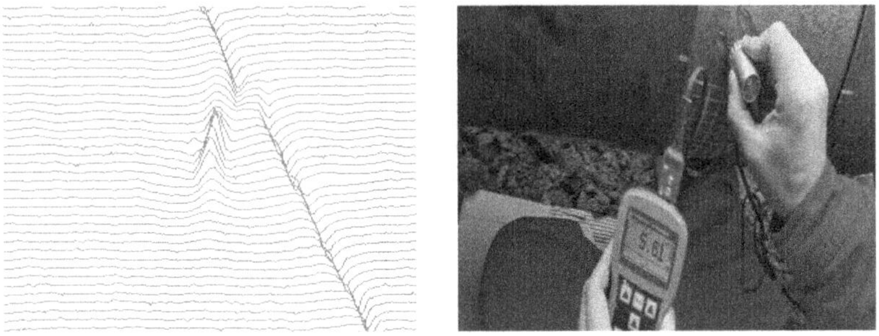

图 10.17　开挖验证(测 73 上游 128.103m)

8）内检测建议周期

通过计算在最大允许操作压力 3.9MPa 下的最大的环向应力为 38.7%*SMYS*，依据 GB 32167—2015 及 GB/T 27699—2011 中规定，管道内检测周期不应超过 8 年。

结合该段管道的剩余寿命预测结果，建议再检测周期为 5 年，即在 2027 年 9 月之前再次实施管道内检测。

10.3　站场完整性管理

《油气管道站场完整性管理体系要求》(SY/T 7664—2022)给出的站场完整性的定义为站场设备设施在结构上和功能上是完整的、处于安全可靠的受控状态，符合预期的功能，反映设备设施安全性、可靠性的综合特性。站场完整性管理与管道完整性管理理念是一致的，即针对不断变化的站场设备设施风险因素，对站场面临的风险因素不断地进行识别与隐患分析，并根据评价结果，制定相应的风险控制措施，不断改善识别到的不利影响因素，从而将风险控制在合理的、可接受的范围内，进而有效保障站场安全运行。

10.3.1　站场完整性基本内容

10.3.1.1　站场完整性管理体系

站场完整性管理体系是指站场完整性管理的方针、目标、计划和活动，以及对于上述内容的规划、实施、检查和持续改进所必需的程序、组织结构、信息系统及配套技术工具，完整性管理体系遵循 ISO 管理体系标准(MSS)的结构，设置一级要素和部分二级要素，体现设备设施完整性管理的特点。同时设置设备设施分类分级管理，风险管理，检验、检测和预防性维修管理，缺陷管理，变更管理等二级要素，要素之间相互关联、相互渗透，确保体系的系统性、统一性。设备完整性管理体系结构见图 10.18。

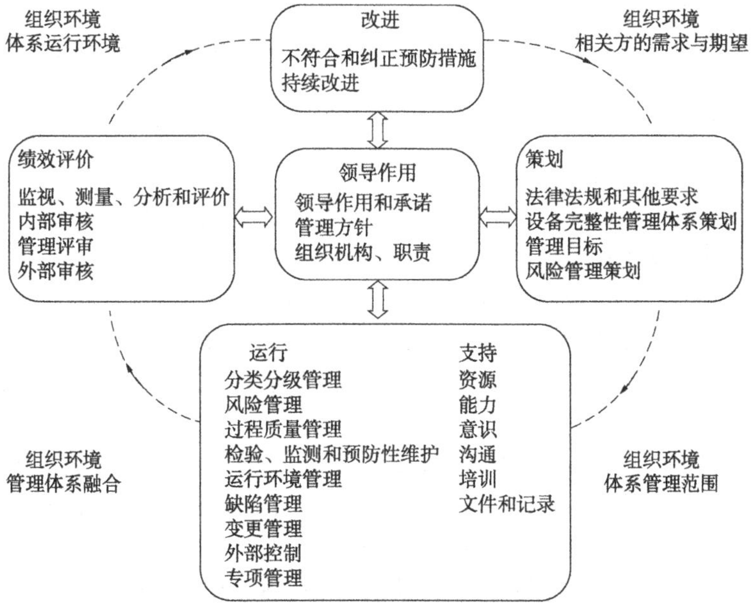

图 10.18 设备完整性管理体系结构及 PDCA 循环

输气站场完整性管理包括输气站场所属的工艺管道、压力容器、阀门、电气设备、自动化仪表、通信设备、计量设备、压缩机组、管道保护设备及其他设备设施；包括设备设施的规划、设计、选型、购置与运输、安装调试、管理移交、使用、维护保养、检验检测、修理、更新、改造、闲置、调剂、租赁、转让直至报废的全生命周期管理工作。

输气站场完整性管理贯穿全生命周期，是以输气站场的安全运行为目标，持续识别评价对站场设备设施的风险不利因素，通过采取合理防控措施将风险控制在可接受的范围内，实现安全、可靠、经济运行。站场完整性管理与传统管理模式的显著区别是主动预防的管理模式，是将过去一般性的运行和维护活动进行整合、优化和提升。站场完整性管理是一个不断循环更新的过程，而且每一个步骤在实施过程中通常也需要多次地循环和重复，站场完整性管理工作主要分为数据采集与整合、设备设施分类分级、风险评估、检验、检测与预防性维修、缺陷管理、变更管理、应急管理及绩效评价等，各环节不是严格的前后关系，相互联系，完整性管理循环持续改进。

10.3.1.2 数据采集与整合

站场完整性数据采集以满足完整性管理决策和评价需要为首要目标。数据采集与整合包括设备采购；设备技术数据、施工安装记录；运行、维护、检测、修复及报废记录；故障、失效和风险数据。以故障库、ERP 系统、数据报表、站场巡检、春秋检、日常隐患排查、各级内部检查、外部检查、事故事件调查等多种方式和渠道，采集设备管理数据并逐级向上反馈整合，确保企业就设备完整性管理开展判断和决策。

站场涉及工艺管道、压力容器、电气设备、仪表自动化设备、通信设备、阴极保护系统、消防设备、安全防护与监测系统等设备设施，相关的数据种类庞杂。目前行业内对海量数据通过信息化手段自动采集、通过数据库集中统一管理。数据采集应以一定的数据标准和模型为依据，对数据的形式进行规范化，以满足信息系统数据交互的需求。

10.3.1.3 设备设施分类分级

站场设备设施分类是指管道企业根据设备设施的结构特征、技术特征、功能和属性等因素，制定设备设施分类标准，按照管理方式，对完整性管理范围内的设备设施进行系统的归纳划分。

(1) 站场设备设施分级是根据设备设施在生产和使用过程中的重要程度、可靠状况、设备设施价值、发生故障危害性及可能性等因素的综合评估结果确定设备设施等级。设备分级的方法应能够量化且持续改进，一般采用指定法和可量化的关键性评分方法相结合的方式进行分级，评分方法根据各设备设施分级要素的总评分值，将设备分为关键设备设施(A类)、主要设备设施(B类)、一般设备设施(C类)三个级别。将评分≥80分认定为A类设备设施；评分≥60分且<80分认定为B类设备设施；评分<60分认定为C类设备设施。不同专业根据专业设备的特点，制定适合本专业设备的关键性要素和评价标准，按评价标准进行分级，合理分配相关资源。

① 关键设备设施(A类)：关键设备设施是指生产系统中起主导、关键作用的设备设施，这类设备设施一旦发生故障，会严重影响产品质量、生产均衡、人身安全、生态环境，造成巨大的经济损失和严重的社会后果。包括压缩机组、干线截断阀、进出站截断阀(含天然气分输切断阀)、越站截断阀、参与ESD联锁的设备、SCADA系统、计量设备、调压设备、通信系统、关键部位电气设备(分输计量站、压缩机站)、三类压力容器、GC1级压力管道、火气系统等。

② 主要设备设施(B类)：主要设备设施是指在生产系统中起重要作用，对企业生产经营会有一定影响的设备设施。包括≥*DN*200以上的阀门、一类压力容器、二类压力容器、起重机械、场内专用机动车辆、特种设备附属安全设备、水套炉、压缩机辅助系统、阴保设备、GC2级和GC3级压力管道、高压外电线路、变电所综合自动化系统、站场消防设备、生活给排水系统、工业电视监控系统、周界报警系统等。

③ 一般设备设施(C类)：一般设备设施是指除关键、主要设备设施之外，维修方便、数量众多、价格便宜的设备设施。这类设备设施若在生产中出现故障，对企业的生产影响较小。包括<*DN*200的机械阀门、一次仪表设备、其他辅助生产设备等。

(2) 为分析方便，针对天然气长输管道站场内设备承担功能的不同，将站场设备设施主要分为七类设备。

① 静设备：是指没有驱动机带动的非转动或移动的设备，主要分为承压类特种设备及常压设备。承压类特种设备包含压力管道、压力容器(含气瓶)、锅炉及所属安全附件(安全阀、爆破片装置等泄压放空装置)；常压储罐；加热炉；分离器、过滤器、干燥设备(非压力容器)；换热设备(非压力容器)；消防设备设施；阀门包含闸阀、截止阀、蝶阀、球阀、旋塞阀、止回阀、减压阀、隔膜阀等；其他辅助设备设施如高空火炬、地面火炬、放空立管及焊接设备等。

② 动设备：指由驱动机带动的转动设备(即有能源消耗的设备)，如离心式压缩机、往复式压缩机、螺杆压缩机、泵、风机及发电机组等。

③ 仪表及工业控制系统：指生产运营过程中所使用的各类检测仪表(温度、压力、流

量、物位）、在线分析仪表及分析小屋、安全仪表系统、调节仪表、显示仪表、控制阀及附件、特殊仪表、辅助仪表、计量器具、化验仪器、过程控制计算机及系统等。工业自动控制系统通过工业控制计算机对传感器及局域网所采集的各种信息的归纳、分析、整理，实现信息管理与自动控制的一体化，并通过权限认证确保了信息的安全。自动控制系统包含 DCS（集散系统）、现场总线系统、PLC 系统、SCADA 数采系统、在线状态检测系统、机组工控系统、工业电视系统、工厂门禁及周界报警系统、FGS 火灾报警系统、生产巡更系统、气体探测报警系统、GDS 系统、安全仪表系统（SIS）、紧急停车系统及其他过程控制系统等。

④ 电气设备：电力系统中对发电机、变压器、电力线路、断路器等设备的统称，如输变电设备、电机回路、UPS 及电动执行机构等。

⑤ 油气加注设施。如卸料臂、装车撬、甲醇加注装置。

⑥ 起重运输设备：机电类特种设备、其他搬运机械、运输车辆及辅助专用车辆。

⑦ 船舶设备。

10.3.1.4 风险评估

站场设备设施的风险管理是指在设备设施全生命周期内，开展设备设施风险识别、风险评价、风险控制、风险监测及风险后评价，将风险控制在可接受的范围内。

（1）风险识别。风险识别是风险评价的基础。风险识别主要方法有巡检、专项检查、隐患排查以及专业会议等方式。风险识别范围包括设备设施设计、制造、安装、操作、维护、闲置、调拨及报废等阶段，作业环境、设备设施变更以及承包商、制造商、供应商管理等过程。在设备设施全生命周期的各阶段识别风险并评价其影响因素、可能性及后果。

（2）风险评价。应评估每一个潜在事件发生的可靠性和后果，并考虑现有的风险控制措施的有效性，以及这些控制措施失效的可能性后果。采用新技术、新工艺、新设备、新材料时，应当进行专项风险评价。根据风险评价结果对设备设施风险进行分级，风险等级划分可使用风险矩阵，分别对应红、橙、黄、蓝四种颜色。风险等级可划分为重大风险、较大风险、一般风险和低风险。

与长输管道风险评价技术相比，输气站场工艺流程复杂，设备设施种类繁多，评价技术要求相对较高。在设备设施全生命周期各阶段可应用 HAZOP、QRA、FMEA/FMECA、RCM、RBI、RAM、LOPA、FTA、IOW、SIL、腐蚀适应性评价、设防值评估、可靠性评价等合适的风险技术，以提高设备设施风险管理的科学性。

（3）风险控制。根据风险评价结果，在确保相应职责履行和资源配置的情况下，采取措施降低风险事件可能性和后果，将风险控制在可接受水平，确保设备设施安全运行。

（4）风险监测。应及时掌握风险管控进度和风险值变化情况，及时组织研究解决管控问题。风险监测主要内容包括：风险管理工作是否达到预期目标；是否存在剩余风险；风险评价结果与实际情况是否相符；风险管理技术是否合理使用；风险控制措施是否充分有效等。

（5）风险后评价。企业对风险排查、风险评估、风险管控等环节进行总结、评价，形成设备设施风险后评价报告。站场设备设施风险后评价报告应包含风险基本情况、风险管控及消除措施实施记录、风险分级结果、剩余风险和评估结论等内容。

10.3.1.5 设备检验、检测与预防性维修（ITPM）

在设备设施发生故障前，按照预定计划或相关要求进行的检验检测、维护保养、维修、改造等工作，其目的是防止设备设施损坏，提高运行可靠性，保证安全运行。

1）ITPM 工作策略范围

（1）动设备专业 ITPM：试车检查，巡回检查，润滑油定期检验，机泵定期切换试运，机泵运行状态监测，大型机组状态监测与故障诊断，季节性检查维护（冬季防冻防凝检查、夏季防涨压检查等），动设备能效测试，机组、机泵、风机和特殊阀门和专用设备的预防性维修，特级维护（指对处于生产工艺流程中的重要性和可靠性要求高的关键设备开展“机、电、仪、操、管”五位一体的维护和管理活动），设备润滑油更换等。

（2）静设备专业 ITPM：巡回检查，压力容器、压力管道法定检验和定期检查，安全阀定期检验、设备定期维护保养，在线腐蚀监测及确定的预防性维修，设备及管线腐蚀排查，锅炉、加热炉能效测试，泄漏检测，RBI 风险策略及 RBI 检验等。

（3）电气专业 ITPM：巡回检查，电机的状态监测和预防性维修，电气设备预防性检修及试验，电气设备红外检测，电气设备局放检测、绝缘检测，电机开盖检查和测温、测振检测，防雷防静电接地检测、UPS 电池充放电检测等。

（4）仪控专业 ITPM：巡回检查，仪表设备预防性维修，仪表设备红外检测，控制系统接地检测，火灾报警系统、可燃有毒报警器定期检测，分析仪表、计量仪表定期校验，安全仪表系统功能测试，SIL 评估，联锁保护系统、控制系统、控制阀门、仪表风过滤装置预防性维修等。

（5）起重运输设备 ITPM：电梯、起重机、通用车辆等法定检验、定期保养与检查。

2）设备 ITPM 分类

（1）检验试验类：检测设备缺陷和评估设备运行的状态，测试设备性能，进行设备符合性评价。承压设备的检验分为定期检验和基于风险的检验（RBI）两种模式。

（2）检查维护类：检查设备设施故障的发生，基于设备运行状态或者运行周期进行维护保养。

（3）检修维修类：基于设备运行状态或者运行周期，通过更换部件来恢复设备设施的可靠性或通过改进性维修来提高设备设施的可靠性，有效预防早期失效。

10.3.1.6 缺陷管理

站场设备设施缺陷是指设备设施本体或其功能存在欠缺或丧失，不符合设计预期或相关验收标准。设备设施缺陷管理是指对设备设施缺陷进行识别、响应、传达、消除，实现对缺陷的闭环管理。

1）缺陷分类

站场设备设施缺陷按其对管网系统健康、安全、环境、生产、设备设施的影响程度可分为以下四类：

（1）一类缺陷：有严重威胁；随时可能进一步扩大影响；需要立即处理的。

（2）二类缺陷：有一定威胁；风险等级评定为重大、较大风险（红、橙色）；设备设施状态参数超过最高报警标准；应采取有效措施降低风险，可监护运行，应列入 ITPM 计划。

（3）三类缺陷：有可控威胁；风险等级评定为中风险（黄色）；设备设施运行状态有劣化趋势，但状态参数未超过最高报警标准；宜采取管控措施降低风险，可继续运行，可列入消缺计划、停机检修计划来处理。

（4）四类缺陷：无威胁；风险等级评定为低风险（蓝色）；可由操作人员自行处理或列入停机检修计划处理。

2）缺陷响应与消除

根据缺陷对安全、生产、经济损失的影响程度制定缺陷响应流程，依据缺陷风险、状态评估结果确定紧急程度并做出响应。响应内容主要包括：通报可能受影响的上、下游装置或其他相关方；制定（临时）措施，并通过审批；实施和跟踪（临时）措施；明确（临时）应急措施的终止条件。

根据响应紧急程度制定缺陷消除流程，组织编制、审查、报批消除方案，并实施、跟踪。通过失效分析、技术改造等手段，消除设备设施缺陷；避免其发展为事故。缺陷消除方案中涉及工艺调整的，应制定相应的工艺调整方案并严格遵照实施。对于暂时无法消除的缺陷，应采取有效管控措施降低风险。

定期组织设备设施缺陷治理后的再评估，再评估主要包括：缺陷管控措施是否按照方案全部实施；日常缺陷管控工作是否有效开展；风险是否降低，当前风险是否处于可接受范围；缺陷是否需要升级或降级管理。缺陷消除措施通常分为临时性计划（立即作业）、计划性检维修和设备设施更新、改造。

10.3.1.7 绩效管理（KPI）

设备设施绩效管理是明确各项设备设施关键绩效指标，全过程收集分析绩效数据，监督测量指标执行结果，强化绩效引领，为设备设施完整性管理持续改进提供依据，有效开展设备设施完整性绩效管理工作。

关键绩效指标（KPI）指将企业组织战略目标经过层层分解而产生的、具有可操作性的、用以衡量组织战略目标实施效果的关键性指标。

KPI指标制定原则为遵循企业设备设施完整性管理整体目标，以风险管控为主线，从安全性、可靠性、经济性等方面细化分解，建立可量化的设备设施关键绩效指标；基于企业设备设施管理特点，建立不同层级关键技术指标，层级分为企业层级、专业层级、运行单元或装置层级，并根据运行情况不断优化；结合关键绩效指标数据源情况，逐步提升数据源信息化管理，提高数据源自动化水平，逐步实现指标的自动采集与自动计算。

设备设施绩效指标计算所需的基础数据可分为三类：自动采集数据、人工填报数据和常量数据。可按照各级绩效指标的数据统计要求，组织开展指标相关数据采集、填报、统计、分析工作。定期组织对企业层级、专业层级绩效指标完成情况进行偏差分析，企业相关业务部门参与考核，提出改进措施，不断优化调整指标及指标值设置。二级单位应每年组织进行总结评审，并将绩效指标考核的结果、自评总结和改进计划上报。企业对二级单位设备设施绩效考核情况进行分类排名。

企业层级设备设施关键绩效管理推荐指标如：设备设施故障导致的火灾、爆炸、人身伤害、环境破坏等事故事件数量；非计划停工次数；设备综合完好率；设备设施事件数；设备设施检维修计划实施率；设备设施维修费用完成率；关键设备检修一次合格率；特种设备注册登记率；特种设备定期检验率；特种设备管理人员取证率；特种设备作业人员取证率；特种设备停用后未办理停用手续数量；特种设备变更后未办理变更登记数量；非安装设备购置计划完成情况；设备设施安装验收合格率；采购设备设施质量合格率；报废后未办理注销数量等。

专业层级设备设施关键绩效管理推荐指标，如设备设施故障率、设备设施腐蚀泄漏次数（有毒有害、易燃易爆介质）、关键机泵平均无故障间隔时间、动设备平均寿命、电气设备设备故障率、自控率、联锁投用率、维护超驰率、控制系统报警次数、仪表故障率等。

10.3.2 静设备风险评估

10.3.2.1 RBI 概述

基于风险的检验(RBI, Risk Based Inspection)是一种对设备建立风险等级，区分优先次序的系统分析方法。RBI 是以风险可接受为原则，根据风险水平及损伤机理制定检验方案并实施针对性的检验，它以风险评估为依据，以检验为手段管控风险，通过识别较高风险的设备，对其进行重点关注和优化，从而降低风险等级。《基于风险检验的基础方法》(SY/T 6714—2008)规定了基于风险检验(RBI)的实施方法和详细步骤。

10.3.2.2 基于 RBI 的静设备评价

RBI 实施流程的主要步骤为：

(1) 资料收集与整理，编制 RBI 基础数据库。

① 技术资料：容器、管道资料的收集(包括编号、类别、尺寸、材料)；设备单元平面图收集(标明设备和管道的位置)；设备和管道主要受压元件材质证明；竣工验收资料(无损检测、热处理、水压试验等)；设备设计制造文件。

② 工艺资料：工艺流程图、仪表流程图；介质成分分析报告。

③ 压力容器检验报告；容器与工艺管道的维修、更换记录；操作运行记录；监测记录。

④ 评价设备清单：容器清单；工艺管道清单。

⑤ 工艺管道编号：建立工艺管道清单需对其进行唯一性编号，以便于实施评价和后期的维修维护。

(2) 确定损伤机理与腐蚀回路。

根据所收集到的原始数据，应分别对各个设备进行分析。由设备的操作温度、操作压力、代表性流体等特征，进一步得出各个部件潜在的失效机理，将失效机理相同、且彼此相邻的设备和管线划定为一个腐蚀回路，通常将两个快速截断阀之间的设备和管线划定为一个物流回路。同一个物流回路的后果是相同的，同一个腐蚀回路的失效可能性是相同的。

(3) 风险计算。

依据风险评价通用公式进行分析总结，采用失效可能性、后果的定性判断方法和指标以及风险矩阵结果表示方法。

① 失效可能性分析。

按照失效机理分析，将站场容器与工艺管道的失效可能性分为减薄、外部损伤、应力腐蚀开裂、疲劳 4 种，分别分析其发生失效的可能性。失效可能性等级分为无、低、中、高 4 个等级，根据站场每个设备的实际情况作出专业判断，并考虑设备近期是否进行过检验、设备资料完整性、运行数据、运行年限、腐蚀速率、输送介质的复杂性等因素，对失效可能性等级进行修正。

② 失效后果分析。

一是设备失效对生产造成的影响，评估如果设备失效，是否会导致生产装置停车等后果；二是设备失效造成的直接和间接经济损失，主要考虑停产损失，宜用恢复生产所需要的时间来度量；三是安全方面的影响；四是环境方面的影响。选取以上四种评估结果中最大值作为该设备的失效后果等级；依据输送介质对失效后果等级进行修正。

③ 风险计算结果。

设备单元的风险来自两个方面：一方面是评价单元的失效可能性；另一方面是评价单元的失效后果。风险计算公式如式(10-5)所示。

$$R(t)=Pf(t)\cdot C(t) \tag{10-5}$$

式中，$R(t)$为风险；$Pf(t)$为失效可能性；$C(t)$为失效后果。

可以看出，风险是随着时间累积的函数；随着减薄、裂纹或其他损伤机理在运行时间上的积累，损伤因子逐渐增大。当设备单元存在多个损伤机理时，各损伤机理对应的风险将叠加，得到一个与时间相关的总风险，如图 10.19 所示。

为了方便对设备的风险排序，采用 5×5 矩阵图的方法，矩阵图中纵向失效可能性按失效可能性系数划分 1、2、3、4、5 五个等级，横向失效后果按失效后财产损失或影响面积划分为 A、B、C、D、E 五个等级。按此方法确定风险的矩阵图如图 10.20 所示。

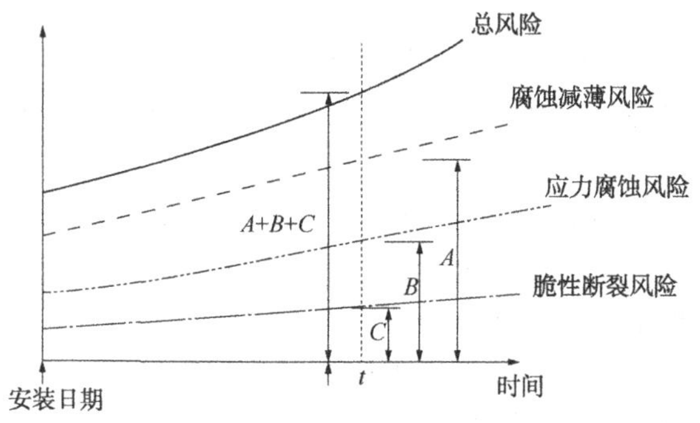

图 10.19 计算风险的叠加原理

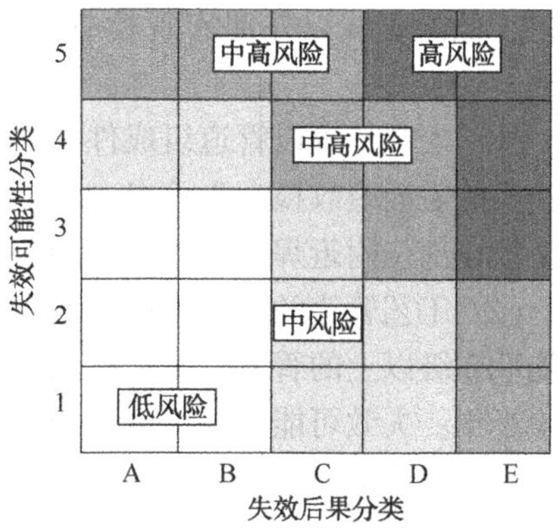

图 10.20 风险的矩阵图

(4) 风险缓解措施制定。

依据风险筛选评估结果制定风险缓解措施，一般应包括定期检验、年度检验、日常维护三个方面。

10.3.2.3 基于 RBI 评价的静设备维护策略

1) 压力容器的检测、维修维护策略

(1) 压力容器的定期检验由国家授权具有相应资质的检验单位按照《固定式压力容器安全技术监察规程》(TSG 21—2016)并结合压力容器定期检验报告规定的检验周期进行。检验方法及部位的建议：

检验方法以宏观检查、壁厚测定为主，必要时采用表面无损检测、超声检测。宏观检查应以容器本体、对接焊缝、接管角焊缝的裂纹、变形、泄漏以及排污装置的检查为重点，测厚部位以液位波动处、进出口接管对应筒壁、排污装置处筒壁为重点。表面无损检测、超声检测以宏观检查有问题的部位及错边量和棱角度超过制造标准的部位为重点。

(2) 容器的日常检测由使用单位经培训的人员进行，重点应关注风险相对较高的容器。日常检测的间隔时间，按照风险等级为高风险的容器每 1 季度一次，中高风险的每半年一次，中低风险的每 1 年一次进行。

日常检测方法、部位：日常检测方法为宏观检查和壁厚测定，宏观检查以容器铭牌、漆色、标记，本体裂纹、变形，异常振动、结霜情况，焊接接头裂纹、泄漏，排污装置的检查为重点；壁厚测定以相关固定式压力容器年度检查规范或规定要求进行。

2）工艺管道的检测、维修维护策略

（1）工艺管道的定期检验由企业自行组织进行。检验周期根据其风险等级和失效可能性确定，管道的定期检验周期按照表10.7的规则进行。

表10.7 管道的定期检验周期

	高风险	中高风险	中风险	低风险
失效可能性3级及以上	3年	3年	6年	6年
失效可能性3级以下	3年	6年	9年	9年

检验方法及重点检查部位的建议：对风险等级为高、中高的管线以外部宏观检查、壁厚测定、无损检测、安全保护装置检验为主，必要时进行材质检验、应力分析；对风险等级为中、低的管线以外部宏观检查、壁厚测定、安全保护装置检验为主，必要时进行无损检测。

外部宏观检查以管道组成件的损伤、变形、腐蚀，管道与管架连接部位的局部腐蚀，焊接接头的表面裂纹检查为重点。无损检测以外部宏观检查有疑问、长期承受明显交变载荷、支架损坏部位附近焊接接头为检测重点。

（2）工艺管道的日常维护检测由使用单位经培训的人员进行，重点应关注高风险和失效可能性3级以上的管道；日常检测间隔时间，失效可能性3级及以上中高风险1季度，中低风险半年；失效可能性3级以下中高风险半年，中低风险1年。

维护的检测方法为外部宏观检查及超声波测厚。外部宏观检查以管道表面、焊接接头、泄漏、支架、管道振动为检查重点；超声波测厚主要针对弯头、三通、变径等容易发生腐蚀的部位。对风险等级为高、中高的管线每种管件抽查比例不小于50%，风险等级为中的抽查比例不小于20%，风险等级为低的抽查比例不小于5%。

10.3.3 动设备风险评价

10.3.3.1 RCM概述

RCM(Reliability Centered Maintenance)是指以可靠性为中心的维修，用以确定设备预防性维修工作需求、优化维修管理制度的一种系统工程方法。其特点为以最少的资源消耗保持设备固有可靠性和安全性，确定降低设备风险的检查、维护、操作策略并制定优化的维护任务工作，用于指导日常的设备检查和维护。

在确保安全可靠的前提下，如何有效地降低维修成本，避免“维修过剩”“维修不足”问题，站场可对泵、压缩机、电机等转动设备的维修保养进行有效的决策和优化，基于动设备可靠性管理的可靠性维护(RCM)技术，对站场动设备的失效模式及后果进行系统性分析和评估，从而对设备失效模式的风险进行定量分析，并找出设备失效的根本原因，进而分析出装置中固有的或潜在的危险及其可能产生的后果，有针对性地制定优化的、可实施降低风险的维护策略。RCM技术可应用于确定消除失效所需的检验、检测和预防性工作(ITPM)任务及频率；确定何种过程/系统功能需要保留；确定何种原因将导致系统功能无法实现；确定当缺陷发生时对系统的影响；确定失效后的严重程度；制定应采取的IPTM任务以便防止设备设施缺陷造成更大的影响；当维护不当及设备失效时制定应采取的措施。

10.3.3.2 基于RCM的动设备风险评价

1）动设备评价

RCM评价包括基础数据收集分析、设备和系统技术层次划分、失效模式影响分析、风险可接受准则的确定、FMEA风险分析、制定维修策略六个步骤。

(1) 基础数据收集分析。

为执行RCM工作，评价项目组对所评价天然气站场的数据收集内容包括：设备资料的收集(包括编号、类别、尺寸、材料、使用说明、维护维修记录)；设备单元平面图收集(标明设备的位置)；工艺资料的收集及整理；工艺流程图；检验、维护、操作资料的收集、整理；维修、更换记录；操作规程；操作运行记录；各项管理制度的收集(设备管理、人员培训、资格、考核，事故处理等)；应急预案的收集；环境破坏成本和营业中断成本的收集(如停产成本、生产损失等)；装置区域的平均设备制造成本的收集。

数据表同时包括设备项标识、材质、规格、设计参数、操作参数、介质、化学分析数据、保温及防腐状况、检验与维修历史等数据。

(2) 设备和系统技术层次划分。

系统划分主要是将整个生产装置按照其功能或用途划分为不同的工艺系统，在不同的工艺系统中又可根据各系统的设备和仪表等组成以及功能特性再细分为子系统。在对装置进行系统划分后，应确定在系统中所包含的设备。

(3) 失效模式影响分析。

失效模式应对应设备单元的等级水平，所用的失效模式分为3种：未获得预期的功能(如不能启动)；对某项功能的偏离超出公认的极限之外(如高输出)；观测到的失效迹象，但没有立即和严重影响设备单元的功能(如泄漏)。首先进行失效模式识别，识别出哪种失效模式会造成功能性的失效，进行失效模式影响分析及风险分析；其次考虑失效影响，应综合考虑到设备的冗余、维修的时间和重新投入使用的时间，以及如果失效/故障发生对安全、环境、生产运行和后续成本的影响。

(4) 风险可接受准则的确定。

风险可接受准则的确定是根据企业实际生产情况并结合国内完整性评价的通用准则确定。其中可能性等级的划分结合目前国内工程应用和有关标准规定的数值，后果等级参考相关规章制度，从健康风险、安全风险、环境风险三个方面确定HSE可接受后果。

(5) FMEA风险分析。

FMEA风险分析是针对每一种功能性的失效模式，从以下几个方面进行分析：

根据其失效影响确定失效后果，安全风险、环境风险、生产运行风险、后续成本风险以及失效频率、维修时间、斜坡启动时间及维修费用等；

据风险可接受准则确定每一种失效模式的后果等级；

根据风险=失效概率×失效后果，确定其风险大小。

(6) 制定维修策略。

结合各相关设备在特定流程中主导的失效模式、失效根本原因以及失效后果。结合各设备自身结构特点，提出优化的维护策略，从而使装置风险降低到可接受的等级下。

RCM是一个循环改进的过程，管道企业根据制定的维修方案实施维修工作，一个阶段的维修工作完成之后，也是另一个阶段工作的开始，通过不断地循环改进，企业的维修工作越来越完善。

2）动设备检测与测试

阀门系统上的控制部分和仪表应按相应仪表管理规定定期进行检测；对阀室内气/液/电动阀门执行机构的电气控制单元应进行防爆性能测试，测试内容包括现场爆炸性气体环境评估、产品铭牌、防爆合格证检查、密封件及紧固件检测、隔爆面检测、保护接地检测。

10.3.3.3 基于 RCM 的动设备维修维护策略

经过 RCM 分析所制定的维护策略，为主动维护策略。在经过风险分析、失效原因和失效根本原因分析的基础上，制定的维修方法，主要参考国际通用的数据库、专家的经验、相关供应商手册以及国际上成熟的技术等。

1）确定失效原因和根本原因

根据所有中、高风险的评价项目确定其失效原因以及相关的根本原因。对常用的典型的设备类型，《设备可靠性和维修数据的采集与交换》(GB/T 20172—2006/ISO 14224：1999）中包含有失效模式、失效原因、失效原因的层次关系。

2）制定和优化维修维护策略

维护任务可分为以下几类：

(1）基于状态的维修维护：该种维护策略是用在可以观察到故障发生的情况下。基于对使用状态的观察来决定是继续运转还是执行额外的维护任务，如更换损坏部件等。通过持续监控或固定时间监控可以在一定的时间间隔对使用状态进行评估。

(2）基于时间的维护：不管使用状态如何，都是在固定的时间内进行维护。时间间隔可以是日历小时或设备的运转小时。

(3）功能测试：该种策略多用在安全联锁及控制系统。工作只是进行系统测试并观察其是否工作。

(4）纠正性维修维护：即运转到坏再进行维修维护。一线维护(操作工巡检任务)在正常运转情况下进行的维护活动。

(5）设计和操作更改：如果失效是因为错误的设计或操作引起的，则更改设计和操作。维护策略的制定是建立在风险分析和失效根本原因分析的基础上，优化和有针对性地选择上述各种不同类型的维护策略，以达到优化维护策略、提前预防失效和明确维护任务的目的。

ITPM 工作策略应包括以下内容：试车检查，巡回检查，润滑油定期检验，机泵定期切换试运，机泵运行状态监测，大型机组状态监测与故障诊断，季节性检查维护(冬季防冻防凝检查、夏季防涨压检查等)，动设备能效测试，机组、机泵、风机、特殊阀门和专用设备的预防性维修，特级维护，设备润滑油更换等。

10.3.4 站场完整性评价实例

2021 年，某管道企业委托特检院对其管辖的输气干线首站进行静设备风险评价，该站是 LNG 输气干线和分支干线的枢纽站。通过对该输气站内 57 条压力管道、12 台压力容器(包括旋风分离器、卧式过滤器、放空火炬、凝液罐、收球筒等)和 19 台安全阀等对象进行风险评价工作，开展包括数据采集和风险分析评价工作。

10.3.4.1 建立 RBI 数据库

RBI 工作中要处理大量的基础数据，数据是风险评价的基础，数据的详细程度决定风险评价结果的精确程度，通过资料收集与现场勘查获取设备风险评价的基础数据，包括设计资料、工艺流程图(PFD)、管道与仪表流程图(P&ID)、管道走向图、物流数据(生产运行日志、采样化验报告等)、设备基础数据(设计说明书、竣工资料及图纸)、检验维护数据(定期检验报告、维修更新记录)、失效数据(历史失效记录、事故调查报告)，以及气候与地质条件、输气站的计划停输与非计划停输次数、设备成本、停产损失费用等。按照 RBI 软件要求的数据项，从资料中收集分析所需数据，数据录入前要审核数据的准确性及各项相关数据的一致性，按需录入数据采集统计表及数据项目。

10.3.4.2 危险源辨识与回路划分

1) 危险源辨识

通过对该站场介质、设备本体及工况环境等相关条件进行风险识别，分析不同因素的危害程度。

(1) 介质危险因素分析。

物料介质按照 API 581 介质特性等级划分的技术要求执行，介质中可燃性等级为 4 级。评估采用危害分析和大气扩散模型进行毒性等健康危害后果计算，并在此基础上采用简化公式计算后果面积，介质中毒性物料的毒性等级如表 10.8 所示。

表 10.8 介质成分与危险性

介质类型	主要成分	腐蚀流	介质的 NFPA 等级划分		
			健康危害	可燃性	反应活性
天然气	C_1~C_3类	$H_2O(0)$	0	4	3

(2) 设备危险因素分析。

① 钢质容器、管道的内/外腐蚀：内腐蚀主要发生在易于沉积水的低洼及弯头等处，暴露在大气中或敷设在土壤中的容器、管道由于外部因素造成外防腐层破坏或区域性阴极保护有效性不足时，会造成设备外表面腐蚀加剧，引起穿孔、油气介质泄漏，导致事故的发生。

② 管道材料缺陷或焊接缺陷：压力容器、管道等焊缝或母材中的缺陷在带压储运过程中可能引起设备破裂。设备施工时如组对不够精细、焊接工艺欠佳，使得焊口质量难以达到预想的性能指标，焊缝内部应力较大，材质不够密实、均匀等，因而使其性能降低甚至未达到设计的使用年限。设备运行过程中，受到频繁的节流温降、振动等作用，其焊缝处稍有细微之缺陷，易于引发裂纹。另外，设备施工温度与操作运行温度之间存在一定的温度差，造成设备壳体沿其轴向产生热应力，形成折皱，壳体因拉伸变薄，也会形成破裂。

③ 冲刷腐蚀：腐蚀产物因流体冲刷而离开表面，暴露的新鲜金属表面在冲刷和腐蚀的反复作用下发生的损伤，主要发生于弯头、三通部位。冲刷腐蚀机理复杂，与介质流速流态、冲角、流体性质等相关。

④ 应力腐蚀开裂：具有脆性断口形貌，但它也可能发生于韧性高的材料中。发生应力腐蚀开裂的必要条件是要有拉应力(不论是残余应力还是外加应力，或者两者兼而有之)和特定的腐蚀介质存在。裂纹的形成和扩展大致与拉应力方向垂直。

⑤ 冻堵：设备中介质含液态水时，在低温环境条件下积液位置易形成冻堵。

(3) 管理缺陷危险因素分析。

由于管理制度的不健全或没有得到有效的执行、操作规程缺失、违章指挥等原因，有可能会造成火灾、爆炸事故发生，且存在操作人员发生意外伤害的潜在风险。

(4) 安全阀危险因素分析。

安全阀的失效模式主要有：安全阀失效泄漏、安全阀开启失效和安全阀回坐失效三类。安全阀失效可能导致工艺设备运行故障，可能导致介质泄漏从而引发火灾、爆炸及人员伤亡等次生事故。

(5) 其他危险因素分析，如：火灾、机械伤害、电气事故等分析。

2) 回路划分

站场设备回路划分的目的是对站内生产工艺设备中的容器、管道等按回路分级别、分重点进行风险管理，对于腐蚀损伤等风险程度大的回路给予重点关注和检测维护。结合流程图与现场调查划分为物流回路与腐蚀回路。

(1) 物流回路。

将物料泄漏时可紧急切断的截断阀之间的设备和管线划定为一个物流回路。划分物流回路的原则是当该段中任一设备失效泄漏时，只有此回路中的物料会发生泄漏，而其他相邻段中物料因有截断装置的存在不会泄漏，即当该回路中设备发生失效时，其失效后果即按此段内的物流泄漏量、泄漏速率进行计算。对该站设备进行物流回路划分为：天然气输气区共 14 段、天然气分离区共 9 段、天然气放空区共 19 段、污水排污区共 14 段。

(2) 腐蚀回路。

将失效机理相同(通常为材料、介质、运行温度、运行压力相同)且彼此相连的设备划定为一个腐蚀回路。对该站设备进行腐蚀回路划分为：天然气输气区共 1 段、天然气分离区共 1 段、天然气放空区共 2 段、污水排污区共 2 段。

10.3.4.3 损伤机理和失效模式分析

失效模式是指导致设备承载能力降低的损伤类型。根据该站工艺流程、介质物流与腐蚀流等情况，综合分析该站站内设备和管线可能存在的内部损伤机理和外部损伤机理，主要存在腐蚀减薄(均匀腐蚀减薄和局部腐蚀减薄)、环境开裂、机械损伤和其他损伤等类型，影响站内设备的损伤机理和失效模式如表 10.9所示。

表 10.9 某输气站静设备主要失效模式和损伤机理

序号	失效模式	损伤机理	分析设备类型
1	腐蚀减薄	外部腐蚀(大气/土壤)	承压容器、管道
		保温层下腐蚀	有覆盖层的容器、管道
		酸性水腐蚀(Cl^-孔蚀)	承压容器、管道
2	环境开裂	应力腐蚀开裂	承压容器、管道
3	机械损伤	振动疲劳	承压管道
4	其他	冲蚀	承压管道
		冻堵	承压管道
		制造与安装缺陷(焊接)	承压容器、管道
5	安全阀功能失效	失效泄漏、开启失效	安全阀

10.3.4.4 RBI风险评价

1）风险计算

设备单元的风险来自两个方面：一方面是评价单元的失效可能性；另一方面是评价单元的失效后果。经过风险分析与计算，当前时间点(2021年10月8日)评估设备(不含安全阀)的安全风险矩阵图如图10.21所示。全部9个评价单元中无中高及以上风险单元；中风险单元共计7个，占全部评价单元的比例为8.9%；低风险单元共计72个，占全部评价单元的比例为91.1%。失效可能性等级为3级的单元2个，其余评价单元的失效可能性等级未大于3级。

POF	目前风险水平				
5	0	0	0	0	0
4	0	0	0	0	0
3	0	0	4	0	0
2	4	56	2	0	0
1	3	9	1	0	0
COF	A	B	C	D	E

图10.21 当前时间点(2021年10月8日)风险矩阵图

2）设备风险分布

在该输气站工艺设备中主要的安全风险由较少的设备承担，约10%的设备承担设备中90%的安全风险，可极大地优化检验资源并将风险降低到可接受的范围以内，检验时应基于评价单元风险分级对高风险设备和部位给予重点关注并优先实施针对性检验。

评估设备中风险等级最高的7个设备单元如表10.10所示。

表10.10 中风险等级设备单元

序号	评估单元编号	设备名称	目前		
			POF	*COF*	风险
1	PI001	天然气管道(NG-101-1000-11A1)	1	C	中
2	PI002	天然气管道(NG-102-800-11A1)	2	C	中
3	PI011	天然气管道(NG-201-350-11A1)	2	C	中
4	PI063-1	卧式过滤器201C封头	3	C	中
5	PI063-2	卧式过滤器201C筒体	3	C	中
6	PI070-1	排污罐封头	2	C	中
7	PI070-2	排污罐筒体	2	C	中

表中评估设备中失效可能性等级为3级的为2台过滤器；表中全部为评估设备中高失效后果等级为C级。

10.3.4.5 RBI 评价结论

(1) 通过对该输气站站内压力容器、管道、安全阀开展损伤机理与失效模式分析，及风险评价计算，确定各设备单元的风险等级，并据此形成基于风险的检验策略(检验时间、方法和比例)。

(2) 该输气站站内设备主要存在的损伤机理和失效模式包括外部腐蚀(大气/土壤)、保温层下腐蚀、振动疲劳、冲蚀等，安全阀的失效模式主要包括失效泄漏和开启失效。

(3) 在该站工艺设备中主要的安全风险由较少的设备承担，约 10%的设备承担设备中 90%的安全风险。其中中风险设备单元 7 个，失效可能性 3 级以上的设备单元 2 个。

(4) 对站内静设备按照基于风险分析优化后的检验策略实施检验工作，根据检验结果综合评定设备单元的质量安全状况等级。依据风险评价结果不存在须立即检验的中高风险设备单元。

10.4 管体缺陷修复

10.4.1 维抢修中心简介

天然气长输管道安全平稳运行离不开管道维抢修中心，管道完整性评价发现出来的管体缺陷等问题需要施工队伍提前进行预防性维修。只有如此，才能保持管道结构和功能上的完整，才能使管道的安全状态满足运行要求。

维抢修中心是天然气管道运营体系重要的一环，是直接进行应急处理的保障力量。合理设置维抢修机构将决定应急保障的有效性。维抢修中心建设应满足长输管道、输气场站及其附属设施的日常维护检修的需求，满足由于自然灾害、腐蚀泄漏和第三方施工伤害等造成管道穿孔、破裂、断管时的应急抢修需求。

由于长输管道输送距离的不同，可能需要设置多个不同形式的维抢修队伍，例如维修队、维抢修队、区域维抢修中心等，还可依托社会应急资源、保驾队伍或其他管网公司的维抢修力量，形成多工种、多行业协作的维抢修体系。某维抢修中心设施如图 10.22 所示，主要包括液压设备、焊接设备、切割设备、发电设备、检测设备、照明设备、泵类等特种设备。

图 10.22 维抢修中心

为了确保管道本体安全，通过有效地风险识别、分析和评价，通过管道清管、内外检测及其他检(监)测，获取本体缺陷数据，及时修复管道缺陷，分析管道运行情况，实现管道缺陷隐患的提前预控与修复，争取管体零泄漏，确保管道安全；力争达到管道最大承压能力，提升管道输送效率。管道维抢修中心根据管道缺陷数据与类型(包括具体位置与方位，缺陷的大小，缺陷的形成原因等详细信息)，安排制定修复计划。管体修复需参照《埋地钢制管道管体缺陷修复指南》(GB/T 36701—2018)、《油气管道管体缺陷修复技术规范》(SY/T 6649—2018)、《埋地钢制管道管体缺陷修复指南》(GB/T 36701—2014)执行。

10.4.2 管体缺陷修复响应时间

管道企业根据检测和评价的结果，应能证明所采取的措施可以保证管道在下一个评估周期内的管道完整性，按管道缺陷的轻重缓急将修复响应分为3类。

(1) 符合以下条件的缺陷，宜立即修复：

① 金属损失的深度超过管道公称壁厚的80%；

② 含应力集中的凹陷(凹陷处存在导致应力集中的其他缺陷)；

③ 焊缝处管道失效压力小于或等于设计压力的1.1倍；

④ 高度异常焊缝；

⑤ 未立即修复的裂纹或潜在裂纹。

(2) 符合以下条件的缺陷，宜限期修复：

① 凹陷位于管道顶部2/3区域，且深度超过管道外径的6%；

② 凹陷位于焊缝上，且深度超过管道外径的2%；

③ 缺陷处管道失效压力小于或等于设计压力的1.25倍；

④ 金属损失的深度超过管道公称壁厚的30%；

⑤ 沟槽类缺陷的深度超过管道公称壁厚的12.5%；

⑥ 中度异常焊缝。

(3) 符合以下条件的缺陷，宜监控使用：

① 凹陷深度超过管道外径的6%，但位于管道底部1/3区域；

② 凹陷位于管道顶部2/3区域，但深度不超过管道外径的6%。

10.4.3 管体缺陷修复方法选择

管体缺陷修复方法的选择，需要根据评价结果针对不同的本体缺陷选择不同的修复方法。常见的修复方法包括：换管、打磨、钢制修补套筒(A型非焊接补强套筒)、钢制保压修补(B型密闭焊接型套筒)、钢质环氧套筒、碳纤维复合材料管道修复补强、带压开孔封堵、碳纤维复合材料管道修复补强、钢制环氧套筒、焊接维修(打补丁)及临时抢修-夹具等修复方法。宜按表10.11选择相应的修复方法。

在管道本体修复方案中应明确需要维修的管段位置、存在的缺陷类型、缺陷的严重程度、拟采取的修复方法、施工措施等。一般情况下的管道修复均应按永久修复进行，只有在抢修情况下才进行临时修复。

表 10.11 管道缺陷修复方法选择

缺陷类型			修复方法								
			打磨	堆焊	补板	A型套筒	B型套筒	环氧钢套筒	复合材料	机械夹具	换管修复
金属损失	外腐蚀	深度<0.8t	永久修复[d]	永久修复	永久修复	永久修复	永久修复	永久修复	永久修复	临时修复	永久修复
		深度≥0.8t	否	否	永久修复	否	永久修复	否	否	临时修复[a]	永久修复
		点蚀深度≥0.8t	否[l]	否[l]	永久修复	否	永久修复	否[l]	否	否[l]	永久修复
	焊缝损伤或外腐蚀		否	否[l]	否[l]	否[l]	否[l]	永久修复[b]	否[l]	永久修复[e]	否[l]
	内部缺陷和腐蚀		否[l]	否[l]	否[l]	否[l]	永久修复[c]	永久修复	永久修复[c]	否[l]	否[l]
	划伤或其他金属损失		永久修复[d]	永久修复[d]	永久修复[e]	永久修复[e]	永久修复[e]	永久修复[f]	永久修复[e]	永久修复[e]	否[l]
裂纹	裂纹深度<0.4t		永久修复[d]	永久修复[d]	永久修复[e]	否[l]	永久修复[e]	永久修复[b]	永久修复[e]	永久修复[e]	临时修复
	裂纹深度≥0.4t		否[l]	否[l]	否[l]	否[l]	否	永久修复[b]	否	否	否
变形	凹陷深度<6%D		永久修复[i]	永久修复[i]	否[l]	否[l]	永久修复[f,g,h]	永久修复	永久修复[f,g,h]	永久修复[f,g,h]	否[l]
	凹陷深度≥6%D		否[l]	否	否	否[l]	临时修复	临时修复[l]	否[l]	否[l]	永久修复
变形	环焊缝附近的凹陷		否[l]	否	否	否[l]	永久修复	否[l]	否[l]	否[l]	永久修复
	褶皱		否[l]	否	否	否[l]	永久修复[k]	永久修复	否[l]	否[l]	永久修复
焊缝缺陷	制管焊缝缺陷		永久修复[d]	否[l]	否[l]	否[l]	永久修复	临时修复	临时修复	否[l]	永久修复
	环焊缝缺陷		永久修复[d]	否[l]	否[l]	否[l]	永久修复	否[l]	否[l]	否[l]	永久修复

注：t——管壁厚度，单位为毫米(mm)。

[a]推荐柔性堵漏夹具进行修复。

[b]缺陷长度应小于其扩展临界值，且不会继续发展。

[c]内部缺陷或腐蚀不会继续发展超出临界值。

[d]如果缺陷金属的去除量满足要求，打磨深度最大为0.125t，对于X42及以上管道缺陷打磨最大深度为0.08t。

[e]如果打磨清理缺陷部位(打磨缺陷壁厚不高于0.4t)检测合格后，可修复深度小于0.8t的缺陷(裂纹为0.4t)。

[f]修复前，宜打磨清理缺陷部位且检测合格。

[g]宜填充凹陷，且进行疲劳评估。

[h]最大凹陷尺寸应满足规范要求。

[i]打磨尺寸应满足规范要求。

[j]打磨去除缺陷，且焊接修复前后都应检测缺陷。

[k]套筒设计应与管道缺陷形状、尺寸相符。

[l]该修复技术在常规条件下不推荐，但非禁止项，在特定的情况下可以使用，需预先进行适用性评估。

10.4.4 常见管体缺陷修复方式

管道本体缺陷修方式有很多，以下介绍管体缺陷B型套筒修复、管体碳纤维复合材料修复、停输换管及不停输换管四种常见修复方法。

10.4.4.1 管体缺陷B型套筒修复

B型套筒修复技术是利用两个由钢板制成的半圆柱外壳覆盖在管体缺陷外，通过侧缝焊接连接在一起，并在套筒的末端采用角焊的方式固定在输送管道上。B型套筒为承压套筒，可以承受管道内压，也能承受因管道受到侧向载荷而产生的轴向应力。

在运行的天然气管道上焊接修复时，其施工操作压力不应超过0.4倍的最大允许操作压力，如果焊接施工操作压力无法降至上述要求时，管道允许的带压施焊的最高压力应符合式(10-6)规定。

$$p_w \leqslant \frac{2\sigma_s(t_w - c)}{D}F \tag{10-6}$$

式中，p_w为管道允许带压施焊的压力，MPa；σ_s为管材的最小屈服极限，MPa；t_w为焊接处管道实际壁厚，mm；c为因焊接引起的壁厚修正量，mm，按表10.12取值；F为安全系数，按表10.13取值。

表10.12 修正量c　　mm

焊条直径	<2.0	2.5	3.2	4.0
c	1.4	1.6	2.0	2.8

表10.13 安全系数F

t_w/mm	$t_w \geqslant 12.7$	$8.7 \leqslant t_w < 12.7$	$6.4 \leqslant t_w < 8.7$	$t_w < 6.4$
F	0.72	0.68	0.55	0.4

焊接修复前，应进行焊接工艺评定；修复时，由有资质的焊工采用评定合格的焊接工艺进行焊接。焊接表面应均匀光滑，无层状撕裂、氧化皮、夹渣、油脂、油漆及其他对焊缝有害的材料。焊缝接头设计应遵循焊接工艺评定。半圆套筒不应横跨环焊缝；套筒边缘应同管体紧密贴合；套筒与管体的环焊缝应采用无损检测方法进行探伤。

B型套筒的技术指标包括套筒加工的技术要求以及施工中的技术要求两个方面。管道修复用B型套筒的加工技术要求如表10.14所示，施工技术要求如表10.15所示。

表10.14 管道修复用B型套筒加工技术要求

检测项目	适用标准(方法)	要求
套筒材质	——	与管道材质相同或相近
套筒壁厚	——	≥待修复管道壁厚
套筒内径	——	待修管道外径±2mm
填充材料抗压强度/MPa	GB/T 2567—2021	≥80
填充物/钢材附着力/级	SY/T 0315—2013	≤2

表 10.15　管道修复用 B 型套筒施工技术要求

检测项目	适用标准(方法)	要求
运行压力	—	≤0.8 倍运行压力；≤30% *SMYS*
缺陷表面等级	GB/T 8923.1—2011	St3 级或 Sa2.5 级
套筒安装间隙	—	≤2.5mm
套筒焊接	GB/T 31032—2014	无缺陷

B 型套筒修复技术适用修复的缺陷类型较为广泛，修复效果好，可靠性高，属于永久型修复。B 型套筒修复示意图如图 10.23 所示。

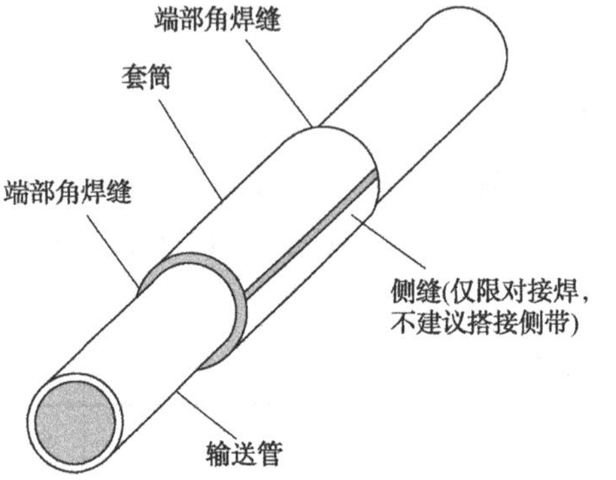

图 10.23　B 型套筒修复示意图

B 型套筒修复技术有以下缺点：施工中待修复管道降压 1/3，影响管道介质正常运输；动火存在一定的安全隐患；安装难度大，焊接质量对修复效果影响较大；施工中使用大型配套设备，效率较低，修复成本较高。

10.4.4.2　管体碳纤维复合材料修复

碳纤维是指含碳量在 90%以上的高强度高模量纤维，含碳量在 99%以上的称为石墨纤维。碳纤维具有元素碳的各种优良性能，例如密度小、耐热性极好、热膨胀系数小、导热系数大、耐腐蚀性和导电性良好等。同时，它又具有纤维般的柔曲性，可进行编织加工和缠绕成型。碳纤维最优良的性能是比强度和比模量超过一般的增强纤维，它和树脂形成的复合材料的比强度和比模量比钢和铝合金还高 3 倍左右。表 10.16 为管道缺陷修复碳纤维复合材料的主要性能指标。

碳纤维复合材料修复技术涉及使用的修复材料包括：专用树脂、专用填平腻子和碳纤维布。碳纤维复合材料维修技术对施工环境有一定的要求，避免在阴雨天、风沙天施工，以减少施工环境对施工质量的影响。主要施工步骤如下(图 10.24)：

(1) 管道防腐层剥离与表面清理修复前应清除管道表面的防腐层，管道缺陷表面除锈等级应达到 Sa2.5(近白级)要求，错纹深度为 40~80μm。

(2) 基层处理：在确保钢管表面原有防腐涂层及氧化物清除后，用丙酮与专用清洗剂清洗钢管表面，并使其充分干燥。

(3) 缺陷尺寸测量及照相：利用直尺、超声波测厚仪查对缺陷长度、宽度及壁厚，并照相存档。

(4) 钢管表面的缺陷修补：将填平树脂涂刷于钢管表面凹陷部位(蜂窝、麻面、小孔等)，修补至缺陷部位表面平整。

(5) 涂胶：将环氧黏浸胶的主剂与固化剂按规定比例称量准确后放入容器内，用搅拌器搅拌均匀。用滚筒刷(或油漆刷)将调配好的黏浸树脂均匀涂抹于待粘贴的部位。

(6) 粘贴碳纤维片：首先在底层粘贴绝缘纤维片，绝缘纤维片的宽度要比碳纤维片两侧各长出5cm；然后在绝缘纤维片上继续粘贴碳纤维片。贴片时，在纤维片和树脂之间不应残留有空气。为此，可用专用工具沿纤维方向在纤维片上反复滚压多次，对焊缝的拱起部位要向相反的方向滚压，以去除气泡，使黏浸胶充分渗透碳纤维布。可根据需要，粘贴多层碳纤维片。

表 10.16 碳纤维复合材料性能指标

检测项目		适用标准	性能要求
碳纤维丝	拉伸强度	GB/T 3362—2017	≥2500MPa
	布面密度	HB 7736.3—2004	≥200g/m^2
碳纤维复合材料	单层拉伸强度	GB/T 3354—2014	≥900MPa
	单层拉伸模量	GB/T 3354—2014	≥150GPa
	断裂伸长率	GB/T 3354—2014	1%~5%
	与钢黏接抗剪强度	SY/T 4113.4—2019	≥15MPa
	与防腐层黏接强度	GB/T 23257—2017	≥10N/cm
	与钢材附着力	SY/T 0315—2013	≤2 级
	耐冲击强度	SY/T 0315—2013	≥10J
	阴极剥离(65℃，28d)	SY/T 4113.3—2019	≤5mm

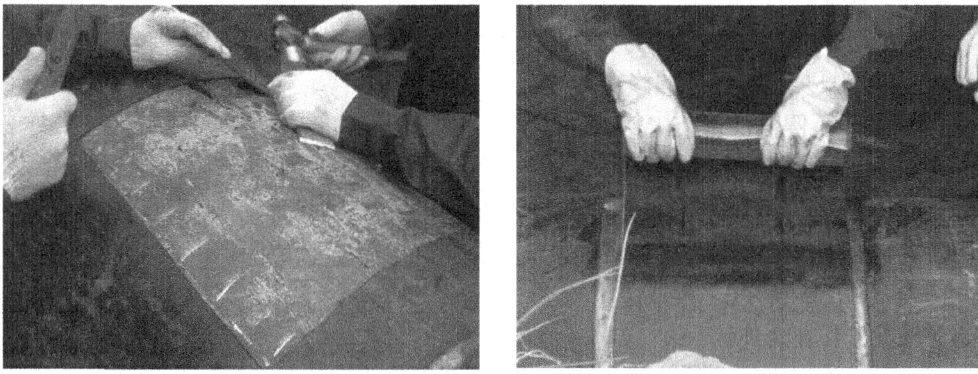

图 10.24 碳纤维补强示意图

10.4.4.3 停输换管

天然气长输管道停输换管主要针对埋地管道由于地震、洪水、雷电等自然灾害造成管道断裂、严重变形；管道大面积腐蚀、穿孔；施工机械伤害、恐怖分子破坏造成管道损坏，严重影响输气管道正常运行而采用的局部管道停输、换管修复维抢修的作业。换管修复可永久性解决缺陷管段存在的所有问题，适用于所有缺陷类型和泄漏的修复，也是目前最为成熟、广泛应用的施工方法。

换管修复时，管道切割位置离缺陷、破坏或泄漏处顶端至少100mm的距离，切割的管道长度应超过3倍的管道直径，且满足表10-25的要求。替换的管道壁厚应大于或等于现有管道的壁厚，材料等级应与现有管道相同。如替换管道的壁厚超出现有管道壁厚2.4mm，应对其进行内部加工或后斜面加工成4：1的斜率，与现有管道的壁厚一致。

替换管道应预先进行压力试验，试验的最小压力应为被修复管道最大操作压力的1.25倍，如被修复管段位于高后果区或异常敏感区，替换管段预先压力试验的最小压力应为被修复管道最大操作压力的1.5倍。替换管道与原管道采用对接环焊缝进行焊接，连头焊口进行100%超声波、射线无损检测。无损检测合格后，采用聚乙烯热收缩补口带对焊口进行补口，电火花检测补口带及焊口附近防腐层质量，对损坏部位进行补焊，合格后进行回填、地貌恢复。

表10.17　切割管段长度

管道外径/mm	切除管段的最小长度/mm
<168.3	150
168.3~610	2倍管道外径
≥610	1220

停输换管作业应对换管管段进行放空、氮气置换、进行可燃气体检测；断管后应对管内和管口进行清理，并采用气囊、黄油墙等隔离措施；为防止隔离管段内压力聚集，应在隔离管段上开排气孔，并持续检测。

停输换管作业流程：停输放空→氮气置换→动火施工→冷切割→修磨组对→打黄油墙→焊接→无损检测→防腐补口→置换投产

停输换管作业有以下不足：影响管道正常运行，对下游用户产生一定影响，给管道企业造成较大的经济损失；存在一定的安全和环境风险，施工作业安全措施要求较高；耗时较长。停输换管修复是成本最高的修复方案。

10.4.4.4　不停输换管

不停输换管是通过在管道缺陷段的两侧架设旁通管道，从旁通管道内侧封堵在用管道，使输送介质从旁通管道流过，然后将缺陷管段更换的方法，从而达到不影响管道介质输送的同时完成对管段进行施工的目的。这种方法具有安全可靠、工程质量易于保证等优点，其工作示意图如图10.25所示。

不停输换管作业总体流程：

（1）准备工作：机具设备试验—道路平整—开挖作业坑，各种材料、配件准备及进场。

（2）不停输开孔作业：焊接三通—开孔机安装及试压—天然气置换旁通线内氮气后导通旁通管线。

（3）不停输封堵作业：封堵—放空氮气置换。

（4）切管拆除与安装：切除缺陷管段—吊装—安装新管段。

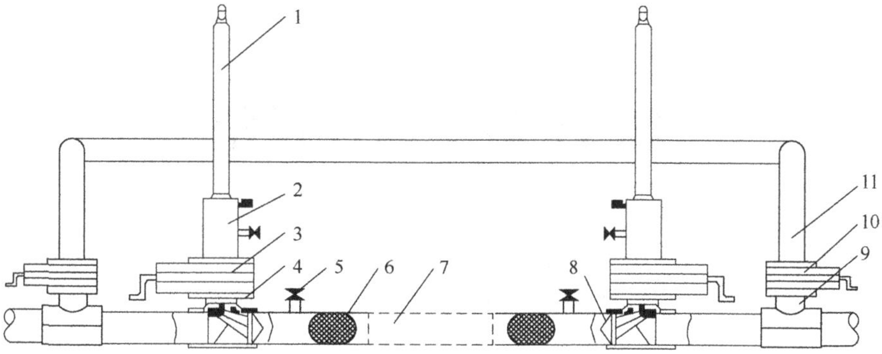

图 10.25 不停输换管施工示意图

1—封堵器；2—封堵结合器；3—封堵夹板阀；4—封堵三通；5—压力平衡短节；
6—隔离囊(墙)；7—维修改造管段；8—封堵头；9—旁通三通；10—旁通夹板阀；11—旁通管路

(5) 解除封堵安装塞堵：拆除设备—安装塞堵。

(6) 后续工程：旁通管拆除—防腐回填—场地恢复。

不停输换管带压开孔方法修复，应按 GB/T 28055 的相关要求实施，同时满足以下条件：缺陷管段的位置、几何尺寸等信息已经通过无损检测等方法准确测量；带压开孔工艺应严格设计、规范施工，确保管道能承受开孔过程中产生的各种应力；开孔机尺寸应符合缺陷范围要求，带压开孔切割下来的鞍形板应包含整个缺陷部位；三通焊接应满足焊接作业要求。

不停输换管作业带压开孔的价格较高，且存在与焊接相关的风险，是在长距离输气管道发生大面积泄漏、管道停输时间有限，且不停输的情况下所采取的一种抢修方法。

第11章　自控系统

输气管道安全运行离不开自动化，随着科技进步和人工智能的发展，SCADA 系统被称为管道的大脑。本章重点介绍 SCADA 系统的远程终端、站控系统、调控中心等内容。

11.1　SCADA 系统概述

11.1.1　SCADA 定义

输气管道工程自动控制系统一般采用以计算机为核心的监控及数据采集(Supervisory Control And Data Acquisition System 简称 SCADA)系统。SCADA 系统是指一种以多个远程终端监控单元通过有线或无线网络连接起来，具有远程监测控制功能的分布式计算机控制系统。SCADA 系统一般由调控中心(图 11.1)、后备控制中心、输气管理处监视终端、站控系统(SCS，Station Control System)、远程终端装置(RTU，Remote Terminal Unit)、数据传输通信系统等构成。SCADA 系统综合了计算机技术、控制技术、通信与网络技术，对管道运行全过程进行全面实时监控，为管道安全运行、调度控制、管理优化决策、故障报警诊断和应急处置提供强有力的数据支持和完整的技术保障。

图 11.1　调控中心示意图

11.1.2　SCADA 系统功能

输气管道 SCADA 系统一般具备以下功能：

(1) 输气管道压力、温度和流量等模拟量数据的实时采集和显示。

(2) 输气管道电动阀门、气液联动阀门、气动阀门等具备远控功能阀门的状态指示显示、远控开关操作。

(3) 输气管道压力、温度和流量等模拟量参数实时趋势、历史趋势显示，提供数据的变化情况，查询历史趋势，掌握生产动态。

(4) 流量计算机、色谱分析仪、恒电位仪、UPS、自用气撬、配电盘、火气系统等第三方智能设备运行参数的监控。

(5) 登录用户分配不同的操作权限，分别具有不同的操作功能。

(6) 报警参数设定，报警的产生、记录和查询。

(7) 调度控制中心级和站控级操作权限状态显示和切换。

(8) 调度控制中心对站场/RTU 设备进行数据监控和控制。

(9) 调度控制中心与站场/RTU 的通信链路状态监控显示。

(10) 调度控制中心处理和存储历史数据。

11.1.3 SCADA 系统组成

SCADA 系统组成按照架构分为三类：调控中心 SCADA 系统架构、站场 SCADA 系统架构和 RTU 阀室 SCADA 系统架构，SCADA 系统构成如图 11.2 所示。

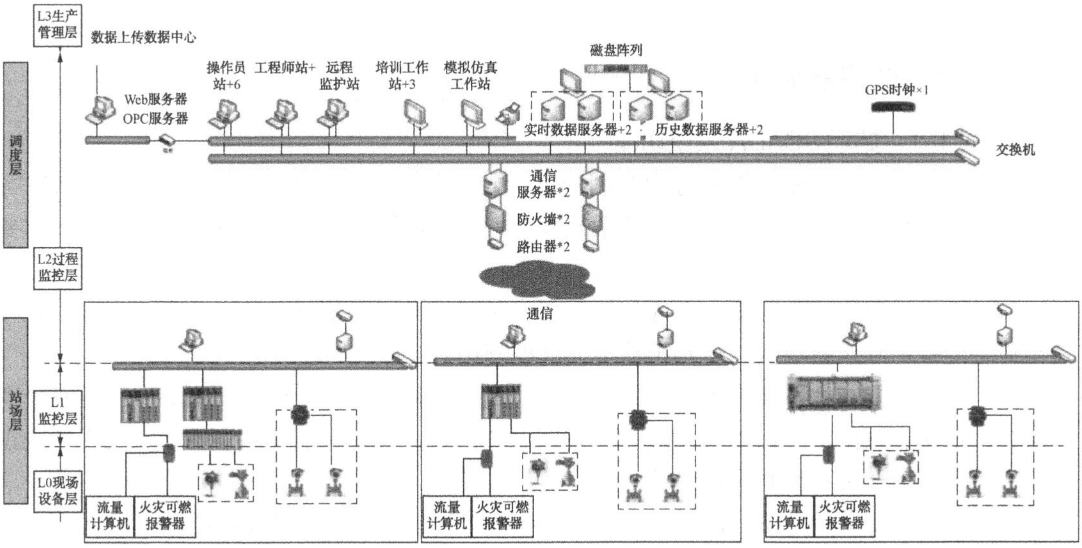

图 11.2 SCADA 系统构成

各输气站 SCS 站控系统和 RTU 阀室完成站场和阀室的监控及自动联锁保护等任务，并接收和执行调控中心下达的命令；调控中心对各站 SCS 站控系统和 RTU 线路截断阀室进行数据采集和监控；调控中心与各 SCS、RTU 通过管线专用光缆通信系统或者租用专线的方式进行数据通信。

各管理处监视终端是 SCADA 系统的远程操作站，通过管线专用光缆通信系统或者租用专线与调控中心 SCADA 系统进行数据通信。各监视终端只监视不控制。

11.1.4 SCADA 控制方式

随着工业控制技术的不断进步与发展，天然气输气管道 SCADA 系统的控制水平目前已完全实现在调控中心完成对全线各个站场和终端接收站的监控、调度、管理等任务。

SCADA 系统按控制级别分为调控中心控制级、站场控制级和就地控制级三级操作模式。

第一级为调控中心控制级：在正常情况下，各站场和阀室由调控中心对其进行远程调度、监视、管理与控制，即一级调度管理模式。当数据通信系统发生故障或调控中心主计算机系统发生故障时，各站场的 SCS 获取控制权，可对站内生产工艺过程进行全面监控。而在设备检修或事故处理时，可采用就地手动操作控制。

第二级为站场控制级：各站场通过站控 SCS 系统对站内工艺变量及设备运行状态进行数据采集、监视控制及联锁保护。远控线路截断阀室设置远程终端单元(RTU)，对线路截断阀及相关设备进行数据采集、监视控制。站场控制级的控制权限由调度控制中心设定，经调度控制中心授权后，才允许操作人员通过 SCS 或 RTU 对各站进行授权范围内的操作。当通信系统发生故障或系统检修时，由站控系统实现对各站的监视与控制。

第三级为就地控制级：就地控制系统对工艺单体或设备进行手/自动就地控制。当进行设备检修或紧急切断时，可采用就地控制方式。

11.2 站场控制系统

11.2.1 站控系统概述

11.2.1.1 站场 SCADA 系统功能

站控系统是完成数据采集和过程控制的软、硬件集合，是一套以 PLC 为核心，对输气场站的工艺系统、计量调压系统、辅助系统等进行集中监视、控制及管理的控制系统。主要包含以下功能：

(1) 数据采集与传输功能。全面数据采集，包括站内工艺运行参数、辅助系统数据以及关键设备的维护和诊断数据，将其传输至调度控制中心。

(2) 控制功能。计量调压主备支路的切换；调压管路的压力/流量自动调节；过滤分离支路自动切换、站内所有远控阀门远控及就地手动控制；紧急关断联锁逻辑；火灾报警联锁逻辑、可燃气体探头报警联锁逻辑等。

(3) 显示功能。动态流程图显示(包括实时运行参数及设备状态)；运行参数的动态显示，参数的实时、历史趋势曲线显示；报警画面显示。

(4) 数据通信。与调控中心进行数据通信，上传主要工艺参数及设备运行状态信息，并接收调控中心发来的调节控制指令。

11.2.1.2 站场 SCADA 系统结构

典型站场 SCADA 系统结构如图 11.3 所示。站控系统主要由过程控制系统(PCS)和安全仪表系统(SIS)组成，其中 PCS 系统实现站内工艺过程的监控，保障工艺系统的安全、可靠、平稳运行，实现工艺参数的显示、数据处理、报警和数据归档；SIS 系统实现站内的安全监控，实现事故下的紧急关断和放空，保障工艺系统的安全、可靠运行；另外站场内的可燃气体探测器检测信号直接进 SIS 系统，实现可燃气体泄漏报警及关断触发。SIS 系统独立设置，且其安全完整度等级不低于 SIL2 级，实现站内的安全监控、事故下的紧急关断和放空，保障工艺系统的安全、可靠运行。

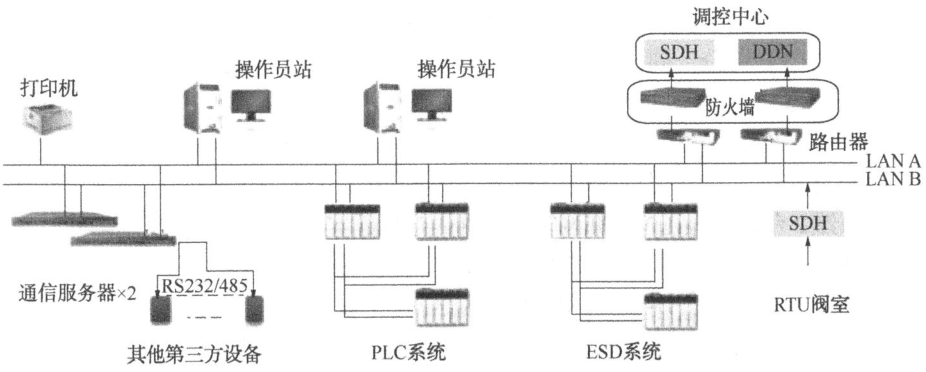

图 11.3　站场 SCADA 系统结构图

11.2.2　PCS 系统

11.2.2.1　PLC 系统

可编程序逻辑控制器系统(PLC)主要由 CPU 处理器、I/O 系统、网络通信系统、电源、安装附件等构成。为保证系统的可靠性，PLC 的处理器采用双机热备系统，热备套件固化热备切换程序，在故障情况下可实现自主切换，热备系统为硬件切换型，如图 11.4 所示。

图 11.4　CPU 和 I/O 模块图

PLC 所选用的模板是带电可插拔型模板，且每块模板都具有自诊断功能。PLC 处理器接受、处理其他站拷贝来的子程序，并可将站场的一些功能程序移植到需要的站场，以减少重复编程的工作量。处理器的版本升级采用 FLASH 方式，而不用更换处理器。PLC 系统满足所需的热备冗余配置要求，对硬件的地址分配设置、I/O 的量化等采用组态的方式完成。

系统支持电源冗余、CPU 冗余、网络冗余以及 I/O 冗余，各部件均采用 1 : 1 热备冗余方式。当工作模块发生故障时，冗余部件实现无扰切换，备用模块承担起工作模块的作用。同时，I/O 模块必须采用和 CPU 对应的同等级、同系列的模块。

PLC 系统具有完整的自诊断功能，可以在运行中自动地诊断出系统的任何一个部件是否出现故障，并且在监控软件中及时、准确地反映出故障状态、故障时间、故障地点及相关信息。在系统发生故障后，I/O 的状态可返回到系统根据工艺要求预设置的状态。

11.2.2.2　PCS 系统

站控系统中过程控制系统(PCS)，由冗余的 CPU 部分和 I/O 机架组成。CPU 部分采用双机架冗余结构，即相同配置的两套模板，包括 CPU、电源、通信和冗余模板，分别放置在两台相同机架内，组成配置完全相同的两套 CPU 机架，机架间通过冗余网络连接。CPU 部分负责与 I/O 机架通信，完成数据采集、控制和逻辑运算；I/O 机架安装有 I/O 模板，完成现场信号的转换并传送给 CPU 部分，同时响应 CPU 部分的控制命令，执行控制输出和调节。另外设置冗余通信服务器、路由器、交换机等，作为站控系统数据汇聚点，实现与调控中心通信。

(1) 操作员工作站 1 台，可以全站进行监视，每台操作员工作站配置液晶显示器。

(2) 激光打印机 1 台，用于报告、报表、记录打印。

(3) 路由器 2 台，互为冗余，在网络中起网关作用，实现两个或者多个网络间的数据通信。

(4) 交换机 2 台，互为冗余，实现数据的汇聚与转发功能。

(5) 通信服务器 2 台，用于与调控中心 SCADA 系统通信，互为冗余。

(6) 配防火墙、安全审计系统、主机防护软件，保护系统网络安全。

(7) CPU(中央处理器)，CPU 是 PCS 装置的主要部分，是系统的核心部件，它与一般微处理器不同，它是以字(每字为 16 位)为单位而不是以字节(每字节为 8 位)为单位来存储信息。为了进一步提高 PCS 的可靠性，近年来对大型 PLC 还采用双 CPU 构成冗余系统，或采用三 CPU 的表决式系统。它的主要作用是：

① 系统操作的中枢：控制输入和输出。

② 执行用户的应用程序。

③ 系统监视和维护，故障诊断。

(8) I/O 模块，指的是 PCS 的输入/输出模块，其中 I 指的是输入，O 指的是输出。I/O 模块承担了与外部系统进行信息和数据交互的重要责任，根据现场信号不同选取不同型号的 I/O 模块。如 DI 模块、DO 模块、AI 模块、AO 模块等，它的主要作用是：

① 输入模块用来接收和采集输入信号，输入信号有两类：一类是开关量输入信号(一般来自按钮开关、接近开关等)；另一类是模拟量输入信号(一般来自各种变送器)。输入模块将这些不同的电流信号转换成数字信号，以便 CPU 能够接收和处理。

② 输出模块的作用是接收中央处理器处理过的数字信号，并把它转换成现场执行部件能接收的信号，用来控制接触器、电磁阀、调节阀、调速装置等。

11.2.2.3 系统逻辑控制

1) 站场正常关闭

在站内需要进行停气检修、需要较长时间中断向下游供气时，可将站场关闭，站内气体不需要放空。

站控系统接收到任意站正常关站命令后，顺序关闭进口阀，待调压阀上游压力与下游压力平衡后，关闭出口阀，再强制关闭工作调压阀。

分离、计量、调压回路保留有效优先级最高的回路不关闭。

站场正常关闭由站控系统负责，可通过调控中心远程、站控 HMI 触发关站命令。

2) 中断向用户供气

在短时间需要中断向下游供气，而不影响站内自用气时，可只将用户供气中断，站内气体不需要放空。

站控系统接收到任意站中断用户供气命令后，同时强制关闭工作调压阀。分离、计量、调压回路保留有效优先级最高的回路不关闭。

中断用户供气由站控系统负责，可通过调控中心远程、站控 HMI 触发命令。

3) 恢复向用户供气

只有在执行完中断向用户供气后，允许进行恢复向用户供气。站控系统接收到任意站恢复向用户供气命令后，取消对工作调压阀的强制关闭命令。

恢复用户供气由站控系统负责，可通过调控中心远程、站控 HMI 触发命令。

4）过滤分离器回路控制

分离器投用的数量受站总流量控制，每路分离器的最大处理量是固定已知的，可根据体积流量的变化确定分离器开启的回路数量。每路分离器均设有不同的优先级，开启时按优先级从高至低的顺序进行，反之，从低到高的顺序关闭。

PLC 程序自动对堵塞回路产生报警，同时自动开启优先级高的备用回路，拟堵塞回路不关闭，由操作员进一步进行判断处理。切换到另一台处于良好状态的过滤分离器使用。如果另一台过滤分离器正处于故障或维修状态，将不允许进行切换操作。

如果任一过滤分离器处于故障或维修状态，相对应的回路切换阀执行机构应处于维护、手动或报警状态，将不允许该过滤分离器回路实施自动切换操作，直到故障排除确认复位后，才可将该过滤器回路恢复自动切换功能。

5）流量计量回路控制

流量计投用的数量受流量计测量流速或工况体积流量控制，当在用支路有任意一台流速达到 20m/s，应增开一路优先级较高的计量回路；而当所有在用支路流速均低于 5m/s 时，应关闭一路优先级较低的支路。开启时按优先级从高至低的顺序进行，反之，从低到高的顺序关闭。

当流量计处于维修状态时，对其下游阀操作指令应不起作用。流路状态应该由下游阀反馈信号触发。

6）压力、流量调节回路控制

站场设有调压撬压力流量控制装置。为了保证管网内其他用户的正常用气安全，控制方式采用压力、流量选择控制，正常时采用压力控制，当流量超过允许最大值时，采用流量信号进行限流控制；当下游压力低于允许最小值时，自动转为压力控制。流量测量值取标准体积流量，压力测量值取调压阀下游测量压力。

对于工作调节阀，正常情况下，由压力 PID 调节器进行控制，流量 PID 输出值自动跟踪压力调节器的输出值；当流量大于流量设定值时，由流量 PID 调节器进行控制，压力调节器输出值自动跟踪流量调节器信号，当流量调节回正常流量范围后，再重新由压力调节器进行控制。如图 11.5 所示。

对于调压撬正常工作时，由工作调节阀进行调节，监控调节阀处于全开位置。当工作调节阀出现故障调节失效时，监控调节阀自动投入工作。当两台调节阀均调节失效时，仅支路出口压力达到 SSV 阀设定值时，该支路 SSV 阀关闭。

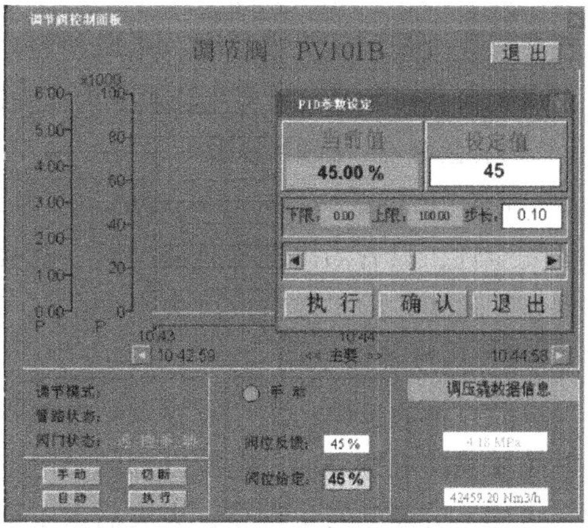

图 11.5 调节阀 PID 参数设定

11.2.3 SIS 系统

11.2.3.1 SIS 系统组成

SIS 系统，即安全仪表联锁系统，站场设置独立的安全仪表联锁系统，在站场发生超压时自动关闭站场，在工艺装置区发生火灾报警或天然气泄漏报警时，同一防护区域内两个探测设备报警，自动关闭站场，放空站内天然气，切断除了消防电源、应急电源以外的供电电源。同时在硬手操作盘和站场工艺装置区设置 ESD 手动按钮(调控中心 SCADA 系统设置 ESD 触发软按钮)，在便于 ESD 触发后人员巡检和逃生的通道附近，确保站场和人员安全。站场单独设置 SIS 系统 PLC，采用冗余、容错的控制器，确保紧急情况下实现系统关断。

1) 安全仪表联锁系统

安全仪表控制系统(SIS)均采用 PLC，由冗余的 CPU 部分和 I/O 机架组成。CPU 部分采用双机架冗余结构，即相同配置的两套模板，包括 CPU、电源、通信和冗余模板，分别放置在两台相同机架内，组成配置完全相同的两套 CPU 机架，机架间通过冗余网络连接。CPU 部分负责与 I/O 机架通信，完成数据采集、控制和逻辑运算；I/O 机架安装有 I/O 模板，完成现场信号的转换并传送给 CPU 部分，同时响应 CPU 部分的控制命令，执行控制输出和调节。

2) 火气检测系统

在站场内有可能引起天然气泄漏的检测点设置可燃气体探测器，检测天然气泄漏情况，信号远传至可燃气体报警控制器进行声光报警，同时将高高报警信号传至 SIS 系统进行报警，并与站场内关断阀进行联动控制，以保证站内人身、设备和生产过程的安全。站场内设置便携式可燃气体探测器，用于人工巡检站场时检测可燃气体的浓度，保护人员安全。在综合办公楼内、工艺装置区及大门处设置火灾手动报警按钮、声光报警器，办公室、会议室、控制室、机柜间等房间内设置烟感探测器，信号远传至火灾报警控制器进行报警、联锁。

3) 站场声光报警系统

当工艺装置区单台可燃气体泄漏报警时，立即触发可燃气体声光报警器，提醒现场操作人员确认气体泄漏情况，采取相应措施；当工艺装置区发生可燃气体泄漏复合报警时，延时 90s 后(时间可调)自动触发 ESD 关断，延时期间如人工确认是误报警，可通过对误报警探头的超驰操作避免误关断。当工艺区单台火灾手动报警器触发时，立即触发火灾声光报警，提醒操作人员确认火灾情况，采取相应措施；当工艺装置区手动报警按钮复合报警时，立即由火灾自动报警器输出工艺装置区火灾确认信号给 SIS 系统，由 SIS 系统执行站场 ESD 关断。

11.2.3.2 ESD 分级

ESD(Emergency Shutdown Device)为紧急停车系统的缩写。ESD 实时在线检测输气站场的安全性，只有当出现紧急情况时，直接由 ESD 发出保护联锁信号，对现场设备进行安全保护，避免危险扩散造成巨大损失。

1) 一级关断 ESD-1

全站泄压关断：生产流程及辅助流程均关断，关闭进出站紧急切断阀，打开放空阀。切断除了消防电源、应急电源以外的供电电源。主要由以下原因触发：

(1) 分输站发生爆炸、火灾后人工确认触发。

(2) 工艺装置区发生确认火灾报警后，自动触发。

(3) 站场单台可燃气体检测泄漏报警后，人工确认触发。

(4) 工艺区确认可燃气体报警，延时 90s(时间可调)后如无超驰(一种硬保护系统)操作，自动触发。

(5) 其他原因人工触发。

2）二级关断 ESD-2(PSD)

全站过程关断：关闭进出站紧急切断阀，关断生产流程及辅助流程，不放空。主要由以下原因触发：

（1）来气管线或下游管线爆管等故障停输时人工确认触发。

（2）调控中心 PSD 命令。

（3）干线进站压力低低报警自动触发。

（4）其他原因人工触发。

3）三级关断 ESD-3(USD)

站场单元关断，切断发生故障的进出站管线流程。主要由以下原因触发：

（1）干线进站压力低低报警及压降速率高高(三选二)自动触发。

（2）干线出站压力低低报警及压降速率高高(三选二)自动触发。

（3）出站分输支路压力高高/低低报警(自动触发)。

（4）其他原因人工触发。

11.2.3.3 系统控制逻辑

1）全站关闭紧急放空

全站关闭紧急放空 ESD 触发可由 SIS 系统触发，也可由 ESD 按钮人工触发(紧急停车按钮、紧急放空按钮)。PLC 接收到触发信号进行逻辑运算后，一方面对声光报警器下达启动指令，另一方面对进站、出站气液联动球阀下达关闭指令，实现输气站进出站天然气的切断功能；与此同时，控制元件根据 ESD 关断级别监控球阀的运动情况，当接收到关阀到位反馈信号后，控制元件对气动放空阀下达开阀指令，从而实现对站内天然气放空。ESD 关断阀门动作见表 11.1。

表 11.1 ESD 关断阀门动作表

级别	越站	进出站	用户出站	调压进口	安全切断	紧急放空
一级	开启	关闭	关闭	关闭	关闭	开启
二级	开启	关闭	关闭	关闭	关闭	关闭
三级			关闭	关闭	关闭	

2）下游超压自动关闭

当出站压力超高，安装在出站上管线的三台压力变送器出现三选二的高高报警时，由 SIS 系统发出关断命令信号，对安全切断阀进行快速关闭操作，以保证下游用户及管道的安全，站内气体不需要放空。同时关闭 SSV 阀、关闭出口阀，再强制关闭工作调压阀。

下游用户超压关闭由站 SIS 系统负责，属自动控制程序，不需要人工干预。

3）气液联动执行机构关断

当仪表检测系统检测到以下情况，对气液联动执行机构驱动阀门进行关断：

（1）检测压力低于低压关断设定值。

（2）检测压力高于高压关断设定值。

（3）检测压降速率高于压降速率关断设定值。

11.2.4 上位机组态软件

上位机(PC)组态软件，即 HMI 软件，一种人机界面、监视控制和数据采集软件。组态软件应用领域广泛，它可以应用在电力系统、给水系统、石油天然气化工系统等领域的数据采集与监视控制以及过程控制。站场控制系统完成集成后，需要过程控制系统将所有 PCS 中逻辑程序在电脑中组态，完成所有仪控设备在上位机编程，清晰显示出仪控设备状态，并且完成监视和控制，下面就国内几种常用的上位机组态软件进行介绍。

11.2.4.1 Viewstar 组态软件

为德国 Cegelec 公司研发，其支持 TCP/IP 通信，是一个多用途、多任务的 HMI 软件，主要用于石油、天然气、水利等行业的自动化控制，目前已广泛应用于国内西气东输、榆济线等长输管线 SCADA 系统工程，与 Telvent 的 OASYS，Honeywell 的 PKS，Citect，IFIX 等都为应用较为广泛的 HMI 软件，Viewstar 软件主要功能如下：

(1) 图形接口控制——操作员能够通过图形接口直接控制机台等装置。

(2) 实时的资料趋势显示——操作员能够立刻获取实时的现场数据以及趋势变化。

(3) 自动记录资料——自动将资料储存至数据库中，以供查看。

(4) 历史资料趋势显示——把数据库中的资料做可视化的呈现。

(5) 警报的产生与记录——使用者可以定义一些警报产生的条件。

11.2.4.2 Intouch 组态软件

一种工业自动化组态软件，Wonderware 公司产品。Intouch HMI 软件用于可视化和控制工业生产过程。它为工程师提供了一种易用的开发环境和广泛的功能，使工程师能够快速地建立、测试和部署强大的连接和传递实时信息的自动化应用。Intouch 软件是一个开放的、可扩展的人机界面，为定制应用程序设计提供了灵活性，同时为工业中的各种自动化设备提供了连接能力，主要功能如下：

(1) 分布式应用特点——软件功能丰富、运行稳定；在分布式“网络应用程序开发”环境中，它也可以扩展到成百上千的节点上。

(2) 图形用户界面——软件支持用户快速、方便地开发定制的图形视图。用户可以在软件中使用多种工具开发图形，这些工具包括标准的图形组件、位图图像以及各种符号。

(3) 广泛的 I/O 驱动支持——提供大量的 I/O 服务器，支持用户连接任何工业自动化控制设备，实现动态数据交换通信能力。

(4) 分布式的历史信息——包括一个分布式的历史趋势系统，该系统允许用户动态地为每个趋势图表指定一个特定的历史文件数据源。

(5) 报警的三个视图——分布式报警显示、报警日志显示，且用户对系统中的当前报警和历史报警信息的检索具有控制功能。

11.2.4.3 Vxscada 组态软件

为国产化上位机软件，浙江中控技术股份有限公司产品，其具有模块化强、开放性强、系统结构灵活等特点。主要功能如下：软件平台模块化设计，可根据需求新增、裁减或组合模块/服务；软件平台支持二次开发，提供 I/O 驱动开发接口(开发新的通信协议接口)、流程图控件嵌入、操作面板、脚本、报表逻辑等；数据开放性：实时数据(OPC、ODBC 数据源)、历史数据(ODBC 数据源、SQL 连接)，均可以通过相应的数据库连接驱动，输入到关系型数据库；第三方程序可通过 OPC、ODBC、API、DDE 等接口接入。系统结构基于 C/S 模式，可支持 1∶1 服务器冗余，客户端 DNS 解析、服务器自诊断、冗余切换、历史数据冗余存储、历史数据分布式域内动态路由等功能；全系统支持多服务器结构，采用客户端/服务器模式(实时数据、历史数据、历史报警、操作记录)；不同操作权限对应的操作界面、趋势、报警、报表等不同，支持操作角色冗余和切换。

11.2.5 HMI 操作

虽然各公司上位机 HMI 人机界面风格不同，但显示内容一致，操作方法大同小异，以国产化上位机组态软件基本操作进行介绍。

11.2.5.1 登录操作

(1) 第一步：系统计算机启动后，系统自动进入 Vxscada 登录界面，点击鼠标右键选择用户登录，弹出登录对话框中选择用户登录名、输入用户登录密码，选择登录的操作小组，点击登录按钮即可。

(2) 第二步：登录成功后，按照操作者所拥有的权利系统赋予了相应的操作。例如：观察员只能查看画面；操作员只能进行画面的切换、电动阀的启停、流程的切换等一些简单的操作；而系统管理员除了可以进行上面的操作，还可以进行报警点的更改、登录用户的添加与删除等一些系统操作。如图 11.6 所示。

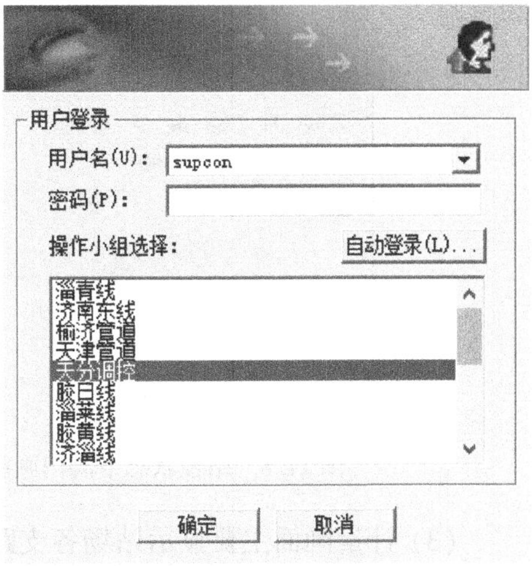

图 11.6 站控系统登录界面

11.2.5.2 页面显示

(1) 控制图：站控系统登录后，将会进入到工艺流程图，主要显示了站场的管线走向，阀门状态，温度、压力、流量等仪表数值。在相应的操作权限下，界面进行画面的切换、电动阀的启停、流程的切换等操作。如图 11.7 所示。

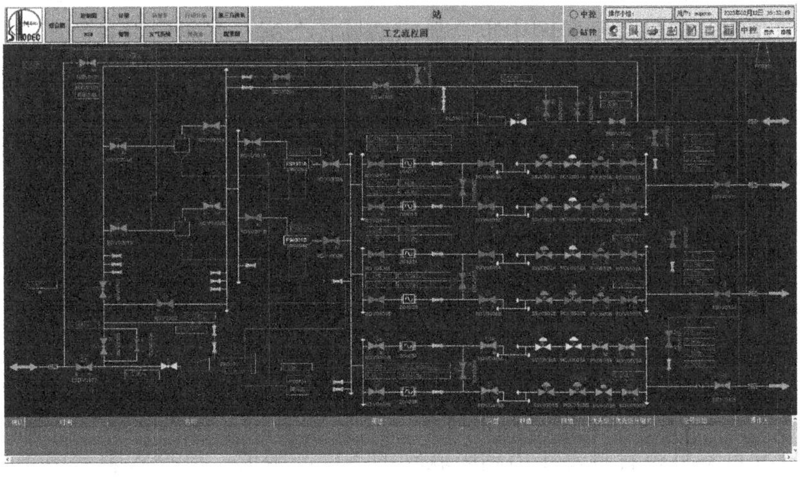

图 11.7 输气站工艺操作界面

(2) 自动化阀门操作。以气液联动阀为例，通过点击气液联动阀阀门图标，打开阀门面板。如图 11.8 所示。

在阀门面板中可以显示阀门的详细状态，如图 11.8 阀门锁定为站控，各个指令按钮为灰色，此时无法操作阀门。锁定为中心时，指令区域按钮亮起，可通过各按钮向站场下发各操作命令。控制命令下发均有二次确认，如图 11.9 所示。

操作日志：能够如实地记录以前的操作，例如数据库的修改，对点位进行的操作，以及操作员在其值班时间里所执行的动作都可在操作日志里反映出来。还可通过设置过滤条件对日志筛选。

中心站控切换按钮：通过中控/站控文字可以实现中心/站控控制级别的显示与切换(控制命令下发均有二次确认)。

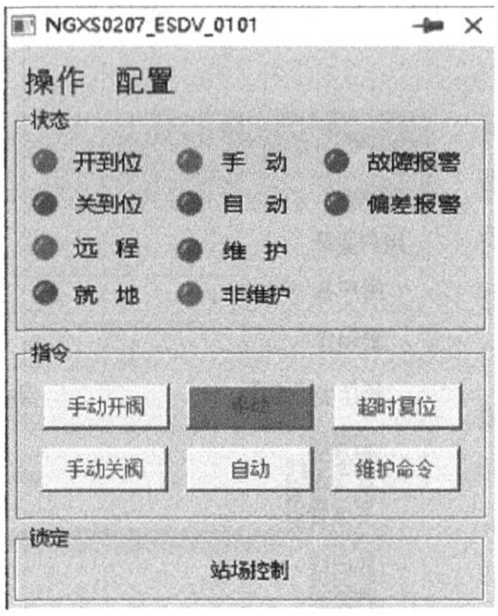

图 11.8　站控状态下阀门画面

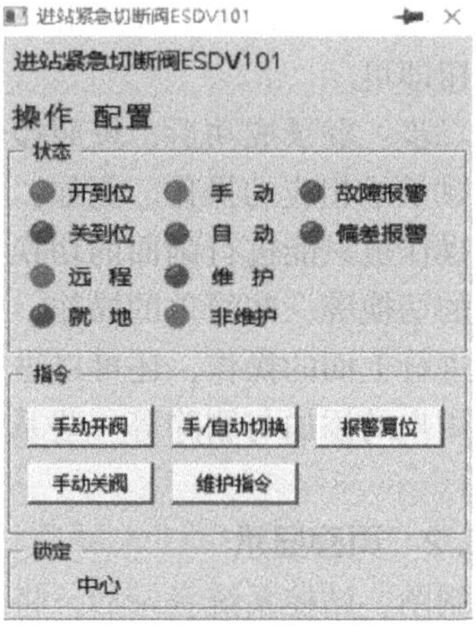

图 11.9　调控中心控制下阀门画面

(3) 计量画面主要显示站场各支路流量计算机数据和实时组分。通过点击画面区的切换按钮，可跳转查看各个分输用户上流量计算机数据。

(4) 系统配置图：系统配置图主要显示了站控系统的 PCS 与 ESD 系统的 CPU 状态、卡件状态，通信状态等信息。配置图中也会显示站场各个第三方通信设备的通信状态，如：流量计算机通信状态、UPS 通信状态等。

(5) 站操作画面：站操作画面主要包含了站场多种设备的状态显示，下发启停操作、维护命令等。具备管路切换与站场启停操作的站场，也可在站操作界面中打开相应的跳转界面，进行相应的操作。

(6) 火气画面：点击火气系统按钮弹出火气画面，火气画面根据站场仪表的实际位置绘制，可以直观地看出站场各个区域的火气状况。

(7) ESD 画面：点击 ESD 按钮弹出 ESD 画面，界面主要功能有 ESD 一、二、三级、压变三选二、火气探头、可燃气体等触发联锁，如图 11.10 所示。

该区显示的是当前执行的 ESD 过程中触发的联锁逻辑。绿色灯代表未触发，红色灯代表已触发。FGS 页签可查看触发压力超限联锁的条件与限值，已投入表示该条联锁逻辑投入使用中，可以通过点击投切按钮屏蔽该条联锁逻辑。

例如：PIT-0102A 与 PIT-0102B 压力低于限值 2MPa 时，将触发干线进站压力低低超限(二选二)联锁切断逻辑。如此时 PIT-0102A 损坏或维修，可以通过点击投切开关切除该仪表的逻辑，使其不会触发联锁逻辑。

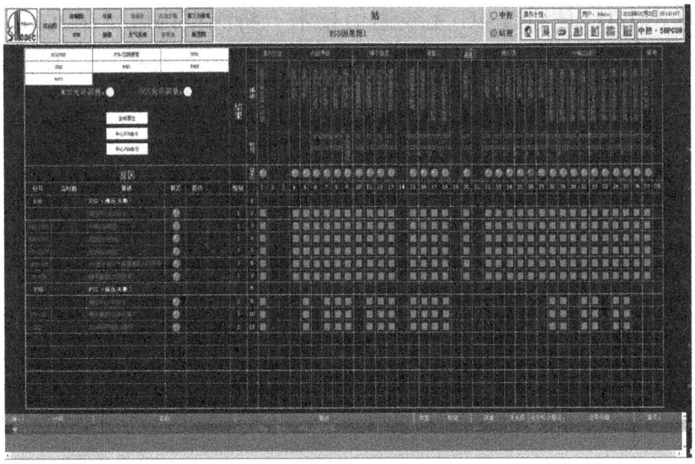

图 11.10 ESD 联锁画面

11.3 阀室 RTU 系统

11.3.1 RTU 阀室功能

RTU 是 Remote Terminal Unit(远程终端控制系统)的简称，是 SCADA 系统的基本组成单元，负责对现场信号、工业设备的检测和控制。RTU 是一种耐用的现场智能处理器，它支持 SCADA 控制中心 RTU 与现场器件的通信。它是一个独立的数据获取与控制单元，它的作用是在远端控制现场设备，获得设备数据，并将数据传至 SCADA 系统的调控中心。RTU 主要用于室外和恶劣环境中，比如在一些无人值守的阀室等。

RTU 阀室功能有：采集阀室工艺运行参数，将其传输至就近站场及调控中心系统；执行就近站场及调控中心下发的指令；线路紧急截断阀控制；阀室供电系统、电子控制单元监视；阀室内截断阀的远程控制；可燃气体的监视和报警。

11.3.2 典型 RTU 阀室系统结构

RTU 阀室设置的气液联动阀控制单元能自动检测管线压力超高、超低、压降速率超限等事先预设的事故信号，并自动关闭气液联动阀。

RTU 阀室支持远程关闭功能。单独提供 1 个控制电磁阀，电磁阀平时为失电状态，气液联动阀为保持状态；当 RTU 输出 1 个关阀信号时，电磁阀上电，关阀气路导通，气液联动阀关闭。为了确保安全，线路截断阀在关闭状态下不提供远控开启功能，需事故处理完毕后，由现场操作员手动复位开。典型 RTU 阀室系统结构如图 11.11 所示。

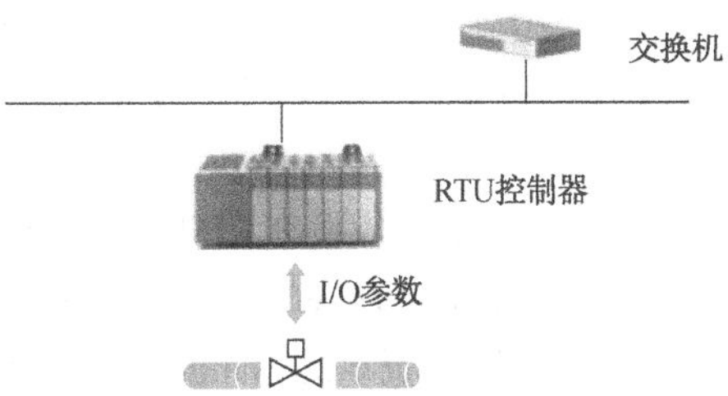

图 11.11 RTU 阀室系统结构图

11.3.3 物联网 RTU 系统

对于无法通过光缆或专线与调控中心连接的 RTU 阀室，采用物联网进行连接

(图 11.12)。物联网 RTU 是通过 4G 无线通信技术，将阀室内电子单元的数据传送到调控中心 SCADA 系统，并实时查看阀门状态及电子单元采集的实时压力、压降速率、报警状态、电池电压等数据，同时可以对电子单元设定参数修改，进行远程阀门开关操作。物联网 RTU 系统由 RTU、4G 路由器、隔离电源、防爆箱等组成，供电电源由阀室视频监控系统蓄电池及新增太阳能板提供。RTU 实时读取气液联动执行机构的阀位状态及电子控制单元的数据，利用 4G 技术通过运营商网络和 VPN 专线传输到调控中心数据服务器，同时接收调控中心发出的参数设定和阀门控制命令，并将执行结果反馈到调控中心 SCADA 系统。

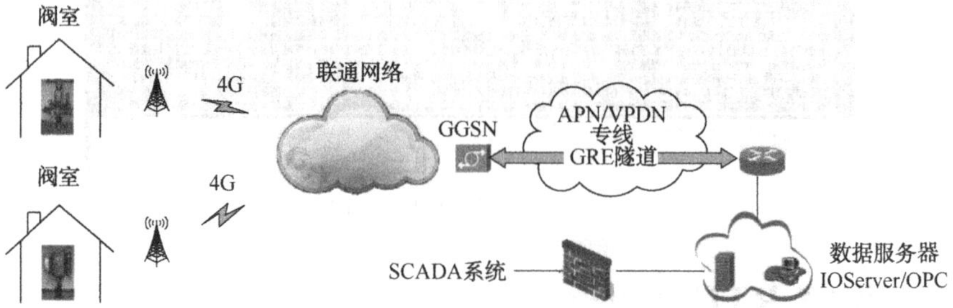

图 11.12　物联网 RTU 阀室网络传输图

11.4　调控中心

11.4.1　调控 SCADA 系统功能

调控中心 SCADA 具有数据采集和状态显示、远程监控、报警和处理、趋势分析及整合其他应用等功能。操作员工作站具备不同级别、不同区域或不同数据集合的操作权限；监视各工艺站场及阀室工艺设备的运行状态；工艺流程动态显示；报警显示、报警管理以及事件的查询；工艺过程控制及调节数据采集和处理；实时、历史数据的采集、归档、管理以及趋势图显示；工艺过程优化；站场安全保护；气源管理；SCADA 系统的故障诊断；网络和通信通道的监视及管理；系统时钟同步；在线测试和维护；数据共享和数据集成。

11.4.2　调控中心 SCADA 系统结构

典型的调控中心 SCADA 系统结构如图 11.13 所示。

调控中心 SCADA 系统作为控制中心，需对管道全线进行连续的监控、管理、调度，保证系统的可靠性、稳定性和安全性。系统应能确保数据采集、储存的完整性、及时性、准确性、安全性和可靠性，同时应采用开放平台，支持用户开发、补充和完善。

SCADA 系统应按客户机/服务器结构设置，支持分布式多服务器结构。服务器操作系统采用 LINUX/WINDOWS/UNIX 实时多任务操作系统，客户机(操作员工作站和工程师工作站)采用高稳定版本的 Windows 操作系统。为提高系统的可靠性，通信服务器、实时历史数据库和控制网应采用热备冗余配置。

调控中心设置至少应包含工控安全统一管控平台、入侵检测系统、安全审计系统、工业防火墙、工业网闸、主机防护系统等工控网络安全措施。操作员工作站、工程师工作站等均作为局域网上的一个节点，共享各服务器的资源。

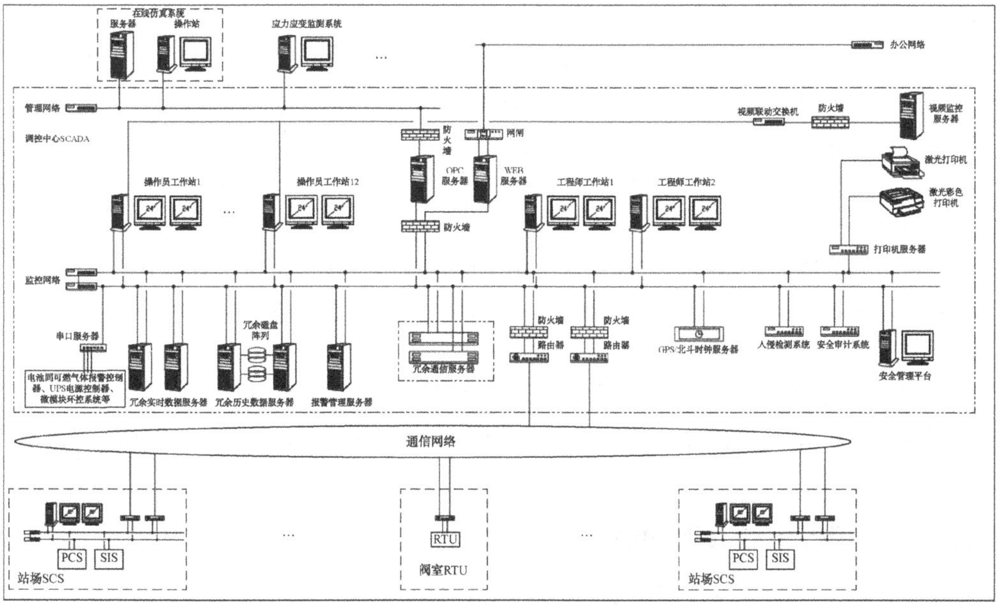

图 11.13 调控中心 SCADA 系统结构

服务器是 SCADA 系统的核心，运行各种软件，采集各站的过程数据，担负着整个系统实时数据库和历史数据库的管理、网络管理等重要工作。为提高可靠性，主要的服务器采用冗余配置。其性能应符合工业用硬件和软件的标准，应具有容错和自诊断能力。

根据完成的不同功能分别配置服务器，使它们分担不同的任务，降低单台服务器的工作负荷；功能分开，危险分散，保证不会因为某台服务器故障导致整个 SCADA 系统瘫痪。

(1) SCADA 实时数据服务器负责处理、存储、管理 PCS、SIS 和 RTU 采集的实时数据，为网络中的其他服务器和工作站提供实时数据，并向 OPC 数据库/Web 服务器写入数据。实时数据存放在实时数据库中。实时数据服务器中运行通信管理软件，完成与沿线各站的 PCS、SIS 和 RTU 的通信链接、协议转换、网络管理等任务。为提高系统的可靠性，SCADA 实时数据服务器采用热备冗余配置，冗余切换时间应小于 30s。

(2) SCADA 历史数据服务器负责完成历史数据的存储、管理，并为网络中的其他服务器和工作站提供数据。服务器运行标准数据库软件(如 Oracle、SQL 等)，提供开放软件接口和标准物理接口。历史服务器还具有 Web 服务器功能，可通过 OPC 接口为第三方应用系统提供数据服务。SCADA 历史数据服务器采用 LINUX/WINDOWS/UNIX 实时多任务操作系统。历史数据服务器采用热备冗余配置，冗余切换时间应小于 30s。

(3) 通信服务器，负责运行通信管理软件，完成与沿线各站的 PCS、SIS 和 RTU 的通信链接、协议转换、网络管理等任务。SCADA 通信服务器采用 LINUX/WINDOWS/UNIX 实时多任务操作系统。通信服务器采用热备冗余配置，冗余切换时间应小于 30s。

(4) OPC 数据库/Web 服务器，可为第三方高级应用系统(GMS、仿真培训系统)提供数据服务。OPC 数据库/Web 系统直接与管道 SCADA 系统通信，SCADA 系统实时/历史服务器将单向向 OPC 数据库/Web 系统写入管道生产数据。通信接口方式用 OPC、ODBC、API、DDE 等。

(5) 远程监视终端，每个管理处均设置 SCADA 远程监视终端，远程监视终端与调控中心通信，可监视所辖管道及其设施的详细运行数据和全线的主要运行数据。远程监视终端只能监视不能控制。

(6) 操作员工作站，负责 SCADA 系统的人机接口(HMI)，操作员工作站作为客户端，通过监控网与服务器连接。操作员工作站采用标准塔式计算机或工作站。

(7) 工程师工作站，负责系统工程师的操作平台，工程师可通过它对 SCADA 系统进行配置和组态，可以对系统进行二次开发，同时还可存储系统的历次配置和组态、设计文档、说明及指南。

(8) 报警服务器，安装报警管理软件，用于优化报警、快速定位、数据分析、实时管理。

(9) 时钟服务器，为监控网和控制网上设备提供时钟源服务，实现整个 SCADA 系统的时间同步。

(10) 交换机，2 台交换机互为冗余，实现数据的汇聚与转发功能。

(11) 路由器，2 台路由器互为冗余，在网络中起网关作用，实现两个或者多个网络间的数据通信。

11.4.3 调控中心其他功能

调控中心基本功能应包含调控中心大厅、仿真培训室、应急指挥/调度会议室、工程师操作室、自控通信机房、配电间、UPS 室和电池间以及逃生通道等。

调控中心基本调度指挥功能应包含 SCADA 系统、工控网络安全设备、数据传输系统、工业电视监控系统、软交换核心平台、办公网络、会议电视主会场、一体化光纤坐席管理系统、数据中心、模块化机房，以及为中心配套的 UPS 电源、柴油发电机、七氟丙烷气体灭火系统等。

工控网络安全设备：调控中心自控系统应按等保三级进行建设，配套有工业级防火墙、网闸、安全审计系统、入侵检测系统、安全管理平台及工业主机安全防护系统，构建控制系统基础设施安全、实时控制行为安全、业务流程作业安全的三层精准、纵深防护系统(图 11.14)。

图 11.14　工控网络安全设备

数据传输系统：通过自建光纤专线、租用公网 VPN 专线、DDN 专线等方式，接入了管道公司、接收站、储气库等。

工业电视监控系统：调控中心作为一家单位的一级远程监控平台，对下辖的各管线、销售公司、接收站、储气库等的工业电视监控系统进行整合、接入，实现集中控制、显示、管理以及资源的共享和调用。

软交换核心平台：调控中心应设置一套 VOIP 软交换平台，作为天然气分公司的核心话音交换平台，实现对下辖各条管道、分公司的调度电话平台业务的统一调配。

办公网络：调控中心办公网依托已建信息化系统，通过汇聚和接入交换机、路由器、防火墙等设备，接入共享中心局域网网络，整体实现日常办公、会议等工作。

会议电视主会场：调控中心应设置会议电视系统 MCU 及主会场设备，通过办公网实现与各子公司和总部之间的视频会议。

数据中心：调控中心应建设数据中心及云平台，构建云计算资源池，提升已有各类业务信息系统的基础设施利用率，降低能耗及维护管理成本，实现历史数据迁移、发布、存储等，方便数据随调随取，具体功能如图 11.15 所示。

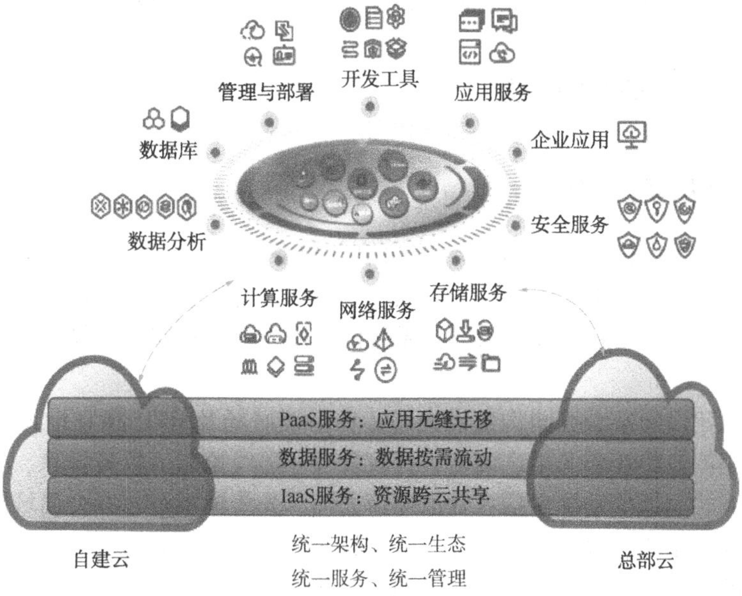

图 11.15　数据中心功能

模块化机房：调控中心机房建设应采用较为先进的模块化机房设备。以维谛公司模块化机房为例，模块化机房共 36 面机柜，其中列头柜 2 面，精密空调柜 4 面，微网络模块 2 面，剩余 28 面用于系统设备安装。模块化机房配备 RDU501 系统(动环系统)，搭载新的 RDU501 硬件，基于 X86 平台软件，不仅提供传统的动力环境设备监控管理功能，而且提供通过 IPMI2.0 协议管理用户的服务器。同时，可支持通过远程网络方式管理维护交换机等串口设备(RS232)。在基本管理功能之外，RDU501 融合了动环和 IT 场景，为用户提供了智能管理方案。为企业级客户数据中心、分布式边缘计算节点(Edge)、网络接入间和 SMB 小微机房客户提供一体化集中监控管理解决方案，致力于创建一个安全、可靠和经济的数据中心。

UPS 系统：调控中心应配备两台 UPS 产品并联方式连接供电，UPS 系统应为全数字化 DSP 控制在线式不间断系统，在市电正常时，交流电源经过整流器转换成直流电源，供电给逆变器并对电池组进行充电，使电池储存足够的电能，以便在市电中断时，能够以零切换时间立刻提供干净的电源给负载使用。

发电机：调控中心应配置柴油发电机，作为市电中断、UPS 失效外的备用电源，应包含输出开关、消音器、底盘油箱等，带自启动功能，在市电中断时，发电机手动/自动启动后，配电室 ATS 开关自动切换，发电机带载输出，代替市电向调控中心关键负载送电。

第 12 章 通信系统

通信系统是为管道数据传输、生产调度运行等提供通信保障。输气管道安全运行离不开通信系统，本章重点介绍数据传输通信系统的相关构成、功能、操作等内容，简要介绍工业电视、周界安防、视频会议、语音交换等相关配套系统的工作原理、操作使用等内容。

12.1 通信系统概述

12.1.1 通信系统组成

通信系统就是用电信号(或光信号)传输信息的系统。系统通常是由具有特定功能、相互作用和相互依赖的若干单元组成的、完成统一目标的有机整体。最简便的通信系统供两点的用户彼此发送和接收信息。在一般通信系统内，用户可通过路由交换设备与系统内的其他用户进行通信。

天然气管道建设通常沿线同沟敷设光缆，在沿线站场及 RTU 阀室设置通信机房及通信设备，为后期生产各类业务的生产调度、行政管理、巡线抢修、故障排除、生活后勤等提供多种通信保障方式。通信系统包括：管道通信光缆、光传输系统、办公局域网、工业电视监控系统、周界安防系统、视频会议系统、电话软交换系统等部分。

管道企业的办公局域网与普通网络相同，采用客户机/服务器体系结构，硬件以小型机为服务器，以 PC 机作为客户机，通过 MSTP/SDH 光传输设备构成以调控中心对各站、各输气管理处的 10/100/1000Base-T 以太共享局域网络，提供生产信息共享、公文管理、电子邮件、档案管理等服务。在调控中心接入核心网络交换机，与各站的本地交换机组成以太网。整个内部网络通过调控中心经路由器接入 Internet 网。

通信系统是整个输气管道数据传送的根本，关系着整个企业工业数据传输的重要职责，随着通信技术的不断进步，整个系统也在不断升级完善，打造全数字化、智慧化管道企业是未来的发展趋势。

12.1.2 光缆

12.1.2.1 光缆的结构与敷设

光纤是光导纤维的简称，是一种由高纯度二氧化硅制作的可作为光传导工具的纤维。光纤非常容易折断，需要外加保护层。光缆就是由光导纤维、塑料保护管和保护层构成的线缆，一般由缆芯、加强元件和护层三部分组成(图 12.1)。

(1) 缆芯：由单根或多根光纤芯线组成，常用芯数有 2、4、6、8……48、96 等。

(2) 加强元件：用于增强光缆敷设时可承受的负荷，一般是金属丝或非金属纤维。

(3) 护层：具有阻燃、防潮、耐压、耐腐蚀等特性，主要是对已成缆的光纤芯线进行保护。根据敷设条件可由铝带/聚乙烯综合外护层(LAP)、钢带(或钢丝)铠装和聚乙烯护层等组成。

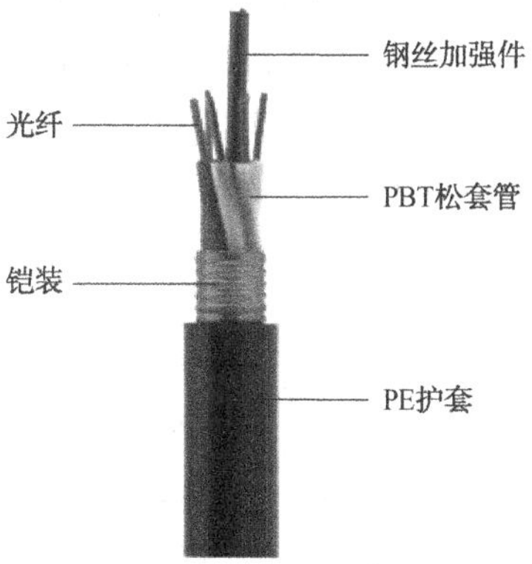

图 12.1 光缆结构图

过去管道建设的同时在管道旁直接敷设一根光缆(直埋光缆),由于土壤下沉、重物覆盖等很容易造成光纤断缆而通信中断。目前管道建设多采用硅芯管吹缆敷设方式,就是在管道同沟先敷设一根硅芯管,然后再将光缆吹入硅芯管中。硅芯管是用高密度聚乙烯制造的,硅胶被同步挤压进高密度聚乙烯管道内壁,形成固体的永久润滑层,该润滑层与高密度聚乙烯管具有相同的物理和机械特性,即使在重物压迫下也不变形,可使硅芯管内壁摩擦系数≤0.15,比一般塑料管的摩擦系数小60%~70%,使得光缆与管道之间的摩擦系数大大降低,使一次穿缆的长度得以增加,为光缆气吹敷设工艺的推广创造了有利的条件。

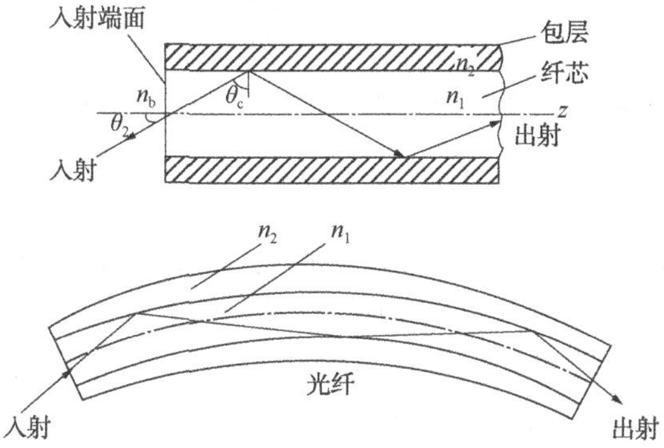

图 12.2 光的全反射传播

12.1.2.2 光的全反射传播

由几何光学得知,光线沿直线传播。1870年,英国物理学家丁达尔做了一个简单的实验,在装满水的木桶上钻了一个孔,然后用灯从木桶上边把水照亮,人们惊奇地发现,放光的水从水桶的小孔里流了出来,水流弯曲,光线也跟着弯曲,难道光不再直线前进了吗?后来,通过丁达尔的研究,发现了光的全反射。如图12.2所示。

当光从玻璃介质射入空气时,同时发生反射和折射,随着入射角的增大,反射光线越来越强,折射光线越来越弱,当折射角增大到90°时,折射光线完全消失,只剩下反射光线,这种现象就叫作光的全反射。光纤利用全反射原理,使光束在包层和纤芯的界面之间来回反射,使光束在光纤中传输下去,从而实现光信号的远距离传输。

12.1.2.3 光纤分类

1) 光纤按材料分

(1) 石英玻璃光纤:具有较低的损耗和色散,是目前光纤通信中最常用的光纤。

(2) 塑料光纤:由透光好的塑料拉制而成,柔韧性较好,衰耗较大,一般为每十米几十dB,但由于制造成本低,连接容易,在小系统和室内环境中使用很适宜。

(3) 结晶物光纤:是正在研制中的一种超低衰耗光纤,主要材料是一些卤化物结晶,衰耗极小,可制成几千公里无中继的光纤通信系统。

2) 光纤按传输模式分

(1) 单模光纤:当光纤直径较小时,只允许一个方向的光通过,这即为单模光纤。纤芯直径一般为8μm或10μm,一般用于长距离数据传输。

(2) 多模光纤:当光纤直径较大时,可允许以多个入射角射入并传播,这即为多模光纤。纤芯直径一般为50μm或62.5μm,通常用于短距离、音频/视频、局域网高速率数据传输。

12.1.2.4　光缆的选用

光缆的选用除了根据光纤芯数和光纤种类以外，还要根据光缆的使用环境来选择。

(1) 户外用光缆直埋时，宜选用重型铠装光缆。

(2) 建筑物内用的光缆在选用时应注意其阻燃、毒和烟的特性。一般在管道中或强制通风处可选用优质非导电性类型(OFNP)，暴露的环境中应选用阻燃、无毒和无烟的类型(LSZH)。

(3) 楼内垂直布缆时，可选用配线光缆；水平布线时，可选用可分支光缆。

(4) 传输距离在2km以内的，可选择多模光缆，超过2km可用中继或选用单模光缆。

管道通信光缆多采用层绞式光缆，层绞式光缆是由多根容纳光纤的套管绕中心的加强构件绞合成圆整的缆芯。

12.2　光传输系统

在通信传输的整个系统和传输过程中，光传输系统是最基本、最重要的组成部分。光传输是在发送方和接收方以光信号形态进行传输的技术。光传输系统由光源(光发送机)、传输介质、检测器(光接收机)三部分组成，其中光源和检测器的工作都是由光端机完成的。

12.2.1　光传输原理

光传输需要在光纤两端配套光端设备以完成信号转换，其工作原理为：首先将需传输的数字信号转变成电信号，高电压表示1、低电压表示0；通过LED、激光二极管等光源后，光源会根据电压的变化发光，亮表示1、暗表示0；这种光信号在光纤中传导后到达接收端，接收端的光敏元件根据光的亮度再产生高低不同的电压，此时光信号转换成电信号，最后再将电信号转换成数字信息，这就是光纤通信原理。如图12.3所示。

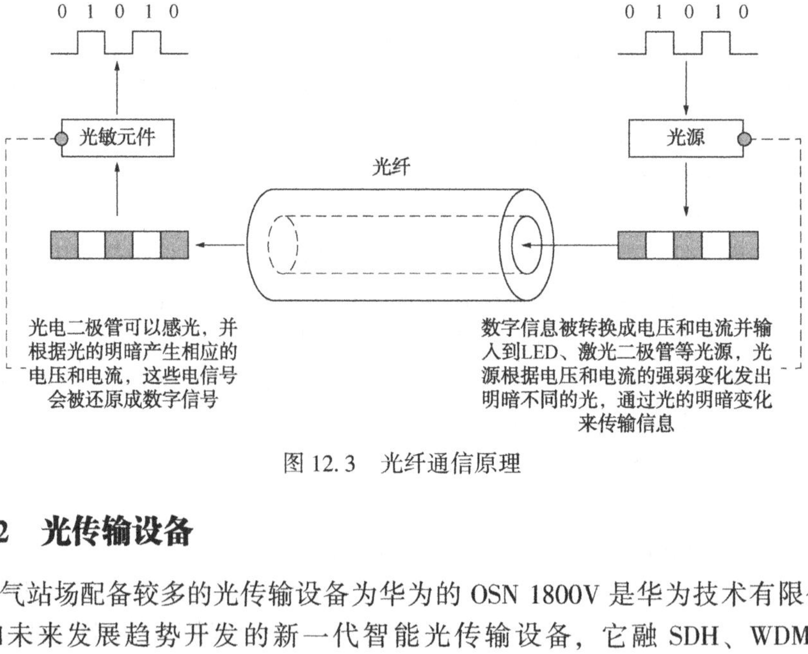

图12.3　光纤通信原理

12.2.2　光传输设备

目前输气站场配备较多的光传输设备为华为的OSN 1800V是华为技术有限公司根据城域网现状和未来发展趋势开发的新一代智能光传输设备，它融SDH、WDM、Ethernet、

ATM、PDH 等技术为一体，组成了一个多功能的 MSTP 数据应用平台，实现了在同一个平台上高效地传送语音和数据业务。

12.2.2.1 光端机 OSN 1800V

光传输设备(光端机)种类较多，下面仅以站场常用的 OSN 1800V 光传输设备为例进行介绍，如图 12.4 所示。

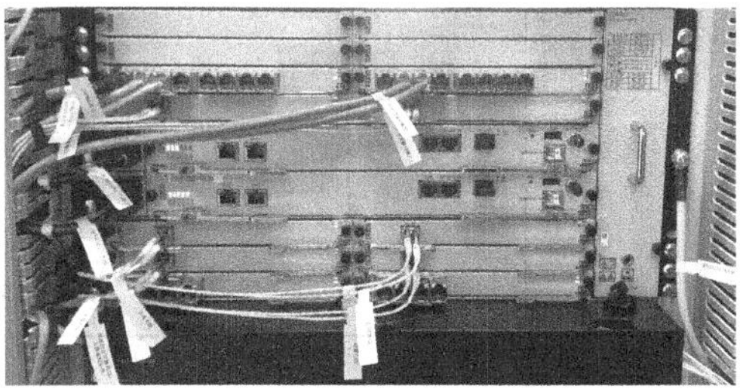

图 12.4 站场用 OSN 1800V 光传输设备

OSN 1800V 光传输设备配备了以下单板(表 12.1)。

表 12.1 OSN 1800V 光传输设备单板

OBU(光放大单板)	
OBU(光放大单板)	EFS8(以太网交换处理板)
SL16S(STM-16 业务处理板)	EFS8(以太网交换处理板)
SL16S(STM-16 业务处理板)	EFS8(以太网交换处理板)
UXCMS(主控交换时钟板)	
UXCMS(主控交换时钟板)	
SL16S(STM-16 业务处理板)	OBU(光放大单板)
SL16S(STM-16 业务处理板)	OBU(光放大单板)
PIU(电源板)	AUX(辅助单板)

(1) OBU(光放大单板)完成光信号的放大功能。如图 12.5 所示，其接口说明如表 12.2 所示。

图 12.5 TNF2 OBU02 面板图

表 12.2 OBU 接口说明

面板接口	接口类型	用途
VO	LC	发送衰减后的信号
VI	LC	接收待衰减的信号
IN	LC	接入待放大的合波信号
OUT	LC	输出放大后的合波信号
MON	LC	连接光谱分析仪，进行在线的性能监测。 MON 口功率是 OUT 口功率的 1/99，即 MON 功率比 OUT 口低 20dB

(2) SL16S(STM-16 业务处理板)如图 12.6 所示，其接口说明如表 12.3 所示。

(3) UXCMS(主控交换时钟板)如图 12.7 所示，其按钮说明如表 12.4 所示，接口说明如表 12.5 所示。

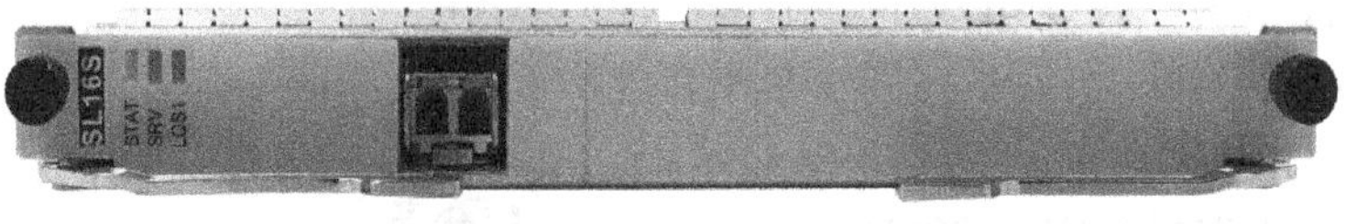

图 12.6　TMB1 SL16S 面板图

表 12.3　SL16S 接口说明

接口说明				
接口	连接器类型	网管接口序号	用途	对应线缆
Port1	LC	1	发送/接收客户侧设备的业务信号	LC/PC 型光纤连接器

图 12.7　UXCMS 面板图(主控交换时钟板)

表 12.4　UXCMS 按钮说明

按钮说明	
按钮丝印	用途
LAMP	用于指示灯点亮测试，按下按钮，当前所有指示灯均点亮
RST	用来软复位主控板

表 12.5　UXCMS 接口说明

面板接口	接口类型	用途
ETH	RJ-45	通过网线与网管计算机的网口相连，实现网管系统对设备的管理
EXT1～EXT2	RJ-45	通过网线与其他子架的 EXT1/EXT2 网口相连，用于主从子架级联
USB	Mini USB	未使用

(4) EFS8(以太网交换处理板)如图 12.8 所示。

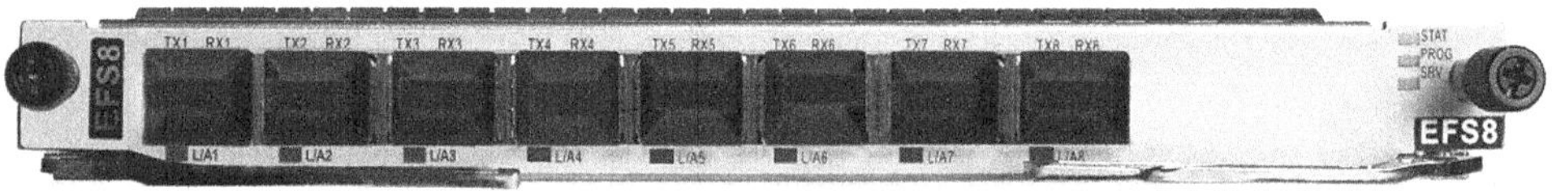

图 12.8　EFS8(以太网交换处理板)

12.2.2.2　日常巡检内容

(1) 检查设备所处温度、湿度是否在正常范围。

(2) 检查设备机柜指示灯是否正常。

① 机柜指示灯检查：绿色灯亮表示设备供电正常；红色灯亮表示本设备当前正发生危急告警；黄色灯亮表示本设备当前正发生主要告警。

② 单板指示灯检查。

绿色灯：设备运行灯。

快闪：每秒闪烁 5 次，未开工状态。

正常闪烁：1s 亮，1s 灭，正常开工状态。

慢闪：2s 亮，2s 灭，与主控通信中断，脱机状态。

红色灯：告警指示灯。

每隔 1s 闪烁 3 次，有危急告警发生。

每隔 1s 闪烁 2 次，有主要告警发生。

每隔 1s 闪烁 1 次，有次要告警发生。

常亮：单板存在硬件故障，自检失败。

12.2.2.3 光传输设备日常维护

1）单板插拔

（1）拔出单板时，先完全拧松单板拉手条上下两端的锁定螺钉，然后同时向外扳动拉手条上的扳手至单板完全拔出。

（2）插入单板时，先将单板的上下边沿对准子架的上下导槽，沿上下导槽慢慢推进，直至单板刚好嵌入母板。

（3）子架插头要对准单板插座，子架防误插导销对准单板的防误插导孔，然后再稍用力推单板的拉手条，直至单板基本插入。若感觉到单板插入有阻碍时不要强行插单板，应调整单板位置后再试。

（4）观察到插头与插座的位置完全配合时，再将拉手条的上下扳手向里扣，至单板完全插入，并旋紧锁定螺钉。

2）设备运行温度检查

（1）制定机房巡检日志，每天至少 3 次机房巡检。

（2）机房设置温度计，统计每次巡检温度记录。

3）定期清理风扇灰尘

（1）抽出设备底部灰尘过滤网，使用吹风机或水洗晾干装回。

（2）抽出散热风扇板，使用刷子和吹风机清理里面的灰尘，清理完成后装回，关注网管告警至 FAN_ FAILN 告警清除。

4）光功率日常检查

（1）从网管上面收集光功率接近临界值的站点，形成维护日志，记录归档。

（2）通知现场施工人员整改光缆，直到光缆衰减满足设计要求的衰减。

（3）可以使用 OTDR（光时域发射仪）对光纤线路反射衰减检测。

12.2.3 NCE 网管

网管，就是计算机网络管理，也叫集中监控。将所有站场的光端机的运行状态信息都接入调控中心的网管计算机里，就是网管。NCE 是网络云化引擎，定位为未来云化网络的大脑，融合了网络管理、业务控制和网络分析等功能。

12.2.3.1 安全管理

安全管理是实现对网管系统本身的安全控制，通过对用户管理、操作授权（分权分域）管理、用户登录管理和一系列其他的安全策略，来保证 NCE 的安全，同时，NCE 支持对用户登录、用户操作和 NCE 运行过程中所产生的日志进行管理，支持完善的高可用性方案和数据库备份，进一步完善安全解决方案。规划网管用户时结合运维管理的需要，将合适的权限授予合适的人员，并约束用户在正确的场合下使用管理维护功能。当网管用户登录网管时连续多次输入错误密码后，则该用户被锁定，可以进行解锁定。管道 NCE 网管采用 Web 登录方式(图 12.9)。

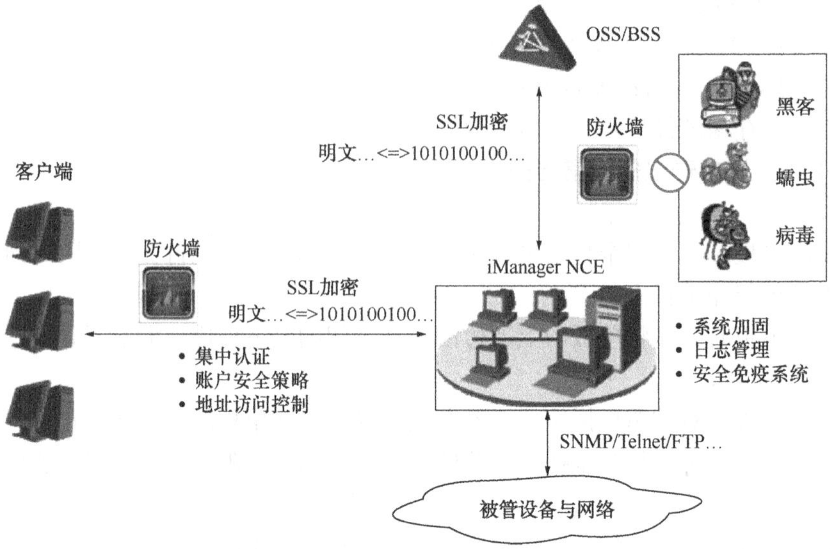

图 12.9　NCE 网管示意图

12.2.3.2　网管常见故障处理

(1) 检查网线连接是否正常，网线类型(直通网线或交叉网线)是否正确。

(2) 检查网管计算机网卡是否正常。

(3) 检查网络光纤连接，确保网元之间光纤连接正常，无光路连接问题。

(4) 检查网管配置数据是否正常。

(5) 检查网元配置数据是否正常。

12.3　工业电视监控系统

12.3.1　系统组成

工业电视监控系统，主要用于对站场、阀室的工艺设备区、压缩机等大型设备区、大门进出口等关键位置区进行远程监视，对通信机房、站控室、配电室、UPS 室及变电所等重要场所进行远程监视，实时监测站场、阀室围墙意外闯入情况并及时给出报警信号等。调控中心通过工业电视监视系统实现对各站重点部位 24h 不间断远程监视，以便及时了解现场情况，实现生产的统一调度和指挥。工业电视系统信息传输路径如图 12.10 所示。

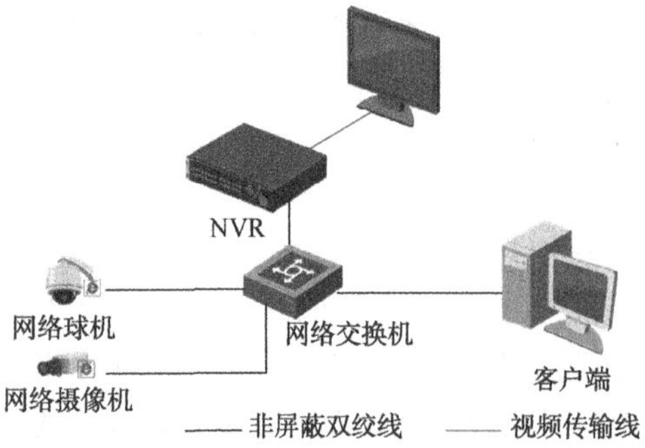

图 12.10　工业电视系统信息传输图

完整的视频监控系统是由摄像、传输、控制、显示、记录登记五大部分组成。视频监控包括前端摄像机、传输线缆、交换机、视频监控平台。摄像机可分为网络数字摄像机和模拟摄像机，可作为前端视频图像信号的采集。摄像机通过网络线缆或同轴视频电缆将视频图像传输到控制主机，控制主机再将视频信号分配到各监视器及录像设备，同时可将需要传输的语音信号同步录入到录像机内。通过控制主机，操作人员可发出指令，对云台的上、下、左、右的动作进行控制及对镜头进行调焦变倍的操作，并可通过视频矩阵实现多路摄像机的切换。利用特殊的录像处理模式，可对图像进行录入、回放、调出及储存等操作。

12.3.2 摄像机

摄像机是一种使用光学原理把光学图像信号转变为电信号的装置。单一的视频捕捉设备，有防爆一体摄像机、室外球机、室内半球机等(图 12.11)，用于采集工艺区、大门、阀室、站控室、通信机房等重要位置的图像。

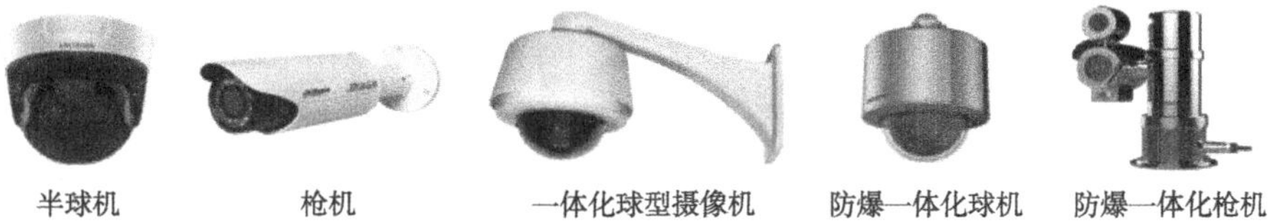

图 12.11　摄像机类型

网络摄像机是一种结合传统摄像机与网络技术所产生的能将视频影像通过网络传输的新一代摄像机，也有防爆摄像机、室外球机、室内半球机等使用类型区分，用于采集工艺区、大门、阀室、站控室、通信机房等重要位置的图像。图像传输和控制等数据传输方式从老旧的同轴电缆变成支持 TCP 协议的网络方式，如 RJ45 网络接口甚至光口接入等方式。

12.3.3 硬盘录像机

NVR 是 Network Video Recorder 即网络硬盘录像机的缩写。NVR 最主要的功能是通过网络接收 IPC(网络摄像机)设备传输的数字视频码流，并进行存储、管理，从而实现网络化带来的分布式架构优势。简单来说，通过 NVR，可以同时观看、浏览、回放、管理、存储多个网络摄像机，它是一套进行图像存储处理的计算机系统，具有图像、语音长时间录像、储存、检索、备份、远程控制等功能，存储采用溢出机制，可保存最近 90 天内的图像(图 12.12)。

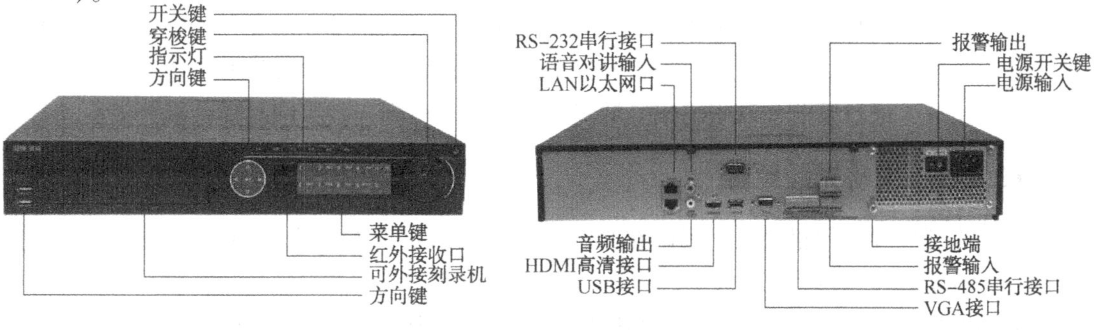

图 12.12　NVR(硬盘录像机)

12.3.4 监控终端

监控终端是一台功能较为强大的电脑终端，安装相关的监控软件，实现图像呈现和控制等功能，用于在站控室、管理处、调控中心对现场采集到的视频数据进行查看，及时发现可能发生的危险事件。

监控终端画面如图 12.13 所示。

图 12.13 监控终端画面

12.4 周界安防系统

12.4.1 周界安防系统概述

安防是安全防范的缩略词。周界安防系统主要是对非出入通道的周边区域进行监视和管理，目的在于防止非法入侵。通常情况下周界的范围较大，不同的周界，条件和环境也不相同，往往单靠人防很难实行全面而有效的管理。

周界安防系统主要是在需要防护区域的边界利用激光、微波、红外、电子围栏等技术形成一道可看或不可见的“防护墙”，当有人非法入侵时，相应的探测器立即发出报警信号送至值班室或控制中心，并发出声光报警、显示报警位置。

输气站场的周界防范应根据实际情况采用激光对射探测系统、振动光缆、微波探测器或张力式电子围栏等系统。系统由前端报警设备、防区设置设备、传输供电设备、报警中心控制设备所组成，通过监测前端报警信号情况来判定是否遭到入侵，同时提供报警提示。

12.4.2 振动光纤原理

振动光纤周界入侵报警系统可以在光纤链路中精准定位发生扰动(扰动主要来自振动)的地点，从而定位入侵者。

光脉冲在光纤中传播时，由于瑞利散射而发生能量损耗，通过后向散射光强度监测，就可以获得散射系数或衰减程度沿光纤分布的状况。

系统基于OTDR(Optical Time Domain Reflectometer)光时域反射传感原理，采用超窄脉冲光作为种子源，注入光纤中的光是高度相干的，输出为脉冲宽度区域内反射回来的瑞利散射光相干干涉的结果。系统采集光纤中的后向瑞利散射光，当光纤链路中有扰动发生时，系统所采集的后向瑞利散射光的折射率发生了改变，改变了该位置的光相位，进而导致了散射光光强的变化。

12.4.3 周界安防系统组成

以分布式振动光缆为例，其系统包括振动光缆、探测主机、处理主机、管理终端、多芯传输光缆、光缆接头盒以及一些安装辅助材料。振动光缆通过传输光缆与探测及处理主机相连。

探测光缆直线敷设在四周围墙的围栏上，实时感知围墙区域的振动信息，并将捕捉到的信号传送到探测主机，完成光电转换及解调后再由处理主机实现模式分析，最终实现报警。

探测主机和处理主机放置在控制中心机房内，由工作站及其综合管理软件组成，可将分布式振动光纤周界入侵报警系统和各子系统数据做统一收集展现，实现报警联动功能，同时具备配置、查询及权限管理等功能。如图12.14、图12.15所示。

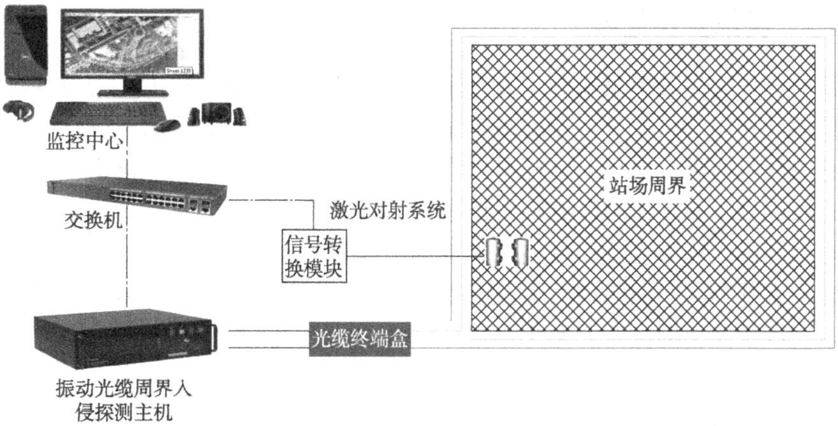

图12.14 周界入侵报警系统(站场型)示意图

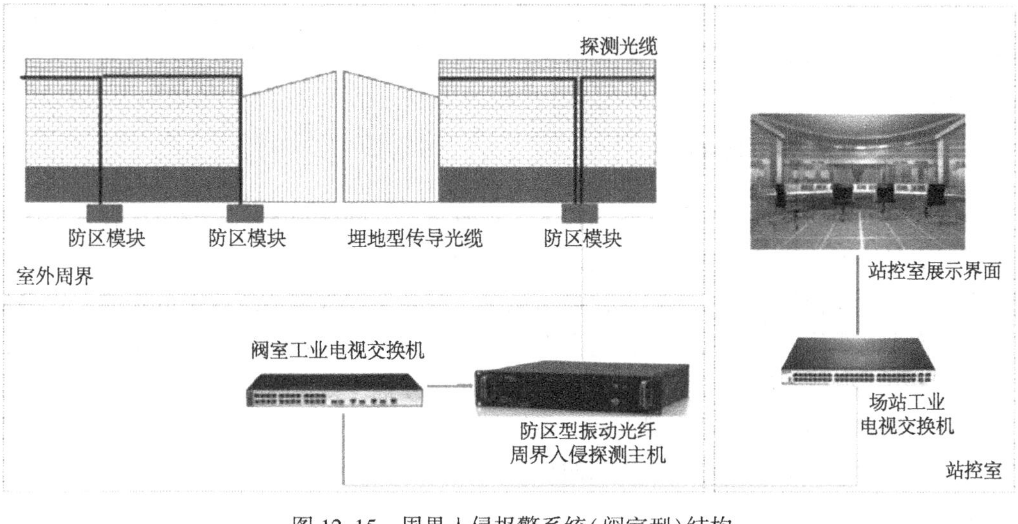

图12.15 周界入侵报警系统(阀室型)结构

12.4.4 系统特点

(1) 采用光纤作为传感及探测单元，具有本征无源不供电、抗辐射、抗电磁干扰、防雷、防爆、防水防尘、防鼠咬等特性。

(2) 独特的单缆环路设计，在探测光缆遭受破坏后仍可保证周界全线安防，不给入侵者任何翻越机会。

(3) 先进的OTDR技术，一根光缆即可完成监测，无须前端光处理模块，施工简单，在最大限度地保证系统稳定性与可靠性的同时，大大降低了后期的维护成本。

(4) 连续分布式测量，不会漏过任何一点，多点事件同时报警，安全无漏报。

(5) 防区数量及单防区防护范围可在软件界面上自由划分，操作方便，也便于后期调整扩容。

(6) 支持联动视频、灯光及声光报警器等外部设备，支持与多种安防监控设备及平台进行级联。

(7) 先进的模式识别技术，可有效排除风雨雷电等自然环境引起的误报。

12.4.5 误报警及处理

(1) 天气变化为最大误报来源，尤其是大风等环境因素影响最大。通过处理软件设置低风速、高风速及在相应风速下增益的减少量，当这些参数设置完毕后，软件会自动根据前端振动光缆感应的风速进行处理，这样可以有效地减少因为大风及暴风雨引起的误报。一般厂家出厂设置好以后，如工作中没有频发误报，不用调节参数，具体情况需联系厂家修改。

(2) 树枝降落、鸟禽飞落、冰雹及其他偶然因素引起误报，通过对报警处理器的合理设置，能够滤除大部分这些偶然因素引起的误报。例如对信号门限、信号持续时间、事件计数器、时间窗，以及频率的设置，避免误报。

12.5 视频会议系统

视频会议系统，又称电视会议系统，是指两个或两个以上不同地方的个人或群体，通过传输线路及多媒体设备，将声音、影像及文件资料互传，实现即时且互动地沟通，实现远程会议的系统设备。

12.5.1 视频会议简介

视频会议是利用先进的视频编解码技术、视听技术、网络技术、音频媒体技术、图像显示技术、交互技术而建成一套全方位的语音、图像和数据交互的会议系统。主要由视频会议服务器、视频会议音频系统、视频会议显示系统、视频会议视频系统四部分组成。大多数管道公司以管线光缆传输系统为媒介，建立专线会议电视系统。在调控中心设主会场一个，安装一台主MCU(视频会议服务器)，沿线各管理处设分控中心，安装小型MCU控制所辖站场，在沿线各输气站场设会议终端设备。系统具备实时、双向、交互、点对多点电视、电话会议系统，支持多点交互和单点广播的两种会议组织形式。

视频会议系统主要功能：

（1）视频交互功能。视频会议能够实现多方实时的视频交互，能够支持多方实时视频沟通，显示设备上支持高达 24 分屏轮询显示。

（2）音频沟通功能。通过实时传输音、视频，使得视频会议达到面对面沟通的效果。用户在开会过程中，所有与会者可以同时听见多个发言人的声音，让沟通更加流畅。在并发的各会议室内都可以进行多路混音，并且各会议室之间相互不会产生干扰。

（3）同步录制功能。同步录制视频、音频，计算机动态屏幕，可将会议图像、声音、计算机屏幕上所显示的内容等同步录制到一个文件中。

（4）资料文档的共享。视频会议中，使用文档投影机将文档通过图像的方式在与会者之间共享。

（5）支持实时直播。可通过单播或多播方式将现场的视频、音频、计算机动态屏幕在网络上进行实时直播，用户可通过系统客户端软件同步接收到现场信息。

12.5.2 视频会议终端

12.5.2.1 视频终端 9036

视频会议系统包括终端设备、交换设备、网络传输设备、MCU 多点控制单元、网管服务器。其中，MCU 多点控制单元负责进行会议控制和信息交流。网管服务器主要进行终端设备的注册认证、会议的调度等功能。

视频会议终端包括摄像机、编码器和解码器、各种音频、视频和网络接口。以视频终端 9036 为例，它是一种分体式高清群组视频会议终端，各接口连线方法如图 12.16 所示。

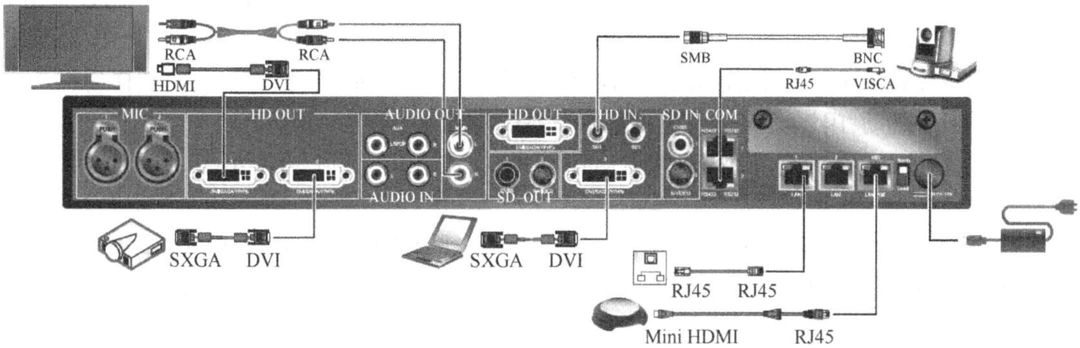

图 12.16 视频终端 9036 后板示意图

12.5.2.2 基本操作

1）开机

按动电源开关。电源线与终端连接且电源适配器的绿色指示灯亮，表示外部电源已经接通。此时，使用遥控器按键或前面板电源按钮，可以打开、关闭终端电源。

2）呼叫和应答

（1）可以使用终端发起点对点的呼叫，并可以接听呼叫。

（2）从呼叫画面发起呼叫，如：进行 IP 类型点对点呼叫。

步骤 1：按<呼叫>键，进入“呼叫”画面。

步骤 2：在地址输入框中输入会场名称、会场号码或 IP 地址。

步骤 3：进入“呼叫选项”画面，设置呼叫使用的“速率”“类型”以及“启用”。

步骤4：选择“确认”并返回“呼叫”画面。

步骤5：选择“呼叫”。

3）从地址本发起呼叫

步骤1：按<DIRECTORY>键，进入“地址本”画面。

步骤2：选择要呼叫的会场。

步骤3：进入“呼叫”画面，当前画面的地址框中已输入要呼叫会场的名称。

步骤4：配置呼叫选项后，选择“呼叫”。

12.5.2.3 日常维护

（1）保证终端设备散热和通风状况良好，避免防尘网被灰尘堵住，保证设备卫生整洁。

（2）连接终端和外围设备、电源间的线路无松动；召集视频会议，声音图像连续正常。

（3）终端设备各单板温度、CPU工作正常、稳定。

（4）终端相关输入、输出接口外观正常，接口连接紧密，信号输入、输出正常。

12.5.2.4 故障处理

（1）蓝屏：原因为视频源没有选择正确，或镜头的输入类型没有选择正确。点击遥控器近端按键，选择正确视频源，检查菜单内关于摄像机的配置。

（2）黑屏：原因是电视机的信号源没有选对或者是视频线没有接好。正确选择电视机的频道或者连接好视频线。

（3）画面太亮：原因为打开了逆光补偿或镜头逆光了。可以关闭逆光补偿或转动镜头，调整到不逆光的位置。

（4）镜头无法转动：原因之一是没有选择近端，先点击遥控器近端按钮再控制镜头。原因之二是镜头连接线缆没有连接正确，可检查镜头连接线缆。原因之三是遥控器电量不足，可更换电池AAA*4。原因之四是镜头活动空间太小，可移动镜头位置，方便其移动。

（5）画面跳动/闪烁：检查系统与显示设备的电缆。

（6）对方听不到声音：原因是没有启用POLYCOM MIC。可打开MIC开关确认MIC红灯没有亮起。

（7）本地没有声音：电视机音量有问题或设备音量有问题。可调节电视机音量，使用遥控器调节设备音量；或线缆连接错误，可进入系统-诊断-音频，诊断音频的输入和输出或检查音频线缆连接。

（8）回声、啸叫：原因是麦克风与扬声器或电视机的距离太近，可降低扬声器音量使麦克风远离扬声器。

12.6 语音软交换系统

语音软交换系统是基于IP网络的行政/调度一体式软交换系统，用于解决输气站场内部、输气站与输气站、调控中心之间的话音通信。它为管道企业生产调度提供可靠的语音信道；为管道例行巡检、故障排除、抢险救灾提供语音通信保障。

12.6.1 设备组成

语音软交换系统的主要网元设备应包括：软交换设备（也称为软交换机）、应用服务器、媒体网关、信令网关、媒体服务器、IP 智能终端等。其中，软交换设备是软交换系统的控制核心，位于控制层；应用服务器是业务提供的核心，位于业务层；媒体网关、信令网关、媒体服务器、IP 智能终端等位于接入层。

在调控中心通信机房安装语音平台，并配置有录音服务器。在调控中心、输气管理处及站场配置 IP 电话终端，实现网络用户接入。网络结构为星形拓扑结构，调控中心通过管道 MSTP 光传输系统实现站场话音终端设备通信，在站场局域网共享带宽进行传输 IP 语音信号。

以华为 IAD132E(T)为例介绍软交换机，IAD(Integrated Access Device)是综合接入设备，一般指 IP 电话，含有 32 个电话端口和 4 个网口，前面板名称与功能，如图 12.17 所示。

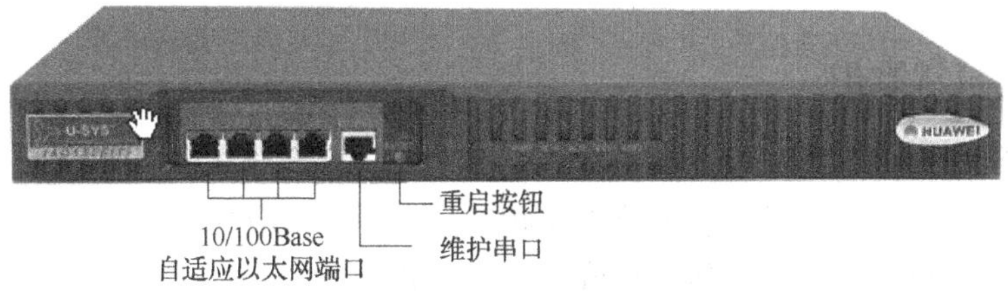

图 12.17　软交换设备 U-SYS

IAD132E(T)后面板的外观和接口如图 12.18 所示。

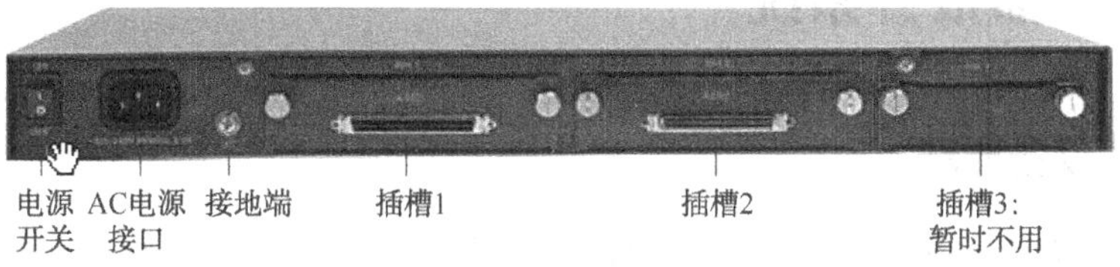

图 12.18　软交换设备后视图

12.6.2　接入步骤

1) 连接网线

IAD132E(T)提供 4 个网口，可用于级联网络设备，其连接步骤如下：

(1) 将网线一端插入设备前面板的任意一个 10/100BASE-TX 接口。

(2) 将网线另一端根据实际情况连接网络设备。

2) 连接用户线

(1) 后板端口主要用来连接用户线缆，插槽 1 和插槽 2 可各连接 16 个用户。

(2) 用户线缆后接终端电话机，号码由中心服务器进行分配。

(3) 用户拿起话机可以按照分配号码进行通话。

3) 安装配置

IAD132E(T)通过串口或 TELNET 登录到 IAD，配置一般采用命令行方式；维护终端 IP 地址配置为 192.168.100.100，维护终端与 IAD 任一网口之间接上平行网线，telnet 192.168.100.1 登录 IAD，输入用户名 root 及口令 admin；执行命令 enable 进入特权用户模式；执行 show running-config 可以查看当前配置。具体配置可参见出厂设备文件，主要配置参数见表 12.6。

表 12.6 软交换机主要配置参数表

序号	对接参数项	参数值
1	固定的 IP 地址	
2	IAD 的网关地址	
3	IAD 的 MGCP 端口号	2727
4	IAD 的域名	安装地址 . huawei. com
5	华为软交换的 IP 地址	61. 234. 140. 177
6	软交换的 MGCP 端口号	2727
7	IAD 用户端口起始编号(非外部用户端口)	缺省从 0 开始(IAD104 缺省为 1，需要调整为 0)

12.6.3 日常维护

(1) 检查数据端口连线是否正确、有无松动现象，发现异常应立即整改。

(2) 检查设备的电源、风扇、系统工作状况，发现异常应立即排除。

(3) 确保设备正常散热，请勿遮蔽或阻碍透气孔。

(4) 当发现设备有指示异常时，及时联系专业维护单位进行处理。

12.7 广播报警系统

12.7.1 设备原理

广播报警系统基于 IP 网络，采用 IPAudio 技术，将音频信号以数据包形式在局域网和广域网上进行传送，是纯数字传输系统。它解决了传统对讲广播系统存在的传输距离有限、易受干扰等问题。系统结构清晰，涵盖传统对讲广播系统功能，传输距离无限延伸，有网络连通的地方就可以实现对讲及多方通话，构筑更广阔范围的信息通信系统，实现计算机网络、内部通信和公共广播的多网合一。

12.7.2 设备结构及特点

广播报警系统为主机星形连接架构，具有分区广播、全区广播、点对点对讲通话、声光报警等功能。系统的主要设备组成：系统服务器、对讲话站(包括室内台式、室外防水及防爆型)、4 色闪灯、扬声器、所有话站以星形方式并联工作，系统服务器、IP 网络消防报警矩阵、接入层交换机均安装于机柜内，台式话站安装在站控室的操作台上，场站防水话站 1 处位于站场大门口、防爆话站 2 处位于工艺装置区，每个阀室设防水话站 1 处位于阀室非工艺装置区大门附近，室外防水、防爆话站和扬声器均安装于监控立杆上(图 12.19)。

广播报警系统为 IP 网络广播系统，可实现调控中心对单个或多个或管道全线进行对讲、广播紧急疏散功能，站场和阀室均设置 IP 网络对讲话站和扬声器。可保证各站场工艺装置区内在高噪声下清晰通话，并实现远距离全双工清晰通话，在生产调度和应急指挥体系中发挥作用。

广播报警系统与仪表自动化专业的气体报警、火灾报警等系统进行联动，由仪表自动化专业提供5路触点报警信号给本站IP网络消防报警矩阵，依据仪表专业不同的报警信号触发对讲系统不同颜色闪灯、不同的报警声音进行站内大范围广播报警。具体为：

SCADA系统分别输出ESD紧急关断、火灾报警、可燃气体泄漏、PSD关断、USD关断报警信号至广播系统报警。其中广播系统闪灯状态灯颜色见表12.7。声光报警优先级如下：ESD关断(PAGA-0001)>火灾报警(PAGA-0002)>可燃气体泄漏(PAGA-0003)>PSD关断(PAGA-0004)>USD关断(PAGA-0005)。

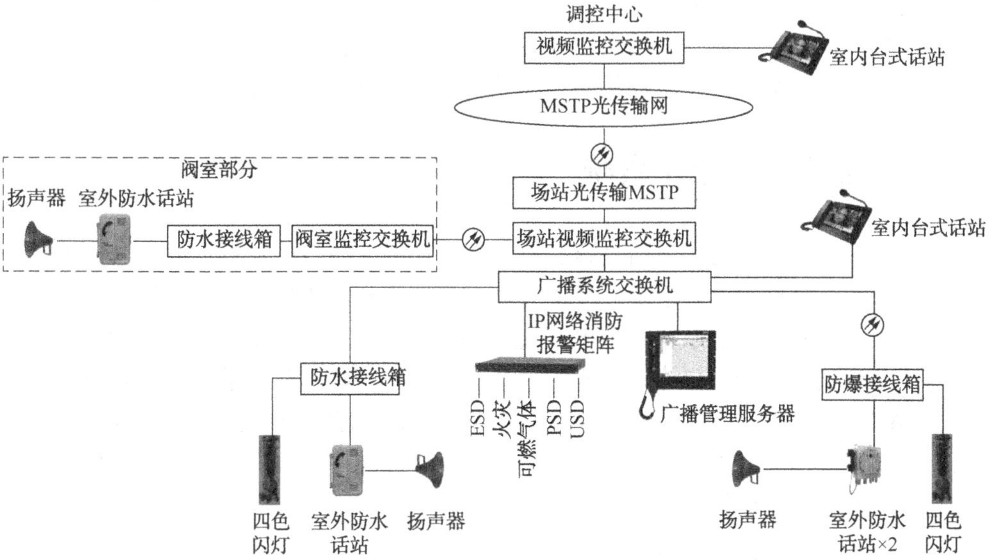

图12.19 广播报警系统图

表12.7 声光指示逻辑

报警触发信号	光报警器	声报警器	优先级
ESD	蓝色	ESD报警音	1
火灾	红色	火灾报警音	2
可燃气体	黄色	可燃气体泄漏报警音	3
PSD	黄色	PSD报警音	4
USD	绿色灯灭	USD报警音	5
无SIS报警	绿色	无	6

第 13 章　输气辅助系统

输气场站的生产、生活离不开电源配电、备用电源、污水处理、加热及注醇等辅助系统的全方位支持，本章结合输气场站的用电需求和实际配套，重点介绍配电系统、备用电源系统、污水处理系统、水套炉、电加热器和注醇撬等辅助系统方面知识。

13.1　输气站配电系统

电能是一种经济、适用、清洁且容易控制和转换的能源。由发电、输变电、供配电和用电等环节构成的系统称为电力系统。其中，电力系统中从高压配电变电站的降压端出口到用户端的这一段系统称为配电系统。配电系统是由多种配电设备(或元件)和配电设施所组成的变换电压和直接向终端用户分配电能的一个电力网络系统。配电系统可划分为高压配电系统(35kV、63kV、110kV)、中压配电系统(10kV、6kV)和低压配电系统(380V、220V)三部分。由于配电系统作为电力系统的最后一个环节直接面向终端用户，它的完善与否直接影响用户用电可靠性和用电质量，因而在电力系统中具有重要地位。

13.1.1　电源及供电质量

13.1.1.1　基本术语

电是一种自然现象，是指静止或移动的电荷所产生的物理现象。电以各种形式做功的能力称为电能，电源是将其他形式的能转换为电能并向电路提供电能的装置，电能基本术语有以下几点：

(1) 电流：是指电荷有规则地定向移动，单位时间通过导体横截面的电量称为电流强度，简称为电流，单位为安培，用符号“A”表示。

(2) 电压：也称电位差、电势差，是衡量单位电荷在静电场中由于电势不同所产生的能量差的物理量。单位为伏特，用符号“V”表示。电压是电路中电荷定向移动形成电流的原因。

(3) 电功率：是指电流在单位时间内做的功，它是用来表示消耗电能快慢的物理量，单位为瓦特，用符号“W”表示。

(4) 直流电：方向不随时间变化的电流称为直流电，简称直流，用符号“DC”表示。

(5) 交流电：大小和方向均随时间按正弦规律做周期性变化的电流称为交流电，简称交流，用符号“AC”表示。

(6) 额定电压：用电设备处在最佳运行状态的工作电压。额定电压是电源的重要质量指标。当电源电压过高将造成设备损坏的风险，电压过低将使设备性能降低甚至停止工作。

(7) 频率：是指交流电源每秒完成从一个波峰到另一个波峰的次数。我国采用的工业频率(简称工频)为50Hz。电源频率是电源的另一个质量指标。工频变化对供电设备稳定性影响很大。

13.1.1.2 负荷等级及供电要求

用电负荷是指电能用户的用电设备在某一时刻向电力系统取用的电功率的总和。用电负荷级别是按照突然中断供电造成的损失程度划分的，我国将用电负荷分为一级、二级、三级。一级负荷：包括中断供电将造成人身伤亡和将在政治、经济上造成重大损失的负荷。二级负荷：包括中断供电将在政治、经济上造成较大损失的负荷。三级负荷：包括不属于一级、二级负荷的各种负荷。其中一级负荷应由两个独立电源供电；二级负荷宜由两回线路供电。

根据《供配电系统设计规范》(GB/T 50052—2009)和《输气管道工程设计规范》(GB 50251—2015)要求，输气站工艺设备、电伴热、自控通信系统、电动阀门、生产照明等生产设备用电负荷为二级及以上，其中自控设备、通信设备、计量设备、紧急截断阀等设备为一级负荷；站内生活照明、通风系统、阴保用电及其他辅助设施等为三级负荷。

输气场站二级及以上负荷需配置备用电源，如燃气或燃油发电机。一级负荷同时需要设置应急电源，如UPS不间断电源等。

13.1.1.3 供电电源及方案

1）供电电源

站场采用一路10kV或380V外电源作为主供电源，采用发电机组作为备用电源，发电机负责为站内所有二级及以上负荷提供第二电源；站内自控、通信、计量等一级负荷设置UPS应急电源，后备时间不小于1.5h。

RTU阀室采用一路10kV或380V外电源作为主供电源，重要负荷采用UPS后备电源，蓄电池不间断供电时间不小于24h。无外电输入区的RTU阀室宜采用可靠的热电式发电机(TEG)供电，当负荷较小时，可采用光伏太阳能装置提供电源。

2）供电方案

供电方案是根据用电客户实际情况诸如电压等级、用电容量、运行与保护方式等制定的方案。以某管道公司新建站场和阀室为例：

站场采用外部电源加撬装柴油发电机综合供电，如图13.1所示。站场在综合用房内建设变配电室一座，电源采用单路10kV电力电缆引入高压负荷开关柜，设置干式变压器一台，变压器低压侧与柴油发电机经双电源转换开关接入低压母线，为站内所有负荷供电。

RTU阀室采用电控一体化小屋配电。配电柜设双电源切换开关，预留移动式发电机充电接口。

从图13.1看出，由变电所引出三相10kV高压电源，由架空线路输送至输气站外墙处经跌落式熔断器后，通过入户电缆的方式进入站内配电间。引入高压环网柜(负荷开关、隔离开关、地刀)作为电源的总控制，然后接入10kV母线进入干式变压器一次侧，将10kV降压为380V，其后由干式变压器二次侧经互感器进入计量柜进行电量计量，最后送至低压母线以树干式分别提供给各用电设备进线口。柴油发电机作为应急电源，通过ATS双电源自动切换开关在外部电源停电时接入。

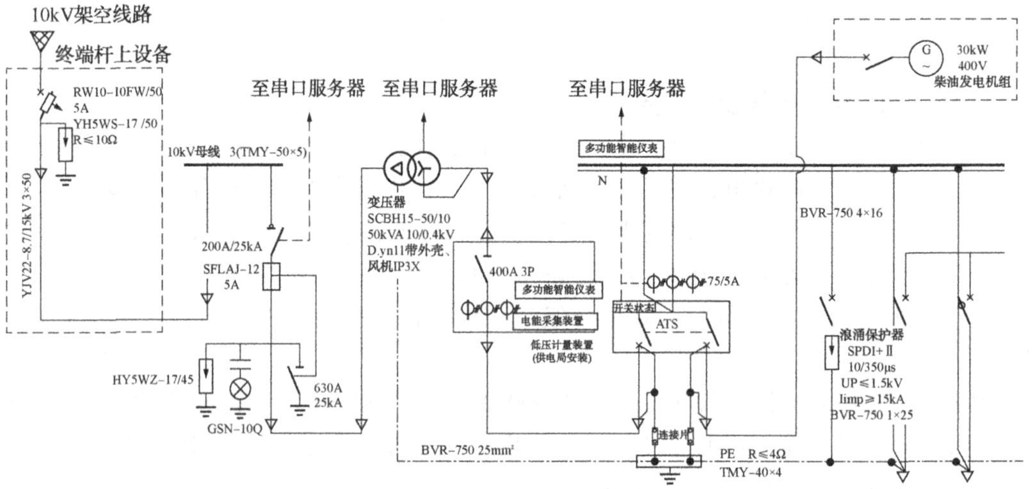

图 13.1 输气站典型主接线形式

3）计量方式

根据《中华人民共和国电力供应与使用条例》规定，在用户与供电部门产权分界处设置电能计量装置。计量方式有高供高计和高供低计两种方式，对高压供电客户，若在高压侧(10kV)计量，称为高供高计；若在低压侧(380V)计量，称为高压低计。一般输气站按高供低计考虑，配电室内设低压计量柜给供电单位计量收费使用。

13.1.1.4 变配电

1）变配电室的位置、布置方式

变配电室是对电能进行接收、分配、控制与保护的场所，输气站场配电室的位置与布置方式需符合相关设计规范。输气站场一般在综合用房内建设户内 10/0.4kV 变配电室一座，设 10kV 负荷开关柜、10/0.4kV 干式变压器、低压开关柜。

2）主接线形式和运行方式

采用一路 10kV 市电作为主供电源，设置柴油发电机组作为后备电源，10kV 侧采用线路变压器组接线方式，0.4kV 侧为单母线接线方式。采用双电源供电，正常时由市电供电，当市电停电或变压器故障退出时，发电机组自动启动投入，向站内全部二级及以上负荷及部分生活用电供电。

自控、通信等一级负荷采用 UPS 不间断电源供电，保证在电源转换过程中不断电。

3）配电系统形式

常见的低压系统配电形式主要有放射式、树干式、链式等，如图 13.2 所示。

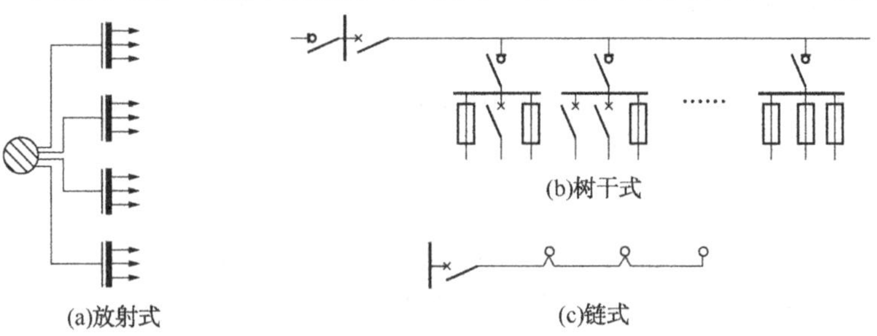

图 13.2 典型低压配电系统接线形式

各配电形式主要特点如下：

放射式：放射式配电供电可靠，互不干扰，特别是在设备故障和检修时，可以切断相应的线路电源，而其他回路不受影响。一般用在容量大、负荷集中、有火灾爆炸风险的场所，以及不能将电气启动、切换等设备放在生产现场时采用此方法。输气站常采用放射式配电。

树干式：树干式配电总的出线回路少，开关设备和管线较节省，系统灵活性好，但在发生线路故障时影响范围大，一般用在设备布置均匀、容量不大，对可靠性要求不高的场所。

链式：链式配电实际上是树干式配电的一种变形，它把支线去除，将干线接入分配箱进行串联。一般适用于距配电设备较远而用电设备彼此相距又较近的场所，用电设备容量较小，串联的设备一般不超过4台、总容量不超过10kW。

4）电力设备抗震防护措施

电气设备根据《工业企业电气设施抗震设计规范》(GB/T 50556—2010)进行抗震设计，设计中采取以下抗震措施：

（1）适当加大设备间距离，降低设备安装高度。

（2）硬母线与电气设备连接处通过软连接过渡，连线的弧垂考虑减少设备端子受力。

（3）设备基础与设备支架采用抗震设计，装设减震阻尼装置。

（4）高低压开关柜、低压开关柜、UPS等宜用地脚螺栓固定在基础上。

（5）电气设备良好接地。

13.1.2 主要电气设备

13.1.2.1 外电线路

外电线路按其用途及电压等级分为输电线路和配电线路。电压在35kV及以上的电力线路为输电线路；电压在10kV及以下的电力线路称为配电线路。电力线路按其架设方法可分为架空线路和电缆线路；按其传输电流的种类又可分为交流线路和直流线路。

输气站一般由10kV外电线路引入至外墙，用电缆方式进入配电间。

13.1.2.2 高压负荷开关柜

高压负荷开关柜，用来检修变压器时切断空载变压器并隔离10kV电源。高压负荷开关操作前，必须切除变压器低压侧所有负载。

高压配电装置是指变配电室中，由各种电气设备组合而成的进行电力传输和再分配的电气设施。配电装置通常包括断路器、隔离开关、接地开关、电流互感器、电压互感器、避雷器、电容器、阻波器和绝缘子等。

断路器用来通断线路中的负荷电流，并在严重过载和短路时自动跳闸，切断过载电流和短路电流，故断流能力很大。断路器具有很强的灭弧功能和各种保护功能，可以带负荷操作。

隔离开关分断时有明显可见的断开点，主要用来隔离电源，以保证其他电气设备的安全检修。由于它没有专门的灭弧装置，所以不能带负荷操作。

选用的10kV高压负荷开关的有功负荷开断能力应不小于回路的额定电流；应具有切合电感、电容性小电流的能力。应能开断不超过10A的电缆电容电流以及开断1250kVA配电变压器的空载电流。

大型站场 10kV 开关柜选用金属移开式(手车式)真空断路器柜，小型站场采用负荷开关柜，如图 13.3 所示为 KYN28-12 型高压开关柜。

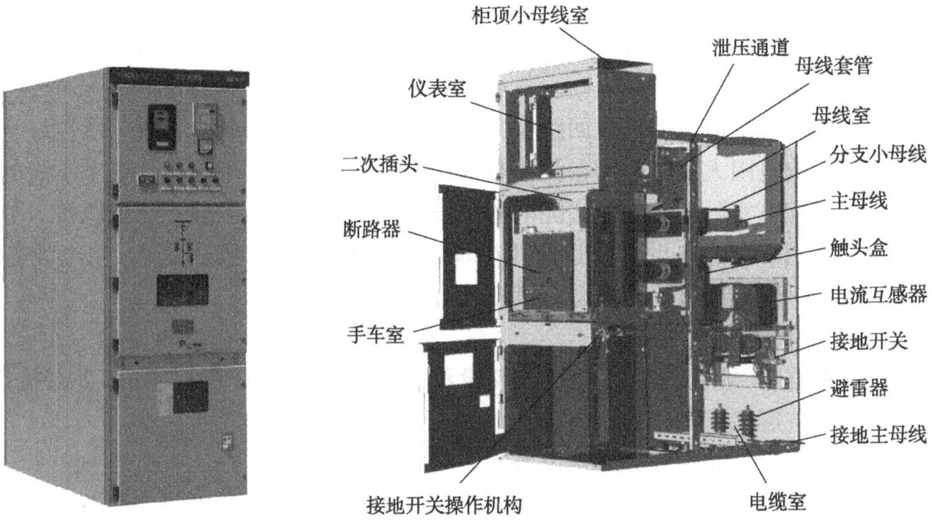

图 13.3 KYN28-12 型高压开关柜

13.1.2.3 变压器

变压器是利用电磁感应原理来改变电压的装置，变压器有两组线圈即初级线圈和次级线圈。当初级线圈通上交流电时，变压器铁芯产生交变磁场，次级线圈相应产生感应电动势，从而实现降压或升压的目的，变压器线圈的匝数比等于电压比。例如：站场变压器将 10kV 降至 380V，初级线圈和次级线圈匝数比约为 26：1，变压器工作原理如图 13.4 所示。

常见变压器主要有油浸式变压器和干式变压器，干式变压器是指铁芯和绕组不浸渍在绝缘油中的变压器，依靠空气对流进行冷却。如图 13.5 所示，目前输气站场大多采用干式变压器。干式变压器与油浸式变压器相比主要有以下特点：

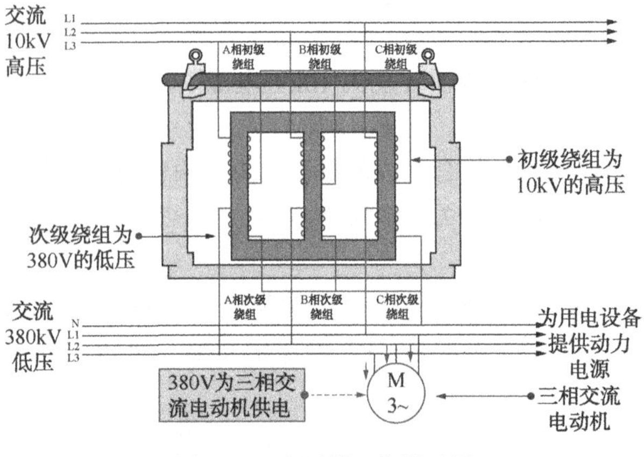

图 13.4 变压器工作原理图

图 13.5 干式变压器

(1) 安全、防火、防爆、无污染，可直接安装在室内。

(2) 免维护、综合运行成本低。

(3) 防潮性能好，可在 100%湿度下正常运行，停运后不经预干燥即可投入使用。

（4）损耗小、噪声小、体积小，占地空间少，安全费用低。

（5）电压等级受限，造价高，一般在室内使用。若户外使用，需增加较高等级防护罩。

13.1.2.4 低压进线ATS开关柜

ATS转换开关柜实时监测主用线路和备用线路的供电质量，当主用线路断电或供电质量不能满足负载要求时，控制系统自动将负载转换到备用电源供电。当主用线路恢复正常时，控制系统自动将负载转换到主用线路供电。

13.1.2.5 低压开关柜

1）低压开关柜组成

低压成套开关设备和控制设备俗称低压开关柜，是将低压电路所需的开关设备、测量仪表、保护装置和辅助设备等，按一定的接线方案安装在金属柜内，构成一种组合式电气设备，用以进行控制、保护、计量分配和监视等。通常低压开关柜的电流为交流50Hz，电压为380V，开关柜上有很多抽屉开关，每个抽屉开关负责一个用电设备或配电箱的送电、断电。配电柜有多种型号，各有特点，需要从适用性、经济性等方面综合比选，比如某管道选用的是GCS型低压开关柜。如图13.6所示。

人们最早见到的开关是控制照明灯泡用的拉线开关，后来发展到闸刀开关、自动空气开关以及隔离开关等，抽屉开关是放在封闭外壳柜子里的、开关进出线回路电器元件安装在可抽出的抽屉中的新型开关，抽屉开关可形成母线、功能单元、电缆三个区域，因而具有较高的可靠性、安全性和互换性。抽屉开关内部结构如图13.7所示。主要由操作手柄、断路器、电流互感器、显示仪表、指示灯等组成。操作手柄不同方向指示不同的位置，如图13.8所示。从左到右依次为：试验位置；O：断开位置；1：连接位置；↑↓：抽出位置；分离位置。

图13.6 低压开关柜应用实例

图13.7 抽屉内部结构

图13.8 抽屉开关柜“1”位和“↑↓”位

2）低压开关柜操作

（1）操作前的检查。

① 检查开关柜市电、发电自动转换控制器是否指示为正确的供电状态；

② 检查开关柜各开关是否处于正常的工作状态；

③ 检查开关柜的指示灯是否处于正确的指示状态；

④ 检查开关柜的柜门是否处于关闭状态；

⑤ 检查开关柜的开关抽屉是否处于闭锁状态。

（2）开关柜的合闸操作。

① 送电前，应先断开需通电合闸线路的负载；

② 合闸操作，抽屉开关推入工作位置；手柄旋至“0”位；手柄下按，旋至“1”位；

③ 负载逐项送电。

（3）开关柜的分闸操作。

① 停电时，应先断开需断电线路的负载；

② 将开关扳至分闸位置，手柄直接旋至“↑↓”位；

③ 查看指示灯是否指示正确；

④ 在分闸开关处悬挂“禁止合闸”或“禁止合闸，有人工作”标识牌。

13.1.2.6 其他电气设备

输气站场常见的电气设备还有普通配电箱、防爆配电箱、刀开关、漏电保护器、外壳式断路器、防雷模块、接地装置等。

13.1.3 电气设备巡检

13.1.3.1 高低压开关柜

（1）配电室通风良好，室内温、湿度在正常范围，房间的门、窗、照明应完好，房屋不漏水。

（2）有防止小动物进入的措施，观察有无小动物进入室内的迹象。

（3）检查室内外的操作维护通道是否畅通。

（4）开关柜屏上指示灯、带电显示器指示应正常，操作方式选择开关、机械操作把手投切位置应正确，控制电源及电压回路电源分合闸指示正确。

（5）开关柜屏上仪表、继电器工作正常，查看三相电压、三相负荷指示正确，功率因数在合理区间。

（6）设备无异常响动、无异味、无过热现象、无放电痕迹、无辉光放电现象、无冒烟现象，设备无破损、无变形移位、无松动，基础无沉降，接地牢固。

（7）装置和电器的表面清洁，盘柜封闭性能完好。

（8）操作机构应完好，无过大噪声或线圈过热。

（9）设备标志及回路标志正确清晰。

13.1.3.2 干式变压器

（1）变压器室通风良好，变压器室的门、窗、照明应完好，房屋不漏水，温度正常，有防止小动物进入的措施。

（2）变压器无异常声响、无异味。

（3）温控器温度指示正常，无报警。

（4）风冷装置正常。变压器外表无裂痕、无异物。

13.1.3.3 其他

（1）各类动力及照明配电箱上指示灯指示正常，仪表显示正常，配出开关位置正确；配电箱和电器清洁，箱体密闭性能及防止小动物措施完好；配电箱标志及回路标志正确清晰；接地良好。

（2）电动机、电加热器等各类用电设备接地良好、无异常响动、无异味、无过热。

（3）路灯、高杆灯照明应完好，接地良好；电缆沟内清洁、无积水；电缆孔洞封堵严密。

（4）地下敷设电缆沿线有无挖掘、无堆积重物和腐蚀物体；电缆线路标志完整；电缆终端无异常响动、无异味，电缆外护套无破损，电缆接头紧固牢靠，电缆外表无过热；电缆金属护套接地良好。

（5）检查电气工具整洁齐全，绝缘胶垫完好，摆放归位，在检定有效期内。

13.1.4 电气设备运维

电气设备运维由专业队伍进行，对高压柜、干/油浸式变压器、高低压柜、抽屉式低压配电柜、电机控制箱、双电源切换箱、站内避雷装置、防雷接地预防性试验、电缆运行维护、电力电容器维护等电气设备运维分别制定运维周期、运维内容及运维标准。以抽屉式低压配电柜为示例见表13.1。

表13.1 抽屉式低压配电柜运行维护周期、内容及标准

周期	运行维护内容	标 准
每月一次	1. 检查柜体是否清洁、有无灰尘； 2. 配电柜内部有无异声、异味； 3. 配电柜柜面各仪表、指示灯使用情况良好，有无数值偏差及损坏； 4. 检查用电设备电压是否正常，有无超出规定标准；三相电压是否相同，电压应在国家规定范围之内； 5. 检查运行中三相电流是否平衡，用电设备是否存在过负荷现象； 6. 检查电缆绝缘是否良好，接线是否牢固，接线处有无氧化、变色、过热现象； 7. 电缆标志牌是否模糊和丢失； 8. 电缆沟有无积水、杂物； 9. 检查接地线是否接触良好，无松动； 10. 检查各部件连接螺丝接触良好，无发热、松动、锈蚀； 11. 电容柜电容外壳是否良好，有无膨胀、渗漏情况； 12. 电容器外壳接地线接触情况	1. 柜体清洁、无灰尘； 2. 配电柜内部无异声、异味； 3. 配电柜柜面各仪表、指示灯使用情况良好，有指示数值偏差及损坏等要及时调整或更换； 4. 用电设备电压正常，三相电压相同，电压在国家规定范围之内； 5. 运行中三相电流平衡，用电设备无过负荷现象。发现电流不平衡或过流应及时调整； 6. 电缆绝缘良好，接线牢固，接线处无氧化、变色、过热现象； 7. 电缆标志牌发现模糊和丢失后及时补设； 8. 积水及杂物及时清理； 9. 接地线接触良好、无松动； 10. 各部件连接螺丝接触良好，无发热、松动、锈蚀； 11. 电容柜电容外壳良好，无膨胀、渗漏情况； 12. 电容器外壳接地线接触良好

续表

周期	运行维护内容	标 准
每月一次	1. 检查母线及其引下线连接是否牢固可靠； 2. 检查二次回路接线是否牢固可靠，熔断器是否完好； 3. 电容柜检查，对电容控制器进行动作试验； 4. 检查各指示灯完好使用状况，对断路器、漏电保护器、热继电器、时间继电器等进行检查，定值整定； 5. 检查各柜体指示灯是否正常、控制开关位置是否正常，运行是否正常，停电后手动调试机械联锁部分合闸是否可靠	1. 母线及其引下线连接牢固可靠； 2. 二次回路接线牢固可靠，熔断器完好； 3. 电容控制器试验动作正常； 4. 各指示灯使用完好，各断路器、漏电保护器、热继电器、时间继电器等使用良好，定值在规定范围之内； 5. 各柜体指示灯正常，控制开关位置正确，运行正常，手动调试机械联锁部分合闸可靠
每年一次	1. 在春季进行停电全面检查维护一次； 2. 检查抽屉式开关推入或拉出是否灵活，其机械闭锁可靠，接触器触头是否良好； 3. 检查断路器内各刀口弹力是否正常，灭弧罩是否完好； 4. 检查各电缆头接线螺母是否紧固； 5. 将受电柜和联络柜的主开关断电后，用专用摇把摇入或摇出要灵活，有无卡阻； 6. 检查各互感器等二次接线接头是否牢固可靠，无松动，一二次线无开裂变色	1. 维护标准见试验标准； 2. 抽屉式开关推入或拉出灵活，其机械闭锁可靠，接触器触头良好； 3. 断路器内各刀口弹力良好，灭弧罩完好； 4. 电缆头接线螺母连接紧固，无松动； 5. 受电柜和联络柜的主开关断电后，专用摇把摇入摇出灵活； 6. 各互感器等二次接线接头牢固可靠，无松动，一二次线无开裂变色
特殊巡视	恶劣气候条件下，增加巡视次数	

13.2 压气站变电所简介

压气站变电所主要功能是为压缩机及其辅助系统提供动力电源，其既要执行国家现行的有关规范和规程，又要满足当地供电部门的具体要求。压气站变电所电压等级一般为110kV，主要包括：GIS室、10kV高压开关室、低压配电室、MCC室、变频器室、主控室、电缆室、主变压器区、隔离变压器区。

根据输气工艺要求，压气站一般设置有1~3台高可靠性的电力驱动的大功率天然气压缩机。根据相关规范的规定，其用电负荷为一级，应由两个独立电源供电，且每一电源应满足站场全部计算负荷。我国石油天然气管道行业110kV终端变电所的几种电气主接线有内桥接线、双内桥接线及单母分段接线等几种方式，具体采用何种主接线方式应根据工艺要求、当地电网的实际情况、技术经济比较的结果等综合考虑确定。

13.2.1 变电所流程介绍

以某压气站变电所为例，主变及压缩机隔离变各两套安装在户外，分别设电缆室，10kV中压开关室、变频装置室、滤波装置室、低压配电室；110kV GIS高压开关室、主控制室、办公室、MCC室、UPS室。其电气原理框图如图13.9所示。

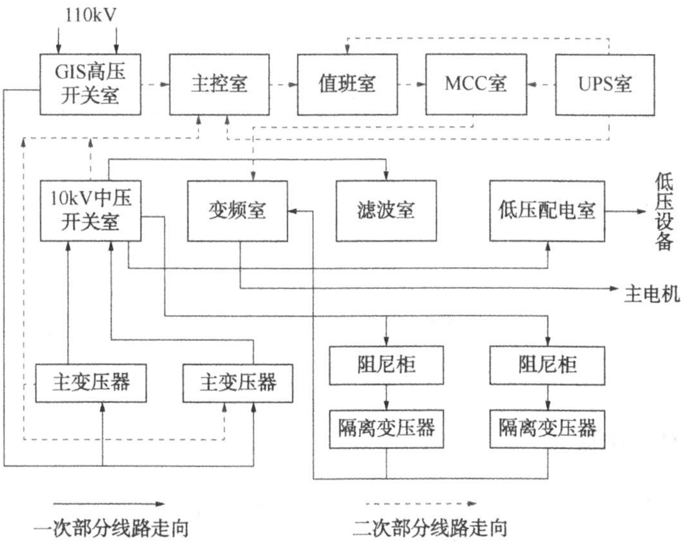

图 13.9 压气站 110/10kV 变电所压缩机电气主结构图

13.2.2 GIS 高压开关室

GIS 是指六氟化硫气体绝缘全封闭配电装置，它将断路器、隔离开关、接地开关、CT、PT、避雷器、母线等封闭组合在金属壳体内，然后以绝缘性能和灭弧性能良好的气体六氟化硫(SF_6)作为相间和对地的绝缘措施，适用于高电压等级和高容量等级的电网中，用作受配电及控制。

13.2.3 中压开关室

一般设有 19 面控制柜：ZS1-12/010 型柜 12 面(去阻尼箱 3 面、去 2 段滤波装置柜 2 面、去干式变 2 面、备用 5 面)，ZS1-12/091 型柜 1 面，ZS1-12/048 型有 2 面(2 路主变出线)，ZS1-12/094 型柜 2 面(2 段 PT 柜)，ZS1-12/066 型柜 1 面(母联柜)，ZS1-12/114 型柜 1 面(母联柜)。

13.2.4 变频装置室

主要是两套变频装置，每组变频器系统由变频器控制柜、UPS 柜、变频器冷却系统构成。变频装置主要作用是改变电源频率，达到调整负载电机转速的目的，从而实现变频节能，减少无功损耗，增加电网有功功率。同时还可以实现电机软启动，避免电机硬启动对电网的冲击，延长设备使用寿命，节约运行及维护费用。

13.2.5 低压配电室

主要包括多面低压开关柜、低压开关柜母线转接柜，2 套带外壳风机的干式变器，其主要功能是对站场低压用电设备的电源进行分配、控制。

13.2.6 主控室

主控室主要任务是对一次回路的运行状态、运行参数等进行监控，保证回路的正常运行。主控室内主要包括110kV线路测控屏、110kV线路保护屏、110kV母联保护测控屏、1#和2#变压器保护屏、公用测控屏、交流屏、免维护直流控制屏、免维护直流逆变屏、免维护直流电池屏、电度表盘、光缆终端机、电视监控主机，1台后台监控系统。

13.3 备用电源

根据负荷等级要求，输气站设计备用电源是必需的。在正常情况下，站场所需电力由市电供给，当市电限电拉闸或其他原因中断供电时，为保证站场的基本生产和生活，需要运行UPS、发电机组、太阳能综合供电系统等备用电源。

13.3.1 UPS电源

UPS是一种利用电池化学能作为后备能量，在市电断电或发生异常等电网故障时，不间断地为设备提供电能的一种能量转换装置。为保证输气站的通信、仪表自动化系统及重要工艺电动阀不间断供电，站场设置了UPS电源。

图13.10 UPS电源

13.3.1.1 结构组成

UPS电源主要由电池组、整流器、逆变器、控制系统等组成，如图13.10所示，各部分主要功能如下：

1）电池组

电池组是一组或几组(铅酸)蓄电池装置，由可充电的电池组和电池开关柜组成，它能够在市电中断状态下为负载提供稳定电源。蓄电池的容量主要取决于负载总功率和后备时间的长短，通常在几分钟或几个小时不等。

2）整流器

整流器是一个整流装置，简单地说就是将交流电(AC)转换成直流电(DC)的装置，它有两个主要功能：一是将转换后的直流电经滤波后供给负载或者逆变器；二是给蓄电池提供充电电压，因此它同时起到了充电器的作用。常见的整流器类型有三相6脉冲/12脉冲整流器、IGBT整流器等。

3）逆变器

市电正常状态下，它能够将整流和滤波后的直流电转换成交流电供给负载，市电中断状态下，它能够将蓄电池的直流电变换成交流电供给负载，所以逆变器是一种将直流电转换成交流电的装置。

4）监控系统

监控系统用来监视和控制UPS，能够查看UPS输入电压、输出电压、频率、电池电压、输出电流等参数，以掌握UPS的实时工作状态；同时还可实现UPS电源的操控，例如启停机、诊断测试、工作模式切换等。

13.3.1.2 工作原理

UPS电源按其操作方式可分为后备式、在线互动式、双变换在线式三类，后备式仅将UPS作为后备电源使用，市电断电后切换UPS时间较长；在线互动式是UPS在市电正常时直接供电，并用逆变器给蓄电池充电，市电中断后，由蓄电池通过逆变器给负荷供电；双变换式是在线UPS的改进，UPS会进行两次电源转换，首先将AC输入转换为DC，然后再将DC重新转换为AC。

输气站场常采用的是双变换式。双变换式UPS电源平时是由交流电→整流器→逆变器方式对关键负载提供交流电源。一旦市电中断时，UPS改为由蓄电池→逆变器方式对关键负载提供交流电源。当市电恢复供电后，UPS电源又重新切换到交流电→整流器→逆变器方式对关键负载提供电源，同时通过交流电→整流器→蓄电池组给蓄电池充电。当逆变器出现故障或过负荷时，由UPS自动切换到旁路支路向负荷供电。因此，对在线式UPS电源而言，在正常情况下它总是由UPS电源的逆变器对关键负载供电，这样就避免了所有由市电电网带来的任何电压波动及干扰对关键负载供电所产生的影响。图13.11为某型号UPS原理图。

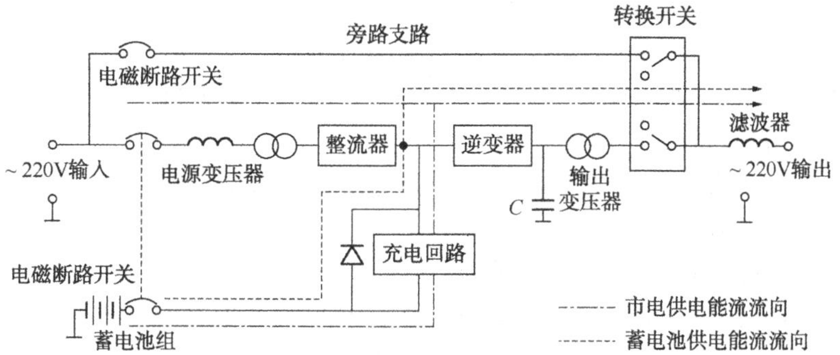

图13.11 UPS电源原理图

13.3.1.3 UPS电源操作

UPS电源操作主要包括开机、关机、检修等内容，各厂家操作方法不同。一般输气站由单台UPS配数组蓄电池，由UPS自动切换正常模式、旁路模式、蓄电池模式，不需要人为干预。以某产品TT-I 30kVA 33 UPS为例详细介绍2台UPS并机系统的操作步骤。

1）并机系统正常开机

（1）检查系统接线：旁路柜、2台UPS、配电柜和电池组的接线与系统原理接线一致，系统内所有开关在断开状态；重点检查并机母线和并机通信线连接紧固；测量系统内部无短路。

（2）检查UPS系统上游电源输入正常。

（3）先给旁路柜加电，闭合旁路柜主输入开关Q1。

（4）闭合旁路柜1#旁路输出开关Q2，测量对应1#UPS旁路输入端子旁路输入电压正常。

（5）闭合旁路柜2#旁路输出开关Q3，测量对应2#UPS旁路输入端子旁路输入电压正常；测量1#、2#UPS旁路输入电压是否一致。

（6）闭合1#UPS主机旁路输入开关Q2；闭合2#UPS旁路输入开关Q2；2台UPS启动后面板显示运行在旁路（面板显示市电告警和电池未接告警为正常现象）；通过面板确认2

台 UPS 为并机模式。

(7) 核实 1#、2#UPS 主机上游输入开关闭合，2 台 UPS 输入端子电压正常，闭合 1# UPS 整流输入开关 Q1；闭合 2#UPS 整流输入开关 Q1；2 台 UPS 主机市电告警消失。

(8) 闭合 1#和 2#UPS 输出开关 Q4，2 台 UPS 旁路并联输出。

(9) 闭合 1#电池柜电池开关 DK1，闭合 2#电池柜电池开关 DK2，此时 2 台 UPS 电池告警消失。

(10) 在 1#UPS 主机面板上按开机键(长按 5s)，面板显示开机(开机命令执行后，该主机运行在旁路，等待逆变启动切换，2#UPS 立即转换为“待机模式”输出关断)。

(11) 在 2#UPS 主机面板上按开机键(长按 5s)，面板显示开机；等到输出电压、频率同步后 2 台 UPS 切换到市电逆变模式。2 台 UPS 并联运行，逐步闭合配电柜 1#、2#进线开关和负荷开关，负载逐步增大，2 台 UPS 平均分担负荷(50%负载不平衡度小于 5%)，并联开机完成。

2) 并机系统正常关机

(1) 逐步断开配电柜的负荷开关(负载逐步减小)和 1#、2#进线开关。

(2) 在 2#UPS 主机面板上按关机键(长按 5s)，面板显示关机(2#UPS 立即转换为“待机模式”，旁路和逆变指示灯等处于熄灭状态，输出关断)。

(3) 在 1#UPS 主机面板上按关机键(长按 5s)，面板显示关机，待输出电压、频率同步后，2 台 UPS 同时切换到旁路模式。

(4) 断开 2#电池柜电池开关 DK2，断开 1#电池柜电池开关 DK1。

(5) 断开 1#和 2#UPS 输出开关 Q4。

(6) 断开 1#和 2#UPS 整流输入开关 Q1。

(7) 断开 1#和 2#UPS 旁路输入开关 Q2，2 台 UPS 面板熄灭停止运行。

(8) 断开旁路柜 2#旁路输出开关 Q3，断开 1#旁路输出开关 Q2。

(9) 断开旁路柜主输入开关 Q1，旁路柜停止运行。

(10) 断开 UPS 系统所有上游电源输入。

(11) UPS 并机系统关机完成，待 10min，UPS 内部电容放电完成，检验各端子无电后，方可拆线、拆设备。

13.3.1.4 UPS 维护

1) 每日检查

(1) 检查控制面板，确认所有指示正常，面板无报警指示及报警声响。

(2) 检查 UPS 各部件无明显高温现象，确认散热通道无阻塞。

(3) UPS 室内温度及冷却通风情况正常，风机运转正常。

(4) UPS 无噪声或异响。

2) 每月维护

(1) 测量并记录电池充电电压、充电电流、UPS 输入、输出电压等参数。

(2) 检查电阻、电容等元器件是否有鼓包、漏液。

(3) 磁性元件(变压器和扼流圈等)有无过热痕迹或裂痕。

(4) 电缆连接点及线路板插件是否有松动、过热。

(5) 各类保险丝是否安装牢固。

3）UPS电池维护

特别提醒，蓄电池有触电风险，更换蓄电池必须由专业技术人员执行，万一周围起火，必须使用干粉灭火器，电池中的电解液对皮肤和眼睛会造成伤害，如果不小心接触，须用大量清水清洗并去医院就医检查。

（1）定期检查蓄电池状态，保持电池放置环境的清洁，定期清除电解质漏液。

（2）尽量保持电池环境温度在15～25℃。

（3）定期检查电池连接端子的松紧度，紧固松动的螺丝，防止大电流放电产生打火损坏端子。

（4）每月实测单节电池电压，计算电池组总电压。

（5）准备停用的电池，停用前先充满电，并每隔1个月充电一次。

（6）UPS蓄电池在每年上半年和下半年各做一次充放电，并做好记录。

（7）若发现电池放电时间大大缩短，需要及时更换新电池。

13.3.2 燃气发电机

13.3.2.1 燃气发电机结构

燃气发电机主要由发动机、发电机、空气过滤器、散热器、控制屏等组成，如图13.12所示。

图13.12 天然气发电机组

13.3.2.2 工作原理

燃气发电机是将天然气燃烧产生的热能，通过内燃式动力机械转化为机械能，再通过发电机转化为电能的设备。内燃机是燃气发电机组的核心部件，其工作原理类似于汽车发动机。燃气在内燃机中燃烧产生高温高压气体，推动活塞运动，从而带动曲轴旋转。内燃机通常采用四冲程循环，即吸气、压缩、燃烧和排气四个过程。在燃烧过程中，燃气与空气混合后被点火，产生高温高压气体，从而推动活塞向下运动，完成一次工作循环。发电机的工作原理是利用电磁感应原理，通过旋转的磁场产生电流。发电机通常由转子和定子两部分组成，转子通过内燃机带动旋转，定子则固定在机壳内。当转子旋转时，产生的磁场穿过定子线圈，从而在定子中产生电流，这些电流通过输出端子输出，供应给外部负载使用。

13.3.2.3 启动前检查项目

开机前先执行下列检查：

（1）检查空气滤清器滤芯是否清洁和安装是否正确，防止未经过滤的空气进入发动机。

（2）检查蓄电池连接是否紧固，检查蓄电池电压。

（3）检查冷却液液位，注意电热芯露出冷却液会导致发动机机体加热器损坏。接通发动机机体加热器前先加注冷却系统。操作时先预热发动机，然后向散热器补充发动机冷却液，排除其中的空气，最后接通发动机机体加热器。

（4）检查消音器和排气管状况及排气系统的连接是否紧固。检查排气系统部件是否开裂、泄漏和腐蚀。

（5）检查燃气压力，保证流量充足。

(6) 检查机油油位在底限和高限之间，或接近满刻度，但不要超过该刻度。如果装备了机械式调速器，则将机油液位保持在满刻度或接近满刻度。

13.3.2.4 发电机组启停

发电机启停分为正常启动、正常停机、联锁保护三种模式，各厂家操作方法不同，以G3406型燃气发电机为例。

1) *启动步骤*

(1) 打开燃气阀门，查看供气压力正常。

(2) 转动发动机控制开关至"MAN. START"约10s，发动机启动。每次启动不能超过30s，两次启动间隔至少2min。

(3) 发动机空载运转3~5min，检查仪表显示。

(4) 发动机启动后，润滑油压力在15s内升高。

(5) 发电机启动后应怠速运转进行发电机预热。预热期间发电机应空载运行，观察发电机各部位有无液体或气体泄漏；检查所有的仪表是否指示正常。

(6) 发电机预热至60℃，运行平稳正常后可加载。

(7) 发电机运行时应注意观察仪表读数和记录数据，并与以前的数据比较，发现问题及时处理。

2) *停机步骤*

(1) 断开主断路器，卸掉发动机负载。

(2) 让发动机怠速运转5min左右使其降温。降温后，将启动开关转至"STOP"或"OFF"位置。

(3) 紧急情况可直接拍击"EMERGENCY STOP"紧急停车按钮，发动机可以在任何情况下停车。

3) *联锁保护(自动启动)*

站场正常情况下由市电供电，发电机端为热备用状态，此时市电侧断路器闭合，发电机侧断路器断开，站场负载均由市电供电。当市电中断时，ATS开关控制器检测到市电掉电并对发电机发出开机启动指令(此时发电机开机模式必须在自动模式、输出断路器在闭合状态)，发电机经过自检启动后，输出正常的400V三相交流电，与此同时，ATS开关断开市电侧断路器，闭合应急发电机侧断路器，站场的设备由发电机供电。

当市电恢复供电后，ATS开关控制器检测到市电信号并发出指令自动断开应急发电机侧断路器，闭合市电侧断路器，同时发出发电机停车指令，发电机正常停车，恢复自动待机模式，具体操作如下：

(1) 转动发动机控制盘上的启动选择开关于"AUTO"位置，当正常电力供给发生中断时，发电机组会在10s内自动启动供电。

(2) 正常电力供给恢复后，ATS开关会立即中止发电机供电，发电机在3~15min内自动停机。

13.3.2.5 发电机组养护性运行

每周使发电机组带载运行一次，每次半小时。操作人员必须在开始执行养护性运行程序前，检查启动前应该检查的所有项目。在发电机组运行期间，凭声音判断发动机运行是否平稳，目视检查发电机组是否泄漏油液或烟气。

13.3.2.6 市电中断应急处置实例

站场市电中断后，需立即启动市电中断应急预案，及时启动备用发电机组供电，确保站场设备设施安全平稳运行。

市电中断后，分两种情况启动发电机组：

(1) 若ATS开关自动联锁保护状态已投用，发电机组将自动启动。

(2) 若ATS开关自动联锁保护状态未投用，需要人工启动发电机组，下面以某输气站为例介绍市点中断人工启动发电机组应急处置方法：

① 某日值班人员正常值班巡检，突然站控电脑警报响起，值班室应急灯亮，值班人员查看报警信息为UPS综合报警，初步怀疑供电出现问题。

② 值班人员立即向站长汇报，站长立即查看报警信息，确认UPS综合报警，查看站控电脑，工艺设备无异常情况，随后赶往低压配电室，确认所有低压供电柜无电。查看高压配电室，确认变压器及高压引线柜均停止运行。场站站控设备靠UPS供电，据此判断此次突发事件为市电中断。

③ 站长立即启动应急预案，值班人员立即与供电所电话联系，确认停电原因，约需2h后恢复供电。其后向调控中心汇报停电情况，并请示启动燃气发电机。

④ 值班人员进入机柜间，使用专用钥匙将ESD机柜、PLC一、二号机柜打开，按照从A到D的顺序(A为CPU市电电源空开，B为远程机架市电电源空开，C为24V市电电源空开，D为机柜内市电总空开)将各控制单元的电源拉下。

⑤ 值班人员进入燃气发电机室，确认燃气发电机机油、水箱液位均在正常范围，合上蓄电池开关，打开燃气发电机控制面板电源按钮，查看显示屏蓄电池电压正常。打开天然气供气阀门，查看供气压力正常，长按控制面板上的绿色按钮，燃气发电机启动，怠速运行270s，其后燃气发电进入正常运行状态。转速稳定在1500r/min运行，空载运行10~15min，查看无异常后，合上供电开关，站场使用燃气发电机供电。

⑥ 值班人员检查低压配电室，确认低压配电柜已自动选择燃气发电机供电电路，确认除生活设施外各生产设备均已供电。UPS转为充电状态，无异常情况。值班人员做好记录和汇报，并开始正常巡检。

⑦ 2h后，值班人员通过监控视频发现市电来电，站长通过查看高、低压配电室确认市电已来电，电压正常。此时低压配电柜已自动选择市电供电电路。

⑧ 值班人员到达燃气发电机室，拉下供电开关，UPS备用电源已恢复充电状态。进入机柜间，使用专用钥匙将ESD机柜、PLC一、二号机柜打开，按照从D到A的顺序将各控制单元的电源合上，市电恢复正常。

⑨ 站长通过站控系统对各设备进行检查，未发现异常情况。

⑩ 值班人员进入燃气发电机室，待燃气发电机空载运行5min左右后，长按控制面板上的红色按钮，燃气发电机进入冷机状态，300s后燃气发电机停止运行。关闭供气阀门，关闭控制面板上的电源按钮，拉下蓄电池开关。

⑪ 值班人员确认无异常后填写市电中断处置记录，做好汇报。市电中断应急处置结束。

(注：第④和第⑧步骤需根据输气站场自身情况进行操作。)

13.3.2.7 注意事项

(1) 正常运行中，加强巡回检查，严禁擦拭机组。

(2) 机组运行中排气管内排气温度较高，严禁人员接近排气管、散热器等，以防灼伤。

(3) 机组严禁长时间怠速运行。

(4) 发电机检修前，应断开辅助电源，断开蓄电池启动，防止意外启动。

(5) 发电机检修工作之前，应关断天然气进气阀，并进行可燃气体浓度监测。

(6) 注意铅酸蓄电池会逸出易爆的氢气，电弧、火花、吸烟等均可能引爆逸出的氢气。

(7) 机组停运后，不要向热态发动机内添加温度过低的冷却液，这将会损坏发动机缸体。

(8) 冬季或低温天气运行应及时更换机油、添加防冻液、投运加热器。

13.3.3 燃油发电机

燃油发电机组是一种由发动机、同步交流发电机、控制系统(控制屏、控制柜)三大主要部件组成的机电一体化成套设备。如图13.13所示。

图13.13 燃油发电机

13.3.3.1 工作原理

燃油发动机是将燃油喷射到气缸内与空气混合，火花塞会发出火花，点燃混合物，通过燃烧气缸内的燃料产生动能驱动发动机气缸内的活塞往复运动由此通过连杆带动曲柄围绕曲轴中心做圆周运动而输出动力。它是将燃料的热能转化为机械能的能量转换设备，是发电机组的动力部分。

发电机是以磁场作为媒介，利用电磁感应原理和电磁定律将其他形式能量(如机械能)转换成交流电能的能量转换装置，将发电机与燃油发动机曲轴同轴安装，曲轴旋转带动发电机的转子，利用“电磁感应”原理，发电机就会输出感应电动势，经闭合的负载回路就能产生电流。

控制系统是燃油发电机组的控制装置，可实现对机组机电物理量的检测并显示；实现发动机的启动、运行、停机、紧急停机等控制操作；实现机组保护和故障检测；实现远程通信(遥信、遥测、遥控)；实现供电及负载检测与切换等。

13.3.3.2 启动前检查项目

(1) 检查发电机有无异常，各紧固件是否可靠。

(2) 检查水箱里的防冻液是否在要求位置。

(3) 检查机油是否在规定的油面位置。油量不足，应添加质量合格的机油。

(4) 加足燃油，打开燃油阀门，由输油泵上的手油泵排除燃油系统中的空气。

(5) 检查柴油机各部分是否正常，有无妨碍运转的杂物。

(6) 检查电启动系统电路接线是否正常、牢固，蓄电池是否已充足电。

(7) 自启动类型机组要做好市电和机电灵活安全切换，确保机组在启动和运行时市电和机电不能重叠，以免发生重大事故。

13.3.3.3 发电机组启动

（1）将喷油泵供油连手柄推到转速700r/min左右的位置。

（2）旋转电锁钥匙，接通启动电路。

（3）按下启动按钮，机组即启动，若在5～10s内未能启动应立即释放按钮，待停放1min后再做第二次启动，如连续三次不能启动时，应停止启动，待查出原因并排除故障后再行启动。机组启动后立即释放按钮，将电锁钥匙拨回中间位置。

（4）柴油机要求进行5min的低速暖机，然后慢慢扳动调速手柄，加大供油量，使发动机转速逐渐提高到额定转速，并观察电压表和频率的读数。

（5）观察控制屏上各仪表的指示是否正常，待柴油机水温高于55℃、机油温度高于45℃时方可加负载。

（6）检查机组启动运行正常后，电源切换开关切至柴油发电机侧后，方可合上自动空气开关，机组即向外供电。

13.3.3.4 发电机组停机

（1）停机前应先卸去负载，再断开空气自动开关，停止向外供电。

（2）调节供油调整手柄，慢慢降低转速至700～1000r/min，继续运转5min。

（3）扳动停机手柄停机。

（4）及时进行维护保养，以便下次使用。

13.3.3.5 注意事项

（1）柴油发电机组空载运行一般不超过15min。

（2）关断发电机组时首先切断负载开关，再把原动机转速降下来。

（3）发电机停机后，要对发电机的水位、机油位、柴油位、蓄电池电压等进行一次检查。

（4）如果发电机不常使用，可将电瓶零线拆下，以防放电。冬季超过20天，其他季节超过30天，要用专用充电器补充电一次。

（5）发电机不允许在下雨时露天启动，在潮湿地段时，操作人员应站在铺有绝缘物品的地方，并穿好绝缘鞋，戴好绝缘手套。

13.3.4 太阳能综合供电系统

13.3.4.1 结构组成

太阳能是清洁能源，在缺少外部电源的阀室，可以应用太阳能来实现阀室数据采集和控制。太阳能综合供电系统主要由太阳能电池组件、太阳能控制器、蓄电池组、逆变器等组成，如图13.14所示。

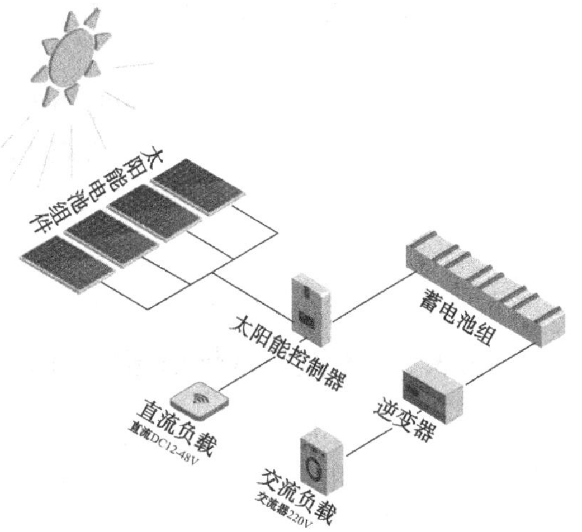

图13.14 太阳能供电系统结构组成

（1）太阳能电池组件：即太阳能板，是太阳能供电系统中的核心部分，也是太阳能供电系统中价值最高的部分。其作用是将太阳的辐射能量转换为电能，或送往蓄电池中存储起来，或推动负载工作。

（2）太阳能控制器：用于控制整个系统的工作状态，并对蓄电池起到过充电保护、过放电保护的作用。

（3）蓄电池组：其作用是在有光照时将太阳能电池组件所供出的电能储存起来，到需要的时候再释放出来。一般为铅酸电池，小微型系统中也可用镍氢电池、镍镉电池或锂电池。

（4）逆变器：用于将蓄电池的直流电逆变为与终端设备频率、电压相匹配的交流电的装置，例如110V、220V等。

13.3.4.2 工作原理

太阳能综合供电系统基本原理是“光伏效应”，光照能够使半导体材料的不同部位之间产生电位差。

在太阳能电池组件中有很多P型硅半导体和N型硅半导体，当P型和N型半导体结合在一起时，在两种半导体的交界面区域里会形成一个特殊的薄层，即P-N结，当光照射到P-N结的一个面时，就会产生一个与光照强度有关的电动势，从而产生电能。太阳能电池经过串联后进行封装保护可形成大面积的太阳能电池组件，太阳能发电原理如图13.15所示。

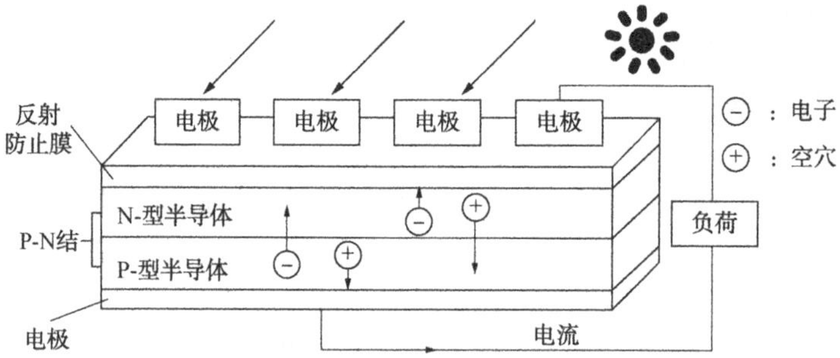

图13.15 太阳能发电原理

13.3.4.3 注意事项

（1）太阳能电池使用寿命长，但应避免机械伤害。

（2）蓄电池组的工作温度一般为-30～50℃，电池周围不得有火源、热源、潮湿和腐蚀性很强的物质。

（3）注意冰雹、大雪过后对电池组件表面的检查，及时清扫；破损及时更换。

（4）可根据季节变化情况调整太阳能电池组件平面倾斜角，最大限度地接收太阳光。

（5）蓄电池组每月用万用表测试一次电压值，并做好记录，若容量不能满足要求，及时更换。

（6）定期检查太阳能综合供电系统室内、外连接电缆是否松动老化、连接是否可靠。

13.3.5 电控一体化小屋(EIT)

电控一体化小屋(EIT)是根据不同的使用环境和参数要求，将电力、自控、通信、阴极保护等各专业的相关设备，进行标准化、模块化设计，在工厂内完成安装及联合调试，再整体运输到施工现场，采用吊装方式安装于提前预制的设备基础上，代替传统的砖混结构配电室、仪表间及其他设备间，同时运用云平台管理技术建立远程运维中心，实现数据传输和远程监控，达到无人值守的目的，实现标准化设计、工厂化预制，大幅缩短建设工期，减少占地面积，减少安装工作量，节省人力和物力，提高施工安全性和设备运行的可靠性。如图 13.16 所示。

图 13.16　一体化小屋示意图

13.3.5.1　电控一体化小屋特点

（1）打造新一代行业公用工程建设模式，将土建及电力、自控、通信、防腐等专业的施工及安装工作全部在工厂内集成。

（2）采用柔性直流供配电系统替代原有的交流供配电系统，为站内关键设备，如自控、通信等提供可靠的能源，配置 DC24V、DC48V 和 AC220V 输出，具有运行温度范围大（-25～60℃）、输入电压范围宽、输出电压精度高等优点，如图 13.17 所示。

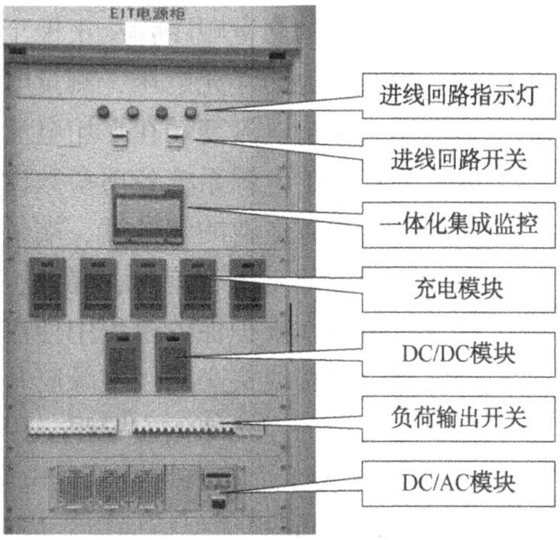

图 13.17　EIT 配电柜图片

（3）通过集成市电、蓄电池组、太阳能、风电、燃油发电机等多种互补式供电方式，实现 24h 不间断供电，保证供电的连续性。

（4）智慧型节能电源控制装置可实现对整个配电系统监测以及多种供电方式的协调管理。

（5）采用全生命周期云平台管理系统，减少运维成本，提高智能化建设水平。

13.3.5.2　注意事项

1）启电时注意事项

（1）查看柜内有无杂物，特别是母排或裸露导线处是否残留金属杂物如金属铁屑、残余导线等，避免引起相间短路。

（2）检查配电柜内电气元件是否完好，如隔离开关的灭弧罩、断路器分合闸、二次导线的连接、熔断器熔芯的好坏等。

（3）确保分路断路器处于分闸状态，避免引起在送电过程中带负荷操作。

（4）操作隔离开关时严禁开内门操作。

2）停电检修时注意事项

（1）分隔离开关时，应先检查相应的断路器是否断开，避免带负荷分闸。

（2）断开隔离开关后，部分二次线仍有电，如进线柜的电压指示，由于取进线端电压，作为进线电压指示，所以在拉开隔离开关后，此部分二次线路仍带电。

（3）停电后应安全接地，确保人身安全。

13.3.5.3 维护保养

对于电控一体化小屋综合维护服务，每月巡检一次。偏远地区以及其他一些距离维护单位较远、行车不可直达或行车时间较长的区域，可安排每季度巡检一次。年检主要是按需安排执行。

1）防雷接地检查

（1）电气设备与接地线连接处有无松动脱落现象。

（2）接地线有无损伤、断股及腐蚀现象。

（3）有腐蚀性土壤的场合，每5年应挖开接地引下线的土层，检查地面下0.5m接地线的腐蚀程度。

（4）人工接地体周围地面上，不应堆放或倾倒有强烈腐蚀性的物质。

（5）明装接地线表面涂漆有无脱落现象。

2）蓄电池组检查

（1）电池间室内及设备整洁卫生。

（2）蓄电池的测量顺序：从正极至负极。

（3）检测电池的浮充电压，测量电池的浮充电流及各模块的均流情况，在常规条件下，每个整流模块输出电流变动在平均电流值的±2A或±3%之内，检查环境温度15~25℃。

（4）检查EIT电源系统各项参数设置是否正确。

（5）逐个检查电池的清洁度、端子的损伤及发热痕迹、外壳及盖的损坏或过热痕迹。

（6）检测电池是否有跑酸、漏液、连接部分氧化等现象。

（7）电池组在维护保养过程中使用工具时应包好该绝缘的部位，防止正极与负极短路。

（8）蓄电池接线头必须用绝缘胶布包好，防止两极碰电造成短路。

（9）蓄电池的连接螺丝应紧固，用工具以中等力量扭动蓄电池螺栓不动为紧。

（10）蓄电池上面不许堆放易导电物体，如工具和其他工程材料等。

（11）蓄电池间必须保持通风，应避免阳光直射蓄电池。

（12）其余蓄电池组检查内容请参阅随机配的蓄电池生产厂商配套资料。

3）空调设备检查

（1）检查设备的三相电压，发现有缺相、过压或低压都应该马上联系电力部门进行修复。

（2）检查设备的保护接地线，如果发现引线接触不良，应及时加固。

（3）检查设备绝缘、导线有无老化现象。

（4）查看空调运行状态（如空调未制冷或未制热，应调低或调高空调的设定温度，使空调处于制冷或制热状态；测试结束后重新设置为26℃，要求小屋设备间温度不超过35℃），测试小屋的温湿度并认真地记录，如有故障参看空调使用说明书或报修。

（5）清洁空调表面、清洁空气过滤网。

（6）查看空调外机翅片是否干净，每年至少应清洗（通常清水冲洗即可，特殊情况可找专业清洗人员清洗）室外机2次（4月和9月前后各一次）。

(7) 检查排水系统，做好空调室内机冷凝水的排放管路，排水要通畅，防止流入屋内。

(8) 检查内外机的稳固性，电机的轴承应为紧配合，发现扇叶摆动或转动不正常时应上报维修。

(9) 检查空调机支座、冷媒管的固定位置应无松动。

(10) 检查冷媒管的保温情况、对于保温管有破裂或损坏的，需要重新进行包扎或者报片区负责人专门安排人员处理。

(11) 对于空调室外机如有大件物品挡住进气道的，应及时搬走，保证通风处于良好状态。

(12) 对于较为偏僻地方、容易被盗的小屋空调室外机，应及时上报相关负责人。

13.4 污水处理系统

输气站场污物主要有站场值班人员生活产生的污水，输气工艺设备分离出的含油污水、油泥、粉尘等，生活污水由站场污水处理系统处理后外排，含油污水、油泥、粉尘等由专业危废处置单位处理。

13.4.1 污水排放标准

《输气管道工程设计规范》(GB/T 50251—2015)对输气站污水处理作出明确规定，当处理后的污水接入城镇排水管道时，其水质宜符合《污水排入城镇下水道水质标准》(CJ343)的有关规定。当外排至沟渠或天然水体时，其水质宜符合现行国家标准《污水综合排放标准》(GB/T 8978—1996)和地方有关部门的有关规定。

13.4.2 污水处理原理

生活污水处理方法按原理分为：

(1) 物理法：利用物理作用，分离出污水中呈悬浮状态的污染物，如沉淀、气浮、离心旋流等方法。

(2) 化学法：向污水中投加化学物质利用化学反应来回收污水中的污染物，如混凝、中和、氧化复原法、吸附等方法。

(3) 生物法：利用微生物的新陈代谢功能，使污水中呈溶解和胶体状态的有机污染物被降解并转换为无害物质，使污水得以净化。

站场污水处理装置采用A/O脱氮工艺去除氨氮，其工艺原理为：污水中的氨氮，在充氧的条件下被硝化菌硝化为硝态氮，大量硝态氮在缺氧条件下，通过兼性厌氧反硝化菌作用，以污水中有机物作为电子供体，硝态氮作为电子受体，使硝态氮还原为氮气逸入大气，从而达到脱氮的目的。

硝化反应：$NH_4^+ + 2O_2 \longrightarrow NO_3^- + 2H^+ + H_2O$

反硝化反应：$6NO_3^- + 5CH_3OH(\text{有机物}) \longrightarrow 5CO_2\uparrow + 7H_2O + 6OH^- + 3N_2\uparrow$

污水处理工艺流程如图13.18所示，污水处理装置主要由风机、格栅、调节池、污泥泵、消毒池、清水池、提升泵、控制系统等组成。

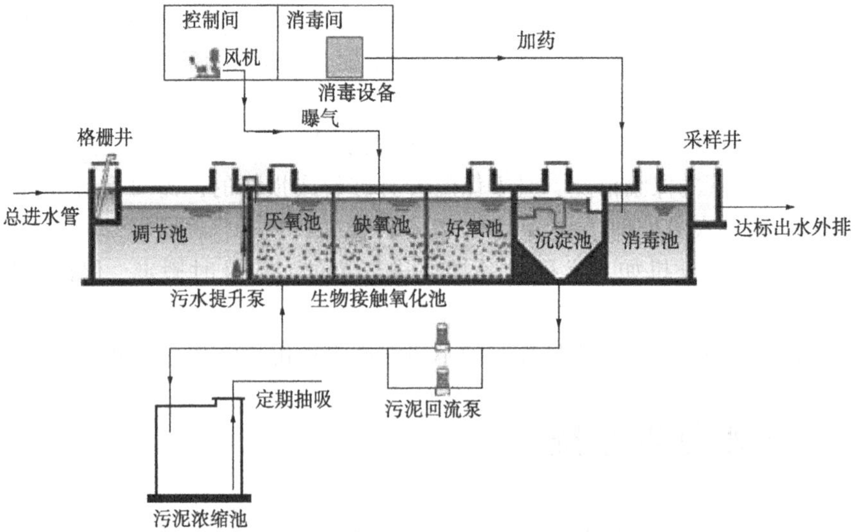

图 13.18　污水处理工艺流程

13.4.3　MBR 一体化污水处理装置简介

1）工作原理

传统 A/O 一体化污水处理装置有以下缺点：一是设备对污水处理量、环境温度、维护保养要求较高，冬天气温较低时设备处理效果不理想；二是出现异常情况时，菌群培养难度大，水质恢复周期长；三是容易出现污泥膨胀现象，二沉池沉淀效果不好；四是设备占地面积大。

MBR 一体化污水处理装置对 A/O 工艺进行了优化，主要包含厌氧池、MBR 池以及设备间，MBR 池主要由膜组件、微生物菌剂和曝气系统构成。污水由化粪池收集后，经格栅去除大颗粒杂质后进入调节池进行污水均质均量，经液位控制仪传递信号，由一级提升泵进入 MBR 池，污水在厌氧池内进行反硝化反应，降低有机物浓度，去除部分总氮。在 MBR 膜生物反应池内大量微生物与有机物充分接触，使有机污染物降解，同时进行硝化作用，产生厌氧池反硝化所需的硝化液。采用定期投加氯片的消毒方式，消毒池采用上下翻腾式结构，保证消毒剂和污水充分混合完全消毒。最后中水由泵抽出供输气站内使用或达标外排，如图 13.19 所示。

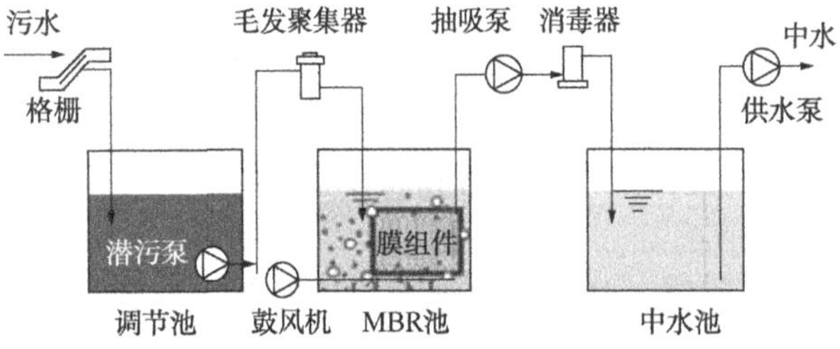

图 13.19　MBR 一体化污水处理装置

2）基本操作

（1）检查和设置。

① 再次确认空气管、污水管的连接正确。

② 确认膜元件箱体在曝气箱上已固定好。

③ 确认膜组件放置的反应池内已清洗完毕。打开保护盖，注意泥土和灰尘可能会损坏膜组件。

④ 将清水放入池内之前，打开空气排放阀，排出膜元件中的空气。

⑤ 将清水(自来水或过滤水)放至运行水位。

⑥ 放水完毕后，将空气排放阀关闭。

(2) 清水运行。

① 曝气鼓风机启动后，确认曝气量和曝气的均匀性。清水运行时可能会有正常泡沫产生。这种现象可能是由于膜中含有不溶性的可生化的亲水性物质导致的。

② 一台鼓风机对多台膜组件送风时，供各个膜组件的空气量须相同。如有不同，检查原因并消除。

③ 清水调试时，测定设计过滤水量(最大、最小流量)下的膜间压差、水温，并进行记录。

④ 设备性能测试结束后，马上停止过滤和曝气。

(3) 种泥投加。

① 预备好处理同种废水的种泥。推荐采用 MLSS 浓度在 20000mg/L 左右的种泥。

② 投加种泥后紧接着开始投入原水。通过微细格栅(缝隙 5mm 以下)等投入，从而去除夹杂的物质。

③ 种泥投入的量应能使膜浸没槽 MLSS 浓度在 7000mg/L 以上。

(4) 污水处理。

种泥投加完毕后，首先开始曝气，接着开始过滤运行，同时开始原水供给。过滤水量稳定时，测定、记录下实际运行的过滤水量下的膜间压差、水温。

3) 故障分析与处理

污水处理系统的常见的故障处理方法如表 13.2 所示。

表 13.2 污水处理系统常见故障与对策

故障现象	产生原因	排除方法
曝气空气达不到标准量	鼓风机故障	检查鼓风机
	曝气管堵塞	清洗曝气管
膜组件内或膜组件间曝气状态不稳定	该膜组件的曝气管堵塞	清洗该膜组件的曝气管
透过水量减少或膜间压差上升	膜堵塞	进行药洗
	曝气异常导致对膜面没有良好的冲洗	改善曝气状态
	污泥形状异常导致污泥过滤性能恶化	改善污泥性状； 调整污泥排放量； 阻止异常成分(油分等)的流入； BOD 负荷的调整； 原水的调整(添加氮、磷等)
膜元件或软管损坏	膜元件或软管损坏	封住该膜元件或集水管的导流管
	透过水的配管管线泄漏	调查修复不良部分
	透过侧生长有细菌	对透过水管路注入有效氯浓度为 100~200mg/L 的次氯酸钠进行清洗

13.5 其他辅助设备简介

输气站场的其他辅助设备主要包括水套炉、防爆电加热器、注醇撬等。

13.5.1 水套式加热炉

水套式加热炉在天然气集输站场应用较为普遍，而长输管道输气站应用较少，只有当用户管道设计压力较低时，需要多级节流降压才能满足接气的情况下，可以使用水套加热炉提高供气温度。

13.5.1.1 结构组成

水套炉主要由加热炉筒体、燃烧器、供气管路、温度控制组件等部分组成。在筒体中，装设了火筒、烟管、盘管等部件，筒体内装水，但水不能装满，在筒体上部留有约1/3的空间。图13.20为水套炉结构图。

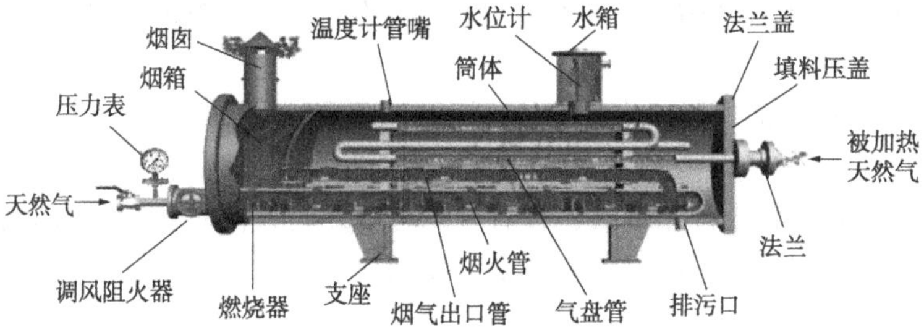

图13.20 水套炉结构图

13.5.1.2 工作原理

燃料在火筒中燃烧后，产生的热能以辐射、对流等传热形式将热量传给水套中的水，使水的温度升高，并部分汽化，水及其蒸汽再将热量传递给盘管中的天然气等，使其获得热量，从而温度升高。通过水浴加热这种方式，天然气受热充分且均匀，加热温度稳定。

13.5.1.3 运行操作

1）*操作前检查准备*

（1）检查炉体附件及各管线的阀门、管件、仪器、仪表是否装备齐全。

（2）检查空气及烟气系统是否正常。

（3）进行试漏检查，确保各个静密封点无泄漏。

（4）对炉体及所有管线进行彻底吹扫，保证炉体及管线内不含液体和残渣。

（5）检查燃烧系统，保证燃料压力正常，燃料不含液体。

（6）检查电源系统、控制系统接线及各个仪器、仪表是否正常。

2）*启动加热*

（1）打开膨胀水槽(罐)的注水口，向炉体内加水，直至液位计规定高度。

（2）关闭盘管天然气出口阀门，打开盘管天然气进口阀门。

（3）对水套炉膛进行强制通风。

（4）通风结束后，导通燃料气流程，按点火开关点火，对水套加热炉进行预热。

（5）缓慢打开盘管出口阀门，使天然气温度逐渐升高。

（6）根据天然气温度需要，调节燃料气流量，调节风门和烟道挡板开度，保持火焰处于最佳燃烧状态。

3）停止加热

（1）提前4~5h关小燃料阀门，同时调节燃烧器风门及烟道挡板，逐渐降低炉膛温度。

（2）当炉温降至150℃，停运燃烧器，并迅速关闭烟道挡板、风门，使炉膛温度缓慢下降。

（3）待加热炉温度降到接近环境温度时，导通天然气旁通流程，关闭盘管天然气出口阀门，待加热炉炉温与环境温度一致时，关闭盘管天然气进口阀。

（4）关闭系统电源。

13.5.1.4 维护保养

（1）定期对加热炉内水介质进行化验，应符合工业锅炉用水水质标准。

（2）定期清洗燃烧器的过滤网，以保持正常的燃烧效率。

（3）定期检测盘管腐蚀情况，特别是弯头部位厚度，不得小于图纸设计最小厚度。

（4）每年至少一次对加热炉进行全面地检查维修，以确保整个冬季的安全生产。

（5）检修时应对炉体进行除垢，并及时清理烟室内的积垢，在无法进行机械除垢时，可进行酸洗除垢。

（6）如加热炉长期停用，必须将炉内中间介质水和盘管内的气体排净，并打开液位计下部阀门，将其中水放净，关闭各阀门，使炉体保持密封状态。

13.5.1.5 常见故障及处理方法

水套加热炉常见的故障现象及处理方法见表13.3。

表13.3 水套炉系统常见故障与对策

现象	原因	对策
燃烧器点不着火	初次使用，供气管线内有空气； 燃烧器供气压力过低，供气流量不能满足正常供气要求； 燃烧器点火系统损坏； 负压燃烧器的母火喷嘴堵塞； 点火燃气量太小； 点火配风量太大	重新对天然气置换； 调整、检修稳压阀、有无进液、冰堵、脏堵情况，发现后对其清除； 检修或更换点火系统； 用细钢丝疏通喷嘴； 重新调整点火燃气量； 重新调整点火配风量
燃烧器回火	主火燃气压力太小； 一次风门开量过大； 炉膛阻力过大或有异物堵塞	增大主火燃气压力； 重新调整一次风门； 调低燃烧器功率，清洁燃烧室烟道等
烟囱冒黑烟	燃料气含油、水过多； 风门开度小，空气量不足； 喷嘴安装密封问题，喷嘴口损坏或口径过大； 引射喉口与混合管内有灰尘和异物堵塞	排除分离器积油、积水； 调节风门开度； 更换喷嘴，重新安装； 清理引射喉口与混合管内灰尘和异物
炉温过低，燃烧不稳	烟管积灰； 燃料气调压阀出口压力波动，导致空气量配比失调	停炉检查烟管，并清除烟垢； 调节燃料系统压力和调压阀出口压力
被加热介质温度下降	被加热介质流量增加过多； 连接部件损坏漏气	检查流量是否过大，并调整； 检查连接部件及连接处是否损坏及漏气，如有则更换或紧固

13.5.2 电加热设备

13.5.2.1 电伴热带

电伴热带是一种利用电能产生热量的设备，其工作原理是基于欧姆定律，即电流通过导体时会产生热量。当电流通过导体时，导体内部的电子会受到电场力的作用而运动，这些电子与导体原子之间的碰撞会产生热量，从而使导体加热。有：

$$W=IU=\frac{U^2}{R} \tag{13-1}$$

$$R=\rho\frac{L}{S}$$

式中，W 为功率，J；I 为电流，A；U 为电压，V；R 为电阻，Ω；ρ 为电阻率，Ω·m；L 为长度，m；S 为截面积，m^2。

电伴热带是由导电聚合物和两根平行金属导线及绝缘护层构成，其特点是导电聚合物具有很高的正温度系数特性，且互相并联，能随被加热体系的温度变化自动调节输出功率，自动限制加热的温度。电伴热带可以自行控制温度范围，当温度达到特定值时会自动关闭电源，当温度低于特定值时，会自动开启电源，因此不需要人工操作，这样更加省时省力。其原理结构如图 13.21 所示。电伴热带须按使用说明书规定的方法进行安装，缠绕方法多样，图 13.22 为缠绕示例。

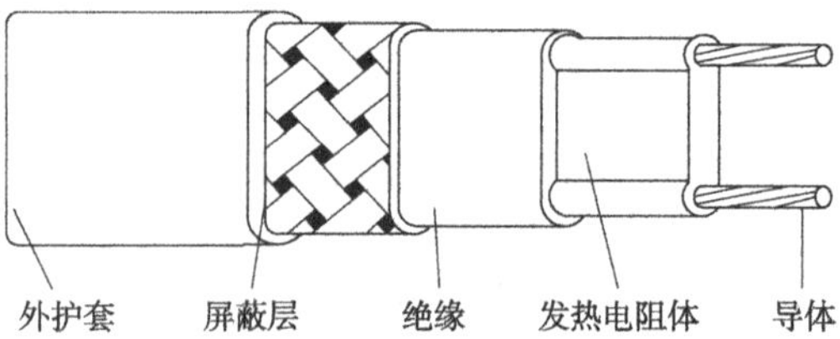

图 13.21 电伴热带结构

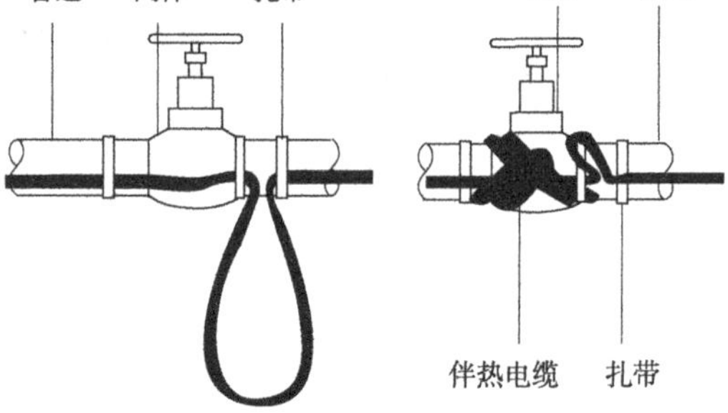

图 13.22 电伴热带缠绕方法

13.5.2.2 防爆电加热器

防爆电加热器是一种消耗电能转换为热能对介质进行加热的加热设备。介质通过管道在压力作用下进入防爆电加热器入口，沿着电加热容器内部特定换热流道，带走电热元件工作中所产生的热量，使被加热介质温度升高。介质在电加热器的出口达到工艺所要求的温度。

防爆电加热器按照有无中间传热介质分为直接式、间接式两类。直接式防爆电加热器采用电热元件直接加热介质的方式，间接式防爆电加热器采用电热元件先加热导热油(传热媒体)，然后由导热油再加热工艺介质的方式。

防爆电加热器主要由加热器壳体(容器)、电热元件、防爆接线盒以及安装在室内的电控柜组成。防爆电加热器有自动、手动两种控制方式。在自动控制模式下，电加热器由温度控制器实现温度控制，温度控制器采集介质出口温度信号，与设定温度比较后，输出控制信号给可控硅，从而控制加热器的输出功率以保证电加热器出口的介质处于设定温度。

防爆电加热器均设有超温保护(温度限制器)，当温度限制器检测加热器内部的某一点温度(可以是加热芯温度或者导热油温度或者其他监测点)超过温度限制器的超温定值时，加热器会停止加热并可以产生报警信号。为防止由于流量过低或无流量等原因导致的加热器干烧情况，在防爆加热器的工艺管路可装设流量开关，只有介质流量在正常情况下，防爆加热器才允许加热。控制系统可远程启停防爆电加热器并且可以接收防爆电加热器的运行、停止、故障以及出口温度等信号。

13.5.2.3 防爆电加热器的操作

1）运行前检查

（1）间接式防爆电加热器首先应检查膨胀箱呼吸口帽是否已去掉，油位是否正常。

（2）检查与电加热器配套的电气和仪表及控制系统各设备和线路是否牢固完好。

（3）检查电源电压是否正常；检查加热器和电控柜接地电缆是否牢固可靠。

（4）检查温度控制器、温度限制器定值是否正确，电控柜面板急停按钮处于正常状态。

（5）检查出口管路超压保护装置是否正常。

2）启用操作

（1）检查正常后，先打开加热器出口到超压保护装置间的阀门，然后操作相关阀门，使介质充满整个加热器。

（2）合上电控柜主回路断路器及控制回路空开，检查电源供电正常。

（3）检查电控柜各联锁点(超温保护、流量开关等)均正常。

（4）将防爆电加热器工作方式置于自动位置，通过站控系统或电控柜本体启动按钮进行启动。

（5）严禁在正常运行时使用手动方式，手动方式仅在调试、检修时使用，且必须有人现场监护。

（6）在电加热器首次投运时，应有工作人员在现场监护。

3）停运操作

（1）通过站控系统或电控柜本体停止按钮停运防爆电加热器。

（2）紧急情况时，拍下停机按钮或电控柜本体 ESD 的按钮。

（3）防爆电加热器长期停用时，应断开电控柜主回路断路器。

（4）长时间停运再开机时，按照首次投运的要求进行检查。

13.5.2.4 防爆电加热器维护保养

1）日常检查

（1）检查电控柜控制面板各指示灯是否正常，检查电控柜柜内温度是否正常。

（2）检查防爆电加热器有无漏气、漏油现象。

（3）检查防爆电加热器电控柜电流、电压是否正常，温度控制器、温度限制器温度显示是否正常。

（4）检查防爆接线盒电缆密封接头是否可靠密封，目测应没有明显连接空隙。

（5）电加热器有无明显振动和噪声。

2）定期维护检查

（1）防爆电加热器壳体为压力容器，应定期检验。

（2）防爆电加热器维护检查前(自动化检查除外)，应停电、泄压，做好隔离措施，悬挂相应标识牌，办好检修所需各种票证，做好安全措施。

(3) 定期检查电加热器电缆相间绝缘与对地绝缘，均不得小于1MΩ；检查加热器相间电阻与对地绝缘，三相相间电阻偏差不得超过10%，相对地绝缘电阻不得小于1MΩ；检查电控柜二次回路的绝缘电阻值，应不小于1MΩ；检查加热器外壳接地电阻值，不得大于10Ω；检查电加热器与电控柜各接线端子，触头有无松动、变色，并对接线端子进行紧固；对电控柜以及防爆加热器接线盒进行清扫除尘。

(4) 打开底部盲法兰，检查并清除脏物；拧紧各部位螺栓，修复各部位油漆，检查腐蚀情况，做好防腐工作；清理呼吸阀。对间接式防爆电加热器冬季运行前，将导热油补充至最高液位。油品检验要求及标准按照厂家说明书执行。

(5) 定期操作站控系统下发电加热器启停命令，测试电加热器是否能够正常启停；每年进行一次超温模拟，测试电控柜温度限制器超温保护功能是否正常；检查测温元件功能是否正常。

13.5.3 注醇撬

13.5.3.1 天然气水合物

天然气水合物($CH_4 \cdot nH_2O$)是一种由水分子形成的，其空穴可以吸附小分子烃类气体而形成的一种笼形结晶化合物。它是由甲烷、乙烷、丙烷、异丁烷、正丁烷、氮气、二氧化碳及硫化氢等分子在一定温度和压力条件下，与游离水结合所形成的结晶状笼形固体。

天然气水合物形成的主要条件：一是天然气中有足够的水蒸气并有液滴存在；二是天然气处于一定高压、低温条件，且气流的速度和方向发生改变的地方，即水合物易在节流阀、分离器入口、弯头等地形成。一旦水合物形成，天然气流通面积减少，从而形成局部堵塞，其上游压力增大、流量减少，下游压力降低，因而影响管道输配气正常运行。若不能及时清除水合物，管道会发生严重堵塞。

天然气管道水合物解堵方法主要有：

(1) 降压解堵法。采取安全、高效的两边同时泄压法，减压分解水合物。

(2) 加热解堵法。通过外部加热，提高天然气流动温度，分解水合物。

(3) 注入防冻剂解堵法。向输气管道内注入防冻剂，例如甲醇等，让防冻剂吸收水分，降低水合物形成的平衡温度，破坏水合物形成的条件，从而解除水合物堵塞。

(4) 直接通过牵引器或清管器推动天然气水合物堵塞体移出管道。

13.5.3.2 注醇撬

注醇撬可以向天然气管道内定时、定量地输送醇类(甲醇、乙二醇等)，用于抑制天然气水合物的生成，防止管道冰堵。

1) 防冻剂简介

甲醇：分子式CH_4O，是无色透明的易挥发液体，具有刺激性气味，可溶于水、混溶于乙醇等有机溶剂。甲醇是有毒物质，甲醇的毒性对人体的神经系统和血液系统影响最大，它经消化道、呼吸道或皮肤摄入都会产生毒性反应，甲醇蒸汽能损害人的呼吸道黏膜和视力。注醇操作时需做好个人防护。

乙二醇：分子式$(CH_2OH)_2$，是无色无臭、有甜味液体，对动物有低毒性，乙二醇能与水、丙酮互溶，与甲醇相比，乙二醇密度高，不易挥发，毒性低，但价格较贵，对于天然气输送管道，由于防冻剂需求量大，甲醇容易挥发，不易在管道中积存，往往使用甲醇作为防冻剂(解堵剂)。

2）注醇撬结构组成

注醇撬所有设备和部件均牢固安装在一个预制好的底盘上，实现了撬块化结构，安装、操作维护方便。注醇撬主要由储液罐、隔膜式计量泵、底座、防爆接线箱、安全阀、压力表、液位计组成，此外还备有用于向储液罐添加甲醇(或乙二醇)的防爆卸药泵。图13.23为注醇撬现场应用示例。

图13.23 注醇撬现场应用

3）工作原理

注醇撬的核心是隔膜式计量泵，由隔膜式计量泵的往复运动实现甲醇的加注。隔膜式计量泵主要由电机和活塞泵两部分组成。电机经过联轴器带动活塞泵做往复运动，当活塞向后死点移动时，泵容积腔逐步形成容积真空，在大气作用下，将吸入阀打开，液体被吸入；当活塞向前死点移动时，此时吸入阀关闭，排出阀打开，液体被排出泵外，使泵达到吸排的目的，通过流量调节手柄，可以调节防冻剂加注速度，进而实现防冻剂的加注。

13.5.3.3 注醇操作

1）启动

打开出液阀，将计量泵调至最大行程，按下防爆接线箱启动按钮，听到泵内有轻微的“嗒嗒”声，使装置系统受压力的情况下，开始试运行并计时。

2）运行

试运行过程中，确认管路和法兰连接处无泄漏现象，将计量泵调至额定加注量，开始正常运转。经过试运行后，可将工作计量泵转入正常运行，工作泵如长期使用后发生泄漏或故障，需要更换密封件或检修。

3）停机

当达到所需注醇量或出现异常现象时，按下防爆接线箱停止按钮，关闭电源。

13.5.3.4 维护保养

(1) 首先检查注醇撬注醇系统有无有毒物质泄漏现象，发现泄漏情况及时处理。

(2) 日常巡检时，应注意管道压力表指示值与计量泵出口压力相一致，若偏差较大，应停止注醇操作，检查管道是否堵塞。

(3) 隔膜式计量泵的传动箱和连接座内应根据油品液位及油品质量更换润滑油，保持足够的润滑油。

(4) 隔膜式计量泵运转2000h后，应拆开检查内部零件，对易损件进行更换。

(5) 应定期校验计量泵流量。

(6) 储液罐加液：在做好个人防护的前提下，关闭储液罐排污阀及计量泵进口阀，连接好甲醇卸车泵软管。打开卸车泵管路阀门。启动卸车泵电机，即向储液罐加液，当液面到达上限时，应立即关闭卸车泵电源，关闭卸车泵进口各阀门，储液罐加液完毕。

13.5.3.5 常见故障及处理方法

注醇撬系统常见故障及处理方法见表13.4。

表13.4 注醇撬系统常见故障与处理

故障现象	故障原因	排除方法
排不出液体	计量泵内吸入空气	检查进出口阀的严密性
	管路堵塞	检查后疏通
	出口阀未打开	打开阀门
	过滤器堵塞	清洗滤网
	计量泵故障	按计量泵说明书检查故障
排量不稳定	泵头内单向阀被杂物卡住	清洗泵头的单向阀
	过滤器堵塞	清洗滤网
排压不稳定	泵头有杂物堵塞	清洗泵头的单向阀
	管路有泄漏	检查排除

13.5.3.6 注醇撬应用实例

某天然气长输管道，投运初期，由于天然气含水量偏高，环境最低温度为-8℃，环境最高温度3℃，调压前压力为7MPa，气源温度为7℃，水露点值为-1.4℃。天然气经调压阀后，压力变为2MPa，气源温度为-16℃，水露点值为-6℃，节流调压后气源温度远远低于水露点值，工作调流阀处出现冻堵。维抢修中心进行解堵作业，注醇撬通过连接管连接到调压阀前、计量后压力表口处，通过压力表二阀组将甲醇注入管道内，注醇撬作业时注入压力随管道压力变化，最高工作压力可以达到10MPa，最大注醇量为100L/h。由于白天与晚上环境温度不同，注醇量也存在差异，白天注醇量为10L/h，晚上注醇量为20L/h，通过现场试验，注醇撬在运转后，调压撬冻堵问题迅速得到解决，解堵效果显著。

第 14 章 输气工艺操作

天然气管道建设完成后，需要按照国家相关标准规范和企业规章制度进行生产准备和投产试运，本章重点介绍天然气管道工艺计算、管道氮气置换技术要求以及输气站场、阀室相关操作步骤、巡检内容和应急处置方法。

14.1 输气工艺计算

14.1.1 一般管道通过能力计算

1）设计计算公式

根据《输气管道工程设计规范》（GB 50251—2015）规定，当输气管道纵断面的相对高差 $\Delta h \leqslant 200\text{m}$ 且不考虑高差影响时，一般管道通过能力应按式（14-1）计算：

$$q_v = 1051\left[\frac{(P_1^2-P_2^2)d^5}{\lambda ZGTL}\right]^{0.5} \tag{14-1}$$

式中，q_v 为气体流量（$P_0=0.101425\text{MPa}$，$T_0=293\text{K}$），m^3/d；P_1 为输气管道计算段的起点压力（绝），MPa；P_2 为输气管道计算段的终点压力（绝），MPa；d 为输气管道内径，cm；λ 为水力摩阻系数；Z 为气体压缩因子；G 为气体相对密度；T 为输气管道内气体平均温度，K；L 为输气管道计算段长度，km。

当考虑输气管道纵断面的相对高差影响时，应按下列公式计算：

$$q_v = 1051\left\{\frac{[P_1^2 - P_2^2(1+\alpha\Delta h)]d^5}{\lambda ZGTL\left[1+\frac{\alpha}{2L}\sum_{i=1}^{n}(h_i+h_{i-1})L_i\right]}\right\}^{0.5} \tag{14-2}$$

$$\alpha = \frac{2gG}{ZR_aT} \tag{14-3}$$

式中，α 为系数，m^{-1}；Δh 为输气管道计算段的终点对计算段起点的标高差，m；n 为输气管道沿线计算分管段数。计算分管段的划分是沿线输气管道走向，从起点开始，当其中相对高差 $\leqslant 200\text{m}$ 时划作一个计算分管段；h_i 为各计算分管段终点的标高，m；h_{i-1} 为各计算分管段起点的标高，m；L_i 为各计算分管道的长度，km；g 为重力加速度，$g=9.81\text{m/s}^2$；R_a 为空气的气体常数，在标准状况（$P_0=0.101325\text{MPa}$，$T_0=293\text{K}$）下，$R_a=287.1\text{m}^3/(\text{s}^2\cdot\text{K})$。

水力摩阻系数采用 Colebrook 公式计算：

$$\frac{1}{\sqrt{\lambda}} = -2.01\lg\left[\frac{k}{3.71d}+\frac{2.51}{Re\sqrt{\lambda}}\right] \tag{14-4}$$

式中，k 为管内壁绝对粗糙度，m；d 为管道内径，m；Re 为雷诺数。

2）威莫斯公式

威莫斯公式提出于1912年，曾长期使用于输气和集气系统的计算，适用于低压小口径管道人工计算。其公式如下：

$$q_v = 5033.1 d^{\frac{8}{3}} \sqrt{\frac{P_1^2 - P_2^2}{GZTL}} \tag{14-5}$$

3）管道运行期计算公式：

根据《油气管道运行规范》(GB/T 35068—2018)规定，管道通过能力可以使用式(14-6)计算。

$$q_v = 11522 E d^{2.53} \left(\frac{P_1^2 - P_2^2}{ZTLG^{0.961}} \right)^{0.51} \tag{14-6}$$

【例题14-1】某天然气管道全长35km，管线规格Φ529mm×6.3mm，管线起点压力为1.1MPa(表压)，终点压力为0.85MPa(表压)，天然气相对密度为0.60，大气压力取0.1MPa，天然气压缩因子取1，管内气体平均温度为16℃，试用威莫斯公式计算管道输气能力。

解：(1) 求管道内径：

$$d = D - 2\delta = 529 - 2 \times 6.3 = 516.4(\text{mm}) = 51.64(\text{cm})$$

(2) 参数取值：

$P_1 = 1.1 + 0.1 = 1.2$MPa(绝压)

$P_2 = 0.85 + 0.1 = 0.95$MPa(绝压)

$T = 273.15 + 16 = 289.15$(K)

$L = 35$，$G = 0.6$

$d^{\frac{8}{3}} = 51.64^{\frac{8}{3}} = 3.698 \times 10^4$

(3) 输气能力：

根据输气管线流通能力计算公式(14-5)，得：

$$q_v = 5033.1\, d^{\frac{8}{3}} \times \sqrt{\frac{P_1^2 - P_2^2}{GZTL}} = 5033.1 \times 3.698 \times 10^4 \times \sqrt{\frac{1.2^2 - 0.95^2}{0.6 \times 1 \times 35 \times 289.15}} = 175.11 \times 10^4 (\text{m}^3/\text{d})$$

答：管道输气能力约为$175.11 \times 10^4 \text{m}^3/\text{d}$。

14.1.2 沿线温度计算

(1) 当不考虑节流效应时，应按式(14-7)、式(14-8)计算：

$$t_x = t_0 + (t_1 - t_0) \mathrm{e}^{-\alpha x} \tag{14-7}$$

$$\alpha = \frac{225.256 \times 10^6 KD}{q_v \Delta C_p} \tag{14-8}$$

式中，t_x为输气管道沿线任意点的气体温度，℃；t_0为输气管道埋深处的土壤温度，℃；t_1为输气管道计算段起点的气体温度，℃；e为自然对数底数，e=2.718；x为输气管道计算段起点至任意沿线点的长度，km；K为输气管道中气体到土壤的总传热系数，W/m^2·K；D为输气管道外径，m；q_v为气体流量($P_0 = 0.101325$MPa，$T_0 = 293$K)，m^3/d；C_p为气体的定压比热，J/kg·K；Δ 为天然气相对密度。

（2）当考虑节流效应时，应按式(14-9)计算：

$$t_x=t_0+(t_1-t_0)e^{-\alpha x}-\frac{J\Delta P_x}{\alpha x}(1-e^{-\alpha x}) \tag{14-9}$$

式中，J 为焦耳-汤姆逊效应系数,℃/MPa；ΔP_x 为 x 长度管段的压降，MPa。

14.1.3 沿线压力计算

天然气输气管道沿线的压力是按照抛物线规律变化的，靠近起点的压力降比较缓慢，距离起点越远，压力降越快。

输气管道沿线某一点的压力计算公式：

$$P_x=\sqrt{P_Q^2-(P_Q^2-P_Z^2)\frac{x}{L}} \tag{14-10}$$

式中，P_x为输气管道沿线任意点的压力值；P_Q为起点压力；P_Z为终点压力。

14.1.4 平均压力计算

当输气管道停输时，管道内的压力不会立刻消失，仍处于压力状态下，高压端的气体逐渐流向低压端。这样，起点压力 P_Q就逐渐下降，而低压端因有高压气体流入，终点压力 P_Z逐渐上升，最后两端压力都达到某个平均值 P_{cp}，即平均压力。

输气管道平均压力计算公式：

$$P_{cp}=\frac{2}{3}\left(P_Q+\frac{P_Z^2}{P_Q+P_Z}\right) \tag{14-11}$$

式中，P_{cp}为输气管道平均压力；P_Q为起点压力；P_Z为终点压力。

【例题 14-2】某天然气管道长 60km，管径 Φ508×10mm，起点压力为 6000kPa(a)，终点压力为 3500kPa(a)，试计算管内平均压力为多少？

已知：$P_1=6000$kPa，$P_2=3500$kPa。

求：管内平均压力 P_{cp}？

解：根据管内气体平均压力公式：

$$P_{cp}=\frac{2}{3}\left(P_Q+\frac{P_Q^2}{P_Q+P_Z}\right)$$

$$P_{cp}=\frac{2}{3}\left(6000+\frac{3500^2}{6000+3500}\right)=4860(\text{kPa})=4.86\text{MPa}$$

答：管内平均压力为 4.86MPa(a)。

14.1.5 管段管存计算

$$V_0=\frac{V_1P_{PJ}T_0Z_0}{P_0T_{PJ}Z_1} \tag{14-12}$$

式中，V_0为管段在标准状态下的管存量，m^3；V_1为管段的设计管容量，m^3；P_{PJ}为管段内气体平均压力(绝对压力)，MPa；T_0为标准参比条件下的温度，293.15；Z_0为标准参比条件下的压缩因子，0.9980；P_0为标准参比条件下的压力，0.101325MPa；T_{PJ}为管段内气体平均温度，K；Z_1为工况条件下的压缩因子，根据GB/T 17747.2计算。

14.1.6 复杂输气管道工艺计算

复杂输气管道，是指由若干简单的管道构成，实现统一输送过程的管道系统。常见的有以下几种形式：

（1）变径管：由直径不同的若干单一管道串联而成。主要用于节约投资或不同时期建设的管道。其工艺计算方法采用当量输气管道进行计算。

（2）复管：由两条平行的管道并联而成。其目的是增加管道的输气能力，也可作为互为备用的输气管道。其输气能力计算方法是各自单独计算进行合并即可。

（3）分支管道。中途有气源流入或天然气输出的管道，一般将管道系统分解为若干单一管道进行计算。

14.1.7 管道壁厚计算

根据《输气管道工程设计规范》（GB 50251—2015）规定，管道壁厚选取可按下式计算壁厚，注意强度设计系数与管道所经过的地区等级相关。

$$\delta=\frac{PD}{2\sigma_s\varphi Ft} \tag{14-13}$$

式中，δ为钢管计算壁厚，mm；P为设计压力，MPa；D为钢管外径，mm；σ_s为钢管标准规定的最小屈服强度，MPa；φ为焊缝系数；F为强度设计系数；t为温度折减系数，当温度小于120℃时，t值应取1.0。

【例题14-3】某项天然气管道工程，位于平原地区，设计年输气能力$54.75\times10^8m^3$，设计压力10MPa(a)，管道长度400km。试设计选取管道管径。

解：（1）预设已知条件。

根据题意，可得：

$$Q=54.75\times10^8\div365=1500\times10^4(m/d)$$

设计起点压力：$P_1=10MPa(a)$

终点压力：$P_2=6MPa(a)$

管道平均温度：$T=273.15+15=288.15K$

按LNG天然气相对密度选取：$G=0.60$

（2）计算平均压力。

$$P_{cp}=\frac{2}{3}\left(P_Q+\frac{P_Z^2}{P_Q+P_Z}\right)$$

$$P_{cp}=\frac{2}{3}\left(10+\frac{6^2}{10+6}\right)=8.16(MPa)$$

（3）估算压缩因子。

$$Z=\frac{100}{100+6.15\times10^{-4}P_{cp}^{1.15}}=\frac{100}{100+6.15\times10^{-4}\times8160^{1.15}}=0.8376$$

（4）估算摩阻系数：$\lambda=0.001$

根据《油气管道运行规范》（GB/T 35068—2018）附录D提供的计算公式与：

$$q_v=11522Ed^{2.53}\left(\frac{P_1^2-P_2^2}{ZTLG^{0.961}}\right)^{0.51}$$

变换得：

$$d=\left[\frac{q_v(ZTLG^{0.961})^{0.51}}{11522E\ (P_1^2-P_2^2)^{0.51}}\right]^{\frac{1}{2.53}}$$

$$d=\left[\frac{1500\times10^4\times(0.8376\times288.15\times400\times0.60^{0.961})^{0.51}}{11522\times0.9\times(10^2-6^2)^{0.51}}\right]^{\frac{1}{2.53}}=70.3(\text{cm})$$

答：根据《焊接钢管尺寸及单位长度重量》（GB/T 21835—2008）规定，考虑到起点压力的下降，适当留有余量，向上圆整为管道外径为762mm或813mm。具体计算时可做方案比选供决策参考。

【例题14-4】管道壁厚计算。某天然气长输管道外径为1016mm，设计压力为8MPa，L485钢管，三级地区，试选取管道壁厚。

已知：$D=1016$mm，$P=8$MPa，管材屈服强度σ_s为485MPa。

求：管道壁厚。

解：根据《输气管道工程设计规范》（GB 50251—2015）规定，三级地区设计系数取$F=0.5$，焊缝系数φ取1.0，当输送温度不超过120℃时温度折减系数t取1.0。

代入公式（14-13）计算：

$$\delta=\frac{PD}{2\sigma_s\varphi Ft}=\frac{8\times1016}{2\times485\times1\times0.5\times1}=16.76(\text{mm})$$

答：基于三级地区管道自身安全的需要，根据《焊接钢管尺寸及单位长度重量》（GB/T 21835—2008）壁厚向上圆整为20mm。

14.1.8 管道模拟计算软件

目前，天然气管道水力计算软件主要有两种：一是英国ESI公司的TGNET；二是德国GL公司的SPS，两个软件的计算结果均为可靠。TGNET界面友好、操作方便、不需编程，一般在管网规划、方案比选等阶段选用TGNET；SPS的最大特点是不仅可以离线仿真，还可以实现在线仿真。但其操作复杂，适用于在线仿真、复杂管网瞬态计算、逻辑控制和二次开发等场合。

14.1.8.1 TGNET

管网模拟软件（Pipeline studio）包括两部分：液体管道模拟模块TLNET，主要用于液体管道稳态、瞬态仿真；气体管道模拟模块TGNET主要用于输气管道稳态以及瞬态仿真。

TGNET是通用的管网离线动态和稳态水力模拟工具，它是设计和调度人员必备的水力计算分析工具，可以离线模拟所有的管道设备，如供气、输气、管段、阀门、压缩机、调压器等。软件具有全功能的图形界面、稳定的数字求解技术、完备的设备模拟、灵活实用的控制方式和多约束条件设备、温度跟踪、气体属性跟踪、灵活多样的开放输入输出方式、易学易用等特点。TGNET软件界面如图14.1所示。

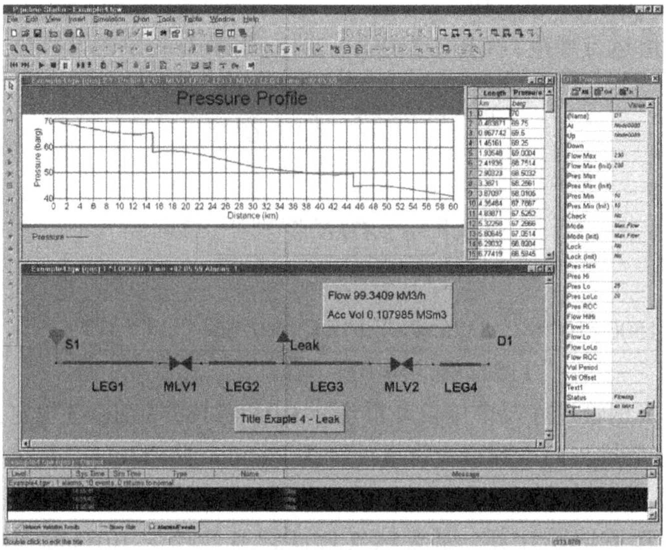

图 14.1　TGNET 示例界面

TGNET 可以用于以下应用：

(1) 设计：设计管道管径、输气量。

(2) 工程：确定管线尺寸及压缩机等关键设备的规格。

(3) 预测：评价因为操作改变导致的管道的运行参数变化。

(4) 事故分析：模拟供气中断、意外事故，评价对应压缩机故障应采取的恢复行动。

(5) 操作计划：供需平衡，管存量分析。

(6) 员工培训：水力培训，操作培训。

TGNET 使用步骤：

(1) 建立管网模型文件。首先绘制管网结构图，然后输入管网元件参数，并设定边界条件(如起点压力、终点流量等)。

(2) 设置使用的单位制和单位：一般选用米制单位，注意压力单位是表压还是绝压、是 Pa 还是 MPa；流量单位是 m^3/s 还是 m^3/h，并需设置好单位的转换系数。

(3) 设置模拟选项：在模拟选用中会出现含有 11 个标签组合的对话框，需注意选择，例如标准参比条件压力、温度各是多少；状态方程选择；气体组分输入；管道传热系数计算；气体黏度等。

(4) 运行程序。软件将进行有效性检查，发现错误将终止运行。如果通过有效性检查将直接进行模拟计算，在计算过程中会显示一个表示稳态计算收敛过程的曲线。并显示计算结果。

14.1.8.2　SPS

管道瞬态模拟软件(SPS，Stoner Pipeline Simulator)是石油天然气管道仿真系统，能够实现长输管道的离/在线瞬态模拟计算、泄漏检测、批次管理(批次跟踪、界面检测)等，可用来辅助解决管道的运行技术问题，包括瞬态水力、热力分析、控制系统设计及管道运行控制等，可模拟各类管道元件如机、泵、阀、控制元件、热力元件及各种仪表检测元件。其模块架构如图 14.2 所示。

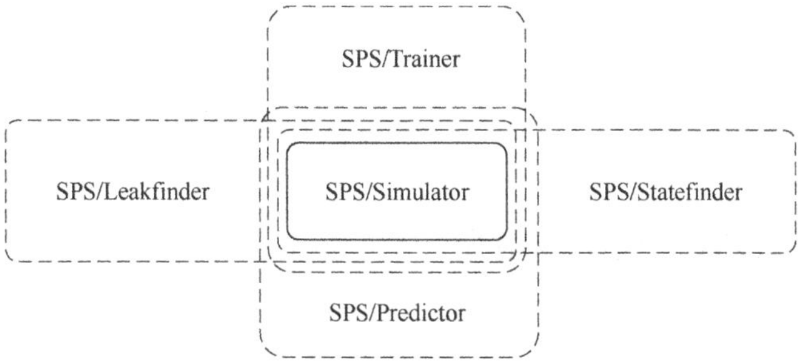

图 14.2 SPS 模块架构

(1) 离线仿真(Simulator)用于模拟管道中天然气或(批量)液体的动态流动。仿真器模拟设备运行状态，计算管道中的流量、压力、密度及温度等工艺参数，并随仿真计算的进程，在屏幕上相对于时间或距离以报表或图形的方式交互显示设备和管路参数。仿真的结果可用于打印和绘图。在管道运行过程中当出现诸如用户流量变化、压缩机启停、管道泄漏、设备故障等情况时，可以使用该模块模拟正常或非正常条件下，对不同控制策略的结果作出预测。

(2) 培训器(Trainer)是建立在 SPS 高保真水力学仿真精确性的基础上，为管道调度人员提供了一个完全模拟 SCADA 系统操作的环境。可以由用户自定义开发仿真培训系统的操作界面。培训器可以模拟所有操作员所需要的日常操作，例如启停泵或压缩机、改变任意点的压力和流量以及开、关阀等。所有这些操作与在真实的 SCADA 系统中操作完全一样，但操作对 SCADA 系统没有任何影响。

(3) 在线仿真(Statefinder)通过 OPC(一种数据交换互连标准)接口将 SCADA 系统数据实时地输入到仿真系统，根据 SCADA 数据，动态地模拟管道运行工况，与实际管道并行运行，计算出管道中各点的压力、流量、温度和管存等参数，将仿真软件的计算结果与 SCADA 实时数据进行比较，实时监测管道的运行情况。

(4) 预测(Predictor)可以用于预测未来一段时间内管道的运行状态，它是一个实时在线系统，使用在线仿真(Statefinder)得到当前管道的运行状态，预测器根据当前数据实时动态地对未来时间的管网进行预测。预测分为自动预测和条件预测。

(5) 泄漏检测(Leakfinder)。当 SCADA 实时数据出现异常时，泄漏检测将详细检查这些异常数据，并分析是否为泄漏。如果泄漏检测系统发现了一个泄漏点，它将立刻发出警报并显示泄漏地点、泄漏时间、泄漏速度和泄漏总量。

14.2 管道投产运行

输气管道建设完成后，需要通过一定程序将天然气充入管道中、提升至设计压力后对用户外输。管道投产是一个复杂的过程，需要建设单位对操作运行、设计、施工、监理、供应商等诸多单位综合协调，严格遵守《油气管道运行规范》(GB/T 35068—2018)以及企业《建设项目生产准备及试车管理规定》相关制度。

14.2.1 生产准备

生产准备是指建设单位为保证管道工程建成后能及时投入正常运营而进行的各项准备工

作。建设单位应成立生产准备专门部门来完成，提前编制《生产准备工作纲要》，并与管道建设同步开展生产准备工作。

生产准备工作贯穿于工程建设项目始终，主要包括组织准备、人员准备、技术准备、物资准备、资金准备、营销准备、外部条件准备七个方面。

14.2.2 “三查四定”与工程中交

1）“三查四定”

“三查四定”是指管道工程按设计文件规定内容施工结束，在施工单位自检合格和监理单位复查合格的基础上，建设单位组织施工、设计、监理等单位按单元和系统，分专业进行的工程项目清理和检查活动。

（1）三查：查设计漏项、查施工质量隐患、查未完工程。

（2）四定：对检查出的问题定任务、定人员、定措施、定整改时间。

2）单体试车

对通用机泵、机组及相关电气、仪表、计算机等检测、控制、联锁、报警系统，安装结束均要进行的试运转过程称为单体试车，用于检验设备制造、安装质量和设备性能是否符合规范和设计要求。

管道试压、系统清洗、吹扫须严把质量关，使用介质、压力、流量、流速等必须符合设计和规范的要求。

3）工程中交

工程中间交接(简称中交)标志着工程施工安装的结束，由设备单体试车转入管道联动投产阶段，是施工单位向建设单位办理工程交接的必要程序。中间交接只是管道及站场设备保管、使用责任的移交，不解除施工单位对工程质量、竣工验收应负的责任。工程中间交接的内容有：

（1）按设计内容对工程实物量的核实交接。

（2）工程质量资料及有关调试记录的审核验证与交接。

（3）安装专用工具和剩余随机备件、材料的交接。

（4）工程尾项清理，明确实施方案及完成时间。

（5）随机技术资料交接。

14.2.3 投产条件检查

投产是指投入生产或交付使用的意思。建设单位在投产前须组织投产条件检查，制定投产条件检查确认清单，投产条件检查出的问题根据是否对投产造成影响进行分类，影响投产的问题必须在投产前整改完毕，不影响投产的问题应列出整改责任单位、责任人、验收人和完成时间进度表。

投产条件检查的总体内容包括以下几个方面：依法合规手续办理；“三查四定”问题整改消项；设备完好状态；人员培训、持证上岗及岗位练兵；规章制度；投产方案；投产保运；水、电、气、通信辅助系统；气源及用户；安全、环保、消防、应急体系；后勤保障服务等。

14.2.4 管道投产

14.2.4.1 管道投产方式

天然气管道投产过程就是新建管道中的空气被天然气置换的过程，其难点在于如何有效地将管道内的空气与天然气进行隔离，防止形成爆炸性混合物，从而安全、高效地使天然气在流动过程中推送空气并将其全部置换出来。

天然气管道通常有4种置换投产方案：

(1) 无清管器无氮气：只有天然气→空气。

(2) 有清管器无氮气：包括天然气→清管器→空气。

(3) 无清管器有氮气：包括天然气→氮气→空气。

(4) 有清管器有氮气：包括天然气→清管器→氮气→清管器→空气。

不同投产方式的优缺点见表14.1。

表14.1 投产方式比较

方案名称	优点	缺点
无清管器无氮气置换	经济，置换费用较低	① 天然气与空气混合，易使天然气达到爆炸极限，危险系数高； ② 置换技术操作要求非常高
有清管器无氮气置换	① 较经济； ② 能够一定程度上防止天然气与空气结合； ③ 清管器能进一步清除管线内的污物	① 不易操作，受地形及管道安装等因素影响较大，操作复杂； ② 易导致天然气与空气混合，危险系数较高； ③ 投产时间长
无清管器有氮气置换	① 用氮气隔离天然气与空气不易直接混合； ② 操作简单、速度易控、效率高且阻力小； ③ 不受地形因素及管道安装等影响，费用低； ④ 置换时能同时提高管道干燥度	① 氮气段没有相对的独立性； ② 环境温度、置换速度和管内气体压力因素等影响混气段长度
有清管器有氮气置换	① 空气、氮气、天然气分成三个彼此独立的区域，每个区域均具有独立性； ② 增强了系统置换的安全性	① 费用高、操作复杂、氮气需求量大； ② 受地形及管道安装等因素影响较大； ③ 不易控制，不可预见性高

无清管器有氮气置换这种方式最为常见，也称为“气推气”置换方式(图14.3)，适用于地形复杂、地势交错、弯头较多、管径不一的天然气长输管道和一些城市燃气管网。可避免因清管器磨损、推力不足带来卡球、丢球等不可预见的情况出现。对于距离较短的管道可采取整体先进行氮气置换空气，然后再进行天然气置换氮气的方式进行投产。

14.2.4.2 管道氮气段准备

为实施置换投产，需在投产管道的天然气气源端封存一定距离的氮气段。一般选用1~2个阀室之间的管段作为氮气段，氮气段注氮量宜为投产总管容的7%~15%。当需投产的管道长度较长时，应根据设计要求分段设置多个氮气段。

1) 基本要求

(1) 置换介质：氮气纯度达到98%以上，注入管道的氮气温度不低于5℃。

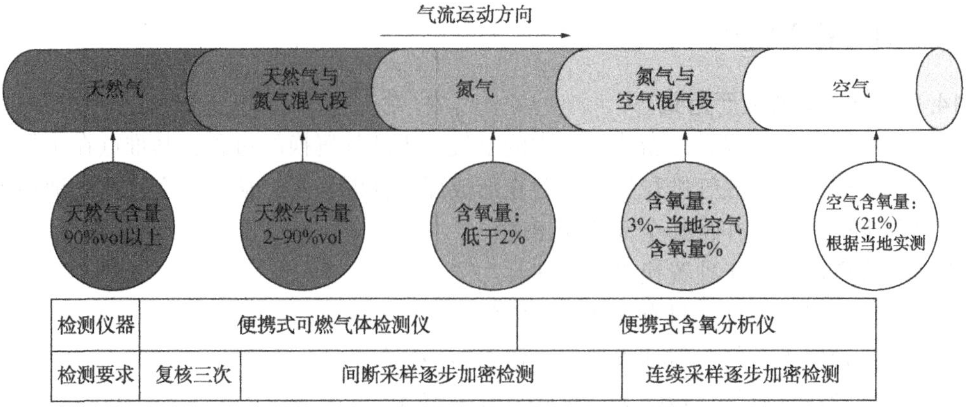

图 14.3 “气推气”置换方式示意图

(2) 置换速度：主管道氮气注入速度应大于 1m/s。

(3) 合格标准：注氮封存终点检测含氧量小于 2%。

(4) 封存压力：氮气段压力保持在 0.1MPa 以上，并实时检测无泄漏。

2) 管道注氮总量的确定

$$M=k\cdot\frac{V_{\mathrm{N}}}{v} \tag{14-14}$$

式中，M 为注液氮的质量，kg；k 为管道充压系数(结合具体情况一般取值为 1.2)；V_{N} 为管道总容积，m^3；v 为氮气的比容，m^3/kg。

一般 1t 液氮在 5℃的气体体积按 $700\mathrm{m}^3$ 计算，考虑液氮在储存、运输和注氮中的损耗，以及输气站、阀室置换和吹扫耗气量等因素，再结合已有注氮槽车的吨位，最后确定置换过程中注液氮总量。

值得注意的是，计算确定的氮气总量如果不足，那将无法满足投产的需要，可能造成不可预知的后果。

【例题 14-5】某新建管道长约 227km，管线规格为 $\Phi610\mathrm{mm}\times10\mathrm{mm}$，设计压力 8MPa，第一座阀室与首站之间距离 21.4km，求液氮的最低需求量。

解：(1) 求管道总体积。

$$V=0.25\times3.14159\times0.590^2\times227\times10^3=6.21\times10^4(\mathrm{m}^3)$$

(2) 所需氮气段充装体积。

$$V_{\mathrm{N}}=V\times15\%=6.21\times10^4\times0.15=9315(\mathrm{m}^3)$$

(3) 液氮需求量。

$$M=k\times\frac{V_{\mathrm{N}}}{v}=1.2\times\frac{9315}{700}=15.97(\mathrm{t})$$

答：氮气最低需求量为 15.97t。考虑到氮气置换空气的消耗，以及氮气段 0.10MPa 以上的压力需求，经投产领导小组审核，氮气充装量确定为 22t。

14.2.4.3 管道投产

1) 天然气置换速度

在《油气管道运行规范》(GB/T 35068—2018) 规定的置换速度 5m/s 条件下，根据现场实践经验可知，天然气推进速度越快，混气段长度也将减小，用于置换的时间也越短。

当管道置换参数稳定时，氮气段可以当成一个清管器看待，其氮气段行进速度可以按式(14-15)估算。

$$u=\frac{Q}{240\times F\times P} \tag{14-15}$$

式中，Q 为输气流量，m^3/d；u 为清管器内检测器运行平均速度，m/h；F 为管道内径横截面积，m^2；P 为平均压力，MPa。

【例题 14-6】某新建管道长约227km，管线规格为 Φ610mm×10mm，设计压力 8MPa，第一座阀室与首站之间距离 21.4km 作为氮气段封存，氮气段平均压力为 0.10MPa，求天然气的瞬时流量控制在多少合适？

解：根据规范，天然气置换速度为：$u=5m/s$，由式(14-15)得：

$$\begin{aligned} Q &= 240\times F\times P\times u = 240\times 0.25\times 3.14159\times 0.590^2\times(0.1+0.1)\times 5\times 3600 \\ &= 236215(m^3/d) \end{aligned}$$

答：天然气瞬时流量控制在 $23.62\times10^4 m^3/d$。实际使用时需要根据沿线氮气头和天然气头测试情况和起点压力变化情况使用模拟软件进行调整。

2）置换流程准备

为减少投产置换期间的人员操作，置换流程采取除第 1 个阀室干线球阀关闭之外，其余全线干线阀门保持全开状态，并需反复确认。管道输气末站干线放空阀门全开，其余站场和阀室放空阀门处于全关位置。

3）置换步骤

（1）置换开启。

确认气源供气条件满足，下游阀室、站场流程正确，打开氮气段出口干线球阀开始氮气置换空气，同时天然气进入管道的阀门开启，天然气开始推动氮气前进。在氮气段出口阀室球阀上游压力表采样口检测天然气头，当检测到纯天然气后记录时间，并通报上下游检测人员。

（2）氮气头跟踪。

在接到上游相邻阀室或站场氮气混气头到达的通报后，从上游压力表采样口处检测含氧量。当检测氮气混气头到达时，记录时间，通报下游阀室或站场。继续检测，当纯氮气气头到达时，记录时间，并通报下游阀室或站场。

（3）天然气头跟踪。

在接到上游相邻阀室或站场天然气头到达的通报后密切监测，在上游压力表采样口处检测天然气，当检测到天然气混气头和纯天然气时，记录时间，并通报下游阀室或站场。置换结束后保持干线球阀常开，其他阀门全关。

（4）末端检测。

当上游阀室通报天然气到达后，管道末站在进站压力表接口处检测天然气。

当甲烷含量达到 90%，连续监测三次，甲烷含量有增无减，则认为天然气置换合格。

关闭放空阀门，置换结束。

4）置换注意事项

（1）置换速度可通过外输流量计来进行流速检测，采取控制天然气进入管道前的节流阀开度实现。随着管道置换距离的加长，由于气体的可压缩性，置换速度会发生变化，需要根据现场情况进行核算，并将核算结果通知置换跟踪检测人员。

(2) 天然气置换时的推进压力主要由管道的流动阻力、放空阀的开度确定，当发现空气流动受阻时，可在管道末端的相邻阀室增开放空阀，加大放空量。

(3) 在阀室检测气头时，必须用软管将气体从检测点引出阀室，防止天然气或氮气在密闭空间内排放。

(4) 在接到上游站场或阀室检测到氮气头或天然气头30min后，开始检测气头，时间间隔为10min；再过20min后时间间隔改为5min；再过10min后时间间隔改为2min；检测到气头后时间间隔改为1min。

(5) 检测期间必须严格记录检测结果，并及时通报上下游、汇报现场投产指挥部及调控中心。

14.2.4.4 管道升压

天然气置换合格后，投产任务并没有完成，因为此时管道天然气压力仅为0.1MPa左右，离管道正常运行外输压力相差甚远。需要增加天然气管道的进气量，进气点升压速率不宜超过1MPa/h，根据投产方案进行全线升压并分阶段稳压和检漏。

当升压结束，维持全系统连续平稳运行72h后，即为投产结束。

14.2.5 输气站投产

输气站的投产有两种方式。

(1) 输气站提前氮气置换，检测合格后保压，管道投产完成后，站场进站、过滤分离、管汇、计量、调压、外输各流程按顺序进行天然气置换和升压，然后对阀门、计量、调压设施进行试运行。

(2) 利用干线置换时的氮气段进行站内置换，由于氮气段经过分输站场的时间有限，需要熟练的操作人员按先主流程再分输流程的方式进行氮气置换，加密检测，合格随即关闭放空，让站场保存一部分氮气压力。既确保置换合格不留死角，又能减少氮气的浪费。管道投产完成后，站场再进行天然气置换升压作业。

由于长输管道投产时间紧、任务重，为确保主管线置换成功，目前大多采用第一种方式(靠近管道末段的部分输气站可以根据纯氮气段实测的长度确认是否采用第二种方式投产)。

14.2.6 生产考核

生产考核是指天然气管道投产成功后，对项目进行生产能力、工艺指标、环保指标、产品质量、设备性能、自控水平、消耗定额等是否达到设计要求的全面考核。

生产考核应在管道满负荷或高负荷持续稳定运行一段时间后进行，生产考核的时间一般规定为72h。生产考核结果达不到设计要求时，应由建设单位与总承包、设计单位共同分析原因，提出处理意见，协商解决。

14.2.7 输气管道投产实例

1) 管道基本情况

某天然气管道工程全长647km，设计压力10MPa。工程分为A干线和B干线，其中A干线与LNG接收站相接，B干线与储气库相连，A、B干线相交于T站，其管道示意图如图14.4所示。A、B干线节点距离参数见表14.2。

表 14.2 干线站场之间距离表

干线分类	站间距离	设计压力/MPa	管道直径/mm	管道长度/km
A 干线	LNG—Z	10	1000	48
A 干线	Z—T	10	1200	147
B 干线	T—J	10	1200	270
B 干线	J—H	10	1000	110
B 干线	T—Q	10	1000	82

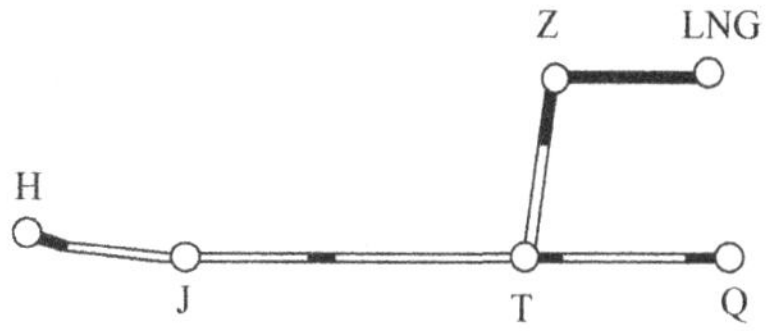

图 14.4 投产管道示意图

2）投产范围和方式

投产范围为 A 干线 185km，4 座场站，7 座阀室；B 干线 462km，9 座场站，30 座阀室。

投产方案采用“气推气”的方式，即天然气推氮气、氮气推空气的置换升压方式，气源为 LNG 接收站气源，由接收站控制天然气进气流量和压力。氮气置换平均速度选取 5m/s。为切实保障接收站外输能力和管道投产需求的匹配衔接、充分预留接收站和管道流程切换时间，在理论测算的基础上综合考虑，投产共计划用时 7 天。

投产共分四个阶段：

第一阶段：完成 LNG 接收站—T 站—J 站管道投产试运。

第二阶段：完成 T 站—Q 站投产试运。

第三阶段：完成 J 站—H 站投产试运。

第四阶段：完成输气场站投产试运。

开展升压作业，计划用时 10 天。具体步骤为：

第一次升压至 1.0MPa，稳压 24h；

第二次升压至 4.5MPa，稳压 48h；

第三次升压至 9.0MPa。

为确保投产顺利，氮气段安全有效性，全线设置 5 个氮气段。见表 14.3。

表 14.3 天然气置换氮气段设置

序号	氮气段	范　围	长度/km	管容积/10^4m^3	封存表压力/MPa	用氮量/t
1	1#氮气段	A 干线氮气段	76.8	6.7	0.05	195
2	2#氮气段	B 干线氮气段	31.2	3.42	0.05	103
3	3#氮气段	阀室间氮气段	13.7	1.04	0.05	31
4	4#氮气段	Q 站隔离氮气段	2.4	0.27	0.05	8
5	5#氮气段	储气库侧氮气段	45.6	3.45	0.05	104

3）投产实施情况

11 月 19 日，管道企业组织对 B 干线进行储气调试条件检查，通过现场检查和资料审核的形式共发现问题 64 项，其中 A 类问题 0 项，B 类问题 64 项，施工单位积极对发现问题进行逐一销项整改。

11 月 23 日 22 时 42 分，完成 A 干线线路氮气置换封存，11 月 30 日 21 时 41 分，完成 B 干线线路及站场氮气置换封存。

12 月 6 日 11 时 06 分，LNG 接收站开阀向 A 干线供气，流速控制为 5m/s，A、B 干线天然气置换、升压工作正式开始。

氮气头到达阀室间氮气段时，连续 3 次检测合格纯氮气段，开启阀室氮气段干线阀门，两氮气段合并一起继续向 H 站置换。

12 月 7 日 13 时 13 分，天然气头到达 H 站，连续检测 3 次，关闭放空阀，纯天然气到达 H 站，12 月 7 日 15 时开启 T 站向 Q 站氮气置换，19 点到达 Q 站，置换完成。

4）升压实施情况

（1）LNG 接到开始升压需求后，打开外输阀门，控制流量 $30\times10^4m^3/h$，升压期间调控中心对沿线压力进行严密监控及记录，实时计算具体升压速度。根据实际升压速度及时与 LNG 接收站沟通，及时调节外输瞬时流量，确保升压的安全平稳；升压期间站场及阀室值守人员每半小时进行一次验漏检查，若发现漏点，则及时进行整改，整改完毕后再继续进行升压。

（2）各阶段升压完成，进行稳压作业，各站场、阀室和线路进行全面验漏检查，若发现漏点，及时进行整改。进行稳压 24h、48h、72h 作业，稳压期间站场及阀室值守人员每 1h 进行一次验漏检查，若发现漏点，及时进行整改。

14.3 输气站操作

14.3.1 输气站开停气操作

14.3.1.1 输气站关闭操作

输气站在正常工况下，为了进行站场维护，需要进行输气站正常关闭操作：关闭输气站进站阀门和所有分输用户出站阀门，但是并不对站内管线进行放空。若维护需要放空，则由人工操作放空。

14.3.1.2 输气站启动操作

正常情况下输气场站的启动分两种情况，一是站内带压启动，例如正常停输后的再启动；二是站内放空后不带压启动。

1）带压启动

带压启动是指站内与主干线压力平衡或相差不大的情况下的启动，此时站内放空阀门处于关闭状态，其启动步骤为：

（1）对全站设备、工艺流程进行检查，确认设备无异常后，依次开启阀门导通流程，开启进站阀门。

（2）对出站阀门前后管段进行压力平衡，再开启出站阀门。

（3）观察计量运行数据，调整调压阀门的开度，输气站投入运行。

2）不带压启动

不带压启动是指输气站处于以下三种情况的启动：一是新建输气站氮气置换后需投运；二是站场因维护天然气放空后需恢复；三是场站 ESD 一级泄压关断后的恢复。其启动步骤为：

（1）接到调度指令后，输气站站长签发操作票，操作人员在流程图上进行模拟操作。

（2）确认阀门状态，进站、计量、调压、放空、排污等流程区域均处于关闭状态。

（3）缓慢开启进站 ESD 主阀的旁通节流截止阀（由前后球阀和节流阀组成，先开球阀导通，再开节流阀），控制气流速度，使进站阀、过滤分离器、计量前管汇缓慢充气。在升压过程中，查验各设备、管路有无泄漏和异常现象。

（4）当进站 ESD 主阀前后压差小于 0.1MPa 后，开启 ESD 主阀，关闭主阀的旁通节流截止阀。

（5）选择适宜的计量调压支路，开启用户外输总阀，恢复给用户供气，输气站投入运行。

14.3.2 支路切换操作

14.3.2.1 过滤(分离)支路切换操作

过滤(分离)器一般至少设置两个支路，一用一备。每一支路在分离器后串联一台过滤分离器，但大多数站场仅单独设置一台过滤分离器，如图 14.5 所示。过滤支路切换时可以手动切换，也可以自动切换。

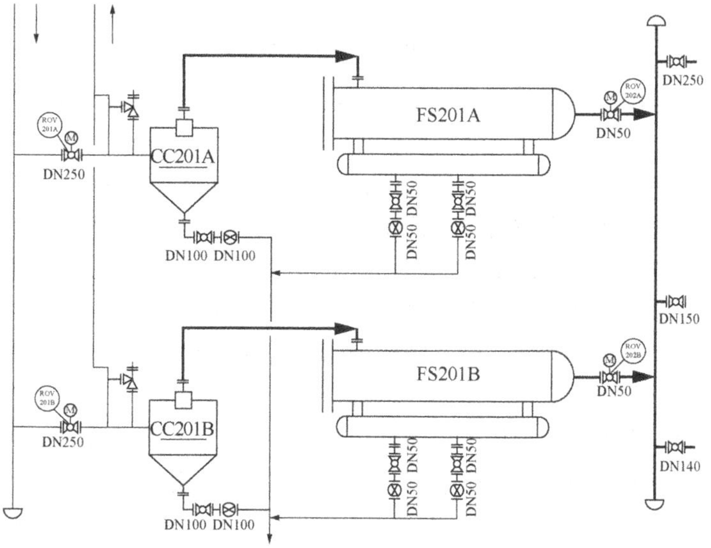

图 14.5 过滤(分离)支路示意图

（1）对拟投用备用支路进行设备检查，确认放空阀、排污阀关闭，压力表根部阀打开，过滤(分离)设备完好。

（2）当备用支路不带压或压差≥2MPa 时，缓慢打开备用支路进口球阀的旁通阀门，平衡压差，压力平衡后全开进口阀；当备用支路压差<2MPa 时，直接打开备用支路进口阀。全开到位后，然后打开备用支路出口阀门，备用支路投用。

（3）分离器投用后观察压力、过滤器差压是否在正常值，注意分离器是否运行正常，有无异常声音。

（4）依次关闭拟停用支路的进、出口阀门(操作电动阀门时，将电动执行机构状态旋钮旋至就地电动，操作后恢复远程控制状态)，过滤(分离)器停运。

（5）支路切换操作完成后，对阀门标识牌进行更换，通知站控室核对阀门状态，并作好记录。

14.3.2.2 计量支路切换操作

计量支路一般至少设置两路，一用一备，正常使用一路，如图 14.6 所示。为了实现自动切换功能，计量支路前后一般设置一个处于常开状态的手动球阀，另一个为可以远程操作的电动球阀。如果某日对某用户计量支路进行了切换操作，则当日该用户所用气量为两计量支路当日用气量之和。

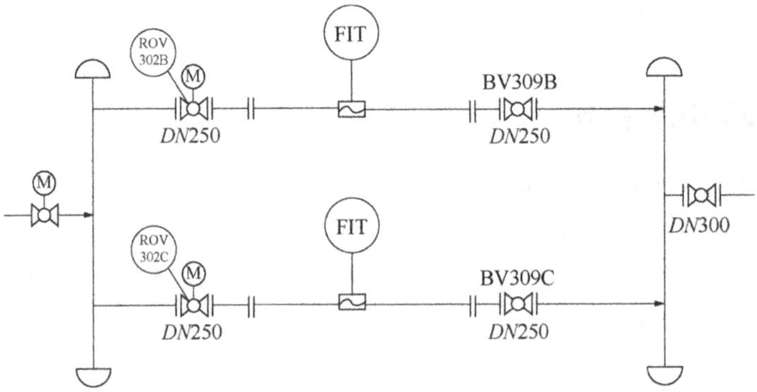

图 14.6　计量支路示意图

(1) 首先检查备用计量支路计量设备、仪表、流量计算机是否处于完好状态，并投用流量计。

(2) 缓慢打开备用支路流量计上游阀门，如果此阀有平衡旁通阀，可先打开旁通阀进行充压，避免瞬间充压损坏超声波流量计传感器。升压完成后再次对计量支路进行检查。

(3) 缓慢打开备用计量支路下游阀门，若下游有调压设施，可按调压橇操作规程进行操作，按下游用户需求调节外输压力和流量，备用计量支路投用。

(4) 若用户高峰期需要，两条计量支路可同时运行，确保两台流量计均处于合理的流量范围。

(5) 若不需要，则先关闭拟停运流量计的下游阀门(若有调压设施先关调流阀，再关支路总阀)，然后再关闭流量计上游阀门，此计量支路停运备用。

(6) 支路切换操作完成后，对阀门标识牌进行更换，通知站控室核对阀门状态，并作好记录。

14.3.2.3　调压支路切换操作

调压系统一般为成橇设备，每个调压橇均安装有至少两个支路，一用一备，调压支路一般采用“安全切断阀(SSV)+监控调节阀(PCV)+工作调节阀(PV)”串联的工作方式。调压支路与计量支路有多重组合形式：

(1) 计量与调压各自单独形成支路，支路切换遵循“先开后关、边开边检查、边调整”的方式。

(2) 计量支路与调压支路串成一条支路，计量与调压之间没有阀门分隔，调压支路切换与计量支路切换同步完成。

(3) 计量支路与调压支路互为备用支路，如图 14.7 所示。从图中可以看出，计量支路与调压支路可以有多种组合方式。假如两台流量计分别命名为 a、b，两台调压串分别命名为 A、B，则实际操作中可以有 aA、bB、aB、bA、(a+b)A、(a+b)B、(a+b)(A+B)等多种组合，以下仅介绍 A、B 调压支路的切换操作，假定 A 支路正常运行，B 支路处于停运状态，拟开 B 停 A。

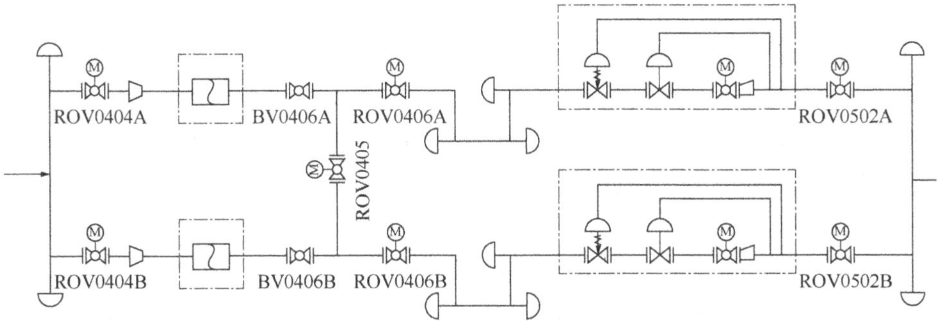

图 14.7 调压支路与计量支路互为备用示意图

(1) 检查拟投用B支路的调压设备是否完好，确认安全关断阀(SSV)、监控调压阀(PCV)处于全开状态，工作调压阀(PV)阀处于全关状态

(2) 缓慢开启调压支路上游球阀，全开完成后，开启下游球阀，导通调压B支路流程。

(3) 调整B支路PV阀到一定开度，同时适当减小A支路PV阀开度，反复操作后将B支路PV阀调至外输正常流量，并同时全关A支路PV阀。

(4) 关闭A支路调压上游阀门，然后关闭A支路下游阀门，A支路停运备用。

(5) 操作完成后，作好记录。

调压支路切换时应按照"先开后关"原则，待需要投用的支路平稳供气后，再关闭在用支路，确保支路切换过程中的气量平稳，防止出现上游憋压或下游欠压情况。切换调压支路时须缓慢操作，防止安全切断阀自动切断。如果在切换调压支路时SSV阀自动切断，则需先关闭进气阀，放空天然气后将安全切断阀进行现场手动复位。

14.3.3 放空操作

输气站放空分为安全阀自动放空、手动放空和ESD紧急放空三种方式。手动放空流程一般设有两个阀门，一是放空球阀，在放空时必须全开全关；二是节流截止放空阀或放空旋塞阀，可以通过阀门开度来控制放空流量。

14.3.3.1 操作前的检查和准备

放空操作前的检查见表14.4。

表 14.4 放空操作前的检查和准备

检查项目	检查地点	检查标准	检查方法
放空管线及连接处	工艺站场	管线正常；焊缝无锈蚀、无漏气现象	目测
阀门	工艺站场	阀门无渗漏、启闭灵活	目测、手动
阀门指示状态	阀体	阀门指示正常无误	目测
天气情况	室外	天气晴朗，无雨、雪、雾等恶劣天气	目测
风向情况	室外	观察风向标，工艺站场在上风口时进行	目测
相关阀门及各部螺栓、法兰紧固情况	阀体、各部螺栓	阀门无渗漏、启闭灵活； 各部螺栓连接紧固，无松动现象	手动
放空告知	站控室	已经告知相关方	电话
放空区	放空区	周围无人员及施工	目测

14.3.3.2 操作内容及步骤

1）输气站上游干线放空操作

输气站发生上游干线爆管、汛期漂管、与主干线连接的阀门或法兰大量泄漏等紧急情况或者主干线阀门需要进行停气检修时需要对上游干线进行放空，以图 14.8 为例，其操作步骤为：

（1）关闭输气站越站阀（HBV0101）和进站分输阀门（一般为参与 ESD 控制的气液联动球阀）。

（2）关闭输气站上游最近的阀室主干线阀门，缓慢开启阀室下游侧放空阀。

（3）全开主干线上游侧放空球阀（BV0101），缓慢打开放空旋塞阀（或节流截止阀）（CV0101、CV0102）进行放空。

（4）放空完毕后关闭放空旋塞阀（或节流截止阀），然后关闭放空球阀。

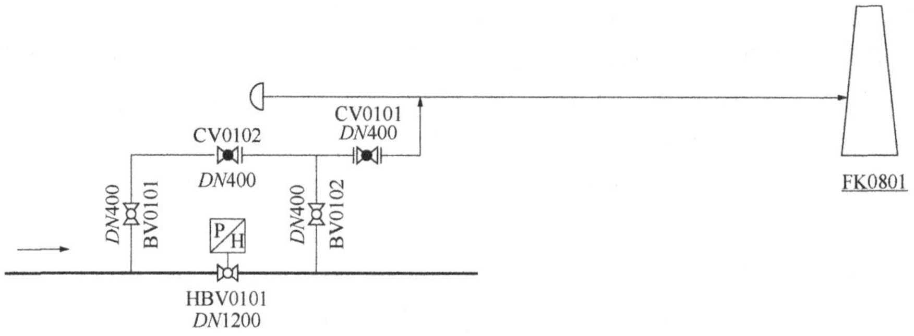

图 14.8 放空流程示意图

2）输气站下游干线放空操作

当需要对输气站下游干线进行放空时，仍以图 14.8 为例，操作步骤为：

（1）关闭输气站越站阀（HBV0101）和进站分输阀门（一般为参与 ESD 控制的气液联动球阀）。

（2）关闭输气站下游最近的阀室主干线阀门，缓慢开启阀室上游侧放空阀。

（3）全开主干线放空球阀（BV0102），缓慢打开主干线放空旋塞阀（或节流截止阀）（CV0101）进行放空。

（4）放空完毕后关闭放空旋塞阀（或节流截止阀），然后关闭放空球阀。

3）输气站全站放空操作

输气站内发生阀门或法兰大量泄漏或者站场动火时需要进行全站放空操作，具体操作步骤为：

（1）关闭进站总阀和所有的分输用户出站阀门（一般情况下这些阀门都是参与 ESD 控制的气液联动阀门）和自用气撬进气阀门。

（2）选择分离器进口汇管、分离器出口汇管两个位置作为放空口，先开放空流程的球阀、再用其后的节流截止阀控制放空流速。

（3）逐个开启各分输用户出站总阀站内侧的放空流程放空（先开球阀、再用其后的节流截止阀控制放空流速）。

（4）对局部工艺流程盲肠段或停运流程选择其合适位置进行放空。

（5）放空完毕后依次关闭节流截止阀和放空球阀。

4）过滤（分离）支路放空操作

当需要对过滤分离器滤芯进行清洗或维护时需要进行过滤（分离）支路放空操作，具体步骤为：

（1）关闭过滤（分离）器前、后的电动球阀或手动球阀。

（2）全开过滤（分离）器放空球阀，缓开过滤（分离）器节流截止放空阀进行放空。

（3）过滤器压力放空至零后关闭节流截止放空阀和放空球阀。

5）计量或调压支路放空操作

当流量计出现故障需要检修，流量计送检、调压支路出现冰堵或故障需要检修时，需要对计量或调压支路进行放空操作，具体步骤为：

（1）关闭计量支路或调压支路前、后的电动球阀或手动球阀。

（2）全开计量或调压支路上的放空球阀，缓慢开启截止放空阀进行放空。

（3）计量或调压支路压力放空至零后，关闭节流截止放空阀和放空球阀。

14.3.3.3 放空操作注意事项

（1）进行放空操作时必须两人在场，一人操作，一人监护。

（2）进行放空操作时放空区必须有专人监护。

（3）进行放空之前需要估算放空量。

（4）操作完毕后必须及时汇报站控室，站控室再向调控中心汇报。

14.3.4 排污操作

输气站场排污主要是指分离器、过滤分离器、管汇、收发球筒、排污罐等设备的排污，随着长输管道投产清管和干燥的严格实施，过滤（分离）器排出的大多为固体粉尘，污水在输气站场已很少见。从分离、过滤原理来讲，液体以排为主，粉尘以清为主。但站场建设仍按天然气可能存在水的情况进行流程设计。排污流程一般设有两个阀门，一个为排污球阀，排污时全开；一个为阀套式排污阀（或节流截止阀）用以控制排污速度。以下仅以分离器为例介绍排污操作。

14.3.4.1 操作前的检查

排污操作前的检查和准备见表14.5。

表14.5 排污操作前的检查和准备

检查项目	检查地点	检查标准	检查方法
排污管线及连接处	工艺站场	管线正常；焊缝无锈蚀、无漏气现象	目测
阀门	工艺站场	阀门无渗漏、启闭灵活	目测手动
阀门指示状态	阀体	阀门指示正常无误	目测
相关阀门及各部螺栓、法兰紧固情况	阀体、各部螺栓	阀门无渗漏、启闭灵活；各部螺栓连接紧固，无松动现象	手动
天气情况	室外	天气晴朗，无雨、雪、雾等恶劣天气	目测
风向情况	室外	观察风向标，工艺站场在上风口时进行	目测感官
排污池水位	排污池	排污池四壁及底部应做好防水处理工作，使排污池水位高于排污口10cm。进入冬季之前排污池内需要加入工业盐等防冻剂，以防止排污池内的水发生冰冻	目测

续表

检查项目	检查地点	检查标准	检查方法
排污池是否有漏气现象	排污池	通过检查排污池水面是否有气泡来重点检查是否有漏气现象，如有需要及时处理	目测，可燃气体报警仪检测
排污罐	排污区	检查排污罐污水进口阀门全开，放空阀门全开，液位计显示罐内无液体或有少量液体	目测
施工状态	排污区	检查确认排污池周围50m内没有火种、无关人员及车辆；观察排污时风向，宜使工艺站场处于上风口	目测

14.3.4.2 操作内容及步骤

当分离器液位超过规定数值、天然气中含水量较高、调压系统频繁发生冰堵时或者需要进行分离器检修时应进行排污。分离器可以进行在线排污，也可以进行离线排污。

1）分离器在线排污

（1）全开分离器排污球阀。

（2）缓慢打开分离器阀套式排污阀控制流速进行排污。

（3）操作排污阀时，应仔细听排污管内流体声音，判明管内流动的是液体、杂质还是气体，待没有液体、杂质流动声后方可关闭排污阀。

（4）排污结束后先关闭阀套式排污阀，再关闭分离器排污球阀。

2）分离器离线排污

为了减小分离器排污风险，应尽可能对分离器进行离线排污：

（1）投运备用分离器后，关闭分离器进、出口电动球阀或手动球阀。

（2）全开分离器放空球阀，缓慢打开分离器节流截止放空阀进行放空，使分离器内压力缓慢降低到0.5MPa左右。关闭节流截止放空阀和放空球阀。

（3）打开分离器排污球阀，观察分离器液位，缓慢打开分离器阀套式排污阀控制速度进行排污。

（4）操作排污阀时，应仔细听排污管内流体声音，判明管内流动的是液体、杂质还是气体，待没有液体、杂质流动声后方可关闭排污阀。

（5）排污完成后关闭分离器阀套式排污阀和排污球阀。

14.3.4.3 排污操作注意事项

（1）进行操作前操作人员必须申请操作票报调控中心批准后方可实施。

（2）操作时必须两人在场，一人操作，一人监护。

（3）进行排污操作时操作阀门必须缓开缓关。

（4）操作完毕，站控室值班人员汇报调控中心。

14.4 输气站巡检

天然气输气站设备密集，流程复杂，法兰、螺纹丝扣等密封点多，泄漏概率大，一旦发生天然气泄漏，将对输气站安全运行造成严重影响。

安全管理和维护的重要环节是巡回检查，简称巡检。值班人员需严格按照输气站巡检内容和巡检路线依次逐点进行巡检，所有巡检点都必须巡检到位，发现异常及时处理和上报。

14.4.1 巡检前的检查和准备

(1) 巡检应携带巡检记录、笔、可燃气体检测仪、防爆对讲机、检漏喷壶、抹布、防爆手电(夜间携带)及其他必要的维修工具，并保证对讲机和检测仪处于良好的状态。

(2) 巡检人员严格按照巡检路线图巡检，做到精力集中、仔细认真、全面排查。

(3) 现场检漏以看、摸、听、闻为主要手段，使用可燃气体检测仪进行泄漏检测，有问题或需要验证时可采用检漏液进行查验。

(4) 巡检人员按照巡检内容和标准确认设备情况后记录在巡检表中。

(5) 巡检过程中如发现任何报警和异常情况，及时汇报调控中心，及时排除故障。

(6) 投产期间、生产不平稳、重大节日等特殊情况下增加巡检次数。

(7) 冬季飘雪冰冻天气，需及时清扫积雪，注意防滑。

(8) 在雷雨天气尽量减少巡检，防止雷电对人身的伤害。

14.4.2 巡检内容及步骤

(1) 站控室：站控系统运行正常，计算机画面显示切换正常；站控系统动态参数显示正常，压力趋势曲线、温度趋势曲线连续无异常突变；阀门状态有无闪烁；外输各用户参数显示正常；当发生报警，要及时做出反应，分析原因，处理故障，恢复正常后确认报警；在检查表中详细记录报警原因、处理过程及处理结果；工业电视监控画面清晰，周界报警系统运行正常；流量计算机机柜指示灯运行状态正常，参数与现场一致。

(2) 机柜间：检查各机柜(通信、自控、安全仪表等)运行状态正常，各指示灯正常无报警灯闪烁；站控系统 PLC 主设备运行正常，备用设备状态正常；无异常声音和报警。

(3) 工艺区阀门：检查进站和越站气液联动执行机构是否正常，引压管根部阀是否全开；各阀门阀位符合现场工艺流程的状态；放空阀门是否为全关状态；阀门注脂孔无漏气；压力表、温度表现场读数是否与压变、温变的示数相符；用检漏液检查引压管、接口、法兰等部件有无气泡产生。

(4) 过滤分离区：过滤分离器盲板紧闭，安全销在正确位置；各分离器无残液，液位计显示不超过限值；分离器前后差压表指示正常，差压示值小于 80kPa；无泄漏声，无气味，可燃气体检测仪无报警，必要时使用验漏液检测，设备支墩完好无下沉；冬季时检查排污系统电伴热是否正常工作。

(5) 计量调压区：计量设备运行正常，流量范围在正常区域(无低流量或超量程)；引压管路无泄漏(差压流量计平衡阀无内漏)，投用计量支路气流声正常；调压装置投用回路调流阀动作正常；安全切断阀处于 OPEN 状态；配电箱指示灯是否正确，密封、接口是否完好；冬季时对有电伴热的区域检查温度是否正常。

(6) 收发球区：球筒盲板紧闭，安全销在正确位置；球筒压力为零，无泄漏声，无气味；可燃气体检测仪无报警，必要时使用检漏液检测。

(7) 自用气撬：调压前后压力正常；引压管连接处无天然气泄漏，可燃气体检测仪无报警。

(8) 排污罐区：液位不超限，压力表读数为零，无天然气泄漏。

(9) 分析小屋：载气瓶、标气瓶、样气瓶压力正常；色谱仪运行正常；采样流速、标气流速正常。

(10) 燃气发电机房：发电机处于完好备用(运行)状态；通风正常、无异味，无异响；各线路接线正常，冷却水位和机油液位应保持在2/3；燃气压力正常、无泄漏；运行时检查发电机输出电流是否稳定。

(11) 配电间：配电柜无异响、异味；各配电柜指示灯绿色为正常工作状态；指示牌与闸刀状态相符；电缆沟干燥无进水；挡鼠板完好。

(12) UPS间：市电旁路指示灯亮(绿色)；UPS工作正常；无异响、异味；室温在18~28℃。

(13) 阴保间：恒电位仪运行正常；阴保参数输出正常。

(14) 消防器材、消防系统：火气系统机柜无报警，无信号丢失和信号屏蔽情况，主备电源均正常供电；可燃气体报警仪无报警，无信号丢失，设备供电正常；工艺区红外感应探头设备完好，防水措施完好；工艺区手动报警按钮外观完好；灭火器箱箱体结实、稳固，合页完好，里外清洁，与灭火器匹配；灭火器铅封完好，压力指示在绿色范围内；室外消防栓设备完好，水压充足；楼内消火栓水带、水管、阀门完好；手动报警按钮完好；楼内烟感探头无遮挡物、无短路情况，周围无渗水情况。

(15) 工用具：工用具齐全，空气呼吸器压力在正常范围，备件齐全。

14.5 输气站应急处置

14.5.1 应急处置原则

应急是指紧急突发事件的应对。当突发事件发生后，输气站值班人员为了尽快控制和减少事件造成危害而采取的紧急措施称为应急处置。应急处置基本原则为安全第一、预防为主；以人为本、科学管理；统一领导、分级负责；属地为主、分级响应。

2021年5月中国石化发布了《关于推体系夯基础控风险全力筑牢新时期中国石化安全新防线的指导意见》对应急处置“135”原则进行了明确，即1分钟应急响应，及时采取能量隔离、切断物料等关键操作动作，确保事态不扩大；3分钟内退守稳态，由班长研判并下达指令，岗位员工3分钟内实施退守稳态操作；5分钟内消气防联动，消气防救援力量于5分钟到达现场，与属地单位配合开展应急处置工作。具体处置步骤见图14.9。

14.5.2 ESD触发及恢复操作

ESD(Emergency Shutdown Device)，紧急停车系统的缩写。ESD实时在线检测输气站场的安全性，只有当出现紧急情况时，直接由ESD发出保护联锁信号，对现场设备进行安全保护，避免危险扩散造成巨大损失。

14.5.2.1 应急ESD触发条件

(1) 一级关断ESD-1：全站泄压关断。生产流程及辅助流程均关断，关闭进出站紧急切断阀，打开放空阀。切断除了消防电源、应急电源以外的供电电源。

(2) 二级关断ESD-2(PSD)：全站过程关断。关闭进出站紧急切断阀，关断生产流程及辅助流程，不放空。

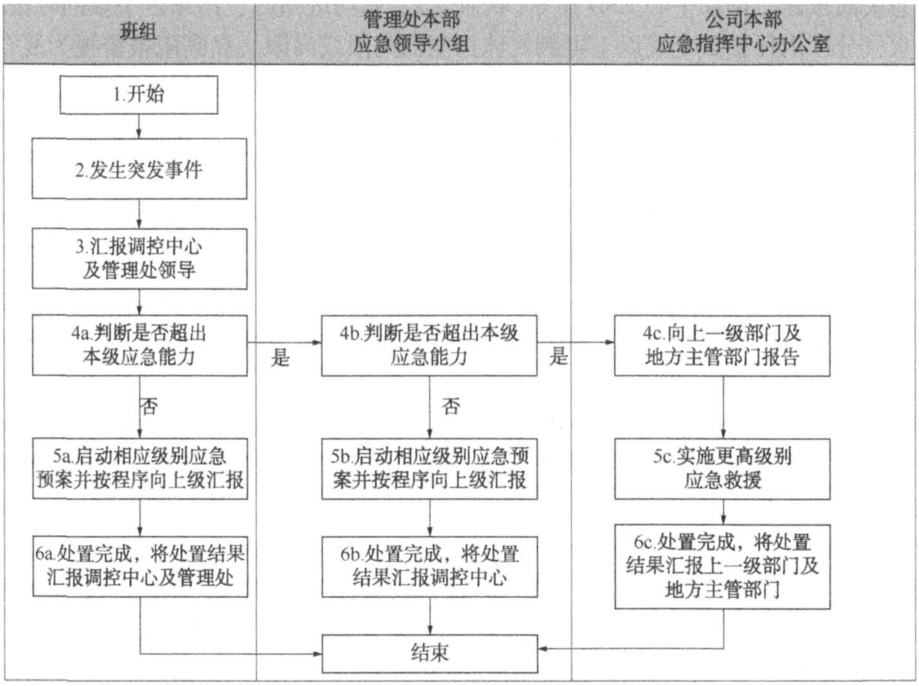

图 14.9　输气站应急处置流程

(3) 三级关断 ESD-3(USD)：站场单元关断，切断发生故障的进出站管线流程。

图 14.10 为 ESD 辅助操作台，用于 ESD 人工触发和恢复时使用，不同输气站面板可能不一样，非紧急情况下切勿使用。

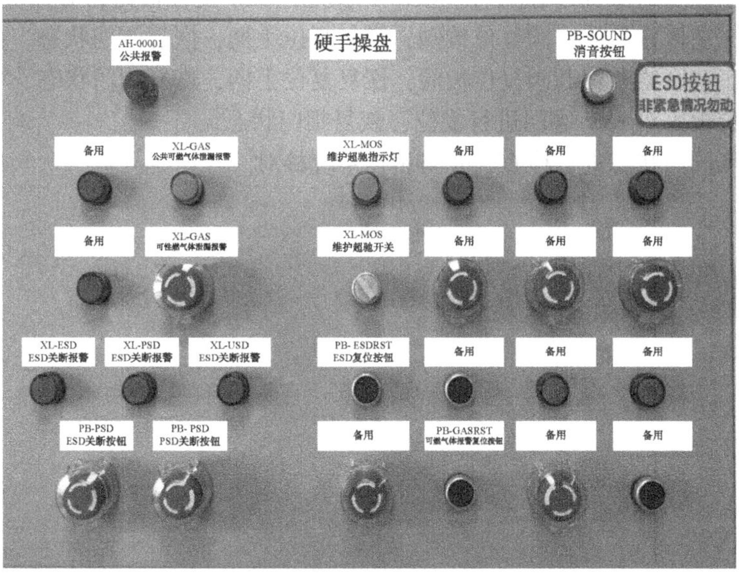

图 14.10　辅助操作台

14.5.2.2　应急 ESD 触发方式

(1) 站场 ESD-1 级触发：触发 ESD-1 级关断，可通过控制室辅操台 ESD 按钮、室外

ESD 紧急关断按钮、调控中心 ESD 命令(软命令)、站场进站区、出站区手报同时按下触发；同一个火气分区内任意 2 个或以上可燃气体探测器高限或高限、高高限报警视为复合的可燃气体报警，任意一个可燃气体探测器报警和一个手动报警按钮都可自动触发 ESD 关断；同一个火气分区内 2 个火灾探测器报警，如 2 只感烟探测器、1 只定温探测器和 1 只感烟探测器报警、1 只手动报警按钮和 1 只感烟探测器报警等，都被视为复合的火灾报警，工艺区复合的火灾报警可认为确有火灾发生，火灾报警控制器发出确认火灾报警并触发 ESD 关断；触发后，SCADA 系统出现紧急关断报警，硬手操盘一级关断报警指示灯亮，站控系统 HMI 报警，进站紧急放空阀打开放空，去用户出站紧急放空阀打开放空，干线进站气液联动阀关断，出站气液联动阀关断，去用户调压撬安全切断阀关断，ESD 触发后，应按照突发事件汇报程序进行汇报。

(2) 站场 PSD-2 级触发：触发 PSD-2 级，可通过控制室辅操台 PSD 按钮、调控中心 PSD 命令(软命令)触发，触发后，硬手操盘 PSD 报警指示灯亮、站控系统 HMI 报警，干线进站气液联动阀关断，出站气液联动阀关断，去用户调压撬安全切断阀关断，PSD 触发后，应按照突发事件汇报程序进行汇报。

(3) 站场 USD-3 级触发：触发 USD-3 级，干线进站压力低低超限(三选二自动触发)，站控系统 HMI 报警，干线进站气液联动阀关断。去用户出站压力低低超限(三选二自动触发)，站控系统 HMI 报警，去用户出站气液联动阀关断。去用户出站压力高高超限(三选二自动触发)，站控系统 HMI 报警，去用户气液联动阀、调压撬安全切断阀关断，应按照突发事件汇报程序进行汇报。

14.5.2.3 应急 ESD 恢复操作

(1) 检查 ESD 系统关断触发条件，并确认隐患消除。

(2) 按下站控室辅操台/调控中心 SCADA 系统上 ESD 复位按钮，对 ESD 系统进行复位。

(3) 拔出工艺区紧急放空阀复位梭阀，恢复复位手柄，恢复阀门状态。

(4) 拔出工艺区紧急切断阀复位梭阀，恢复复位手柄，恢复阀门状态。

(5) 用复位扳手对 SSV 阀门进行复位，恢复阀门状态。

(6) 对站场阀门状态进行检查，并与站控系统核对。

第 15 章　输气安全

天然气管道输送作为天然气运输的主要方式，具有高压运行、持续输送、覆盖区域广、途经环境多样等特点，天然气管道安全输送对于管道平稳运行和管道周边环境安全以及企业经济效益等都具有十分重要的意义。本章重点介绍输气相关的安全生产管理知识、电气防护技术、特种设备安全、防火防爆技术等知识，并对环境控制与职业卫生、应急管理、应急救援及案例分析进行简要介绍。

15.1　安全生产管理

15.1.1　安全管理

15.1.1.1　安全法规及体系

安全是指没有危险不受伤害的状态。安全是一个相对的概念，危险性是对安全性的隶属度；当危险性低于某种程度时，人们就认为是安全的。安全生产就是消除或控制生产过程中的危险、有害因素，保证生产的顺利进行。

1）输气相关的安全法规

输气安全涉及的法律法规主要有《安全生产法》《石油天然气管道保护法》《环境保护法》《职业病防治法》《特种设备安全法》《危险化学品安全管理条例》《工伤保险条例》等以及相关标准规范。

2）安全生产法

《中华人民共和国安全生产法》是我国安全生产的基础法、综合法。是为了加强安全生产工作，防止和减少生产安全事故，保障人民群众生命和财产安全，促进经济社会持续健康发展而制定的。2002 年首次颁布实施，2021 年第三次修订。新安全生产法于 2021 年 6 月 10 日由第十三届全国人民代表大会常务委员会第二十九次会议通过，2021 年 9 月 1 日施行，共 7 章计 119 条。

安全生产工作的方针：安全生产工作应当以人为本，坚持人民至上，生命至上，把保护人民生命安全摆在首位，树牢安全发展理念，坚持安全第一、预防为主、综合治理的方针，从源头上防范化解重大安全风险。

安全生产责任主体：安全生产工作实行管行业必须管安全、管业务必须管安全、管生产必须管安全。生产经营单位的主要负责人是本单位安全生产第一责任人，对本单位的安全生产工作全面负责。

全员安全生产责任制：生产经营单位的全员安全生产责任制应当明确各岗位的责任人员、责任范围和考核标准等内容。需建立相应的机制，对安全生产责任制落实情况监督考核。

3）安全生产责任制

安全生产责任制是按照安全生产法规建立的生产经营单位各级人员、各岗位人员在安全生产方面应做的事情和应负有的责任加以明确规定的一种制度。

（1）班组长。班组是做好生产经营单位安全生产工作的关键。班组长全面负责本班组的安全生产工作，是安全生产法律法规和规章制度的直接执行者。班组长的主要职责是贯彻执行本单位对安全生产的规定和要求，督促本班组遵守有关安全生产规章制度和安全操作规程，切实做到不违章指挥，不违章作业，遵守劳动纪律。

（2）岗位从业人员。岗位从业人员对本岗位的安全生产负直接责任。岗位从业人员的主要职责是接受安全生产教育和培训，遵守有关安全生产规章和安全操作规程，遵守劳动纪律，不违章作业。

4）从业人员权利与义务

生产经营单位的从业人员有依法获得安全生产保障的权利，并应当依法履行安全生产方面的义务。

从业人员享有8项法律赋予的权利：

保障权：订立劳动合同、办理工伤保险、定期职业体检等。

知情权：了解其作业场所和工作岗位存在的危险因素、防范措施及事故应急措施。

建议权：有权对本单位的安全生产工作提出建议。

控告权：有权对本单位安全生产工作中存在的问题提出批评、检举、控告。

拒绝违章权：有权拒绝违章指挥和强令冒险作业。

紧急避险权：有权停止作业或者在采取可能的应急措施后撤离作业场所。

赔偿权：因生产安全事故受到损害，有权提出赔偿要求。

培训教育权：接受安全生产教育和培训，掌握本岗位所需的安全生产知识，提高安全生产技能，增强事故预防和应急处理能力。

从业人员应遵守法律规定的义务，一是遵法守制、遵守规程；二是接受培训、接受监督；三是服从管理、规范着装；四是报告隐患、报告事故。

15.1.1.2 安全教育培训

1）安全生产教育培训法律要求

《安全生产法》第九十七条规定，生产经营单位有下列行为之一的，责令限期改正，处十万元以下的罚款；逾期未改正的，责令停产停业整顿，并处十万元以上二十万元以下的罚款，对其直接负责的主管人员和其他直接责任人员处二万元以上五万元以下的罚款：

（1）未按照规定对从业人员、被派遣劳动者、实习学生进行安全生产教育和培训，或者未按照规定如实告知有关的安全生产事项的。

（2）未如实记录安全生产教育和培训情况的。

（3）未将事故隐患排查治理情况如实记录或者未向从业人员通报的。

（4）未按照规定制定生产安全事故应急救援预案或者未定期组织演练的。

（5）特种作业人员未按照规定经专门的安全作业培训并取得相应资格，上岗作业的。

2）从业人员的教育培训

（1）三级安全教育。三级安全教育是指厂级、车间级、班组级的安全教育。

①厂(矿)级安全教育培训重点是生产经营单位安全风险辨识、安全生产管理目标、规

章制度、劳动纪律、安全考核奖惩、从业人员的安全生产权利和义务、有关事故案例等。

② 车间(工段、区、队)级安全教育培训是在从业人员工作岗位、工作内容基本确定后进行，由车间一级组织。培训重点是本岗位工作及作业环境范围内的安全风险辨识、评价和控制措施，典型事故案例，岗位安全职责、操作技能及强制性标准，自救互救、急救方法、疏散和现场紧急情况的处理，安全设施、个人防护用品的使用和维护。

③ 班组级安全教育培训是在从业人员工作岗位确定后，由班组组织，班组长、班组技术员、安全员对其进行安全教育培训，除此之外自我学习是重点。我国传统的师傅带徒弟的方式，也是搞好班组安全教育培训的一种重要方法。进入班组的新从业人员，都应有具体的跟班学习、实习期，实习期间不得安排单独上岗作业。班组安全教育培训重点是岗位安全操作规程、岗位之间工作衔接配合、作业过程的安全风险分析方法和控制对策、事故案例等。

(2) 调整工作岗位或者离岗后重新上岗安全教育培训。

从业人员调整工作岗位后，由于岗位工作特点、要求不同，应重新进行新岗位安全教育培训，并经考试合格后方可上岗作业。从业人员在本生产经营单位内调整工作岗位或离岗1年以上重新上岗时，应当重新接受安全培训。离开特种作业岗位6个月以上的特种作业人员，应当重新进行实际操作考试，经确认合格后方可上岗作业。调整工作岗位和离岗后重新上岗安全教育培训工作，原则上应由车间组织。

(3) 岗位安全教育培训。

岗位安全教育培训是指连续在岗位工作的安全教育培训工作，主要包括日常安全教育培训、定期安全考试和专题安全教育培训三个方面。

15.1.1.3 安全设施管理

安全设施是在生产经营活动中用于预防、控制、减少与消除事故影响采用的设备、设施、装备及其他技术措施的总称。安全设施分为预防、控制、减少与消除事故影响三类设施。

1) 预防事故设施(事前)

(1) 设备安全防护设施：防雷、防晒、防冻、防潮、防腐、防渗漏等设施；防护罩、防护屏、负荷限制器、行程限制器、制动、限速等设施；传动设备安全锁闭设施；电器过载保护设施，静电接地等设施。

(2) 检测、报警设施：用于安全检查和安全数据分析等检验检测设备、仪器。包括可燃气体、有毒有害气体、氧气等检测和报警设施；压力、温度、流量、组分、液位等报警设施。

(3) 防爆设施：包括各种电气、仪表的防爆设施；抑制助燃物品混入(如氮封)、易燃易爆气体和粉尘形成等设施；阻隔防爆器材、防爆工器具。

(4) 作业场所防护设施：包括作业场所的防静电、防辐射、防噪声、通风(除尘、排毒)、防护栏(网)、防滑、防灼烫等设施。

(5) 安全警示标志：包括各种指示、警示作业安全和逃生避难及风向等警示标志。

2) 控制事故设施(事中)

(1) 泄压和止逆设施：包括用于泄压的阀门、爆破片、放空管放散等设施；用于止逆的阀门等设施；真空系统的密封设施。

(2) 紧急处理设施：包括ESD紧急关断、分流、排放(火炬)、吸收、中和、冷却，紧急备用电源等设施；通入或者加入惰性气体、反应抑制剂等设施，以及仪表联锁、一键停机等设施。

(3) 报警：火灾报警系统、应急广播系统。

3) 减少与消除事故影响设施(事后)

(1) 防止火灾蔓延设施：包括阻火器、安全水封、回火防止器、防油(火)堤；防爆墙、防爆门等隔爆设施；防火墙、防火门、蒸汽幕、水幕等设施；防火材料涂层。

(2) 灭火设施：包括水喷淋、惰性气体、蒸汽、泡沫释放等灭火设施；消火栓、高压水枪(炮)、消防车、消防水管网、消防站等。

(3) 紧急个体处置设施：包括洗眼器、喷淋器、逃生器、逃生绳(索)、应急照明等设施。

(4) 逃生避难设施：包括逃生和避难的安全通道(梯)、安全避难所(带空气呼吸系统)、避难信号等。

(5) 应急救援设施：包括工程抢险装备、堵漏和现场受伤人员医疗抢救装备。

(6) 劳动防护用品和装备：包括头部，面部，视觉、呼吸、听觉器官，四肢，躯干防火、防毒、防灼烫、防腐蚀、防噪声、防光射、防高处坠落、防砸击、防刺伤等免受作业场所物理、化学因素伤害的劳动防护用品和装备。

15.1.1.4 公共安全管理

公共安全管理是指国家行政机关为了维护社会的公共安全秩序，保障公民的合法权益，以及社会各项活动的正常进行而做出的各种活动的总和。天然气管道、储气库、液化天然气(LNG)接收站、管道站场、阀室、调控中心等为治安反恐防范的重点目标。周界、周界出入口、值班室、管道穿越或隧道穿越大型河流管段、管道地处治安复杂或人口密集区部位、管道地处水源地(饮用水水源保护区)部位等为治安反恐防范的重点部位。天然气管道企业治安反恐重点目标和重点部位应符合常态防范要求、非常态防范要求和安全防范系统技术要求。

常态防范是运用人力防范、实体防范、电子防范等多种手段和措施，常规性预防、延迟、阻止发生治安和恐怖案件事件的管理行为。非常态防范是在重要会议、重大活动等重要时段以及获得重大治安案事件、恐怖袭击案事件等预警信息或发生上述案事件时，相关企业临时性加强防范手段和措施，提升治安反恐防范能力的管理行为。

重点目标的等级由低到高分为三级重点目标、二级重点目标、一级重点目标，由公安机关会同有关部门、企业依法确定。

1) 常态三级安全防范基本要求

(1) 人力防范：储气库、管道站场巡逻周期小于或等于24h，阀室巡护不少于2次/周，应与其他技术巡查手段相结合；每年一次治安反恐教育培训；每年至少一次治安反恐应急处置预案演练；应对外来人员、车辆进行核查和信息登记；应配备对讲机、棍棒、钢叉等必要的护卫器械。

(2) 实体防范：储气库、管道站场、非封闭阀室等周界建立实体防范设施(金属栅栏或砖、石、混凝土围墙等)，并在上方设置防攀爬、防翻越障碍物，外侧整体高度应大于或等于2m；管道沿线应设置里程桩、转角桩、标志桩、警示牌等地面标识。

(3) 电子防范：储气库、管道站场周界应安装视频监控装置，周界出入口应安装视频监控装置。

2）常态二级安全防范基本要求

（1）人力防范：调控中心、储气库、管道站场应设置值班室，实行24h值班制度；储气库、管道站场巡逻周期小于或等于12h，管道地处人口密集区部位、管道跨越或隧道穿越大型河流管段，巡护不少于1次/日，应与其他技术巡查手段相结合；每半年一次治安反恐教育培训；每半年至少一次治安反恐应急处置预案演练；应对外来人员携带的物品进行安全检查；应配备一次性防化口罩。

（2）实体防范：储气库和管道站场周界、管道跨越大型河流两端应建立金属栅栏或砖、石、混凝土围墙等实体防范设施，并在上方设置防攀爬、防翻越障碍物，外侧整体高度应大于或等于2.5m；储气库、管道站场周界出入口应设置防车辆冲撞等实体防护装置；管道穿越大型河流两端设置警示标识，并对两端隧道口进行封堵；管道地处人口密集区设置警示标识。

（3）电子防范：安防室设置紧急报警装置；调控中心、储气库、管道站场周界应设置入侵探测装置；值班室配备手持式金属探测器及防爆毯等。

3）常态一级安全防范基本要求

（1）人力防范：调控中心、压气站、液化天然气（LNG）接收站巡逻周期小于或等于4h，管道跨越或隧道穿越大型河流管段、管道地处治安复杂或人口密集区部位，巡护不少于2次/日，应与其他技术巡查手段相结合；液化天然气（LNG）接收站设置门卫值班室并24h有人值守，保卫执勤人员应配备对讲机、棍棒、钢叉等必要的护卫器械；每季度一次治安反恐教育培训；每季度至少一次治安反恐应急处置预案演练；配备一次性防化口罩及手持防化洗消喷剂。

（2）实体防范：管道跨越或隧道穿越大型河流两端应设置实体防范设施，并设置警示标识。周界外侧整体高度应大于或等于2.5m；不具备建立周界实体防范设施条件的隧道对两端隧道口进行封堵；液化天然气（LNG）接收站应建立金属栅栏或砖、石、混凝土围墙等实体防范设施，并在上方设置防攀爬、防翻越障碍物，外侧整体高度应大于或等于2.5m及周界出入口应设置防车辆冲撞等实体防护装置。

（3）电子防范：值班室设置紧急报警装置；储气库（地下储气库除外）应配备反无人机防御系统；管道跨越或隧道穿越大型河流两端应安装视频监控；地处人口密集区或治安复杂部位的阀室及途经人员密集场所高后果区，应安装视频监控装置或入侵探测装置；液化天然气（LNG）接收站设置安防监控室。

15.1.2 双重预防机制

15.1.2.1 安全风险分级管控

安全风险分级管控是通过识别生产经营活动中存在的危险、有害因素，并运用定性或定量的统计分析方法确定其风险严重程度，进而确定风险控制的优先顺序和风险控制措施，以达到改善安全生产环境、减少和杜绝生产安全事故的目标而采取的措施和规定。

1）基本术语

（1）风险是指潜在损失的度量，是对事故发生概率和后果严重程度的综合度量，通常表述为失效概率与后果的乘积。安全风险就是发生危险事件或者有害暴露的可能性，与随之引发的人身伤害、健康损害或财产损失的严重性的组合。风险分为红色风险、橙色风险、黄色风险和蓝色风险四个等级(红色最高)，可分别对应重大、较大、一般和低风险。

(2) 风险识别是对可能造成人员伤害、财产损失、环境破坏和社会声誉影响事件的识别(包括原因、后果和现有安全措施)，识别范围应当涵盖总图布置、工艺流程、设备设施(含工程施工和检维修用设备设施)、物流运输、应急泄放系统、工艺操作、工程施工和检维修作业、特殊作业、有人值守建筑物、自然灾害和外部影响等全业务、全流程存在的风险。

2) 风险清单

(1) 基层岗位应当在基层单位管理人员的指导下对本岗位的作业活动和涉及的设备、设施等开展风险识别，建立岗位危险事件清单。

(2) 基层单位应当按照属地化原则对管理的对象和业务逐区域、逐设备、逐专业、逐岗位进行风险识别，做到所有危险源、作业活动和相关的设备、设施全覆盖，形成基层单位风险清单。

(3) 当出现以下情况时，应当及时开展风险识别：

① 设备长时间在设计上、下限运行或延长计划检修周期。

② 发生火灾爆炸或天然气严重泄漏事故。

③ 施工内容和方案发生重大变化。

④ 管道输送介质发生变化或者介质的重要组分发生变化时。

⑤ 安全相关法律、法规与标准规范发生重大变化时。

3) 风险评价

企业各层级成立风险评价小组，实行组长负责制，组织对已识别出的风险开展风险评价，采用相应的评价方法和工具进行定性、定量评估，准确描述风险，确定风险等级，制定相应的风险管控措施。基层单位应当对识别出的风险进行定性评价，有能力的进行定量分析。

生产经营单位采用风险矩阵等工具，对识别出的风险进行评价，确定每个风险的等级和风险值，完善风险清单。

4) 风险控制

(1) 应当按照工程技术措施、管理措施、个体防护、应急响应的顺序确定风险管控措施。工程技术措施应当包括技术方案、实施计划、责任部门和责任人。

(2) 重大风险和较大风险应当采取措施降低风险等级，一般风险按照最低合理可行的原则可进一步降低风险等级，低风险应当执行现有管理程序和保持现有安全措施完好有效，防止风险进一步升级。

(3) 企业应当对相关人员进行风险控制措施技术交底和培训，确保措施落实到位。

5) 风险监控

风险管控措施纳入日常生产经营管理，安全、生产、工程、物资等部门应当按照各级风险清单的责任分工，做好操作规程等技术文件的修订和对相关设备设施或作业活动的检查监督。

重大风险管控措施应当制定实施进度计划，进行专项检查、挂牌督办和定期跟踪。风险管控责任人和措施落实责任人应当对照计划检查落实进度，确保达到年度管控目标。

6) 风险降级或销项

风险达到降级或销项条件时，应当办理审批手续，及时降级或销项。工程施工和作业活动类风险的销项应当在施工和作业活动完成后。

风险降级或销项后应当持续保持管控措施的有效运行。

重大风险降级或销项时应当进行专项评估，形成评估报告，报告应当包括：风险基本情况、风险管控措施落实情况、剩余风险和评估结论等。

15.1.2.2 隐患排查治理

1）定义及分类

（1）安全生产事故隐患，一般也称为隐患。隐患是指生产经营单位违反安全生产法律、法规、规章、标准、规程和安全生产管理制度的规定，或者因其他因素在生产经营活动中存在可能导致事故发生的物的危险状态、人的不安全行为和管理上的缺陷。

（2）隐患分为一般事故隐患与重大事故隐患。一般事故隐患，是指危害和整改难度较小，发现后能够立即整改排除的隐患。重大事故隐患，是指危害和整改难度较大，应当全部或者局部停产停业，并经过一定时间整改治理方能排除的隐患，或者因外部因素影响致使生产经营单位自身难以排除的隐患。

2）隐患排查

采取技术、管理措施，及时发现并消除事故隐患称为隐患排查治理。对排查出的各级隐患，应做到"五定"(定整改方案、定资金来源、定项目负责人、定整改期限、定控制措施)，并将整改落实情况纳入日常管理进行监督，并及时协调在隐患整改中存在的资金、技术、物资采购、施工等各方面问题。隐患一经确定，隐患所在单位应立即采取控制措施，消减隐患、防止事故发生。

（1）企业应当依据法律法规、标准规范和管理制度，通过日常检查、定期检查、专业排查、专项排查和事故类比等多种形式持续开展隐患排查。

（2）出现下列情况之一时，企业应当及时组织开展隐患排查：

① 法律法规、标准规范颁布执行或修订发布时，应当组织开展法规符合性隐患排查。

② 同类公司发生生产安全事故时，应当组织开展事故类比性隐患排查。

③ 生产作业场所外部环境发生重大变化时，应当组织开展环境适应性隐患排查。

（3）企业应当对排查出的隐患进行分级，建立各层级隐患清单。基层班组和岗位自查发现的隐患，由基层单位负责列入隐患清单。

3）隐患治理

（1）企业对排查出的隐患实行动态管理，按照轻重缓急及时整治；不能如期治理的隐患应当按风险管控的程序落实防范措施。

（2）应当定期研究落实隐患整治方案，推进隐患整治进度。

（3）一般隐患由隐患所在的基层单位负责人、有关人员及时组织整改。

（4）隐患治理方案必须符合法律法规和标准规范的要求，重视源头治理，严格过程控制，防止隐患治理过程中产生新的隐患和发生事故。

（5）企业应建立隐患治理工作协调机制，按照当地政府要求，及时以书面形式向当地主管部门汇报本单位隐患排查工作开展情况和需要地方政府协调解决的问题。

15.1.3 作业安全

15.1.3.1 作业现场环境安全

作业现场环境是指劳动者从事生产劳动的场所内各种构成要素的总和，它包括设备、工具、物料的布局、放置，物流通道的流向，作业人员的操作空间范围，事故疏散通道、出口及泄险区域，安全标志，职业卫生状况及噪声、温度、放射性和空气质量等要素。

1）作业现场环境的危险和有害因素分类

结合作业现场环境的实际情况，参照《生产过程危险和有害因素分类与代码》（GB/T 13861—2022）的具体要求，生产作业现场环境的危险和有害因素包括4类。

（1）室内作业场所环境不良。

室内作业涉及的作业环境不良的因素包括室内地面滑，室内作业场所狭窄、杂乱、不平，室内梯架缺陷，地面、墙和天花板上的开口缺陷，房屋基础下沉，室内安全通道缺陷，房屋安全出口缺陷，采光照明不良，作业场所空气不良，室内温度、湿度、气压不适，室内给、排水不良，室内涌水，其他室内作业场所环境不良。

（2）室外作业场所环境不良。

室外作业涉及的作业环境不良的因素包括恶劣气候与环境，作业场地和交通设施湿滑，作业场地狭窄、杂乱、不平，交通环境不良，脚手架、阶梯和活动梯架缺陷，地面及地面开口缺陷，建（构）筑物和其他结构缺陷，门和周界设施缺陷，光照不良，作业场地空气不良，温度、湿度、气压不适，场地涌水，排水系统故障，其他室外作业场地环境不良。

（3）地下作业环境不良。

地下作业涉及的环境不良的因素包括隧道缺陷，地下作业面空气不良，冲击地压，地下水，其他地下作业环境不良。

（4）其他作业环境不良。

其他作业环境不良的因素包括强迫体位，综合性作业环境不良，以上未包括的其他作业环境不良。

2）危险作业现场环境的安全管理

危险作业是指对周围环境具有较高危险性，容易引起较大生产安全事故的作业。

（1）危险作业的固有特点：

① 危险作业造成的后果有较大的危害性。由于危险作业涉及的危险因素较多，并且作业过程中可能牵扯的能量较大，一旦发生事故，其后果具有较大的危害性。

② 危险作业的事故风险具有一定的不可控性。主要体现在即使采取了相关的防护措施，危险作业仍有可能对周边环境和作业人员造成伤害，按现有社会科学技术发展水平，人们还不能完全控制或有效防止危险作业所带来的风险。

③ 危险作业的危害范围具有一定的不确定性。主要体现在危险作业的风险影响范围在某种程度上不能够被准确地划分，也难以有效控制，并且可能超过人们所认知的范围。

（2）环境因素对危险作业的影响：

作业现场环境因素是影响作业危险性的重要因素之一，也是作业过程中需要重点监测、控制的因素之一。如常规的动火作业如果在火灾爆炸危险区域内进行则其危险性也会增加，作业前需要对各种环境因素进行监测合格后方可进行作业，同时在作业过程中的安全防护要求也会相应变得严格。

3）作业现场环境安全管理要求

（1）安全标志。

安全标志用以表达特定的安全信息，由图形符号、安全色、几何形状（边框）或文字构成。安全标志是规范作业现场，降低现场作业隐患的有力工具之一，正确设置安全标志也是营造良好的作业现场环境的必备工作。安全标志不仅类型要与所警示的内容相吻合，而且设置位置要正确合理，面对的作业人员要明确，否则难以真正充分发挥其警示作用。

根据《安全标志及其使用导则》(GB 2894—2008)的要求，国家规定了4类传递安全信息的安全标志。

① 禁止标志是禁止人们不安全行为的图形标志(图15.1)。禁止标志的几何图形是带斜杠的圆环，其中圆环与斜杠相连，用红色图形，符号用黑色，背景用白色。

图15.1 禁止标志示例

② 警告标志是提醒人们对周围环境引起注意，以避免可能发生危险的图形标志。警告标志的几何图形是黑色的正三角形、黑色符号和黄色背景。

③ 指令标志是强制人们必须做出某种动作或采用防范措施的图形标志。指令标志的几何图形是圆形，蓝色背景，白色图形符号。

④ 提示标志是向人们提供某种信息(如标明安全设施或场所等)的图形标志。提示标志的几何图形是方形，绿色背景，白色图形符号及文字。

(2) 光照条件。

作业现场的采光情况是作业现场布设需要考虑的一项重要因素，良好的光照不仅能够使作业环境更加舒适，并且能够提高工作效率，减少工作人员的疲劳感，从而减少由于疲劳和心理原因造成的事故。《建筑照明设计标准》(GB 50034—2013)对工业企业中的新建、改建和扩建工程的照明设计要求做出了规定。

(3) 噪声。

凡是妨碍人们正常休息、学习和工作的声音，及使人烦躁、讨厌、不需要的声音，对人要听的声音产生干扰的声音均可称之为噪声。《工作场所有害因素职业接触限值第2部分：物理因素》(GBZ 2.2—2007)以每周工作5天，每天工作8h的稳态作业环境接触为例，噪声的作业环境接触限值为85dB，在非稳态接触噪声的作业环境中，噪声的非稳态等效接触限值为85dB。

(4) 温度。

由环境温度因素引起的危害主要有两种：高温作业和低温作业。《工业场所有害因素职业接触限值第2部分：物理因素》(GBZ 2.2—2007)中将高温作业定义为在生产劳动过程中，其工作地点平均WBGT指数等于或大于35℃的作业；《低温作业分级》(GB/T 14440—1993)中将低温作业定义为在生产劳动过程中，其工作地点平均气温等于或低于5℃的作业。

(5) 湿度。

湿度是表示大气干燥程度的物理量，作业环境的湿度不仅能够影响环境的舒适程度，而且与作业人员的身体健康、工作效率息息相关。

4) 作业现场安全管理方法

(1) 作业现场的"PDCA"操作程序。

"PDCA"循环又叫戴明环，是Plan(计划)、Do(执行)、Check(检查)和Adjust(改进)的第一个字母，"PDCA"循环就是按照"计划—执行—检查—改进"的顺序不断地进行自我检查和完善，从而提升质量安全管理效能的方法，其主要目的是通过持续改进的方式不断地发现系统中存在的不足，并且通过自我完善和修复的方式持续地改进系统中的不足，从而达到不断提升质量安全管理能力的目的。

(2) 作业现场目视化管理。

目视化管理的目的是通过简单、明确、易于辨别的安全管理模式或方法，强化现场安全管理，确保工作安全，并通过外在状态的观察，达到发现人、设备、现场的不安全状态。作业现场目视化管理包括人员目视化管理、工器具目视化管理、设备设施目视化管理和生产作业区域目视化管理。

目视化管理是一种以公开化和视觉显示为特征的管理方式，也可称为看得见的管理，或一目了然的管理，这种管理方式可以贯穿于各种管理领域当中。

15.1.3.2 特殊作业安全

1) 作业要求

(1) 定义：

① 特殊作业。危险化学品企业生产经营过程中可能涉及的动火、进入受限空间、盲板抽堵、高处作业、吊装、临时用电、动土、断路等，对作业者本人、他人及周围建(构)筑物、设备设施可能造成危害或损毁的作业。

② 火灾爆炸危险场所。能够与空气形成爆炸性混合物的气体、蒸气、粉尘等介质环境以及在高温、受热、摩擦、撞击、自燃等情况下可能引发火灾、爆炸的场所。

③ 固定动火区。在非火灾爆炸危险场所划出的专门用于动火的区域。

④ 动火作业。在直接或间接产生明火的工艺设施以外的禁火区内从事可能产生火焰、火花或炽热表面的非常规作业。包括使用电焊、气焊(割)、喷灯、电钻、砂轮、喷砂机等进行的作业。

⑤ 受限空间作业。进入受限，通风不良，可能存在易燃易爆、有毒有害物质或缺氧，对进入人员的身体健康和生命安全构成威胁的封闭、半封闭设施及场所。包括管道、地下室、窨井、坑(池)、管沟或其他封闭、半封闭场所。

⑥ 盲板抽堵作业。在设备、管道上安装或拆卸盲板的作业。

⑦ 高处作业。在坠落基准面2m及2m以上有可能坠落的高处进行的作业。

⑧ 吊装作业。利用各种吊装机具将设备、工件、器具、材料等吊起，使其发生位置变

化的作业。

⑨ 临时用电。在正式运行的电源上所接的非永久性用电。

⑩ 动土作业。挖土、打桩、钻探、坑探、地锚入土深度在0.5m以上；使用推土机、压路机等施工机械进行填土或平整场地等可能对地下隐蔽设施产生影响的作业。

⑪ 能量隔离。将阀门、电气开关等设定在合适的位置或借助特定的设施使设备停止运转或危险能量和物料不能释放的措施。主要包括电气隔离和机械隔离等方式。

⑫ 锁定管理。通过设备上锁及挂牌以固定设备停用(开启)位置状态，防止设备被误开(关)。

⑬ 隔离装置。是指防止危险能量和物料发生传递或释放的机械装置。如，电路隔离开关、断开电源、阀门、盲板(或法兰盖)和丝堵等装置或者用于阻塞、隔离能量的类似装置。

(2) 通用要求：

在进行作业之前，需要组建作业团队，制定风险防范措施，对作业人员进行安全交底。作业过程中，项目负责人、监护人要重点关注作业过程，及时发现、处理异常情况。

作业过程中人员数量较多，特别是较大规模的工程，可能由几支施工队伍同时进行，施工高峰期间，各专业队伍集中在一个狭窄的作业现场立体交叉施工，施工用的大型机械多、临时用电及焊接作业多、施工现场易燃物多，极易发生高处坠落、物体打击、触电、中毒、窒息、火灾烧伤、起重伤害等事故。对一些典型事故分析发现，绝大多数事故都是由违反操作规程和劳动纪律、作业团队教育培训不够、作业人员缺乏安全操作知识、设备处于不完好状态、安全防护设备缺少或存在缺陷、人员思想麻痹等因素造成的。因此，作业期间是否会发生生产安全事故取决于所有参与施工人员的安全职责是否落实到位。

作业团队人员一般包括基层单位负责人、工艺员、设备员、项目负责人、监护人、作业负责人、作业人员，以及对该项目作业票证进行审核的各级领导。

在安排作业前，基层单位负责人应组织相关技术人员、项目负责人等对即将进行的作业进行危害识别和风险评价，梳理项目可能涉及的特种作业，识别作业区域内是否存在缺氧、富氧、易燃易爆、有毒有害、高温、负压等危害因素。

(3) 监护人的基本要求：

监护人是项目负责人指派对单独一个施工环节进行安全监护、检查监督的人员，与项目现场主管人相比，其检查的工作更细、更专业。一个称职的监护人能够保证施工作业安全、有序地进行。监护人必须具备以下条件：

① 经过培训、考试，具有监护资格，掌握作业安全管理要求。

② 检查作业人员个人防护用品穿戴，不符合劳保着装要求的施工人员不得进入现场。

③ 检查施工工器具，不符合安全规范的工器具不得进入现场施工。

④ 监护过程中不得离岗，并注意观察作业现场的异常现象，随时提醒作业人员任何危险情况，如果发现紧急情况时，应及时制止作业，通知作业人员离开作业现场。如果需要外部救援，监护人应立即呼救或报警。

2) 动火作业

(1) 在动火作业前，现场指挥应该组织有关人员按批复后的动火方案进行动火现场准备和安全检查，检查完成后经现场指挥批准后方可动火。

（2）动火作业前应办理动火作业许可证。动火作业的施工现场，应按规定配备消防器材，并保持消防道路畅通。动火时，设专人监护，并执行动火和防火的相关规定。

（3）动火作业前应清除现场可燃、易燃物；动火点30m范围内不得排放可燃气体，15m内不得排放可燃液体，10m内不应同时进行可燃溶剂清洗和喷漆等交叉作业。

（4）动火作业前应对动火点周围或其下方的阀门井、污水井、排污设施、地沟等进行检查，并采取气体检测分析和封堵等措施。

（5）施工区域与正在运行的生产装置距离不符合安全要求时，应设置防火隔离或采取局部防火措施。

（6）施工完毕，应检查清理现场，熄灭火种，切断电源。

（7）高处作业动火时，应对周围存在的易燃物进行处理，并对其下方的可燃物、机械设备、电缆、气瓶等进行清理或采取可靠的防护措施，同时应采取防止火花飞溅坠落的安全措施。

（8）高处作业动火时，动火点下方不得同时进行可燃溶剂清洗和防腐喷涂等作业。

图15.2　受限空间作业图

3）受限空间作业

（1）受限空间作业应办理受限空间作业许可，并设置监护人，如图15.2所示。

（2）在进入容易积聚可燃、有毒、窒息气体的设备、地沟、井、槽等受限空间作业前，应先进行吹扫、通风等气体置换，经气体检测分析合格后方可进入。在作业过程中应保持通风，必要时采取强制通风措施。

（3）在受限空间进行动火作业时，应清除、隔离内部易燃物，并对火花采取遮挡等防护措施。

（4）进入受限空间应使用安全行灯，电焊机、开关箱、安全隔离变压器、气瓶应放置在受限空间外，电缆、气带应保持完好。

（5）进入受限空间用电应符合临时用电相关要求。

（6）进入带有转动部件的设备作业，应切断电源并有专人监护。

（7）气体分析合格前或非作业期间，受限空间入口应采取封闭措施，并挂警示牌；不得私自进入，再次作业时应经过气体分析合格。

（8）发生人员中毒、窒息的紧急情况，抢救人员应佩戴长管式呼吸器进入受限空间，不得进行无防护救援，且至少有一人在受限空间外部负责看护、联络。

4）高处作业

（1）高处作业时，安全带不得系挂在尖锐棱角或有可能转动的部位，应高挂低用，下部应有安全空间和净距，当净距不足时，安全带可短系使用，但不得打结使用。在不具备安全带系挂条件时，应增设生命绳、速差防坠器、安全绳自锁器等安全措施。垂直移动宜使用速差防坠器、安全绳自锁器；水平移动拉设生命绳。图15.3为高处作业违章示意图。

（2）安装作业过程中无法进行外架防护时，应搭设安全平网，有火花溅落的地方应使用阻燃安全网。

图 15.3　高处作业违章图

（3）气温高于35℃或低于5℃时，应采取防中暑或防寒措施，当气温高于40℃时应停止高处作业。雨、霜、雾、雪等天气进行高处作业时，应采取防滑、防冻措施，并应及时清除作业面上的水、冰、雪、霜。当遇有6级以上强风、浓雾、沙尘暴等恶劣天气，不得进行露天高处作业。暴风雪及台风暴雨后，应对高处作业安全设施进行检查，发现有松动、变形、损坏或脱落等现象时，应立即修理完善，维修合格后再使用。

（4）作业时不宜进行上下垂直交叉作业，不能避免时中间应设置硬隔离措施。存在物体坠落风险的区域，人员、机械通行处应设置安全通道，其他区域采取封闭隔离措施，人员不得进入。

（5）作业人员攀登时不得手持物品。使用便携式梯子时，下方应有人扶持。使用人字梯时，上部夹角宜为35°~45°，工作时只许1人在梯上作业，且上部留有不少于2步空当，支撑应稳固。使用便携式直梯时，不得垫高使用，上下支撑点应牢固可靠，不得产生滑移。直梯工作角度与地平夹角宜为70°~80°，工作时只许1人在梯上作业，且上部留有不少于4步空当。

5）临时用电作业

（1）安装、巡检、维修和拆除临时用电设施应由电工完成。电工使用的绝缘用品应定期进行检查和试验。

（2）发生电气火灾时，应切断电源，采用干粉灭火器、二氧化碳灭火器或干沙土扑救。

（3）临时用电设备使用前应进行检查和试验，确认合格并标识后方可使用。

（4）在有爆炸危险的场所，应采用与危险场所等级相适应的防爆电气设备。

（5）施工现场出线柜和所有配电箱中应装设剩余电流保护器，用电设备应做到不少于二级剩余电流动作保护。不得将临时用电设备的剩余电流保护器退出运行。

（6）在大风、暴雨、沙尘暴等恶劣天气来临前，应对临时用电设备加以防护，并在使用前重新检查。

（7）任何临时用电设备在未证实无电以前，应视作有电，不得触摸其导电部分。不得带电移动配电箱。移动或拆除临时用电设备和线路，应切断电源并对电源端导线做绝缘保护处理。不得私拉私接用电设备和线路。需要增加用电负荷时，应提出申请，经用电管理部门批准，由电工负责完成引接。

（8）临时用电自备发电机组电源应与外电线路联锁，不得并列运行。发电机组应设置在平坦坚实的场地上，不应设在地势低洼和可能积水的场所。室内发电机组的排烟管道应伸出室外，储油桶不得存放在发电机房内。

(9) 架空线应采用绝缘铜芯导线，经横担和绝缘子架设在专用电杆上，不得架设在树木或脚手架上，绝缘导线的绝缘外皮不得老化、破裂。低压架空线及架空电缆跨越施工现场主要道路的最小垂直距离不宜小于6.0m。

(10) 施工电缆沿楼面敷设时，应采取保护措施。施工电缆直埋敷设时，低压电缆埋深不应小于0.3m，高压电缆和通过道路的低压电缆埋深不应小于0.7m，电缆上下表面土层中不应有石块等硬质物体。施工电缆直埋的每个转弯处和直线段每隔20m在地面上应设明显的走向标志。施工电缆在地下穿越道路时应采用坚固的保护套管，管径不得小于电缆外径的1.5倍，管口应密封。施工电缆接头及外皮损伤处应进行防水绝缘包扎，电缆接头应架空保护。在施工电缆敷设路径上方或边上的明火作业，应采取防止火花损伤电缆的措施。

15.2 安全技术措施

15.2.1 电气安全技术

电气安全技术包括电能应用中的安全技术，也包括雷电、静电等非电能应用过程中的安全技术。

15.2.1.1 电气事故及触电防护

1) 电气事故

电气事故主要有触电事故、电气火灾爆炸事故、雷击事故、静电事故、电磁辐射事故、电路事故。其中触电事故分为电击和电伤，电击是电流直接通过人体造成的伤害，电伤是电流转换成热能、机械能等其他形态的能量作用于人体造成的伤害。触电死亡事故大多数是电击造成的，但电击事故中很多也含有电伤的因素。

电流对人体的作用事先没有任何预兆，伤害往往发生在瞬息之间，而且，人体一旦遭到电击后，防卫能力迅速降低。电流通过人体，会引起麻感、针刺感、打击感、痉挛、疼痛、呼吸困难、血压异常、昏迷、心律不齐、窒息、心室纤维性颤动等症状。

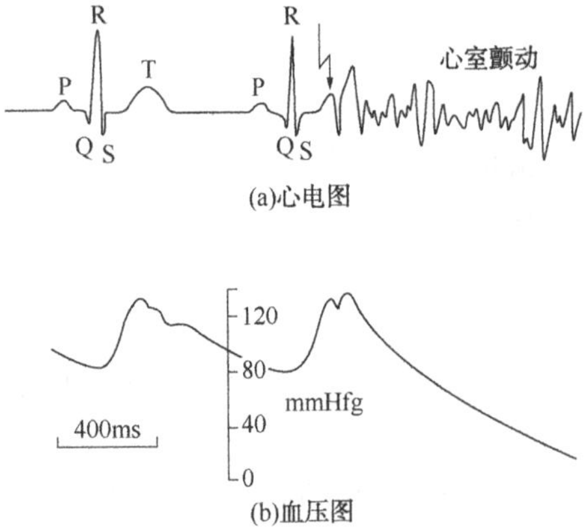

图15.4 人的心电图与血压图

人的心电图和血压图如图15.4所示。左半部是正常时的心电图和血压图，右半部是发生心室纤维性颤动后的心电图和血压图。心室纤维性颤动是在心电图上T波的前半部发生的。

电流的瞬时作用引起的心室纤维性颤动，呼吸可能持续2~3min。在其丧失知觉之前，有时还能叫喊几声、有的还能跑几步。但是，由于血液已中止循环，大脑和全身迅速缺氧，病情将急剧恶化。

2) 触电事故分析

根据对触电事故的分析，从发生率上看，可找到触电事故有以下规律：

(1) 错误操作和违章作业造成的触电事故多。其主要原因是安全教育不够、安全制度不严和安全措施不完善，一些人缺乏足够的安全意识。

(2) 中、青年工人、非专业电工、合同工和临时工触电事故多。其主要原因是这些人是主要操作者，经常接触电气设备；而且，这些人中有的经验不足，有的缺乏用电安全知识，有的责任心不够强。

(3) 设备触电事故多。其主要原因是低压设备远远多于高压设备，与之接触的人比与高压设备接触的人多得多，而且多数是缺乏电气安全知识的非电专业人员。应当注意，近几年来高压触电事故有增加的趋势；在专业电工中，高压触电事故多于低压触电事故。

(4) 移动式设备和临时性设备触电事故多。其主要原因是这些设备是在人的紧握之下运行，不但接触电阻小，而且一旦触电就难以摆脱；同时，这些设备需要经常移动，工作条件差，设备和电源线都容易发生故障或损坏。

(5) 电气连接部位触电事故多。很多触电事故发生在接线端子、缠接接头、压接接头、焊接接头、电缆头、灯座、插头、插座等电气连接部位。其主要原因是这些连接部位机械牢固性较差、接触电阻较大、绝缘强度较低。

(6) 每年6~9月触电事故多。统计资料表明，每年二、三季度事故多。特别是6~9月，事故最为集中。其主要原因是这段时间天气炎热、人体衣单而多汗，触电危险性较大；而且这段时间多雨、潮湿，地面导电性增强、电气设备的绝缘电阻降低，容易构成电流回路。

(7) 潮湿、高温、混乱、多移动式设备、多金属设备环境中的事故多。

3) 绝缘、屏护和间距

(1) 绝缘。绝缘是用绝缘物把带电体封闭起来。良好的绝缘是保证电气设备和线路正常运行的必要条件，也是防止触及带电体的安全保障。绝缘材料受到电气、高温、潮湿、机械、化学、生物等因素的作用时均可能遭到破坏。绝缘物受潮后绝缘电阻明显降低，控制环境湿度可保障绝缘电性能，所以严禁湿手触摸或湿毛巾擦拭有裸露部位的带电体。

(2) 屏护。屏护是采用护罩、护盖、栅栏、箱体、遮拦等将带电体同外界隔绝开来。网眼屏护装置的网眼不应大于(20mm×20mm)~(40mm×40mm)；遮拦高度不应小于1.7m；对于低压设备，遮拦与裸导体的距离不应小于0.8m；网眼遮拦与裸导体之间的距离不宜小于0.15m；金属材料制成的屏护装置，必须接地(接零)；遮拦、栅栏等屏护装置上应挂标示牌；遮拦出入口的门上应根据需要安装信号装置和联锁装置。

(3) 间距。间距是将可能触及的带电体置于可能触及的范围之外。其安全作用与屏护的安全作用基本相同。架空线路断线接地时，为了防止跨步电压伤人，在离接地点4~8m范围内，不能随意进入。在低压作业中，人体及其所携带工具与带电体的距离不应小于0.1m。在10kV作业中，无遮拦时，人体及其所携带工具与带电体的距离不应小于0.7m；有遮拦时，遮拦与带电体之间的距离不应小于0.35m。

4) 保护接地和保护接零

(1) 保护接地主要分为IT系统(保护接地)、TT系统(工作接地)等。

(2) 保护接零主要为TN系统。分为TN-S、TN-C、TN-C-S等。

5) 保护导体和接地装置

(1) 保护导体包括保护接地线、保护接零线和等电位连接线。保护导体分为人工保护导体和自然保护导体。为了保持保护导体导电的连续性，所有保护导体，包括有保护作用的

PEN 线上均不得安装单极开关和熔断器；保护导体应具有防机械损伤和化学腐蚀的措施，接头应便于检查和测试；可拆开的接头必须是用工具才能拆开的接头；各设备保护不得串联连接，即不得利用设备外露导电部分作为保护导体的一部分。

(2) 接地装置。接地装置是接地体(极)和接地线的总称。运行中的电气设备的接地装置应当始终保持在良好状态。接地装置地下部分的连接应采用焊接，并应采用搭焊，不得有虚焊。

6) 双重绝缘、安全电压和漏电保护

(1) 双重绝缘。双重绝缘属于防止间接接触电击的安全技术措施。双重绝缘是强化的绝缘结构，包括双重绝缘和加强绝缘两种类型。具有双重绝缘的电气设备属于Ⅱ类设备。Ⅱ类设备的外壳应有足够的绝缘水平和力学强度，外壳上的盖、窗必须使用工具才能打开，在其明显部位应有“回”形标志。凡属双重绝缘的设备，不得再行接地或接零。

(2) 安全电压。安全电压是在一定条件下、一定时间内不危及生命安全的电压。也称为特低电压(ELV)。安全电压属既能防止间接接触电击也能防止直接接触电击的安全技术措施。具有依靠安全电压供电的设备属于Ⅲ类设备。工频有效值的额定值：42V、36V、24V、12V、6V。当电气设备采用 24V 以上安全电压时，必须采取直接接触电击的防护措施。

(3) 漏电保护。漏电保护装置主要用于防止间接接触电击和直接接触电击。用于防止直接接触电击时，只作为基本防护措施的补充保护措施。漏电保护装置也可用于防止漏电火灾，以及用于监测一相接地故障。

15.2.1.2 电气防火防爆知识

1) 电气引燃源

(1) 危险温度。短路、接触不良、过载、铁芯过热、散热不良、漏电、机械故障、电压过高或过低、电热器具和照明灯等。

(2) 电火花和电弧。电火花是电极间的击穿放电；大量电火花汇集起来即构成电弧，不仅能引起可燃物燃烧，还能使金属熔化、飞溅，构成二次引燃源。

2) 爆炸危险环境

根据爆炸性气体、蒸气混合物出现的频繁程度和持续时间将此类危险场所分为 0 区、1 区和 2 区。

(1) 0 区，指正常运行时持续出现或长时间出现或短时间频繁出现爆炸性气体、蒸气或薄雾，能形成爆炸性混合物的区域。除了装有危险物质的封闭空间，如密闭的容器、储油罐等内部气体空间，很少存在 0 区。

(2) 1 区，指正常运行时可能出现(预计周期性出现或偶然出现)爆炸性气体、蒸气或薄雾，能形成爆炸性混合物的区域。

(3) 2 区，指正常运行时不出现，即使出现也只可能是短时间偶然出现爆炸性气体、蒸气或薄雾，能形成爆炸性混合物的区域。

危险区域的级别和大小受释放源特征、通风条件、危险物质性质等因素的影响。输气站内工艺装置区根据《输气管道工程设计规范》(GB 50251—2015)中有关规定，清管及进出口阀组区、工艺装置区及放空区等为“爆炸危险 2 区”，放空管口 1.5m 范围内为“爆炸危险 1 区”。

3）防爆电气设备和防爆电气线路

（1）防爆电气设备类型，主要有隔爆型(d)、增安型(e)、本质安全型(i)、正压型(p)、油浸型(o)、充砂型(q)、浇封型(m)等多种类型。

（2）防爆电气设备的保护级别(EPL)。

用于煤矿有甲烷的爆炸性环境中的Ⅰ类设备的EPL分为Ma、Mb两级；用于爆炸性气体环境的Ⅱ类设备的EPL分为Ga、Gb、Gc三级；用于爆炸性粉尘环境的Ⅲ类设备的EPL分为Da、Db、Dc三级。其中Ma、Ga、Da级的设备具有“很高”的保护级别，不会成为点燃源；Mb、Gb、Db级的设备具有“高”的保护级别，正常运行、预期故障时不会成为点燃源；Gc、Dc级的设备具有“加强”的保护级别，在正常运行过程中不会点燃。

（3）防爆电气线路。

线路敷设方式：电气线路宜在爆炸危险性较小的环境或远离释放源的地方敷设；架空敷设时宜采用电缆桥架；电缆沟敷设时，沟内应充砂，并宜设置排水措施。敷设电气线路的沟道、电缆桥架或导管，所穿过的不同区域之间墙或楼板处的孔洞，应采用非燃性材料严密堵塞。

4）电气防火防爆技术

（1）消除或减少爆炸性混合物。输气站采取封闭管道内输送，防止天然气泄漏，形成可燃气体爆炸混合物；采取开式作业或通风措施，稀释爆炸性混合物，开仓作业使用氮气等惰性气体置换；安装固定式可燃气体报警装置，一级报警设定值应小于或等于25%LEL。

（2）消除引燃源。根据爆炸危险环境的特征和危险物的级别、组别选用电气设备和电气线路，并保持安全运行。保持设备清洁。输气站内2区内电气设备、灯具采用防爆型产品，外壳防爆等级为ExdⅡBT4，1区内不布置电气设备。

（3）隔离和间距。

五级天然气站场值班休息室(宿舍、厨房、餐厅)距甲、乙类油品储罐不应小于30m，距甲、乙类工艺设备、容器、厂房、汽车装卸设施不应小于22.5m；当值班休息室朝向甲、乙类工艺设备、容器、厂房、汽车装卸设施的墙壁为耐火等级不低于二级的防火墙时，防火间距可减少(储罐除外)，但不应小于15m，并应方便人员在紧急情况下安全疏散。

天然气密闭隔氧水罐和天然气放空管排放口与明火或散发火花地点的防火间距不应小于25m，与非防爆厂房之间的防火间距不应小于12m。

（4）爆炸危险环境接地和接零。将所有设备的金属部分、金属管道，以及建筑物的金属结构全部接地(或接零)，并连接成连续整体；采用TN-S系统，并装设双极开关同时操作相线和中性线；保护导体的最小截面，铜导体不得小于$4mm^2$，钢导体不得小于$6mm^2$；在不接地配电网中，必须装设一相接地时或严重漏电时能自动切断电源的保护装置或能发出声、光双重信号的报警装置；短路保护应有较高的灵敏度。

5）电气灭火

（1）触电危险和断电。拉闸时最好用绝缘工具操作。高压应先断开断路器，后断开隔离开关；低压应先断开电磁启动器或低压断路器，后断开闸刀开关。

（2）带电灭火安全要求。一是按灭火剂的种类选择适当的灭火器，二氧化碳灭火器、干粉灭火器可用于带电灭火，二氧化碳灭火器可用于600V以下，干粉灭火器可用于50kV以下。二是火灾时电气设备带电，可能使扑救人员触电，人体与带电体之间保持必要的安全距离。对架空线路等空中设备进行灭火时，人体位置与带电体之间的仰角不应超过45°。三是充油的电气设备泄漏，可能会加大火势，必须先采取断电措施，防止扑救人员触电。四是如有带电导线断落地面，应在周围画警戒圈，防止可能的跨步电压电击。

15.2.1.3 雷电防护技术

(1) 直击雷防护。带电积云与地面建筑物等目标之间的强烈放电称为直击雷。装设避雷针、避雷线、避雷网和避雷带是直击雷防护的主要措施，要求接地电阻不超过10Ω。利用照明灯塔作独立避雷针支柱时，照明电源线必须采用铅皮电缆或穿入铁管，并埋入地下水平长度10m以上才能进入室内。独立避雷针不应设在人经常通行的地方。露天装设工艺装置，必须接地，接地点不小于两处，其间距不大于30m。

(2) 二次放电防护。防雷装置承受雷击时，其接闪器、引下线和接地装置呈现很高的冲击电压，可能击穿与邻近的导体之间的绝缘，造成二次放电。第一类防雷建筑物防止二次放电的最小距离不得小于3m，第二类防雷建筑物防止二次放电的最小距离不得小于2m。不能满足间距要求时应予跨接，即进行等电位联结。

(3) 感应雷防护。为防止静电感应产生的高电压，应将建筑物内的金属构件与防雷电感应的接地装置相连。屋面结构钢筋连接成闭合回路。为了防止电磁感应，平行敷设的管道、构架、电缆相距不到100mm时，须用金属线跨接，跨接点之间的距离不应超过30m；交叉相距不到100mm时，也应跨接。接头、弯头、阀门过渡电阻大于0.03Ω时，连接处也应用金属线跨接。

(4) 雷电冲击波防护。全长直接埋地电缆供电，入户处电缆金属外皮接地。架空线转电缆供电，连接处设阀型避雷器，避雷器、电缆金属外皮、绝缘子铁脚、金具等一并接地。

(5) 电涌防护。电涌防护指对室内浪涌电压的防护，方法是在配电箱或开关箱内安装电涌保护器。

(6) 电磁脉冲防护。电磁脉冲防护的基本方法是将建筑物所有正常时不带电的导体进行充分的等电位联结，并予以接地。同时，在配电箱或开关箱内安装电涌保护器。

(7) 人身防雷。雷暴时应尽量少在户外逗留，如有条件，可进入有宽大金属构架或有防雷设施的建筑物、汽车或船只。在户外避雨时，要注意离开墙壁或树干8m以外。雷暴时，应停止高空作业，不应持有高出人体的金属器具。在户内尽量离开电源线、电话线、电视机天线，以及与其相连的设备1.5m以上。关闭门窗，以防止雷球进入。

(8) 雷击的急救处理。闪电所致的损伤，称为雷击损伤。当人被雷击后，人体并未带电，大量雷击抢救实践证明，在雷击致人死亡中，有一部分人并未死亡，即便心脏停止跳动、呼吸停止也是短暂现象，称为“雷击假死”。辨别方法是受害者是否出现紫蓝色斑纹，若未出现，说明还没真正死亡。

对闪电击伤受害者的急救处理按照标准的电击伤处理，进行胸外心脏按压与人工呼吸。雷击后越早进行人工呼吸，伤者恢复越快，如果能在8min内心肺复苏进行抢救，让心脏恢复跳动，可能还来得及救活。一般情况下，持续抢救时间不少于40min。

15.2.1.4 静电防护技术

压缩气体在管道中高速流动和由管口喷出，穿化纤布料衣服或穿高绝缘鞋的人员操作、行走、起立等过程中比较容易产生和积累静电。静电最为严重的危险是引起爆炸和火灾。因此，静电安全防护主要是对爆炸和火灾的防护，这些措施对于防止静电电击和防止静电影响生产也是有效的。

（1）环境危险程度控制。静电引起爆炸和火灾的条件之一是有爆炸性混合物存在。为了防止静电引燃成灾，应避免输气站形成可燃或爆炸浓度天然气泄漏。

（2）工艺控制。工艺控制是从材料的选用、摩擦速度或流速的限制、静电松弛过程的增强、附加静电的消除等方面采取措施，限制和避免静电的产生和积累。为了减轻火花放电和感应带电的危险，可采用阻值为107~109Ω的静电导电性工具。

（3）接地。主要作用是消除导体上的静电，金属导体应直接接地。为了防止火花放电，应将可能发生火花放电的间隙跨接连通起来，并予以接地，使其各部位与大地等电位。为了防止感应静电的危险，不仅产生静电的金属部分应当接地，而且与其不相连接但邻近的其他金属物体也应接地。因为静电泄漏电流很小，防静电接地电阻原则上不超过1MΩ即可；对于金属导体，为了方便检测，接地电阻不超过100~1000Ω。对于感应静电，接地只能消除部分危险。

（4）增湿。为防止大量带电，相对湿度应在50%以上；为了提高降低静电的效果，相对湿度应提高到65%~70%；对于吸湿性很强的聚合材料，为了保证降低静电的效果，相对湿度应提高到80%~90%。增湿的方法不宜用于消除高温绝缘体上的静电。

（5）静电消除器。静电消除器是能产生电子和离子的装置。物料上的静电电荷得到异性电荷的中和，从而消除静电的危险。静电消除器主要用来消除非导体上的静电，尽管不一定能把带电体上的静电完全消除掉，但可消除至安全范围以内。在要求较高的场所，还可以采用组合型的静电中和器。

15.2.2 特种设备安全技术

15.2.2.1 特种设备的基础知识

1）基本概念

（1）特种设备。根据《中华人民共和国特种设备安全法》，特种设备是指对人身和财产安全有较大危险性的锅炉、压力容器（含气瓶）、压力管道、电梯、起重机械、客运索道、大型游乐设施、场（厂）内专用机动车辆。

（2）压力容器。是指盛装气体或者液体，承载一定压力的密闭设备，其范围规定为最高工作压力大于或者等于0.1MPa（表压）的气体、液化气体和最高工作温度高于或者等于标准沸点的液体、容积大于或者等于30L且内直径（非圆形截面指截面内边界最大几何尺寸）大于或者等于150mm的固定式容器和移动式容器；盛装公称工作压力大于或者等于0.2MPa（表压），且压力与容积的乘积大于或者等于1.0MPa·L的气体、液化气体和标准沸点等于或者低于60℃液体的气瓶；氧舱。

（3）压力管道。是指利用一定的压力，用于输送气体或者液体的管状设备，其范围规定为最高工作压力大于或者等于0.1MPa（表压），介质为气体、液化气体、蒸气或者可燃、易爆、有毒、有腐蚀性、最高工作温度高于或者等于标准沸点的液体，且公称直径大于或者等于50mm的管道。公称直径小于150mm，且其最高工作压力小于1.6MPa（表压）的输送无毒、不可燃、无腐蚀性气体的管道和设备本体所属管道除外。

2）压力容器基础知识

（1）压力容器一般由筒体（又称壳体）、封头（又称端盖）、法兰、密封元件、开孔与接管(人孔、手孔、视镜孔、物料进出口接管)、附件(液位计、流量计、测温管、安全阀等)和支座等所组成。

(2) 固定式压力容器的特点:

① 具有爆炸的危险性。

② 介质种类繁多，千差万别。易燃易爆介质一旦泄漏，可引起爆燃；有毒介质泄漏，能引起中毒；一些腐蚀性强的介质，会使容器很快发生腐蚀失效。

③ 不同容器的工作条件差别大。有的容器承受高温高压；有的容器在低温环境下工作；有的容器投入运行后要求连续运行。

④ 材料种类多。

3) 压力容器的参数

压力容器的主要工艺参数为压力、温度、介质。此外，容积、直径、壁厚也是重要的特性指标。

(1) 压力。压力容器的压力可以来自两个方面，一是在容器外产生(增大)的，二是在容器内产生(增大)的。

① 最高工作压力，多指在正常操作情况下，容器顶部可能出现的最高压力。

② 设计压力，系指在相应设计温度下用以确定容器壳体厚度及其元件尺寸的压力，即标注在容器铭牌上的设计压力。压力容器的设计压力值不得低于最高工作压力。

(2) 温度。

① 设计温度，系指容器在正常工作情况下，设定的元件的金属温度。设计温度与设计压力一起作为设计载荷条件。当壳壁或元件金属的温度低于-20℃，按最低温度确定设计温度；除此之外，设计温度一律按最高温度选取。

② 试验温度，指的是压力试验时，壳体的金属温度。

③ 实际工作温度，是相对设计温度而言的一个参数，是容器在实际工作情况下，元件的金属温度。

(3) 介质。生产过程涉及的介质品种繁多，分类方法也有多种。天然气站场介质为可燃气体。

4) 压力管道基础知识

(1) 对单条压力管道而言，其工作原理就是依靠外界的动力或者介质本身的驱动力将该条管道源头的介质输送到该条管道的终点。压力管道的主要用途就是输送介质，长输管道还具有储存功能。

(2) 工作特点:

① 应用广泛。应用领域多，各领域所使用的压力管道又各有特点，化工、石化系统有大量的压力管道，其工作压力由真空负压到300MPa以上的高压、超高压，工作温度在-200℃到1000℃以上，介质多具有有毒、可燃、易爆等特征。

② 管道体系庞大。由多种组成件、支承件组成，任一环节出现问题都会造成整条管线甚至整个管线系统失效。

③ 管道空间变化大。长距离经过复杂多变的地质条件、地形地貌、人文环境、天气环境，或者在一个环境中，但是立体空间变幻莫测。

④ 腐蚀机理和材料损伤复杂。容易受其承载的各种腐蚀介质的破坏，还易受周围介质

或设施的影响(如埋地管道的土壤腐蚀、周边构筑物、电缆和导轨的杂散电流影响等)，而且还容易遭受第三方破坏。

15.2.2.2 特种设备事故的类型

1) 压力容器事故

(1) 压力容器事故特点：

① 运行中超压、腐蚀、磨损均有可能导致爆炸、撕裂事故。

② 爆炸事故后，不但事故设备被毁，且波及周围设备、建筑和人群。

③ 爆炸、撕裂事故后，天然气大量外溢会造成人员窒息，天然气泄漏会引发重大的火灾和二次爆炸事故。

(2) 压力容器事故发生原因：

① 结构不合理、材质不符合要求、焊接质量不好、受压元件强度不够以及其他设计制造方面原因。

② 安装不符合技术要求。

③ 运行中超压、超负荷、超温，违反劳动纪律、违章作业、超过检验期限没有进行定期检验，操作人员不懂技术及其他管理不善导致事故发生。

(3) 压力容器事故应急措施：

① 压力容器发生超压时要马上切断进气阀门，要打开放空管降压。

② 压力容器发生泄漏时，要马上切断进出端阀门，根据现场情况泄压放空。

③ 易燃易爆介质泄漏时，要对周边明火进行控制，切断电源，严禁一切用电设备运行，并防止静电产生。

(4) 压力容器事故的预防：

① 在设计上，应采用合理的结构，避免应力集中、几何突变。选用塑性、韧性较好的材料。

② 制造、修理、安装、改造时，加强焊接管理。

③ 使用过程中，避免操作失误、超温、超压、超负荷运行、失检、失修、安全装置失灵等。

④ 加强定期检查检验工作。

2) 压力管道事故

(1) 压力管道事故特点：

① 压力管道系统在运行过程中，经常会由于密封元件损坏、管道元件腐蚀穿孔、焊接或结构缺陷、过量变形等出现泄漏。

② 压力管道在运行中由于物理原因的超压、过热，或者异常化学反应的压力、温度的急剧升高，而超出管道元件可以承受的压力，或腐蚀、磨损，而造成管道元件承受能力下降到不能承受正常压力的程度，发生爆炸、撕裂等事故。

③ 压力管道本体发生爆炸，或者泄漏的易燃易爆介质爆炸，不但事故设备毁坏和操作人员伤亡，而且还波及周围的设施和人员。其爆炸所产生的碎片，以及产生的巨大冲击波，破坏力与杀伤力极大。

④ 压力管道发生泄漏、爆炸、撕裂后，有毒物质的大量外溢会造成人畜中毒的恶性事故；而可燃性物质的大量泄漏，还会引起重大火灾和二次爆炸事故，后果也十分严重。

⑤ 由于疲劳断裂常常是突然发生的，所以对于长距离输送管道来说，管道断裂，尤其是高压输气管道的断裂，造成的危害是非常严重的。

(2) 压力管道事故发生的原因：

① 随时间逐渐发展的缺陷导致的原因。主要有腐蚀减薄、冲刷磨损、开裂、材质劣化、变形等。

② 设计制造原因。设计原因，比如结构不合理、材料选用不符合要求、应力分析失误、受压元件强度不够等；制造原因，比如原材料原始缺陷、焊接缺陷、阀门密封结构不可靠等。

③ 安装质量原因。安装不符合技术要求，材料混用，焊接质量低劣，存在未焊透、未熔合、夹渣、气孔，甚至裂纹等缺陷，未按规定进行无损检测，弯管加工造成管内皱褶、变形超标，密封元件安装质量差，安全附件规格错误等。

④ 与时间无关，具有一定随机性的原因。在运行中超压、超温，违章作业，超过检验期限没有进行定期检验，操作人员不懂技术而进行误操作，第三方破坏，气候、外力作用等。

⑤ 长输管道事故的特殊原因。

自然条件恶劣地区，自然地质灾害严重的区域，如在地震断裂带、煤矿采空区、山体滑坡区、黄土冲沟区等，地震、泥石流、塌陷和洪水冲击等易对管道造成破坏。

第三方破坏，即人为破坏造成压力管道泄漏爆炸事故。如埋地长输管道、城镇燃气管道被其他工程的施工单位挖漏、挖断，偷油偷气损坏管道等。

埋地长输管道一般采用防腐层和阴极保护联合进行保护。如果两者其中一个出现问题，都会加速管道腐蚀，腐蚀到一定程度管道发生泄漏事故。

(3) 压力管道事故应急措施：

① 应采取紧急措施的情况：管道操作人员在运行中发现操作条件异常时应及时进行调整。遇有下列情况时，应立即采取紧急措施并及时报告有关部门和人员：

a) 介质压力、温度超过材料允许的使用范围且采取措施后仍不见效。

b) 管道及管件发生裂纹、鼓包、变形、泄漏或异常振动、声响等。

c) 安全保护装置失效。

d) 发生火灾等事故且直接威胁正常安全运行。

e) 管道的阀门及监控装置失灵，危及安全运行。

② 管道泄漏的紧急处理。

在管道出现泄漏点时，尤其是较高压力的可燃气体管道泄漏时，应迅速关断管道上的阀门，以隔断泄漏管段，限制事故扩大，并应立即采取措施对泄漏点进行紧急处理。

15.2.2.3 压力容器使用

输气站常见的压力容器有收发球筒、过滤分离器、旋风分离器、汇管、凝液罐等。

1) 压力容器安全操作

(1) 平稳操作。加载和卸载应缓慢，加压应分段进行，各阶段应保压一定时间后再继续加压，直至规定的压力。

(2) 严格控制工艺指标。严格执行工艺指标可防止容器超压、超量、超载运行。超压大多是由于操作失误引起的。

2）压力容器运行期间的检查

（1）在工艺条件方面，主要检查操作压力、操作温度、液位是否在安全操作规程规定的范围内。

（2）在设备状况方面，主要检查各连接部位有无泄漏、渗漏现象，容器的部件和附件有无塑性变形、腐蚀以及其他缺陷或可疑迹象，容器及其连接管道有无振动、磨损等现象。

（3）在安全装置方面，主要检查安全装置以及与安全有关的计量器具是否保持完好状态。

3）压力容器的紧急停止运行

压力容器在运行中出现下列情况时，应立即停止运行：容器的操作压力超过安全操作规程规定的极限值，而且采取措施仍无法控制，并有继续恶化的趋势；容器的承压部件出现裂纹、鼓包、变形、焊缝或可拆连接处泄漏等危及容器安全的迹象；安全装置全部失效，连接管件断裂，紧固件损坏等，难以保证安全操作；操作岗位发生火灾，威胁到容器的安全操作。

4）压力容器的维护保养

（1）保持完好的防腐层。若发现防腐层损坏，即使是局部的，也应该先经修补等妥善处理以后再继续使用。

（2）消除产生腐蚀的因素。经常保持容器的干燥和清洁，防止大气腐蚀。

（3）消灭容器的“跑、冒、滴、漏”。

（4）加强容器在停用期间的维护。容器的附件、零件必须保持齐全和完好无损，连接紧固件残缺不全的容器，禁止投入运行。

（5）经常保持容器的完好状态。容器上所有的安全装置和计量仪表，应定期进行调整校正，使其始终保持灵敏、准确。

15.2.3 防火防爆技术

15.2.3.1 天然气火灾与爆炸

1）基本术语

（1）燃烧的定义。燃烧是可燃物与氧化剂作用发生的放热反应，通常伴有火焰、发光和发烟现象。

（2）火灾定义。在时间和空间上失去控制的燃烧所造成的灾害。

（3）燃烧（火灾）发生的必要条件。同时具备氧化剂、可燃物、点火源，即燃烧三要素。这三个要素缺一不可，是燃烧发生的必要条件。在防治火灾中，阻断三要素的任何一个要素就可以防止火灾发生。

（4）火灾的分类：

A类火灾：固体物质火灾，如木材、棉、毛、麻、纸张火灾。

B类火灾：液体或可熔化的固体物质火灾，如汽油、煤油、柴油、原油、甲醇、乙醇、沥青、石蜡火灾等。

C类火灾：气体火灾，如煤气、天然气、甲烷、乙烷、丙烷、氢气火灾等。

D类火灾：金属火灾，如钾、钠、镁、钛、锆、锂、铝镁合金火灾等。

E类火灾：带电火灾，物体带电燃烧的火灾，如发电机、电缆、家用电器等。

F 类火灾：指烹饪器具内烹饪物火灾，动植物油脂等。

(5) 引燃能(最小点火能)。引燃能是指释放能够触发初始燃烧化学反应的能量。甲烷为 0.28mJ。

(6) 着火延滞期(诱导期)。可燃性物质和助燃气体的混合物在高温下从开始暴露到起火的时间或混合气着火前自动加热的时间。

(7) 闪燃。一定温度下，在液体表面上能产生足够的可燃蒸气，遇火能产生一闪即灭的燃烧现象。

(8) 燃点(着火点)。着火是指可燃物与火源接触而燃烧，并且在火源移去后仍能继续保持燃烧的现象。可燃物质发生着火的最低温度称为燃点(着火点)。燃点对可燃固体和闪点较高的液体具有重要的意义。一般情况下，燃点(着火点)越低，火灾危险性越大。

(9) 爆炸。在极短时间内，释放出大量能量，产生高温，并放出大量气体，在周围介质中造成高压的化学反应或状态变化，同时破坏性极强。

(10) 可燃性气体的爆炸极限一般用可燃气体在混合气体中所占体积分数(%)来表示。用爆炸上限、下限之差与爆炸下限浓度之比值表示其危险度 *H*，即一般情况下，*H* 值越大，表示可燃性混合物的爆炸极限范围越宽，爆炸危险性越大。甲烷在空气中的爆炸极限为 5%~15%，在纯氧中的爆炸极限为 5%~61%。

爆炸极限值不是一个物理常数，它随条件的变化而变化。

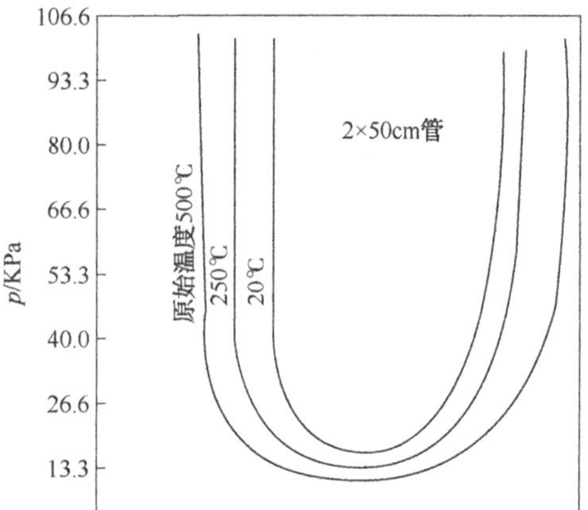

图 15.5 甲烷在减压下的爆炸极限图

① 温度的影响。混合爆炸气体的初始温度越高，爆炸极限范围越宽，则爆炸下限越低，上限越高，爆炸危险性增加。

② 压力的影响。初始压力增大，气体爆炸极限也变大，爆炸危险性增加。当混合物的初始压力减小时，爆炸极限范围缩小。把爆炸极限范围缩小为零的压力称为爆炸的临界压力。甲烷在 3 个不同的初始温度下，爆炸极限随压力下降而缩小的情况，如图 15.5 所示。因此密闭设备进行减压操作对安全有利的。

③ 惰性介质的影响。在混合气体中加入惰性气体(如氮、二氧化碳、水蒸气、氩、氦等)，随着惰性气体含量的增加，爆炸极限范围缩小。当惰性气体的浓度增加到某一数值时，爆炸上下限趋于一致，使混合气体不发生爆炸。惰性气体氩、氦，阻燃性气体二氧化碳及水蒸气、四氯化碳的浓度对甲烷气体爆炸极限的影响，如图 15.6 所示。

④ 爆炸容器对爆炸极限的影响。容器材料的传热性好，管径越细，火焰在其中越难传播，爆炸极限范围变小。当容器直径或火焰通道小到某一数值时，火焰就不能传播下去，这一直径称为临界直径或最大灭火间距。如甲烷的临界直径为 0.4~0.5mm。

⑤ 点火源的影响。点火源的活化能量越大，加热面积越大，作用时间越长，爆炸极限范围也越宽。图 15.7 是点火能量对甲烷、空气混合气体爆炸极限的影响。从图中可以看出，当点火能量达到某一数值时，爆炸极限范围受点火能量的影响较小，当点火能量为 10J 时，

其爆炸极限范围趋于稳定为 6%~14%。所以，一般情况下，爆炸极限均在较高的点火能量下测得。如测甲烷与空气混合气体的爆炸极限时，用 10J 以上的点火能量，其爆炸极限为 5%~14%。

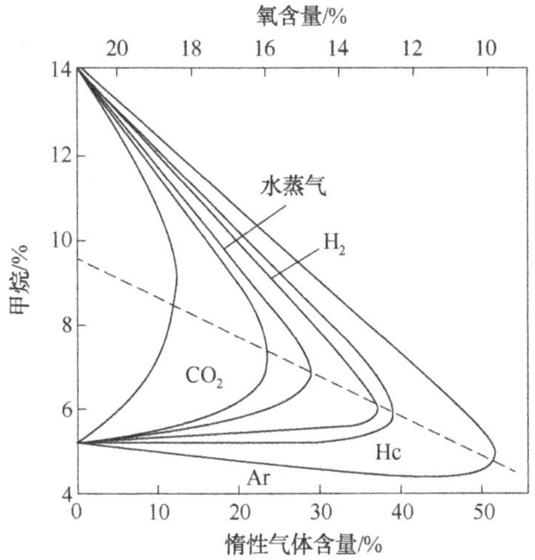

图 15.6　惰性气体浓度对甲烷爆炸极限的影响

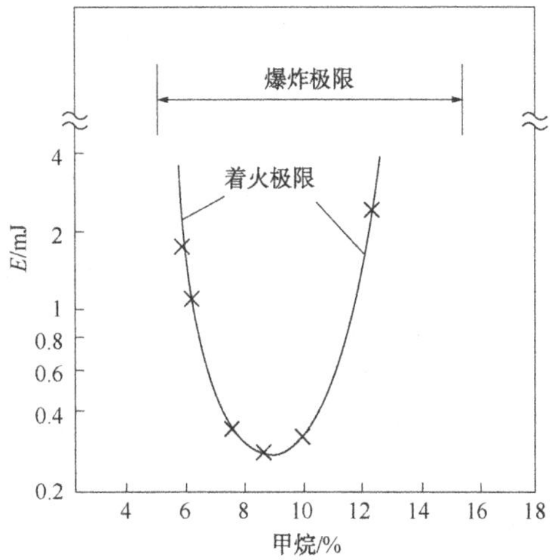

图 15.7　点火能量对甲烷爆炸极限的影响

2）天然气火灾特性

（1）易燃烧性。天然气着火温度为 270~540℃，火焰传播速度可达 34~38cm/s。天然气利用空气作助燃剂，理论燃烧温度可达到 2300℃。一旦发生火灾，将对人员、设备及财产造成巨大损失。

（2）易爆炸性。天然气的爆炸浓度为 5%~15%，引爆的最小能量为 0.31J。

（3）易扩散性。天然气比空气轻，具有很强的扩散性，火势蔓延速度快，火灾燃烧面积和破坏程度大。

（4）压力供应性。天然气站场压力设计通常在 3.9~10MPa 之间，以压力管道形式输送，一旦泄漏着火，压力释放，常态下天然气体积扩大几十倍，危险性大。

（5）连续供应性。管道天然气具有长期、稳定、连续的供应。该特点在一定程度上更易造成持续和大量的天然气泄漏，造成更大范围的爆炸性气体空间，使事故的波及范围扩大。

3）天然气爆炸特性

（1）速度快。天然气的爆炸速度也非常快，从爆炸开始到结束，只需要 0.5s。天然气爆炸一般为“闪爆”，同时会产生极大的冲击波。

（2）能量大。$1m^3$的甲烷完全燃烧时所产生的闪爆，能量会有 55.5MJ，根据统计，1kg 的 TNT 炸药爆炸之后，会产生 4.2MJ 的能量，可见天然气爆炸产生的能量巨大。

（3）破坏大。爆炸产生的冲击波，100m 范围以内的建筑物都会受到冲击，人员生还希望极小，同时会造成存活人员烧伤。

例如某市 2021 年“6·14”重大燃气爆炸事故，涉事故建筑物底部河道内参与爆炸的天然气体积约 $600m^3$，爆炸当量 225kgTNT。涉事故建筑物严重损坏，周边建筑门窗破坏严重，波及周边商铺和 33 栋 1678 户居民住宅。从现场的画面可以看到，爆炸后一片废墟，可见天然气爆炸破坏性极大。

15.2.3.2 火灾爆炸预防与控制

1）火灾爆炸预防基本原则

从理论上讲，防止火灾爆炸事故发生的基本原则为：一是防止和限制可燃可爆系统的形成；二是当燃烧爆炸物质不可避免地出现时，要尽可能消除或隔离各类点火源；三是阻止和限制火灾爆炸的蔓延扩展，尽量降低火灾爆炸事故造成的损失。

2）点火源及其控制

（1）控制明火。输气站场严禁使用明火加热物料，天然气设备设施需加温加热的部位通常为调压节流处，由于节流，加上天然气水露点温度过高，易造成冻堵，加温时，选用隔爆类型的电伴热带或密闭循环导热油等间接加热。

（2）控制维修焊割用火。

① 在输气站的设备、管道或在工艺设备流程区内动火时，应对系统和环境进行彻底的清洗或清理。如该管段与其他设备连通时，应将相连的管道拆下断开或加金属盲板隔绝，然后用惰性气体进行吹扫置换，气体分析合格后方可动焊。天然气检测含量应符合甲烷浓度小于0.5%的要求。

② 可能积存天然气的部位或无法吹扫的盲端，应反复使用氮气充压置换多次，检测合格后才可动火。

③ 气焊作业时，应将乙炔、氧气放置在安全地点，保持安全距离，乙炔必要时需采取遮阳措施。

④ 不得用与天然气工艺设备有联系的金属件作电焊地线。

（3）其他明火。在输气站工艺区内，不得使用普通灯具照明，应选用符合要求的防爆灯具作为照明；汽车如确需进入，其排气管上应安装火花熄灭器。

（4）减少摩擦和撞击。

① 输气站人员禁止穿钉鞋。

② 搬运储存气瓶或金属制品时，应当用专门的运输工具，禁止在地面上滚动、拖拉或抛掷。

③ 吊装易燃爆物料，应防止吊绳断裂下坠。

④ 敲打工具应用镀铜合金或包铜的防爆工具。

3）爆炸控制

（1）防止爆炸的一般原则。一是控制混合气体中的甲烷含量处在爆炸极限5%~15%以外；二是使用惰性气体（氮气）取代空气；三是使氧气浓度处于其极限值以下。

① 惰性气体保护。输气站检修动火前，使用惰性气体进行吹扫置换。氮气等惰性气体在使用前应进行气体分析，其中含氧量不得超过2%。

② 系统密闭和正压操作。输气设备和管路，如果气密性不好，造成跑、冒、滴、漏现象，在设备和管路周围空间形成爆炸性混合气体。为保证设备和系统的密闭性，在验收新设备时，在设备修理之后及在使用过程中，必须根据压力计的读数用水压试验来检查其密闭性，测定其是否漏气并进行气体分析。此外，可用肥皂液、激光甲烷检测仪、可燃气体检测仪等检测。设备工艺管路宜采用正压操作，以防外部空气渗入设备内。输气站工艺设备、阀门、管路在连接处应尽量采用焊接接头，减少法兰连接。

③ 辅助用房通风。必须用通风的方法使天然气的浓度不致达到危险的程度，输气站工艺辅助用房一般设通风口及防爆的通风系统，当应急处置时，通过固定式或便携式可燃气体检测仪检测甲烷浓度，及时打开通风系统，降低甲烷浓度。进入前必须对室内环境气体进行检测，环境气体氧含量应符合《危险化学品企业特殊作业安全规范》(GB 30871—2022)“氧含量为19.5%~21%”要求，且使用便携式可燃气体报警仪应符合《石油天然气工程可燃气体检测报警系统安全规范》(SY 6503—2022)“便携式可燃气体检测报警器的一级报警设定值应小于或等于10%LEL，二级报警设定值应小于或等于20%LEL。”要求。

(2) 防火及隔爆技术：

① 阻火器。常用于阻止爆炸初期火焰的蔓延。一些复合结构的机械阻火器可阻止爆轰火焰传播。前期设计的输气站放空管路一般安装阻火器。运行过程中，阻火器时常存在阻塞问题，紧急情况下影响天然气的放空。考虑到放空立管为冷放空，无点火功能，不存在回火情况，因此放空管线至放空立管之间不再设置阻火器。

② 其他阻火隔爆装置。单向阀、阻火阀门、火星熄灭器(防火罩、防火帽)。通常在可能产生火星设备的排放系统，如汽车的尾气排放管等，安装火星熄灭器；燃气发电机安装防火罩等。

(3) 防爆泄压技术：

① 安全阀。输气站常用的安全阀为先导式安全阀。

② 球阀安全泄放阀。输气站球阀通常设置安全泄放阀，在超压下不损伤阀体，安全泄放阀超压开启。

③ 泄爆设施。输气站燃气发电机房及阀室等有爆炸危险的厂房，通常采用轻质屋面板、轻质墙体和易于泄压的门、窗等泄压设施。

15.2.4 消防设备设施

消防系统设施应开展定期巡查、维护、保养、检测等，做好日常记录，消防设施每年进行一次全面检测，报告存档不应少于5年。消防设施应统一编号，涂漆颜色应符合要求，设置防护措施，并进行静电接地，每日一次巡查。

15.2.4.1 火灾报警系统

1) 火灾探测器

火灾探测器是消防火灾自动报警系统中，对现场进行探查，发现火灾的设备。火灾探测器是系统的“感觉器官”，它的作用是监视环境中有没有火灾发生。一旦有了火情，就将火灾的特征物理量，如温度、烟雾、气体和辐射光强等转换成电信号，并立即动作向火灾报警控制器发送报警信号。

火灾探测器常见是按照火灾特征参数来分类的，可分为感烟、感温、感光、复合和可燃气体五种类型，每个类型又根据其工作原理的不同而分为若干种。详见图15.8。

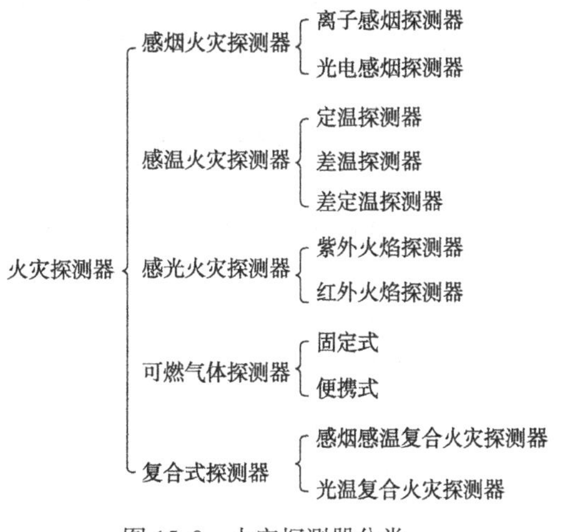

图15.8 火灾探测器分类

2）手动火灾报警按钮

手动火灾报警按钮是火灾报警系统中的一个设备类型，当人员发现火灾时在火灾探测器没有探测到火灾的时候人员手动按下手动火灾报警按钮，报告火灾信号。

手动火灾报警按钮的报警触发条件是必须人工按下按钮启动。按下手动报警按钮的时候过3~5s手动报警按钮上的火警确认灯会点亮，这个状态灯表示火灾报警控制器已经收到火警信号，并且确认了现场位置。

在每个防火分区应至少设置一个手动火灾报警按钮。从一个防火分区内的任何位置到最邻近的一个手动火灾报警按钮的距离不应大于30m。手动火灾报警按钮宜设置在出入口处，应设置在明显的和便于操作的部位，当安装在墙上时，其底边距地高度宜为1.3~1.5m，且应有明显的标志。

3）火灾报警控制器

火灾报警控制器指能对探测器自动监测或手动发出的报警信号进行接收，显示火灾报警信息、指示火灾发生部位并发出火灾报警声、光信号的设备。

(1) 火灾报警功能：能直接或间接地接收来自火灾探测器及其他火灾报警触发器件的火灾报警信号，发出火灾报警声、光信号，指示火灾发生部位，记录火灾报警时间，并予以保持，直至手动复位。

(2) 火灾报警控制功能：控制器在火灾报警状态下应由火灾声、光警报器控制输出。控制器可设置其他控制输出，用于火灾报警传输设备和消防联动设备等设备的控制，每一控制输出应有对应的手动直接控制按钮。

(3) 故障报警功能：控制器应设专用故障总指示灯，无论控制器处于何种状态，只要有故障信号存在，该故障总指示灯应点亮。当控制器内部、控制器与其连接的部件间发生故障时，控制器应发出与火灾报警信号有明显区别的故障声、光信号，故障声信号应能手动消除，再有故障信号输入时，应能再启动；故障光信号应保持至故障排除。

(4) 屏蔽功能(仅适于具有此项功能的控制器)：控制器应有专用屏蔽总指示灯(器)，无论控制器处于何种状态，只要有屏蔽存在，该屏蔽总指示灯(器)应点亮。

(5) 自检功能：控制器应能检查本机的火灾报警功能(以下称自检)，控制器在执行自检功能期间，受其控制的外接设备和输出接点均不应动作。控制器自检时间超过1min或其不能自动停止自检功能时，控制器的自检功能应不影响非自检部位、探测区和控制器本身的火灾报警功能。

15.2.4.2 防火分隔设施

1）防火堤

防火堤是在油罐和其他液态危险品储罐发生泄漏事故时，防止液体外流和火势蔓延的构筑物。

地上储罐组应设防火堤。防火堤内的有效容量，不应小于罐组内一个最大储罐的容量。地上储罐组的防火堤实高应高于计算高度0.2m，防火堤高于堤内设计地坪不应小于1.0m，高于堤外设计地坪或消防车道路面(按较低者计)不应大于3.2m。地上卧式储罐的防火堤应高于堤内设计地坪不小于0.5m。

2）防火门

防火门是指在一定时间内能满足耐火稳定性、完整性和隔热性要求的门。它是设在防火分区间、疏散楼梯间、垂直竖井等具有一定耐火性的防火分隔物。

防火门除具有普通门的作用外，更具有阻止火势蔓延和烟气扩散的作用，可在一定时间内阻止火势的蔓延，确保人员疏散。

防火门分为A、B、C三类。

A类又称为完全隔热防火门，在规定的时间内能同时满足耐火隔热性和耐火完整性要求，耐火等级分别为0.5h(丙级)、1.0h(乙级)、1.5h(甲级)和2.0h、3.0h。

B类又称为部分隔热防火门，其耐火隔热性要求为0.5h，耐火完整性等级分别为1.0h、1.5h、2.0h、3.0h。

C类又称为非隔热防火门，对其耐火隔热性没有要求，在规定的耐火时间内仅满足耐火完整性的要求，耐火完整性等级分别为1.0h、1.5h、2.0h、3.0h。

15.2.4.3 安全疏散设施

1）消防应急照明和疏散指示系统

消防应急照明和疏散指示系统配合火灾报警控制器使用，在危急时刻，给出安全的疏散路径指示，帮助建筑内的人群选择逃生路线，指引安全逃生方向，保障人身安全。

疏散照明灯具应设置在出口的顶部、墙面的上部或顶棚上；备用照明灯具应设置在墙面的上部或顶棚上。系统应急启动后，在蓄电池电源供电时，持续工作时间不应少于0.5h。

2）疏散通道

疏散通道是指建筑物内具有足够防火和防烟能力，满足人员安全疏散逃生要求的通道，是引导人们向安全区域撤离的专用通道。例如发生火灾时，引导人们向不受火灾威胁的地方撤离的专门通道。

15.2.4.4 其他消防器材及设施

1）灭火器

灭火器内放置化学物品，是一种可携式灭火工具，存放在可能发生火灾的地方，用以扑灭火灾。不同种类的灭火器内装填的成分不一样，是专为不同的火灾起因而设，使用时必须注意以免产生反效果及引起危险。

灭火器的种类很多，按其移动方式可分为手提式和推车式；按驱动灭火剂的动力来源可分为储气瓶式、储压式、化学反应式；按所充装的灭火剂则又可分为泡沫、干粉、卤代烷、二氧化碳、清水等。

(1) 干粉灭火器是灭火器的一种，内部装有磷酸铵盐等干粉灭火剂，这种干粉灭火剂具有易流动性、干燥性，由无机盐和粉碎干燥的添加剂组成，可有效扑救初起火灾。最常用的开启方法为压把法，将灭火器提到距火源适当位置后，先上下颠倒几次，使筒内的干粉松动，然后让喷嘴对准燃烧最猛烈处，拔去保险销，压下压把，灭火剂便会喷出灭火。

(2) 二氧化碳灭火器瓶体内贮存液态二氧化碳，工作时，当压下瓶阀的压把时，内部的二氧化碳灭火剂便由虹吸管经过瓶阀到喷筒喷出，使燃烧区氧的浓度迅速下降，当二氧化碳达到足够浓度时火焰会窒息而熄灭，同时由于液态二氧化碳会迅速气化，在很短的时间内吸收大量的热量，因此对燃烧物起到一定的冷却作用，也有助于灭火。使用时要尽量防止皮肤因直接接触喷筒和喷射胶管而造成冻伤。

2）灭火毯

灭火毯是由玻璃纤维等材料经过特殊处理编织而成的织物，能起到隔离热源及火焰的作用，可用于扑灭油锅火或者披覆在身上逃生。通过覆盖火源、阻隔空气，达到灭火目的。

3）防火隔离带

防火隔离带是指为阻止火灾大面积燃烧，起着保护生命与财产功能作用的隔离空间和相关设施。

4）消防车道

消防车道是指火灾时供消防车通行的道路。消防车道上不允许停放车辆，防止发生火灾时堵塞。消防车道应符合如下要求：

(1) 消防车道的净宽和净空高度均不应小于 4.0m，供消防车停留的空地其坡度不宜大于 8%。

(2) 环形消防车道至少应有两处与其他车道连通。

(3) 尽头式消防车道应设回车道或回车场，回车场的面积不应小于 12m×12m，对于高层建筑，不宜小于 15m×15m；供大型消防车使用的回车场面积不宜小于 18m×18m。

(4) 消防车道上的管道和暗沟应能承受大型消防车的压力。

(5) 消防车道穿过建筑物的门洞时，其净高和净宽不应小于 4m；门垛之间的净宽不应小于 3.5m。

(6) 高层建筑周围应设置环形消防车道，当设置环形消防车道有困难时可沿建筑两个长边设消防车道。

15.3 HSE 管理体系与职业健康

15.3.1 HSE 管理体系

HSE 管理体系是健康、安全、环境一体化管理的体系，是为实现健康、安全、环境的方针和目标而建立的管理体系。健康(Health)是指人身体上没有疾病，在心理上(精神上)保持一种完好的状态；安全(Safety)是指没有危险不受伤害的状态；环境(Environmental)是指与人类密切相关的、影响人类生活和生产活动的各种自然力量或作用的总和。

以中国石化《HSE 管理体系手册》(2021 版)为例，体系根据《石油天然气工业　健康、安全与环境管理体系》(SY/T 6276—2014)规定编制，融合《环境管理体系要求及使用指南》(GB/T 24001—2016)、《职业健康安全管理体系要求及使用指南》(GB/T 45001—2020)、《企业安全生产标准化基本规范》(GB/T 33000—2016)以及国家有关要求。提出以“以人为本、安全第一、预防为主、综合治理”为 HSE 方针，以“零伤害、零污染、零事故”为 HSE 愿景目标的具有中国石化特色的 HSE 管理体系：

(1) HSE 先于一切、高于一切、重于一切。

(2) 一切事故都是可以预防和避免的。

(3) 对一切违章行为零容忍。

(4) 坚持全员、全过程、全天候、全方位 HSE 管理。

(5) 安全环保源于设计、源于质量、源于责任、源于能力。

HSE管理体系包括领导、承诺和责任，策划，支持，运行过程管控，绩效评价，改进六个要素(图15.9)。

HSE管理体系文件包括手册、HSE管理制度、相关专业管理制度及标准、作业文件等。各层级、各专业按照职责和权限，将生产经营活动各环节HSE风险管控要求，分别融入业务流程和管理制度，形成相应的HSE管理体系文件，实现HSE管理与生产经营活动一体运行。

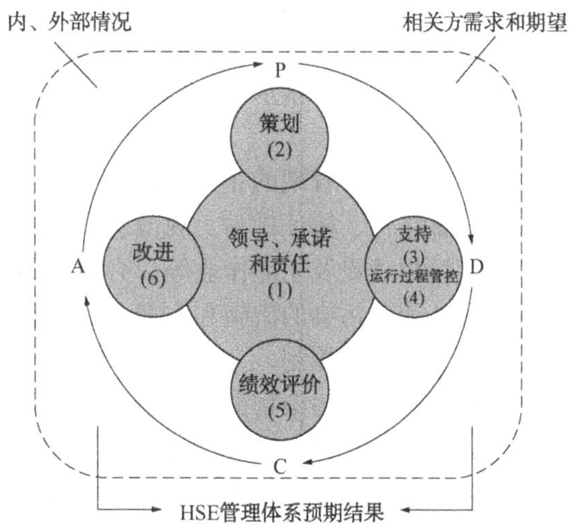

图15.9 HSE管理体系要素运行关系

15.3.2 环境控制

15.3.2.1 环境保护

1) 概述

环境，是指影响人类生存和发展的各种天然的和经过人工改造的自然因素的体，包括大气、水、海洋、土地、矿藏、森林、草原、湿地、野生生物、自然遗迹、人文遗迹、自然保护区、风景名胜区、城市和乡村等。

每年6月5日为环境日。企业应当防止、减少环境污染和生态破坏，对所造成的损害依法承担责任，并优先使用清洁能源，采用资源利用率高、污染物排放量少的工艺、设备以及废弃物综合利用技术和污染物无害化处理技术，减少污染物的产生。同时应将环保教育培训纳入年度教育培训计划并确保完成；环保的教育培训内容包括但不限于环保法律、法规、标准、规范、制度的宣贯，日常环保管理、污染物的处置技术等。

2) 生态保护

建设项目在选址、选线时要优先选择避让自然保护区、风景名胜区、森林公园、重要湿地、饮用水源保护区、生态红线、海洋特别保护区等重要生态功能区，减少项目建设对生态功能区的影响和破坏。对于不能避让的特殊保护区，要按要求取得主管部门的同意意见。

项目建设应采用环境友好型施工工艺和工程措施，减少对植被、河流、野生动植物、海洋及其特别保护区等生态环境的扰动，降低对生态环境的影响。严格落实建设项目生态修复和补偿措施，确保生态环境得到有效恢复。严格生产运行环节的作业管理和风险管控，降低生产经营活动对生态环境的扰动。

3) 污染防治

开展清洁生产，采用清洁工艺技术、装备、资源、能源，从生产装置的设计、采购、施工、运行、退役全生命周期，提高能源资源利用效率，从源头和生产过程减少污染物产生和温室气体排放。污染物排放口应取得生态环境主管部门的许可，按要求安装实时在线监测系统，并保证有效运行。排污口要有符合规定的标志、标识。

（1）废水污染控制。

优先选用不产生或少产生废水的工艺及设备，生产用水宜重复使用、循环使用及回用，减少废水的排放量。排水系统的设置应满足雨污分流、污污分流、分类收集、监控和处理的需要。

纳入排污许可管理的企业，应严格执行国家及地方排污许可管理要求，取得排污许可证，并持证排污、按证排污，规范、及时填报排污许可执行报告。

涉海项目建设及船舶作业等，必须严格执行国家《海洋环境保护法》和有关规定，制定并落实防止海洋污染的措施和方案，防止和减少对海洋环境的污染损害。

（2）废气污染控制。

严格控制大气污染物的产生和温室气体的排放，大气污染物排放要符合地方或国家标准。加热炉、锅炉和浸没式汽化器（SCV）等设备应采用低氮燃烧器，减少 NO_x（氮氧化物）的产生；LNG 接收站低压天然气应回收利用，检维修过程应减少天然气的排放。

（3）固体废物污染控制。

固体废物应按照"减量化、资源化、无害化"的原则进行控制。应当合理选择和利用原材料、能源和其他资源，减少工业固体废物产生量，降低工业固体废物的危害性；无法回收利用的固体废物应全部按规定处理或处置。

固体废物应按《国家危险废物名录》进行分类。固体废物收集、贮存、转运、利用处置过程和设施，以及放射性废物的贮存、转移、处理处置过程及设施，应符合相关法规和标准要求。废导热油、废润滑油、废变压器油等应优先回收再生。按法律、法规、标准和规范要求，收集、储存、转移、处置危险废物，并予以准确记录；危险废物的运输要押车，确保危险废物按要求到达预定处置地点。

（4）噪声控制。

工业噪声，是指在工业生产活动中使用固定设备时产生的干扰周围生活环境的声音。设计中宜选用低噪声工艺流程、优化工艺管道及设备布置，从源头减少噪声源的强度和数量。当压缩机、机泵等产生噪声不能满足环境标准时，应采取吸声、消声、隔声等降噪措施。火炬设计时应选用低噪声火炬头。

厂界环境噪声排放限值昼间最大 70dB，夜间最大 55dB。昼间是指 6：00 至 22：00 之间的时段，夜间是指 22：00 至次日 6：00 之间的时段。

（5）土壤、地下水污染预防控制。

按要求开展土壤和地下水环境调查、风险评估、风险管控、治理与修复。新征土地建设项目应开展土壤及地下水环境质量背景调查与评价。生产装置、管道等设施退役后，根据要求开展环境现状调查和评估，以及场地生态修复（恢复）。拆除活动需要制定环保工作方案，并按要求报备。

15.3.2.2 环境监测

1）监测计划实施

（1）编制年度监测工作实施计划，并按照计划组织实施。监测结果应形成检测报告，并对数据进行分析。对超出标准限值项目应查找原因并制定整改措施，确保污染物达标排放。

（2）根据环评批复文件要求，确定环境监测项目、监测频率、标准限值，同时要符合国家和地方环保最新要求。检测项目和频率不得少于环评批复文件要求，国家和地方对环境监测提出更高要求的，按照国家和地方环保要求执行；需要缴纳环境保护税的单位，对应税项目监测频次不得低于1次每季度。

2）监测活动实施

（1）可委托具有监测资质和监测能力的单位实施环境监测，受托单位需取得CMA(检验检测机构资质认定标志)或CNAS(中国合格评定国家认可委员会)认证。具有监测能力的单位也可自主开展环境监测工作。环境监测的仪器、设备、试剂、方法及标准限值等应按国家和地方标准执行；环境监测的仪器、设备应定期校验。

（2）建立环境监测档案，对人员、仪器设备、监测计划、监测方案、监测报表和报告、原始记录、排放口及监测点位等与环境监测活动有关的资料进行归档管理。

（3）建立环境监测与生产联动机制。监测数据异常应分析原因，并报生产运行管理部门，生产运行管理部门应及时调整生产，确保监测结果稳定达标。同时建立环境应急监测机制，制定环境应急监测方案，编制环境应急监测演练计划并组织实施。

15.3.2.3 绿色企业行动

1）清洁生产

清洁生产，是指不断采取改进设计、使用清洁的能源和原料、采用先进的工艺技术与设备、改善管理、综合利用等措施，从源头削减污染，提高资源利用效率，减少或者避免生产、服务和产品使用过程中污染物的产生和排放，以减轻或者消除对人类健康和环境的危害。

依据法律规定，在进行技术改造过程中，应当采取以下清洁生产措施：

（1）采用无毒、无害或者低毒、低害的原料，替代毒性大、危害严重的原料。

（2）采用资源利用率高、污染物产生量少的工艺和设备，替代资源利用率低、污染物产生量多的工艺和设备。

（3）对生产过程中产生的废物、废水和余热等进行综合利用或者循环使用。

（4）采用能够达到国家或者地方规定的污染物排放标准和污染物排放总量控制指标的污染防治技术。

2）碳达峰、碳中和路径

伴随着能源消费的快速增长，中国已成为世界上最大的能源消费国、能源生产国。我国将提高国家自主贡献力度，采取更加有力的政策与措施，二氧化碳排放力争于2030年前达到峰值，努力争取2060年前实现碳中和(图15.10)。在国家碳达峰、碳中和的战略背景下，天然气作为低碳化石能源将在能源替代过程中起到重要的桥梁作用，具有广阔的发展空间。

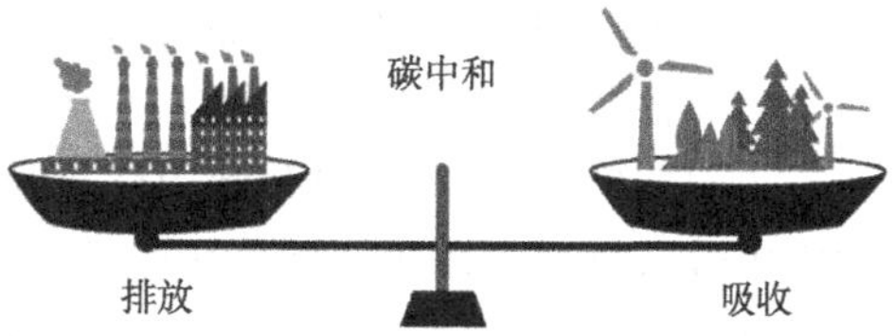

图15.10 碳中和示意图

天然气碳达峰、碳中和发展路径：

（1）新建项目从设计源头实现节能减排。

① 新建项目选用功率匹配、能效高、能耗低的设备，同时考虑余热、冷能等利用，从源头降低燃油能耗和碳排放量。

② 做好能耗和碳排放量评估。一是将能源消费总量和强度指标作为新建项目审批的前置条件，项目能效水平要达到行业先进水平；二是结合全国碳市场行情、未来价格走势以及

碳排放抵消政策，对新建项目碳排放成本进行测算，纳入项目总体经济性分析评价；三是严格项目碳排放审查，加强项目前期管理，严控新建项目碳排放增量；四是加强项目过程管理，确保先进成熟节能降碳技术推广应用到位、节能降碳措施落实到位，碳排放水平达到行业领先。

③ 项目设计要充分考虑太阳能、风能、地热等新能源利用，设置太阳能供电阀室、太阳能照明等措施，降低碳排放量。

(2) 生产运行过程管理降碳。

① 建立能源管理监控系统，增加能源计量设备，详细分析能耗的组成及各自的比例，有针对性地制定能耗降低方案。

② 加强碳排放总量和强度管理。将碳排放总量和强度纳入节能环保考核指标，督促严格执行，实现“双控双降”。

③ 优化设施生产运行，实现节能降碳。一是优化储气库注采气时间，避免一个注采周期内频繁注气、采气，减少压缩机运行时间，实现节电降耗；二是优化压缩机、水泵、高低压泵等重要耗能设施的运行，减少能源消耗。

(3) 升级节能降碳技术。

① 尽快开展 LNG 冷热互换站建设，其余冷能综合考虑发电、制冰、空分、海水淡化等利用技术，选用效益好的方案，尽快组织实施。

② LNG 在电厂余热气化的基础上，落地冷能发电。

③ 因地制宜选取合适的节能降碳方案，尽快组织实施。

(4) 开发利用新能源。

① 在 LNG 接收站、输气站、阀室等屋顶、车棚、防波堤、围墙、海面等设置太阳能电池板，实现光热/光电的联合利用。

② 利用冷能发电、光伏电能等绿电电解水生产氢气，逐步发展氢能产业。

③ 有条件的地区开发利用风能、地热等资源，助力节能降碳。

④ 以电动车辆更新替换燃油车辆，减少碳排放量。

⑤ 积极与地方行政主管部门沟通，争取地方政府在新能源领域政策支持。

(5) 控制甲烷排放。

① 采用多种方式实时开展甲烷泄漏检测，排查、甄别甲烷泄漏环节，分析减排潜力，制定甲烷减排任务清单，实施甲烷泄漏修复，持续降低甲烷逸散量。

② 优化管道、其他生产设施的检维修方案，降低天然气管存量，减少检维修过程中甲烷的排放。

③ LNG 接收站火炬采用少头火炬技术，减少长明灯数量，降低火炬排放量。

15.3.3 个人防护

15.3.3.1 劳动防护用品

劳动防护用品是指从业人员为防御物理、化学、生物等外界因素伤害所穿戴、配备和使用的护品的总称。个体防护装备由用人单位为从业人员提供，正确佩戴和使用个体防护装备，可以使从业人员在劳动过程中免遭或者减轻事故伤害及职业危害，是保障从业人员人身安全与健康的重要措施，也是生产经营单位安全生产日常管理的重要工作。

1）劳动防护用品配备

劳动防护用品是保护劳动者在劳动过程中安全和健康所必需的一种防御性装备，是减少伤亡事故和预防职业病的辅助措施。输气员工可依据《个体防护装备配备规范第2部分：石油、化工、天然气》(GB 39800.2—2020)相关规定，对可能存在的危害因素如坠落物、爆炸品、作业场所湿滑、外形缺陷、噪声、有毒品等因素配备防护用品。

2）常用劳动防护用品

（1）头部防护用品。为防御头部不受外来物体打击、挤压伤害和其他因素危害配备的个人防护装备，如防护帽、工作帽、安全帽、防静电工作帽等。

安全帽是防物体打击和坠落时头部碰撞的头部防护装置。当作业人员头部受到坠落物的冲击时，利用安全帽帽壳、帽衬在瞬间先将冲击力分解到头盖骨的整个面积上，然后利用安全帽各部位缓冲结构的弹性变形、塑性变形和允许的结构破坏将大部分冲击力吸收，使最后作用到人员头部的冲击力降低到最低程度，从而起到保护作业人员头部的作用。

使用注意：一是戴安全帽前应将帽后调整带按自己头型调整到适合的位置，然后将帽内弹性带系牢；二是不要把安全帽歪戴，也不要把帽檐戴在脑后方；三是安全帽的下领带必须扣在颌下，并系牢，松紧要适度；四是要定期检查，检查有没有龟裂、下凹、裂痕和磨损等情况，到期更换。

（2）呼吸器官防护用品。为防御有害气体、蒸气、粉尘、烟、雾由呼吸道吸入，或向使用者供氧或新鲜空气，保证尘、毒污染或缺氧环境中作业人员正常呼吸的个体防护装备，是预防尘肺病和职业中毒的重要护具，如长管呼吸器、动力送风过滤式呼吸器、自给闭路式压缩氧气呼吸器、自给闭路式氧气逃生呼吸器、自给开路式压缩空气呼吸器、自给开路式压缩空气逃生呼吸器、自吸过滤式防毒面具、自吸过滤式防颗粒物呼吸器(又称防尘口罩)等。

（3）躯干防护用品。通常讲的防护服，如一般防护服、化学品防护服、防酸服、防碱服、防油服、防水服、防放射性服、漫水工作服、防寒服、热防护服、防静电服、无尘服、阻燃防护服等。

输气站选用防静电工作服。防静电服是为了防止服装上静电积聚，采用防静电织物为面料，按照规定的款式和结构缝制的工作服。使用时注意：一是工作服的洗涤应尽量采用简易方法进行，应避免使工作服受到较强的机械和化学操作的洗涤；二是禁止在防静电工作服上附加或配佩任何金属物件；三是不准在操作静电敏感产品的现场穿上或脱去工作服。工作服的纽扣应全部扣上，尽量不使其处于接近脱衣的状态。

（4）工作手套、防振手套、防放射性手套、防静电手套、绝缘手套、防化学品手套、防酸碱手套、防机械伤害手套、防微生物手套、焊接手套、耐油手套、皮革手套、纺织手套等。

（5）足部防护用品。防止生产过程中有害物质和能量损伤劳动者足部的护具，通常人们称劳动防护鞋，如防寒鞋、防静电鞋、隔热鞋、防酸碱鞋、防油鞋、导电鞋、防砸鞋、电绝缘鞋、防震鞋等。

（6）眼面部防护用品。用于防护作业人员的眼睛及面部免受粉尘、颗粒物、金属火花、飞屑、烟气、电磁辐射、化学飞溅物等外界有害因素的个人防护用品，如焊接护目镜和防护面罩、炉窑眼面防护镜、防冲击护目镜，以及防放射性护目镜等。输气站一般选用防冲击护目镜。

（7）听觉器官防护用品。能够防止过量的声能侵入外耳道，使人耳避免噪声的过度刺激，减少听力损失，预防由噪声对人身引起的不良影响的个体防护用品，如耳塞、耳罩等。输气站由于调压节流产生噪声，选用防噪声耳塞。

（8）坠落防护用品。防止高处作业坠落或高处落物伤害的防护用品，如安全带、安全网等。

（9）劳动护肤用品。用于防止皮肤（主要是面、手等外露部分）免受化学、物理、生物等有害因素危害的个人防护用品，如防油型护肤剂、防水型护肤剂、遮光护肤剂、洗涤剂等。

3）维护、判废和更换

（1）个体防护装备应当按照要求妥善保存。公用的防护装备应当由车间或班组统一保管，定期维护。

（2）用人单位应当对应急个体防护装备进行经常性的维护、检修，定期检测个体防护装备的性能和效果，保证其完好有效。

（3）用人单位应当按照个体防护装备发放周期定期发放，对工作过程中损坏的，用人单位应及时更换。

（4）安全帽、呼吸器、绝缘手套等安全性能要求高、易损耗的个体防护装备，应当按照有效防护功能最低指标和有效使用期，到期强制报废。

（5）被判废或被更换后的个体防护装备不得再次使用。出现以下情况之一，用人单位应当给予判废和更换新品：①个体防护装备经检验或检查被判定不合格；②个体防护装备超过有效期；③个体防护装备功能已经失效；④个体防护装备的使用说明书中规定的其他判废或更换条件。

15.3.3.2 现场急救知识

进行急救时，不论患者还是救援人员都需要进行适当的防护，特别是把患者从事故场所救出时，救援人员必须加以预防，避免成为新的受害者。

1）现场急救的注意事项

（1）应将受伤人员小心地从危险的环境转移到安全的地点。

（2）必须要注意安全防护，大量天然气泄漏，应穿戴正压式空气呼吸器及阻燃防静电服进入现场。

（3）随时注意现场风向的变化，做好自身防护。

（4）带好通信联系工具，随时保持通信联系。

（5）所用的救援器材必须是防爆的。

2）一般伤员的急救原则

（1）置神志不清的病员于侧位，防止气道梗阻，呼吸困难时给予氧气吸入；呼吸停止时立即进行人工呼吸；心脏停止者立即进行胸外心脏按压。

（2）皮肤污染时，脱去污染的衣服，用流动清水冲洗：头面部灼伤时，要注意眼、耳、鼻、口腔的清洗。

（3）眼睛污染时，立即提起眼睑，用大量流动清水彻底冲洗至少15min。

（4）当人员发生烧伤时，应迅速将患者衣服脱去，用水冲洗降温，用清洁布覆盖创伤面，避免创面污染：不要随意把水疱弄破。患者口渴时，可适量饮水或含盐饮料。

（5）经现场处理后，应迅速护送至医院救治。

3）心脏骤停施救要点

（1）评估环境。观察四周有无危险，确定环境安全，确保救人者安全。

（2）判断意识。拍打双肩，凑近耳边大声呼唤：“喂！你怎么了？”如均无反应，则确定为意识丧失。

（3）呼救。意识丧失即为危险状态，必须立即呼救或拨打急救电话120，告知事发地点。

（4）触摸颈动脉，判断呼吸。解开衣领，暴露颈部，左手食指和中指触摸颈部前正中线中上1/3处，向己侧下滑2~3cm至颈动脉沟。同时把左侧面贴近患者鼻部，余光看胸部是否有起伏，数1001、1002、1003……1007(约5~10s)。

（5）体位摆放。把上臂伸展放在身侧，双下肢伸展放平，放在平坦地面或硬板床上。救护人跪于病人右侧，双膝与肩同宽，左膝关节平肩部，重心居中。拉开拉链，完全暴露胸腹部。

（6）胸外按压。定位：急救者将一只手的掌根置于病人的乳头连线与胸骨交界处，另一只手放于这只手上，两手重叠平行，按压时掌根不能移位，手指不能触及胸壁，双上臂垂直。按压：用力(按压深度至少为5cm)并快速(100~120次/分)按压，并使胸廓完全回弹。尽量减少胸外按压过程中断，一般每两分钟轮换一次，如感觉疲劳可提前轮换。

（7）人工呼吸。捏紧鼻子，口对口完全盖住，急救人员正常呼吸，捏闭鼻腔，缓慢吹气，应采用30∶2的按压-通气比率。

（8）再次评估。完成5个循环后判断颈动脉搏动：1001、1002、1003……1007。如果恢复，可继续判断瞳孔、意识、呼吸、口唇、指端色泽，颈动脉搏动恢复，自主呼吸恢复。未恢复应立即再进行5个循环，之后再判断直至施救成功。

4）骨折固定

（1）固定的材料。常用的有木制、铁制、塑料制临时夹板。现场无夹板可就地取材采用木板、树枝、竹竿等作为临时固定材料，如无任何物品亦可固定于伤员躯干或健肢上。

（2）骨折固定的方法要领。先止血，后包扎，再固定；夹板长短与肢体长短相对称，骨突出部位要加垫；先扎骨折上、下两端，后固定两关节；四肢露指(趾)尖，胸前挂标志，迅速送医院。

5）止血包扎

（1）止血。

如果出血状况较轻，可以用手直接按压伤口的方式进行止血。如果出血现象严重，就必须要用止血绷带了。这时，应该首先用手按压住出血伤口的上端位置，然后用干净的纱布或止血带来包扎伤口。如果没有纱布或止血带，用宽一点的布条也可以。但切记，不要使用铁丝、电线等细线来包扎止血。

如果是手臂出血，应将止血带绑在上臂中间靠上一点的位置。不要过低，更不要绑在腋窝处，以免对神经造成损伤。如果是腿部出血，同理，应将止血带绑在大腿中间靠上一点的位置，切不可绑在膝部和大腿根的位置。

止血带最好不要直接绑在皮肤表面，应该保留较薄的衬垫，比如秋衣。此外，止血带绑缚的时间要每隔1h，松开10~15min，避免出现组织坏死的现象。

（2）包扎。

包扎的原则是不要过松，更不要过紧。前者起不到止血的作用，后者会有组织缺血而坏死的风险。如果骨折外露，千万不要将骨折部位放回原处，因为那样有可能会造成更严重的感染。更不要试图冲洗伤口或给伤口上药，这些行为都可能会给之后的医疗处理增加麻烦和难度。

15.3.4 职业健康

职业健康是对工作场所内产生或存在的职业性有害因素及其健康损害进行识别、评估、预测和控制的一门学科。其目的是预防和保护劳动者免受职业性有害因素所致的健康影响和危害，促进和保障劳动者在职业活动中的身心健康和社会福利。

15.3.4.1 职业病

凡在生产劳动中由于生产性有害因素引起的疾病称为职业病。构成职业病应具备三个条件。

(1) 疾病与作业场所的生产性有害因素密切相关。

(2) 接触有害因素的剂量，无论过去或现在，已足可导致疾病的发生。

(3) 职业性病因大于非职业性病因。

我国规定为职业病的有：职业中毒、尘肺、热射病和热痉挛、月射病、职业性皮肤病、电光性肺炎、职业性难听、职业性白内障、潜涵病、高山病和航空病、振动性疾病、放射性疾病、职业性炭疽、森林脑炎、皮毛工人布氏杆菌病、煤矿井下工人滑囊炎、炭黑尘肺等。

15.3.4.2 职业病危害告知

(1) 企业与从业人员订立劳动合同时，应将工作过程中可能产生的职业病危害及其后果和防护措施如实告知从业人员，并在劳动合同中写明。

(2) 企业应按照有关规定，在醒目位置设置公告栏，公布有关职业病防治的规章制度、操作规程、职业病危害事故应急救援措施和工作场所职业病危害因素检测结果。

15.3.4.3 职业健康监护

(1) 职业健康监护，指通过各种检查和分析，评价职业性有害因素对接触者健康影响及其程度，掌握职工健康状况，及时发现健康损害征象，以便采取相应的预防措施，防止有害因素所致疾患的发生和发展，包括开展职业健康检查、职业病诊疗、建立职业健康监护档案等。

(2) 职业健康监护工作内容：

① 职业健康检查包括上岗前、在岗期间、离岗时、离岗后医学随访和应急健康检查。

② 企业管理职业健康监护档案。

③ 职业健康监护对象为在职业活动中接触职业病危害的企业员工。

15.3.4.4 职业健康监护档案

(1) 职业健康监护档案，指生产经营单位需要建立的劳动者职业健康档案，包括劳动者的职业史、职业病危害接触史、职业健康检查结果和职业病诊疗等有关个人健康资料。

(2) 职业健康监护档案管理及保存。

① 企业应管理并妥善保存职业健康监护档案。

② 员工有权查阅、复印本人职业健康监护档案。

③ 员工离开本单位时有权索取本人健康监护档案复印件，企业应如实、无偿提供，并在所提供的复印件上签章。

15.3.4.5 职业禁忌

职业禁忌，指劳动者从事特定职业或者接触特定职业病危害因素时，比一般职业人群更易于遭受职业病危害和罹患职业病或者可能导致原有自身疾病病情加重，或者在从事作业过程中诱发可能导致对他人生命健康构成危险的疾病的个人特殊生理或者病理状态。

压力容器作业职业禁忌证：

① 红绿色盲；

② Ⅱ级及以上高血压(未控制)；

③ 癫痫；

④ 晕厥、眩晕症；

⑤ 双耳语言频段平均听力损失>25dB；

⑥ 器质性心脏病或心律失常。

15.4 应急管理及实例

15.4.1 生产安全事故

15.4.1.1 事故定义与分级

生产安全事故是指生产经营活动中发生的造成人身伤亡或者直接经济损失的事件。

根据国务院《生产安全事故报告和调查处理条例》(2007)，事故一般分为特别重大事故、重大事故、较大事故、一般事故4个等级，具体划分如下：

特别重大事故，是指造成30人以上死亡，或者100人以上重伤(包括急性工业中毒，下同)，或者1亿元以上直接经济损失的事故；

重大事故，是指造成10人以上30人以下死亡，或者50人以上100人以下重伤，或者5000万元以上1亿元以下直接经济损失的事故；

较大事故，是指造成3人以上10人以下死亡，或者10人以上50人以下重伤，或者1000万元以上5000万元以下直接经济损失的事故；

一般事故，是指造成3人以下死亡，或者10人以下重伤，或者1000万元以下直接经济损失的事故。

注：该等级标准中所称的“以上”包括本数，所称的“以下”不包括本数。在衡量一个事故等级时按照严重的标准进行划分。

15.4.1.2 事故预防与报告

1) 事故预防

预防有两层含义：一是事故的预防工作，即通过安全管理和安全技术等手段，尽可能地防止事故的发生，实现本质安全；二是在假定事故必然发生的前提下，通过采取预防措施，达到降低或减缓事故的影响或后果的严重程度，如加大建筑物的安全距离、工厂选址的安全规划、减少危险物品的存量、设置防护墙以及开展公众教育等。从长远看，低成本、高效率的预防措施是减少事故损失的关键。

2) 事故报告

任何单位和个人对事故不得迟报、漏报、谎报或者瞒报。生产安全事故发生后，事故现场有关人员应当立即向本单位负责人报告；单位负责人接到报告后，应当于1h内向事故发生地县级以上人民政府应急管理部门和负有安全生产监督管理职责的有关部门报告。

报告事故应当包括事故发生单位概况，事故发生的时间、地点以及事故现场情况，事故的简要经过，事故已经造成或者可能造成的伤亡人数(包括下落不明的人数)和初步估计的直接经济损失，已经采取的措施和其他应当报告的情况。事故报告应当遵照完整性的原则，尽量能够全面地反映事故情况。

15.4.2 应急管理

什么是应急？应急就是应对突然发生的需要紧急处理的事件。2018年3月国家应急管理部成立，各省市相应成立了应急管理机构。从而形成了自下而上的应急管理体系，它是国家层面处理紧急事务或突发事件的职能和机构的体系。从而形成了科学、完整的应急管理机制。

15.4.2.1 基本概念

(1) 应急准备是指针对可能的事故，为迅速、科学、有序地开展应急行动而预先的思想准备、组织准备和物资准备。

(2) 应急预案是指针对可能发生的事故，为最大程度减少事故损害而预先制定的应急准备。

(3) 应急处置是对事故进行的紧急处理和善后安置措施。

(4) 现场处置方案是根据不同事故类别，针对具体的场所、装置或设施所制定的应急处置措施。主要包括事故风险分析、应急工作职责、应急处置和注意事项等内容。

(5) 应急响应是针对事故险情或事故，依据应急预案采取的应急行动。

(6) 应急救援是指在应急响应过程中，为最大限度地降低事故造成的损失或危害，防止事故扩大，而采取的紧急措施或行动。救援是以人的生命至上的原则，只要有一线希望，就需付百倍努力。

(7) 应急演练是指针对可能发生的事故情景，依据应急预案而模拟开展的应急活动。应急演练评估是围绕演练目标和要求，对参演人员表现、演练活动准备及其组织实施过程做出客观评价，并编写演练评估报告的过程。

15.4.2.2 应急救援的基本任务

(1) 及时营救受害人员，组织撤离或者采取其他措施保护危害区域内的其他人员。在应急救援行动中，快速、有效、有序地实施现场急救和安全转送伤员。

(2) 及时控制危险源，并对事故造成的危害进行检测、监测，测定事故的危害区域、危害性质及危害程度。及时控制造成事故的危险源是应急救援工作的重要任务。

(3) 消除事故现场危害后果，做好现场恢复。针对事故对人体、动植物、空气、土壤水体等造成的现实危害和可能的危害，迅速采取封闭、隔离、洗消、监测等措施，防止对人的继续危害和对环境的污染。

(4) 查清事故原因，评估危害程度。做好事故原因调查，并总结救援工作中的经验和教训。

15.4.2.3 应急救援响应

1) 应急救援响应启动(举例)

某管道企业将突发事件分为生产安全、市场供应、自然灾害、公共卫生、社会安全5类。

（1）生产安全类事件：主要包括天然气泄漏及火灾爆炸、井喷、交通运输安全(包括次生事件)、工程建设等事件。

（2）市场供应类事件：主要包括天然气供应事件。

（3）自然灾害类事件：主要包括气象灾害、地质灾害、地震灾害等事件。

（4）公共卫生类事件：主要包括传染病疫情、食物中毒、急性职业中毒、群体性不明原因疾病，以及其他严重影响员工健康和生命安全的事件。

（5）社会安全类事件：主要包括恐怖袭击、内外部群体性上访聚集、公共聚集场所大型集会、网络与信息安全、境外突发公共安全等事件。

按照突发事件的性质、严重程度、可控性、影响范围等因素以及企业机构设置情况，将突发事件分为企业及以上级、二级单位级、基层单位级，并对应设置三级应急响应级别，其中企业及以上级应急响应启动条件如表15.1所示。

表15.1 (某管道)企业及以上级应急响应启动条件

序号	类别	启动条件
一	生产安全事件	（1）造成人员(包括企业员工、承包商员工及周边群众)死亡、被困、重伤或下落不明，或3人(含)以上受伤、中毒的事件； （2）对社会安全造成重大影响，需要紧急转移安置100人(含)以上； （3）生产场区、管道、危险化学品运输车(船)、库房、主要建设工地、集中办公生活驻地发生火灾爆炸事件； （4）长输管道、储罐、已靠泊LNG船舶本体发生天然气严重泄漏； （5）接收站、站场、阀室工艺装置发生天然气严重泄漏，造成或可能造成接收站、储气库主要生产设施甚至全站停产，或管道干线停输； （6）因生产事件致使重要港口码头、站场建(构)筑物、管道穿跨越设施严重损坏，或导致主要航道封航6h以上，或致使铁路干线行车中断6h以上； （7）因生产事件危及社会上重要场所和设施(如电站、重要水利设施、危险化学品仓库、机场及其他人员密集场所)安全；或引发滑坡、崩塌、泥石流、洪汛等重大地质灾害；或对环境造成严重污染； （8）发生企业的Ⅰ、Ⅱ、Ⅲ级井控事故； （9）造成企业及以上级工程建设项目停工，或严重影响施工进度的生产安全事件； （10）企业所属或租用车辆发生重、特大交通事故，且造成人员伤亡
二	市场供应事件	（1）企业所有或负责经营管理的LNG接收站、干线管道、储气库等储运设施或主要天然气气源非计划连续停止供气8h(含)以上； （2）在1个省(自治区、直辖市、特区)及以上范围，或“两特两重”时期及相关区域内，发生天然气民生供应短缺，且尚未有后续补充资源； （3）在1个省(自治区、直辖市、特区)及以上范围内发生天然气供应质量问题，或发生乙烷、混合轻烃严重质量问题，已经或极可能造成较为严重社会影响
三	自然灾害事件	（1）地质灾害、气象灾害造成人员死亡、被困、重伤或下落不明，或3人(含)以上受伤； （2）企业驻地、工地发生或可能发生超过当地设防标准的地震、洪汛、台风等自然灾害； （3）地质灾害、气象灾害导致干线管道变形、破裂、漂管，或主要生产设施损坏，或企业及以上级工程建设项目停工，或严重影响施工进度
四	公共卫生事件	（1）一次发生食物或急性职业中毒10人(含)以上，或出现死亡病例； （2）企业或承包商队伍内部发生重大传染病疫情(如非典型肺炎、高致病性禽流感、新冠肺炎、鼠疫、霍乱、肺炭疽、脊髓灰质炎野毒株感染)；或传染病感染人数、频次超过国家规定范围(如甲肝、红眼病、艾滋病、流感等)，或发生群体性不明原因疾病，且有扩散趋势的

续表

序号	类别	启动条件
五	社会安全事件	(1) 在企业所属生产、生活、建设区域内发生恐怖袭击事件； (2) 发生罢工、游行、示威、集会、围堵站场、群体性械斗、集体上访等群体事件，造成严重社会影响或严重干扰生产经营工作开展； (3) 因网络事故、设备故障、网络安全事件、恶意信息攻击等，造成企业生产调控系统、工艺自动控制系统、经营管理系统或办公网络瘫痪，影响企业本部或多个二级单位生产经营活动，或造成严重失泄密事件的； (4) 企业常驻境外单位、人员及因公临时出国团组，在境外或旅途中发生企业级事件

2) 应急救援响应程序

应急救援响应程序可分为接警、响应级别确认、应急启动、救援行动、应急恢复和应急结束等几个过程，图 15.11 为某管道企业应急救援响应程序

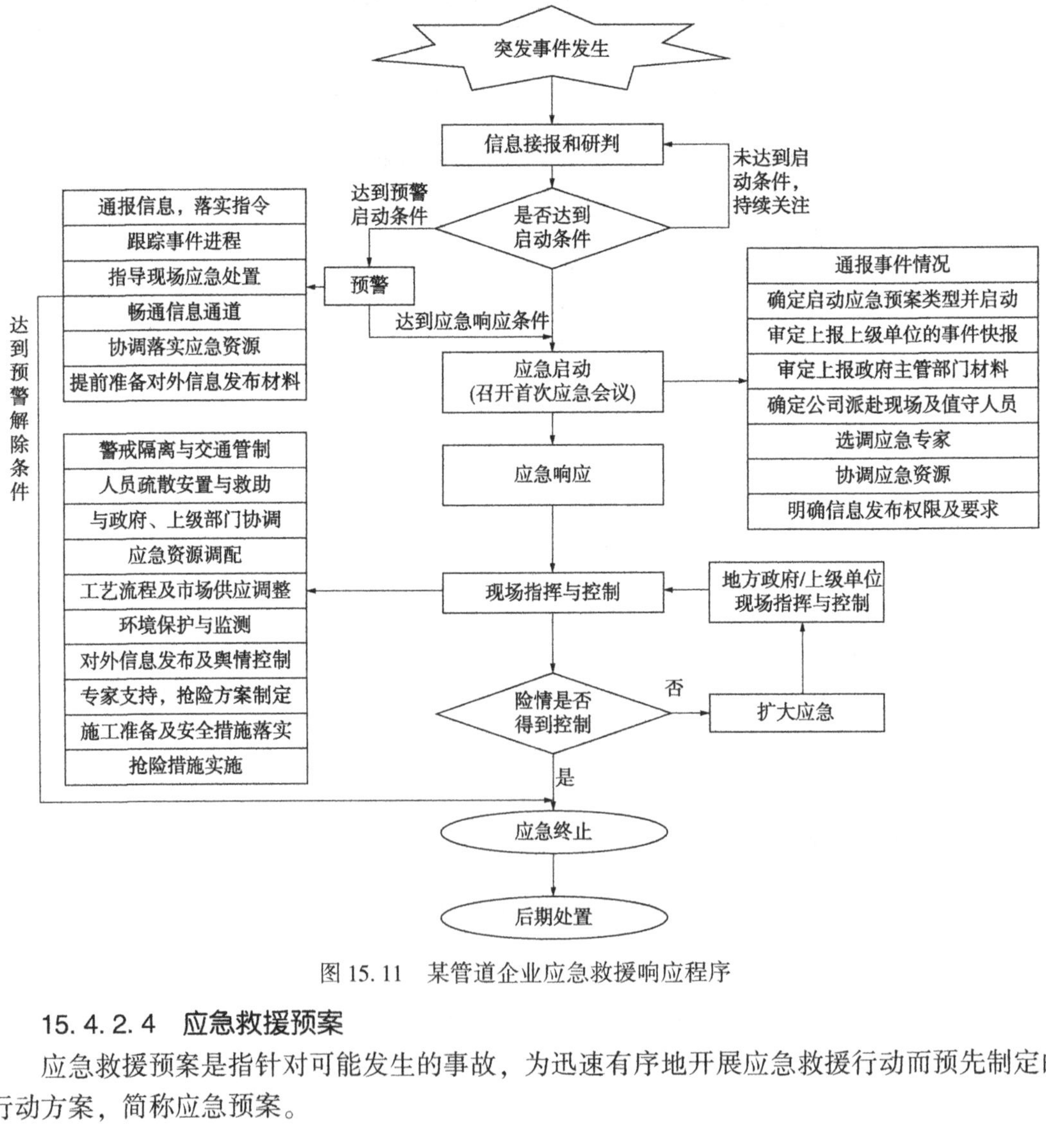

图 15.11 某管道企业应急救援响应程序

15.4.2.4 应急救援预案

应急救援预案是指针对可能发生的事故，为迅速有序地开展应急救援行动而预先制定的行动方案，简称应急预案。

生产经营单位的应急预案主要由综合应急预案、专项应急预案和现场处置方案构成。生产经营单位应根据本单位组织管理体系、生产规模、危险源的性质以及可能发生的事故类型确定应急预案体系，并可根据本单位的实际情况，确定是否编制专项应急预案。风险因素单一的小微型生产经营单位可只编写现场处置方案。

1）定义与分类

（1）综合应急预案。

综合应急预案是生产经营单位应急预案体系的总纲，主要从总体上阐述事故的应急工作原则，包括生产经营单位的应急组织机构及职责、应急预案体系、事故风险描述、预警及信息报告、应急响应、保障措施、应急预案管理等内容。

（2）专项应急预案。

专项应急预案是生产经营单位为应对某一类型或某几种类型事故，或者针对重要生产设施、重大危险源、重大活动等内容而制定的应急预案。专项应急预案主要包括事故风险分析、应急指挥机构及职责、处置程序和措施等内容。

（3）现场处置方案。

现场处置方案是生产经营单位根据不同事故类型，针对具体的场所、装置或设施所制定的应急处置措施，主要包括事故风险分析、应急工作职责、应急处置和注意事项等内容。生产经营单位应根据风险评估、岗位操作规程以及危险性控制措施，组织本单位现场作业人员及安全管理等专业人员共同编制现场处置方案。

（4）应急演练。

应急演练是针对可能发生的事故情景，依据应急预案而模拟开展的应急活动。

2）应急演练分类

（1）综合演练（全面演练）：是针对应急预案中多项或全部应急响应功能开展的演练活动。

（2）单项演练（功能演练）：是针对应急预案中某一项应急响应功能而开展的演练活动。

（3）桌面演练（模拟场景演练）：是针对事故情景，利用图纸、沙盘、流程图、计算机模拟、视频会议等辅助手段，进行交互式讨论的应急演练活动。

（4）实战演练：是针对事故情景，选择生产经营活动中的设备、设施、装置或场所，利用各类应急器材、装备、物资，通过决策行动、实际操作，完成真实应急响应的过程。

3）应急演练评估

演练评估可以发现应急预案、应急组织、应急指挥机制、应急人员能力、应急资源等方面存在的不足，并可以总结经验做法。

（1）评估总结。

① 演练结束后，应及时组织评估会议，汇总问题并提出整改措施要求。

② 小型演练可不组织评估会议、编制演练评估报告，只需将评估发现的问题进行现场点评，并提出整改要求。

③ 演练单位应对评估发现的问题制定整改措施、明确整改期限、落实整改责任。

（2）应急演练评估报告示例。

① 演练基本情况。包括演练时间、演练地点、演练形式、演练目的、演练情景设置；

② 演练情况分析及结论：

a）演练组织与实施情况。

b）演练实施情况。主要有：简要总结演练经验做法；详细记录并分析演练暴露出的问题，包括参演人员应急能力是否满足需求、应急消防设备是否完好备用、应急响应程序是否流畅、应急资源是否到位等。

c）评估结论。对演练组织实施情况的综合评价。

③ 改进建议。包括应急预案方面、应急资源方面、人员应急能力方面、其他方面。

15.4.3 应急处置实例

15.4.3.1 某输气站泄漏应急处置

1）应急处置经过

2017 年 6 月 16 日，某输气站在运支路过滤分离器发生天然气泄漏(图 15.12)。

图 15.12 泄漏事故现场图

19 时 15 分，输气站值班人员通过监控视频发现过滤分离器快开盲板处大量泄漏出带有粉尘天然气，立即向站长、调控中心汇报。

站长立即启动天然气泄漏应急处置程序。安排驻站人员某甲、某乙迅速疏散站场周边务农群众，并在进站路口及输气站门口设置两道警戒，防止无关人员进入现场。

19 时 15 分，调控中心指令执行二级 ESD 关断，即全站停气保压。

19 时 21 分，执行二级 ESD 关断程序后，站长发现泄漏未得到有效控制，携带粉尘的天然气弥漫过滤分离器周边工艺流程，顺风向站场外飘散。站长随即下达一级 ESD 关断指令，对整个输气站流程天然气进行全站放空。

19 时 25 分，现场泄漏得到有效控制。

20 时 05 分，现场无天然气泄漏逸散，站场人员进入现场进行流程与工艺检查，投用备用过滤分离器支路，按操作规程升压并验漏合格。

20 时 19 分，输气站恢复正常供气流程。

2）原因分析

泄漏主要原因是过滤分离器盲板下沉造成盲板盖盲板座同轴度超差，盲板盖与盲板座法兰端面不同轴，出现错边问题，致使盲板盖与卡箍啮合尺寸出现偏移。盲板盖法兰下密封面没有完全覆盖到盲板座密封槽上，致使盲板盖与盲板座间隙过大，设备运行一段时间后 O 形圈挤出断裂，从而导致泄漏。

3）经验教训

(1) 本次泄漏事件由于值班人员发现及时，应急处置果断，措施得当，有效控制了事态发展，未造成人员伤亡和财产损失。站长在发现触发二级 ESD 关断现场泄漏未有效控制的情况下，当机立断触发一级 ESD 关断，使泄漏得以有效控制。

(2) 本次泄漏事件发生时，站场运行压力高、泄漏量大，人员无法进入现场操作设备，在此情况下，通过触发 ESD 紧急关断按钮，可以实现站场紧急情况下的切断和放空工作，对站场设备进行安全保护，避免了事态扩大。凸显了 ESD 系统的重要性，通过实现远程控制，有效避免人员伤害和财产损失。

（3）事件发生后，管道企业召开现场分析会，迅速安排部署开展泄漏原因调查、优化应急处置信息上报程序、全面开展盲板隐患排查、建立完善相关制度等20项具体工作，全面对压力容器快开盲板和密封件进行排查。根据排查情况，委托厂家对公司过滤分离器进行开仓检查和维护保养，确保分离器状态完好，运行正常。

（4）由于快开盲板在管路设备上长期工作，可能因多种因素导致盲板座与盲板盖存在错边和密封面不能完全贴合的情况出现，因此设备安装完成后，厂家应在设备正式投运前对盲板的安装状态进行复核、确认；在设备使用过程中，站场值班人员应对盲板盖与盲板座对中情况进行检查、调校。

15.4.3.2 某天然气管道漂管应急处置

1）漂管灾情

2012年7月27日，陕西、山西境内出现强对流天气，榆林佳县出现43年一遇的特大暴雨，城区最大降雨量273mm，超过1969年有气象资料以来的最大值。

此次暴雨灾害给某管道陕西佳县段、山西临县段安全运行带来严重影响，直接造成某$\Phi711\times12.5$管道兔坂阀室被淹、干线气液联动阀关断，兔坂河管道漂管近300m，佳芦河管道漂管150m，多处水保严重受损等险情，给管道安全运行带来极大隐患。

2）应急处置经过

7月27日9时，某天然气管道公司发现兔坂阀室被淹（水深2m左右），干线气液联动阀截断，人员无法进入，干线及旁通阀门无法开启；佳县通镇佳芦河发生150余米的漂管险情，立即启动防汛抗洪应急预案。由于暴雨不断，多处山洪暴发导致道路塌方、桥梁冲断、通信中断，多路应急抢险人员、车辆、物资被困，在不同地段通过绕行或步行等方式向事发现场紧急迂回进入现场（图15.13、图15.14）。

图15.13 山洪导致道路受阻图

图15.14 管道漂管应急抢险图

7月27日12时，抢险人员将兔坂阀室洪水排流完毕，15时进入阀室将干线阀门旁通打通，兔坂阀室险情得以控制，管道公司开始协调进气，管道输气逐步恢复正常（图15.15）。

由于佳芦河发生山洪，将埋地管道防水护坡冲毁，导致管道漂管150余米，管线下水深达3m，管道随洪水摆动，极易发生管道变形断裂。

7月28日凌晨，管道公司应急指挥人员到达佳县通镇佳芦河漂管现场，与专业部门及维抢修中心等人员成立防汛抗洪抢险指挥部。下设应急抢险组、线路问题排查组、技术指导组、抢险物资保障组、后勤保障组五个小组，具体负责整体抢险工作。经过实地勘察，决定

图 15.15　兔坂阀室应急抢险图

采取开挖导流明渠、在管道周围抛掷沙石、石袋、网笼改变水流方向等方式，稳固管道，减少洪水对管道的冲刷。

7 月 30 日 12 时大雨停止后，指挥部立即组织人员对管道进行检查，对发现的裸露管道采取胶皮包裹、填装沙袋等方式进行临时抢险措施，指挥部组织人员开展雨后线路排查和隐患治理工作，累计排查治理问题 2300 余项。

3）经验教训

（1）加强组织领导，确保抢险工作有序开展。

一是调控中心在第一时间发现异常，并采取正确前期处置措施，确保了险情及时发现、及时治理；二是险情发生后，迅速成立了现场应急抢险指挥部，做到明确分工，各负其责；三是针对漂管、悬空裸露、水保破坏、阀室受损等险情分别制订抢险方案，实行防汛抗洪抢险物资统一管理，确保抢险物资及时到位；四是建立“每日一安排、每日一总结、每日一汇报”制度，严格执行汛期 24h 值班，安排专人对重点地段和关键部位进行不间断巡查，及时掌握最新情况。

（2）科学制定抢险措施，确保抢险工作取得实效。

鉴于此次暴雨强度大、危害性强、对管道损害性大的特点，将管道受灾情况分为三类：重点受损地段、局部损坏部位、轻微受损点，并按照“轻重缓急、分类治理、有效预防、注重安全”的要求，对不同的受灾区域制定不同的防治措施，抢险工作取得实效。

15.4.3.3　某天然气管道第三方施工破坏应急处置

1）应急处置经过

某 ϕ711 天然气管道于 2020 年发生一起第三方施工破坏事件（图 15.16、图 15.17）。

5 月 2 日 9 时 3 分，调控中心接到某管理单位汇报，某阀室下游约 2km 处天然气泄漏，管道上方垂直喷出大约 2m 气柱。泄漏原因为勘探研究院人员使用钻机地质勘探时损伤管线，现场处置人员对距离泄漏点 20m 处的国道进行临时交通管制，同时紧急疏散附近 500m 范围内村庄人员，未发生火灾爆炸，无人员伤亡。

11 时 55 分，关断上下游阀室干线阀门并放空。

15 时 33 分，完成该管段放空，保持放空管道微正压。

图 15.16 第三方施工钻机图

图 15.17 管道受破坏图

5月3日3时5分，完成该管段氮气置换。6时13分拆除钻头并将钻机运离现场，实施抢险作业工作，将该管段切割后更换。

5月4日16时40分，完成该管段更换两道焊口焊接，初步完成抢险工作。

2）原因分析

本次应急事件系第三方施工造成的干线管道损伤及天然气泄漏。

3）经验教训

第三方施工是天然气管道面临的主要外部伤害风险之一。本次事件中，由于管道企业发现较为及时、处置较为有效，未造成人员伤害和市场供应中断等严重后果，但也导致了管道干线中断及相应经济损失，对安全生产、正常经营和企业形象造成了影响，需要牢记教训、加强管理。

15.4.3.4 某天然气管道火灾爆炸应急处置

1）应急处置经过

某天然气管道管径 ϕ1016mm，设计压力 10MPa，于 2016 年发生一起由地质灾害引起的泄漏爆炸事故。

7月19日，一场百年不遇的罕见特大暴雨袭击了恩施市崔家坝镇，24h累计降雨量达到360MM。暴雨导致该镇多个村山体滑坡、交通中断、房屋垮塌。强降雨引发的地质灾害导致途经马家坡的某天然气管道被撕裂，泄漏爆燃。

7月20日6时32分，事故管段下游输气站ESD进站阀因压降速率过高关闭，上游阀室截断阀门同时关断。

6时45分，该管段管理单位接到村民报警，接到灾情报告后，管道企业、地方政府迅速开展应急救援行动，成立应急救灾指挥部，下设管道抢险、综合、善后、秩序维护、交通恢复、专家技术、后勤保障、医疗保障、通信保障、定损10个工作组。由于山体滑坡，导致多处道路中断，救援人员徒步急行军12余公里，快速到达灾害现场。

天然气爆炸将该处管段5根直管段抛出约200m，爆炸处上下游两端管头着火。上游端管头火势于8时前熄灭，山体滑坡持续至22时趋于稳定。下游端山体滑坡于7月21日15时趋于稳定，管头露出地表由1m扩大到8.5m。

为预防次生灾害、确保现场不发生二次爆炸，现场指挥部保持火苗持续燃烧，至氮气资源到位后对该段管道天然气放空、置换。7月23日12时，下游端火势熄灭。

管道企业第一时间从周边省份、地区调集维抢人员、物资，并从中国地质大学(武汉)等科研院所聘请专家制定方案，全程参与全部救援处置事宜，在地方政府和当地村民的全力支持下，重建一条长820m管道，并于7月30日全线顺利实现贯通，管道试压置换，恢复供气。

2）原因分析

经地方政府主管部门及相关专家论证，此次管段泄漏是因连续暴雨导致山体滑坡，致使天然气管道破裂爆炸的自然灾害事件(图15.18、图15.19)。

图15.18 山体滑坡破坏管道图

图15.19 管道损坏图

3）经验教训

(1) 提高设计单位、施工单位、监理单位对自然灾害的识别能力和重视程度，做好项目的管理。

(2)提高巡线人员对地质灾害的识别能力。

(3) 重视与地方沟通及信息反馈。

(4) 建立健全地质灾害预防预警体系，全面开展防洪评价、地质灾害再评估。

(5) 健全应急响应体系，提高应急抢险能力。

第16章　输气新技术应用

随着时代的发展，科学技术日新月异，不断有新技术、新材料、新设备应用于天然气长输管道设计、制造、施工、投产、运行等各个环节之中。本章重点介绍智能化管道、智能化站场方面的新技术应用，并简要介绍光纤传感技术、应力应变在线检测、无人机巡线等方面的新知识。

16.1　智能化管道

16.1.1　智能化管道概述

当前，全球能源格局正在发生深刻变化，新一代信息技术、人工智能、云计算、区块链、物联网、大数据等新技术成为推动能源行业变革的加速器，国内外各大能源公司都纷纷将数字化、智能化转型作为未来发展的战略方向之一。

智能化管道是指利用现代通信与信息技术、计算机网络技术、管道行业技术、智能控制技术汇集而成的针对油气管道的应用的智能集合，基于“数据+平台+应用”的建设模式。它是由数字化管道发展而来，基于丰富的数据采集系统，将管道的数据由传感器收集、数据库存储、SCADA系统处理分析并做出指令，这种数字化通过网络传输和分享就进入信息化，而让管道关键部位能进行自动决策和操作就是管道智能化。

随着国家能源革命和能源转型加快推进，天然气行业将“大智移物云区”等新一代信息技术与传统能源生产领域融合发展，其中，“大”是大数据、“智”是人工智能、“移”是移动互联网、“物”是物联网、“云”是云计算、“区”是区块链。以智能传感、信息通信、自动控制技术为支撑，以提升智能感知、智能管控、智能预判水平为重点，加快推动油气管道智能化发展，拓展智能化应用场景，逐步推广应用先进、成熟、可靠的智能化技术和设备，对在役管道推进无人机、智能视频监控和伴行光缆等智能检测技术应用，全面提升在役管道智能化水平。对新建管道高标准推进智能化建设，对管网系统的数字化、网络化、智能化、可视化，实现全数字化移交、全智能化运营、全生命周期管理。

智能化管道与数字化管道的最大区别就是装备了“会思考的大脑”，要实现管道的智能化功能，既需要核心层的控制处理中心，还需要广泛分布的数据采集与远程控制设备。智能化管道借助物联网、大数据、云计算、区块链等技术实现智能化管道系统与管道企业业务的深度融合，开展工作标准编制、基础数据采集、数据中心建设、营运期系统建设等工作，提升管道的智能化管理应用水平；促进建设期系统与运营期系统一体化建设，打造数字孪生系统效应，形成统一标准、统一平台，并开放给各类业务应用，大幅简化系统集成、维护、交互的工作量，实现精细化、智能化管理，为管道运营提供海量的数据支撑。

16.1.2 智能化管道系统

智能化管道系统在统一的标准体系下，基于“数据+平台+应用”的建设模式，利用云计算、大数据、人工智能技术，搭建工业互联网平台，向下集成感知层数据采集手段，向上集成集团统建系统数据，通过搭建建设期和运营期管理应用，实现管线的一体化、信息化、智能化管理。智能化管道系统架构示意图如图16.1所示。

智能化管道建设内容包括标准规范推广及更新完善、信息化基础设施建设、应用系统建设、数字化交付、智能工地建设等工作。其中，应用系统建设基于全生命周期标准体系，利用管道全面智能感知，建设管道全生命周期管理平台，范围覆盖设计、采购、施工、试运行、运维等全生命周期，实现智能化管道的“数字化、智能化、可视化、标准化”。工程项目管理平台实现项目管理一体动态管控；工程数字化交付平台实现各阶段数据“无缝衔接”；工程数据采集平台实现各阶段数据的统一存储；线路及站场智能工地平台实现工程智能化管控；运营期管理平台实现管道运行智能分析与综合应用。

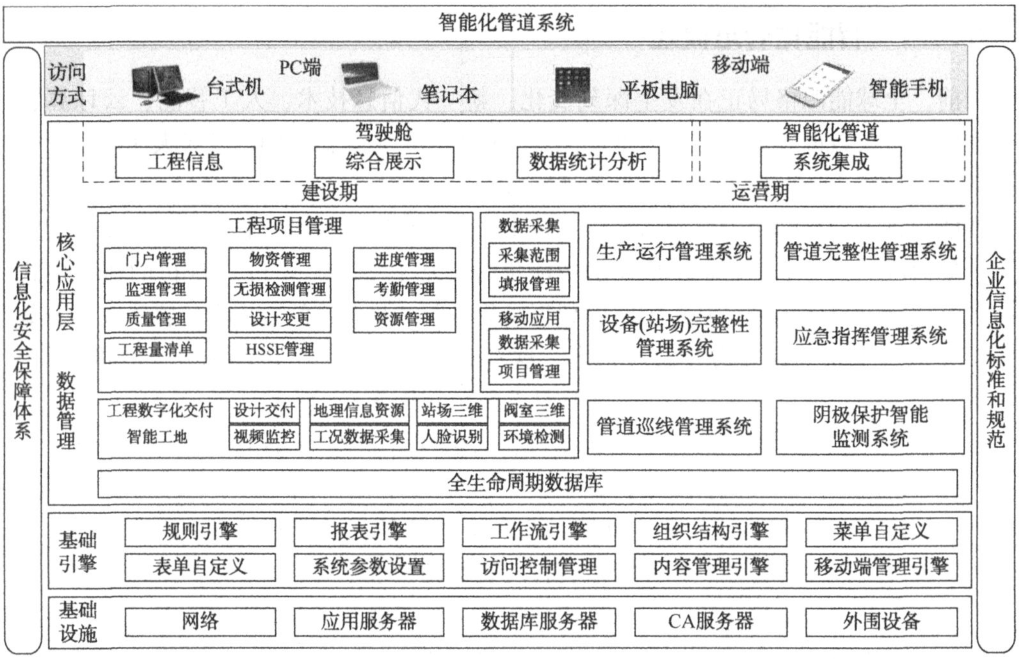

图16.1 智能化管道系统架构

运营期智能化管道系统的应用可实现生产集中统一调控，全方位赋能业务发展。建设集中统一的调控中心，实现管道及各站场阀室的统一调控、集中管理，促进资源调配由局部优化向整体优化转变。

（1）建立长输管道运行优化和仿真模拟模型，实现管道高效运行。对管道压力、温度、流量、热值及危害物质含量的监控和预警分析；实现排产优化和管道运行模拟仿真，降低运行成本。

（2）通过融合SCADA、GIS、视频监控、无人机巡线、空—天—地一体化技术和智能内检测等技术，在阀室、高后果区、防汛重点地段、第三方施工等关键部位安装智能硬件，实现远程视频监视、管道数据全面感知、高后果区自动动态识别；建立完整性管理效能评价指标体系，实现管道完整性闭环管理，提升管道本质安全。如图 16.2、图 16.3 所示。

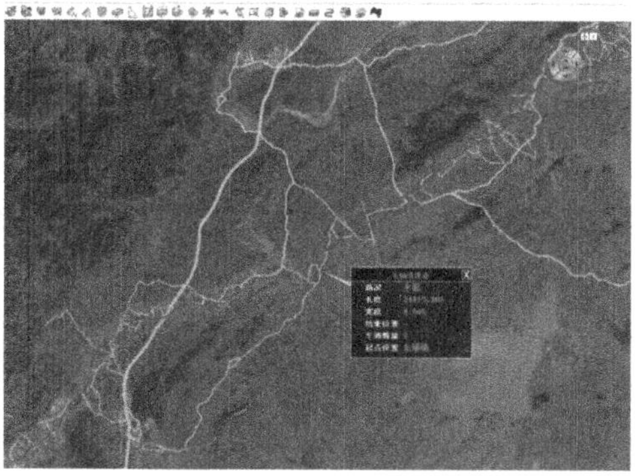

图 16.2　管道走向示意图

图 16.3　管道隧道穿越剖视图

（3）建立管道数字孪生体，进行管网分布、走向的三维展示及完整性数据的二维展示，以三维场景查看站场内各区域分布及运行数据，有效支持企业员工进行培训和检维修作业，实现管网可视化统一管理、动态迭代和持续优化。可视化数据驾驶舱让管理人员对数据有更直观的了解，方便操作，同时能够让管理人员第一时间掌握数据的变化情况。

16.2 智能化站场

16.2.1 智能化站场概述

随着数字化和工业化深度融合，天然气企业也在积极实施站场“无人化”建设和改造，“无人化”运营也逐渐成为企业数字化转型、智能化发展、强化本质安全、提高系统效率、控降运营成本、实现高质量发展的关键支撑。

无人值守的核心是运行安全、稳定、可靠；通过自动化系统制定可靠、合适的控制逻辑，同时通过设备冗余、通信信道冗余等方式提高站场运行的容错率；利用先进技术手段，作为无人值守站场的保障，如云台扫描式激光甲烷遥测技术、光纤传感技术等智能巡检技术代替人工巡检；增加各种智能化仪器设备辅助生产监测，实现全方位地监测生产数据，达到降本增效的目的。为实现高水平的无人值守，需要满足以下条件：

（1）远程监控自动切换：在保证仪表控制系统及通信网络具备高可靠性的前提下，调控中心人员可对站场和阀室数据进行全面采集和远程控制；在工艺允许自动切换的前提下，实现站场主备流程切换全面自动化及站场的自动分输。

（2）故障及时响应措施：自控、视频、安防系统联动，快速准确定位异常事件；对报警信息进行有效的优化管理，防止报警泛滥，实现有效报警；故障自动保护，将事故控制在一定范围内，为运维人员现场处理事故争取时间。

（3）可靠性保障：各系统的冗余及容错设计，保证控制系统的可靠性；构建关键设备设置远程诊断系统，实现状态参数远程监视、自动分析、趋势判断等功能，延长设备使用寿命、降低故障时长。

(4) 智能巡检技术：作为对无人值守站场的保障措施，利用先进技术手段，例如视频巡检、隐患识别(微泄漏检测)、视频报警联动等代替人工巡检，实现高水平的无人值守。

16.2.2 站场智能巡检

天然气站场仅仅通过人员的日常巡视和远程监测系统相结合的方式对工艺管网及相关设备实现日常管理和维护，存在着巡检质量低、劳动强度过大、巡检质量由于人员素质不同而参差不齐，巡检数据的准确性也参差不齐，容易造成漏查、雷雨及恶劣天气巡检困难等问题，人工巡检记录和互传的信息也不能保证高准确性和及时性。

输气智能巡检系统以高精度自主巡航机器人、激光甲烷遥测仪为核心，配合人工智能AI算法、工程化应用功能软件和各类高性能传感器，在云协作平台的统一调度下，协同监测站场监测项点，全面及时地进行巡检现场作业监护，可以在开放式空间有效检测天然气微量泄漏，起到无人值守、减员增效、控降运营成本及安防提升的作用。

16.2.2.1 智能巡检机器人

智能巡检机器人以移动的“慧眼”和“聪耳”，感知生产现场，根据生产工艺和安全生产的要求，对声、光、气三类巡检数据进行收集和风险预警预测。智能巡检机器人集成了视频传输与检测传感功能，可在-40~80℃的温度范围内正常工作；可在易燃、易爆、有毒、高湿及电磁干扰等恶劣环境下24h不间断巡检；能够在站场自动执行巡检任务，自动识别与分析站场设备设施的运行状态、周边环境的基础信息，提高巡检工作的可靠性，提升站场的智能化水平，降低站场的运维成本；通过人机协作，大幅度降低劳动强度、降低和避免生产运行过程中的设备故障风险；通过三维可视化云协作平台，企业可实时和立体掌握现场运行情况，实现更准确地故障诊断与预测，全面提升安全生产综合能力。智能巡检机器人现场巡检如图16.4所示。

图16.4 巡检机器人工艺区巡检

智能巡检机器人自主规划路径，对站场内潜在的泄漏点依次导航，并通过搭载基于可调谐半导体激光吸收光谱TDLAS技术、红外光谱、电化学多重监测传感技术的一体化高集成测量系统，实现表计智能识别、红外测温、天然气泄漏检测、声音分析及高清视频监测等功能，完成对天然气泄漏情况的采集分析，自主搜寻并定位天然气微量泄漏位置，可获取更加全面和精细化的现场数据，从而实现更准确地故障诊断与预测；通过历史数据分析，可实现部分故障的预测与预警。智能巡检机器人各功能模块见图 16.5。智能巡检机器人主要包括以下功能：

图 16.5 巡检机器人功能模块

(1) 红外热成像探测：配备红外摄像头，可检测气体泄漏、热成像检测、测温。

(2) 可见光视频探测：配备高清摄像头，搭载图像识别算法，精准预警各类风险。

(3) 设备状态检测：对过滤器、阀门及管道等设备运行状态进行实时监测。

(4) 表计识别：准确快速识别读取压力表、流量计、温度计、液位计等数据。

(5) 声呐检测分析：对设备运行环境中的声音进行收集分析，预警各类风险。

(6) 气体检测分析：对环境中的气体进行收集分析，准确识别有毒有害可燃气体。

(7) 智能语音模块：内置智能语音模块，实时语音对讲、语音讲解。

(8) 智能巡检：通过智能平台、数据报表、历史查询，对接 DCS/SCADA 系统。

采用机器视觉模块，实现数字图像识别与处理，并运用物联网技术，进行多个模块运算结果的实时状态采集。各模块独立计算，克服了传统图像识别的多个图像同时处理带来的算力瓶颈问题。

云物结合管控一体化云端协同平台，通过云端两侧的无线链路连接，在云侧形成数据的远端存储、状态分析、可视化展现，基于工业大数据，提供故障分析与预测等功能。输气站场智能巡检系统监控平台见图 16.6。

图 16.6 输气站场智能巡检系统监控平台

16.2.2.2 云台扫描式激光甲烷遥测仪

激光气体遥测技术的原理是基于可调谐半导体激光吸收光谱技术(TDLAS)原理。TDLAS 可调谐激光吸收光谱技术，通过调谐半导体激光波长，扫描目标分子/原子吸收线，获得该波段内的高分辨吸收光谱，利用吸收谱可反演气体浓度、温度等实时状态参量。图 16.7 为 TDLAS 技术原理示意图。

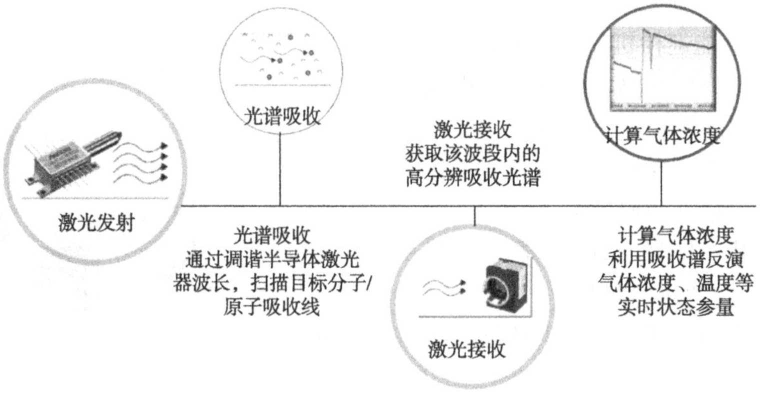

图 16.7 TDLAS 技术原理示意图

云台扫描式激光甲烷遥测仪是基于 TDLAS 原理而研发的一款新型气体探测器，采用防爆式设计，由高精度激光检测模块、精密云台和高清数字摄像机等部分组成，通过分析吸收气体后的反射光来测量气体浓度。云台扫描式激光甲烷遥测仪在测量的时候，二极管激光器输出特定波长范围内的窄带激光，通过对激光器的调制，波长覆盖被测气体的吸收峰，通过对比吸收峰的强度与原始光强，可以计算出气体浓度。

云台扫描式激光甲烷遥测仪可实现横向 360°、纵向 180°旋转，对站场形成多维立体空间实时监测；具备智能化调整功能，可预设重点监控区域，摄像机同步抓拍站场实景图，实现对泄漏点区域基本定位；同时将实时监测数据传送至后台分析系统，实现安全隐患早发现、早预警、早处理，大大提高站场安全运行防护等级；具有集成度高、实时监测、实时报警等特点。检测点随目标运行，激光检测点随管道移动，在重点区域重复、停顿。云台扫描式激光甲烷遥测仪的应用提高了集中监视的效率，为站场设备的稳定可靠运行提供重要保障。云台扫描式激光甲烷遥测仪扫描示意图如图 16.8 所示，云台式激光甲烷检测调度管理系统平台如图 16.9 所示。

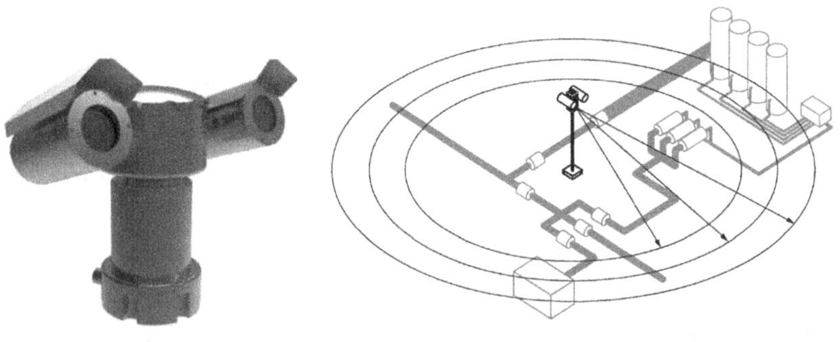

图 16.8 云台扫描式激光甲烷遥测仪扫描示意图

16.2.3 自动分输控制

天然气长输管道持续快速发展，天然气用户规模也在不断扩大，站场操作人员手动进行分输量控制耗费大量人力且分输控制准确性不高。为提高管道运行效率和用户分输控制水平需要利用自动分输控制手段给用户供气。自动分输控制主要是根据分输用户的供气特点，制

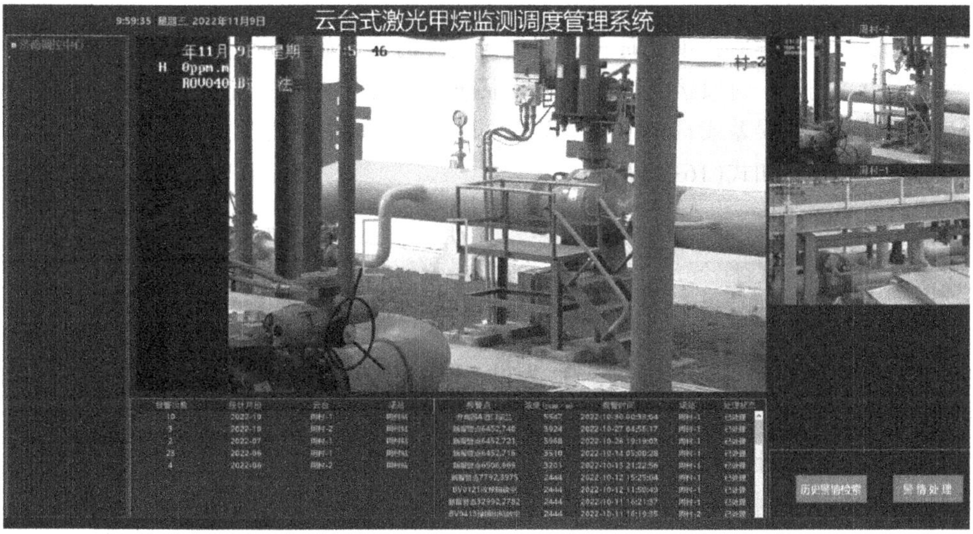

图 16.9　云台式激光甲烷检测调度管理系统平台

定不同的自动分输控制逻辑，自动完成用户分输的各项操作。站场自动分输控制是根据调控中心下发的日指定设定值，通过站控 PLC 中设置的多种分输模式进行 PID 控制，实现分输远程控制、一键启停、故障切换、自动分输。在站控系统内集成多种分输控制逻辑，即日指定到量停输控制、恒压控制、剩余平均流量控制和不均匀系数法控制等，按照用户实际用气情况在站控系统中选择对应的控制方式。

调控中心每天根据用户日指定计划量进行输气作业。运行监控系统能够自动采集当日日指定计划量，由调控人员进行一键下发到自动分输控制系统，再由自动分输控制系统根据用户日指定计划量进行自动分输控制。自动分输控制主要依靠调压撬上的分输调节阀来实现，分输调节阀的自动调节模式有压力调节和流量调节两种控制方式。在压力控制模式下，能够自动检测当前压力和目标压力，通过调节阀门开度使得当前压力达到目标压力；在流量控制模式下，能够自动检测当前流量和目标流量，通过调节阀门开度使得当前流量达到目标流量。

1）到量停输控制逻辑（日指定到量自动关阀控制逻辑）

到量停输控制逻辑，适用于间断供气的用户。程序控制当日日指定计划量到量后自动关断调节阀门，第二日某个特定时间（例如 0：00 或 8：00），根据下游压力或设定时间为判断条件，并按照提前设定的调压支路优先级、压力、流量再启动用户分输。

对于间断供气用户，采取流量保护条件下的压力控制，在流量设定限值下，进行压力控制。当流量达到高限值时，程序自动以流量高限值作为控制流量并显示报警。当流量下降到低限值时，自动关闭分输调节阀，利用管容气给下游用户供气。程序判断下游压力下降到低设定值时，重新开启分输调节阀给下游供气。当供气量达到日指定量的 90%时产生提示性报警，当供气量达到日指定量后自动关闭分输调节阀。

2）不均匀系数法（分输权重系数控制逻辑）

不均匀系数法控制逻辑，适用于连续供气的用户。将用户 24h 用气分为若干个时段，每天早上特定时间点程序根据过去 X 天各时段累计流量与日累计流量，通过加权平均计算出当日权重系数，每个时段按日指定气量与相应的权重系数乘积进行气量控制，从而反向拟合用户用气规律，最终达到在一定压力范围内日指定气量控制的目的。

每个时段分输完毕后，预计时段分输量与实际时段分输量进行比较得到 ΔQ。ΔQ 补偿在下一时段中，则下一时段接受流量补偿后根据时段权重值重新调整该阶段的流量设定值。以纠正调压设备执行误差或日指定变更误差，最终达到日指定气量控制的目的。每个时段的不均匀系数计算公式如式(16-1)所示。

$$X_{\mathrm{wt}} = \frac{\sum_{i=1}^{m} Q_{\mathrm{h}}[i]}{\sum_{i=1}^{m} Q_{\mathrm{d}}[i]} \tag{16-1}$$

式中，X_{wt}为每个时段的不均匀系数；Q_{h} 为过去 m 天此时段的实际输气量，m^3；Q_{d} 为过去 m 天每天的总输气量，m^3。

3）剩余平均流量控制逻辑

剩余平均流量控制逻辑，在连续供气用户使用。用户某特定时间点开始使用日指定气量除以剩余时间后的平均气量进行控制，且程序自动计算剩余平均流量并每间隔 N 小时下发一次，以纠正调压设备执行误差或日指定变更误差，最终达到日指定气量控制的目的。

按照剩余量平均量控制，即：(日指定量-已完成量)/剩余时间，每 N 小时下发一次并对应调整供气量。当剩余小时量低于单路流量计最低流量时，按照流量计最低流量设定供气；当压力高于或低于最高、最低压力时，按照压力控制。直到用完当日日指定量，产生报警提示信息或根据需要关闭阀门。

剩余平均流量控制逻辑适用于各时段用气分布比较均匀且无压力限制的用户，没有明显的用气高峰和用气低谷，多为工业用气比例较大的用户。

4）恒压控制逻辑

恒压控制，即对用户按恒压控制，向用户敞开气量供气。针对特殊用户，不进行日指定流量限制，始终按一定压力给用户供气。

对于稳定供气的不可中断用户，自动分输时采用设定的压力值进行恒压供气。在恒压控制模式下，管道分输控制阀保持常开，采用调压撬上的自力式调压阀进行压力控制，压力设定值按照需要的运行压力设定。当日指定量完成率达到 99.8%时，继续保持当前压力设定值进行输气。恒压控制下，日指定量控制由用户自主完成，程序不进行干预。

5）辅助控制逻辑

为了保证用户的供气安全和供气精准度，可增加压力超限控制、低流量保护、偏差调校 3 种辅助控制程序，其与到量停输法、不均匀系数法、剩余流量平均法和恒压控制法同时启用。如图 16.10 所示。

天然气管道分输用户自动分输技术的运用，有效地实现了日指定计划的精准控制，同时在分输过程中无须人工控制，减少了人为误差，且优化了人力资源的配置，降低了企业运营成本。

16.2.4 压缩机组智能启停、监测与诊断

压缩机组智能监测与诊断系统包括远程监视系统、在线分析诊断系统。通过压缩机组远程监视系统，调控中心与现场值班室实时监视机组运行参数、报警事件等关键信息。技术人员可以进行远程数据分析，及时发现现场机组故障隐患，指导现场及时处理，提升压缩机组

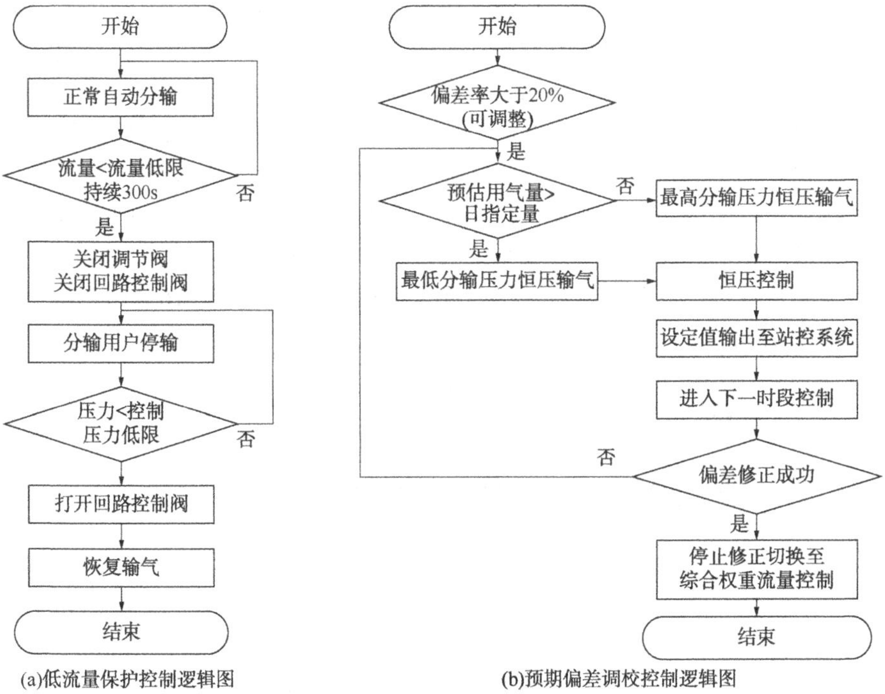

图 16.10　辅助控制逻辑示意图

的安全可靠性。在线分析诊断系统动态，监测压缩机组健康状态，预测燃气轮机热端部件剩余使用寿命，实时预警压缩机组性能退化风险，指导现场开展各类检维修作业，为压缩机组的预防性维护维修提供精准依据。

压缩机“一键启停”技术是将压气站的分散控制整合为集中控制，升级压缩机组及辅助系统控制功能，站控系统深度融合，在无人为操作或干预下，自动完成压缩机组启停机、压气站启停站的操作，实现压缩机组与辅助系统按控制逻辑自动启停。主要包括：

“一键启停机”：压缩机组自动完成正常开停机、不带压紧急停机、带压紧急停机、负荷分配控制及自动切换等。

“一键启站”：站控系统接受一键启站命令后，正输增压流程自动导通、压缩机组辅助系统自动启动、压缩机组自动启动、负荷分配自动投用、机组自动并网。

“一键停站”：包括压缩机单机组正常停机、保压停机、泄压停机；或正常停站、多机停止、多机保压停机、多机泄压停机、全站 ESD。

16.2.5　超声计量远程诊断技术

超声流量计远程诊断系统是一种基于现有国际先进的计算机技术、网络技术、计量管理、设备管理等，关注于计量站场运行管理的解决方案。该系统是针对整个贸易计量系统和计量设备的实时在线诊断系统，可以通过它快速、完整地获取计量分析仪表的设备运行状况、计量基础数据。

超声计量远程诊断工作原理：通过快速、完整地获取计量分析仪表的设备运行状况、计量基础数据，在线感知超声波流量计、流量计算机、变送器、色谱分析仪等关键设备的运行状况，完成对整个计量系统的监控、诊断、维护等工作，保证现场设备的正常平稳运行，提高贸易交接计量的准确度。主要具有监测与报警、趋势分析及性能追踪、自动诊断与声速核查、远程维护、数据储存、能量计量设备管理等功能。

超声流量计诊断系统利用现场多路超声流量计、流量计算机、气相色谱分析仪等计量设备均通过计量机柜的工业以太网交换机建立局域网络，计量机柜的工业以太网交换机采用网线与计量站场的生产内网路由器或交换机相连，并利用站控系统与调控中心的通信链路，实现计量系统诊断数据的远程传输。计量系统的现场诊断数据通过生产内网传输给调控中心的超声流量计诊断系统进行诊断和分析。超声计量远程诊断流程如图 16. 11 所示。计量远程诊断系统界面如图 16. 12 所示。

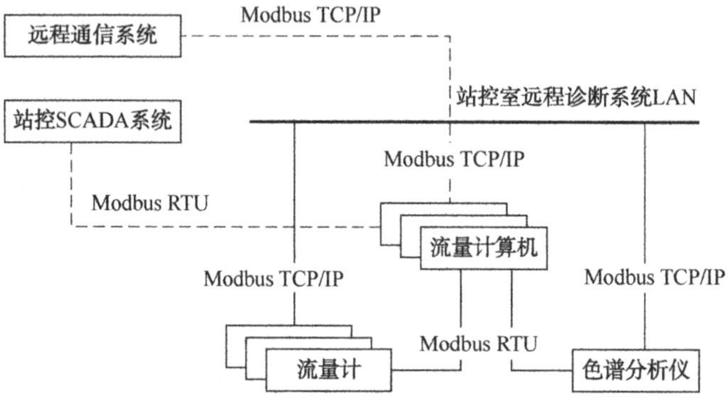

图 16. 11　超声计量远程诊断流程图

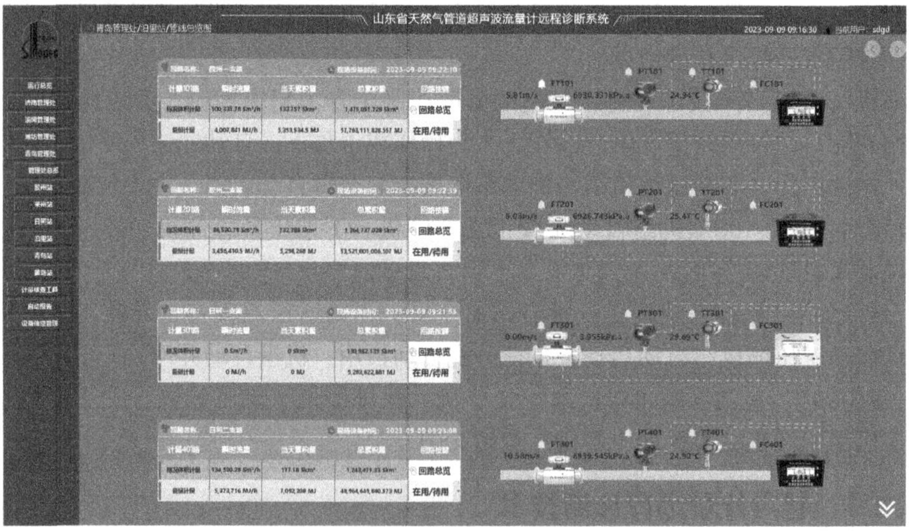

图 16. 12　计量远程诊断系统界面图

超声计量诊断系统，可对各分输站计量系统进行诊断和监控，建立实时分析数据和报警记录的数据库系统，并通过生产的各类报表、报告及趋势图，及时发现并解决计量系统出现的异常情况，确保分输站计量准确、可靠，切实提高计量管理水平。主要功能如下：

(1) 实时数据采集及处理，历史数据存储与分析，实时和随机核查现场计量系统，获得现场设备的运行信息及设备运行趋势曲线，回路诊断结果自动提示。

（2）按《气体超声流量计使用中检验声速检验法》（GB/T 30500—2014）进行超声流量计声速核查。关键诊断参数实时/历史趋势显示，自动生成计量回路核查报告、流量核查报告以及声速核查报告。

（3）通过专用软件监控各种关键参数的数据更新和仪表运行状态的记录及分析工作，分析流量计的报警数据。

（4）诊断系统可兼容各流量计型号产品，实现对已投用所有贸易流量计监视及诊断，预留接口以方便扩展新增的计量设备等。

（5）计量管理人员通过专用的软件完成对报警数据的分析，根据分析结果指导现场工作人员进行故障的排除工作；分析流量计的运行数据，与正常值进行比对，及早发现异常情况并处理。

16.3 光纤传感技术

16.3.1 光纤传感技术概述

光纤传感技术是以光信号变换和传输为载体的新的传感器技术，主要利用光导纤维的传光特性，把被测量转换为光特性（强度、相位、偏振态、频率、波长）改变的传感器。光传感器的特点有：

（1）光纤本身不带电，体积小，质量轻，易弯曲。

（2）光纤工作频带宽，动态范围大，适合于遥测遥控，是一种优良的低损耗传输线。

（3）光纤传感具有抗电磁干扰、灵敏度高、可靠性好、传输距离远、易于组成分布式传感网络等突出特点，特别适合于易燃、易爆、空间受严格限制及强电磁干扰等恶劣环境下使用。

（4）光纤传感技术对温度、压力、流量、位移、振动、转动、弯曲、液位、速度、加速度、声场、电流、电压、磁场及辐射等物理量都能实现不同性能的传感测量。

光纤传感技术在油气管道主要有以下应用：

（1）泄漏检测：管道沿线发生的事件都会引起管道周围环境的变化，如管道泄漏会产生振动，撕裂口处气流冲击会产生次声波和声波，泄漏处的节流效应会产生局部温降，埋地管线气流冲击会产生地表局部形变。

（2）第三方施工检测：第三方施工同样也会引起不同频率的振动和空间位移；管道周围土层环境的变化，如掏空、挤压变形等也会导致伴行光缆的形变；更主要的是这些变化一般都会伴随不同的声响，光缆及时对第三方施工做出反应，提前做出预警，巡线人员及时赶往现场，避免施工伤害。

（3）地质灾害检测：利用管道伴行光缆的形变进行土体监测，定性进行事前预警，再配合人工探查，可以提前检测预报地质灾害。

16.3.2 光纤传感技术分类

16.3.2.1 光纤光栅传感技术

光栅是由很多等节距的透光缝隙或不透光的刻线均匀、相互排列而成的光电器件。光纤传感器基于光纤光栅的传感过程是通过外界物理参量对光纤布拉格（Bragg）波长的调制来获取传感信息，是一种波长调制型光纤传感器。

其基本原理是将光纤特定位置用紫外线刻写制作成折射率周期分布的光栅区，特定波长的光波在此区域内被反射，反射的中心波长信号跟光栅周期和纤芯的折射率有关。由于光纤光栅与光纤之间天然的兼容性，很容易将多个光纤光栅串联在一根光纤上构成光纤光栅阵列，实现准分布式传感器，加上光纤光栅具有普通光纤的许多优点，且本身的传感信号为波长调制，测量信号不受光源起伏、光纤弯曲损耗不受光源功率波动和系统损耗影响。图 16.13 为光纤光栅传感技术示意图。

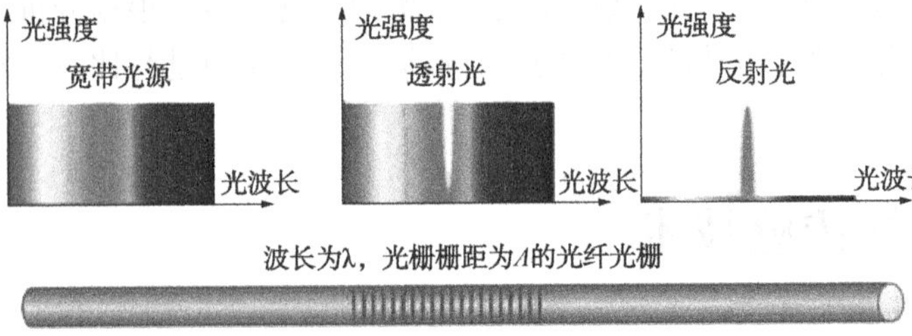

图 16.13　光纤光栅传感技术示意图

光纤光栅传感器主要包括光纤光栅应变传感器、温度传感器、位移传感器、压力传感器等。光纤光栅预警技术可用于长输管道的管道安全预警及泄漏检测。

16.3.2.2　光栅阵列传感技术

光栅阵列技术是一种基于光栅的新型光传感技术，它利用光波中的衍射效应实现光谱分析和波长选择。综合“光纤光栅”与“分布式”传感技术的优势，克服各自劣势，是一种可灵活配置的大规模、无接续、高精度、快速响应的多参量光纤传感新技术。可以实现在一根光纤上制备几十万个传输损耗小于 0.5db/km 的大容量低损耗光纤阵列传感器。

光栅阵列预警技术使用将光纤拉制和光栅刻写合二为一的新一代传感器制造工艺，是新一代光纤预警技术，可用于长输管道的管道安全预警及泄漏检测。

16.3.2.3　分布式光纤传感技术

分布式光纤传感技术是在 20 世纪 70 年代末提出，随着光时域反射(OTDR)技术的出现而发展起来的。它是利用光纤作为传感敏感元件和传输信号介质，采用先进的光时域反射技术和光频域反射技术，探测出沿着光纤不同位置的温度和应变的变化，实现真正分布式的测量。

分布式光纤传感技术、光纤光栅传感技术、光栅阵列传感技术 3 种光纤技术对比见表 16.1。

表 16.1　光纤传感技术对比

	分布式光纤传感技术	光纤光栅传感技术	光栅阵列传感技术
传感元件	普通光纤、全分布	单点光栅、串联	点式、全分布
解调原理	时分复用	波分复用	波分/时分混合复用
性能指标	精度低、速度慢	精度高、速度快	精度高、速度快
	容量大、距离长	容量小、距离短	容量大、距离长
生产成本	无须成栅，成本低	逐点制作并焊接，成本高	在线连续拉丝成栅，成本低
应用领域	长距离、大容量的场合	对精度和响应速度要求高的场合	完全覆盖前面两种技术应用范围

16.3.3 分布式光纤的应用

16.3.3.1 分布式光纤工作原理

分布式光纤技术是对沿光纤传输路径上的空间分布和随时间变化信息进行测量或监控的传感器，光纤每个点都是传感器，可以对光纤沿线进行全方位监控，如图16.14所示。

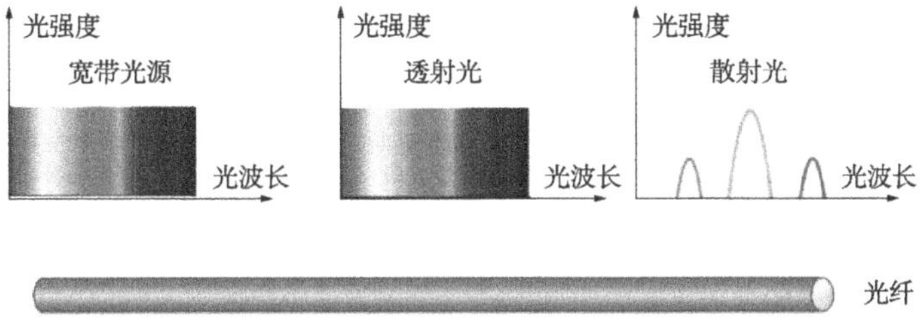

图16.14 光纤分布式传感技术示意图

分布式光纤传感技术主要是基于光散射理论，当光在光纤中传输时，主要产生三种散射，即瑞利散射(Rayleigh Scattering)、布里渊散射(Brillouin Scattering)和拉曼散射(Raman Scattering)。

(1) 拉曼散射：距离中心频率较远，最容易监测分离，但强度最小，监测距离较短，一般只能到30km左右，可用于温度测量，由于距离较近不适用于管道远距离监测。

(2) 布里渊散射：距离中心频率更近，强度更大，监测距离可达40~80km，采用自发布里渊散射或受激布里渊散射技术进行温度和应变测量。

(3) 瑞利散射：距离中心频率最近，最难分离，但强度最大，监测距离可达100km，采用相位敏感方向瑞利光时域反射技术进行振动测量和声学监听。

16.3.3.2 光纤微振监测系统(DAS)

光纤微振监测系统DAS(Distributed fiber Acoustic Sensing)，利用相干瑞利散射光的相位而非光强来探测振动等信号，利用线性定量测量值来实现对振动事件相位和频率信息的获取。当光纤某处受到扰动，相应位置处的光纤将发生形变，光纤的折射率、长度、半径都将发生变化，导致该处的后向瑞利散射率和后向瑞利散射光相位都发生相应的变化。由于该系统注入脉冲光的强相干性，干涉效应非常明显，系统对后向瑞利散射光的幅度和相位变化非常灵敏。

其测量过程为：激光器沿着光纤发出光脉冲，一些光以反向散射的形式与入射光在脉冲内发生干涉，干涉光反射回来以后，反向散射的干涉光回到信号处理装置，同时将光纤沿线振动声波信号带来信号进行处理。由于光速保持不变，因此可得到每米光纤的声波振动的测量结果。通过解调后向瑞利散射光幅度和相位的改变得到外界的扰动信息，通过特征波形来判定管道周边是否受到入侵。分布式光纤系统结构如图16.15所示。

分布式光纤微振系统已经在油气勘探，周界安防，泄漏监测、地铁、高铁运行状态检测，机场、航道情况实时检测，国境线监控等多方面得到应用。

16.3.3.3 光纤温度监测系统(DTS)

传统的测温手段一般分接触式和非接触式，大多采用水银温度计和红外测温仪，这些测温方式往往是单点测量，无法全面及时反映温度的时空变化。而分布式光纤温度测量却能沿光纤走向测出沿长度方向的温度变化，测量精度可达0.1℃。

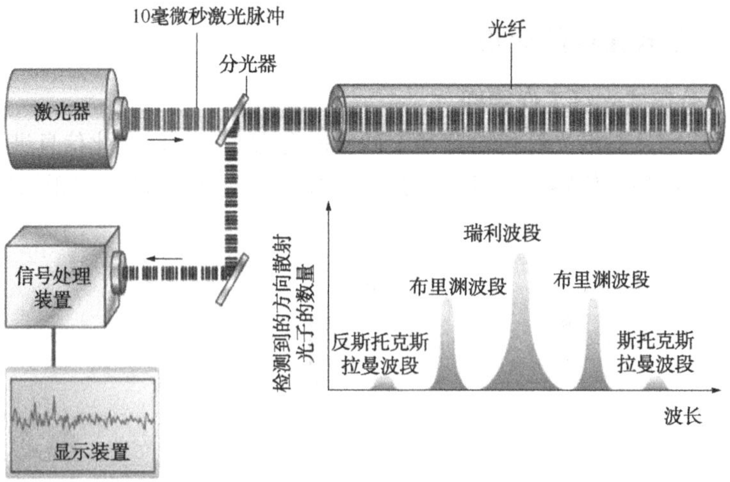

图 16.15 分布式光纤系统结构图

光纤温度应变监测系统基于 BOTDRA 技术，布里渊频移只与光纤承受的温度、应变有关。布里渊频移与温度应变存在线性关系，通过测试光纤的布里渊频移变化就可以唯一确定温度或应变的变化，这正是利用布里渊散射进行温度应变传感的机理。图 16.16 为分布式光纤测温技术(DTS)示意图。

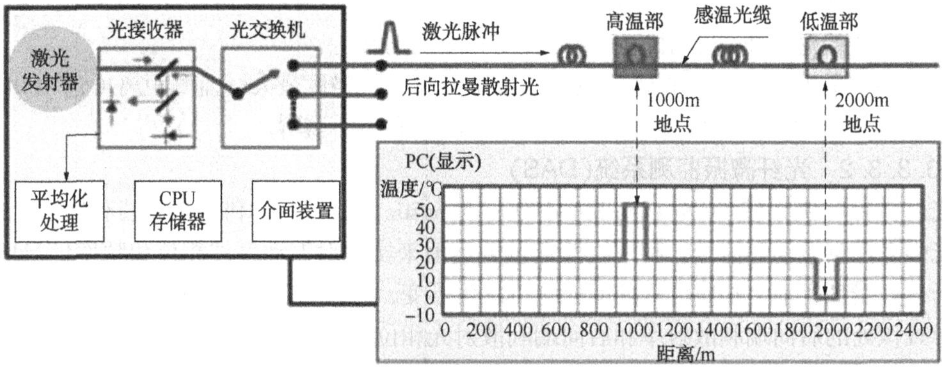

图 16.16 分布式光纤测温技术(DTS)示意图

分布式光纤测温系统已广泛应用于高压输电电缆温度的在线检测，将感温光缆粘贴在电缆表面或支持铠装在电缆线中间，对关键性电缆温度监测和火灾监测。高压天然气泄漏会产生严重的节流效应，管道表面温度大幅度降低，因此分布式光纤测温系统可应用于石油、天然气管道泄漏监测。分布式光纤应变监测系统还可应用于海底、陆地通信光缆应变监测，以及山体滑坡、泥石流等地质灾害监测。

16.3.3.4 分布式光纤与安全预警

(1) 当第三方施工单位无意挖掘后，入侵行为确认，传统监测设备无法精确入侵行为的地理范围；分布式光纤系统可以对管道沿线的环境参数进行连续测量，定位精度优于 20m，为调控中心提供定位报警，及时制止第三方施工对天然气管道机械伤害。

(2) 利用长输管道伴行光缆安装分布式光纤预警系统，大大节约投资，例如，可将分布式光纤应用于管道内检测作业，清管器在管道内行进过程中能引起管道壁外的伴行光纤振动，通过实时跟踪清管器的运行轨迹和准确计算行进距离，可以发现清管器的异常工况，如超速、停球、卡球等。从而能尽快发现卡球位置，更好地指导和监控内检测作业。

（3）最新的光纤技术还可以监听光缆沿线的声音，能在监控中心进行音频的记录和报警，听辨核查现场情况，便于维护人员迅速开展行动，减少损失。并可在事后进行现场声音情况回放，便于追查事故原因。

（4）分布式光纤可用于周界安防智能监测。一是可采用入侵人员轨迹和入侵动作相结合的智能监测方式，埋地振动光缆可监测入侵人员轨迹，挂网振动光缆可监测入侵动作。光纤是“耳”，视频是“眼”，感知危险事件，降低误报率；二是可采用振动光纤周界入侵报警结合激光对射的周界报警方式，振动光缆安装在围墙处，激光对射前段安装在大门口，监控终端与工业电视监控系统时时联动，实现入侵自动拍摄和取证，确保输气站场的安全运行。

16.4 应力应变在线监测系统

为切实保障长输管道的长期安全、经济运行，有必要对地质灾害作用下的管道变形状态进行定量实时监测，从管道本体出发，把握管道在地质灾害条件下的力学状态，应力应变检测及其分析评价技术是一种非常科学和有效的手段。

一般来讲，管道在外力作用下，当在线应力或应变达到某一临界值时，即发生失效。由于应力导致的管道形变具有传导效应，所以当应力在某处或者某几处同时发生的时候，相邻的多个界面的振弦式传感器界面均会采集到所监测管道不同位置所承受不同强度的应力变化。应力应变在线监测系统针对穿越矿区、地震断裂带的高后果区管道，采用基于应力应变检测的分析评价技术，建立完善的应力应变在线监测系统，在管道失效之前对管道应力变化做出极早预警。同时，在有效监测系统的指导下能够及时开展管道抢维修，减轻或延缓各种地质灾害可能带来的严重后果，有效保障管道系统的安全运营。

16.4.1 振弦式传感器

振弦式传感器由受力弹性形变外壳(膜片)、振弦、紧固夹头、激振和接受线圈等组成。传感器敏感元件是一根张紧的金属丝，称为振弦。在电激励下，振弦按其固有频率振动。改变振弦张力，可以得到不同的振动频率。振弦的振动频率与弦的张力的关系是：

$$f=\frac{1}{2}\sqrt{\frac{F}{ml}}=\frac{1}{2l}\sqrt{\frac{\sigma}{\rho}} \tag{16-2}$$

式中，f 为振弦的自振频率，Hz；l 为振弦的有效长度，m；F 为振弦张力，N；m 为振弦质量，kg；ρ 为振弦的密度，kg/m^3；σ 为拉应力，Pa。

振弦式传感器分单线圈传感器和双线圈传感器两种，单线圈振弦式传感器结构见图16.17。

振弦传感器直接输出振弦的自振频率信号，具有抗干扰能力强、受电参数影响小、零点漂移小、受温度影响小、性能稳定可靠、耐震动、寿命长等特点。

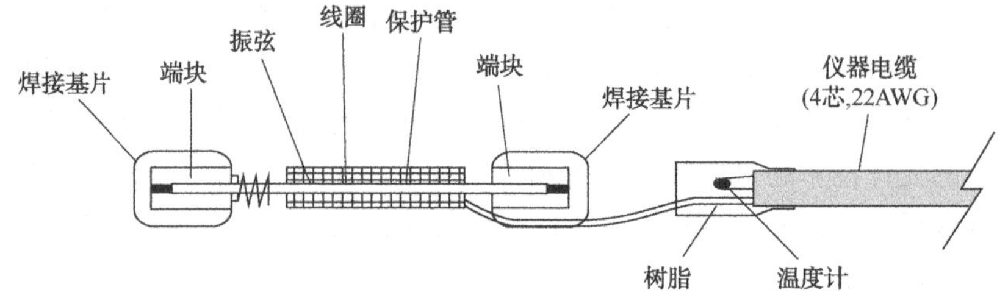

图 16.17　单线圈振弦式传感器结构图

16.4.2　应力应变监测系统实例

某天然气长输管道设计压力 10MPa，设计管径 *DN*1200mm，全长 490km，管道在临沂穿越蒙山山前断裂带。为有效检测可能的地震对管道造成的未知伤害，及时关断管道 ESD 紧急截断阀，设计师在该穿越处设计了应力应变监测系统。其系统原理图如图 16.18 所示，调控中心显示画面如图 16.19 所示。

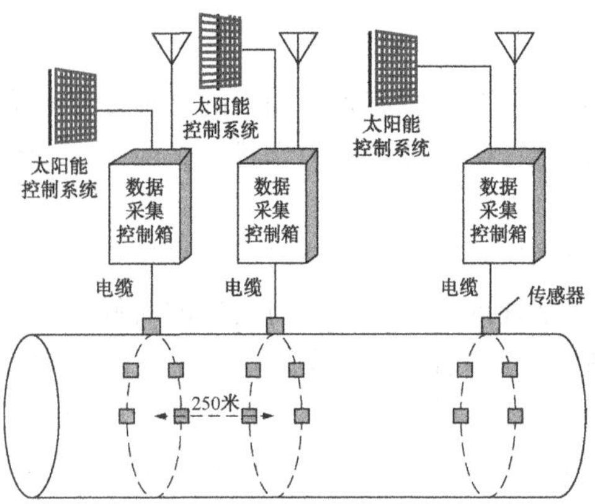

图 16.18　检测原理图

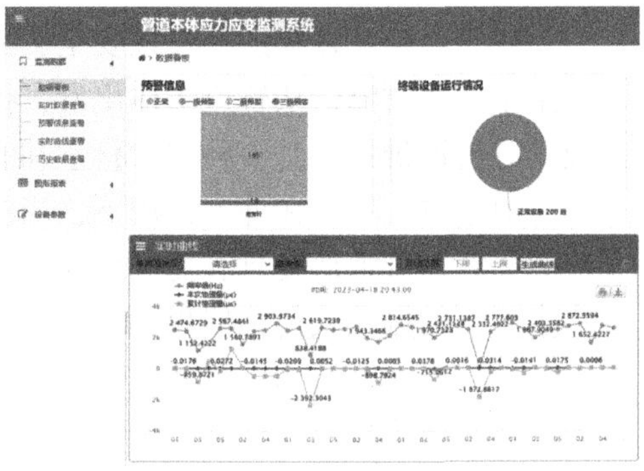

图 16.19　应力应变监测系统

振弦式传感器基于弹性理论，如已知管道横截面半径，以及截面圆周上三个相隔角度圆弧位置处的单轴纵向应变，就可以计算出圆周上任何一点的纵向应变。为增加传感器的可用性，每个监测截面上从 0°~180°每隔 45°布置 1 只传感器，共 5 只，可保证 2 只传感器故障的情况下仍可正常监测。传感器在管道截面上的布置见图 16.20。

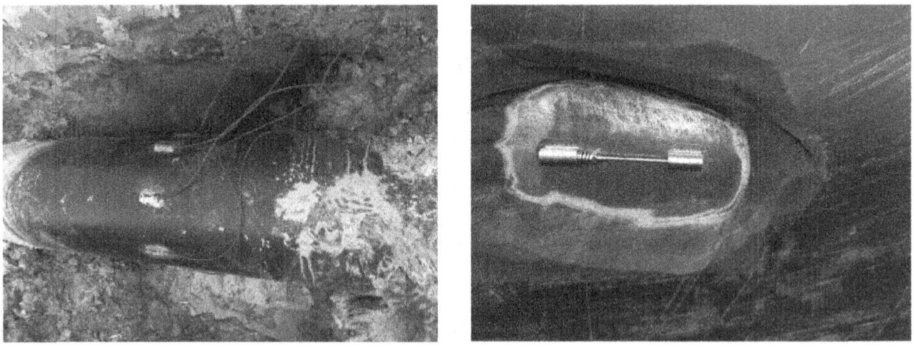

图 16.20　监测截面上探测器的布置

应力应变监测系统主要由传感器网、数据采集终端和应力分析预警软件组成，系统采用分布式采集方式，将主控制器和传感器一起分散地就近布置在整个监测区段上，在可能的受力集中点或敏感点处设监测截面。数据采集终端对该监测区段的传感器进行数据采集、信号处理、与上位机通信，数据采集终端采用模块化设计，由主控制器、防爆箱和仿线路桩外壳组成。主控制器(含电子部分、电池、太阳能电池板等)以模块化的方式封装在仿线路标志桩/警示牌的结构中，具备一定的防盗和警示作用。

调控中心安装应力分析预警软件，传感器通过无线采集系统 GPRS 网络传输数据。数据采集终端软件可以快速地完成设备数据的采集工作，采集模式分为主动式和问答式两种结构模式，支持前端存储传输脱机工作模式，具备双向备份功能。数据发送到调控中心，软件自动对测量数据进行换算，直接输出监测物理量，完成对传感器数据的采集和监控。

16.5 其他新技术应用

16.5.1 无人机巡护管道技术

无人机(Unmanned Aerial Vehicle)即无人驾驶飞行器，是一种利用无线电遥控设备和自备程序控制装置操纵的不载人飞机。无人机上安装有自动驾驶仪、程序控制装置等设备，地面控制人员通过数传电台、雷达等设备，对其进行跟踪、定位、遥测、遥控和数字信息传输。

无人机根据机型可分为：固定翼无人机、旋翼无人机和无人直升机。由于油气长输管道距离长、管径大，通过区域地形复杂，管道巡检对无人机的航程、速度及性能等有较高的要求，通常选择固定翼无人机或旋翼无人机。无人机巡检涉及自动飞行与控制技术、GPS 差分定位技术、遥感载荷技术等多个技术领域，主要由地面控制系统、无人机飞行系统、信息采集检测系统三部分组成。如图 16.21、图 16.22 所示。

图 16.21 固定翼无人机

图 16.22 旋翼无人机

无人机在油气管道日常巡线和应急抢险支持方面应用较广，主要应用有：

(1) 管道信息化支持。可结合卫星导航技术，三维实景建模，实现管道信息可视化集中统一管理，为管道企业和属地政府的管道保护工作(如：相交相遇工程安全管理、占压及间距不足等隐患治理)提供丰富的信息和直观印象。

(2) 无人机在山区人员难以到达的地区巡线有明显优势，特殊地段替代人工巡线。在快速道路、水网及围蔽隔断点，能替代人工进行日常巡线，既减少了迂回绕道，又保证了巡线人员的安全，提高了工作效率。

(3) 扩大隐患识别的覆盖面。在第三方线性工程施工安全、雨后山区地质灾害隐患识别工作中，能扩大识别范围并能就局部敏感区段进行精准排查。

(4) 通过无人机搭载激光甲烷检测仪进行管道巡护时，一旦发现管道疑似存在泄漏，可以快速检测、报警，并判断泄漏点位置。三轴稳定云台可以自动平衡无人机的晃动，锁定巡检目标，精准定位，同时避免干扰。激光甲烷检测装置响应速度可达到 0.025s，在飞行中能有效检出泄漏气团。飞行控制和巡检管理平台在遥控器上就可以实时观察巡检轨迹和报警点、异常点、抓拍图片，并能自动生成巡检报告，为应急处置提供有力支撑。

图 16.23　无人机巡护

(5) 应急抢险方面，无人机能获取抢险现场的空中俯视全貌以及事故发生前后的图片对比，为抢险决策提供支持。特别是防汛抢险、地质灾害方面可以及时获取现场信息，对抢险决策帮助很大。无人机管道巡护见图 16.23。

(6) 无人机在管道完整性管理方面的应用。充分利用现有管道基础数据，通过无人机采集管道 GIS 地理信息数据、三维空间位置数据等，与管道动态数据结合后，绘制数字高程模型、三维正射影像图、三维地表模型等，动静态数据与三维模型的叠加，可制作管道实景建模三维图，提供直观的管道管理场景，为管道规划、管道走向设计、检维修提供精准地形地貌数据支持，实现管道信息可视化集中统一管理。

16.5.2　AI 智能视频监控

AI(Artificial Intelligence)，人工智能的简称。随着站场智能化水平显著提高，输气站场视频监控数量大幅增加，站场已实现监控视频全覆盖。传统的视频监控存在以下缺点：由于实时视频监控画面过多，导致值班人员无法实时捕捉视频画面中显示的问题，无法及时有效地分析及处理安全隐患；现场的施工人员素质参差不齐，现场施工难以远程监控，管理人员只能在现场监护施工作业，需要耗费大量人力和时间；且传统的视频监控系统多数仅用于事后调查，实时视频监控的作用并没有发挥其最大化的作用。

在企业“降本、提质、增效”的大趋势下，利用 AI 智能视频监控技术，简单地讲就是“视频+AI”能最大程度发挥视频监控的作用，对于输气站场安全生产具有十分重大的意义。AI 智能视频监控技术运用人工智能算法，能够准确识别异常行为，一旦发现异常行为，可以准确地进行实时报警，有效提高报警的时效性和准确性，可实现全天候、实时、准确的自动巡查。

AI 智能视频监控技术是基于数字图像处理、计算机视觉等技术构建智能视频分析技术。通过 AI 智能视频监控全天候对进入输气站人员进行人脸识别，对站场微泄漏、火光烟雾、人员劳保穿戴合规性检查及人员异常行为等进行智能监测。通过机器深度学习，站场智能视频监控系统可以快速精准地捕捉到隐患位置，实现智能视频巡检功能，无须人工干预，可定时、定路径三维视频巡逻监控。警告信息出现时自动定位到报警区域，形成警报快照。在复杂多变的场景下可以实时自动地对监控画面中的人员多种违规行为操作进行分析，可实现重点区域入侵警戒，当有人员或车辆进入警戒区域或越过警戒线时，平台自动弹出警告信息和现场画面，同时与周界安防系统实现报警联动，自动开启告警录像，以便于运维人员后期复查，并及时进行短信告警和语音播报。可以实现异常情况提前预警，突发事件自动报警，保障输气站场安全生产。

16.5.3 数字孪生技术

数字孪生(Digital Twin)就是构建一个事物的数字版“克隆体”。油气管道点多、线长、面广，数据来源具有复杂性、不确定性、数据与实体非对称性等特点。数字孪生作为新一代高新技术，结合人工智能、5G、区块链等前沿技术与管输行业不断融合深化，其在管输行业的应用不断增加。数字孪生是指充分利用物理模型、传感器、物体运行历史数据，集成多种类学科、多尺度的物理仿真过程，将实体产品的运行状态“映射”镜像反映在虚拟的、可视化的载体上，以此模拟“物理实体”的全生命周期或过程。即数字孪生体是一个对应实际情况的模型，该模型是真实空间中的实体映射，结构、参数与真实空间中的物理实体相对应，是实际环境中物理实体的映射。数字孪生最早应用于航空航天领域，即用数字孪生模拟飞行器执行任务前的虚拟飞行。数字孪生的定义通俗来说，是数字与现实组成的一对双胞胎，在虚拟环境中构建复现现实的场景，来模拟生产中的运营逻辑。

数字孪生技术可以运用于输气管道系统全生命周期各个阶段。

1) 管道建设

智能管道建设的过程包括设计与施工。数字孪生技术可实现数字化设计，通过搭建三维设计平台，使工程设计、施工和运维搭建在同一个设计平台，所有设计人员都在同一个平台上进行设计，统一数据标准，规范全生命周期数据模型，从源头上消除数据不统一问题，可以减少各专业沟通不畅的问题，实现图纸信息统一，提升设计效率及质量。在具体设计环节，可以根据其他类似管道历史数据和试验数据，对设计阶段模型进行验证，减少后期变更频率。可运用数字孪生技术建立设备的虚拟体，测试其在管道工艺流程中的可用性和适用性，为设备选型、供应商选择以及设备调试提供依据；在施工阶段，数字孪生技术进一步增加数据维度，包括管道属性数据、周边环境数据、施工过程数据、施工记录、质量检验数据、检测数据等，通过数据更新不断完善指导施工过程。从而实现管道建设方案最优，建设效益最大化。

2) 管道运行

首先在人员培训方面，传统的培训偏重理论知识，学习形式单一。利用数字孪生技术，可在虚拟场景提供真实的操作环境，使员工对设备和管道有立体的认知，提升学习效率。

在生产运行方面，利用数字孪生技术，充分融合“空、天、地”多维度感知信息，实时获取输气工艺状态、工艺参数、设备运行参数等信息，结合相关实时数据、历史数据，对输气计划进行仿真、预测分析和迭代优化，使运行过程中的气源配置、多气源流向优化、用户气量控制，计量交接、安全生产等指标达到最优。

3) 预测性维护与应急

根据设备检维修体系文件、历史数据以及设备设施实时运行状况、内检测报告等，对管道缺陷发展进行智能预测，结合智能化管道系统中的相关数据，初步制订出检维修工作计划，指导对设备设施或管道本体进行检维修作业。在应急抢险方面，管道数字孪生体通过对事故原因、事故影响、泄漏扩散、污染等维度进行分析，预估事故后果，实现运行工况调整、人员和物资调配、维抢修作业等一体化的解决方案，最终形成统一指挥的应急响应机制。

输气管道数字孪生体模型包括管道实体、管道虚拟模型、调控中心以及管道数据库。数字孪生体中的管道实体除了管道本体以外，还包括具有数据传输和转换功能的仪器，能够实时将管道系统的状态数据传输给管道虚拟模型和控制中心，如压力、流量、温度等。管道虚拟模型是对实体管道、设备以及周围环境的全方位构建，通过仿真技术和准确的数据实现虚拟模型和管道实体在全生命周期的同步。管道数据库则是由管道实体、管道虚拟模型交互信息组成，例如管道公开数据标准数据模型和地理信息管道数据模型、管道完整性数据模型等，覆盖了管道系统的全生命周期。

16.5.4 智慧工地

智慧工地是智慧城市、智慧工厂等概念在工程建设领域的应用延伸，是用智慧的管理理念进行工程特定生命周期的管理。智慧工地是指结合“大数据、云计算、物联网、智能设备、区块链”等新一代信息技术的全新施工现场管理技术。智慧工地建设通过搭建施工现场无线局域网络、关键施工作业视频监控、自动采集工况参数、施工助手移动终端应用等信息化技术及工业化技术，融合实现智慧工地建设互联网+项目管理。利用二维码、物联网和移动应用技术通过焊机数据采集板、施工管理助手、现场摄像等设备将现场焊机数据信息、机具设备信息、施工人信息及环境参数等信息进行在线采集，通过现场的无线路由器传入现场数据中心，也可以通过4G/5G无线通信技术等将数据传递至远端的数据中心。

(1) 资源管理。建立人员、设备、材料及参建单位信息档案库，制作相应的二维码证件，对工程信息进行动态管理，移动端和PC端实时更新，管理人员可以通过扫描施工现场人员或设备的二维码来检查人员、设备的变更和违规操作情况，为承包商考核提供依据，见图16.24。

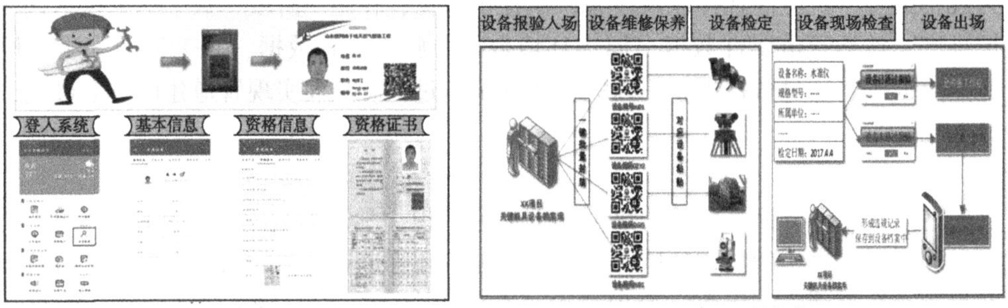

人员管理　　　　机具、设备管理

图16.24　人员、机具、设备全方位管理

(2) 物资管理。采购材料数字化，通过统一编码生成材料的二维码唯一标识，为全生命周期管理夯实基础。

(3) 施工过程管理。施工现场设置智能工地远程监控平台，对施工现场作业各环节进行远程监管。通过对施工相关数据进行采集形成施工数据库，如施工现场生成每一道管道焊口信息的二维码，以便问题焊口可以追根溯源，实现施工过程管控及施工数据移交智能化。实时焊接数据采集利用二维码、物联网技术实现焊接过程关键参数(电流、电压、送丝速度等)的采集和智能管理；施工数据库提供数据查询、数据分析、报表查询、工艺管理等功能，将施工现场焊接数据实时传输至智能工地远程监控平台，随时监控现场焊接质量，实现对全场焊口施工过程及质量动态跟踪，并以焊口编号为依据进行数据对齐，见图16.25。

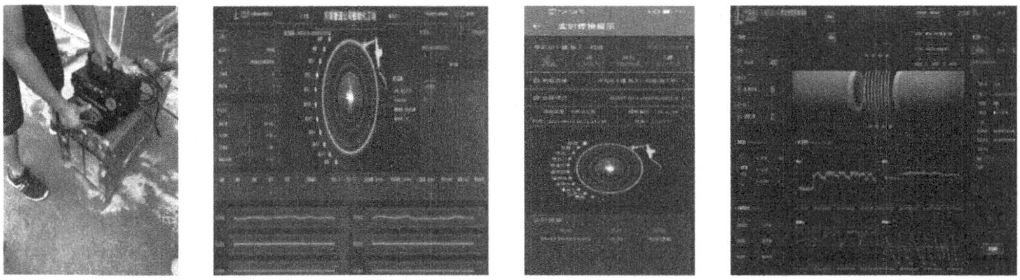

半自动焊机数据采集模块　网页实时数据展示　APP焊接数据实时展示　焊接历史数据分析

图 16.25　焊接工艺管控

(4) 4D 施工进度模拟。将三维交付站场模型与施工单位施工计划挂接，按照施工计划对站场施工过程进行模拟，实现站场计划进度展示；根据站场实际填报施工进度，改变对应模型施工状态，实现站场实际进度的形象展示；通过计划与实际进度对比，对滞后工序进行预警，见图 16.26。可与物资联动，实时展示阀门等设备的到货状态。

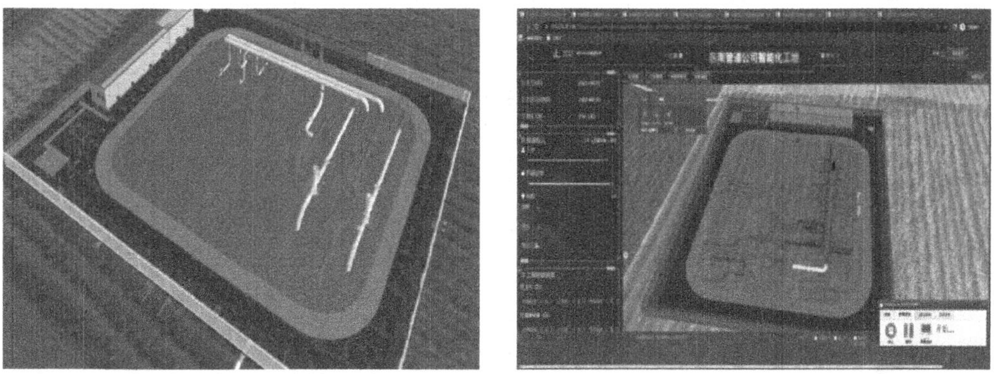

(a)站场进度展示　(b)4D进度模拟

图 16.26　施工进度模拟

(5) 安全管理。施工过程实时监控，除了保证施工人员的安全作业外，也具有保护大型机械设备、贵重物资、防护危险品的功能。视频监控系统对现场人员行为实时进行 AI 视觉分析并展示异常结果，发出警告信号。AI 训练平台主要功能和算法：安全帽或工作服检测 AI 算法；区域行为分析 AI 算法(如穿越警戒线、区域入侵、离开区域和区域徘徊等)；异常行为分析 AI 算法(如奔跑、剧烈运动和倒地等)。

(6) 环境监测。依据相关法律法规，设定相应的现场扬尘、噪声、温度、湿度容许限制，当达到标准智慧工地建设阈值时，监控系统报警，同时管理人员采取措施降低不利环境条件。作业环境直接或间接影响施工人员的身体和心理健康，可以通过现场作业环境监测系统有效实现对工地环境的集中监控。

从智慧工地、到智慧城市、再到智慧地球，这是信息化深入发展的必然趋势，科学技术引领人类走向更加幸福的未来。到如今，管道企业已实现了大口径、高压力、长距离的飞速跨越，人工智能、无人机技术、智慧管道逐步引领天然气管道行业迈向更加高质量发展的未来。

附录1　天然气中主要组分的物理化学性质

项目	分子式	相对分子质量	千摩尔体积/(m^3/kmol)	气体常数/[kJ/(kg·K)]	密度/(kg/m^3)	临界温度/K	临界压力/MPa	临界比体积/(m^3/kmol)	相对密度	高发热值/(MJ/m^3)	低发热值/(MJ/m^3)	爆炸下限/%	爆炸上限/%	动力黏度/10^5(Pa·s)′	运动黏度/10^5(m^2/s′)	比定压热容/[kJ/(kg·K)]	比定容热容/[kJ/(kg·K)]	偏心因子
甲烷	CH_4	16.043	22.362	0.5171	0.7174	191.05	4.491	0.099	0.5548	39.84	35.9	5	15	1.027	1.416	2.223	1.67	0.0104
乙烷	C_2H_6	30.07	22.1872	0.2759	1.353	305.45	4.727	0.143	1.046	67.34	64.4	2.9	13	0.843	0.611	1.729	1.444	0.0986
丙烷	C_3H_8	44.097	21.9362	0.1846	2.0102	368.85	4.256	0.195	1.555	101.26	93.24	2.1	9.5	0.735	0.358	1.863	1.649	0.1524
异丁烷	i-C_4H_{10}	58.124	21.5977	0.1378	2.6912	407.15	3.54	0.263	2.081	133.05	122.85	1.8	8.5	0.676	0.246	1.658	1.49	0.1848
正丁烷	n-C_4H_{10}	58.124	21.5036	0.1372	2.703	425.15	3.501	0.258	2.09	133.89	123.65	1.5	8.5	0.669	0.243	1.658	1.49	0.201
异戊烷	i-C_5H_{12}	72.151	20.983	0.1078	3.4386	460.85	3.226	0.316	2.659	168.32	155.72	1.6	8.3	0.616	0.176	1.654	—	0.2223
正戊烷	n-C_5H_{12}	72.151	20.891	0.1074	3.4537	470.35	3.236	0.311	2.671	169.37	156.73	1.4	8.3	0.635	0.18	1.654	—	0.2559
氢	H_2	2.016	22.427	4.126	0.0899	33.32	1.255	0.065	0.0695	12.74	10.78	4	75.9	0.836	9.3	12.76	10.13	0
氮	N_2	28.0134	22.403	0.2967	1.2504	126.2	3.285	0.09	0.967	—	—	—	—	1.667	1.33	1.047	0.745	0.04
氦	He_2	4.003	22.363	2.077	0.179	5.25	0.222	0.058	0.138	—	—	—	—	1.718	9.598	5.234	3.14	—
一氧化碳	CO	28.0104	22.3984	0.2967	1.2506	133	3.383	0.093	0.967	12.64	12.64	12.5	74.2	1.657	1.33	1.034	0.737	0.041
二氧化碳	CO_2	44.0098	22.2601	0.1876	1.9771	304.2	7.149	0.094	0.529	—	—	—	—	1.402	0.709	0.845	0.653	0.225
空气	—	28.996	22.4003	0.2868	1.2931	132.5	3.645	0.09	1	—	—	—	—	1.716	1.34	1.009	0.72	—
硫化氢	H_2S	34.076	22.1802	0.2415	1.5363	373.54	8.715	0.098	1.188	25.34	23.36	4.3	45.5	1.167	0.763	1.063	0.804	0.1

附录 2　螺旋焊缝管加工流程示意图

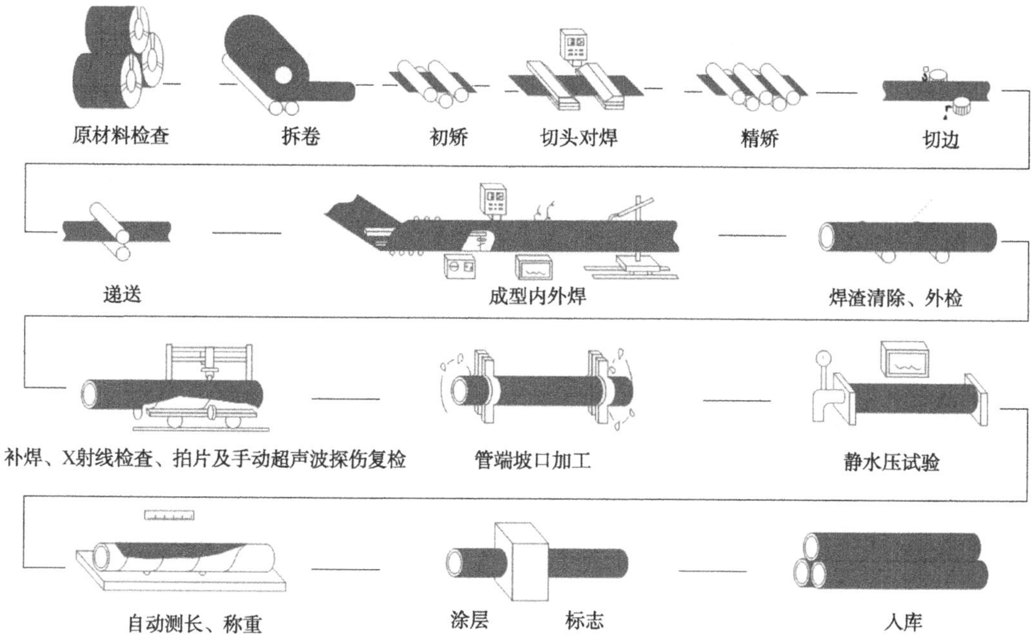

附录3 管道线路设计示意图

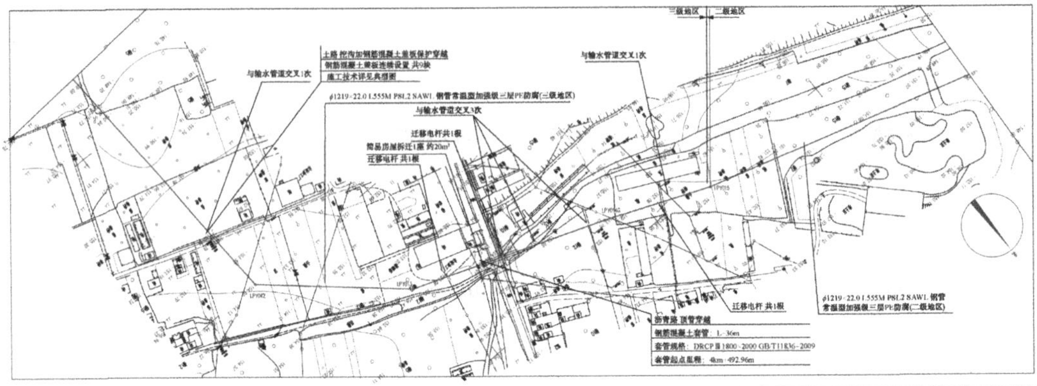

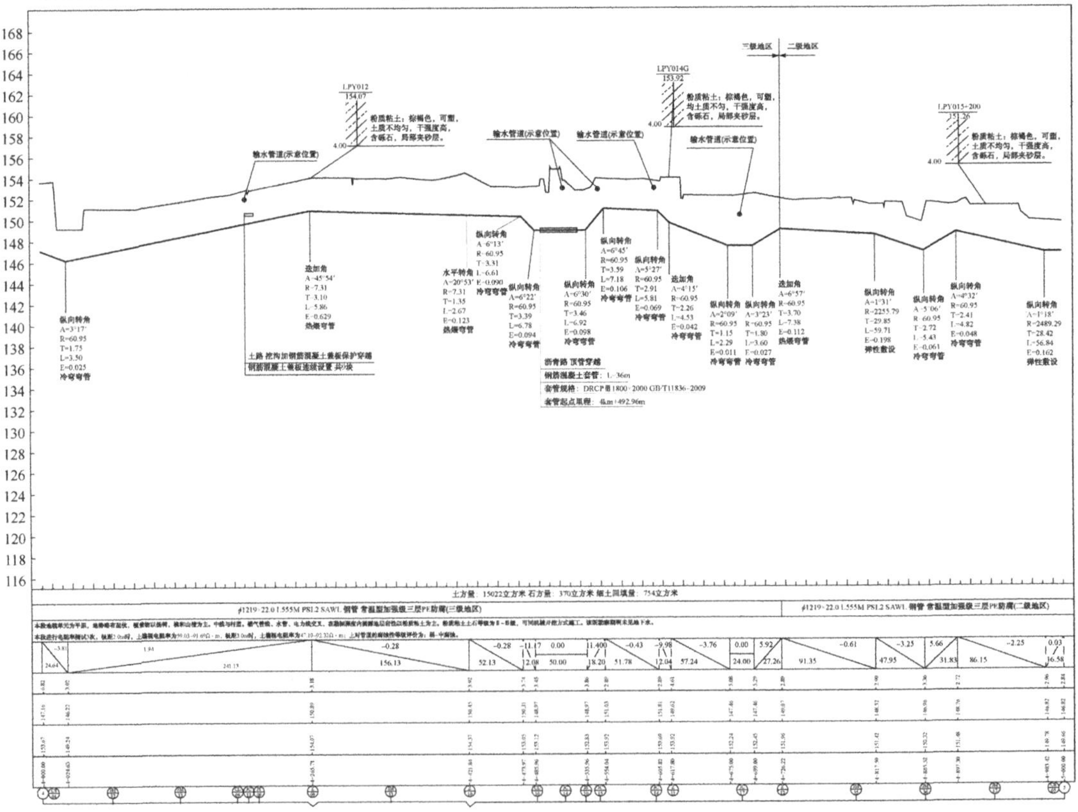

参 考 文 献

[1] 李长俊，黄泽俊，等. 天然气管道输送(第3版). [M]. 北京：石油工业出版社，2016.

[2] 张中伟. 输气工. [M]. 北京：中国石化出版社，2014.

[3] 闫文灿，谢代梁，王雁冰. 管道天然气计量员读本. [M]. 北京：中国石化出版社，2019.

[4] 姬忠礼，邓志安，赵会军. 泵与压缩机(第2版). [M]. 北京：石油工业出版社，2015.

[5] 侯淑华，孙洪泉. 泵与压缩机的使用与维护[M]. 北京：石油工业出版社，2015.

[6] 油气管道完整性管理技术委员会，中国石油管道公司. 油气输送管道完整性管理技术(一级水平)[M]. 北京：石油工业出版社，2018.

[7] 郑洪龙、程万洲. 油气管道站场完整性管理[M]. 北京：石油工业出版社，2018.

[8] 寇杰，梁法春，陈靖. 油气管道腐蚀与防护[M]. 北京：中国石化出版社，2008.

[9] 董绍华，费凡，王东营，等. 油气管道完整性评价技术[M]. 北京：中国石化出版社，2017.

[10]《中国油气管道》编写组. 中国油气管道[M]. 北京：石油工业出版社，2004.

[11] 牛化昶. 山东管网天然气管道输送技能教材[M]. 北京：石油工业出版社，2022.

[12] 伍淑辉. 浅谈天然气能量计量[J]. 中国石油和化工标准与质量，2019，17：177-178.

[13] 顾永军. 长输天然气管道水合物形成条件及防止措施研究[J]. 化工管理，2013，22：39-40.

[14] 黄维和，郑洪龙，李明菲. 中国油气储运行业发展历程及展望[J]. 油气储运，2019，38(01)：1-11.

[15] 王保群. 长输油气管道是怎样建成的[J]. 石油知识，2014，02：24-27.

[16] 王小强，王保群，王博，等. 我国长输天然气管道现状及发展趋势[J]. 石油规划设计，2018，29(05)：1-6.

[17] 陈传胜，敖锐，姚琳，等. 大口径、高压力长输天然气管道的投产技术[J]. 油气储运，2013，32(05)：469-473.

[18] 王彦栋. 大型管输企业光传输网络优化及可靠性提升的几点构想[J]. 信息系统工程，2020，09：54-55.

[19] 张栋梁. 光纤有线通信技术在现代通信工程中的应用研究[J]. 长江信息通信，2021，34(09)：180-182.

[20] 于振欣，孙峥. 光纤型周界安防系统扰动检测研究[J]. 电子世界，2021，09：38-39.

[21] 李琨. 企业软交换网络的建设与实践[D]. 北京：北京邮电大学. 2009.

[22] 钟辰. 平安城市网络视频监控组网解决方案以及发展趋势研究[D]. 南京：南京邮电大学，2015.

[23] 曹晓锋. 冗余技术在天然气备控中心 SCADA 系统的应用[J]. 科技创新导报，2015，12(14)：56-57.

[24] 王笑. 长输管道中 SCADA 系统的调试施工[J]. 安装，2007，10：36-38.

[25] 刘建臣. 天然气管道压气站的技术现状及发展[J]. 油气储运，2008，27(08)49-61.

[26] 高晞光，江志农，王辉，等. 天然气管道离心压缩机振动高故障的诊断分析[J]. 压缩机技术，2015，01：55-58.

[27] 苏炤兴，丁小川，刘华庆. 离心压缩机干气密封放空管线缺陷分析与改造[J]. 石化技术，2020，27(05)：18-19.

[28] 刘亮. 天然气压缩机的控制设计[J]. 管道技术与设备，2008，04：26-27.

[29] 朱勇. 天然气公司输气站场完整性管理解决方案[J]. 天然气技术与经济，2014，8(03)：71-73.

[30] 廖柯熹，牛化昶，张学洪，等. 川气东送管道典型站场风险量化评价[J]. 天然气与石油，2012，30(01)：5~9.

[31] 鲍明昱，王磊，齐昌超，等. 浅谈适用于天然气站场管道的无损检测技术[J]. 石油化工应用，2020，39(09)：1-5.

[32] 王振声，陈朋超，王巨洪. 中俄东线天然气管道智能化关键技术创新与思考[J]. 油气储运，2020，

39(07)：730-739.
[33] 宫敬，徐波，张微波. 中俄东线智能化工艺运行基础与实现的思考[J]. 油气储运，2020，39(02)：130-139.
[34] 苑立波，童维军，江山，等. 我国光纤传感技术发展路线图[J]. 光学学报，2022，42(01)：9-42.
[35] 白锤，李金鑫，邢冀川. 长距离管道安全智能光纤预警系统研究[J]. 红外技术，2020，42(10)：927-935.
[36] 郑仁成，范朝阳，刘立发，等. 基于四轮独立驱动/转向的危险气体探测自主巡检机器人设计[C]//2020中国自动化大会(CAC2020)论文集. 2020：764-769.
[37] 严密，袁晓骏，管文涌. 露天站场天然气泄漏激光监测系统的设计及应用[J]. 油气储运，2021，40(06)：685-691.
[38] 高乐，丁雨. 中俄东线天然气管道跨国计量站配置及运行现状[J]. 油气储运，2020，39(04)：446-452.
[39] 曾维国，王红梅，许晓伟，等. 重大事故后果模拟法在天然气场站安全评价中的应用[J]. 中国特种设备安全，2021，37(02)：63-66.
[40] 丁楠，陈浩，童歆，等. 一种天然气智慧站场泄漏检测方法[J]. 云南化工，2021，48(02)：98-100.
[41] 马云宾，董红军，孙万磊，等. 新冠肺炎疫情下管道线路智能感知技术的思考与探索[J]. 油气储运，2020，39(04)：389-394.